Waltermann | **Rechnungswesen**
Speth | Kaufmann/Kauffrau
im Einzelhandel

Waltermann
Speth

Rechnungswesen
Kaufmann/Kauffrau im Einzelhandel

Merkur
Verlag Rinteln

Wirtschaftswissenschaftliche Bücherei für Schule und Praxis
Begründet von Handelsschul-Direktor Dipl.-Hdl. Friedrich Hutkap †

Verfasser:

Aloys Waltermann,
Dipl. Kfm., Dipl. Hdl., Strickherdicke

Dr. Hermann Speth,
Prof., Dipl. Hdl., Wangen im Allgäu

Fast alle in diesem Buch erwähnten Hard- und Softwarebezeichnungen sind eingetragene Warenzeichen.

Das Werk und seine Teile sind urheberrechtlich geschützt. Jede Nutzung in anderen als den gesetzlich zugelassenen Fällen bedarf der vorherigen schriftlichen Einwilligung des Verlages. Hinweis zu § 52a UrhG: Weder das Werk noch seine Teile dürfen ohne eine solche Einwilligung eingescannt und in ein Netzwerk eingestellt werden. Dies gilt auch für Intranets von Schulen und sonstigen Bildungseinrichtungen.

13., überarbeitete Auflage 2004

© 1991 by MERKUR VERLAG RINTELN

E-Mail: info@merkur-verlag.de
Internet: www.merkur-verlag.de

Gesamtherstellung:

MERKUR VERLAG RINTELN Hutkap GmbH & Co. KG, 31735 Rinteln

ISBN 3-8120-**0247-7**

Vorwort

Für Ihre Arbeit mit dem hier vorgelegten Buch möchten wir Sie auf Folgendes hinweisen:

1. Das Buch wurde in voller Übereinstimmung mit dem Rahmenlehrplan für den Ausbildungsberuf „Kaufmann/Kauffrau im Einzelhandel" erstellt, der die ausbildungsrelevanten Inhalte der Buchführung und des Wirtschaftsrechnens in dem Fach Rechnungswesen vereinigt.

2. Dem Lehrbuch ist der abschlussorientierte Einzelhandelskontenrahmen (EKR) zugrunde gelegt, der in allen Bundesländern, die der Aufgabenstellung für kaufmännische Abschluss- und Zwischenprüfung (AKA) Nürnberg angeschlossen sind, verbindlich vorgeschrieben ist.

3. Aus Rücksicht auf die Prüfung wurden sowohl im Wirtschaftsrechnen als auch in der Buchführung die Vorgaben der Aufgabenstellung für kaufmännische Abschluss- und Zwischenprüfung (AKA) Nürnberg voll berücksichtigt.

4. Die Einführungskapitel im Buchführungsteil sind bewusst in kleinere Lernschritte aufgeteilt worden. Wir wollen damit erreichen, dass der Schüler behutsam in die Denkweise der Buchführung eingeführt wird und die Grundzusammenhänge genau erkennt. Aus unserer Praxis des Buchführungsunterrichts wissen wir, dass der Schüler, der die Grundlagen nicht beherrscht, bei dem streng logischen Stoffaufbau der Buchführung stets Schwierigkeiten haben wird.

5. Im Einführungsunterricht der Buchführung werden für die Buchungen folgende Farben verwendet: Aktivkonten: Anfangsbestand und Zugänge grau, Abgänge violett, Endbestände schwarz; Passivkonten: Anfangsbestand und Zugänge blau, Abgänge rot, Endbestände schwarz. Für die Erfolgskonten, als Unterkonten des Passivkontos Eigenkapital, werden die Farben des Passivkontos verwendet: Aufwendungen rot, Erträge blau. Ab dem Kapitel B. 8 halten wir die konsequente Farbzuordnung nicht mehr für erforderlich. Die Farben dienen dann nur noch als Hervorhebung der Unterschiede.

6. Sehr viel Gewicht wurde darauf gelegt, prüfungsbezogene Übungsaufgaben zu stellen. Dabei wurde darauf geachtet, dass sie sich in ihrem Schwierigkeitsgrad steigern und alle Lernebenen ansprechen.

Wir hoffen auf eine gute Zusammenarbeit mit allen Benutzern dieses Buches. Wir wünschen Ihnen einen guten Lehr- und Lernerfolg.

Aloys Waltermann
Dr. Hermann Speth

Inhaltsverzeichnis

A. Wirtschaftsrechnen

1	**Dreisatz**	15
1.1	Einfacher Dreisatz	15
1.1.1	Einfacher Dreisatz mit geradem Verhältnis	15
1.1.2	Einfacher Dreisatz mit ungeradem Verhältnis	17
1.2	Zusammengesetzter Dreisatz (Vielsatz)	20
2	**Rechnen mit ausländischen Währungen**	23
2.1	Kurzinformation zur Einführung des Euro	23
2.2	Grundbegriffe des Währungsrechnens	23
2.3	Sortenhandel und Sortenkurse	25
2.4	Devisenhandel und Devisenkurse	27
3	**Durchschnittsrechnung**	32
3.1	Einfacher Durchschnitt	32
3.2	Gewogener Durchschnitt	34
4	**Verteilungsrechnung**	36
4.1	Verteilung nach ganzen Anteilen	36
4.2	Verteilung nach Bruchteilen	39
5	**Prozent- und Promillerechnung**	41
5.1	Einführung in die Prozent- und Promillerechnung	41
5.2	Prozent- und Promillerechnung vom Hundert/Tausend	42
5.2.1	Berechnung des Grundwertes	42
5.2.2	Berechnung des Prozentwertes/Promillewertes	44
5.2.3	Berechnung des Prozentsatzes/Promillesatzes	47
5.3	Prozentrechnung im Hundert (verminderter Grundwert)	49
5.4	Prozentrechnung auf Hundert (vermehrter Grundwert)	51
6	**Warenkalkulation**	57
6.1	Einkaufs- und Bezugskalkulation	57
6.1.1	Hinführung	57
6.1.2	Bezugskalkulation ohne Berücksichtigung des Verpackungsgewichts	58
6.1.3	Bezugskalkulation unter Berücksichtigung des Verpackungsgewichts	60
6.1.4	Verteilung der Bezugskosten nach Mengen und Werten	62
6.2	Verkaufskalkulation	65
6.2.1	Kalkulation des Selbstkostenpreises	65
6.2.2	Berechnung des Bruttoverkaufspreises	68
6.2.3	Exkurs: Berechnung des Bruttoverkaufspreises unter Berücksichtigung von Kundenskonto, Kundenrabatt und Umsatzsteuer	70
6.3	Vereinfachung des Kalkulationsverfahrens durch Anwendung von Kalkulationszuschlag, Kalkulationsfaktor, Kalkulationsabschlag und Handelsspanne	75

6.3.1	Verkürzte Kalkulation mit Kalkulationszuschlag und Kalkulationsfaktor	75
6.3.2	Kalkulatorische Rückrechnung (retrograde Kalkulation)	79
6.3.3	Verkürzte Kalkulation mit Kalkulationsabschlag und Handelsspanne	81
6.3.4	Differenzkalkulation	84
7	**Kaufmännische Zinsrechnung**	**90**
7.1	Einführung in die Zinsrechnung	90
7.2	Berechnung der Zinsen mit der allgemeinen Zinsformel	90
7.2.1	Berechnung der Jahreszinsen	90
7.2.2	Berechnung der Monatszinsen	92
7.2.3	Berechnung der Tageszinsen	94
7.3	Berechnung der Größen Kapital, Zinssatz und Zeit	97
7.3.1	Berechnung des Kapitals	97
7.3.2	Berechnung des Zinssatzes	98
7.3.3	Berechnung der Zeit	103
7.4	Berechnung der Zinsen mit der kaufmännischen Zinsformel – summarische Zinsrechnung	105
7.4.1	Kaufmännische Zinsformel	105
7.4.2	Anwendung der kaufmännischen Zinsformel – Berechnung der Zinsen bei mehreren Kapitalien zum gleichen Zinssatz	106
8	**Diskontrechnen**	**113**
8.1	Einführung in das Diskontrechnen	113
8.2	Diskontierung eines Wechsels	115
8.3	Diskontierung mehrerer Wechsel	117
9	**Mischungsrechnung**	**119**
9.1	Mischung von zwei Sorten ohne und mit Mengenangabe	119
9.1.1	Mischung von zwei Sorten ohne Mengenangabe	119
9.1.2	Mischung von zwei Sorten mit Mengenangabe für eine Sorte	121
9.2	Mischung von drei Sorten	123

B. Buchführung

1	**Grundlagen der Buchführung**	**126**
1.1	Überblick über die Rechtsgrundlagen der Buchführung	126
1.2	Wirtschaftliche Gründe für eine ordnungsmäßige Buchführung	129
1.2.1	Aus der Sicht der Unternehmensleitung	129
1.2.2	Aus der Sicht von außenstehenden Personen bzw. Institutionen	130
2	**Inventur, Inventar und Bilanz**	**132**
2.1	Inventur, Inventar	132
2.1.1	Gesetzliche Grundlagen und begriffliche Klarstellungen	132
2.1.2	Bedeutung und Zielsetzung der Inventur	132
2.1.3	Praktische Hinweise zum Inventurvorgang	132
2.1.4	Arten (Verfahren) der Inventur	134
2.1.5	Inhalt und Aufbau des Inventars	135
2.2	Bilanz	139

2.2.1	Aufbau und Gliederung der Bilanz.	139
2.2.2	Zusammenhang zwischen Inventar, Bilanz und Buchführung	143
2.2.3	Veränderung der Bilanz durch Geschäftsvorfälle (vier Grundfälle)	144
3	**Bestandskonten**	**148**
3.1	Von der Bilanz zu den Konten	148
3.2	Buchungen auf den Vermögenskonten (Aktivkonten)	150
3.2.1	Buchungsregeln für die Buchungen auf den Vermögenskonten (Aktivkonten)	150
3.2.2	Einseitige Buchungen auf den Aktivkonten	150
3.2.3	Überleitung zum System der doppelten Buchführung	154
3.3	Einbeziehung der Schuldkonten in das System der doppelten Buchführung	158
3.3.1	Buchungsregeln für die Buchungen auf den Schuldkonten (Passivkonten)	158
3.3.2	Einordnung des Eigenkapitalkontos in die Gruppen der Passivkonten (Schuldkonten)	160
3.4	Buchungssatz	161
3.4.1	Einfacher Buchungssatz	161
3.4.2	Zusammengesetzter Buchungssatz	167
3.5	Eröffnung und Abschluss der Bilanzkonten (Bestandskonten).	169
3.5.1	Schlussbilanzkonto.	169
3.5.2	Eröffnungsbilanzkonto	172
3.6	Zusammenhang: Bilanz – Bilanzkonten – Inventur und Inventar.	174
4	**Erfolgskonten (Ergebniskonten)**	**177**
4.1	Vorbemerkungen	177
4.2	Einführung der Begriffe Aufwendungen und Erträge	177
4.3	Buchungen von Aufwendungen und Erträgen auf dem Eigenkapitalkonto	178
4.4	Einführung der Erfolgskonten und Buchungen auf Erfolgskonten	180
4.5	Beispiele für die Buchungen von Aufwendungen und Erträgen	182
4.6	Abschluss der Aufwands- und Ertragskonten	186
4.7	Geschäftsgang mit Bestands- und Erfolgskonten	189
4.8	Doppelte Ergebnisermittlung.	191
5	**Privatkonto**	**192**
5.1	Privatentnahmen von Geldmitteln	192
5.2	Privateinlagen von Geldmitteln.	193
5.3	Erfolgsermittlung durch Eigenkapitalvergleich unter Einbeziehung des Privatkontos.	195
6	**Warenkonten**	**197**
6.1	Erfolg aus Warengeschäften – die Buchungen beim Einkauf und Verkauf von Waren	197
6.1.1	Einführung der drei Warenkonten	197

6.1.2	Buchungen auf den Warenkonten und Abschluss der Warenkonten	197
	6.1.2.1 Buchungen auf den Warenkonten ohne Veränderung des Warenbestandes	197
	6.1.2.2 Buchungen auf den Warenkonten mit Veränderung des Warenbestandes	200
6.1.3	Eröffnung der Bestandskonten und Abschluss der Bestands- und Erfolgskonten in der doppelten Buchführung unter Einbeziehung der Warenkonten mit Beispiel	205
7	**Umsatzsteuer (Mehrwertsteuer)**	**210**
7.1	Betriebswirtschaftliche und rechtliche Grundlagen	210
7.2	Buchung der Umsatzsteuer im Ein- und Verkaufsbereich	214
7.2.1	Umsatzsteuer beim Verkauf	214
7.2.2	Umsatzsteuer beim Einkauf	219
7.3	Ermittlung und Buchung der Zahllast	223
7.3.1	Ermittlung und Begleichung der Zahllast	223
7.3.2	Ermittlung und Passivierung der Zahllast am Ende des Geschäftsjahres	225
7.3.3	Ermittlung und Buchung des Vorsteuerüberhangs	227
7.4	Privatentnahme von Gegenständen	228
8	**Organisation der Buchführung**	**233**
8.1	Überblick über die Bücher der Buchführung	233
8.2	Buchen auf der Grundlage von Belegen	235
8.3	Aufgabenbereiche des Rechnungswesens	247
8.3.1	Teilbereiche des Rechnungswesens und deren Aufgaben	247
8.3.2	Rechnungswesen als Informations- und Kontrollsystem	249
8.4	Kontenrahmen als Organisationsmittel der Buchführung	251
8.4.1	Allgemeines zum Kontenrahmen	251
8.4.2	Bedeutung des Kontenrahmens	251
8.4.3	Vom Kontenrahmen zum Kontenplan	251
8.4.4	Aufbau des Einzelhandels-Kontenrahmens	253
9	**Buchungen im Warenverkehr mit Umsatzsteuer**	**255**
9.1	Buchungen beim Wareneinkauf	255
9.1.1	Buchhalterische Behandlung von Sofortnachlässen und gesondert in Rechnung gestellten Bezugskosten	255
9.1.2	Buchung von Warenrücksendungen an den Lieferer und nachträglichen Preisänderungen im Bereich des Wareneinkaufs	258
	9.1.2.1 Buchung von Warenrücksendungen an den Lieferer	258
	9.1.2.2 Buchung von nachträglichen Preisänderungen bei Eingangsrechnungen	261
	9.1.2.3 Abschluss des Kontos Nachlässe	267
9.2	Buchungen beim Warenverkauf	269
9.2.1	Buchung von Barverkäufen mit Sofortnachlässen	269
9.2.2	Buchhalterische Behandlung der Versandkosten	269
9.2.3	Buchung von Warenrücksendungen durch Kunden und nachträglichen Preisänderungen im Bereich des Warenverkaufs	272

	9.2.3.1 Buchung von Warenrücksendungen durch den Kunden 273	
	9.2.3.2 Buchung von nachträglichen Preisänderungen bei Ausgangsrechnungen 274	
	9.2.3.3 Abschluss des Kontos Erlösberichtigungen 279	

10 Warenbestände und Bestandsveränderungen im Warenwirtschaftssystem 284

10.1	Organisatorische Voraussetzungen für die Planung, Kontrolle und Steuerung des Warenflusses 284	
10.2	Computerunterstützte Erfassung von Wareneingangs- und Warenausgangsdaten 285	
10.3	Computerunterstütztes Bestellwesen 285	
10.4	Auswertungsmöglichkeiten für die Geschäftsleitung 285	

11 Buchungen im Zahlungsverkehr 286

11.1	Buchung von Zahlungseingängen und Zahlungsausgängen 286	
11.2	Buchung von Zinsen und Kosten des Zahlungsverkehrs sowie von Kassendifferenzen 291	
11.3	Buchungen im Wechselverkehr 295	
11.3.1	Buchung der Grundfälle 295	
	11.3.1.1 Buchungen beim Schuldwechsel 295	
	11.3.1.2 Buchungen beim Besitzwechsel 296	
	11.3.1.3 Abschluss der Konten Besitzwechsel und Schuldwechsel 297	
11.3.2	Buchungen bei den Verwendungsmöglichkeiten von Besitzwechseln 299	
11.3.3	Buchungen bei der Einlösung von Schuldwechseln 300	
11.4	Einsatzmöglichkeiten der Datenverarbeitung beim Zahlungsverkehr 302	
11.4.1	Moderne Zahlungsabwicklung – Bedeutung des Kassenarbeitsplatzes . . . 302	
11.4.2	Computerunterstützte Zahlungsabwicklung beim Verkauf 303	
11.4.3	Verlässlichkeit der Verkaufsdatenerfassung 304	
11.4.4	Informative Belegausgabe 305	
11.4.5	Artikelgenaue Umsatzerfassung 305	

12 Personalwirtschaft 306

12.1	Unterschiedliche Bedeutung von Lohn und Gehalt für Arbeitnehmer und Arbeitgeber 306	
12.2	Rechtliche und wirtschaftliche Grundlagen von Lohn und Gehalt 307	
12.2.1	Berechnung des Arbeitsentgelts 307	
12.2.2	Berechnung der Lohnsteuer, des Solidaritätszuschlags und der Kirchensteuer 309	
12.2.3	Berechnung der Sozialversicherungsbeiträge 311	
12.3	Organisation der Lohnabrechnung (Lohnbuchhaltung) 312	
12.4	Buchungen bei Personalaufwendungen 316	
12.4.1	Buchung der Grundfälle bei Lohn- und Gehaltszahlungen 316	
12.4.2	Zahlung und Verrechnung von Vorschüssen 321	
12.4.3	Buchung vermögenswirksamer Leistungen 324	
12.5	Einsatzmöglichkeiten der DV in der Personalwirtschaft 329	

13	**Anlagenwirtschaft**	334
13.1	Kauf von Anlagegütern	334
13.2	Wertminderungen beim Anlagevermögen	338
13.2.1	Ursachen der Abschreibungen	338
13.2.2	Buchung der Abschreibungen	339
13.2.3	Berechnungsmethoden für die Abschreibung	342
	13.2.3.1 Berechnung der Abschreibung nach der linearen Methode	342
	13.2.3.2 Berechnung der Abschreibung nach der degressiven Methode	344
13.2.4	Bewertungsfreiheit für geringwertige Anlagegüter (geringwertige Wirtschaftsgüter – GWG)	348
14	**Kosten- und Leistungsrechnung**	352
14.1	Zweck und Aufgaben der Kosten- und Leistungsrechnung	352
14.2	Grundbegriffe der Geschäftsbuchführung und der Kosten- und Leistungsrechnung (Betriebsbuchführung)	353
14.3	Inhaltliche Abgrenzung zwischen der Kosten- und Leistungsrechnung (Betriebsbuchführung) und der Geschäftsbuchführung	355
14.4	Exkurs: Der rechnerische Ablauf der sachlichen Abgrenzung	360
14.5	Teilbereiche der Kostenrechnung	361
14.5.1	Überblick	361
14.5.2	Kostenartenrechnung	361
14.5.3	Kostenstellenrechnung	363
	14.5.3.1 Begriff und Zweck der Kostenstellenrechnung	363
	14.5.3.2 Bildung von Kostenstellen	364
	14.5.3.3 Betriebsabrechnungsbogen (BAB)	364
	14.5.3.4 Kostenstellenrechnung als Grundlage für die Kalkulation	365
14.5.4	Kostenträgerrechnung (Kalkulation)	368
15	**Jahresabschluss**	374
15.1	Aufstellung von Bilanz und Gewinn- und Verlustrechnung bei Einzelunternehmen, Personen- und Kapitalgesellschaften	374
15.1.1	Jahresabschluss bei Einzelkaufleuten und Personengesellschaften (OHG, KG, GmbH u. Co. KG)	374
15.1.2	Jahresabschluss bei Kapitalgesellschaften	376
15.2	Bewertung	381
15.2.1	Problematik der Wertansätze in der Bilanz	381
15.2.2	Beispiel: Bewertung des Umlaufvermögens	383
15.3	Möglichkeiten der Verwendung des Jahresergebnisses	385
15.3.1	Gewinnsituation	385
	15.3.1.1 Gewinnanteile werden ausgeschüttet	385
	15.3.1.2 Gewinnanteile verbleiben im Unternehmen	387
15.3.2	Verlustsituation	388
16	**Betriebsstatistik**	390
16.1	Bilanzkennziffern	390

16.1.1	Problemstellung	390
16.1.2	Aufbereitung der Bilanz für Zwecke der Bilanzanalyse	390
16.1.3	Kennzahlen der Bilanz	392
	16.1.3.1 Überblick	392
	16.1.3.2 Einseitige (vertikale) Bilanzkennzahlen	392
	16.1.3.3 Zweiseitige (horizontale) Bilanzkennzahlen	395
16.2	Kennzahlen aus dem Ergebnisbereich (Rentabilitätskennzahlen)	400
16.3	Lager- und Umsatzkennziffern	406
16.3.1	Gründe für die Auswertung der Lagerbuchführung	406
16.3.2	Berechnung der Lagerkennziffern	406
16.4	Darstellungsmethoden und Bezugsgrößen	413
16.4.1	Darstellungsmethoden	413
16.4.2	Bezugsgrößen bei der Aufbereitung von Informationen	417

Stichwortverzeichnis 421

Kontenplan

A. Wirtschaftsrechnen

1 Dreisatz

1.1 Einfacher Dreisatz

1.1.1 Einfacher Dreisatz mit geradem Verhältnis

Einführungsbeispiel

Aufgabe

Der Verkaufserlös für 108 kg eines Artikels beträgt 345,60 EUR.
Wie viel EUR beträgt der Verkaufserlös für 42 kg?

Musterlösung

Gegebene Größen: 108 kg bringen einen Erlös von 345,60 EUR ← Bedingungssatz
Gesuchte Größe: 42 kg bringen einen Erlös von x EUR ← Fragesatz

$$x = \frac{345{,}60 \cdot 42}{108} = \underline{\underline{134{,}40 \text{ EUR}}} \quad \leftarrow \text{Bruchsatz}$$

Ergebnis: Der Verkaufserlös von 42 kg beträgt 134,40 EUR.

Allgemeiner Lösungsweg

1. Schreiben Sie den Bedingungssatz so auf, dass die gefragte Größe am Ende des Satzes steht.
2. Schreiben Sie den Fragesatz darunter. Achten Sie darauf, dass gleiche Bezeichnungen (z. B. kg, EUR, m usw.) immer untereinander stehen.
3. Bei der Erstellung des Bruchsatzes ist von dem gegebenen Wert (**Erlös für 108 kg**) auszugehen. Er ist dann immer auf den Wert **einer** Einheit zurückzuführen (**Erlös für 1 kg**), und anschließend ist der Wert für die gesuchte Mehrheit zu berechnen (**Erlös für 42 kg ≙ x EUR**). Die Erstellung des Bruchsatzes erfolgt also über die folgenden drei Sätze:

1. Satz: 108 kg bringen einen Erlös von 345,60 EUR
2. Satz: 1 kg bringt einen Erlös von $\frac{345{,}60}{108}$ EUR   *je weniger, desto weniger*
3. Satz: 42 kg bringen einen Erlös von $\frac{345{,}60 \cdot 42}{108}$ EUR   *je mehr, desto mehr*

Beachten Sie:
- Beim 2. Satz gilt im Verhältnis zum 1. Satz: **Je weniger, desto weniger.** (Je weniger verkauft wird, desto weniger beträgt der Erlös.) Es handelt sich um ein **gerades Verhältnis**.
- Beim 3. Satz gilt im Verhältnis zum 2. Satz: **Je mehr, desto mehr.** (Je mehr verkauft wird, desto mehr nimmt der Erlös zu.) Es handelt sich um ein **gerades Verhältnis**.

Übungsaufgabe

1

1. Ein Kaufhaus bezieht eine Wagenladung Kartoffeln mit einem Gesamtnettogewicht von 785 kg zu 439,60 EUR.

   Wie viel EUR kostet ein Beutel mit 2,5 kg Nettogewicht?

2. Für die Ausstattung einer Ausstellungshalle werden 85 m Stoff benötigt. Der benötigte Vorhangstoff wird von einem Ballen genommen, der 110 m umfasst und 1 925,00 EUR gekostet hat.

   Wie viel EUR kostet die Ausstattung der Halle, wenn für Vorhangschienen 264,00 EUR, für Leisten 83,00 EUR und für Arbeitslohn 560,00 EUR anfallen?

3. Eine Aushilfskraft erhält für 26 Arbeitsstunden einen Bruttolohn von 364,00 EUR.
   Wie viel EUR beträgt der Bruttolohn, wenn die Arbeitszeit 34 Stunden beträgt?

4. Bei der Herstellung von 78 m^2 Teppichfliesen beträgt der Abfall 4,5 m^2.

   Wie viel m^2 Abfall fallen an, wenn 273 m^2 Teppichfliesen hergestellt werden?

5. Der Heizölvorrat von 8 410 Litern reicht bei normalem Verbrauch 145 Tage.

   Wie viel Tage reicht ein Vorrat von 5 180 Litern?

6.

Nr.	Menge der eingekauften Waren	Gesamte Kosten	Wie viel kosten ...
6.1	42 m^2	1 470,20 EUR	18 m^2
6.2	184 Stück	470,60 EUR	265 Stück
6.3	62 kg	155,20 EUR	78 kg
6.4	310 Liter	2 720,00 EUR	158 Liter
6.5	48 Säcke	245,00 EUR	112 Säcke

7. Ein Einzelhändler beliefert in regelmäßigen Abständen seine 5 Filialen. Er legt hierbei eine Strecke von 200 km zurück. Seine Durchschnittsgeschwindigkeit beträgt 50 km. Aufgrund einer Umleitung muss er einen Umweg von 30 km fahren.

   Wie viel Minuten muss er früher abfahren, wenn er seine ursprüngliche Durchschnittsgeschwindigkeit beibehalten möchte?

8. Die Kosten für die Reinigung der Geschäftsräume belaufen sich im Monat März bei 24 Arbeitstagen auf insgesamt 620,00 EUR.

   Wie viel EUR betragen die Reinigungskosten

   8.1 im Mai (22 Arbeitstage) und

   8.2 im Juli (18 Arbeitstage wegen Betriebsferien)?

9. Ein Lebensmittelgeschäft hat 192 Gläser Senf auf Lager.

   Wie viel Tage reicht der Vorrat, wenn wöchentlich (6 Tage) im Durchschnitt 48 Gläser verkauft werden?

1.1.2 Einfacher Dreisatz mit ungeradem Verhältnis

Einführungsbeispiel

Aufgabe

Der Vorrat an einer bestimmten Warenart reicht bei einem täglichen Verkauf von 42 kg noch 18 Tage.
Wie viel Tage reicht der Vorrat, wenn es sich herausstellt, dass pro Tag nur 36 kg verkauft werden?

Musterlösung

Gegebene Größen: 42 kg täglicher Verkauf → Verbrauchszeit 18 Tage ← Bedingungssatz
Gesuchte Größe: 36 kg täglicher Verkauf → Verbrauchszeit x Tage ← Fragesatz

$$x = \frac{18 \cdot 42}{36} = \underline{21 \text{ Tage}} \quad \leftarrow \text{Bruchsatz}$$

Ergebnis: Bei einem täglichen Verkauf von 36 kg reicht der Vorrat 21 Tage.

Erläuterungen zum Bruchsatz:

1. Satz: Bei einem täglichen Verkauf von 42 kg beträgt die Verbrauchszeit 18 Tage $\Big\}$ je weniger, desto mehr
2. Satz: Wird täglich nur 1 kg verkauft, reicht der Vorrat $18 \cdot 42$ Tage
3. Satz: Werden täglich 36 kg verkauft, reicht der Vorrat $\frac{18 \cdot 42}{36}$ Tage $\Big\}$ je mehr, desto weniger

Allgemeiner Lösungsweg

Für die Aufstellung der 3 Sätze gilt die gleiche Vorgehensweise wie beim Dreisatz mit geradem Verhältnis.

Beachten Sie:

- Beim 2. Satz gilt im Verhältnis zum 1. Satz: **Je weniger, desto mehr**. (Je weniger an einem Tag verkauft wird, desto mehr Tage reicht der Vorrat.) Es handelt sich um ein **ungerades Verhältnis**.
- Beim 3. Satz gilt im Verhältnis zum 2. Satz: **Je mehr, desto weniger**. (Je mehr der Tagesverkauf zunimmt, desto weniger Tage reicht der Vorrat.) Es handelt sich um ein **ungerades Verhältnis**.

Übungsaufgabe

2 1. Der Vorrat an Gemüsedosen reicht bei einem täglichen Verkauf von 48 Stück 24 Tage. Wie viel Tage reicht der gleiche Vorrat, wenn aufgrund einer Werbeaktion der tägliche Verkauf auf 72 Stück ansteigt?

2. 20 Arbeiter brauchen für einen bestimmten Auftrag 15 Tage zu je 8 Stunden. Wie viel Arbeiter müssten noch hinzugezogen werden, wenn der Auftrag in 10 Tagen fertig sein soll, die tägliche Arbeitszeit jedoch nicht erhöht werden kann?

3. Die monatliche Spesenpauschale für einen Mitarbeiter reicht für 26 Tage, wenn er täglich 24,00 EUR ausgibt.
   Wie viel Tage reichen die Spesen, wenn er täglich nur 20,00 EUR ausgibt?

4. Zum Belegen der Geschäftsräume mit Teppichboden benötigen wir 32 Rollen mit einer Breite von 1,20 m.
   Wie viel Rollen braucht man, wenn die Breite 1,80 m beträgt?

5. Bei einem täglichen Bedarf von 140 Blatt reicht das Fotokopierpapier noch 66 Tage.
   Wie viel Tage reicht der Vorrat, wenn der Tagesbedarf auf 180 Blatt ansteigt?

6. Zum Auffüllen eines Ladenregals benötigen 4 Angestellte 6 Stunden.
   Wie viel Zeit wird benötigt, wenn nur 3 Angestellte für die Arbeit verfügbar sind?

7. Zum Abladen eines Lkws werden 3 Verkäufer für 4 Stunden abgestellt.
   Nach wie viel Stunden ist der Lkw abgeladen, wenn der Fahrer des Lkws mithilft?

8. 16 Einzelhändler eines Einkaufszentrums starten eine gemeinsame Werbeaktion, wobei jeder anteilige Kosten in Höhe von 362,40 EUR zu tragen hat.
   Wie viel EUR beträgt der Kostenanteil, wenn alle 24 Einzelhandelsgeschäfte des Einkaufszentrums die Aktion mittragen würden?

Den **Unterschied** zwischen dem **Dreisatz mit geradem Verhältnis** und dem **Dreisatz mit ungeradem Verhältnis** zeigt die folgende Gegenüberstellung auf:

Gerades Verhältnis	Ungerades Verhältnis
Beispiel: 40 kg Zucker kosten 24,00 EUR 5 kg Zucker kosten 3,00 EUR	**Beispiel:** 10 Arbeiter benötigen 8 Tage 4 Arbeiter benötigen 20 Tage
Allgemein: **Weniger** Zucker **weniger** Geld **Mehr** Zucker **mehr** Geld	**Allgemein:** **Weniger** Arbeiter **mehr** Tage **Mehr** Arbeiter **weniger** Tage
Die **Größen** (Zucker und Geld) verändern sich **gleichgerichtet**.	Die **Größen** (Arbeiter und Tage) verändern sich **entgegengerichtet**.
Das Zurückführen auf **eine Einheit** (1 kg Zucker) erfordert eine **Division**.	Das Zurückführen auf **eine Einheit** (1 Arbeiter) erfordert eine **Multiplikation**.

Übungsaufgabe: Dreisatzaufgaben mit geradem und ungeradem Verhältnis

3 1. Die Lederwaren Kuhn OHG bezahlte für ihre Geschäftsräume bei einem Mietpreis von 13,50 EUR je m^2 bisher monatlich 2767,50 EUR.
   Wie viel EUR beträgt die künftige Monatsmiete, wenn der Hauseigentümer die Miete um 0,80 EUR je m^2 erhöht?

2. Die Glasversicherung für die Schaufensterscheiben der Einzelhandlung Fritz Weber e.Kfm. wird nach m^2 berechnet. Bei einer Glasfläche von 18 m^2 beträgt sie 225,00 EUR jährlich. Durch den Ladenausbau erweitert sich die Glasfläche um $4\frac{1}{2}$ m^2.
   Wie viel EUR beträgt die jährliche Versicherungssumme?

3. Das Farbengeschäft Franz Bunt OHG füllt 400 Liter Farbe in 2-l-Dosen ab und erhält somit 200 Dosen.

   Wie viel Dosen können abgefüllt werden, wenn der Doseninhalt $\frac{1}{2}$ l beträgt?

4. Der Weinvorrat einer Weinhandlung reicht bei einem täglichen Verkauf von 45 Litern 60 Tage.

   In wie viel Tagen ist der Vorrat erschöpft, wenn der Tagesverbrauch auf 50 Liter ansteigt?

5. Die Kosten für eine gemeinsame Anzeigenwerbung in der Tageszeitung betragen 640,30 EUR je Einzelhandelsgeschäft. An der Aktion wollten sich 12 Geschäfte beteiligen.

   Wie viel EUR muss ein Einzelhändler aufbringen, wenn sich schließlich nur 8 Geschäfte an der Aktion beteiligen?

6. Ein Feinkostgeschäft röstet den Kaffee selbst. Aus 88 kg Rohkaffee gewinnt man 72 kg Röstkaffee.

   6.1 Wie viel kg Rohkaffee sind erforderlich, um 58 kg Röstkaffee zu erhalten?

   6.2 Wie viel kg Röstkaffee erhält man aus 46 kg Rohkaffee?

7. Ein Mitarbeiter im Außendienst erhält für den Verkauf von 180 Stück eine Provision von 992,00 EUR.

   Wie viel EUR beträgt seine Provision bei einem Verkauf von 315 Stück?

8. Zur Fertigstellung eines Auftrages beschäftigt ein Einzelhändler 4 Aushilfskräfte 9 Tage lang.

   Wie viel Tage würde es dauern, wenn der Geschäftsinhaber zusätzlich noch 2 Aushilfskräfte für diesen Auftrag zur Aushilfe anstellen würde?

9. Ein Großmarkt bezieht eine Wagenladung Äpfel im Gesamtnettogewicht von 620 kg zu 508,40 EUR.

   Wie viel EUR kostet ein Beutel Äpfel mit 2,5 kg Nettogewicht?

10. Das Lederwarenhaus Heinz Schöne e. Kfm. hat bei einem Lieferanten 25 Lederjacken zu je 270,80 EUR bestellt. Wegen schlechter Verarbeitung schickt er sie an den Lieferer zurück. Der Lieferer hat lediglich noch höherwertigere Lederjacken am Lager, und zwar zum Stückpreis von 310,60 EUR.

    Wie viel Stück kann das Lederwarenhaus beziehen, wenn Heinz Schöne nicht mehr Geld als den ursprünglichen Rechnungsbetrag ausgeben will?

11. Ein Einzelhändler bestellt 2 430 Werbezettel zur Verteilung an die Haushalte und erhält hierfür eine Rechnung über 109,35 EUR. Zum gleichen Einzelpreis werden 1 070 Werbezettel nachbestellt.

    Über wie viel EUR lautet die Rechnung für die Nachbestellung?

12. Zur Dekoration der Schaufenster benötigen wir 36 m Gardinenstoff, falls dieser 150 cm breit ist.

    Wie viel m brauchen wir, wenn der Stoff nur 120 cm breit ist?

13. Bei einem Verbrauch von täglich 81 Liter Heizöl reicht der Heizölvorrat eines Einzelhandelsgeschäftes 62 Tage.

    Wie viel Tage reicht der Vorrat, wenn der tägliche Verbrauch auf 93 Liter steigt?

1.2 Zusammengesetzter Dreisatz (Vielsatz)

Der zusammengesetzte Dreisatz besteht aus mehreren Dreisätzen (mit geradem oder ungeradem Verhältnis), die in einem Rechenvorgang gelöst werden. Man löst den Vielsatz daher mit den gleichen Überlegungen und in der gleichen Darstellungsweise wie einzelne Dreisätze.

Einführungsbeispiel

Aufgabe

Zum Umbau der Geschäftsräume werden 6 Aushilfskräfte an 8 Tagen täglich 5 Stunden beschäftigt.
Wie viel Stunden müsste täglich zusätzlich gearbeitet werden, wenn dieselbe Arbeit von 3 Aushilfskräften in 10 Tagen bewältigt werden soll?

Musterlösung

Gegebene Größen: 6 Aushilfskräfte in 8 Tagen bei 5-stündiger Arbeitszeit ← Bedingungssatz
Gesuchte Größe: 3 Aushilfskräfte in 10 Tagen bei x-stündiger Arbeitszeit ← Fragesatz

$$x = \frac{5 \cdot 6 \cdot 8}{3 \cdot 10} = \underline{\underline{8 \text{ Arbeitsstunden}}} \quad \leftarrow \text{Bruchsatz}$$

Ergebnis: Es müssen täglich 3 Arbeitsstunden mehr geleistet werden.

Erläuterungen zur Aufgabe:

Der vorliegende Vielsatz ist aus zwei Dreisätzen zusammengesetzt. Diese sind darauf zu untersuchen, ob ein gerades oder ein ungerades Verhältnis vorliegt, und sie sind dann nacheinander, über einen Bruchstrich, zu lösen.

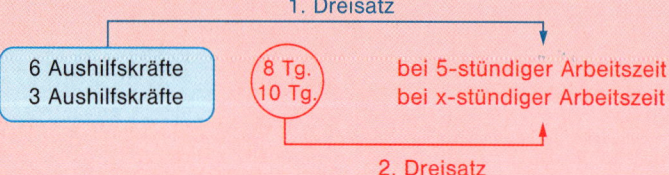

1. Dreisatz:

(1) Bei 6 Aushilfskräften werden 5 Arbeitsstunden je Tag benötigt.

(2) Bei 1 Aushilfskraft werden 5 · 6 Arbeitsstunden je Tag benötigt.

(3) Bei 3 Aushilfskräften werden $\frac{5 \cdot 6}{3}$ Arbeitsstunden je Tag benötigt.

2. Dreisatz:

(4) Bei 8 Tagen werden $\frac{5 \cdot 6}{3}$ Arbeitsstunden je Tag benötigt.

(5) Steht nur 1 Arbeitstag zur Verfügung, werden $\frac{5 \cdot 6 \cdot 8}{3}$ Arbeitsstunden je Tag benötigt.

(6) Erhöhen sich die zur Verfügung stehenden Arbeitstage auf 10, wird weniger Arbeitszeit je Tag benötigt: $\frac{5 \cdot 6 \cdot 8}{3 \cdot 10}$

Allgemeiner Lösungsweg

1. Erstellung des Bedingungs- und des Fragesatzes.
2. Auflösung des erstellten Vielsatzes in die einzelnen Dreisätze.
3. Feststellung bei jedem Dreisatz, ob ein gerades oder ein ungerades Verhältnis zugrunde liegt.
4. Die Lösung der einzelnen Dreisätze auf einen Bruchstrich schreiben und in einem Rechenvorgang lösen.

Übungsaufgabe

4

1. 20 Arbeiter brauchen für die Bearbeitung eines bestimmten Auftrags 15 Tage zu je 8 Stunden.
   Wie viel Stunden täglich müssten 24 Arbeiter arbeiten, wenn der Auftrag in 12 Tagen ausgeführt werden soll?

2. Im Lager eines Kaufhauses werden mit 6 Maschinen in 5 Tagen bei einer täglichen Arbeitszeit von 8 Stunden 3 500 Beutel mit Obst und Gemüse abgepackt.
   Wie viel Stunden täglich müssten 9 Maschinen laufen, wenn 6 300 Beutel in spätestens 8 Tagen abgepackt sein müssen?

3. Anlässlich einer Werbekampagne werden den Kunden in einem Kaufhaus Kostproben angeboten. Im Vorjahr wurden bei einer solchen Veranstaltung 5 kg Wurst benötigt. Die Veranstaltung dauerte 6 Stunden, wobei durchschnittlich 45 Kostproben je Stunde verteilt wurden. Die neue Werbekampagne dauert 14 Stunden, wobei geplant ist, durchschnittlich 50 Kostproben je Stunde zu verteilen.
   Wie viel kg Wurst wird benötigt?

4. Eine Backwarenfabrik arbeitete bisher mit 8 Backöfen und stellte 6 300 Brote bei 12-stündiger Arbeitszeit her. Die Fabrik erhöht die Zahl der Backöfen auf 10 und die tägliche Arbeitszeit wird auf 2 Schichten à 8 Stunden ausgedehnt.
   Wie viel Brote können danach gebacken werden?

5. Zur Herstellung von 56 m Stoff von 160 cm Breite werden 42 kg Garn benötigt.
   Wie viel m Stoff von 120 cm Breite können aus 114 kg Garn hergestellt werden?

6. Für Revisionsarbeiten sind alljährlich 6 Angestellte 30 Tage zu je 8 Stunden täglich beschäftigt. Krankheitsbedingt fallen 2 Revisoren kurzfristig vor Beginn der Arbeiten aus.
   Wie viel Tage benötigen die einsatzfähigen 4 Angestellten, wenn sie 9 Stunden täglich arbeiten?

7. Um eine Warensendung von 100 Kartons versandfertig zu machen, benötigen 4 Versandarbeiter $2\frac{1}{2}$ Stunden. Für die Abfertigung eines Auftrages von 250 Kartons werden vorübergehend 2 Arbeiter zusätzlich eingestellt. Zur gleichen Zeit erkrankt jedoch ein Arbeiter. Der Auftrag soll möglichst in 3 Stunden erledigt werden.
   Wie viele Kartons werden in dieser Zeit nicht fertig?

8. In einem Supermarkt mit 920 m^2 Einkaufsfläche putzen 5 Reinigungskräfte von 19:00 – 23:00 Uhr. Die Verkaufsfläche wird auf 1 127 m^2 ausgeweitet und die Arbeitszeit um 30 Minuten gekürzt.
   Wie viel Arbeitskräfte müssen jetzt zusätzlich eingestellt werden?

9. Zur Bewältigung der Inventur waren im vergangenen Jahr 12 Mitarbeiter bei einer täglichen Arbeitszeit von 10 Stunden 2 Tage beschäftigt. In diesem Geschäftsjahr stehen nur 5 Mitarbeiter mit einer täglichen Arbeitszeit von 8 Stunden zur Verfügung.
   Nach wie viel Tagen ist die Inventur beendet?

10. Im vorigen Geschäftsjahr benötigte ein Unternehmen während der Heizperiode von 5 Monaten 8400 Liter Öl für eine Gesamtfläche von 400 m^2. Die durchschnittliche Raumtemperatur lag bei 21° C.
    Wie viel Liter Öl müssen bestellt werden, wenn sich die Gesamtfläche um 100 m^2 erweitert hat, die Heizperiode voraussichtlich nur 4 Monate dauert und die Raumtemperatur um 1° C abgesenkt wird?

11. Der Meldebestand eines Lagers beträgt 280 Stück, wenn täglich 20 Stück einer Ware verkauft werden und die Beschaffungszeit 4 Tage beträgt.
    Berechnen Sie den Meldebestand, wenn täglich 25 Stück der Ware verkauft werden und die Beschaffungszeit auf 3 Tage verkürzt werden kann!

12. Zur Einführung eines Erfrischungsgetränkes führt ein Einzelhandelsgeschäft eine Werbeveranstaltung durch. In einer Stunde werden durchschnittlich 60 Gläser des Getränkes angeboten. Dabei werden in 2 Tagen 120 Liter ausgeschenkt.
    Wie viel Tage kann die Werbung durchgeführt werden, wenn 225 Liter zur Verfügung stehen und statt 60 Gläser 75 Gläser in einer Stunde ausgegeben werden?

13. In der Textilfabrik fertigen 15 Näherinnen bei 8-stündiger Arbeitszeit täglich 240 Röcke. Wegen einer durch die Urlaubszeit bedingten Umsatzsteigerung müssen täglich 12 Röcke mehr hergestellt werden. Zur gleichen Zeit fallen 3 Näherinnen wegen Urlaubs aus.
    Wie viel Überstunden müssen unter diesen Umständen von jeder Näherin täglich erbracht werden?

14. 21 Näherinnen einer Wäschefabrik fertigen in 8-stündiger Arbeitszeit täglich 420 Oberhemden an.

    14.1 Nach Herabsetzung der Arbeitszeit auf 7$\frac{1}{2}$ Stunden täglich werden weitere 7 Näherinnen eingestellt.
    Wie viel Oberhemden können nun täglich angefertigt werden?

    14.2 Ein eiliger Auftrag von 500 Oberhemden soll an einem Tag ausgeführt werden.
    Wie viel Stunden müssten die Näherinnen arbeiten, wenn 3 von 28 Näherinnen ausfallen und im Übrigen die Bedingungen von 14.1 gelten?

2 Rechnen mit ausländischen Währungen

2.1 Kurzinformationen zur Einführung des Euro

Am 1. Januar 1999 wurde in elf europäischen Ländern der **Euro** als gemeinsame Währung eingeführt. Am 1. Januar 2001 trat Griechenland dem Euro-Währungsgebiet bei. Damit bilden diese zwölf Länder[1] mit ihrem einheitlichen Wirtschaftsraum ein einheitliches Währungsgebiet, die Europäische Wirtschafts- und Währungsunion (WWU). Neben der Abkürzung WWU werden noch die Abkürzungen EWU oder EWWU verwendet.

Da die nationalen Währungen dieser zwölf Länder aus praktischen Gründen in einer Übergangszeit bis zum Ende des Jahres 2001 als Hilfswährungen und im Barzahlungsverkehr erhalten bleiben mussten, gibt es erst ab dem 1. Januar 2002 in diesen zwölf Ländern, häufig auch als Euroland bezeichnet, den Euro als einheitliches Zahlungsmittel.

Damit stellt das Gebiet dieser zwölf Länder in währungspolitischer Hinsicht „Inland" dar. Dem Euro als Inlandswährung (Binnenwährung) dieser zwölf Länder stehen die Währungen der übrigen Länder, die nicht diesem Währungsverbund angehören, als Fremdwährungen gegenüber.

WWU	andere Länder (Nicht-WWU-Länder)
Binnenwährung (Euro)	Fremdwährung (z. B. US-Dollar, Schweizer Franken)

2.2 Grundbegriffe zum Währungsrechnen

(1) Währung

Wir merken uns:

Unter der **Währung** versteht man das gesetzliche Zahlungsmittel eines Staates bzw. einer Staatengemeinschaft.

Beispiele:

Staat/Staatengemeinschaft	Währung
Dänemark	Kronen
Großbritannien	Pfund
USA	Dollar
Europäische Wirtschafts- und Währungsunion	Euro

(2) Wechselkurs

Wir merken uns:

Unter dem **Wechselkurs** versteht man das Austauschverhältnis zwischen verschiedenen Währungen.

(3) Kursnotierung

Die **Mengennotierung** ist die heute übliche Notierungsform in der Praxis der Kursnotierungen. Bei der Mengennotierung gibt der Kurs an, welchen Betrag **ausländischer Währung** man für einen bestimmten Betrag **inländischer Währung** erhält bzw. bezahlen muss. Bei der Mengennotierung geht man jeweils von einem Euro aus. Die Frage lautet daher, welchem Wert ein Euro in der Fremdwährung entspricht.

---

[1] Die zwölf Länder der Europäischen Währungsunion sind: Belgien, Deutschland, Finnland, Frankreich, Irland, Italien, Luxemburg, Niederlande, Österreich, Portugal, Griechenland und Spanien.

Beispiele:

Einheit	WWU-Länder	Währung	Nicht-WWU-Länder	Währung	Kurs
1		Euro	USA	USD	1,1945
1		Euro	Dänemark	DKK	7,7754

Die Beispiele sagen aus, dass z. B. am Devisenmarkt ein Euro dem Wert von 1,1945 USD entspricht.

Oder kurz: Kurs für 1 Euro 1,1945 Dollar,
                         Kurs für 1 Euro 7,7754 DKK

Bei der Mengennotierung muss man sich bewusst machen, dass der Euro die gehandelte Währung ist, was bedeutet, dass beim Ankauf von Fremdwährungen die Bank Euro verkauft und beim Verkauf von Fremdwährungen die Bank Euro ankauft.

(4) Ankaufskurs (Geldkurs), Verkaufskurs (Briefkurs)

Die Bezeichnungen verstehen sich aus der Sicht einer im eigenen Währungsgebiet ansässigen Bank. Da die Bank genauso wie ein Warenhändler an dem Handel mit Fremdwährungen verdienen möchte, ist der **Verkaufskurs höher als der Ankaufskurs.** Der Betrag, der sich aus der Differenz beider Kurse ergibt (Kursspanne), ist der **Gewinn (Rohgewinn)** der Bank aus dem Handel mit ausländischen Währungen.

Will z. B. ein Deutscher bei seiner Bank eine bestimmte Menge einer Fremdwährung gegen Euro kaufen, so berechnet ihm die Bank den niedrigeren Ankaufskurs (Geldkurs), denn die Bank kauft Euro an. Will der Deutsche einen bestimmten Betrag einer Fremdwährung gegen Inlandswährung eintauschen, dann legt die Bank den höheren Verkaufskurs (Briefkurs) zugrunde, denn die Bank verkauft Euro.

Beispiel:

Einheit	WWU-Länder	Währung	Nicht-WWU-Länder	Währung	Ankaufskurs	Verkaufskurs
1		Euro	USA	USD	1,1945	1,2075

Das Beispiel besagt, dass der Ankauf von einem Euro 1,1945 USD kostet und der Verkauf von einem Euro 1,2075 USD einbringt. Wenn die Bank USD verkauft, kauft sie Euro an. Daher gilt der Ankaufskurs.

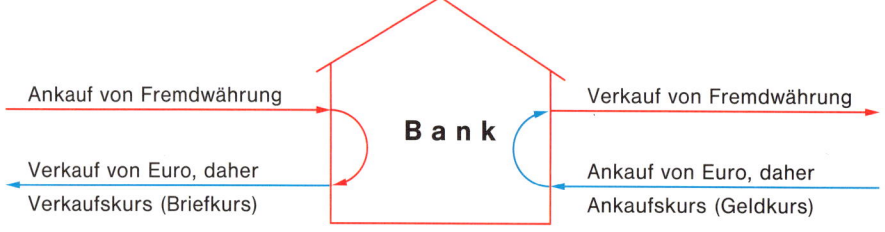

(5) Sorten und Devisen

● **Sorten**

Als **Sorten** bezeichnet man **Banknoten und Münzen einer Fremdwährung.** Sie werden von den Banken für den privaten und geschäftlichen Reiseverkehr in Fremdwährungsgebiete bereitgestellt. Wer z. B. privat oder geschäftlich in ein Fremdwährungsgebiet reisen möchte, besorgt sich vor der Reise bei seiner Bank eine bestimmte Menge dieser entsprechenden Auslandswährung, damit er bei Ankunft entsprechende Zahlungsmittel verfügbar hat. Wie viel Binnenwährung er für die Fremdwährung aufwenden muss, ergibt sich aus dem Kurs für diese Währung.

● **Devisen**

Unter **Devisen** versteht man **fremde Zahlungsmittel in Form von Buchgeld** (z. B. Schecks, Wechsel, Zahlungsanweisungen). Sie spielen insbesondere im Import- und Exportgeschäft mit Fremdwährungsländern eine Rolle. Die Kursbildung auf den Devisenmärkten vollzieht sich nach den gleichen Grundsätzen, wie die Preisbildung auf den Gütermärkten. Die täglich in den Wirtschaftsteilen der Zeitungen veröffentlichten Wechselkurse sind **Referenzkurse,** d. h. vom EZB empfohlene Kurse. Die von den privaten Banken aufgrund des Devisenangebots und der Devisennachfrage ermittelten „Orientierungspreise" weichen nicht wesentlich von den Referenzkursen ab.

2.3 Sortenhandel und Sortenkurse

Die Mengennotierung führt zu der folgenden Sortenkursnotierung, wie sie auszugsweise aus einer Sortenkurstabelle einer Bank dargestellt wird.

Ausschnitt aus einer Sortenkurstabelle			
Land	Währung	1 EURO	
		Ankauf	Verkauf
USA	USD	1,0875	1,1065
Kanada	CAD	1,6770	1,8770
England	GBP	0,6810	0,7310
Schweiz	CHF	1,5610	1,6210
Dänemark	DKK	7,1200	7,7700
Norwegen	NOK	8,3100	9,2100
Schweden	SEK	8,5125	9,4125
Japan	JPY	129,3000	137,5000

Einführungsbeispiel

Aufgabe

Herr Reiter, Geschäftsführer des Kaufhauses Josef Reiter GmbH, tauscht bei seiner deutschen Bank für eine Geschäftsreise in die Schweiz zu einer Verkaufsmesse 1 250,00 EUR um.
Wie viel Schweizer Franken bekommt Herr Reiter lt. obiger Sortenkurstabelle ausbezahlt?

Musterlösung:

$\quad$ 1,00 EUR $\triangleq$ 1,5610 CHF
1 250,00 EUR $\triangleq\quad$ x CHF

x = 1,5610 · 1 250,00

x = 1 951,25 CHF

Ergebnis: Für seine 1 250,00 EUR erhält Herr Reiter 1 951,25 CHF.

Übungsaufgabe

5 1. Ein kanadischer Tourist befindet sich auf seiner Europareise in Deutschland. Sein nächstes Reiseziel ist die Schweiz. Vor Antritt seiner Reise in die Schweiz tauscht er bei einer deutschen Bank 1 000,00 kanadische Dollar in Schweizer Franken um. Die Kursnotierungen lauten wie folgt:

Land	Währung	1 EURO Ankauf	Verkauf
Kanada	CAD	1,4010	1,5620
Schweiz	CHF	1,5205	1,5810

Wie viel CHF erhält der kanadische Tourist ausbezahlt?

2. Herr Krause tauscht vor seiner Norwegenreise bei seiner Bank 3 250,00 EUR in norwegische Kronen um.

   Es gilt folgender Kurs: 1 Euro: NOK Ankauf: 7,9562, Verkauf: 8,0721

   2.1 Wie viel NOK erhält Herr Krause?

   2.2 Bei seiner Rückkehr nach Deutschland hat Herr Krause noch 875,00 NOK, die er bei seiner Bank bei folgenden Kursen zurücktauscht:
   1 Euro: NOK Ankauf: 7,9134, Verkauf: 8,0140
   Wie viel EUR erhält er?

3. Ein Kaufhaus in Hamburg hat ausländische Kunden, die ihre Einkäufe häufig in der jeweiligen Landeswährung zahlen. Die Auslandswährung wird bei der Hausbank des Kaufhauses eingetauscht. Es liegen folgende Warenverkäufe vor:

Menge	Warenart	Einnahmen	Währung
2	Anzug	685,00	USD
4	Mantel	998,00	GBP
1	Notebook	490,00	CHF

Wie viel EUR erhält das Kaufhaus aufgrund der vorliegenden Kursnotierungen von Seite 25 auf das Bankkonto gutgeschrieben?

4. Berechnen Sie aufgrund der auf Seite 25 angegebenen Kurstabelle die Eurowerte, die ein deutscher Tourist nach seiner Rückreise beim Umtausch folgender Restposten an nicht verbrauchten Fremdwährungen von seiner Bank erhält!

Nr.	Land	Währung	Betrag
4.1	Kanada	CAD	750,00
4.2	Schweden	SEK	520,00
4.3	Norwegen	NOK	1 250,00
4.4	Dänemark	DKK	1 800,00

5. 5.1 Vor seiner Abreise nach Australien tauscht ein Mitarbeiter der Ummenhofer GmbH 3 500,00 EUR in AUD um. Kurs:

Land	Währung	1 EURO Ankauf	Verkauf
Australien	AUD	1,5790	1,7580

Wie viel AUD erhält Herr Krause?

5.2 Nach seiner Rückkehr nach Deutschland hat der Mitarbeiter noch 1 540,00 AUD, die er bei seiner Bank in EUR zurücktauscht. Kurs:

Land	Währung	1 EURO Ankauf	1 EURO Verkauf
Australien	AUD	1,5630	1,7260

Wie viel EUR erhält er?

6. Der Antiquitätenhändler Fritz Heinzler hat in den Urlaubsmonaten ausländische Kunden, die oft ganz oder teilweise in Auslandswährung zahlen.
Berechnen Sie, wie viel EUR der Kunde in den folgenden Fällen zuzahlen bzw. Fritz Heinzler herausgeben muss!

Summe der Verkäufe	Zahlung des Kunden	Kurs 1 EURO Ankauf	Kurs 1 EURO Verkauf
310,00 EUR	120,00 Am. Dollar (USD)	0,9145	0,9355
600,00 EUR	400,00 Brit. Pfund (GBP)	0,6272	0,6540
350,00 EUR	2 000,00 Dän. Kronen (DKK)	7,4530	7,5250

7. Herr Fröhlich, Geschäftsführer der Fröhlich GmbH beabsichtigt eine Geschäftsreise nach Skandinavien zu unternehmen. Vor seiner Abreise deckt er sich über seine Bank mit den entsprechenden Währungen dieser Länder ein.
Er kauft: 3 500,00 NOK und 5 500,00 SEK.

Es liegen die folgenden Kursnotierungen vor:

Land	Währung	Kurs 1 EURO Ankauf	Kurs 1 EURO Verkauf
Norwegen	NOK	7,8165	8,7465
Schweden	SEK	8,4907	9,3907

Erstellen Sie für Herrn Fröhlich die Abrechnung der Bank!

8. Nach ihrer Rückkehr aus den USA tauscht Frau Becker bei ihrer Bank 2 150,00 USD in EUR um. Es gilt folgender Kurs:

Land	Währung	Kurs 1 EURO Ankauf	Kurs 1 EURO Verkauf
USA	USD	1,1341	1,1560

2.4 Devisenhandel und Devisenkurse

(1) Allgemeines

Im geschäftlichen Verkehr mit dem Ausland werden keine Sorten, sondern Devisen gehandelt. Dementsprechend werden auch bei der Zahlungsabwicklung von Export- und Importgeschäften die entsprechenden Devisenkurse zugrunde gelegt.

Bei den Devisenkursen gibt es für die seit dem 1. Januar 1999 eingeführte Mengennotierung nur eine Sichtweise. Der Euro ist die gehandelte Währung. Daher wird jedes Devisengeschäft aus der Sicht des An- und Verkaufs von Euro betrachtet. Wie jeder Kaufmann verkauft auch die Bank die gehandelte Ware (EUR) zu einem höheren Wert (Kurs) als sie diese einkauft. Daher ist der Verkaufskurs (Briefkurs) für den Euro höher als der Ankaufskurs (Geldkurs). Dabei muss man sich klarmachen, dass die Bank beim Verkauf der Fremdwährung Euro ankauft und beim Ankauf einer Fremdwährung Euro verkauft.

(2) Umrechnung von ausländischen Währungen in Euro auf der Grundlage der Devisenkurse

Ausschnitt aus einer Notierung von Devisenkursen			
Land	Währung	1 EURO	
		Ankauf	Verkauf
USA	USD	1,0975	1,1085
Japan	JPY	124,6580	135,7200
England	GBP	0,5981	0,6003
Schweiz	CHF	1,5205	1,5213
Kanada	CAD	1,3298	1,3304
Schweden	SEK	8,6205	8,6213
Norwegen	NOK	7,9890	8,0050
Dänemark	DKK	7,4232	7,4632

Einführungsbeispiel

Aufgabe 1: Export nach USA

Die Maschinenfabrik Hans Kempf e. Kfm. liefert eine Maschine in die USA. Vereinbarungsgemäß erfolgt die Rechnungsstellung (Fakturierung) in USD. Der Preis für die Maschine beträgt 45 000,00 USD. Welchen Eurobetrag schreibt die Bank (ohne Berücksichtigung von Bankgebühren) ihrem Kunden für den Ankauf der 45 000,00 Dollar gut?

Musterlösung:

In diesem Beispiel verkauft die Bank EUR. Daher legt sie den höheren Briefkurs zugrunde.

   1,1085 USD ≙ 1,00 EUR
45 000,00 USD ≙   x   EUR   x = 45 000 : 1,1085 = 40 595,40 (EUR)

Ergebnis: Die Bank schreibt dem Kunden 40 595,40 EUR gut.

Aufgabe 2: Import aus USA

Das Baugeschäft Eva Kipper e. Kfr. bezieht aus USA einen Spezialbagger. Der vereinbarte Preis beträgt 45 000,00 USD.
Mit welchem Eurobetrag belastet die Bank ihren Kunden, wenn von Nebenkosten abgesehen wird?

Musterlösung:

In diesem Fall kauft die Bank EUR an. Daher legt sie den niedrigeren Geldkurs zugrunde.

   1,0975 USD ≙ 1,00 EUR
45 000,00 USD ≙   x   EUR   x = 45 000 : 1,0975 = 41 002,28 (EUR)

Ergebnis: Die Bank belastet den Kunden mit 41 002,28 EUR.

Zusammenfassende Erkenntnis aus beiden Beispielen:

Beim Ankauf von 45 000,00 USD (Verkauf von Euro) schreibt die Bank dem Kunden aufgrund des geltenden Verkaufskurses 40 595,40 EUR gut.

Beim Verkauf des gleichen Betrages belastet die Bank den Kunden aufgrund des notierten Ankaufskurses mit 41 002,28 EUR. Da die Bank dem Kunden einen höheren Betrag belastet als sie ihm gutschreibt, hat die Bank aus dem An- und Verkauf von Euro einen Gewinn (Rohgewinn) in Höhe der Differenz beider Beträge erzielt (406,88 EUR).

> **Wir merken uns:**
> - Beim **Ankauf ausländischer Währung** durch die Bank verkauft die Bank EUR. Daher erfolgt die Gutschrift auf dem Kundenkonto zum Verkaufskurs.
> - Beim **Verkauf ausländischer Währung** kauft die Bank EUR. Daher erfolgt die Lastschrift auf dem Kundenkonto zum Ankaufskurs.
> - Die Lastschrift aufgrund des Ankaufskurses ist immer höher als die Gutschrift aufgrund des Verkaufskurses.

Übungsaufgaben

6 1. Berechnen Sie aufgrund der vorliegenden Kurse von Seite 28 für einen deutschen Kaufmann die Bankgutschriften für die folgenden in der jeweiligen Auslandswährung ausgestellten Rechnungsbeträge:
   1.1   1 875,00 USD
   1.2 74 980,00 CHF

2. Berechnen Sie aufgrund der Devisenkurse von Seite 28 für einen deutschen Importeur die einzelnen Banklastschriften für die folgenden in der jeweiligen Auslandswährung vorliegenden Rechnungsbeträge:
   2.1 34 000,00 CAD
   2.2   7 850,00 GBP
   2.3 46 850,00 DKK

3. Eine deutsche Möbelhandlung bezieht aus der Schweiz 150 Bürostühle zu je 420,00 CHF. Vereinbarungsgemäß wird die Rechnung in CHF ausgestellt.

   Mit welchem Betrag wird die Möbelhandlung aufgrund der vorliegenden Devisenkursnotierungen von Seite 28 auf ihrem Bankkonto belastet?

4. Wir haben an einen kanadischen Kunden eine Spezialmaschine verkauft und erhalten vereinbarungsgemäß einen Scheck über 16 580,00 CAD.

   Welchen EUR-Betrag schreibt uns die Bank aufgrund der vorliegenden Devisenkurse von Seite 28 gut?

5. Auf der Messe wurden Waren an einen Messebesucher aus der Schweiz und an einen aus England verkauft. Die Preise wurden jeweils in der ausländischen Währung vereinbart. Der Schweizer hat 9 800,00 CHF und der Engländer 26 500,00 GBP zu zahlen.

   Welcher EUR-Betrag wird unserem Bankkonto aufgrund der vorliegenden Kursnotierungen von Seite 28 gutgeschrieben?

6. Ein deutsches Textilgeschäft bezieht Seide aus Japan. Als Rechnungspreis wurde ein Betrag von 1 350 000,00 JPY vereinbart.

   Mit welchem Betrag wird unter Zugrundelegung der Devisenkurse von Seite 28 das Textilgeschäft von der Bank belastet?

7. Für einen gleichwertigen Artikel liegen einem Kaufmann zwei Angebote vor. Der Artikel kann bezogen werden aus Großbritannien für 392,00 GBP je Stück und aus Norwegen für 4 793,60 NOK je Stück.

   Welches Angebot ist unter Berücksichtigung der vorliegenden Devisenkurse von Seite 28 günstiger?

8.

ZAHNRÄDER UND GETRIEBE

Friedrich Kern e. Kfm.
Handelshaus für Elektromotoren
Gutenbergstrasse 1
D-88046 FRIEDRICHSHAFEN 1

RECHNUNG NR. 5100-04414   CH-4452 Itingen, 28.03.2000

Kunden-Nr. 20717	Unser Ref.: Fritz Sutter/tf	MWST-Nr.:115839
Ihre Bestellung	Nr.107543 vom 21.03.2000	I/Ref. A.Bucher
Lieferkonditionen	EXW ab Werk CH-4452 Itingen, unverpackt, unverzollt	
Zahlungskonditionen	30 Tage netto / 15 Tage 2% Skonto	

POS.	BEZEICHNUNG	MENGE	PREIS	%	BETRAG	CHF
10	GYSIN-Planetengetriebe	1 Stk.	493,00	15,00	419,05	
	PLC 42-1					
	Untersetzung 3.5:1, einstufig					
	Art. Nr. 300a-906					
	Standard-Ausführung					
	mit spez. Abgangswelle					
	PLC-Ausführung					
	Sonderflansch passend an Motor					
	Typ BLSM 40					
	Lieferfrist 14.00					
	TOTALBETRAG BESTÄTIGUNG			CHF	419,05	

GYSIN AG CH-4452 ITINGEN
ZELGLIWEG
TEL. 061 976 55 55 FAX 061 976 55
WWW.GYSIN.COM E-MAIL:INFO@GYSIN.COM

Mit wie viel EUR wird Friedrich Kern e. Kfm. von der Bank belastet, wenn er den Rechnungsbetrag unter Abzug von 2% Skonto begleicht und die Bank 4,80 EUR Gebühren berechnet?

Legen Sie der Berechnung den Devisenkurs von Seite 28 zugrunde!

7 1. Das Handelshaus Fritz Weber e.Kfm. kauft in Norwegen Spezialbohrer zum Preis von 16 275,00 NOK je Stück.

Währung: NOK, Ankauf: 7,8450, Verkauf: 7,9860

Anschließend werden 10 Bohrer mit einem Preisaufschlag von 15 % nach Japan verkauft. Die Rechnung wird vereinbarungsgemäß in der japanischen Währung ausgestellt. Währung: JPY, Ankauf: 136,1600, Verkauf: 136,2900

1.1 Über welchen Betrag lautet die Rechnung an den Abnehmer in Norwegen?

1.2 Wie viel verdient das Handelshaus, wenn die Bank für die Abwicklung der Zahlung 12,68 EUR berechnet?

2. Die Maschinenhandlung Beate Gross e. Kfr. in Dresden hat an einem Tag folgende Zahlungseingänge:
aus Kanada 22 850,00 CAD, aus Japan 820 000,00 JPY,
aus der Schweiz 16 480,00 CHF.

Berechnen Sie aufgrund der Devisenkurse von Seite 28 die Bankgutschriften in EUR!

3. Welche Bankbelastung ergibt sich für eine Überweisung in die USA in Höhe von 36 000,00 USD bei folgender Devisenkursnotierung:

Währung: USD, Ankauf: 0,9323, Verkauf: 0,9404

4. Ein englisches Unternehmen hat am 8. Januar dieses Jahres bei einem deutschen Exporteur eine Webmaschine bestellt. Als Rechnungspreis wurden 120 500,00 GBP vereinbart, zahlbar bei Lieferung. Die Lieferung erfolgte am 28. Januar des Jahres. Am 28. Januar ergab sich folgende Devisenkursnotierung:

Währung: GBP, Ankauf: 0,5882, Verkauf: 0,5993

4.1 Welcher Eurobetrag wird dem Exporteur von seiner Bank gutgeschrieben?

4.2 Welcher Gutschriftsbetrag würde sich ergeben, wenn vereinbart worden wäre, die Zahlung am Tag der Bestellung zu leisten, an dem sich folgende Notierung ergab:
Währung: GBP, Ankauf: 0,6142, Verkauf: 0,6184

5. Für die Aktion „Fischwochen" bezieht ein Verbrauchermarkt Seezungenfilet aus Schweden für 38 031,13 SEK. Die Rechnung wird am 15. Juni überwiesen. An diesem Tag ergab sich folgende Devisenkursnotierung:

Währung: SEK, Ankauf: 8,9485, Verkauf: 8,9535.

Welchen Eurobetrag hat der Verbrauchermarkt an den schwedischen Exporteur zu überweisen?

6. Ein Medien-Markt erhält zwei Angebote für vergleichbare „Autofocus-Zoom-Kameras" aus Singapur und China.

Angebot 1 aus Singapur: 50 Autofocus-Zoom-Kameras für 12 150,00 SGD
Angebot 2 aus China: 50 Autofocus-Zoom-Kameras für 57 495,50 CNY

Kurse: Singapur Dollar (SGD): 2,025
Chin. Yuan (NY): 9,745

Für welches Angebot soll sich der Medien-Markt entscheiden?

Begründen Sie Ihre Entscheidung rechnerisch!

3 Durchschnittsrechnung

3.1 Einfacher Durchschnitt

Einführungsbeispiel

Aufgabe

Ein Einzelhandelsgeschäft möchte am 30. Juni den durchschnittlichen Lagerbestand einer Warenart zu Einstandspreisen für die vergangenen 6 Monate ermitteln. Für die einzelnen Monate waren folgende Werte festgehalten worden:

30. Januar	142 500,00 EUR	30. April	142 090,00 EUR
28. Februar	198 610,00 EUR	31. Mai	84 610,00 EUR
31. März	124 080,00 EUR	30. Juni	76 350,00 EUR

Wie viel EUR beträgt der durchschnittliche Lagerbestand?

Musterlösung

$$\emptyset \text{ Lagerbestand} = \frac{142\,500 + 198\,610 + 124\,080 + 142\,090 + 84\,610 + 76\,350}{6} = 128\,040,00 \text{ EUR}$$

Ergebnis: Der durchschnittliche Lagerbestand beträgt 128 040,00 EUR.

Allgemeiner Lösungsweg

1. In einem ersten Schritt werden die einzelnen Werte addiert.
2. In einem zweiten Schritt wird die Summe der Werte durch die Anzahl der Werte geteilt.

$$\text{Einfacher Durchschnitt} = \frac{\text{Summe der Werte}}{\text{Anzahl der Werte}}$$

Übungsaufgabe

8 1. Der Lagerbestand einer Ware beträgt im zweiten Halbjahr 20..

Monat	Anzahl	Wert
Juli	1 200	3 640,00 EUR
August	940	2 020,00 EUR
September	820	1 590,00 EUR
Oktober	1 740	4 010,00 EUR
November	1 020	2 110,00 EUR
Dezember	742	1 680,00 EUR

1.1 Welche durchschnittliche Anzahl an Waren war am Lager?
1.2 Wie viel EUR betrug der durchschnittliche Lagerbestand?

2. Das Textilgeschäft Schlaf GmbH ermittelte in der vergangenen Woche die Kundenzahlen, um den durchschnittlichen Umsatz je Kunde zu errechnen.

Tag	Kundenzahl	Tageslosung
Montag	120	2 980,40 EUR
Dienstag	98	1 770,80 EUR
Mittwoch	105	5 160,00 EUR
Donnerstag	72	940,20 EUR
Freitag	111	4 319,60 EUR
Samstag	142	8 220,60 EUR

2.1 Wie viel EUR betrug der Durchschnittsumsatz je Tag?

2.2 Berechnen Sie die durchschnittliche Kundenzahl je Tag!

2.3 Wie viel EUR betrug der Durchschnittsumsatz je Kunde in der vergangenen Woche?

3. Ein Lebensmittelgeschäft stellt fest, dass für ihren Hauswein „Das Weinreberl" in den letzten 5 Jahren folgende Preise erzielt wurden: 1. Jahr: 7,10 EUR; 2. Jahr: 6,60 EUR; 3. Jahr: 7,90 EUR; 4. Jahr: 8,20 EUR; 5. Jahr: 6,30 EUR.

Welchen Durchschnittspreis erzielte die Winzergenossenschaft für den Wein in den vergangenen 5 Jahren?

4. Ein Schuhgeschäft hatte im vergangenen Geschäftsjahr folgende Monatsumsätze:

Monat	Umsatz	Monat	Umsatz	Monat	Umsatz
Januar	32 400,00 EUR	Mai	45 380,00 EUR	September	29 420,00 EUR
Februar	25 200,00 EUR	Juni	51 420,00 EUR	Oktober	34 370,00 EUR
März	34 150,00 EUR	Juli	28 410,00 EUR	November	38 910,00 EUR
April	28 700,00 EUR	August	27 700,00 EUR	Dezember	66 720,00 EUR

4.1 Wie viel EUR betrug der Jahresumsatz?

4.2 Wie viel EUR betrug der durchschnittliche Monatsumsatz?

4.3 Wie viel EUR betrug der durchschnittliche Tagesumsatz bei 295 Verkaufstagen?

4.4 Wie viel EUR betrug der Umsatz je Verkäufer, wenn das Geschäft 3 Mitarbeiter beschäftigt?

5. Ein Mitarbeiter im Außendienst legte in der Woche vom 2. April – 6. April mit dem Pkw folgende Tagesstrecken für Kundenbesuche zurück:

| 2. April | 280 km | 4. April | 364 km | 6. April | 304 km |
| 3. April | 125 km | 5. April | 212 km | | |

Wie viele km ist er am Tag durchschnittlich gefahren?

6. Um sich ein Urteil über die Preisentwicklung auf dem Markt für Südfrüchte bilden zu können, notiert sich der Inhaber einer Früchtehandlung eine Woche lang die Preise für ein 5-kg-Netz Orangen auf dem Großmarkt. Die Preise an den verschiedenen Wochentagen betrugen:

Montag	5,25 EUR	Donnerstag	4,85 EUR
Dienstag	5,60 EUR	Freitag	5,40 EUR
Mittwoch	4,90 EUR	Samstag	6,20 EUR

Wie viel EUR betrug der durchschnittliche Großmarktpreis für 5 kg Orangen?

3.2 Gewogener Durchschnitt

Einführungsbeispiel

Aufgabe

Ein Einzelhandelsgeschäft möchte am Eingang des Ladens einen großen Korb mit Sonderangeboten aufstellen. Die im Korb angebotenen Waren sollen zu einem Einheitspreis verkauft werden. Vorhanden sind:

Anzahl	bisheriger Verkaufspreis je Einheit
6	12,60 EUR
12	27,80 EUR
8	26,10 EUR
20	16,40 EUR

Mit welchem Durchschnittspreis muss der Einzelhändler die Waren auszeichnen, wenn der gesamte Verkaufserlös unverändert bleiben soll?

Musterlösung

	Einzel-menge		Preis je Einheit		Gesamtwert je Einzelmenge
	6	·	12,60 EUR	=	75,60 EUR
	12	·	27,80 EUR	=	333,60 EUR
	8	·	26,10 EUR	=	208,80 EUR
	20	·	16,40 EUR	=	328,00 EUR
Gesamtmenge →	46		Gesamtwert →		946,00 EUR
	1				x EUR

Probe:
46 · 20,565217 EUR ergibt einen Gesamterlös von 946,00 EUR.

$$x = \frac{946 \cdot 1}{46} = \underline{20,57 \text{ EUR}} \text{ (genau: 20,565217)}$$

Ergebnis: Die Ware muss mit einem Preis von 20,57 EUR ausgezeichnet werden.

Erläuterungen zur Aufgabe:

Die Preise für die einzelnen Waren dürfen nicht wie beim einfachen Durchschnitt nur zusammengezählt und dann durch die Anzahl der Sorten (in unserem Beispiel 4) geteilt werden.
Begründung: Da von der Ware zu 27,80 EUR noch 12 Stück vorhanden sind, fallen diese stärker ins Gewicht als etwa die 6 Stück zu 12,60 EUR, d.h., unterschiedliche Einzelmengen müssen bei der Berechnung eines Durchschnittspreises berücksichtigt (gewichtet) werden.
Es ist der *Gesamtwert* der jeweiligen Warenart zu ermitteln (Einzelmenge x Preis je Einheit, z.B. 6 x 12,60 EUR = 75,60 EUR). Die Summe der Gesamtwerte ist dann durch die *Gesamtmenge* zu dividieren.

Allgemeiner Lösungsweg

1. Die Einzelmengen und der jeweilige Preis je Einheit sind im Lösungsansatz festzuhalten.
2. Die Multiplikation von Einzelmenge x Preis je Einheit ergibt den Gesamtwert je Einzelmenge.
3. Durch Addition der Einzelmengen und der Gesamtwerte je Einzelmenge sind die Gesamtmenge und der Gesamtwert zu errechnen.
4. Der gewogene Durchschnittspreis je Einheit wird ermittelt durch Division des Gesamtwertes durch Gesamtmenge.

Übungsaufgabe

9 1. Ein Einzelhändler stellt einen Wühlkorb aus 3 Warenarten zusammen, die zu einem Durchschnittspreis als Sonderangebot verkauft werden sollen.

   16 Stück zum bisherigen Preis von 3,12 EUR je Stück
   34 Stück zum bisherigen Preis von 2,74 EUR je Stück
   10 Stück zum bisherigen Preis von 0,68 EUR je Stück

   Zu welchem EUR-Betrag je Stück wird der Wühlkorb ausgezeichnet?

2. Das Lebensmittelhaus Fritz Straub e. Kfm. mischt seine beliebte Mischung „Hustenbonbons". Dazu verwendet der Einzelhändler fünf Sorten von Bonbons:

Salbeigeschmack:	5 kg	Preis je kg 13,10 EUR
Malzgeschmack:	8 kg	Preis je kg 12,40 EUR
Huflattichgeschmack:	2 kg	Preis je kg 14,10 EUR
Kamillengeschmack:	10 kg	Preis je kg 11,90 EUR
Honiggeschmack:	12 kg	Preis je kg 11,85 EUR

   Wie viel EUR beträgt der Verkaufspreis für einen 125-g-Beutel?

3. Das Textilhaus „Kleider-Froh GmbH" hat einen Sonderposten Mäntel wie folgt verkauft: 120 Stück zum regulären Preis von 99,80 EUR, 65 Stück zu einem Sonderpreis von 79,90 EUR und den Rest von 30 Stück im Winterschlussverkauf zu 59,90 EUR.

   Welchen Durchschnittspreis je Mantel erzielte das Textilhaus?

4. Ein Lebensmittelhändler mischt drei Sorten Kaffee:

   Sorte I: 16 kg zu je 9,20 EUR
   Sorte II: 24 kg zu je 8,10 EUR
   Sorte III: 12 kg zu je 6,90 EUR

   Beim Rösten entsteht ein Gewichtsverlust von 16 %.

   Wie viel EUR kostet $\frac{1}{4}$ kg der Mischung, wenn für Arbeitslohn 26,80 EUR einkalkuliert werden?

5. Drei Getreidesorten sollen zu einer Müsli-Mischung gemischt werden. Dafür vorgesehen sind 6 kg Roggen zu 1,90 EUR/kg, 10 kg Weizen zu 2,60 EUR/kg und 4 kg Hafer zu 1,60 EUR/kg.

   Wie viel EUR kosten 500 g dieser Mischung?

6. Ein Teppichhaus hat 6 Rollen Teppichboden mit je 45 m Länge verkauft. Zum regulären Preis von 24,80 EUR je m wurden 148 m verkauft. 65 m wurden mit einem Nachlass von 5 % und 49 m wegen eines kleinen Webfehlers zu 16,10 EUR je m abgesetzt. Der Rest wurde als Resteverkauf zum Sonderpreis von 20,00 EUR verkauft.

   Wie viel EUR hat der durchschnittliche Verkaufspreis betragen?

7. Das Textilhaus Fritz Wolle e. Kfm. stellt am Ladeneingang einen Wühltisch mit Hemden, Blusen, Schürzen und Röcken auf. Alles soll zu einem Einheitspreis verkauft werden. Vorhanden sind:

   15 Hemden zu 21,90 EUR   18 Schürzen zu 12,80 EUR
   11 Blusen zu 15,40 EUR   24 Röcke   zu 28,50 EUR

   Welchen Durchschnittspreis muss Fritz Wolle verlangen, damit der gesamte Verkaufserlös unverändert bleibt?

8. Ein Süßwarenhaus will für das Weihnachtsgeschäft am Ladeneingang Schüttkörbe mit Pralinenmischungen von Packungen zu jeweils 125 g aufstellen. Folgende Mengen an Pralinen werden hierzu verwendet:

   30 kg je 2,80 EUR für $\frac{1}{2}$ kg
   16 kg je 6,60 EUR für 1 kg
   14 kg je 3,90 EUR für $\frac{1}{2}$ kg

   Für wie viel EUR kann die 125-g-Packung angeboten werden, wenn an Verpackungsmaterial insgesamt 14,40 EUR anfallen?

9. Im Monat Januar haben wir von einem Artikel folgende Lagerbestände festgestellt:

1. Jan.	Anfangsbestand	156 kg
3. Jan.	Lagerbestand	357 kg
9. Jan.	Lagerbestand	410 kg
15. Jan.	Lagerbestand	640 kg
19. Jan.	Lagerbestand	220 kg
30. Jan.	Lagerbestand	509 kg

   Wie viel kg betrug der durchschnittliche Lagerbestand?

10. Ein Sportgeschäft hat 1 000 Packungen Tennisbälle zu je 6 Stück am Lager. 4 806 Bälle werden zu 1,40 EUR je Ball und 1 140 Bälle werden zu 0,90 EUR je Ball verkauft. Der Rest ist wegen zu langer Lagerung nicht verkäuflich.

    Welchen Durchschnittserlös erzielte das Sportgeschäft pro Packung?

11. Der Inhaber eines Reformgeschäftes will eine spezielle Hausteemischung herstellen. Dazu verwendet er 14 kg Pfefferminze zu 22,00 EUR je kg, 12 kg Hagebutte zu 25,00 EUR je kg und 16 kg Melisse zu 27,00 EUR je kg. Die Hausteemischung wird in 50-g-Beuteln verkauft.

    Wie viel EUR kostet ein Beutel der Hausteemischung?

4 Verteilungsrechnung

Im kaufmännischen Bereich spielt die Verteilungsrechnung eine wichtige Rolle, gilt es doch beispielsweise, Kosten auf die verschiedenen Produkte, Gewinne auf die einzelnen Gesellschafter oder Lohnprämien auf die Anzahl der Mitarbeiter aufzuteilen. Das Grundanliegen der Verteilungsrechnung ist immer das gleiche: Eine **Gesamtmenge** wird mit Hilfe eines **Verteilungsschlüssels** in einzelne **Anteile** aufgeteilt.

4.1 Verteilung nach ganzen Anteilen

Einführungsbeispiel

Aufgabe 1

Ein Einzelhändler hat für das Geschäftshaus eine monatliche Miete von 4 032,00 EUR zu bezahlen. Um für die einzelnen Abteilungen eine genaue Kalkulation vornehmen zu können, teilt der Einzelhändler die Geschäftsmiete auf die einzelnen Abteilungen nach folgendem Schlüssel auf: Warenabteilung I: 80 m², Warenabteilung II: 56 m², Büro: 48 m² und Lager: 72 m².

Welcher Mietanteil entfällt auf die einzelnen Abteilungen?

Musterlösung

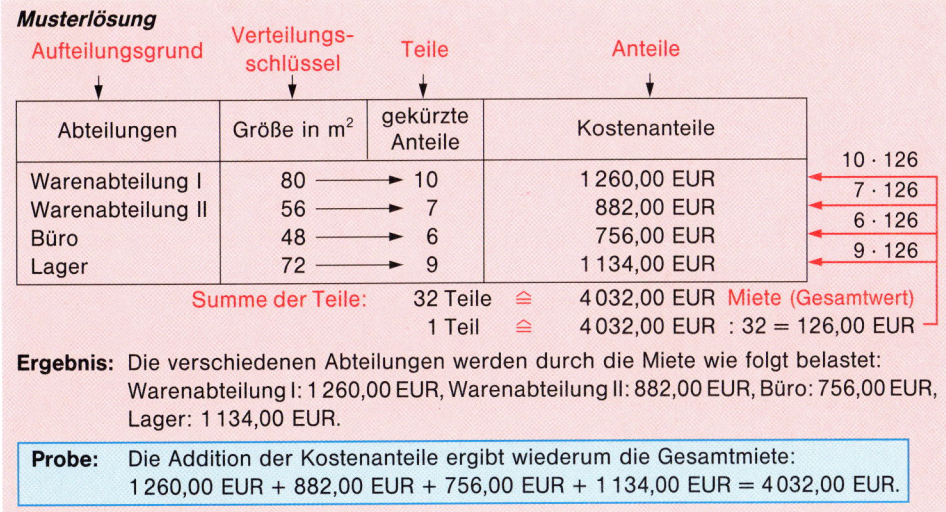

Abteilungen	Größe in m² (Aufteilungsgrund)	gekürzte Anteile (Verteilungsschlüssel / Teile)	Kostenanteile (Anteile)
Warenabteilung I	80 →	10	1 260,00 EUR
Warenabteilung II	56 →	7	882,00 EUR
Büro	48 →	6	756,00 EUR
Lager	72 →	9	1 134,00 EUR

Summe der Teile: 32 Teile ≙ 4 032,00 EUR Miete (Gesamtwert)
1 Teil ≙ 4 032,00 EUR : 32 = 126,00 EUR

10 · 126
7 · 126
6 · 126
9 · 126

Ergebnis: Die verschiedenen Abteilungen werden durch die Miete wie folgt belastet:
Warenabteilung I: 1 260,00 EUR, Warenabteilung II: 882,00 EUR, Büro: 756,00 EUR,
Lager: 1 134,00 EUR.

Probe: Die Addition der Kostenanteile ergibt wiederum die Gesamtmiete:
1 260,00 EUR + 882,00 EUR + 756,00 EUR + 1 134,00 EUR = 4 032,00 EUR.

Allgemeiner Lösungsweg

1. Es ist zu überprüfen, ob sich der Verteilungsschlüssel durch Kürzen vereinfachen lässt.
2. Addition der Teile.
3. Über die Division des Gesamtwertes durch die Summe der Teile erhält man den Wert **eines** Teils.
4. Durch die Multiplikation der einzelnen Teile mit dem Wert eines Teiles erhält man den Wert für die Anteile. **Probe:** Die Addition der einzelnen Anteile muss wiederum den Gesamtwert ergeben.

Aufgabe

Bei der Liquidation (Auflösung) eines Unternehmens wird das Vermögen im Wert von 350 000,00 EUR aufgeteilt. Jeder der drei Gesellschafter A, B und C soll gleich viel erhalten. Der Gesellschafter B hat jedoch für eine private Investition schon 31 000,00 EUR entnommen. Gleiches gilt für C, der für den Kauf eines Grundstücks 90 000,00 EUR entnommen hatte. Wie viel EUR erhält jeder Gesellschafter ausbezahlt?

Musterlösung

Gesellschafter	Teile	Vorleistungen	Auszahlungsbetrag
A	1		157 000,00 EUR
B	1	− 31 000,00 EUR	126 000,00 EUR
C	1	− 90 000,00 EUR	67 000,00 EUR
	3	−121 000,00 EUR ≙ 350 000,00 EUR	
		3 Teile ≙ 471 000,00 EUR	
		1 Teil ≙ 157 000,00 EUR	

1 · 157 000 EUR
1 · 157 000 EUR − 31 000 EUR
1 · 157 000 EUR − 90 000 EUR

Erläuterungen zur Aufgabe

Bei dieser Aufgabe haben 2 Gesellschafter schon vor der Liquidation Gelder (= Anteile ihres Vermögens) erhalten. Diese Vorauszahlungen sind selbstverständlich zu dem zu verteilenden Vermögen zunächst **hinzuzurechnen**. Wären nämlich die Zahlungen nicht erfolgt, wäre das Vermögen *größer*, d.h., ohne Hinzurechnung der schon gezahlten Beträge würden diese gar nicht zur Verteilung kommen. Bei der Berechnung der einzelnen Auszahlungsbeträge sind die bisherigen Zahlungen dann abzuziehen, da der Gesellschafter diesen Teil des ihm zustehenden Betrages ja schon erhalten hat.

Übungsaufgabe

10 1. Verteilen Sie die folgenden Kapitalien im angegebenen Verhältnis!
   1.1   7 200,00 EUR Kapital im Verhältnis 3 : 4 : 2
   1.2   975,00 EUR Kapital im Verhältnis 2 : 5 : 7 : 1
   1.3 38 000,00 EUR Kapital im Verhältnis 3 : 2 : 9 : 5
   1.4   2 400,00 EUR Kapital im Verhältnis 3 : 4 : 5

2. Aus Anlass des 25-jährigen Geschäftsjubiläums zahlt der Geschäftsinhaber an seine Mitarbeiter 8 400,00 EUR. Der Betrag wird nach der Betriebszugehörigkeit der Mitarbeiter gezahlt. Mitarbeiter A arbeitet seit 25 Jahren, B seit 20 Jahren, C seit 9 Jahren und D seit 2 Jahren im Geschäft.
   Wie viel EUR erhalten die einzelnen Mitarbeiter?

3. Ein Einzelhändler hat neben seinem Hauptgeschäft noch 2 Filialen. Im laufenden Geschäftsjahr wurden 37 120,00 EUR für Werbeaktionen ausgegeben. Aus kostenrechnerischen Gründen sind diese Ausgaben auf die 3 Geschäfte zu verteilen. Verteilungsgrundlage sind die Jahresumsätze.
   Hauptgeschäft: 720 000,00 EUR
   Filiale I: 480 000,00 EUR
   Filiale II: 540 000,00 EUR
   Wie viel EUR Werbekosten entfallen auf jedes Geschäft?

4. Ein Filialunternehmen hat aus Insolvenzbeständen 1 419 Stück Baumwollhemden aufkaufen können. Die Ware soll entsprechend dem Umsatz auf die vier Filialen aufgeteilt werden. Für das vergangene Geschäftsjahr liegen folgende Umsatzzahlen vor:
   Filiale 1: 260 000,00 EUR   Filiale 3: 156 000,00 EUR
   Filiale 2: 390 000,00 EUR   Filiale 4: 312 000,00 EUR
   Wie viel Baumwollhemden erhalten jeweils die Filialen?

5. Aus den Betriebsunterlagen eines Kaufhauses gehen folgende Beteiligungen hervor: Franz Abt ist mit 36 400,00 EUR, Holger Bär mit 44 800,00 EUR und Fritz Ceh mit 67 200,00 EUR beteiligt. Ceh ist Geschäftsführer und erhält von dem auszuschüttenden Gewinn eine Zusatzleistung von 4 200,00 EUR. Da Bär einen Großverkauf vermittelt hat, erhält er eine Zusatzprämie von 2 500,00 EUR. Der Bilanzgewinn beläuft sich auf 88 320,00 EUR. Verteilungsgrundlage sind die Kapitalanteile.
   Welchen Gewinnanteil erhält jeder Gesellschafter gutgeschrieben?

6. Drei Einzelhändler stellen gemeinsam auf der Frühjahrsmesse aus. Dabei wird ein Umsatz von 14 200,00 EUR erzielt. Der Einstandspreis der Waren betrug 8 100,00 EUR. An Kosten fielen 3 100,00 EUR an. Der Reingewinn wird folgendermaßen verteilt: 10 % sollen dem „Roten Kreuz" gespendet werden, der Rest wird entsprechend der Arbeitsleistung am Messestand verteilt (A: 80 Stunden, B: 96 Stunden, C: 64 Stunden).
   6.1 Wie viel EUR beträgt der Reingewinn und der gespendete Betrag?
   6.2 Wie viel EUR betragen die Gewinnanteile von A, B, und C?

7. Nach Abschluss des Weihnachtsgeschäftes verteilt der Geschäftsinhaber an die fest angestellten Verkäuferinnen und 2 Aushilfskräfte eine Prämie in Höhe von 1 585,50 EUR. Die Aufteilung erfolgt nach den geleisteten Überstunden. Die Mitarbeiter haben folgende Überstunden geleistet:
   Maria: 42;   Nora: 35;   Paula: 32;   Agnes: 14;   Olga: 28
   Welchen EUR-Betrag erhält jede Mitarbeiterin ausgezahlt?

4.2 Verteilung nach Bruchteilen

Einführungsbeispiel

Aufgabe

Aufgrund des guten Weihnachtsgeschäftes und der verstärkten Mitarbeit der 3 Angestellten verteilt der Inhaber eines Einzelhandelsgeschäftes eine Prämie von 1 600,00 EUR an seine Mitarbeiter. Adelheid erhält $1/5$, Berta $1/4$ und Cäcilie den Rest.

Wie viel EUR Prämie erhalten die einzelnen Angestellten?

Musterlösung

Angestellte	Verteilungs-schlüssel	Vergleichbar-machung	Teile	Verteilungs-ergebnis
Adelheid	1/5	4/20	4	320,00 EUR
Berta	1/4	5/20	5	400,00 EUR
Cäcilie	Rest	11/20	11	880,00 EUR

$$20\ T \triangleq 1\,600{,}00\ EUR$$
$$1\ T \triangleq x\ EUR$$

$x = 1\,600{,}00\ EUR : 20 = 80{,}00\ EUR$ Wert für 1 Teil

Ergebnis: Die Angestellten erhalten folgende Prämien: Adelheid 320,00 EUR, Berta 400,00 EUR und Cäcilie 880,00 EUR.

Probe: Die Summe der Anteile ergibt wiederum die Gesamtprämie:
320,00 EUR + 400,00 EUR + 880,00 EUR = 1 600,00 EUR.

Erläuterungen zur Aufgabe:

1. Da der Verteilungsschlüssel in ungleichnamigen Brüchen angegeben ist, muss zunächst der Hauptnenner gesucht werden. Er beträgt 20. Die Brüche werden auf den Hauptnenner 20 erweitert. Der Bruchanteil für Cäcilie (Restanteil) ergibt sich durch Subtraktion der einzelnen Teile von dem Ganzen (20/20). Da es hier nur um das Verhältnis der einzelnen Teile geht, kann der gemeinsame Nenner weggelassen werden.

2. Der Anteil für Cäcilie beträgt 880,00 EUR, was 11 Teilen entspricht. Durch Division erhält man den Wert eines Teils (880,00 : 11 Teile = 80,00 EUR). Durch Multiplikation mit den jeweiligen Teilen können nun die einzelnen Anteile errechnet werden. Die Summe der Anteile ergibt den Gesamtbetrag.

Übungsaufgabe

11 1. Drei Kaufleute gründen ein Einkaufszentrum. A bringt 4 100 000,00 EUR, B ¼ und C ⅓ des Gesamtkapitals auf.

   1.1 Wie viel EUR betragen die Einlagen von B und C?

   1.2 Wie viel EUR erhält jeder Kaufmann, wenn der Reingewinn in Höhe von 492 000,00 EUR im Verhältnis der Kapitalanteile verteilt wird?

2. Die Brüder Franz, Fritz und Fabian Schlau sind die Gesellschafter der Schlau GmbH. Franz ist mit ⅕, Fritz mit ⅐ und Fabian mit 120 000,00 EUR beteiligt.

   Wie viel EUR betragen die Anteile der Gesellschafter Franz und Fritz?

3. Für eine Messe schließen sich 3 Einzelhändler zusammen und mieten gemeinsam einen Werbestand. Die anfallenden Kosten werden wie folgt aufgeteilt:

   A zahlt ⅓, B zahlt ⅖ des Gesamtbetrages und C zahlt 3 740,00 EUR.

   Wie viel EUR betragen die Gesamtkosten?

4. Ein Schuhgeschäft wird von 3 Personen gegründet. A bringt eine Kapitaleinlage von 107 100,00 EUR auf, B übernimmt ⅓ und C ⅕ des Gesamtkapitals.

   4.1 Wie viel EUR beträgt jeweils die Kapitaleinlage von B und C?

   4.2 Im ersten Geschäftsjahr erzielen sie zusammen einen Gewinn von 147 000,00 EUR.

   Wie viel Gewinn in EUR erhält jeder, wenn die Gewinnverteilung nach der Einlage erfolgen soll?

5. Vier Einzelhandelsbetriebe bauten gemeinsam ein Parkhaus. Das Kaufhaus Abel war mit 430 700,00 EUR beteiligt. Die übrigen 3 Betriebe trugen folgende Anteile an den Kosten: Textilhaus Bauer ⅙, Sporthaus Canz ⅛, Uhren-Diehm ⅒.

   5.1 Wie viel EUR mussten Bauer, Canz und Diehm jeweils an Baukosten aufbringen?

   5.2 Wie viel EUR betrugen die gesamten Baukosten des Parkhauses?

6. Ein Vermögen über 146 880,00 EUR soll unter 4 Berechtigten aufgeteilt werden. Marion erhält ¼, Andreas ⅖, Christoph ⅓ und Ralf den Rest der Summe.

   Wie viel EUR bekommt jeder Berechtigte?

7. Agnes, Birgit und Manuela betreiben gemeinsam eine Boutique für junge Mode. Den erwirtschafteten Gewinn in Höhe von 37 230,00 EUR wollen sie wie folgt aufteilen:

   Agnes erhält 2/7, Birgit ⅓ und Manuela den Rest, wobei Agnes vorweg vom Reingewinn für die Erledigung der Verwaltungsaufgaben monatlich 250,00 EUR erhält.

   Welchen EUR-Betrag erhalten die 3 Damen ausbezahlt?

8. Fünf Einzelhandelsgeschäfte aus der Innenstadt schließen sich zu einer Werbegemeinschaft zusammen. Die im ersten Jahr anfallenden Kosten für Zeitungsanzeigen, Kinowerbung, Sonderverlosung und Handzettel in Höhe von 59 060,00 EUR sollen nach der Umsatzgröße verteilt werden. Der Gesamtumsatz der fünf Geschäfte beträgt 1 932 620,00 EUR. Davon entfallen auf A ⅖, B ⅛, C ⅒, D 2/8 und auf E entfällt der Rest.

   Wie viel EUR beträgt der Kostenanteil pro Einzelhandelsbetrieb?

5 Prozent- und Promillerechnung

5.1 Einführung in die Prozent- und Promillerechnung

Die Prozent- und Promillerechnung ist dazu geeignet, Zahlenverhältnisse besser zu durchschauen und vergleichen zu können. Zum Vergleich benötigt man einen einheitlichen **Vergleichsmaßstab**. Beim Prozentrechnen ist es die Zahl 100. Bei der Promillerechnung ist es die Zahl 1 000.

Prozent bedeutet stets: bezogen auf 100	**Promille** bedeutet stets: bezogen auf 1 000
pro → für	pro → für
centum → 100	mille → 1 000

(1) Problemstellung

Aufgabe

Einem Einzelhändler liegen 2 Rechnungen zur Zahlung vor:
Rechnung 1: Rechnungspreis 480,00 EUR   Rechnung 2: Rechnungspreis 1 440,00 EUR
Auf jede Rechnung wird ein Rabatt von 144,00 EUR gewährt. Obwohl der Rabatt *betragsmäßig* in beiden Fällen gleich hoch ist, ist der Rabatt auf der ersten Rechnung im Verhältnis zur zweiten Rechnung wesentlich höher.
Weisen Sie die Richtigkeit dieser Aussage nach!

(2) Problemlösung

Das **Verhältnis Rechnungsbetrag zu Rabatt** bei den beiden Rechnungen ist **direkt nicht vergleichbar**, da die Rechnungsbeträge unterschiedlich hoch sind. Ein Vergleich ist erst möglich, wenn der Rabatt auf einen gleichgroßen Betrag (**Vergleichszahl**) bezogen wird. Als Vergleichszahl wird zweckmäßigerweise die Zahl 100 genommen.

Neue Fragestellung: Wie viel EUR beträgt der Rabatt, bezogen auf 100,00 EUR?

Die **Lösung** der Fragestellung erfolgt mit Hilfe des **Dreisatzes**:

Bei 480,00 EUR Re.-Betrag 144,00 EUR Rabatt   Bei 1 440,00 EUR Re.-Betrag 144,00 EUR Rabatt
Bei 100,00 EUR Re.-Betrag   x   EUR Rabatt   Bei 100,00 EUR Re.-Betrag   x   EUR Rabatt

$$x = \frac{144 \cdot 100}{480} = 30,00 \text{ EUR Rabatt} \qquad x = \frac{144 \cdot 100}{1\,440} = 10,00 \text{ EUR Rabatt}$$

- Der Rabatt beträgt
  30,00 EUR je 100,00 EUR Rechnungsbetrag
  → entspricht: 30 vom Hundert (pro centum)
  → kürzer: 30 v. H. → 30 Prozent → 30 %

- Der Rabatt beträgt
  10,00 EUR je 100,00 EUR Rechnungsbetrag
  → 10 vom Hundert (pro centum)
  → 10 v. H. → 10 Prozent → 10 %

Ergebnis: Verglichen mit einem Rechnungsbetrag von 100,00 EUR sind die beiden Rechnungsnachlässe verschieden hoch. Der Rabatt bei Rechnung 1 beträgt 30 %, bei Rechnung 2 nur 10 %.

Wir merken uns:

- Der **Prozentsatz** (Promillesatz) gibt an, wie hoch ein Wert ist, wenn man die Zahl 100 (1 000) als Bezugsgrundlage wählt.
- Die **Prozentrechnung** ist damit eine **Vergleichsrechnung**. Verschiedene Werte (EUR-Beträge, kg, Liter, cm usw.) werden vergleichbar gemacht, indem man sie auf die **Vergleichszahl 100** bezieht.
  Ist die Vergleichszahl 1 000, so spricht man von **Promillerechnung**. 5 ‰: 5 von 1 000

Die Prozentrechnung ist eine angewandte Dreisatzrechnung. Wir unterscheiden drei **Begriffe:**

480,00 EUR Rechnungsbetrag   30 %   144,00 EUR Rabatt

Grundwert — ist der Ausgangswert, der das Ganze betrifft. In Prozenten ausgedrückt, muss er immer 100 % betragen.

Prozentsatz — gibt an, wie viel Teile vergleichsweise auf 100 entfallen (Anzahl der Hundertstel).

Prozentwert — ist der wertmäßige Betrag (EUR, kg, Liter usw.) des Prozentsatzes.

- **Der Promillewert** ist der wertmäßige Betrag (EUR, kg, Liter) des Promillesatzes.
- **Der Promillesatz** gibt an, wie viel Teile vergleichsweise auf 1 000 entfallen (Anzahl der Tausendstel).

Von den drei Größen Prozentwert (bzw. Promillewert), Grundwert und Prozentsatz (bzw. Promillesatz) müssen stets zwei **Größen** in der Aufgabe **gegeben sein**, um die dritte Größe mit Hilfe des Dreisatzes errechnen zu können.

5.2 Prozent- und Promillerechnung vom Hundert/Tausend

5.2.1 Berechnung des Grundwertes

Einführungsbeispiel

Aufgabe

Ein Einzelhandelsgeschäft hat für die Versicherung des Warenlagers 1 692,60 EUR Prämie zu begleichen. Das sind $2\frac{1}{3}$ % der Versicherungssumme.
Wie viel EUR beträgt die Versicherungssumme?

Musterlösung

Gegeben: Prozentsatz: $2\frac{1}{3}$ %
Prozentwert: 1 692,60 EUR

Gesucht: Grundwert: ?

Bedingungssatz → $2\frac{1}{3}$ % ≙ 1 692,60 EUR
Fragesatz → 100 % ≙ x EUR

Bruchsatz → $x = \dfrac{1\,692{,}60 \cdot 100}{2\frac{1}{3}}$

$x = \dfrac{1\,692{,}60 \cdot 100 \cdot 3}{7}$

$x = \underline{72\,540{,}00 \text{ EUR}}$

Ergebnis: Die Versicherungssumme des Lagers beträgt 72 540,00 EUR.

Berechnung des Grundwertes mit Hilfe der Formel:

$$\text{Grundwert} = \frac{\text{Prozentwert} \cdot 100}{\text{Prozentsatz}}$$

Ist ein **Promillesatz** gegeben, lautet die Formel wie folgt:

$$\text{Grundwert} = \frac{\text{Promillewert} \cdot 1000}{\text{Promillesatz}}$$

Übungsaufgabe

12 1. Beim Sommerschlussverkauf wurden die nachfolgenden Nachlässe festgesetzt. Berechnen Sie den ursprünglichen Ladenverkaufspreis (Bruttoverkaufspreis)!

Nr.	Nachlass in %	Nachlass in EUR	Nr.	Nachlass in %	Nachlass in EUR
1.1	15 %	209,25 EUR	1.4	2,5 %	105,00 EUR
1.2	11,5 %	402,50 EUR	1.5	3 %	81,00 EUR
1.3	8 %	1 081,60 EUR	1.6	18 %	2 214,00 EUR

2. Wie viel EUR beträgt jeweils die Versicherungssumme, wenn die folgenden Prämien berechnet werden?

Nr.	Prämiensatz	Prämie	Nr.	Prämiensatz	Prämie
2.1	$2\frac{1}{2}\%_{00}$	134,20 EUR	2.4	$2\frac{3}{4}\%_{00}$	178,75 EUR
2.2	$3\frac{1}{4}\%_{00}$	100,75 EUR	2.5	$3\phantom{\frac{1}{4}}\%_{00}$	93,00 EUR
2.3	$1\frac{1}{3}\%_{00}$	301,70 EUR	2.6	$3\frac{1}{2}\%_{00}$	248,50 EUR

3. Die Drogerie Herbert Riecher e. Kfm. hat in der GuV-Rechnung folgende Abschreibungsbeträge[1] ausgewiesen:

Gegenstand	Abschreibungssatz (bei linearer Abschreibung)	Abschreibung in EUR
Gebäude	2,5 %	6 250,00 EUR
Büromöbel	7,69 %	2 829,92 EUR
Ladeneinrichtung	12,50 %	6 856,25 EUR
Lagereinrichtung	7,14 %	6 827,27 EUR

Wie viel EUR betragen die Anschaffungskosten der einzelnen Anlagegüter?

4. Die veranschlagten Kosten für Renovierungsarbeiten der Büroräume wurden um 1 092,25 EUR überschritten. Das sind $8\frac{1}{2}$ % über dem Kostenvoranschlag.
   4.1 Berechnen Sie den ursprünglichen Kostenvoranschlag!
   4.2 Wie viel EUR kosteten die Renovierungsarbeiten tatsächlich?

5. Der Einzelhändler Schlau hat eine private Hausratversicherung abgeschlossen. Die jährliche Versicherungsprämie beträgt 533,60 EUR oder $2,32\%_{00}$.
   Wie viel EUR beträgt die Versicherungssumme?

6. Ein Einzelhändler konnte im Monat August den Umsatz um $4\frac{1}{2}$ % oder 6 221,25 EUR steigern.
   Wie viel EUR betrug sein Umsatz im Juli?

7. Auf der Eingangsrechnung E 61 ist ein Umsatzsteueranteil von 376,32 EUR ausgewiesen. Der Umsatzsteuersatz beträgt 16 %.
   Wie viel EUR beträgt der Nettoeinkaufspreis?

8. Ein Versicherungsvertreter erhält für den Abschluss einer Lebensversicherung eine Provision von $5\frac{1}{2}\%_{00}$. Das sind 194,70 EUR.
   Über welche Versicherungssumme lautet die von ihm vermittelte Lebensversicherung?

9. Der Inhaber des Textilhauses „Haus Kleidegut GmbH" zahlt an die Feuerversicherung eine Prämie von vierteljährlich 165,00 EUR.
   Mit wie viel EUR ist das Geschäftsgebäude einschließlich Lager versichert, wenn die jährliche Versicherungsprämie $1\frac{1}{4}$ % der Versicherungssumme beträgt?

---

[1] Durch die Abschreibung werden die Anschaffungskosten (aufgrund der geschätzten jährlichen Wertminderung) auf die Jahre der Nutzung als Aufwand verteilt.

10. Ein Möbelhaus verkauft die ausgestellten Bilder für die Künstlergruppe „Allgäu". Es erhält eine Provision von 15%. Das entsprach im vergangenen Quartal einer Summe von 2 721,00 EUR.

   Wie viel EUR betrug der Umsatz der verkauften Bilder in diesem Quartal?

5.2.2 Berechnung des Prozentwertes/Promillewertes

Einführungsbeispiel

Aufgabe

Auf eine Lieferantenrechnung über 1 450,00 EUR erhält ein Einzelhandelsgeschäft 3% Skonto.
Wie viel EUR beträgt der Skontobetrag?

Musterlösung

Gegeben: Grundwert: 1 450,00 EUR
Prozentsatz: 3%

Gesucht: Prozentwert: ?

Bedingungssatz → 100% ≙ 1 450,00 EUR
Fragesatz → 3% ≙ x EUR

Bruchsatz → $x = \dfrac{1450 \cdot 3}{100}$

$x = 43{,}50$ EUR

Berechnung des Prozentwertes mit Hilfe der Formel:

$$\text{Prozentwert} = \dfrac{\text{Grundwert} \cdot \text{Prozentsatz}}{100}$$

$\dfrac{\text{Grundwert}}{100} = 1\%$ des Grundwertes

Ergebnis: Der Skonto beträgt 43,50 EUR.

Prozentwert = 1% des Grundwertes · Prozentsatz

Ist ein **Promillesatz** gegeben, lautet die Formel wie folgt:

Promillewert = 1‰ des Grundwertes · Promillesatz

Rechenvorteil

● **Bequeme Teiler**

Die Wahl der Zahl 100 als Vergleichsmaßstab hat unter anderem den Vorteil, dass es eine Reihe von Zahlen gibt, die in 100 glatt aufgehen, die also ganze Teile von 100 sind.

Beispiele

(1) 20% von 160,00 EUR

   20%; $\dfrac{100}{20} = 5$ (bequemer Teiler)

   Daher: 160 : 5 = 32,00 EUR

(2) $8\tfrac{1}{3}\%$ von 240,00 EUR

   $8\tfrac{1}{3}\% = \dfrac{25}{3}$; $100 : \dfrac{25}{3} = \dfrac{100 \cdot 3}{25} = 12$

   Daher: 240 : 12 = 20,00 EUR

- **Der Prozentsatz ist ein glatter Teil von 100**
- Wir stellen fest, wie oft der Prozentsatz in 100 enthalten ist (z.B.: 20 ist 5-mal in 100 enthalten).
- Diese Zahl benutzen wir als Teiler.
- **Rechenvorgang:**
  Grundwert : Teiler = Prozentwert

● **Zerlegung von Prozentsätzen**

Zuweilen sind Prozentsätze als gemeine Brüche ($3/4$ %) oder als gemischte Zahlen ($3\frac{1}{4}$ %) angegeben. Liegt dabei der Prozentsatz in der Nähe einer ganzen Zahl (z. B. liegt $3/4$ % nahe bei 1 % und $3\frac{1}{4}$ % nahe bei 3 %), dann kann es sinnvoll sein, den Prozentsatz zu zerlegen.

Beispiele

(1) $3\frac{2}{3}$ % von 660,00 EUR   **Zerlegung:** $3\frac{2}{3}\% = 4\% - \frac{1}{3}\%$

$$
\begin{array}{rl}
1\ \% \cong & 6{,}60\ \text{EUR} \\ \hline
4\ \% \cong & 26{,}40\ \text{EUR} \\
-\ \frac{1}{3}\ \% \cong & 2{,}20\ \text{EUR} \\ \hline
3\frac{2}{3}\ \% \cong & 24{,}20\ \text{EUR}
\end{array}
$$

(2) $7\frac{1}{2}$ % von 720,00 EUR   **Zerlegung:** $7\frac{1}{2}\% = 7\% + \frac{1}{2}\%$

$$
\begin{array}{rl}
1\ \% \cong & 7{,}20\ \text{EUR} \\ \hline
7\ \% \cong & 50{,}40\ \text{EUR} \\
+\ \frac{1}{2}\ \% \cong & 3{,}60\ \text{EUR} \\ \hline
7\frac{1}{2}\ \% \cong & 54{,}00\ \text{EUR}
\end{array}
$$

Wichtige bequeme Prozentsätze sind der folgenden Tabelle zu entnehmen:

Prozentsatz	Teiler							
$1\frac{1}{4}$ %	→ 80	$3\frac{1}{3}$ %	→ 30	$8\frac{1}{3}$ %	→ 12	25 %	→ 4
$1\frac{1}{3}$ %	→ 75	4 %	→ 25	10 %	→ 10	$33\frac{1}{3}$ %	→ 3
$1\frac{2}{3}$ %	→ 60	$4\frac{1}{6}$ %	→ 24	$11\frac{1}{9}$ %	→ 9	50 %	→ 2
2 %	→ 50	5 %	→ 20	$12\frac{1}{2}$ %	→ 8		
$2\frac{1}{2}$ %	→ 40	$6\frac{1}{4}$ %	→ 16	$16\frac{2}{3}$ %	→ 6		
		$6\frac{2}{3}$ %	→ 15	20 %	→ 5		

Übungsaufgabe

13 1. Lösen Sie die folgenden Aufgaben durch Kopfrechnen!
    1.1   25 %   von   31,80 EUR   27,00 EUR   106,60 EUR
    1.2 $3\frac{1}{3}$ %   von   41,10 EUR   39,30 EUR   122,40 EUR
    1.3 $12\frac{1}{2}$ ‰   von   84 000,00 EUR   12 400,00 EUR   248,00 EUR
    1.4 $6\frac{2}{3}$ ‰   von   2 490,00 EUR   222,00 EUR   27 750,00 EUR
    1.5 $1\frac{1}{4}$ ‰   von   103,68 EUR   26,60 EUR   38,16 EUR

  2. Lösen Sie folgende Aufgaben durch Kopfrechnen!
    2.1 $6\frac{1}{4}$ %   von   20,80 EUR   897,60 EUR   72,32 EUR
    2.2 $8\frac{1}{3}$ ‰   von   540,00 EUR   187,20 EUR   1 476,00 EUR
    2.3 $16\frac{2}{3}$ %   von   95,40 EUR   2 910,00 EUR   151,80 EUR
    2.4 $33\frac{1}{3}$ %   von   435,00 EUR   46,95 EUR   76,50 EUR
    2.5 $1\frac{2}{3}$ ‰   von   34 800,00 EUR   31 800,00 EUR   27 300,00 EUR

  3. Berechnen Sie die Rabattbeträge aus den nachfolgenden Einkaufsrechnungen:

Nr.	Einkaufsbetrag	Rabattsatz	Nr.	Einkaufsbetrag	Rabattsatz
3.1	328,40 EUR	18 %	3.4	917,40 EUR	8 %
3.2	2 685,00 EUR	17 %	3.5	1 012,60 EUR	14,5 %
3.3	179,50 EUR	24 %	3.6	820,10 EUR	35 %

4. Berechnen Sie den Prozentwert durch Zerlegung der Prozentsätze!
   4.1 $7\frac{1}{2}$% von 4 180,00 EUR
   4.2 $8\frac{2}{3}$% von 650,00 EUR
   4.3 $6\frac{1}{9}$% von 3 600,00 EUR
   4.4 $5\frac{1}{8}$% von 240,00 EUR
   4.5 $2\frac{2}{3}$% von 720,00 EUR
   4.6 $3\frac{1}{4}$% von 2 900,00 EUR

5. Berechnen Sie die Preisnachlässe der Waren mit Hilfe der Teiler bei bequemen Prozentsätzen!

Nr.	Warenwert	Preisnachlass	Nr.	Warenwert	Preisnachlass
5.1	56,00 EUR	$12\frac{1}{2}$%	5.5	81,00 EUR	$11\frac{1}{9}$%
5.2	210,00 EUR	$33\frac{1}{3}$%	5.6	580,00 EUR	$1\frac{2}{3}$%
5.3	416,00 EUR	$16\frac{2}{3}$%	5.7	240,00 EUR	$1\frac{1}{4}$%
5.4	27,00 EUR	$6\frac{1}{4}$%	5.8	79,00 EUR	$66\frac{2}{3}$%

6. Wir kaufen 138 kg Äpfel bei unserem Großhändler ein. Die Tara (Verpackungsgewicht) beträgt $1\frac{3}{4}$%.

   Wie viel EUR beträgt der Einkaufspreis je kg, wenn sich der Rechnungsbetrag „brutto für netto" auf 78,64 EUR beläuft?

7. Beim Rösten von Kaffee entsteht erfahrungsgemäß ein Gewichtsverlust von 19%.

   Wie viel kg Röstkaffee erhalten wir, wenn 720 kg Rohkaffee geröstet werden?

8. Ein Kaufmann hat für den Kauf einer Registrierkasse drei Angebote vorliegen.

   Angebot 1: 3 250,00 EUR bar ohne Abzug.
   Angebot 2: 3 310,00 EUR bar bei 3% Skonto.
   Angebot 3: 3 380,00 EUR bar bei 5% Rabatt.

   Welches Angebot ist das billigste?

9. Ein Fernsehgerät ist mit 999,00 EUR ausgezeichnet. Bei Barzahlung werden 2% Skonto gewährt.

   Um wie viel EUR ist der Ratenkauf teurer, wenn der Händler 225,00 EUR Anzahlung und 8 Monatsraten zu 100,00 EUR verlangt?

10. Das Bruttogehalt einer Mitarbeiterin betrug 2 680,00 EUR. Durch Tarifänderungen hat sich das Gehalt innerhalb eines Jahres zunächst um $3\frac{1}{2}$% und dann nochmals um $1\frac{3}{4}$% erhöht. Am Ende des Geschäftsjahres erhielt die Verkäuferin noch eine hausinterne Leistungszulage von $1\frac{1}{2}$%.

    Auf welchen Betrag lautet der Bruttolohn nach diesen Erhöhungen?

11. Ein Mitarbeiter im Außendienst erhält ein monatliches Fixum (Festgehalt) von 1 065,00 EUR. Außerdem erhält er eine Umsatzprovision in Höhe von 3,2%. Im Monat Dezember betrug sein Umsatz 125 600,00 EUR. Als Anerkennung für besondere Leistungen erhält er zudem eine Sonderprämie von $3\frac{1}{2}$‰ auf den Jahresumsatz in Höhe von 1 250 500,00 EUR.

    Wie viel EUR verdiente der Reisende insgesamt im Monat Dezember?

5.2.3 Berechnung des Prozentsatzes/Promillesatzes

Einführungsbeispiel

Aufgabe

Ein Einzelhandelsgeschäft bestellt Waren im Wert von 1 500,00 EUR. Es erhält einen Mengenrabatt von 60,00 EUR.

Welchem Rabattsatz entspricht dies?

Musterlösung

Gegeben: Grundwert: 1 500,00 EUR
Prozentwert: 60,00 EUR
Gesucht: Prozentsatz: ?

Bedingungssatz → 1 500,00 EUR ≙ 100 %
Fragesatz → 60,00 EUR ≙ x %

Bruchsatz → $x = \dfrac{100 \cdot 60}{1\,500} = 4\,\%$

Berechnung des Prozentsatzes mit Hilfe der Formel:

$$\text{Prozentsatz} = \dfrac{100 \cdot \text{Prozentwert}}{\text{Grundwert}}$$

oder verkürzt:

Prozentsatz = Prozentwert : 1 % des Grundwertes

Ergebnis: Der Rabattsatz beträgt 4 %.

Ist ein **Promillesatz** gesucht, lautet die Formel wie folgt:

Promillesatz = Promillewert : 1 ‰ des Grundwertes

Übungsaufgabe

14 1. Ermitteln Sie die Preiserhöhung der folgenden Waren in Prozent durch Kopfrechnen!

Nr.	Warenart	Alter Preis	Neuer Preis	Nr.	Warenart	Alter Preis	Neuer Preis
1.1	Kopfsalat	0,50 EUR	0,56 EUR	1.6	Batterie	0,90 EUR	1,08 EUR
1.2	Schokolade	1,20 EUR	1,26 EUR	1.7	Taschenbuch	4,00 EUR	5,20 EUR
1.3	Lampe	150,00 EUR	180,00 EUR	1.8	Waschmittel	9,00 EUR	9,27 EUR
1.4	Kaffee	4,75 EUR	5,23 EUR	1.9	Kleid	85,00 EUR	97,75 EUR
1.5	Anzug	280,00 EUR	322,00 EUR	1.10	Trauben	1,20 EUR	1,44 EUR

2. Berechnen Sie den Promillesatz, wenn nachstehende Versicherungsprämien gezahlt werden!

Nr.	Versicherungssumme	Prämie
2.1	64 400,00 EUR	161,00 EUR
2.2	145 900,00 EUR	510,65 EUR
2.3	210 500,00 EUR	336,80 EUR
2.4	48 400,00 EUR	133,10 EUR

3. Welchen Rabattsatz hat der Lieferer bei den nachfolgenden Wareneinkäufen gewährt?

Nr.	Einkaufsbetrag	Rabatt	Nr.	Einkaufsbetrag	Rabatt
3.1	2 720,00 EUR	429,76 EUR	3.4	210,00 EUR	58,80 EUR
3.2	631,00 EUR	44,17 EUR	3.5	4 186,00 EUR	376,74 EUR
3.3	800,00 EUR	113,60 EUR	3.6	742,00 EUR	185,50 EUR

4. Ein Mitarbeiter im Außendienst erhält die nachfolgenden Provisionen ausbezahlt.

Nr.	Umsatz	Provision	Nr.	Umsatz	Provision
4.1	54 680,00 EUR	2 734,00 EUR	4.4	31 720,00 EUR	7 930,00 EUR
4.2	28 460,00 EUR	2 134,50 EUR	4.5	42 160,00 EUR	2 635,00 EUR
4.3	15 316,00 EUR	1 914,50 EUR	4.6	27 680,00 EUR	8 304,00 EUR

Wie viel Prozent vom Umsatz waren jeweils vereinbart?

5. Ein Einzelhändler versichert sein Warenlager mit einem Wert von 92 400,00 EUR. Er zahlt jährlich eine Versicherungsprämie von 115,50 EUR.

    Wie viel Promille beträgt die Prämie vom Versicherungswert?

6. Beim Abfüllen von 310 Liter Wein in Literflaschen beträgt der Abfüllverlust (Leckage) 7,75 Liter.

    Wie viel Prozent beträgt der Abfüllverlust?

7. Ein Lebensmittelgeschäft bietet als Kundendienst die kostenlose Zustellung der gekauften Waren ab einem Warenwert von 100,00 EUR zum Kunden an. Der hierzu benötigte Lieferwagen verursacht folgende Kosten: Abschreibungen 3 750,00 EUR im Jahr, ferner jeweils monatlich laufende Kfz-Unterhaltskosten 650,00 EUR, Kosten für den Fahrer 1 950,50 EUR und 120,00 EUR Verwaltungskosten. Die Kosten für die Warenzustellung sind selbstverständlich in der Kalkulation zu berücksichtigen.

    Welcher Zuschlagssatz ist für die Warenzustellung kostendeckend, wenn monatlich im Durchschnitt Waren im Werte von 121 320,00 EUR zugestellt werden?

8. Die Stromkosten eines Geschäftes für die Schaufensterbeleuchtung betragen monatlich 246,20 EUR. Durch Kürzung der Beleuchtungszeit um täglich eine halbe Stunde konnten die Kosten auf 230,60 EUR gesenkt werden.

    8.1 Wie viel Prozent beträgt die Ersparnis?

    8.2 Wie viel EUR der verminderten Stromkosten entfallen auf die einzelnen Schaufenster?
    Schaufenster I: 76 m² Ausstellungsfläche
    Schaufenster II: 42 m² Ausstellungsfläche
    Schaufenster III: 108 m² Ausstellungsfläche

9. Das Monatseinkommen unseres Mitarbeiters im Außendienst setzt sich aus einem Festgehalt (Fixum) von 880,00 EUR und einer Umsatzprovision zusammen.

    Wie viel Prozent vom Umsatz erhält er, wenn er bei einem durchschnittlichen Umsatz von 90 000,00 EUR ein durchschnittliches Monatseinkommen von insgesamt 6 000,00 EUR erzielt?

10. Bei einer Warenzustellung wird unser Lieferwagen in einen Unfall verwickelt. Die mitgeführte Ware ist verdorben. Die Versicherung kommt teilweise für den Schaden auf. Der Schaden beläuft sich auf 388,00 EUR. Als Entschädigung erhalten wir 318,16 EUR.

    Wie viel Prozent hat die Versicherung ersetzt?

5.3 Prozentrechnung im Hundert (verminderter Grundwert)

Einführungsbeispiel

Aufgabe

Wegen kleiner Fehler verkauft ein Einzelhändler eine Ware mit einem Nachlass von 15% zum Sonderpreis von 104,55 EUR.
1. Wie viel EUR betrug der reguläre Preis?
2. Wie viel EUR beträgt die Preissenkung?

Problemstellung

Die Preissenkung von 15% bezieht sich auf den **ursprünglichen** (regulären) **Preis** (wir sprechen hier vom **reinen Grundwert**). Der reine Grundwert entspricht 100%. Der herabgesetzte Preis entspricht daher in Prozenten ausgedrückt 85% **(verminderter Grundwert)**. Da der gegebene Betrag **unter** (und damit **innerhalb**) 100% liegt, spricht man auch von **Prozentrechnung im Hundert**.

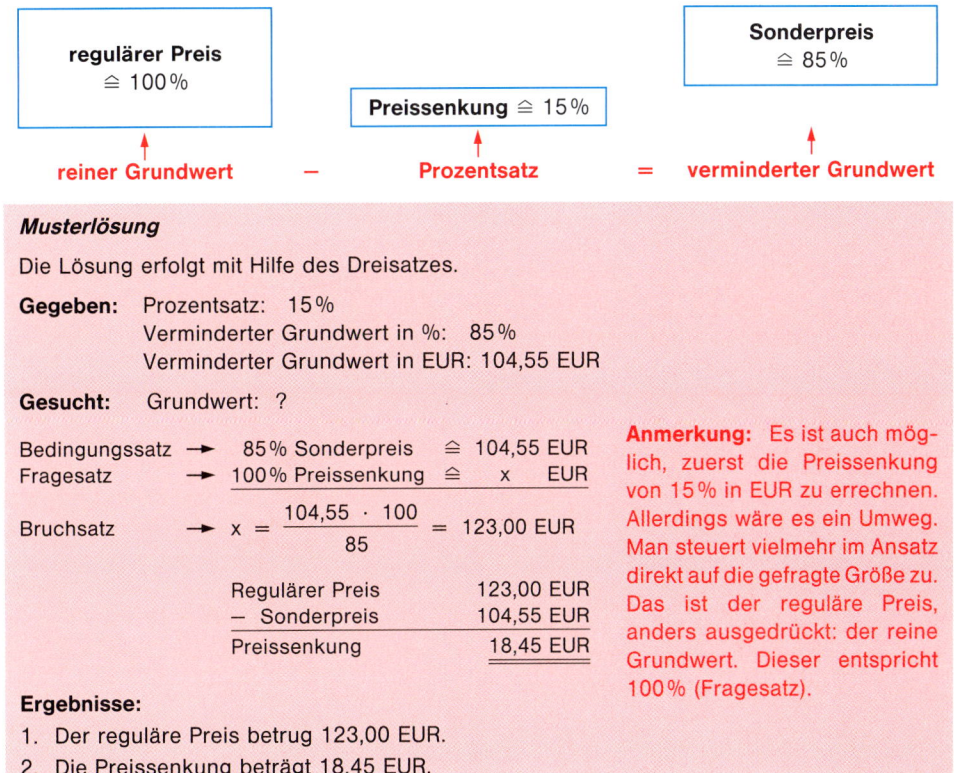

Musterlösung

Die Lösung erfolgt mit Hilfe des Dreisatzes.

Gegeben: Prozentsatz: 15%
Verminderter Grundwert in %: 85%
Verminderter Grundwert in EUR: 104,55 EUR

Gesucht: Grundwert: ?

Bedingungssatz → 85% Sonderpreis ≙ 104,55 EUR
Fragesatz → 100% Preissenkung ≙ x EUR

Bruchsatz → $x = \dfrac{104{,}55 \cdot 100}{85} = 123{,}00$ EUR

Regulärer Preis	123,00 EUR
− Sonderpreis	104,55 EUR
Preissenkung	18,45 EUR

Anmerkung: Es ist auch möglich, zuerst die Preissenkung von 15% in EUR zu errechnen. Allerdings wäre es ein Umweg. Man steuert vielmehr im Ansatz direkt auf die gefragte Größe zu. Das ist der reguläre Preis, anders ausgedrückt: der reine Grundwert. Dieser entspricht 100% (Fragesatz).

Ergebnisse:
1. Der reguläre Preis betrug 123,00 EUR.
2. Die Preissenkung beträgt 18,45 EUR.

Allgemeiner Lösungsweg

1. Beginnen Sie den Rechenansatz mit dem verminderten Grundwert, für den ja der Prozentsatz (unter 100%) und der absolute Betrag bekannt sind.
2. Berechnen Sie den Grundwert bzw. den Prozentwert mit Hilfe des Dreisatzes.

Übungsaufgabe

15

1. Im Sommerschlussverkauf wurden Schuhe zu folgenden Auszeichnungspreisen angeboten:

Nr.	Sonderpreis	Preisnachlass
1.1	118,90 EUR	18 %
1.2	158,76 EUR	16 %
1.3	152,75 EUR	35 %

Wie viel EUR betrugen die ursprünglichen Verkaufspreise, wenn die angegebenen Preisnachlässe gewährt wurden?

2. Bei verschiedenen Zahlungen an den Lieferer wurden uns Skontoabzüge eingeräumt:

Nr.	Skonto	Zahlung
2.1	$2\frac{1}{2}$ %	22 941,75 EUR
2.2	3 %	402,55 EUR
2.3	$1\frac{1}{2}$ %	187,15 EUR

Wie viel EUR betrugen die Rechnungsbeträge?

3. Die Auszubildende Frieda bekommt vom Geschäft einen Personalrabatt von $12\frac{1}{2}$ %. Mit wie viel EUR war das Kleid ausgezeichnet, wenn sie es für 112,00 EUR kaufte?

4. Von der Fischereigesellschaft „Frische Fische AG" bezieht das Lebensmittelgeschäft „Billig-Markt GmbH" 150 kg Heringe netto. Die Tara beträgt $6\frac{1}{4}$ %.
Wie viel kg beträgt das Bruttogewicht der Warensendung?

5. Ein Paar Damenhandschuhe ist am vorletzten Tag des Winterschlussverkaufs mit 57,00 EUR ausgezeichnet. Der ursprüngliche Verkaufspreis wurde um $16\frac{2}{3}$ % und dieser Preis dann um 5 % ermäßigt.
Wie teuer war das Paar Handschuhe vor Beginn des Schlussverkaufs?

6. Das Textilhaus Franz Nadi e. Kfm. verkauft von 200 Anzügen zunächst 60 Stück. Nachdem der Preis um $16\frac{2}{3}$ % herabgesetzt wurde, konnten weitere 40 Anzüge verkauft werden. Um den Restbestand veräußern zu können, musste dieser Preis nochmals um 20 % gesenkt werden, sodass der Verkaufspreis noch 180,00 EUR betrug.
6.1 Berechnen Sie den ursprünglichen Auszeichnungspreis!
6.2 Berechnen Sie den Gesamterlös!
6.3 Wie viel EUR Umsatzeinbuße musste das Textilhaus hinnehmen?

7. Wie viel kg Rohkaffee sind geröstet worden, wenn bei $16\frac{2}{3}$ % Röstverlust 1 403,5 kg Röstkaffee übrig bleiben?

8. Das Lederfachgeschäft Petra Winter e. Kfr. soll umgebaut werden. Herr Winter führt deshalb einen Räumungsverkauf durch und senkt die Preise für alle Waren um $12\frac{1}{2}$ %. Drei Wochen später werden die Preise in einer Sonderaktion nochmals um 15 % gesenkt.
Zu welchem Preis wurde ein Damenledermantel ursprünglich verkauft, wenn der jetzige Auszeichnungspreis 431,37 EUR beträgt?

9. Der Preis eines Liegestuhls war um 20 % ermäßigt worden. Da der Liegestuhl immer noch nicht verkauft werden konnte, wurde dieser Preis nochmals um 30 % gesenkt. Er kostet jetzt 24,50 EUR.
9.1 Wie viel EUR betrug der ursprüngliche Preis?
9.2 Um wie viel Prozent wurde der Liegestuhl insgesamt billiger?

10. Aufgrund einer Mängelrüge gewährt uns der Lieferant einen Nachlass von 15 %. Nach Abzug von 3 % Skonto überweisen wir 2 626,86 EUR.
Wie viel EUR betrug der ursprüngliche Rechnungsbetrag?

5.4 Prozentrechnung auf Hundert (vermehrter Grundwert)

Einführungsbeispiel

Aufgabe

Der Umsatz eines Einzelhandelsgeschäftes stieg gegenüber dem Vorjahr um $8\frac{1}{3}\%$ auf 410 150,00 EUR an.
1. Berechnen Sie den Umsatz des vergangenen Jahres!
2. Wie viel EUR beträgt die Umsatzsteigerung?

Problemstellung

Die Umsatzsteigerung von $8\frac{1}{3}\%$ bezieht sich auf den **Umsatz des vergangenen Jahres (reiner Grundwert** und damit 100%). Der diesjährige Umsatz ist daher um $8\frac{1}{3}\%$ höher **(vermehrter Grundwert).** In Prozenten ausgedrückt beträgt er $108\frac{1}{3}\%$. Da der gegebene Betrag **über** 100% liegt, spricht man auch von der **Prozentrechnung auf Hundert**.

Musterlösung

Die Lösung erfolgt mit Hilfe des Dreisatzes.

Gegeben: Prozentsatz: $8\frac{1}{3}\%$
vermehrter Grundwert in %: $108\frac{1}{3}\%$
vermehrter Grundwert in EUR: 410 150,00 EUR

Gesucht: Grundwert: ?

Bedingungssatz → $108\frac{1}{3}\% \triangleq$ 410 150,00 EUR
Fragesatz → 100 % $\triangleq$ x EUR
Bruchsatz → $x = \dfrac{410\,150 \cdot 100}{108\frac{1}{3}} =$ 378 600,00 EUR

Umsatz in diesem Jahr   410 150,00 EUR
− Umsatz im vergangenen Jahr   378 600,00 EUR
Umsatzsteigerung   31 550,00 EUR

Beachte: Die rechnerische Vorgehensweise entspricht dem allgemeinen Lösungsweg, der beim Rechnen mit dem verminderten Grundwert aufgezeigt wurde. Ausgangspunkt ist hier der vermehrte Grundwert, für den der Prozentsatz (über 100%) und der absolute Wert bekannt sind.

Ergebnisse: 1. Der Umsatz des vergangenen Jahres belief sich auf 378 600,00 EUR.
2. Die Umsatzsteigerung beträgt 31 550,00 EUR.

Übungsaufgabe

16
1. Verschiedene Waren wurden neu ausgezeichnet.

Nr.	Auszeichnungspreis	Preiserhöhung
1.1	192,28 EUR	$4\frac{1}{2}$ %
1.2	33,15 EUR	2 %
1.3	297,00 EUR	$12\frac{1}{2}$ %
1.4	419,75 EUR	15 %

Berechnen Sie den bisherigen Verkaufspreis vor den angegebenen Preiserhöhungen!

2. Ein Einzelhändler bezieht Waren aus Schweden. Einschließlich der Zölle werden die nachfolgenden Beträge gezahlt:

Nr.	Einstandspreise einschl. Zoll	Zollsatz
2.1	5 507,04 EUR	12 %
2.2	14 704,56 EUR	17 %
2.3	1 433,25 EUR	5 %
2.4	912,71 EUR	7 %

Berechnen Sie den Listenpreis des schwedischen Exporteurs!

3. Die Monatsmiete für unsere Geschäftsräume hat sich um $6\frac{1}{4}$ % erhöht. Sie beträgt nun 2 316,25 EUR.
   Um wie viel EUR ist die Miete angestiegen?

4. Der Rechnungsbetrag für einen Wareneinkauf beträgt einschließlich 16 % Umsatzsteuer 4 513,56 EUR.
   Berechnen Sie den Nettowarenwert und die Umsatzsteuer!

5. Nach einer Werbeaktion für französischen Käse konnte ein Supermarkt in der Käseabteilung eine Umsatzsteigerung für den Monat Juli um $8\frac{1}{4}$ % auf 6 087,98 EUR gegenüber dem Vormonat erzielen.
   Wie viel EUR beträgt die Umsatzsteigerung?

6. Ein Einzelhandelsgeschäft hat den Listenverkaufspreis eines Artikels mit 24,15 EUR neu ausgezeichnet, nachdem der bisherige Listenverkaufspreis um einen Teuerungszuschlag von 5 % angehoben wurde.
   Wie viel EUR betrug der Listenverkaufspreis vor der Preiserhöhung?

7. Der Mitarbeiter Franz Helm erhält in diesem Jahr eine Gehaltserhöhung von $2\frac{1}{2}$ %. Das sind monatlich 65,00 EUR. Letztes Jahr betrug die Gehaltserhöhung 3,2 %.
   7.1 Wie viel EUR je Monat verdient der Mitarbeiter jetzt?
   7.2 Wie viel EUR betrug die Gehaltserhöhung letztes Jahr, und wie hoch war sein ursprüngliches monatliches Gehalt?

8. Der Vermieter verlangt von dem Einzelhändler Kremmler für die gemieteten Geschäftsräume auch in diesem, dem dritten Jahr, wieder eine Mieterhöhung. Der Einzelhändler Kremmler stellt fest, dass er für das zweite Geschäftsjahr eine 8 % höhere Miete als im ersten Geschäftsjahr bezahlen musste und dass die Miete für das dritte Geschäftsjahr nun um $6\frac{2}{3}$ % höher ist als für das zweite Geschäftsjahr. Im dritten Geschäftsjahr beträgt die Miete 748,80 EUR monatlich.

   Wie viel EUR Miete musste Kremmler im ersten Geschäftsjahr für die Geschäftsräume monatlich bezahlen?

9. Nach 2 Unfällen wurde unser Geschäftswagen in der Haftpflichtversicherung aus der Schadensklasse SF4 (65 % des Beitragssatzes) in SF3 zurückgestuft ($\hat{=}$ 70 % des Beitragssatzes). Die neue Prämie für die Kfz-Haftpflichtversicherung beläuft sich jetzt auf 741,30 EUR.
   Wie viel EUR betrug die Prämie in der Schadensklasse SF4?

Zusammenfassende Aufgabe zur Prozentrechnung

17 1. Die Statistik eines Einzelhandelsbetriebs weist folgende Zahlen aus:

Jahr	Umsatz	Anzahl der Verkäufer/Verkäuferinnen
01	2 400 000,00 EUR	40
02	3 000 000,00 EUR	32

Um wie viel Prozent veränderte sich der durchschnittliche Umsatz je Verkäufer/Verkäuferin?

2. Bei einem Sonderangebot wird ein Artikel um 20 % herabgesetzt und für 248,80 EUR angeboten.
Wie viel EUR kostete der Artikel vor der 20 %igen Ermäßigung?

3. Das Anlagevermögen stellt mit 178 500,00 EUR 35 % des Gesamtvermögens dar.
Wie viel EUR Eigenkapital hat das Unternehmen auf der Passivseite derselben Bilanz aufzuweisen, wenn das Fremdkapital 55 % beträgt?

4. Die Nutzungsdauer eines modernen Kassensystems beträgt sechs Jahre. Nach zweijähriger linearer Abschreibung steht das Kassensystem noch mit 17 066,00 EUR zu Buche.
Wie viel EUR betrugen die Anschaffungskosten des Kassensystems?

   Anmerkung: Bei der linearen Abschreibung werden die Anschaffungskosten gleichmäßig auf die Nutzungsdauer verteilt.

5. Laut Katalog bestellen wir 156 Stück einer Ware, wobei folgende Bedingungen gelten:

   > Listeneinkaufspreis je Artikel: 14,20 EUR
   > Mengenrabatt: bei Abnahme von mindestens 100 Stück: 5 %
   >   bei Abnahme von mindestens 200 Stück: 6 %
   > Bis zu einer Abnahme von 200 Stück wird eine Frachtpauschale von 45,00 EUR erhoben.

   Wie viel EUR beträgt der Bezugspreis?

6. Die für das 1. Quartal ermittelte Umsatzsteuer (Steuersatz 16 %) beträgt 50 489,60 EUR.
Wie viel EUR betrugen die Umsatzerlöse einschließlich Umsatzsteuer?

7. Das Umlaufvermögen stellt mit 789 760,00 EUR 64 % des Gesamtvermögens dar.
Wie viel EUR beträgt das Fremdkapital, wenn es 28 % des Gesamtkapitals ausmacht?

8. Die Zahl der Mitarbeiter in einer Filialkette verringerte sich von 851 Mitarbeitern im vergangenen Jahr auf 796 in diesem Jahr. Im gleichen Zeitraum stiegen die gesamten Personalkosten von 33 614 500,00 EUR auf 33 957 360,00 EUR an.
Um wie viel Prozent stiegen die Personalkosten je Arbeitnehmer an?

9. Wir verkaufen einen Warenposten an das hiesige Krankenhaus, wobei 630,00 EUR USt (Steuersatz 7 %) in Rechnung gestellt werden.
Wie viel Stück wurden verkauft, wenn der Nettoverkaufspreis je Stück 18,00 EUR betrug?

10. Ein Einzelhändler weist im 1. Halbjahr folgende Umsätze auf:

Januar:	80 500,00 EUR	April:	95 600,00 EUR
Februar:	91 700,00 EUR	Mai:	92 300,00 EUR
März:	78 900,00 EUR	Juni:	89 750,00 EUR

    Im Juli beträgt der Umsatz 93 412,50 EUR.

    Um wie viel Prozent übersteigt der Juliumsatz den Durchschnittsumsatz des 1. Halbjahres?

11. Ein Einzelhändler hat einen durchschnittlichen Lagerbestand von 520 000,00 EUR. Um Versicherungskosten zu sparen wird das Warenlager nur mit 62,5 % versichert.

    11.1 Mit wie viel EUR ist das Warenlager versichert?

    11.2 Nach einem Rohrbruch wird ein Wasserschaden von 112 320,00 EUR festgestellt. Wie viel EUR ersetzt die Versicherung?

12. Ein Einzelhandelsbetrieb weist eine Umsatzsteigerung von 10,95 % gegenüber dem Vormonat auf.

    Wie viel EUR betrug sein Umsatz im Mai, wenn er im Juni 637 518,70 EUR umgesetzt hat?

13. Ein Mitarbeiter erhält folgende Gehaltsabrechnung:

Bruttogehalt:	1 940,00 EUR
Lohnsteuer/Solidaritätszuschlag:	338,79 EUR
Kirchensteuer:	25,69 EUR
Sozialversicherungsabgaben:	408,37 EUR
Auszahlungsbetrag:	1 167,15 EUR

    Wie viel Prozent betragen die Abzüge?

14. Einem Kunden wurde ein Kassenzettel über 438,90 EUR ausgeschrieben. Auf Bitten des Kunden wird die darin enthaltene Umsatzsteuer gesondert ausgewiesen. Steuersatz: 16 %

    Wie viel EUR beträgt die eingerechnete Umsatzsteuer?

15. Die Inventur ergibt für einen Artikel einen Bestand von 165 Liter. Der Sollbestand beträgt lt. Buchführung 189,75 Liter.

    Um wie viel Prozent weicht der Istbestand vom Sollbestand ab?

16. Ein Unternehmen weist folgende Zahlen aus:

	Vorjahr	laufendes Jahr
Umsatz	4 128 000,00 EUR	4 876 200,00 EUR
Mitarbeiter	24	27

    Um wie viel Prozent veränderte sich der Umsatz je Mitarbeiter im laufenden Jahr?

17. Eine Verkäuferin erzielt in den ersten vier Monaten des Jahres folgende Umsätze:

Januar:	12 200,00 EUR	März:	15 400,00 EUR
Februar:	14 100,00 EUR	April:	11 100,00 EUR

    Im Mai erzielt sie einen Umsatz von 12 474,00 EUR.

    Um wie viel Prozent hat sich der Umsatz im Mai gegenüber dem Durchschnittsumsatz der ersten 4 Monate verändert?

18. Zum Jubiläumsverkauf wird ein Artikel von 174,00 EUR auf 116,00 EUR herabgesetzt.

    Wie viel Prozent beträgt die Reduzierung?

19. Das Gehalt eines Mitarbeiters wird um 4,5 % erhöht, das sind 85,50 EUR.

    Wie viel EUR beträgt das Gehalt nach der Erhöhung?

20. Unser Lieferer gewährt uns aufgrund einer Mängelrüge einen Preisnachlass von 10 %. Nach Abzug von 2 % Skonto überweisen wir ihm 2 434,32 EUR.

    Wie viel EUR betrug der ursprüngliche Rechnungsbetrag, und wie viel EUR betrug die darin enthaltene Vorsteuer von 16 %?

21. Die Inhaberin eines Geschenkladens in Regensburg und einer Filiale in Dresden hat für die letzten zwei Jahre die folgenden Umsatzzahlen (jeweils ohne Umsatzsteuer) zusammengestellt. Die Zahlen wurden jeweils auf volle 100,00 EUR aufgerundet.

Geschäft	Umsatz Vorjahr	Umsatz Geschäftsjahr
Hauptgeschäft	1 721 000,00 EUR	1 786 200,00 EUR
Filiale	918 500,00 EUR	973 800,00 EUR

    21.1 Um wie viel Prozent hat der Umsatz gegenüber dem Vorjahr in jedem Geschäft zugenommen?

    21.2 Mit wie viel Prozent ist jedes Geschäft am Gesamtumsatz dieses Geschäftsjahres beteiligt?

22. Das Einzelhandelsunternehmen „Fenster-Krause GmbH" hat für das laufende Geschäftsjahr einen Werbeetat von 16 500,00 EUR festgesetzt. Das sind 25 % mehr als im Vorjahr und $33\frac{1}{3}$ % mehr als vor 2 Jahren, aber $6\frac{1}{4}$ % weniger als vor 3 Jahren.

    Berechnen Sie den Werbeetat der vergangenen 3 Jahre!

23. Am 1. April dieses Jahres erhöht ein Einzelhändler den Preis einer Damenhandtasche aufgrund eines Teuerungszuschlages des Herstellers um $12\frac{1}{2}$ %. Aus Konkurrenzgründen muss er jedoch einen Monat später den Preis um 4 %, zu Beginn des Sommerschlussverkaufs denselben nochmals um $16\frac{2}{3}$ % herabsetzen. Die Handtasche wird jetzt für 108,00 EUR verkauft.

    Wie viel EUR betrug der ursprüngliche Preis?

24. Nach einer Gehaltserhöhung von 3,8 % verdient eine kaufmännische Angestellte monatlich 2 242,08 EUR. Für Lohnsteuer werden 358,80 EUR, für Sozialversicherung 441,12 EUR einbehalten.

    24.1 Wie viel Prozent des Bruttolohnes betragen die Abzüge insgesamt?

    24.2 Wie viel EUR betrug der Jahresbruttoverdienst der Angestellten vor der Gehaltserhöhung?

25. Ein Lebensmittelkonzern beschäftigt in seinen drei Niederlassungen in Frankreich 350 Mitarbeiter. In der Niederlassung Paris stieg die Zahl der Beschäftigten gegenüber dem Vorjahr um 15 % und beträgt jetzt 184 Beschäftigte.

    In der Niederlassung Lyon sank die Zahl der Mitarbeiter um 10 % und beträgt jetzt 90 Beschäftigte.

    25.1 Wie viel Mitarbeiter waren in den Niederlassungen Paris und Lyon im Vorjahr beschäftigt?

25.2 Berechnen Sie die Zahl der Beschäftigten in der dritten Niederlassung in Straßburg im Vorjahr!

25.3 Alle Niederlassungen hatten im laufenden Geschäftsjahr Gewinne zu verzeichnen. Vom Gesamtgewinn entfielen auf Paris $2/5$, auf Lyon $1/4$ und der Rest in Höhe von 210 000,00 EUR auf Straßburg.

Wie viel EUR betrug der Gesamtgewinn und wie verteilt er sich auf die beiden anderen Niederlassungen?

26. Ein Einzelhandelskaufmann erhält in diesem Jahr $8\frac{1}{3}\%$ mehr Gehalt als im Vorjahr. Im Vorjahr erhielt er schon eine Gehaltserhöhung von 5 %. Sein Gehalt beträgt nach diesen zwei Gehaltserhöhungen 1 560,00 EUR.

    26.1 Wie viel EUR Gehalt bekam er ursprünglich?

    26.2 Wie viel EUR und wie viel Prozent betrug die gesamte Gehaltserhöhung?

    26.3 Sein Arbeitskollege verdiente vor zwei Jahren 1 300,00 EUR und erhält in diesem Jahr das gleiche Gehalt wie sein Kollege. Berechnen Sie dessen Gehaltserhöhung in Prozent und in EUR!

27. Die Filialkette „Super-Fein GmbH" hatte im Geschäftsjahr insgesamt 4,8 Mio. EUR umgesetzt, $12\frac{1}{2}\%$ mehr als im Jahr zuvor. Darin waren 1,3 Mio. EUR Umsätze mit dem Ausland enthalten.

    27.1 Wie viel Mio. EUR betrug der Gesamtumsatz des Vorjahres?

    27.2 Wie viel Prozent beträgt der Anteil der Auslandsgeschäfte im Geschäftsjahr?

28. Durch die Anstellung eines neuen Mitarbeiters im Außendienst stieg der Umsatz von 670 800,00 EUR auf 727 818,00 EUR an. Gleichzeitig stiegen die Personalkosten von 135 960,00 EUR auf 146 836,80 EUR an.

    Vergleichen Sie die Steigerung des Umsatzes mit dem Anstieg der Personalkosten! Welchen Schluss ziehen Sie hieraus?

29. Die Putzhilfe in einem Einzelhandelsgeschäft erhält einen Stundenlohn von 9,60 EUR. Sie arbeitet wöchentlich laut Anstellungsvertrag 24 Stunden. Für 6 Stunden erhält sie eine Schmutzzulage von 60 %. In dieser Woche sind durch das Putzen der Schaufenster 4 Überstunden angefallen. Der Zuschlag für Überstunden beträgt 30 %.

    Errechnen Sie den Bruttolohn der Putzhilfe für diese Woche!

30. Für die Erneuerung der Ladeneinrichtung berechnete ein Schreinermeister 12 584,76 EUR. Dieser Preis lag 5,4 % über dem Kostenvoranschlag.

    Über wie viel EUR lautete der Kostenvoranschlag?

6 Warenkalkulation

6.1 Einkaufs- und Bezugskalkulation

6.1.1 Hinführung

Ziel der Einkaufs- und Bezugskalkulation ist es, den Einstandspreis der eingekauften Ware zu ermitteln. Er enthält sämtliche Kosten, die dem Einzelhändler entstanden sind, bis die Ware im Lager eintrifft. Im Einzelnen unterscheiden wir:

(1) Warenkosten

Hierunter verstehen wir die reinen Warenkosten (Listeneinkaufspreis).

(2) Preisabzüge

Vom Einkaufspreis gewährt der Anbieter oft noch Preisabzüge.

- **Rabatt**

Der Rabatt ist ein Preisnachlass, der unabhängig von der Zahlungsfrist gewährt wird. Zweck: z.B. Anreiz für den Kunden, *mehr (größere Mengen)* zu kaufen. Es handelt sich dabei um *Mengenrabatt*.

$$\text{Listeneinkaufspreis} - \text{Liefererrabatt} = \text{Zieleinkaufspreis}$$

- **Skonto**

Hierunter versteht man einen Preisnachlass, der dann gewährt wird, wenn der Schuldner innerhalb einer bestimmten Frist bezahlt. Die Klausel lautet z.B.: „3% Skonto innerhalb von 10 Tagen, 30 Tage netto ab Rechnungsdatum". Zweck: Anreiz für den Kunden, früher zu zahlen, d.h. in diesem Fall innerhalb der Skontofrist von 10 Tagen.

$$\text{Zieleinkaufspreis} - \text{Liefererskonto} = \text{Bareinkaufspreis}$$

Wurden im Kaufvertrag sowohl Rabatt als auch Skonto vereinbart, wird zuerst der Rabatt und dann der Skonto abgesetzt, denn der Skonto als Abzug für vorzeitige Zahlung kann nur von dem tatsächlich geschuldeten Betrag vorgenommen werden.

(3) Bezugskosten

Sie umfassen alle Nebenkosten, die mit der Beschaffung der eingekauften Ware zusammenhängen, wie z.B. Fracht, Versicherung, Zölle, Einkaufsverpackung, Anfuhr- und Abfuhrkosten usw.

$$\text{Bareinkaufspreis} + \text{Bezugskosten} = \text{Bezugspreis (Einstandspreis)}$$

Zum Bezugspreis (Einstandspreis) der Ware gelangt man also, wenn man vom Listeneinkaufspreis ausgehend die Preisnachlässe (Rabatt und Skonto) abzieht und die Bezugskosten auf die Zwischensumme aufschlägt.

6.1.2 Bezugskalkulation ohne Berücksichtigung des Verpackungsgewichts

Einführungsbeispiel

Aufgabe

Ein Einzelhändler erhält Ware zu folgenden Bedingungen: Listeneinkaufspreis 507,00 EUR zuzügl. 16% Umsatzsteuer, $33\frac{1}{3}$% Wiederverkäuferrabatt, 2% Skonto, Kosten für Fracht, Anfuhr und Transportversicherung pauschal 52,00 EUR zuzüglich 16% Umsatzsteuer.
Wie viel EUR beträgt der Bezugspreis (Einstandspreis)?

Musterlösung

	100 %	Listeneinkaufspreis netto ①	507,00 EUR
	$33\frac{1}{3}$%	− Liefererrabatt ②	169,00 EUR
100%	←	Zieleinkaufspreis	338,00 EUR
2%		− Lieferersonto ③	6,76 EUR
		Bareinkaufspreis	331,24 EUR
		+ Bezugskosten ④	52,00 EUR
		Bezugspreis (Einstandspreis)	383,24 EUR

Allgemeiner Lösungsweg

① Die **Umsatzsteuer** ist **nicht einzukalkulieren**, da der Einzelhändler diese als Vorsteuer wieder erstattet erhält. Die Umsatzsteuer hat daher keinen Kostencharakter.

② Vom gegebenen Einkaufspreis ist zunächst der **Rabatt** zu berechnen.

③ Der **Skonto** wird von dem Betrag gerechnet, der **tatsächlich zu zahlen ist,** also von dem um den Rabatt verminderten Betrag. Der Zieleinkaufspreis ist daher der Ausgangspunkt (Grundwert) und somit 100% für die Skontoberechnung.

④ Alle Nebenkosten, die mit der Beschaffung der Waren zusammenhängen, fassen wir unter dem Begriff **Bezugskosten** zusammen. Als Kosten sind sie zum Bareinkaufspreis hinzuzurechnen.

Sind die Bezugskosten in einem Prozentsatz angegeben, werden sie in einer Vom-Hundert-Rechnung vom Bareinkaufspreis berechnet.

Übungsaufgaben

18 1. Eine Waschmaschine wird uns mit 960,00 EUR abzüglich 22% Wiederverkäuferrabatt angeboten. Bei Zahlung innerhalb von 14 Tagen dürfen 3% Skonto abgezogen werden.
Wie viel EUR beträgt der Bareinkaufspreis?

2. Bei der Kalkulation einer Ware fallen folgende Werte an: Liefererrabatt 15%, Liefererskonto 2½%, Fracht 12,20 EUR, Frachtversicherung 4,30 EUR, Hausfracht 3,50 EUR.

   Wie viel EUR beträgt der Bezugspreis, wenn der Listeneinkaufspreis 245,80 EUR beträgt?

3. Einem Einzelhändler liegen zwei Angebote eines Artikels vor:

Angebot	Lieferer A	Lieferer B
Einkaufspreis je Stück	5,20 EUR	126,75 EUR je 25 Stück
Rabatt	25%	24%
Skonto	3%	2%
Bezugskosten je Stück	0,09 EUR	3,50 EUR je 50 Stück

   Welches Angebot ist am billigsten?

4. Ein Lieferer bietet uns eine Ware zu 78,40 EUR je Stück an. Er gewährt uns 15% Rabatt und 2% Skonto bei Zahlung innerhalb von 10 Tagen. An Transportkosten fallen für jeweils angefangene 20 Stück 52,80 EUR an, die der Lieferer und wir je zur Hälfte tragen.

   Wie viel EUR beträgt der Bezugspreis der Warensendung, wenn 75 Stück bestellt werden?

5. Der Listeneinkaufspreis einer Ware beträgt 99,88 EUR je Stück.

   Wie viel EUR beträgt der Bezugspreis je Stück, wenn beim Bezug eines Pakets mit 35 Stück 63,00 EUR an Frachtkosten anfallen und der Lieferer uns 15% Rabatt und 2% Skonto gewährt?

6. Einem Einzelhändler liegen 2 Angebote vor:
   1. Angebot: Stückpreis 217,30 EUR, 20% Liefererrabatt, frachtfrei, 3% Skonto bei Zahlung innerhalb 14 Tagen.
   2. Angebot: Stückpreis 198,40 EUR, 15% Rabatt, Frachtkosten 8,70 EUR je Stück, Zahlung innerhalb 30 Tagen ohne Abzug.

   Wie viel EUR spart der Einzelhändler, wenn er das günstigere Angebot annimmt und 30 Stück bestellt?

7. Ein Textilgeschäft kauft 20 Damenkostüme zu folgenden Bedingungen: Rechnungspreis (Listeneinkaufspreis) 102,00 EUR je Kostüm, 5% Mengenrabatt, 3% Liefererskonto, Bezugskosten je Kostüm 4,00 EUR.

   Wie viel EUR beträgt der Bezugspreis der Sendung?

8. Ihr Chef legt Ihnen zwei Angebote über Kaffeeservice derselben Qualität vor und bittet Sie, ihm das preislich günstigere herauszufinden.
   1. Angebot: Preis je Service 128,00 EUR, Wiederverkäuferrabatt: 25%, Zahlung innerhalb 8 Tagen 3% Skonto, Fracht: 27,30 EUR je Service.
   2. Angebot: Preis je Service 118,00 EUR, Treuerabatt: 10%, Zahlung innerhalb 30 Tagen netto, Lieferung frei Haus.

9. Die Feinkosthandlung Susi Frisch e. Kfr. bezieht aus Westfalen 117,60 kg Wurstwaren zu 15,00 EUR je kg. Liefererrabatt 12%, Liefererskonto 2%.

   Wie viel EUR beträgt der Bezugspreis der gesamten Sendung, wenn 14,74 EUR für Bezugskosten anfallen?

6.1.3 Bezugskalkulation unter Berücksichtigung des Verpackungsgewichts

Bei Waren, deren Preise nach Gewicht berechnet werden, taucht das Problem der Preisberechnung für die Versandverpackung auf. Wir unterscheiden folgende handelsübliche Vereinbarungen:

(1) Die Verpackung wird wie die Ware berechnet (**brutto für netto**, abgekürzt **bfn**).

Beispiel:
Listeneinkaufspreis netto 6,00 EUR je kg (bfn).

Lieferung:	Nettogewicht	95,00 kg
	+ Verpackungsgewicht (Tara)	5,00 kg
	Bruttogewicht	100,00 kg

Listeneinkaufspreis insgesamt: 100 kg · 6,00 EUR = 600,00 EUR

(2) Der Preis bezieht sich auf das Nettogewicht, wobei die Verpackung gesondert berechnet wird (**Nettopreis ausschließlich Verpackung**).

Beispiel:
Listeneinkaufspreis 6,00 EUR netto ausschließlich Verpackung.
Verpackungskosten pauschal 20,00 EUR.

Lieferung: Ware 95,00 kg Nettogewicht

Listeneinkaufspreis insgesamt:	95,00 kg · 6,00 EUR =	570,00 EUR
	+ Verpackung	20,00 EUR
	Bezugspreis[1]	590,00 EUR

(3) Der Preis bezieht sich auf das Nettogewicht. Für Verpackung wird nichts berechnet.

Beispiel:
Bruttogewicht 100 kg; Tara 5%; Listeneinkaufspreis 6,00 EUR.

Lieferung:	Bruttogewicht	100,00 kg
	− 5% Tara	5,00 kg
	Nettogewicht	95,00 kg

Listeneinkaufspreis insgesamt: 95,00 kg · 6,00 EUR = 570,00 EUR

•

---

[1] In diesem Fall ist davon auszugehen, dass der Lieferer weder Rabatt noch Skonto gewährt hat.

Einführungsbeispiel

Aufgabe

Ein Einzelhändler bezieht Waren mit einem Bruttogewicht von 588,00 kg zum Preis von 8,60 EUR je kg ausschließlich Verpackung. Die Tara beträgt 1 $\frac{1}{2}$ %. Der Lieferer gewährt 15 % Mengenrabatt und 3 % Skonto. An Bezugskosten fallen an: Verpackungskosten 160,86 EUR, 6 % Zoll vom Bareinkaufspreis, Transportversicherung 104,00 EUR, Frachtkosten 231,00 EUR, Ausladen und Ans-Lager-Bringen 45,00 EUR.

Wie viel EUR beträgt der Bezugspreis für ein kg dieser Ware?

Musterlösung

Bruttogewicht			588,00 kg	
− 1 $\frac{1}{2}$ % Tara ①			8,82 kg	
= Nettogewicht			579,18 kg	
	100 %	Listeneinkaufspreis (579,18 kg · 8,60 EUR)		4 980,95 EUR
	15 %	− Mengenrabatt		747,14 EUR
100 %	←	Zieleinkaufspreis		4 233,81 EUR
3 %		− Liefererskonto		127,01 EUR
		Bareinkaufspreis		4 106,80 EUR
		+ Bezugskosten:		
		Verpackungskosten	160,86 EUR	
		Zoll 6 % von 4 106,80 EUR =	246,41 EUR	
		Transportversicherung	104,00 EUR	
		Frachtkosten	231,00 EUR	
		Ausladen	45,00 EUR	787,27 EUR
		Bezugspreis		4 894,07 EUR

② Preis je kg: 4 894,07 EUR : 579,18 kg = **8,45 EUR**

Ergebnis: Der Bezugspreis für ein kg der Ware beträgt 8,45 EUR.

Erläuterungen zur Aufgabe:

① Die Tara wird vom Bruttogewicht berechnet. Das ermittelte Nettogewicht ist die Grundlage für die Berechnung des Einkaufspreises.

② Der gesamte Bezugspreis wird durch das Nettogewicht dividiert und damit der Kilogrammpreis berechnet.

Übungsaufgabe

19 1. Berechnen Sie den Bezugspreis verschiedener Wareneingänge im Lager!

Warenart	Bruttomenge	Tara	Preis je Einheit/netto
A	2 150 kg	2 %	14,30 EUR je 100 kg
B	60 Kisten zu je 25 kg	500 g je Kiste	6,40 EUR je kg
C	300 Dosen zu je 350 g	bfn	7,20 EUR je kg

2. Ein Einzelhändler kauft 5 Pakete einer Ware mit einem Bruttogewicht von 480 kg. Der Preis für 30 kg beträgt 270,00 EUR. Die Tara beträgt 4,5%. Bei Barzahlung gewährt uns der Lieferer 3% Skonto.

   Wie viel EUR beträgt der Bareinkaufspreis für die Sendung, wenn der Preis einschließlich Verpackung zu verstehen ist?

3. Ein Einzelhändler bezieht Waren mit einem Nettogewicht von 68 kg, je 5 kg zu 42,00 EUR bfn. Die Tara beträgt 3,06 kg. Vom Lieferer erhalten wir 3% Skonto.

   Wie viel EUR beträgt der Bareinkaufspreis für die Lieferung?

4. Ein Einzelhändler bezieht Waren mit einem Nettogewicht von 205 kg zum Listeneinkaufspreis netto ausschließlich Verpackung von 13,40 EUR je kg. An Verpackungskosten fallen 71,75 EUR an. Es werden 54,80 EUR Bahnfracht, 38,70 EUR Zoll und 10,50 EUR Rollgeld berechnet. Der Lieferer gewährt 25% Rabatt auf den Listeneinkaufspreis und $2\frac{1}{2}$% Skonto auf den Zieleinkaufspreis.

   Wie viel EUR beträgt der Bezugspreis?

5. Ein Lebensmittelgeschäft kauft Speisekartoffeln ein mit einem Nettogewicht von 450 kg zum Listeneinkaufspreis von 0,35 EUR je kg bfn. Die Tara beträgt 11,25 kg. Der Lieferer gewährt 3% Skonto. An Bezugskosten fallen an: Fracht je 100 kg 14,20 EUR, Rollgeld je 50 kg 8,60 EUR.

   Wie viel EUR beträgt der Bezugspreis für einen Beutel von 5 kg Speisekartoffeln?

6. Während des Transports verdarben 46 kg einer Ware. Das waren 8% der gesamten Sendung. Die Bezugskosten betrugen 5% des Bareinkaufspreises. Der Bareinkaufspreis beläuft sich auf 8 165,00 EUR.

   6.1 Wie viel kg wog die Warensendung?
   6.2 Wie viel EUR betrug der Verlust einschließlich Bezugskosten?

7. Wir kaufen Waren mit einem Bruttogewicht von 140 kg. Die Tara beträgt $3\frac{3}{4}$%. Der Preis je kg Nettogewicht beträgt 4,20 EUR ausschließlich Verpackung. Die Verpackungskosten betragen 64,05 EUR. Der Lieferer gewährt uns $33\frac{1}{3}$% Rabatt und 2% Skonto. An Bezugskosten fallen 65,70 EUR an.

   Wie viel EUR kostet der Bezug von einem kg der Ware?

6.1.4 Verteilung der Bezugskosten nach Mengen und Werten

Werden mehrere Warenarten in einer Lieferung bezogen und fallen hierbei gemeinsame Bezugskosten an, müssen diese, um eine genaue Kalkulation der einzelnen Waren zu ermöglichen, aufgeteilt werden. Dies geschieht entweder nach dem *Wert der einzelnen Waren* oder nach dem *Gewicht der einzelnen Waren*. Daher unterscheidet man:

Gewichtsspesen	Wertspesen
Sie werden nach dem Bruttogewicht der einzelnen Waren aufgeteilt.	Sie werden nach dem Listeneinkaufspreis der einzelnen Waren aufgeteilt.
Beispiele: Fracht, Anfuhr, Abfuhr, Gewichtszoll, Auslade- und Wiegekosten, Hausfracht.	**Beispiele:** Verpackungskosten, Wertzoll, Transportversicherung, Provisionen.

Vom rechnerischen Ablauf her ist die Kostenverteilung nach Mengen und Werten eine Verteilungsrechnung.

Einführungsbeispiel

Aufgabe[1]

Ein Unternehmen bezieht zwei Warensorten in einer Lieferung. Ware I: 610 kg zum Listeneinkaufspreis von 5,10 EUR je kg (brutto für netto) und Ware II: 450 kg zum Nettopreis von 1,40 EUR je kg (brutto für netto). An Fracht und Anfuhrkosten (Gewichtsspesen) fallen 196,10 EUR an, die Verpackungs- und Versicherungskosten (Wertspesen) betragen 187,05 EUR. Verteilen Sie die Wert- und Gewichtsspesen anteilig auf die Warenarten!

Musterlösung

(1) Verteilung der Gewichtsspesen

	Gewicht je Warenart	Gewichtsspesen je Warenart	
Ware I	610 kg	112,85 EUR	$610 \cdot 0{,}185$
Ware II	450 kg	83,25 EUR	$450 \cdot 0{,}185$
Gesamtgewicht	1 060 kg ≙	196,10 EUR	
		196,10 EUR : 1 060 = 0,185 EUR	Gewichtsspesenanteil je 1 kg

(2) Verteilung der Wertspesen

	Gewicht je Warenart	Einzelpreis	Gesamtpreis je Warenart	Wertspesen je Einheit	
Ware I	610 kg	· 5,10 EUR =	3 111,00 EUR	155,55 EUR	$3111 \cdot 0{,}05$
Ware II	450 kg	· 1,40 EUR =	630,00 EUR	31,50 EUR	$630 \cdot 0{,}05$
	Gesamtwert der Waren	=	3 741,00 EUR ≙	187,05 EUR	
			187,05 EUR : 3 741,00 =	0,05 EUR	
				Wertspesenanteil je 1 EUR	

Allgemeiner Lösungsweg

1. Die **Gewichtsspesen** werden errechnet, indem man die **Gewichte der einzelnen Waren** addiert **(Gesamtgewicht).** Die *Gesamtgewichtsspesen* werden durch das Gesamtgewicht dividiert und damit der *Gewichtsspesenanteil je Einheit* ermittelt. Durch Multiplikation des Gewichts der einzelnen Waren mit dem Gewichtsspesenanteil je kg erhält man die *Gewichtsspesen der einzelnen Warenart.*

2. Bei den **Wertspesen** muss vor der Verteilung zunächst der Wert der einzelnen Warenart und der Gesamtwert der Waren errechnet werden (Menge x Preis). Dividiert man die Wertspesen durch den Gesamtwert der Waren, erhält man den Wertspesenanteil je Euro. Durch Multiplikation des Wertes der einzelnen Waren mit dem Wertspesenanteil je Euro erhält man die Wertspesen für jede Warenart.

Übungsaufgabe[2]

20 1. Ein Einzelhändler bezieht 2 Warensorten in einer Lieferung und teilt nun die Frachtkosten auf:
Warensorte I: 720 kg, je kg 2,70 EUR,
Warensorte II: 1 080 kg, je kg 3,60 EUR.

---

[1] **Zur Erinnerung:** Die angegebenen Warenpreise und Werte für die Zusatzkosten sind als Nettowerte (Wert ohne Umsatzsteuer) zu verstehen, da die Umsatzsteuer wegen ihrer Kostenneutralität nicht in die Kalkulation einbezogen werden darf.
[2] Bei allen Übungsaufgaben wird aus Gründen der Übersichtlichkeit auf den Ausweis der Umsatzsteuer verzichtet.

Die Frachtkosten, die nach dem Gewicht zu verteilen sind, betragen 225,00 EUR, die nach dem Wert aufzuteilenden Kosten 64,80 EUR.

Wie viel EUR Gesamtspesen entfallen auf die beiden Warensorten?

2. Zwei Einzelhändler beziehen gemeinsam Waren, und zwar erhält

   Einzelhändler A 490 kg, zu 8,40 EUR je kg
   Einzelhändler B 560 kg, zu 7,00 EUR je kg.

   Die Bezugskosten betragen insgesamt 861,00 EUR.

   2.1 Wie viel EUR hat jeder Einzelhändler zu zahlen, wenn die Bezugskosten nach dem Gewicht der Ware verteilt werden?

   2.2 Wie viel EUR hat jeder Einzelhändler zu zahlen, wenn die Bezugskosten nach dem Wert der Ware verteilt werden?

3. Ein Einzelhändler bezieht in einer Sendung drei Warensorten. Er erhält vom Spediteur eine Rechnung über 904,40 EUR. Um die Waren getrennt kalkulieren zu können, teilt er die Frachtkosten nach dem Gewicht der einzelnen Waren auf:

   504 kg der Ware 1 zu 23,10 EUR je kg,
   308 kg der Ware 2 zu 12,88 EUR je kg,
   252 kg der Ware 3 zu 15,82 EUR je kg.

   Wie viel EUR Gewichtsspesen entfallen auf die einzelnen Waren?

4. Für eine Warensendung betragen die Frachtkosten 748,80 EUR und die Kosten für die Transportversicherung 457,60 EUR. Die Sendung besteht aus 3 Warensorten:

   Sorte I: 1 440 kg zu 7,50 EUR je kg
   Sorte II: 1 280 kg zu 3,00 EUR je 0,5 kg
   Sorte III: 400 kg zu 2,75 EUR je 0,25 kg

   4.1 Welcher Anteil an den Frachtkosten entfällt auf jede Sorte, wenn die Frachtkosten nach dem Gewicht zu verteilen sind?

   4.2 Welcher Anteil an den Versicherungskosten entfällt auf jede Sorte, wenn die Kosten für die Transportversicherung nach dem Wert zu verteilen sind?

5. Ein Kaufmann bezieht mit der gleichen Sendung 3 Warengruppen:

   Warengruppe I: 168 kg zum Einkaufspreis von 1 750,00 EUR
   Warengruppe II: 210 kg zum Einkaufspreis von 2 250,00 EUR
   Warengruppe III: 315 kg zum Einkaufspreis von 3 250,00 EUR

   Für die gesamte Sendung müssen dem Spediteur 118,80 EUR Fracht und Anfuhr gezahlt werden. Die Transportversicherung kostet 53,65 EUR.

   Wie viel EUR betragen die Gewichtsspesen und die Wertspesen für die einzelnen Warengruppen?

6. Ein Einzelhändler bezieht in einer Sendung folgende zwei Waren:

   Ware I: 25 Sack, 1 345 kg brutto 32,00 EUR je kg netto
   Ware II: 40 Sack, 2 670 kg brutto 40,00 EUR je kg netto

   Die Tara beträgt je Sack 1 kg. Verteilen Sie die Frachtkosten von 3 011,25 EUR nach dem Gewicht, die Versicherungskosten von 1 947,10 EUR nach dem Wert der Ware!

6.2 Verkaufskalkulation

6.2.1 Kalkulation des Selbstkostenpreises

Das Ziel der Kalkulation besteht darin, die Kosten zu ermitteln, die nach der Einlagerung der Waren (nach dem Bezugspreis) anfallen. Von der Lagerung bis zum Verkauf entstehen dem Kaufmann nämlich noch weitere Kosten. Wir nennen sie **Handlungskosten.**

(1) Handlungskosten

Handlungskosten sind die Kosten, die aufgrund der **Betriebstätigkeit** anfallen.
Hierzu rechnen beispielsweise

- **Lagerkosten** (Gehälter und Löhne des Lagerpersonals, Lagerzinsen, Reparaturen und Abschreibungen für die Lagergebäude, Kostenanteil für Licht und Heizung);
- **Verkaufskosten** (Ausgangsfrachten, Verpackungskosten, Werbekosten, Gehälter und Löhne des Verkaufspersonals, Kosten für Beförderungsmittel einschließlich Reparaturen und Abschreibungen);
- **Allgemeine Verwaltungskosten** (Rechts- und Beratungskosten, Steuern, Bürokosten, Gehälter und Löhne für Angestellte und Arbeiter, Abschreibungen).

Handlungskosten sind daher zusätzlicher Werteverzehr (also Kosten) im Rahmen der produktiven Leistung eines Handelsbetriebs **(betriebliche Aufwendungen).**

In Ermangelung feststellbarer Einzelwerte werden die Handlungskosten pauschal mit einem Prozentsatz auf den Bezugspreis aufgeschlagen. Der Bezugspreis ist dabei 100%.

> Bezugspreis + Handlungskosten = Selbstkostenpreis

(2) Handlungskostenzuschlagssatz

Den Prozentsatz, mit dem die Handlungskosten einkalkuliert werden, nennt man Handlungskostenzuschlagssatz. Er wird ermittelt, indem man den Prozentanteil der Handlungskosten einer abgelaufenen Geschäftsperiode an den Bezugspreisen (Wareneinsatz) dieser Geschäftsperiode errechnet.

Aufgabe

Das Fahrrad- und Motorradhaus Friedrich Flitzer e. Kfm. weist für das vergangene Geschäftsjahr folgende Kosten aus:
Wareneinsatz (Bezugspreis)   1 125 000,00 EUR
Handlungskosten   675 000,00 EUR
Berechnen Sie den Handlungskostenzuschlagssatz!

Musterlösung

1 125 000,00 EUR Wareneinsatz $\cong$ 100%
  675 000,00 EUR Handlungskosten $\cong$ x %

$$\text{Handlungskostenzuschlagssatz} = \frac{675\,000 \cdot 100}{1\,125\,000} = \underline{\underline{60\%}}$$

Ergebnis: Der Handlungskostenzuschlagssatz beträgt 60%.

Wir merken uns:

- Der Handlungskostenzuschlagssatz ist das Mittel, mit dem im Rahmen der Kalkulation die Handlungskosten erfasst werden.
- Unter **Handlungskostenzuschlagssatz** verstehen wir den prozentualen Anteil der Handlungskosten am Wareneinsatz

$$\text{Handlungskostenzuschlagssatz} = \frac{\text{Handlungskosten} \cdot 100}{\text{Wareneinsatz}}$$

Aus Gründen der Übersichtlichkeit wiederholen wir an dieser Stelle nochmals die bisher bekannte Warenkalkulation und ergänzen diese jetzt um die Handlungskosten.

Aufgabe

Das Fahrrad- und Motorradhaus Friedrich Flitzer e.Kfm. bestellt bei der Fahrradfabrik ein Rennrad Marke „Spurt" zu folgenden Bedingungen: Listeneinkaufspreis 390,00 EUR zuzügl. 16% Umsatzsteuer, $33\frac{1}{3}\%$ Wiederverkäuferrabatt, 2% Skonto, Kosten für Verpackung, Fracht, Anfuhr und Transportversicherung pauschal 40,00 EUR zuzüglich 16% Umsatzsteuer. Das Fahrradhaus rechnet mit einem Handlungskostenzuschlagssatz von 60%.
Wie viel EUR beträgt der Selbstkostenpreis?

Musterlösung

	100 %	Listeneinkaufspreis netto	390,00 EUR
	$33\frac{1}{3}\%$	− Liefererrabatt (vom Hundert)	130,00 EUR
100%	←	Zieleinkaufspreis	260,00 EUR
2%		− Lieferersconto (vom Hundert)	5,20 EUR
		Bareinkaufspreis	254,80 EUR
		+ Bezugskosten	40,00 EUR
	100%	Bezugspreis (Einstandspreis)	294,80 EUR
	60%	+ Handlungskosten (vom Hundert)	176,88 EUR
		Selbstkostenpreis	471,68 EUR

(3) Selbstkostenpreis

Der Selbstkostenpreis deckt alle Kosten ab, die mit dem Ein- und Verkauf des Rennrades „Spurt" zusammenhängen. In der Regel stellt der Selbstkostenpreis die *unterste Grenze des Verkaufspreises* einer Ware im Konkurrenzkampf dar, denn nur bei diesem Preis lässt sich ein Verlust vermeiden.

Übungsaufgabe

21 1. Die Kostenrechnung eines Einzelhandelsgeschäftes weist für die vergangene Geschäftsperiode folgende Zahlen aus:

Wareneinsatz 250 000,00 EUR
Handlungskosten 75 000,00 EUR

1.1 Berechnen Sie den Handlungskostenzuschlagssatz!

1.2 Dem Einzelhändler wird eine Küchenmaschine zu einem Preis von 250,00 EUR angeboten. Bei einer Abnahme von 10 Stück erhält er einen Mengenrabatt von 15% und bei Zahlung innerhalb von 14 Tagen 2% Skonto. Die Bezugskosten betragen 137,50 EUR für 10 Stück.

Ermitteln Sie mit dem unter 1.1 berechneten Handlungskostenzuschlagssatz den Selbstkostenpreis pro Stück!

2. Die Kostenrechnung eines Bekleidungshauses weist folgende Zahlen aus:
Wareneinsatz 320 600,00 EUR
Handlungskosten 86 562,00 EUR

2.1 Berechnen Sie den Handlungskostenzuschlagssatz!

2.2 Das Bekleidungshaus bezieht 8 Damenmäntel zum Listenpreis von 275,00 EUR je Stück. Einkaufsbedingungen: 12% Rabatt, bei Zahlung innerhalb 20 Tagen 3% Skonto. Die Frachtkosten für die Sendung betragen insgesamt 48,00 EUR.
Berechnen Sie den Selbstkostenpreis für einen Mantel, indem Sie den in 2.1 errechneten Handlungskostenzuschlagssatz zugrunde legen!

3. Der Einstandspreis (Bezugspreis) eines Artikels beträgt 35,20 EUR, die Handlungskosten 15,84 EUR.
Wie viel Prozent beträgt der Handlungskostenzuschlagssatz?

4. Kalkulieren Sie den Selbstkostenpreis für ein Fernsehgerät aufgrund des folgenden Angebots: Preis je Fernsehgerät 574,37 EUR, 15% Rabatt, 3% Skonto, Frachtkosten 77,70 EUR. Der Handlungskostenzuschlagssatz beträgt 42%!

5. Das Teppichhaus Fritz Lauf e.Kfm. bezieht 15 Rollen Teppichboden zu 465,00 EUR je Rolle ab Werk. Die Teppichweberei gewährt 20% Liefererrabatt und 2½% Liefererskonto. An Bezugskosten fallen an: Verpackungs- und Verladekosten 12,00 EUR, Transportkosten 6,00 EUR und Ausladekosten 5,20 EUR je Rolle. Das Teppichhaus Lauf rechnet mit einem Handlungskostenzuschlagssatz von 52%.
Wie viel EUR beträgt der Selbstkostenpreis je Rolle?

6. Der Textilhändler Prüf erhält eine Sendung Trachtenborten. Folgende Vereinbarungen wurden getroffen: 120 m Borten zum Preis von 1,45 EUR je m, 15% Rabatt und 2% Skonto. An Bezugskosten fallen insgesamt 38,50 EUR an. Der Textilhändler rechnet mit einem Handlungskostenzuschlagssatz von 38%.
Wie viel EUR beträgt der Selbstkostenpreis für 1 m Borte?

7. Die Kalkulation eines Artikels weist folgende Werte auf:

Einkaufspreis	19,10 EUR	Bezugspreis	16,25 EUR
Zieleinkaufspreis	15,28 EUR	Selbstkostenpreis	22,43 EUR
Bareinkaufspreis	14,82 EUR		

Wie viel Prozent beträgt der Handlungskostenzuschlagssatz?

8. Die Kostenrechnung eines Spielwarenhauses liefert folgende Zahlen:
Wareneinsatz 223 540,00 EUR
Summe der Handlungskosten 111 920,00 EUR

8.1 Ermitteln Sie den Handlungskostenzuschlagssatz!

8.2 Kalkulieren Sie den Selbstkostenpreis für ein Modellauto mit Motor, das zu 210,40 EUR bezogen werden kann! Der Lieferer gewährt 25% Wiederverkäuferrabatt und 2% Skonto. Die Lieferung erfolgt frachtfrei.

9. Der Bezugspreis eines Artikels beträgt 198,00 EUR. Der Selbstkostenpreis beträgt 308,09 EUR.

   Wie viel Prozent beträgt der Handlungskostenzuschlagssatz?

10. Aus der Kostenrechnung des Modehauses Franz Nadi e.Kfm. entnehmen wir folgende Zahlen: Wareneinsatz 410 500,00 EUR, Personalkosten 68 420,00 EUR, Raumkosten 35 200,00 EUR, Werbungskosten 8 520,00 EUR, Abschreibungen 12 700,00 EUR, Kfz-Kosten 9 400,00 EUR und Kosten für die Warenabgabe 9 435,00 EUR.

    Berechnen Sie den Handlungskostenzuschlagssatz!

6.2.2 Berechnung des Bruttoverkaufspreises

Der Unternehmer kann sich nicht mit dem Erlös der Selbstkosten zufrieden geben, vielmehr ist er tätig, um einen Gewinn zu erzielen. Durch den **Gewinn** möchte der Unternehmer **drei Leistungen** erstattet haben:

- die **Kapitalverzinsung** für das im Einzelhandelsgeschäft investierte Kapital;
- die **Risikoprämie** als Vergütung für die Gefahr, dass das Unternehmen Verluste erleidet und dadurch das Kapital aufgezehrt wird;
- den **Unternehmerlohn** für seine Mitarbeit im Geschäft.

Einen absoluten EUR-Betrag für eine angemessene Gewinnhöhe kann man nicht festlegen, da die Einkaufspreise der verschiedenen Artikel unterschiedlich hoch sind. Man kann den Gewinnaufschlag nur als relative Größe, d.h. als prozentualen Aufschlag auf die Selbstkosten bestimmen. Hierbei kann der Unternehmer nicht nach Belieben entscheiden. Der Wettbewerb auf dem freien Markt führt häufig zu einem Druck auf die Preise und setzt so dem Gewinnstreben des Unternehmers Grenzen.

Wir merken uns:

Der **Gewinn** wird über einen **prozentualen Aufschlag auf den Selbstkostenpreis** einkalkuliert (Gewinnsatz). Der **Selbstkostenpreis** ist dabei **100%**.

$$\text{Gewinn} = \frac{\text{Selbstkostenpreis} \cdot \text{Gewinnsatz}}{100}$$

$$\text{Selbstkostenpreis} + \text{Gewinn} = \text{Nettoverkaufspreis}$$

Die bisher genannten Preise sind jeweils Nettopreise, d.h., die Preise enthalten keine Umsatzsteuer, da die Umsatzsteuer für den Einzelhändler keinen Kostenbestandteil darstellt.

Soll jedoch der vom Kunden tatsächlich zu zahlende Preis ermittelt werden, muss auf den zuletzt ermittelten Preis die Umsatzsteuer aufgeschlagen werden, die je nach Warenart mit 16% oder 7% anzusetzen ist.

Einführungsbeispiel

Aufgabe

Wir führen die Kalkulation des Rennrades „Spurt" fort. Der Selbstkostenpreis beträgt 471,68 EUR. Das Fahrrad- und Motorradhaus Flitzer e.Kfm. rechnet mit einem Gewinnsatz von 20%. Es sind 16% USt einzurechnen.

Wie viel EUR beträgt der Bruttoverkaufspreis?

Musterlösung

			Selbstkostenpreis	471,68 EUR
	100%		Selbstkostenpreis	471,68 EUR
	20%		+ Gewinn	94,34 EUR
100%		←	Nettoverkaufspreis	566,02 EUR
16%			+ Umsatzsteuer	90,56 EUR
			Bruttoverkaufspreis	656,58 EUR

Übungsaufgabe

22

1. Der Selbstkostenpreis für einen Artikel beläuft sich auf 851,60 EUR. Wir kalkulieren mit 8% Gewinn und 16% USt.
   Wie viel EUR beträgt der Bruttoverkaufspreis?

2. Der Bezugspreis einer Ware beträgt 36,40 EUR. Wir kalkulieren mit einem Handlungskostenzuschlagssatz von 55%, 8,5% Gewinn und 16% USt.
   Wie viel EUR beträgt der Bruttoverkaufspreis?

3. Wareneinsatz   480 000,00 EUR
   Handlungskosten   125 500,00 EUR
   Umsatzerlöse zu Nettoverkaufspreisen   678 160,00 EUR
   Gewinn   72 660,00 EUR
   Wie viel Prozent beträgt der Gewinnsatz?

4. Der Bezugspreis eines Artikels beträgt 64,20 EUR. Wir kalkulieren mit einem Handlungskostenzuschlagssatz von 46%, 9,5% Gewinn und 16% USt.
   Wie viel EUR beträgt der Bruttoverkaufspreis?

5. Wir kalkulieren einen Artikel aus unserem Sortiment mit einem Handlungskostenzuschlagssatz von 35%, 12% Gewinn und 7% USt. Der Artikel hat einen Bezugspreis von 159,60 EUR.
   Wie viel EUR beträgt der Bruttoverkaufspreis?

6. Der Gewinn an einer Ware beträgt 59,50 EUR, das sind 8,5% des Selbstkostenpreises.
   Wie viel EUR beträgt der Nettoverkaufspreis?

7. Für die Berechnung des Nettoverkaufspreises einer Ware liefert uns die Kalkulation die folgenden Daten:
   Bezugspreis   12,15 EUR
   Selbstkostenpreis   16,20 EUR
   Nettoverkaufspreis   18,80 EUR
   Wie viel Prozent beträgt der Handlungskostenzuschlagssatz?

8. Ein Einzelhändler entnimmt seiner Kostenrechnung folgende Zahlen:

Wareneinsatz	340 000,00 EUR
Selbstkosten	415 000,00 EUR
Warenumsatz zu Barverkaufspreisen	472 270,00 EUR

   Wie viel Prozent beträgt der Gewinn?

Zur Erinnerung

Aus Gründen der Übersicht haben wir das Kalkulationsschema in einzelne Teilschritte zerlegt. Im Folgenden wird nun die **Gesamtkalkulation** des Rennrades „Spurt" im Überblick dargestellt.

Aufgabe

Das Fahrrad- und Motorradhaus Friedrich Flitzer e. Kfm. bestellt bei der Fahrradfabrik ein Rennrad Marke „Spurt" zu folgenden Bedingungen: Listeneinkaufspreis 390,00 EUR zuzüglich 16% Umsatzsteuer, 33 $\frac{1}{3}$% Wiederverkäuferrabatt, 2% Skonto, Kosten für Verpackung, Fracht, Anfuhr und Transportversicherung pauschal 40,00 EUR zuzüglich 16% Umsatzsteuer. Das Fahrradhaus rechnet mit einem Handlungskostenzuschlagssatz von 60% sowie mit einem Gewinnzuschlagssatz von 20%. Es sind 16% Umsatzsteuer einzurechnen.

Wie viel EUR beträgt der Bruttoverkaufspreis?

Musterlösung

	100 %	Listeneinkaufspreis netto	390,00 EUR
	33 $\frac{1}{3}$%	− Liefererrabatt (vom Hundert)	130,00 EUR
100%		Zieleinkaufspreis	260,00 EUR
2%		− Liefererskonto (vom Hundert)	5,20 EUR
		Bareinkaufspreis	254,80 EUR
		+ Bezugskosten	40,00 EUR
	100%	Bezugspreis (Einstandspreis)	294,80 EUR
	60%	+ Handlungskosten (vom Hundert)	176,88 EUR
100%		Selbstkostenpreis	471,68 EUR
20%		+ Gewinn (vom Hundert)	94,34 EUR
	100%	Nettoverkaufspreis	566,02 EUR
	16%	+ Umsatzsteuer	90,56 EUR
		Bruttoverkaufspreis	656,58 EUR

6.2.3 Exkurs: Berechnung des Bruttoverkaufspreises unter Berücksichtigung von Kundenskonto, Kundenrabatt und Umsatzsteuer[1]

(1) Berechnung von Kundenskonto und Kundenrabatt

Wird dem Kunden Rabatt und Skonto gewährt, hat der Einzelhändler diese zuvor in den Preis einzurechnen, ansonsten gehen die Preisnachlässe zu Lasten seines Gewinns.

---

[1] In den meisten Bundesländern wird in den Lehrplänen und in den Prüfungsaufgaben auf diese Erweiterung des Kalkulationsschemas verzichtet. Wir haben diese Erweiterung nur kurz dargestellt, weil sie teilweise noch behandelt wird. In den folgenden Kapiteln (6.3 ff.) wird bei den Einführungsbeispielen und Übungsaufgaben auf die Einbeziehung von Kundenrabatt und Kundenskonto verzichtet.

Für die Einrechnung der Preisnachlässe an den Kunden müssen wir uns in *die Lage des Kunden versetzen*. Der Kunde erhält zunächst den Rabatt eingeräumt und kann dann erst (sofern er innerhalb der Skontofrist bezahlt) von dem gekürzten Betrag den angebotenen Skonto abziehen. Weil der Kunde die Nachlässe in dieser Reihenfolge abzieht, muss der Einzelhändler zunächst den Skonto und dann den Rabatt aufschlagen.

Rabatt und Skonto sind in der gleichen Höhe einzurechnen, in der sie der Kunde abzieht. Da der Kunde den Ladenverkaufspreis bzw. den Zielverkaufspreis zum Ausgangspunkt der Rechnung nimmt, sind diese Größen für ihn jeweils 100 %, d.h., der Einzelhändler hat daher **Rabatt** und **Skonto im Hundert einzurechnen.**

(2) Berechnung der Umsatzsteuer

Lieferungen im Inland unterliegen der Umsatzsteuer, d.h., zum Nettoverkaufspreis sind noch 16 % bzw. 7 % USt hinzuzurechnen. Da der zuletzt berechnete Verkaufspreis das *Entgelt* des Einzelhändlers ausmacht, sind von diesem Preis (Nettoverkaufspreis ≙ 100 %) 16 % bzw. 7 % USt zu berechnen. Es handelt sich also um eine **Vom-Hundert-Rechnung**. Obwohl die Umsatzsteuer für den Kaufmann keinen Kostenbestandteil darstellt, führen wir die Kalkulation bis zum Bruttoverkaufspreis durch, weil nach den Preisauszeichnungsvorschriften im Einzelhandel der Ladenverkaufspreis die Umsatzsteuer enthalten muss.

Einführungsbeispiel

Aufgabe

Wir führen die Kalkulation des Rennrades „Spurt" fort. Der Barverkaufspreis (bisher Nettoverkaufspreis) beträgt 566,02 EUR. Das Fahrradhaus hat dem langjährigen Kunden bei der Bestellung 10 % Rabatt und 2 % Skonto bei Barzahlung zugesagt.

Wie viel EUR beträgt der Bruttoverkaufspreis, wenn 16 % Umsatzsteuer einzurechnen sind?

Musterlösung

	98 %	Barverkaufspreis	566,02 EUR
	2 %	+ Kundenskonto (im Hundert)	11,55 EUR
→	100 %	Zielverkaufspreis	577,57 EUR
10 %		+ Kundenrabatt (im Hundert)	64,17 EUR
100 %	←	Nettoverkaufspreis	641,74 EUR
	16 %	+ Umsatzsteuer (vom Hundert)	102,68 EUR
	116 %	Bruttoverkaufspreis	744,42 EUR

Erläuterungen zur Aufgabe:

Für die Berechnung des Kundenskontos (i. H.):

Barverkaufspreis 98 % ≙ 566,02 EUR
Kundenskonto   2 % ≙   x EUR

$$x = \frac{566{,}02 \cdot 2}{98} = \underline{11{,}55 \text{ EUR}}$$

Für die Berechnung des Kundenrabatts (i. H.):

Zielverkaufspreis 90 % ≙ 577,57 EUR
Kundenrabatt   10 % ≙   x EUR

$$x = \frac{577{,}57 \cdot 10}{90} = \underline{64{,}17 \text{ EUR}}$$

Für die Berechnung der Umsatzsteuer (v. H.):

Nettoverkaufspreis 100 % ≙ 641,74 EUR
Umsatzsteuer   16 % ≙   x EUR

$$x = \frac{641{,}74 \cdot 16}{100} = \underline{102{,}68 \text{ EUR}}$$

Übungsaufgabe

23

1. Ein Lebensmittelgeschäft verkauft Getränke auch in Kästen zu je 10 Flaschen und möchte hierauf den Kunden jeweils einen Sonderrabatt einräumen. Die bisherige Kalkulation für einen Kasten Zitronenlimonade ergab einen Zielverkaufspreis von 4,20 EUR je Kasten.

   Zu welchem Bruttoverkaufspreis kann ein Kasten angeboten werden, wenn das Lebensmittelgeschäft noch 5% Sonderrabatt und 16% Umsatzsteuer einrechnet?

2. Ein Möbelhaus entschließt sich, den Kunden in Zukunft 3% Skonto einzuräumen. Errechnen Sie den Bruttoverkaufspreis für einen Tisch! Bisheriger Barverkaufspreis ohne Umsatzsteuer: 460,00 EUR.

   Errechnen Sie den neuen Bruttoverkaufspreis, indem Sie den Kundenskonto von 3% und die Umsatzsteuer von 16% berücksichtigen!

3. Die Farbenhandlung Grün & Gelb OHG hat einen hohen Vorrat an Autolacken am Lager. Für die 2-kg-Dose wurden dabei ein Selbstkostenpreis von 8,40 EUR errechnet. In einer Sonderaktion möchte die Farbenhandlung den Bestand abbauen. Für eine Werbeaktion rechnet die Grün & Gelb OHG mit folgenden Kalkulationsdaten: 8% Gewinn, 10% Aktionsrabatt, 2% Skonto und 16% Umsatzsteuer.

   Zu welchem Bruttoverkaufspreis kann die 2-kg-Dose bei der Sonderaktion verkauft werden?

4. Die Kalkulation ergibt einen Barverkaufspreis von 494,91 EUR. Umsatzsteuersatz 16%. Den Kunden räumen wir 3% Skonto ein.

   Wie viel EUR beträgt der Bruttoverkaufspreis?

5. Die Kalkulation liefert uns für eine Ware folgende Daten:

Bezugspreis	150,40 EUR	Nettoverkaufspreis	224,00 EUR
Selbstkostenpreis	175,70 EUR	Bruttoverkaufspreis	259,84 EUR
Zielverkaufspreis	190,40 EUR		

   Wie viel EUR gewähren wir unseren Kunden an Rabatt (Kundenskonto wird nicht gewährt)?

6. Herr Flott, Inhaber eines Fahrradfachgeschäftes, liest eine neu eingetroffene Preisliste. Der Lieferer bietet ein Mountain-Bike zum Preis von 680,00 EUR an. Bei Abnahme von mindestens 20 Stück dieser Spezialräder gewährt der Lieferer 12,5% Rabatt sowie $2\frac{1}{2}$% Skonto bei Bezahlung innerhalb von 10 Tagen nach Erhalt der Rechnung. Die Bezugskosten für 20 Fahrräder betragen 345,00 EUR.

   Kalkulieren Sie den Bruttoverkaufspreis je Fahrrad einschließlich 16% USt, wenn Herr Flott von diesem Angebot Gebrauch machen will, und er mit einem Handlungskostenzuschlagssatz von 22% und 15% Gewinn rechnet!

Zusammenfassung

Aus Gründen der Übersicht haben wir das Kalkulationsschema in einzelne Teilschritte zerlegt. Im Folgenden wird nun die **Gesamtkalkulation** des Rennrades „Spurt" im Überblick dargestellt.

Einführungsbeispiel

Aufgabe

Das Fahrrad- und Motorradhaus Friedrich Flitzer e.Kfm. bestellt bei der Fahrradfabrik ein Rennrad Marke „Spurt" zu folgenden Bedingungen: Listeneinkaufspreis 390,00 EUR zuzüglich 16% Umsatzsteuer, 33 $\frac{1}{3}$% Wiederverkäuferrabatt, 2% Skonto, Kosten für Verpackung, Fracht, Anfuhr und Transportversicherung pauschal 40,00 EUR zuzüglich 16% Umsatzsteuer. Das Fahrradhaus rechnet mit einem Handlungskostenzuschlagssatz von 60% sowie mit einem Gewinnzuschlagssatz von 20%. Dem Kunden wurden bei der Bestellung 10% Rabatt und 2% Skonto zugesagt.

Wie viel EUR beträgt der Bruttoverkaufspreis, wenn 16% Umsatzsteuer einzurechnen sind?

Musterlösung

			Listeneinkaufspreis netto	390,00 EUR
	100 %			
	33 $\frac{1}{3}$%	−	Liefererrabatt (vom Hundert)	130,00 EUR
100%		←	Zieleinkaufspreis	260,00 EUR
2%		−	Lieferersskonto (vom Hundert)	5,20 EUR
			Bareinkaufspreis	254,80 EUR
		+	Bezugskosten	40,00 EUR
→	100%		Bezugspreis (Einstandspreis)	294,80 EUR
	60%	+	Handlungskosten (vom Hundert)	176,88 EUR
100%		←	Selbstkostenpreis	471,68 EUR
20%		+	Gewinn (vom Hundert)	94,34 EUR
→	98%		Barverkaufspreis	566,02 EUR
	2%	+	Kundenskonto (im Hundert)	11,55 EUR
90%		←	Zielverkaufspreis	577,57 EUR
10%		+	Kundenrabatt (im Hundert)	64,17 EUR
→	100%		Nettoverkaufspreis	641,74 EUR
	16%	+	Umsatzsteuer (vom Hundert)	102,68 EUR
	116%		Bruttoverkaufspreis	744,42 EUR

7. Ein Elektrogeschäft bezieht von einem Großhändler 10 Kühlschränke zu 398,00 EUR je Stück. Der Großhändler gewährt einen Mengenrabatt von 15% und bei Zahlung innerhalb von 10 Tagen 2% Skonto. Die Lieferung erfolgt frachtfrei.

   Berechnen Sie den Bruttoverkaufspreis für einen Kühlschrank, wenn das Elektrogeschäft mit folgenden Kalkulationsvorgaben rechnet: 18% Handlungskostenzuschlagssatz, 20% Gewinn, 5% Kundenrabatt, 2% Kundenskonto und 16% Umsatzsteuer!

8. Die Farben- und Lackhandlung Sonja Bunt e. Kfr. erhält ein Angebot einer Lackfabrik über 35 Kanister Farbe, Inhalt 20 kg. Auf den Stückpreis von 86,50 EUR zuzüglich 16% USt erhält die Farben- und Lackhandlung Bunt 22% Rabatt und 3% Skonto. An Frachtkosten werden 4,50 EUR je Kanister berechnet, die bei frachtfreier Rücksendung zu einem Drittel gutgeschrieben werden.

   Die Farben- und Lackhandlung rechnet mit einem Handlungskostenzuschlagssatz von 35% und einem Gewinnzuschlag von 15%. Die Handwerker als Abnehmer der Farbe erhalten einen Handwerkerrabatt von 10% und 2% Skonto. Die Umsatzsteuer in Höhe von 16% ist zu berücksichtigen.

   Zu welchem Bruttoverkaufspreis kann ein Kanister Farbe angeboten werden?

9. Ein Kaufhaus bezieht von der Möbelfabrik Holz GmbH 40 Beistelltische zu einem Listenpreis von 74,80 EUR je Stück. Die Möbelfabrik gewährt einen Rabatt von $12\frac{1}{2}$% und bei Barzahlung innerhalb von 10 Tagen 2% Skonto. Insgesamt fallen an Bezugskosten 232,00 EUR an.

   Das Kaufhaus rechnet mit einem Handlungskostenzuschlagssatz von 28,5%, einem Gewinnzuschlagssatz von 8% und einem Umsatzsteuersatz von 16%. Die Beistelltische werden im Rahmen einer Sonderaktion abgesetzt, wobei den Kunden 10% Sonderrabatt gewährt werden soll.

   Zu welchem Bruttoverkaufspreis wird ein Beistelltisch ausgezeichnet?

10. Ein Einzelhändler will ein neues Haushaltsgerät in sein Sortiment aufnehmen. Sein Lieferer macht ihm folgendes Angebot: Einkaufspreis 480,00 EUR abzüglich 5% Einführungsrabatt und 2% Skonto; Fracht 16,20 EUR.

    Der Einzelhändler kalkuliert mit folgenden Zuschlägen: Handlungskostenzuschlagssatz $16\frac{2}{3}$%, Gewinn 14%, Kundenrabatt 3%, Umsatzsteuer 16%. Aus Konkurrenzgründen könnte das Gerät nicht über 720,00 EUR (einschließlich Umsatzsteuer) angeboten werden.

    Ermitteln Sie den Bruttoverkaufspreis für dieses Gerät! Kann der Einzelhändler das Angebot annehmen?

11. Ein Schreibwarengeschäft erhält einen Sonderposten von 150 Taschenrechnern zum Listenpreis von 16,00 EUR/Stück mit einem Mengenrabatt von $33\frac{1}{3}$% angeboten. Bei Barzahlung können 2% Skonto abgezogen werden. Die Versandkosten von 24,00 EUR müssen zur Hälfte übernommen werden. Es wird mit einem Handlungskostenzuschlag von 30% und einem Gewinn von 15% kalkuliert.

    11.1 Berechnen Sie den Nettoverkaufspreis der gesamten Lieferung!

    11.2 Mit welchem Bruttoverkaufspreis kann der Rechner ausgezeichnet werden, wenn zum errechneten Stückpreis noch 16% Umsatzsteuer hinzukommen? (Auf volle 0,10 EUR aufrunden.)

12. Das Feinkostgeschäft Kurt Genießer KG bezieht von einer Fleischwarenfabrik 300 kg Rohschinken zu 12,00 EUR je kg. Zahlungsbedingungen: $12\frac{1}{2}$% Liefererrabatt, 2% Liefererskonto. Die Bezugskosten betragen 121,74 EUR.

    Der Rohschinken wird an verschiedene Gasthöfe weiterverkauft, denen 5% Rabatt und bei vorzeitiger Zahlung 3% Skonto gewährt werden. Das Feinkostgeschäft kalkuliert mit einem Handlungskostenzuschlagssatz von 30%, 15% Gewinnzuschlag, 1% Verschnitt und 7% Umsatzsteuer.

    Zu welchem Preis können 100 g Rohschinken angeboten werden?

6.3 Vereinfachung des Kalkulationsverfahrens durch Anwendung von Kalkulationszuschlag, Kalkulationsfaktor, Kalkulationsabschlag und Handelsspanne

6.3.1 Verkürzte Kalkulation mit Kalkulationszuschlag und Kalkulationsfaktor

(1) Kalkulationszuschlag

Sofern eine Ware bzw. Warengruppe bei wechselnden Bezugspreisen mit den gleichen Prozentsätzen für die Handlungskosten, den Gewinn und die Verkaufsaufschläge (Kundenskonto, Kundenrabatt und Umsatzsteuer) kalkuliert wird, können diese Aufschläge in einem Prozentsatz zusammengefasst werden. Dieser einheitliche Prozentsatz wird als **Kalkulationszuschlag** bezeichnet.

Da die Bezugsgrundlagen für die einzelnen Aufschläge unterschiedlich sind, ergibt sich dieser einheitliche Prozentsatz nicht durch einfache Addition der Prozentsätze, sondern dadurch, dass man bei einem ungekürzt berechneten Beispiel die Differenz zwischen dem Bruttoverkaufspreis und dem Bezugspreis bildet und diese dann in Prozenten zum Bezugspreis ausdrückt. Mit diesem einmal berechneten Prozentsatz können dann gleichartige Waren bzw. Warengruppen mit unterschiedlichen Bezugspreisen schnell kalkuliert werden.

Einführungsbeispiel

Aufgabe

Wir greifen auf unser Beispiel von Seite 70 zurück.
1. Berechnen Sie den Kalkulationszuschlag, der der Kalkulation des Rennrades „Spurt" zugrunde liegt!
2. Treten Sie den Beweis für die Richtigkeit der Rechnung an!

Musterlösung

Zu 1.: Berechnung des Kalkulationszuschlags

Gesamtkalkulation

Bezugspreis	294,80 EUR
+ 60% Handlungskosten	176,88 EUR
Selbstkostenpreis	471,68 EUR
+ 20% Gewinn	94,34 EUR
Nettoverkaufspreis	566,02 EUR
+ 16% Umsatzsteuer	90,56 EUR
Bruttoverkaufspreis	656,58 EUR

a) Berechnung der Differenz:

Bruttoverkaufspreis	656,58 EUR
− Bezugspreis	294,80 EUR
Differenz	361,78 EUR

b) Berechnung der Differenz in Prozenten zum Bezugspreis:

Bezugspreis	294,80 EUR ≙	100%
Differenz	361,78 EUR ≙	x %

$$x = \frac{361{,}78 \cdot 100}{294{,}80} = 122{,}72049\,\%$$

Ergebnis: Der Kalkulationszuschlag beträgt 122,72049%.

Erläuterungen zur Aufgabe:

- Da die Preisauszeichnung im Einzelhandel einschließlich Umsatzsteuer erfolgen muss, ist zur Berechnung des Kalkulationszuschlags die **Differenz** zwischen dem **Bezugspreis** und dem **Bruttoverkaufspreis** heranzuziehen.

  In unserem Beispiel: 656,58 EUR − 294,80 EUR = 361,78 EUR

- Die Differenz in Höhe von 361,78 EUR ist auf den Bezugspreis ($\widehat{=}$ 100%) zu beziehen.

Zu 2.: Beweis für die Richtigkeit der Rechnung

Bezugspreis	294,80 EUR
+ 122,72049 % Kalkulationszuschlag	361,78 EUR
Bruttoverkaufspreis	656,58 EUR

Hinweise:

- Sind nur die Prozentsätze für die einzelnen Aufschläge bekannt, kann der Kalkulationszuschlag dadurch berechnet werden, dass man von einem Bezugspreis von 100,00 EUR ausgeht.
- In der Praxis genügt es, beim Kalkulationszuschlag mit zwei Stellen hinter dem Komma zu rechnen.

Wir merken uns:

Der **Kalkulationszuschlag** ergibt sich aus der Differenz zwischen Bruttoverkaufspreis und Bezugspreis ausgedrückt in Prozenten zum Bezugspreis.

$$\text{Kalkulationszuschlag} = \frac{(\text{Bruttoverkaufspreis} - \text{Bezugspreis}) \cdot 100}{\text{Bezugspreis}}$$

Der Kalkulationszuschlag ist ein prozentualer **Aufschlag** auf den Bezugspreis zur Ermittlung des Bruttoverkaufspreises.

---

(2) Kalkulationsfaktor

Eine weitere Vereinfachung der Kalkulation ergibt sich durch die Anwendung eines Kalkulationsfaktors. Diesen erhält man, indem man den einmal kalkulierten Bruttoverkaufspreis durch den Bezugspreis dividiert. Durch Multiplikation der verschiedenen Bezugspreise mit dem Kalkulationsfaktor erhält man den jeweiligen Bruttoverkaufspreis.

Aufgabe

Wir greifen auf unser Beispiel von Seite 70 zurück.

1. Berechnen Sie den Kalkulationsfaktor, der der Kalkulation des Rennrades „Spurt" zugrunde liegt!
2. Treten Sie den Beweis für die Richtigkeit der Berechnung an!

Musterlösung

Zu 1.: Berechnung des Kalkulationsfaktors

$$\frac{656{,}58 \text{ EUR}}{294{,}80 \text{ EUR}} = \underline{\underline{2{,}2272049}}$$

Ergebnis: Der Kalkulationsfaktor beträgt (gerundet) 2,2272.

Zu 2.: Beweis für die Richtigkeit der Rechnung

294,80 EUR · 2,2272049 = <u>656,58 EUR</u>

Anmerkung: Im vorliegenden Beispiel ist es sinnvoll, mit vier Stellen hinter dem Komma zu rechnen, um ein genaues Ergebnis zu erzielen. In der Praxis begnügt man sich im Allgemeinen mit zwei Stellen hinter dem Komma.

Daraus folgt:

> Bezugspreis · Kalkulationsfaktor = Bruttoverkaufspreis

Hinweis:

Den Unterschied zwischen Bruttoverkaufspreis und Bezugspreis bezeichnet man auch als **Rohgewinn brutto** bzw. **Rohertrag brutto**. Folgerichtig nennt man den Kalkulationszuschlag in diesem Zusammenhang auch **Rohgewinnzuschlag.** Zu Einzelheiten vgl. S. 198/199.

Wir merken uns:

Der **Kalkulationsfaktor** ist eine Zahl, mit der man den Bezugspreis multiplizieren muss, um den Bruttoverkaufspreis zu erhalten.

$$\text{Kalkulationsfaktor} = \frac{\text{Bruttoverkaufspreis}}{\text{Bezugspreis}}$$

Übungsaufgabe

24 1. Berechnen Sie den Kalkulationszuschlag und den Kalkulationsfaktor bei folgenden Waren!

	Ware A	Ware B	Ware C
Bezugspreis	205,20 EUR	86,64 EUR	14,25 EUR
Bruttoverkaufspreis	285,90 EUR	132,80 EUR	25,90 EUR

2. Berechnen Sie den Kalkulationszuschlag und den Kalkulationsfaktor bei folgenden Kalkulationsdaten!

	Ware A	Ware B	Ware C
Handlungskostenzuschlagssatz	28%	30%	61%
Gewinnzuschlag	20%	15%	19%
Umsatzsteuersatz	16%	7%	16%

Hinweis: Gehen Sie der Einfachheit halber jeweils von einem Bezugspreis von 100,00 EUR aus!

3. Das Kinderfachgeschäft Susanne Schrag e.Kfr. bezieht 20 Kinderbuggys zum Listeneinkaufspreis von 85,00 EUR je Stück. Das Fachgeschäft hat mit dem Lieferer folgende Einkaufsbedingungen ausgehandelt: 10% Mengenrabatt; bei Zahlung innerhalb 10 Tagen $2\frac{1}{2}$% Skonto oder innerhalb 30 Tagen netto, Frachtkosten insgesamt 48,25 EUR.
   3.1 Wie viel EUR beträgt der Bezugspreis für einen Buggy, wenn die Geschäftsinhaberin mit Skontoabzug bezahlt?
   3.2 Zu welchem Preis kann sie einen Buggy anbieten, wenn folgendermaßen kalkuliert wird: $16\frac{2}{3}$% Handlungskostenzuschlagssatz, 20% Gewinn und 16% Umsatzsteuer?
   3.3 Berechnen Sie den Kalkulationszuschlag und den Kalkulationsfaktor!
   3.4 Wie viel EUR beträgt der „Rohgewinn brutto" je Buggy?

4. Wie viel EUR betragen die Bruttoverkaufspreise bei den folgenden Waren?

Ware	Bezugspreis	Kalkulationszuschlag
Kaffeekanne	14,60 EUR	45,8 %
Waschpulver	9,30 EUR	$33\frac{1}{3}$%

5. Der Nettoeinkaufspreis eines Artikels beträgt 196,20 EUR und die Bezugskosten betragen 12,40 EUR. Es wird mit einem Kalkulationszuschlag von 58% gerechnet.
   Wie viel EUR beträgt der Bruttoverkaufspreis?

6. Ein Artikel wird einschließlich 7% USt mit 15,09 EUR angeboten. Das Einzelhandelsgeschäft rechnet mit einem Kalkulationsfaktor von 1,65.
   Wie viel EUR beträgt der Bezugspreis?

7. Die Selbstkosten einer Ware betragen 488,56 EUR, der Bruttoverkaufspreis beträgt 614,64 EUR. Der Einzelhändler rechnet mit einem Kalkulationszuschlag von 56%.
   Wie viel Prozent beträgt der Handlungskostenzuschlagssatz?

8. Ein Artikel soll einschließlich 16% USt mit 881,10 EUR angeboten werden. Kalkuliert wird mit einem Kalkulationsfaktor von 1,98.
   Wie viel EUR beträgt der Bezugspreis?

9. Ein Kaufmann hat für eine Ware einen Selbstkostenpreis von 198,20 EUR errechnet. Die Ware wird zu einem Bruttoverkaufspreis von 289,58 EUR angeboten. Der Kalkulationszuschlag beträgt 65%.
   Wie viel EUR an Handlungskosten sind eingerechnet?

10. Wir kalkulieren einen Artikel mit einem Handlungskostenzuschlagssatz von 45%, 12% Gewinn und 7% USt.
    10.1 Mit welchem Kalkulationsfaktor kann bei gleichartigen Artikeln kalkuliert werden?
    10.2 Wie viel EUR beträgt der „Rohertrag brutto" je Artikel?

6.3.2 Kalkulatorische Rückrechnung (retrograde Kalkulation)

Liegt der Bruttoverkaufspreis aufgrund der gegebenen Markt- bzw. Konkurrenzsituation fest, so eignet sich das Kalkulationsschema in umgekehrter Richtung **von unten nach oben** zur Errechnung des aufwendbaren Einkaufspreises **(Rückwärtskalkulation oder retrograde Kalkulation)**. Dabei wird der Listeneinkaufspreis errechnet, der höchstens gezahlt werden darf, um den angestrebten Gewinn zu erreichen.

Einführungsbeispiel

Aufgabe

Aufgrund der Marktsituation muss die Eisenhandlung Fritz Zeh e. Kfm. eine Schleifmaschine zum Bruttoverkaufspreis in Höhe von 244,53 EUR einschließlich 16 % Umsatzsteuer anbieten. Vom Lieferer erhält die Eisenhandlung lt. Angebot 20 % Rabatt und 3 % Skonto. Die Fracht- und Verpackungskosten werden von ihm pauschal mit 18,00 EUR berechnet. Der Handlungskostenzuschlagssatz beläuft sich auf 32 %. Als Gewinn sollen 12 % eingerechnet werden.

Welcher Listeneinkaufspreis kann höchstens bezahlt werden?

Musterlösung

	100 %	Listeneinkaufspreis netto	160,55 EUR
	20 %	+ Liefererrabatt (im Hundert)	32,11 EUR
→	80 %	Zieleinkaufspreis	128,44 EUR
3 %		+ Lieferersknto (im Hundert)	3,85 EUR
97 %		Bareinkaufspreis	124,59 EUR
		− Bezugskosten	18,00 EUR
		Bezugspreis (Einstandspreis)	142,59 EUR
	32 %	− Handlungskosten (auf Hundert)	45,63 EUR
→	132 %	Selbstkostenpreis	188,22 EUR
12 %		− Gewinn (auf Hundert)	22,50 EUR
112 %	←	Nettoverkaufspreis	210,80 EUR
	16 %	− Umsatzsteuer (auf Hundert)	33,73 EUR
	116 %	Bruttoverkaufspreis	244,53 EUR

Rechenweg ↑

Ergebnis: Es kann für die Schleifmaschine höchstens ein Listeneinkaufspreis von netto 160,55 EUR bezahlt werden.

Allgemeiner Rechenweg

1. Stellen Sie zuerst das Kalkulationsschema **von oben nach unten** auf und tragen Sie die in der Aufgabe vorgegebenen Prozentsätze ein.
2. Setzen Sie den gegebenen Bruttoverkaufspreis ein.
3. Überlegen Sie bei jedem Rechenschritt, ob es sich um eine Rechnung **vom Hundert** (Kundenrabatt, Kundenskonto), **auf Hundert** (Umsatzsteuer, Gewinn, Handlungskosten) oder **im Hundert** (Lieferersknto, Liefererrabatt) handelt.
4. Überprüfen Sie das Ergebnis durch eine Vorwärtskalkulation.

Übungsaufgabe

25

1. Ein Einzelhändler hat bei einem Artikel einen Selbstkostenpreis von 115,30 EUR errechnet. Der Handlungskostenzuschlagssatz beträgt 42% und an Bezugskosten fielen 11,12 EUR an. Der Lieferer gewährte uns 15% Rabatt und 3% Skonto.

    Wie viel EUR betrug der Listeneinkaufspreis für diesen Artikel?

2. Eine Ware wird mit einem Bruttoverkaufspreis von 273,98 EUR ausgezeichnet. Wir haben mit folgenden Kalkulationsdaten gerechnet: USt 16%, Gewinn 20%.

    Wie viel EUR betrug der Selbstkostenpreis der Ware?

3. Wir können eine neue Waschmaschine, Marke „LAVOLUX", aus Konkurrenzgründen höchstens für 950,04 EUR auf den Markt bringen. Unsere Kalkulationssätze sind: 12,5% Handlungskostenzuschlagssatz, $16\frac{2}{3}$% Gewinn und 16% Umsatzsteuer. An Bezugskosten würden uns 8,80 EUR entstehen, wovon $\frac{1}{4}$ bei Rücksendung der Verpackung wieder gutgeschrieben werden.

    Welchen Listeneinkaufspreis können wir höchstens beim Einkauf zugrunde legen, wenn der Lieferer noch bereit wäre, uns 2% Skonto und 10% Einführungsrabatt einzuräumen?

4. Ein Elektrohändler kann einen Kühlschrank der Marke „Frost" aus Konkurrenzgründen zu 463,81 EUR einschließlich 16% USt verkaufen.

    Zu welchem Preis kann der Elektrohändler den Kühlschrank höchstens einkaufen, wenn er von seinem Lieferer 30% Rabatt und 3% Skonto erhält? Er kalkuliert mit 11,00 EUR Bezugskosten, 22% Handlungskostenzuschlagssatz und 14% Gewinnzuschlag.

5. Der Bruttoverkaufspreis einer Ware beträgt 285,60 EUR, der Kalkulationsfaktor 1,7. Für Bezugskosten fallen 14,80 EUR an. Vom Lieferer erhalten wir 20% Rabatt und $2\frac{1}{2}$% Skonto.

    5.1 Wie viel EUR beträgt der Bezugspreis?

    5.2 Wie viel EUR beträgt der Listeneinkaufspreis?

6. Für eine Ware wird ein Nettoverkaufspreis von 1 620,00 EUR errechnet. Eingerechnet sind ein Handlungskostenzuschlagssatz von 54% und 12% Gewinn.

    Wie viel Prozent beträgt der Kalkulationszuschlag bei einem Umsatzsteuersatz von 16%?

7. Wir verkaufen einen Artikel einschließlich 16% USt für 52,20 EUR. Kalkuliert wurde mit 40% Handlungskostenzuschlagssatz und 20% Gewinn.

    Wie viel EUR beträgt der Bareinkaufspreis, wenn uns der Lieferer 8,50 EUR für Frachtkosten in Rechnung gestellt hat?

8. Der Bruttoverkaufspreis einer Ware beträgt einschließlich 16% USt 469,65 EUR.

    Wie viel EUR darf für die Ware im Einkauf höchstens gezahlt werden, wenn der Lieferer frachtfrei liefert sowie 30% Rabatt gewährt und der Einzelhändler mit einem Kalkulationsfaktor von 1,55 kalkuliert?

6.3.3 Verkürzte Kalkulation mit Kalkulationsabschlag und Handelsspanne

Zur Vereinfachung der **Vorwärtskalkulation** bedient man sich des **Kalkulationszuschlags** bzw. des **Kalkulationsfaktors.** Die Vereinfachung der **Rückwärtskalkulation** erfolgt mit Hilfe des **Kalkulationsabschlags** bzw. der **Handelsspanne.**

(1) Kalkulationsabschlag

Durch Anwendung des Kalkulationsabschlags gelangt man in einem Schritt vom Bruttoverkaufspreis zum Bezugspreis. Der Kalkulationsabschlag ergibt sich, indem man zwischen dem einmal berechneten Bruttoverkaufspreis und dem Bezugspreis die Differenz bildet und diese in Prozenten zum Bruttoverkaufspreis ausdrückt. Mit diesem einmal berechneten Kalkulationsabschlag können dann bei gleich bleibenden Prozentsätzen für die einzukalkulierenden Aufschläge und den bekannten Bruttoverkaufspreisen die Bezugspreise gleichartiger Waren kalkuliert werden. Auf diese Weise kann der Einzelhandelskaufmann schnell feststellen, ob sich ein bestimmter Angebotspreis für diese Warenart für ihn noch lohnt.

Aufgabe

Wir greifen auf unser Einführungsbeispiel von Seite 70 zurück. Der Bruttoverkaufspreis beträgt 656,58 EUR, der Bezugspreis 294,80 EUR und die Differenz zwischen Bruttoverkaufspreis und Bezugspreis 361,78 EUR.
1. Berechnen Sie den Kalkulationsabschlag!
2. Treten Sie den Beweis für die Richtigkeit der Rechnung an!

Musterlösung

Zu 1.: Berechnung des Kalkulationsabschlags

a) **Berechnung der Differenz**

Bruttoverkaufspreis	656,58 EUR
− Bezugspreis	294,80 EUR
Differenz	361,78 EUR

b) **Berechnung der Differenz in Prozenten zum Bruttoverkaufspreis**

656,58 EUR ≙ 100 %
361,78 EUR ≙ x %

$$x = \frac{100 \cdot 361{,}78}{656{,}58} = 55{,}1007$$

Ergebnis: Der Kalkulationsabschlag beträgt 55,1007 %.

Zu 2.: Beweis für die Richtigkeit der Rechnung

Bruttoverkaufspreis	656,58 EUR
− 55,1007 % Kalkulationsabschlag	361,78 EUR
Bezugspreis	294,80 EUR

Anmerkung: In der Praxis genügt es, bei dem Kalkulationsabschlag mit zwei Stellen hinter dem Komma zu rechnen.

> **Wir merken uns:**
>
> Der **Kalkulationsabschlag** ergibt sich aus der Differenz zwischen dem Bruttoverkaufspreis und dem Bezugspreis ausgedrückt in Prozenten zum Bruttoverkaufspreis.
>
> $$\text{Kalkulationsabschlag} = \frac{(\text{Bruttoverkaufspreis} - \text{Bezugspreis}) \cdot 100}{\text{Bruttoverkaufspreis}}$$
>
> Der Kalkulationsabschlag ist ein prozentualer **Abschlag** vom Bruttoverkaufspreis zur direkten Ermittlung des Bezugspreises.

(2) Handelsspanne

In der Praxis ist es außerdem üblich, die Differenz zwischen Nettoverkaufspreis und Bezugspreis der Ware auf den **Nettoverkaufspreis** zu beziehen z. B. bei Betriebsvergleichen in ERFA-Gruppen oder in Statistiken des Instituts für Handelsforschung an der Universität zu Köln. Wir sprechen dann von **Handelsspanne**. In diesem Fall möchte der Einzelhändler wissen, wie viel Prozent er vom **Netto**verkaufspreis abziehen muss, um den Bezugspreis zu erhalten.

Aufgabe

Wir greifen zurück auf das Beispiel auf Seite 70. Der Nettoverkaufspreis beträgt 566,02 EUR, der Bezugspreis 294,80 EUR. Die Differenz zwischen Nettoverkaufspreis und Bezugspreis beträgt 271,22 EUR.

1. Berechnen Sie die Handelsspanne auf 4 Stellen hinter dem Komma!
2. Treten Sie den Beweis für die Richtigkeit der Rechnung an!

Musterlösung

Zu 1.: Berechnung der Handelsspanne

a) Berechnung der Differenz

Nettoverkaufspreis	566,02 EUR
− Bezugspreis	294,80 EUR
Differenz	271,22 EUR

b) Berechnung der Differenz in Prozenten zum Nettoverkaufspreis

566,02 EUR ≙ 100 %
271,22 EUR ≙ x %

$$x = \frac{100 \cdot 271,22}{566,02} = \underline{47,9170}$$

Ergebnis: Die Handelsspanne beträgt 47,9170 %.

Hinweis

Den Unterschied zwischen Nettoverkaufspreis und Bezugspreis bezeichnet man auch als **Rohgewinn netto** bzw. **Rohertrag netto**.

Zu 2.: Beweis für die Richtigkeit der Rechnung

Nettoverkaufspreis	566,02 EUR
− 47,9170 % Handelsspanne	271,22 EUR
Bezugspreis	294,80 EUR

Anmerkung: In der Praxis genügt es, bei der Handelsspanne mit zwei Stellen hinter dem Komma zu rechnen.

Wir merken uns:

Die Handelsspanne ergibt sich aus der Differenz zwischen dem Nettoverkaufspreis und dem Bezugspreis ausgedrückt in Prozenten zum Nettoverkaufspreis.

$$\text{Handelsspanne} = \frac{(\text{Nettoverkaufspreis} - \text{Bezugspreis}) \cdot 100}{\text{Nettoverkaufspreis}}$$

Die Handelsspanne ist ein prozentualer Abschlag vom Nettoverkaufspreis zur direkten Ermittlung des Bezugspreises.

Übungsaufgabe

26

1. Berechnen Sie den Kalkulationsabschlag und die Handelsspanne bei den folgenden Waren! Der Umsatzsteuersatz beträgt 16 %.

	Ware A	Ware B	Ware C
Bezugspreis	117,00 EUR	844,44 EUR	77,00 EUR
Nettoverkaufspreis	156,00 EUR	1 266,66 EUR	123,20 EUR

2. Wie viel Prozent betragen der Kalkulationsabschlag und die Handelsspanne bei den folgenden Kalkulationsdaten?

	Ware A	Ware B	Ware C
Handlungskostenzuschlagssatz	35 %	55 %	28 %
Gewinnzuschlag	12 %	15 %	9 %
Umsatzsteuersatz	16 %	7 %	16 %

3. Wie viel EUR betragen die Bezugspreise bei den folgenden Waren?

Ware	Bruttoverkaufspreis (16 % USt)	Kalkulationsabschlag
Kaffeemaschine	79,90 EUR	41,5 %
Anzug	324,90 EUR	45 %

4. Der Bareinkaufspreis eines Artikels beträgt 135,00 EUR. An Frachtkosten fallen 16,20 EUR an. Das Einzelhandelsgeschäft rechnet mit einer Handelsspanne von 65 %.
   Wie viel EUR beträgt der Nettoverkaufspreis?

5. Der Bruttoverkaufspreis einer Ware beträgt einschließlich 16 % USt 143,75 EUR. Das Einzelhandelsgeschäft kalkuliert mit einer Handelsspanne von 35 %.
   Wie viel EUR beträgt der Bezugspreis?

6. Der Bruttoverkaufspreis einer Ware beträgt einschließlich 7 % USt 24,30 EUR. Es wird mit einer Handelsspanne von 30 % gerechnet.
   Wie viel EUR beträgt der Bezugspreis?

7. 7.1 Die Kostenrechnung liefert dem Einzelhändler folgende Zahlen:
   Wareneinsatz 616 000,00 EUR   Reingewinn 23 000,00 EUR
   Kosten insgesamt 285 000,00 EUR   Umsatzsteuer 16 %
   Umsatzerlöse (netto) 924 000,00 EUR
   Berechnen Sie die Handelsspanne!
   7.2 Wie viel EUR beträgt der „Rohgewinn brutto"?
   7.3 Berechnen Sie den „Rohgewinn netto"!

8. Der Bezugspreis einer Ware beträgt 38,70 EUR. Der Einzelhändler kalkuliert mit einem Handlungskostenzuschlagssatz von 38%, 9% Gewinn und 16% USt.

   Wie viel Prozent beträgt der Kalkulationsabschlag?

9. Der Nettoverkaufspreis eines Produkts beträgt 81,20 EUR, die Handlungskosten betragen 10,20 EUR.

   Wie viel EUR beträgt der Gewinn, wenn das Einzelhandelsunternehmen mit einer Handelsspanne von 25% rechnet?

10. Ein Einzelhändler erzielt einen Warenumsatz einschließlich 16% in Höhe von 870 000,00 EUR.

    Wie viel EUR beträgt der Wareneinsatz, wenn der Einzelhändler mit einer Handelsspanne von 35% rechnet?

6.3.4 Differenzkalkulation

Unverbindliche Preisempfehlungen, aber häufig auch die „Marktlage", verhindern, dass der Einzelhändler seinen Bruttoverkaufspreis selbst bestimmen kann. Auch kann der Preis deshalb feststehen, weil die Einkaufsorganisation, der das Einzelhandelsgeschäft angehört, diesen vorgibt. In diesen Fällen muss es das Ziel der Kalkulation sein, festzustellen, ob der so verbleibende Gewinn ausreichend ist.

- Wird der Gewinn aus der Differenz zwischen Selbstkosten und Nettoverkaufspreis berechnet, sprechen wir von **Differenzkalkulation.** Da sowohl der *Listeneinkaufspreis* als auch der *Bruttoverkaufspreis festliegen,* muss von **beiden** Werten aus mit dem Rechenweg begonnen werden, und zwar einmal als **Vorwärtskalkulation** (vom Listeneinkaufspreis bis zum Selbstkostenpreis) und zum anderen als **Rückwärtskalkulation** (vom Bruttoverkaufspreis bis zum Nettoverkaufspreis).

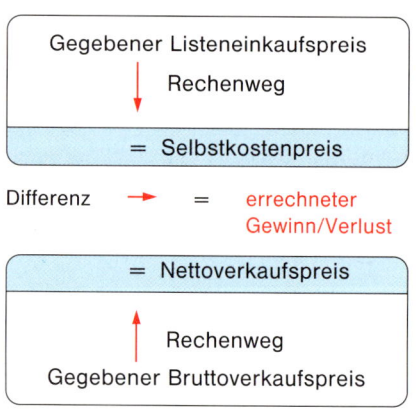

Einführungsbeispiel

Aufgabe

Das Elektro- und Haushaltswarengeschäft Xaver Finke e. Kfm. prüft folgendes Angebot eines Markenartikelherstellers:

Der Hersteller empfiehlt für eine Geschirrspülmaschine einen Bruttoverkaufspreis (einschließlich 16% Umsatzsteuer) von 682,00 EUR. Seine Lieferungs- und Zahlungsbedingungen lauten: 20% Wiederverkäuferrabatt, 2% Skonto, Frachtanteil pauschal 30,00 EUR. Der in Rechnung gestellte Listeneinkaufspreis beträgt 525,00 EUR. Das Elektrohaus rechnet mit einem Handlungskostenzuschlagssatz von 18%.

Welcher Gewinn in EUR und in Prozent bleibt dem Einzelhändler?

Musterlösung

	100%	Listeneinkaufspreis netto	525,00 EUR	
	20%	− Liefererrabatt v.H.	105,00 EUR	
100%	←	Zieleinkaufspreis	420,00 EUR	Vorwärtskalkulation
2%		− Liefererskonto v.H.	8,40 EUR	
		Bareinkaufspreis	411,60 EUR	
		+ Bezugskosten	30,00 EUR	
	100%	Bezugspreis (Einstandspreis)	441,60 EUR	
	18%	+ Handlungskosten v.H.	79,49 EUR	
100%	←	Selbstkostenpreis	521,09 EUR	
12,84%		Gewinn v.H.	66,91 EUR	
		Nettoverkaufspreis	588,00 EUR	
16%		− Umsatzsteuer a.H.	94,08 EUR	Rückwärtskalkulation
116%		Bruttoverkaufspreis	682,08 EUR	

Berechnung des Gewinnzuschlagssatzes:

521,09 EUR ≙ 100%
66,91 EUR ≙ x%

$$x = \frac{66{,}91 \cdot 100}{521{,}09} = 12{,}84\%$$

Ergebnis: Dem Einzelhändler bleibt ein Gewinn in Höhe von 66,91 EUR. Das entspricht einem Prozentsatz von 12,84%.

Allgemeiner Rechenweg

1. Stellen Sie zuerst das Kalkulationsschema **von oben nach unten** auf und tragen Sie die in der Aufgabe vorgegebenen Prozentsätze ein.
2. Setzen Sie den gegebenen Bruttoverkaufspreis bzw. Listeneinkaufspreis ein.
3. Kennzeichnen Sie den Rechenweg durch Pfeile und errechnen Sie stufenweise durch **Vorwärtskalkulation** den **Selbstkostenpreis** bzw. durch **Rückwärtskalkulation** den **Nettoverkaufspreis**.
4. Ermitteln Sie den **Gewinn** als **Differenz zwischen Nettoverkaufspreis und Selbstkostenpreis**.
5. Berechnen Sie anschließend den Gewinn in Prozent zum Selbstkostenpreis (Gewinnzuschlagssatz).

Übungsaufgabe

27 1. Der Bruttoverkaufspreis beträgt einschließlich 7% USt 223,35 EUR. An Selbstkosten fallen 194,06 EUR an.

Mit welchem Gewinnsatz rechnet der Einzelhändler?

2. Der Bezugspreis einer Ware beträgt 14,20 EUR. Der Handlungskostenzuschlagssatz beträgt 56%. Aus Konkurrenzgründen können wir das Produkt zu einem Bruttoverkaufspreis (einschließlich 16% USt) von 29,55 EUR verkaufen.

Wie viel EUR verbleiben dem Einzelhändler an Gewinn?

3. Die Handlungskosten für einen Artikel betragen 62,40 EUR, das sind 30 %. Die Ware wird einschließlich 16 % USt mit 341,90 EUR ausgezeichnet.

Wie viel Prozent beträgt der Gewinnzuschlag?

4. Ein Haushaltswarengeschäft erhält von einem Großhändler ein Angebot über Schnellkochtöpfe. Die Konkurrenz verkauft diese Töpfe zum Bruttoverkaufspreis von 127,60 EUR einschließlich 16 % USt. Der Großhändler gewährt einen Wiederverkäuferrabatt von 45 % und bei Barzahlung zusätzlich 2 % Skonto. Die Bezugskosten betragen 3,71 EUR je Topf. Das Haushaltswarengeschäft rechnet mit einem Handlungskostenzuschlagssatz von $33\frac{1}{3}$ %.

   4.1 Mit welchem Gewinn in EUR und in Prozent kann das Haushaltswarengeschäft rechnen, wenn es auch 127,60 EUR verlangt?

   Anmerkung: Beim empfohlenen Richtpreis entspricht der Bruttoeinkaufspreis (Listeneinkaufspreis einschließlich Umsatzsteuer) dem Bruttoverkaufspreis.

   4.2 Berechnen Sie den Kalkulationszuschlag und die Handelsspanne!

5. Eine Küchenmaschine wird zum empfohlenen Richtpreis von 290,00 EUR angeboten. Der Lieferant setzte diesen Preis fest. Der Einzelhändler Dieter Kleinert kalkuliert mit einem Handlungskostenzuschlagssatz von 20 %, 5 % Sonderrabatt und 16 % Umsatzsteuer.

   Anmerkung: Beim empfohlenen Richtpreis entspricht der Bruttoeinkaufspreis (Listeneinkaufspreis einschließlich Umsatzsteuer) dem Bruttoverkaufspreis.

   Berechnen Sie den Gewinn in EUR und in Prozent, wenn der Lieferer $33\frac{1}{3}$ % Rabatt und 2 % Skonto gewährt! Die Bezugskosten betragen 5,70 EUR.

Verschiedene Aufgaben zur Kalkulation

28

1. Ein Einzelhandelsunternehmen rechnet mit einer Handelsspanne von 40 %. Der Wareneinsatz beträgt lt. Buchführung 678 000,00 EUR.

   Wie viel EUR beträgt der Warenumsatz zum Nettoverkaufspreis?

2. Ein Einzelhändler kalkuliert einen Artikel nach folgenden Daten:

   Bruttoverkaufspreis 875,80 EUR   Liefererrabatt   20 %
   Kalkulationsfaktor   1,65   USt   16 %

   Wie viel Prozent beträgt die Handelsspanne?

3. Ein Einzelhändler verkauft eine Ware zum Bruttoverkaufspreis von 1 438,40 EUR (USt-Satz 16 %). An Handlungskosten fallen 336,00 EUR an, was einem Handlungskostenzuschlagssatz von 60 % entspricht.

   Wie viel EUR Gewinn bringt der Artikel?

4. Der Nettoverkaufspreis einer Ware beträgt 1 980,00 EUR. Es wurden 546,00 EUR Handlungskosten und 85,50 EUR Gewinn eingerechnet. Umsatzsteuer 16 %.

   Wie viel Prozent beträgt der Kalkulationszuschlag?

5. Der Lagerbestand für einen Artikel zeigt folgende Bewegungen:

Datum	Barverkauf	Einkauf auf Rechnung	Bestand
1. März			110 Stück
4. März	28 Stück		
8. März	50 Stück	140 Stück	
10. März	82 Stück		
15. März	49 Stück		
25. März	54 Stück	175 Stück	

5.1 Wie viel EUR beträgt der buchmäßige Lagerbestand zum 31. März bei folgenden Daten:
Bezugspreis je Stück   12,72 EUR
Bruttoverkaufspreis je Stück   30,74 EUR

5.2 Wie viel EUR betrug der Umsatz im März?

5.3 Wie viel Prozent beträgt die Handelsspanne bei einem Umsatzsteuersatz von 16%?

6. Der Nettoverkaufspreis einer Ware beträgt 1 140,30 EUR. Einkalkuliert wurden 379,80 EUR Handlungskosten und 118,50 EUR Gewinn. Umsatzsteuersatz 16%.

Wie viel Prozent beträgt der Kalkulationszuschlag?

7. Ein Einzelhändler kalkuliert eine Ware mit einem Handlungskostenzuschlagssatz von 62%, das sind 145,70 EUR. Er verkauft sie einschließlich 16% USt zu 658,00 EUR.

Berechnen Sie den Kalkulationsfaktor!

8. Ein Reisender bietet einem Textil-Fachgeschäft Damenmäntel zum Listeneinkaufspreis von netto 300,00 EUR an. Er sagt einen Lieferersknoto von 3% zu. Über den Rabatt des Lieferers müsse verhandelt werden.

Welchen Rabattsatz muss der Reisende einräumen, wenn der Einzelhändler aus Konkurrenzgründen diesen Mantel mit 341,04 EUR auszeichnen will und er mit folgenden Sätzen kalkuliert: Handlungskostenzuschlagssatz 16%, Gewinn 12,5% und Umsatzsteuer 16%?

9. Ein Haushaltswarengeschäft möchte das 12-teilige Service „Anita", das die Konkurrenz zu 109,00 EUR einschließlich 16% USt anbietet, zu einem Preis, der 10% darunter liegt, verkaufen. Es wird mit einem Kalkulationsabschlag von 25% gerechnet.

Zu welchem Listeneinkaufspreis kann das Service höchstens bezogen werden, wenn das Haushaltswarengeschäft mit 20% Liefererrabatt, 2% Lieferersknoto sowie 18,00 EUR Fracht rechnet?

10. Ein Einzelhändler kalkuliert eine Ware mit folgenden Zuschlägen: Handlungskostenzuschlagssatz 15%, Gewinn 20% und Umsatzsteuer 16%.

10.1 Ermitteln Sie den Kalkulationsfaktor und die Handelsspanne!

10.2 Bei einem anderen Artikel kalkuliert er mit einer Handelsspanne von 30%. Ermitteln Sie den Nettoverkaufspreis, wenn der Einstandspreis 220,00 EUR beträgt!

11. Setzen Sie in der Tabelle die fehlenden Größen ein. Sofern Sie nicht Eigentümer des Buches sind, übertragen Sie die Tabelle in Ihr Heft!

Kalkulationszuschlag	30%			12,5%	
Kalkulationsfaktor		1,456			
Kalkulationsabschlag			25%		16 2/3 %

Rechenhinweis: Nehmen Sie für die Bezugsgrundlage der jeweils gegebenen Größe den Wert von 100,00 EUR an. Für den Kalkulationszuschlag nehmen Sie beispielsweise den Bezugspreis mit 100,00 EUR an.

12. Beim Verkauf einer Schrankwand betrug der Reingewinn 120,00 EUR ≙ 25%.
    12.1 Wie viel EUR betrug der Bezugspreis der Ware bei einem Handlungskostenzuschlag von 30%?
    12.2 Wie viel EUR betrug der Bruttoverkaufspreis der Schrankwand, wenn 16% Umsatzsteuer kalkuliert wurden?

13. Das Bürogeschäft Bernd Brand OHG kann laut Katalog eine Schreibmaschine, mit einer unverbindlichen Preisempfehlung von 250,32 EUR (einschließlich 16% USt), mit einem Wiederverkäuferrabatt von 33 1/3 % beziehen. Die Bezugskosten betragen 10,50 EUR.

    Wird die Bernd Brand OHG die Schreibmaschine ins Verkaufsprogramm aufnehmen, wenn er mit einer Handelsspanne von 40,63% rechnet und der Lieferer die Schreibmaschine zur unverbindlichen Preisempfehlung in Rechnung stellt?

14. Ein Baumarkt bezieht eine Stichsäge zu 78,00 EUR netto. Er kalkuliert mit einem Handlungskostenzuschlagssatz von 30% und 15% Gewinn. Bei einer Nachbestellung verteuerte sich der Einkauf um 10%. Aus Gründen des Wettbewerbs konnte der Nettoverkaufspreis nicht verändert werden.
    14.1 Wie hoch ist bei der Nachbestellung der Gewinn in EUR und in Prozent?
    14.2 Um wie viel Prozent hat sich der Gewinn vermindert?

15. Die Großhandlung Karl Müller KG bietet Pralinen zu 0,80 EUR je Packung an. Bei Abnahme von mindestens 200 Packungen gewährt sie 10% Rabatt, bei Abnahme von mindestens 300 Packungen 15% Rabatt. Die Zahlungsbedingungen lauten: 30 Tage netto Kasse oder Bezahlung binnen 10 Tagen mit 2,5% Skonto. Wir wollen 400 Packungen bestellen und den Skonto ausnützen.
    15.1 Wie viel EUR beträgt der Bruttoverkaufspreis für eine Packung (USt 7%), wenn wir für die ganze Sendung 15,00 EUR Bezugskosten zahlen müssen und bei Pralinen mit einer Handelsspanne von 36% rechnen?
    15.2 Berechnen Sie den Kalkulationszuschlag und den Kalkulationsfaktor!

16. Das Textilhaus MOTEX GmbH erhält 240 Damenpullover, dutzendweise abgepackt, in Farben sortiert, zum Preis von 216,00 EUR pro Dutzend. Der Lieferer gewährt 8% Mengenrabatt und 3% Skonto. Die Bezugskosten betragen für die ganze Sendung 26,58 EUR. Die MOTEX GmbH möchte einen Pullover mit 28,19 EUR auszeichnen und anbieten.

    Berechnen Sie den Gewinn in EUR und in Prozent für einen Pullover, wenn ein Handlungskostenzuschlagssatz von 35% und 16% Umsatzsteuer zu berücksichtigen sind!

17. Auf unsere Anfrage erhalten wir von einem Großhändler ein Angebot über einen Posten von 40 Dosen Trockenfarbe, Inhalt je 12 kg.

    Auf den Stückpreis von 48,50 EUR erhalten wir 20% Rabatt und 2½% Skonto.

    Die Rückfracht des Leergutes beläuft sich auf 37,50 EUR; die übrigen Bezugskosten betragen 51,00 EUR. Wir kalkulieren mit einem Handlungskostenzuschlagssatz von 28,5%. Die Umsatzsteuer beträgt 16%. Die Konkurrenz bietet einen 500-g-Beutel zu 2,98 EUR an. Unser Preis soll darunter liegen.

    17.1 Zu welchem Preis können wir einen 500-g-Beutel anbieten, wenn wir mit einem Gewinn von mindestens 8% kalkulieren?

    17.2 Können wir das Angebot des Großhändlers annehmen?

    17.3 Berechnen Sie den Kalkulationsfaktor und die Handelsspanne!

18. Im Sommerschlussverkauf wurde ein Anzug nach einem Preisnachlass von 20% für 230,40 EUR verkauft. Bei der Verkaufskalkulation rechnete der Einzelhändler mit einem Kalkulationszuschlag von 80%.

    Wie viel EUR betrug der Bezugspreis?

19. Wie viel EUR beträgt der Bezugspreis einer Ware, wenn der Bruttoverkaufspreis 100,00 EUR und der Kalkulationszuschlag 25% betragen?

20. Wie viel EUR beträgt der Bruttoverkaufspreis einer Ware, wenn der Bezugspreis 210,00 EUR und die Handelsspanne 25% betragen (Umsatzsteuer: 16%)?

21. Zwei Schreibwarengeschäfte, die Emsig KG und die Fuchs OHG, verkaufen die gleichen Ordner trotz desselben Bezugspreises (Einstandspreises) (2,40 EUR) zu unterschiedlichen Bruttoverkaufspreisen: Emsig KG für 4,23 EUR und Fuchs OHG für 4,84 EUR.

    21.1 Wie viel Prozent beträgt jeweils der Kalkulationszuschlag?

    21.2 Wie viel Prozent beträgt jeweils der Gewinnzuschlag, wenn die Emsig KG mit einem Handlungskostenzuschlagssatz von 30% und die Fuchs OHG mit 40% rechnet? Berücksichtigen Sie dabei einen USt-Satz von 16%!

22. Die Elektrogroßhandlung Künzig e.Kfm. bezieht ein Videogerät frei Haus zum Listeneinkaufspreis von netto 450,00 EUR mit 5% Lieferrabatt und 2% Lieferer-skonto.

    22.1 Welcher Bruttoverkaufspreis (auf volle EUR gerundet) ergibt sich für dieses Gerät bei einem Kalkulationsfaktor von 1,6667?

    22.2 Mit welcher Handelsspanne wird gerechnet (Umsatzsteuersatz 16%)?

23. Der Reingewinn beim Verkauf einer Ware beträgt 60,00 EUR. Das sind 25%.

    23.1 Wie viel EUR beträgt der Bezugspreis der Ware bei einem Handlungskostenzuschlagssatz von 20%?

    23.2 Wie viel EUR beträgt der Bruttoverkaufspreis, wenn 7% USt kalkuliert werden?

7 Kaufmännische Zinsrechnung

7.1 Einführung in die Zinsrechnung

Beispiel:
Ein Einzelhändler nimmt bei seiner Hausbank ein Darlehen in Höhe von 45 000,00 EUR auf. Die Laufzeit beträgt ein Jahr. Die Bank berechnet eine Bearbeitungsgebühr von 1,5 % (675,00 EUR) und einen Zinssatz von 8 %. Die Zinsen betragen 3 600,00 EUR.

Prozentrechnung →	Grundwert	Prozentsatz		Prozentwert
Bearbeitungsgebühr	45 000,00 EUR	1,5 %		675,00 EUR
Zinsen	45 000,00 EUR	8 %	1 Jahr	3 600,00 EUR
Zinsrechnung →	Kapital	Zinssatz (Zinsfuß)	Zeit	Zinsen

Wir merken uns:

- Bei der Berechnung von Zinsen muss der Faktor **Zeit** (Jahr, Monat, Tag) berücksichtigt werden. (Der Faktor Zeit fehlt in der Prozentrechnung.)
- **Zinsen** sind der *Preis* für die Nutzung eines *Kapitals* für eine bestimmte *Zeit* (Prozentwert in der Prozentrechnung).
- Das **Kapital** ist die zur Nutzung überlassene Geldsumme. Sie ist immer 100 % (Grundwert in der Prozentrechnung).
- Der **Zinssatz** (Zinsfuß) sagt aus, wie viel Zinsen ein Kapital von 100,00 EUR in einem Jahr erbringt (z. B. für den Sparer) bzw. kostet (z. B. für den Kreditnehmer). Der Zinssatz bezieht sich immer auf ein Jahr (Prozentsatz in der Prozentrechnung).
  Der Zinssatz von 8 % bedeutet, dass ein Kapital von 100,00 EUR in einem Jahr Zinsen in Höhe von 8,00 EUR erbringt oder kostet.

Die Zinsrechnung ist somit eine Anwendung der Prozentrechnung unter Berücksichtigung der Zeit. Von den Größen Kapital, Zinsfuß, Zinsen und Zeit müssen stets **drei Größen** in der Aufgabe **gegeben sein**, um die vierte Größe mit Hilfe des *Dreisatzes* errechnen zu können.

7.2 Berechnung der Zinsen mit der allgemeinen Zinsformel

7.2.1 Berechnung der Jahreszinsen

Einführungsbeispiel

Aufgabe

Ein Einzelhändler möchte eine Filiale in der Nachbarstadt eröffnen. Hierzu benötigt er einen Bankkredit in Höhe von 270 000,00 EUR. Laufzeit des Kredits 5 Jahre. Die Hausbank bietet den Kredit zu einem festen Zinssatz über die gesamte Laufzeit in Höhe von 7,5 % an. Die Rückzahlung erfolgt am Ende der Laufzeit in einer Summe.
Wie viel EUR beträgt der Zinsaufwand insgesamt in den 5 Jahren?

Musterlösung

Gegeben: Kapital: 270 000,00 EUR
Zinssatz: 7,5 %
Zeit: 5 Jahre

Gesucht: Zinsen: ?

Für 100,00 EUR sind in 1 Jahr 7,50 EUR Zinsen fällig
Für 270 000,00 EUR sind in 5 Jahren x EUR Zinsen fällig

Berechnung der Jahreszinsen mit Hilfe der Formel:

$$x = \frac{7{,}5 \cdot 270\,000 \cdot 5}{100 \cdot 1}$$ durch Umstellung erhält man $$\text{Jahreszinsen} = \frac{\text{Kapital} \cdot \text{Zinssatz} \cdot \text{Jahre}}{100}$$

x = 101 250,00 EUR

Ergebnis: Der Kredit kostet an Zinsen in 5 Jahren 101 250,00 EUR.

Übungsaufgabe

29 1. Berechnen Sie die Zinsen für die folgenden Kapitalien!

Nr.	Kapital	Zinssatz	Zeit
1.1	4 347,00 EUR	$8\frac{1}{2}\%$	3 Jahre
1.2	6 165,00 EUR	4 %	$2\frac{1}{2}$ Jahre
1.3	10 185,00 EUR	$3\frac{1}{3}\%$	6 Jahre

Nr.	Kapital	Zinssatz	Zeit
1.4	3 480,00 EUR	$4\frac{3}{4}\%$	$2\frac{1}{4}$ Jahre
1.5	2 790,00 EUR	$9\frac{2}{3}\%$	$1\frac{3}{4}$ Jahre
1.6	9 071,00 EUR	$5\frac{1}{4}\%$	$3\frac{1}{3}$ Jahre

2. Ein Unternehmen hat seinen Kunden die nachfolgenden Kredite eingeräumt:
   2.1 5 180,00 EUR für $3\frac{3}{4}$ Jahre zum Zinssatz von $6\frac{1}{2}\%$
   2.2 8 400,00 EUR für $1\frac{2}{3}$ Jahre zum Zinssatz von $4\frac{3}{4}\%$
   2.3 3 800,00 EUR für $2\frac{1}{4}$ Jahre zum Zinssatz von $7\frac{1}{2}\%$
   2.4 4 180,00 EUR für $1\frac{1}{2}$ Jahre zum Zinssatz von 3 %
   Wie viel EUR betragen die zu erwartenden Zinserträge (ohne Zinseszinsen)?

3. Ein Einzelhändler hat für seine Kinder folgende Sparguthaben angelegt:
   3.1 12 500,00 EUR für $4\frac{1}{2}$ Jahre zum Zinssatz von $5\frac{1}{4}\%$
   3.2 8 400,00 EUR für 5 Jahre zum Zinssatz von $6\frac{2}{3}\%$
   3.3 9 560,00 EUR für $3\frac{3}{4}$ Jahre zum Zinssatz von $4\frac{1}{2}\%$
   Wie viel EUR betragen die zu erwartenden Zinserträge (ohne Zinseszinsen)?

4. Ein Einzelhandelsunternehmen hat zur Finanzierung eines Anbaus einen Kredit in Höhe von 260 000,00 EUR aufgenommen. Die Laufzeit beträgt $5\frac{1}{2}$ Jahre.

   Wie viel EUR an Zinsen müssen insgesamt aufgewendet werden, wenn das Darlehen mit $9\frac{1}{2}\%$ verzinst werden muss?

5. Ein Kunde ist bei uns seit $1\frac{3}{4}$ Jahren mit 2 160,00 EUR in Verzug.

   Wie viel EUR an Zinsen sind bisher angefallen, wenn wir $5\frac{3}{4}\%$ Zinsen berechnen?

6. Auf dem Geschäftsgebäude des Einzelhändlers Schlecht lasten zwei Grundschulden über 24 000,00 EUR (zu $8\frac{1}{2}\%$) und 32 400,00 EUR (zu $7\frac{5}{8}\%$).

   Wie viel EUR beträgt die jährliche Zinsbelastung?

7. Ein Einzelhändler hat einen Bankkredit von 8 500,00 EUR zu einem Zinssatz von 9,5 % aufgenommen. Die Bankabrechnung erfolgt vierteljährlich.

   Wie viel EUR an Zinsen muss er vierteljährlich zahlen?

7.2.2 Berechnung der Monatszinsen

Einführungsbeispiel

Aufgabe

Ein Einzelhandelsgeschäft legt 48 000,00 EUR für die Zeit vom 31. Juli bis 31. Dezember als Termingeld an. Die Hausbank verzinst das Termingeld mit $3\frac{1}{4}$%.
Wie viel EUR beträgt die Zinsgutschrift am Ende der Laufzeit?

Musterlösung

Gegeben: Kapital: 48 000,00 EUR
Zinssatz: $3\frac{1}{4}$%
Zeit: 31. Juli – 31. Dezember = 5 Monate
Gesucht: Zinsen: ?

Für 100,00 EUR erhalten wir in 12 Monaten 3,25 EUR Zinsen
Für 48 000,00 EUR erhalten wir in 5 Monaten x EUR Zinsen

Berechnung der Monatszinsen mit Hilfe der Formel:

$$x = \frac{3{,}25 \cdot 48\,000 \cdot 5}{100 \cdot 12}$$ durch Umstellung erhält man

$$\text{Monatszinsen} = \frac{\text{Kapital} \cdot \text{Zinssatz} \cdot \text{Monate}}{100 \cdot 12}$$

x = 650,00 EUR

Ergebnis: Die Zinsgutschrift beträgt 650,00 EUR.

Übungsaufgabe

30 1. Berechnen Sie die Zinsen für die folgenden Kapitalien!

Nr.	Kapital	Zinssatz	Zeit	Nr.	Kapital	Zinssatz	Zeit
1.1	287,00 EUR	$6\frac{1}{2}$%	10 Monate	1.4	685,00 EUR	$7\frac{1}{2}$%	5 Monate
1.2	1 460,00 EUR	$5\frac{5}{8}$%	8 Monate	1.5	820,00 EUR	5 %	4 Monate
1.3	3 100,00 EUR	$3\frac{2}{3}$%	11 Monate	1.6	1 260,00 EUR	$2\frac{3}{8}$%	3 Monate

2. Ein Einzelhändler hat zur Überbrückung eines finanziellen Engpasses einen Kredit in Höhe von 12 500,00 EUR zu $8\frac{3}{4}$% bei seiner Hausbank aufgenommen. Die Laufzeit beträgt $4\frac{1}{2}$ Monate.

Welchen EUR-Betrag hat der Einzelhändler nach Ablauf dieser Zeit an die Bank zurückzuzahlen?

3. Ein Kunde hat seit $8\frac{1}{2}$ Monaten seinen Rechnungsbetrag in Höhe von 1 280,00 EUR nicht beglichen. Der Einzelhändler treibt den Betrag per Mahnbescheid ein.

Auf welchen EUR-Betrag lautet der Mahnbescheid, wenn der Einzelhändler 8 % Zinsen und 14,60 EUR für Auslagen und Gebühren einrechnet?

4. Die Einzelhandlung Leder-Straub GmbH hat 45 800,00 EUR für 3 Monate als Termingeld zu $2\frac{3}{8}$% angelegt.

Wie viel EUR beträgt die Gutschrift der Bank nach Ablauf der Anlagezeit?

5. Zur Wahrnehmung eines günstigen Wareneinkaufs benötigt ein Einzelhändler einen Kredit in Höhe von 19 200,00 EUR für 10 Monate. Der Inhaber erhält von drei Banken folgende Angebote:
   1. Angebot der Bank A: $8\frac{1}{4}$% Zinsen.
   2. Angebot der Bank B: $6\frac{1}{2}$% Zinsen + $1\frac{1}{2}$% Bearbeitungsgebühr von der Kreditsumme
   3. Angebot der Bank C: Auszahlung: 19 200,00 EUR. Rückzahlung nach 10 Monaten 20 500,00 EUR

   Welches Angebot ist das günstigste?

6. Vom Lieferer haben wir die Stundung einer Rechnung über 8 140,00 EUR zu folgenden Bedingungen erhalten: Verzugszinsen $7\frac{1}{2}$%, Laufzeit 11 Monate. Nach 3 Monaten nehmen wir eine Sonderzahlung über 3 500,00 EUR vor.

   Welcher EUR-Betrag ist nach Ablauf der Stundungsdauer noch zu überweisen?

7. Das Autohaus „Schnell GmbH" vereinbart mit einem Kunden beim Kauf eines Gebrauchtwagens folgende Zahlungsbedingungen: Kaufpreis 8 400,00 EUR; sofortige Anzahlung 2 000,00 EUR; Restzahlungen in zwei Raten: erste Rate in Höhe von 3 000,00 EUR nach 2 Monaten, zweite Rate in Höhe des Restes nach weiteren 3 Monaten. Als Zinssatz wurde 4% vereinbart.

   Über welchen EUR-Betrag lautet die letzte Ratenzahlung?

8. Wie viel EUR beträgt die Auszahlung der Bank, wenn bei den folgenden Darlehen die Zinsen im Voraus abgezogen und einbehalten werden?
   8.1 3 285,00 EUR, vom 15. Februar – 15. September, Zinssatz $9\frac{3}{4}$%
   8.2 1 460,00 EUR, vom 29. Oktober   – 29. Dezember, Zinssatz $7\frac{1}{2}$%
   8.3   835,00 EUR, vom 1. März   – 1. September, Zinssatz $5\frac{3}{4}$%

9. Ein Einzelhandelsgeschäft benötigt zur Erweiterung seiner Lagerräume für 9 Monate ein Darlehen in Höhe von 105 000,00 EUR. Der Inhaber fragt bei drei Banken an und erhält folgende Kreditangebote:

   Bank A: Zins 8,5%
   Bank B: Zins 7,5% zuzüglich 1,5% Bearbeitungsgebühr von der Kreditsumme
   Bank C: Zins 6% zuzüglich 2% Bearbeitungsgebühr von der Kreditsumme

   9.1 Wie viel EUR betragen jeweils die Kreditkosten?
   9.2 Welches Angebot ist das günstigste?

10. Einem Kunden wurde zur Aufstockung seiner Lagerkapazität ein Darlehen von 8 600,00 EUR zunächst für 8 Monate zum Zinssatz von $5\frac{1}{2}$% gewährt. Am Fälligkeitstag bittet der Kunde um einen Zahlungsaufschub von 3 Monaten. Der Zahlungsaufschub wird gewährt. Für die Verlängerungszeit verlangt der Kreditgeber 6% Verzugszinsen vom Gesamtbetrag einschließlich der aufgelaufenen Zinsen für die ursprünglich vereinbarte Laufzeit von 8 Monaten.

    Welchen EUR-Betrag hat der Kunde nach Ablauf der Verlängerungszeit zu bezahlen?

11. Wir verkaufen Waren für 4 160,00 EUR an einen Kunden zu folgenden Bedingungen: Anzahlung 840,00 EUR, Restzahlung nach 5 Monaten einschließlich 5,5% Zinsen.

    Wie viel EUR hat der Kunde nach 5 Monaten als Restzahlung einschließlich der Zinsen zu bezahlen?

7.2.3 Berechnung der Tageszinsen

Vorbemerkung: Die Tageberechnung

- Bei den **Zinsberechnungen für Privatpersonen** (Nicht-Kaufleute) und **Behörden** wird das Jahr mit 365 Tagen und die Monate werden mit der genauen Tageszahl (28, 29, 30, 31) angesetzt.
- Bei den **Zinsberechnungen für Kaufleute** wird das Jahr mit 360 Tagen und jeder Monat mit 30 Tagen angesetzt.[1]

Beispiele für die Berechnung der Tage im kaufmännischen Bereich:

Vorgehensweise:

(1) 14. Febr. – 29. Mai = 105 Tage

14. Febr. – 14. Mai sind 3 x 30 = 90 Tage
14. Mai – 29. Mai = 15 Tage
105 Tage

(2) 24. Juni – 8. Nov. = 134 Tage

24. Juni – 24. Okt. sind 4 x 30 = 120 Tage
24. Okt. – 30. Okt. = 6 Tage
30. Okt. – 8. Nov. = 8 Tage
134 Tage

(3) 17. Jan. – 28. Febr. = 41 Tage

17. Jan. – 17. Febr. sind 1 x 30 = 30 Tage
17. Febr. – 28. Febr. = 11 Tage
41 Tage

(4) 28. Febr. – 15. März = 17 Tage

(5) 1. Jan. – 28. Febr. = 57 Tage

Beim Überschreiten des Monats Februar wird mit 30 Tagen gerechnet. Geht die Verzinsung bis zum 28. Februar, werden nur 28 Tage angesetzt (dementsprechend im Schaltjahr ggf. 29 Tage).

Einführungsbeispiel

Aufgabe

Ein Einzelhändler kauft Waren im Wert von 2 460,00 EUR. Er erhält ein Zahlungsziel bis zum 27. Januar. Die Zahlung erfolgt erst am 2. Mai. Der Lieferer berechnet Verzugszinsen in Höhe von 6%.
Welchen EUR-Betrag hat der Kaufmann am 2. Mai zu überweisen?

Musterlösung

Gegeben: Kapital: 2 460,00 EUR
Zinssatz: 6%
Tage: 27. Jan. – 2. Mai = 95 Tage
Gesucht: Zinsen: ?

Für 100,00 EUR in 360 Tagen 6,00 EUR Zinsen
Für 2 460,00 EUR in 95 Tagen x EUR Zinsen

$$x = \frac{6 \cdot 2460 \cdot 95}{100 \cdot 360}$$

durch Umstellung erhält man

Berechnung der Tageszinsen mit Hilfe der Formel:

$$\text{Tageszinsen} = \frac{\text{Kapital} \cdot \text{Zinssatz} \cdot \text{Tage}}{100 \cdot 360}$$

x = 38,95 EUR

abgekürzt:

$$Z = \frac{K \cdot p \cdot t}{100 \cdot 360}$$

Ergebnis: Der Überweisungsbetrag lautet über 2 498,95 EUR (2 460,00 EUR + 38,95 EUR).

---

[1] Bei allen nachfolgenden Aufgaben gehen wir von der Zinsberechnung für Kaufleute aus. Die Eurozinsmethode (vgl. S. 114) wird von den Banken derzeit nur im Rahmen des Diskontrechnens verwendet.

Übungsaufgabe

31 1. Errechnen Sie die Zinsen für die folgenden Kapitalien!

Nr.	Kapital	Zinssatz	Zeit	Nr.	Kapital	Zinssatz	Zeit
1.1	860,00 EUR	3 %	58 Tage	1.4	1 720,00 EUR	$6\frac{3}{4}$%	210 Tage
1.2	2 185,00 EUR	$2\frac{1}{2}$%	143 Tage	1.5	152,00 EUR	$4\frac{1}{2}$%	165 Tage
1.3	1 319,00 EUR	$5\frac{1}{4}$%	135 Tage	1.6	426,00 EUR	$8\frac{1}{2}$%	218 Tage

2. Ein Einzelhändler nimmt bei seiner Bank einen Kredit in Höhe von 14 500,00 EUR für 70 Tage in Anspruch. Der Zinssatz beträgt $7\frac{1}{2}$%.

   Wie viel EUR betragen die Kreditzinsen?

3. Berechnen Sie die Laufzeit eines Kredits:
   - 3.1 vom 6. Febr. – 28. Febr.
   - 3.2 vom 17. April – 1. Aug.
   - 3.3 vom 28. Sept. – 31. Dez.
   - 3.4 vom 19. Nov. – 20. Dez.
   - 3.5 vom 13. Juli – 1. Mai
   - 3.6 vom 30. Jan. – 29. Febr.
   - 3.7 vom 23. Nov. – 5. Juni
   - 3.8 vom 10. Dez. – 1. April

4. Wie viel EUR betragen die Rückzahlungsbeträge einschließlich Zinsen bei den nachfolgenden Krediten?
   - 4.1 5 800,00 EUR vom 31. Mai – 2. Aug., Zinssatz $4\frac{3}{4}$%
   - 4.2 14 760,00 EUR vom 19. Sept. – 5. März, Zinssatz 8 %
   - 4.3 945,00 EUR vom 30. Jan. – 3. April, Zinssatz $2\frac{1}{4}$%

5. Ein Einzelhändler schuldet seinem Lieferer 2 480,00 EUR seit dem 12. April.

   Wie viel EUR Verzugszinsen muss er dem Lieferer am 1. Juni bei einem Zinssatz von $6\frac{1}{2}$% überweisen?

6. Ein Einzelhandelsgeschäft bittet einen Lieferer um Stundung des Rechnungsbetrages vom 15. Jan. – 8. April. Der Rechnungsbetrag beläuft sich auf 10 580,00 EUR. Der Lieferer stimmt zu und berechnet für die Stundungszeit $5\frac{1}{4}$% Zinsen.

   Wie viel EUR beträgt der zu zahlende Rechnungsbetrag einschließlich Zinsen?

7. Eine Liefererrechnung über 2 150,00 EUR, fällig am 20. Juli, wurde durch ein Versehen der Buchhaltung nicht rechtzeitig gezahlt. Am 10. September erfolgt eine Mahnung des Lieferers. Der Lieferer fordert 5 % Verzugszinsen und Ersatz seiner Auslagen in Höhe von 10,80 EUR.

   Über welchen EUR-Betrag lautet die Mahnung?

8. Das Möbelhaus August Braun KG geht am 25. September die Kundenkonten durch und stellt fest, dass der Kunde Emil Mayr eine am 13. Mai fällige Rechnung über 630,00 EUR noch nicht beglichen hat.

   Über welchen EUR-Betrag ist die Mahnung auszuschreiben, wenn der Möbelhändler 6 % Verzugszinsen berechnet?

9. Ein Kunde eines Einzelhandelsunternehmens hat eine Rechnung über 1 224,00 EUR, fällig am 15. April, nicht beglichen.

   Welchen EUR-Betrag kann der Einzelhändler am 20. Juni fordern, wenn 6,6 % Verzugszinsen und 6,50 EUR Mahnkosten in Rechnung gestellt werden sollen?

10. Wie viel EUR an Zinsen brachte ein Kapital von 21 600,00 EUR bei $6\frac{2}{3}$% Verzinsung vom 30. Mai bis 20. Oktober?

11. Ein Lieferer gewährt uns auf einen Rechnungsbetrag von 4 680,00 EUR 2 % Skonto. Um den Skonto ausnützen zu können, nehmen wir für 22 Tage einen Kredit zu $9\frac{1}{2}$% auf.

    Wie viel EUR betragen die Kreditzinsen?

12. Ein Rechnungsbetrag über 3 400,00 EUR ist am 18. April fällig. Am Fälligkeitstag können jedoch nur 1 500,00 EUR überwiesen werden. Der Restbetrag wird am 31. Juli einschließlich $7\frac{3}{4}$% Verzugszinsen gezahlt.

    Wie viel EUR beträgt der Rückzahlungsbetrag am 31. Juli?

13. Ein Sparguthaben wird mit 3,5 % verzinst. Zu Beginn des Jahres betrug das Guthaben 5 200,00 EUR. Am 20. Mai erfolgte eine Einzahlung von 1 300,00 EUR.

    Wie viel EUR an Zinsen werden uns am 31. Dezember von der Bank gutgeschrieben?

14. Für ein Kapital von 4 150,00 EUR, das vom 17. Februar bis 1. Oktober ausgeliehen ist, zahlt ein Kunde bis zum 20. August 3 % Zinsen und danach $3\frac{1}{2}$%.

    Wie viel EUR beträgt die Rückzahlungssumme des Kunden einschließlich Zinsen?

15. Das Fahrradhaus Schnell GmbH nimmt zur Finanzierung der Lagervorräte einen Kredit in Höhe von 80 000,00 EUR auf. Am 20. Juli zahlte das Fahrradhaus für diesen Kredit nachträglich 1 840,00 EUR Zinsen. Am 12. Mai wurde der Zinssatz von 8 % auf 9 % erhöht.

    Berechnen Sie die Zinsen für die Zeit vor der Erhöhung und für die Zeit nach der Erhöhung!

16. Ein Einzelhändler erweitert zum 15. Oktober sein Geschäft. Dazu nahm er am 1. Oktober bei seiner Hausbank einen Kredit von 30 000,00 EUR auf. Zinsfuß 8,25 %.

    Wie viel EUR beträgt seine Schuld einschließlich Zinsen zum 21. September des folgenden Jahres, wenn der Zinssatz am 10. Februar auf 8,75 % angehoben worden ist und der Einzelhändler am 10. Februar 18 000,00 EUR zurückgezahlt hat?

17. Ein Einzelhändler erhält am 5. November von seiner Bank ein Darlehen über 20 000,00 EUR. Am 26. Februar des folgenden Jahres zahlt er 7 500,00 EUR, am 15. März 5 000,00 EUR und am 1. April weitere 2 000,00 EUR zurück. Am 23. April tilgt er den Rest. Der Zinssatz betrug bis zum 15. März $6\frac{2}{3}$%, danach $7\frac{1}{2}$%.

    Wie teuer kommt dem Einzelhändler der gesamte Kredit, wenn die Bank noch eine einmalige Bereitstellungsgebühr von 1 % aus der Kreditsumme verlangt?

7.3 Berechnung der Größen Kapital, Zinssatz und Zeit

7.3.1 Berechnung des Kapitals

Einführungsbeispiel

Aufgabe

Ein Einzelhändler erhält am 28. Februar von einem Lieferer für eine nicht rechtzeitig bezahlte Lieferung eine Rechnung über 278,10 EUR Verzugszinsen. Der Lieferer rechnete mit einem Zinssatz von 6 %. Die Liefererrechnung ist am 15. November des Vorjahres fällig gewesen. Über welchen EUR-Betrag lautete die Rechnung?

Musterlösung

Gegeben: Zinsen: 278,10 EUR
Zinssatz: 6 %
Zeit: 15. Nov. – 28. Febr. = 103 Tage

Gesucht: Kapital: ?

6,00 EUR in 360 Tagen bei 100,00 EUR
278,10 EUR in 103 Tagen bei x EUR

$$x = \frac{100 \cdot 278{,}10 \cdot 360}{103 \cdot 6}$$

durch Umstellung erhält man

Berechnung des Kapitals mit Hilfe der Formel:

$$\text{Kapital} = \frac{\text{Zinsen} \cdot 100 \cdot 360}{\text{Tage} \cdot \text{Zinssatz}}$$

x = 16 200,00 EUR

Ergebnis: Die Rechnung lautete über 16 200,00 EUR.

Anmerkung: Ableitung der Formel aus der allgemeinen Zinsformel:

$$Z = \frac{K \cdot p \cdot t}{100 \cdot 360} \quad \text{oder:} \quad Z \cdot 100 \cdot 360 = K \cdot p \cdot t$$

$$\text{oder:} \quad \frac{Z \cdot 100 \cdot 360}{t \cdot p} = K$$

$$\text{oder:} \quad K = \frac{Z \cdot 100 \cdot 360}{t \cdot p}$$

Übungsaufgabe

32 1. Berechnen Sie das Kapital aufgrund der nachfolgenden Angaben!

Nr.	Zinsen	vom – bis	Zinsfuß
1.1	16,20 EUR	15. April – 1. Juli	$4\frac{1}{2}$ %
1.2	184,40 EUR	1. Juni – 31. Oktober	8 %
1.3	144,20 EUR	22. Juni – 10. Dezember	$5\frac{3}{4}$ %
1.4	290,50 EUR	17. Januar – 31. März	$3\frac{1}{3}$ %
1.5	52,70 EUR	2. Februar – 29. Februar	$6\frac{2}{3}$ %

2. Welchen Sparbetrag muss ein Einzelhandelsgeschäft bei $6\frac{1}{2}$ %iger Verzinsung anlegen, damit man nach vier Monaten eine Zinsgutschrift von 220,35 EUR erhält?

3. Der Pächter einer Lagerhalle muss für die Zeit vom 2. April – 18. Juli eine Pachtsumme von 10 800,00 EUR entrichten. Der Pacht ist der Gedanke zugrunde gelegt, dass sich das Objekt zu 5¾% verzinsen soll.
   Mit welchem Wert wurde die Lagerhalle angesetzt?

4. Ein Lieferer stellt einem säumigen Einzelhändler nachträglich insgesamt 431,00 EUR in Rechnung. Dieser Betrag enthält 8% Verzugszinsen für 56 Tage sowie 5,40 EUR für Auslagen.
   Wie viel EUR betrug der Rechnungsbetrag?

5. Ein Kaufmann nahm am 16. Dezember für Steuer- und Gehaltszahlungen einen Kredit auf. Am 1. März musste er bei einem Zinssatz von 7½% 1 687,50 EUR Zinsen zahlen.
   Wie viel EUR betrug der Kredit?

6. Welches Kapital brachte vom 1. Juli – 28. November bei 4 2/7 % Verzinsung 210,00 EUR Zinsen?

7. Zum Kauf eines Lieferwagens nimmt der Einzelhändler Klug am 15. Januar ein Darlehen zu 8½% bei seiner Hausbank auf. Er zahlt das Darlehen am 21. Juli zurück. Für das Darlehen belastet ihn die Bank mit 604,50 EUR Zinsen.
   Wie viel EUR betrug das Darlehen?

8. Ein Einzelhändler hat am 17. Juli einen Kredit zu 7 1/5 % in Anspruch genommen. Der Kredit wurde am 2. Dezember zuzüglich 145,80 EUR Zinsen zurückgezahlt.
   Wie viel EUR betrug der Kredit?

9. Ein Einzelhandelsgeschäft wird zum Verkauf angeboten. Der durchschnittliche monatliche Reingewinn beläuft sich auf 4 500,00 EUR. Für langfristig angelegtes Kapital beträgt der Zinssatz derzeit 6%.
   Wie viel EUR würde ein Käufer bei diesen Voraussetzungen höchstens bezahlen?

10. Der Einzelhändler Fritz Alt möchte sich zur Ruhe setzen. Er möchte sein Geschäft verkaufen und den Erlös so anlegen, dass er monatlich 3 250,00 EUR Zinserträge erhält.
    Welchen Erlös muss er beim Verkauf seines Geschäftes erzielen, wenn er mit einer durchschnittlichen Verzinsung der Anlage von 4,8% rechnet?

7.3.2 Berechnung des Zinssatzes

Einführungsbeispiel

Aufgabe

Für die verspätete Zahlung einer Liefererrechnung in Höhe von 6 150,00 EUR wird ein Einzelhändler vom Lieferer mit Verzugszinsen in Höhe von 51,25 EUR belastet. Der Zahlungstermin wurde um 60 Tage überschritten.
Welchen Zinssatz legte der Lieferer zugrunde?

Musterlösung

Gegeben: Zinsen: 51,25 EUR
Kapital: 6150,00 EUR
Tage: 60 Tage
Gesucht: Zinssatz: ?

Für 6150,00 EUR in 60 Tagen 51,25 EUR Zinsen **Berechnung des Zinssatzes**
Für 100,00 EUR in 360 Tagen x EUR Zinsen **mit Hilfe der Formel:**

$$x = \frac{51{,}25 \cdot 100 \cdot 360}{6150 \cdot 60} \longrightarrow \boxed{\text{Zinssatz} = \frac{\text{Zinsen} \cdot 100 \cdot 360}{\text{Kapital} \cdot \text{Tage}}}$$

x = 5,00 EUR für 100,00 EUR Kapital im Jahr; d.h. der Zinssatz beträgt 5%.

Ergebnis: Der zugrunde gelegte Zinssatz des Lieferers beträgt 5%.

Anmerkung: Ableitung der Formel aus der allgemeinen Zinsformel:

$$Z = \frac{K \cdot p \cdot t}{100 \cdot 360} \quad \text{oder:} \quad Z \cdot 100 \cdot 360 = K \cdot p \cdot t$$

$$\text{oder:} \quad \frac{Z \cdot 100 \cdot 360}{K \cdot t} = p$$

$$\text{oder:} \quad \boxed{p = \frac{Z \cdot 100 \cdot 360}{K \cdot t}}$$

Übungsaufgabe

33 1. Berechnen Sie den Zinssatz aufgrund der nachfolgenden Angaben!

Nr.	Kapital	von – bis		Zinsen
1.1	3 440,80 EUR	23. März	– 29. Juli	59,70 EUR
1.2	790,50 EUR	2. Januar	– 15. Mai	22,70 EUR
1.3	12 970,00 EUR	15. November	– 1. März	294,20 EUR
1.4	2 150,80 EUR	31. März	– 29. Mai	24,10 EUR
1.5	48 500,00 EUR	13. März	– 30. Juli	681,50 EUR

2. Das Einzelhandelsgeschäft Josefine Netzer e. Kfr. hat ein Kapital von 45 000,00 EUR als Termingeld vom 15. Februar – 30. Juni bei der Bank angelegt und erhält eine Zinsgutschrift von 911,25 EUR.
Welcher Zinssatz war vereinbart?

3. Zu welchem Zinssatz war ein Kapital von 43 200,00 EUR ausgeliehen, das vom 15. Januar bis zum 5. September 2 070,00 EUR Zinsen brachte?

4. Zu welchem Zinssatz war ein Kapital von 18 500,00 EUR ausgeliehen, das vom 12. Mai bis zum 18. Dezember 777,00 EUR Zinsen brachte?

5. Ein Einzelhandelskaufmann zahlt am 20. Juni ein Darlehen, das er am 11. März in Höhe von 6 240,00 EUR aufgenommen hatte, einschließlich der Zinsen mit 6 394,44 EUR zurück.
   Zu welchem Zinssatz hatte er das Darlehen aufgenommen?

6. Eine Bank räumte einem Unternehmen einen kurzfristigen Kredit in Höhe von 10 000,00 EUR ein, den dieses vom 15. Juni bis 30. August beanspruchte. Am 20. August zahlte das Unternehmen einschließlich der Zinsen 10 250,00 EUR zurück.
   Wie viel Prozent betrug der Zinssatz?

7. Eine Rechnung über 6 400,00 EUR, fällig am 26. Februar, wird am 8. April einschließlich Verzugszinsen mit 6 444,80 EUR bezahlt.
   Wie viel Prozent Verzugszinsen wurden berechnet?

8. Ein Einzelhändler gewährt einem Kunden 30 Tage Ziel für die Bezahlung der gelieferten Waren im Werte von 11 250,00 EUR mit Rechnungsdatum vom 14. September. Der Kunde zahlt die Rechnung am 29. Dezember einschließlich 187,50 EUR Verzugszinsen.
   Wie viel Prozent Verzugszinsen wurden berechnet?

Sonderfall: Die Effektivverzinsung bei Skontogewährung

Der Skonto ist ein prozentualer Abzug vom Rechnungsbetrag. Er wird vom Lieferer dann gewährt, wenn der Schuldner innerhalb der vorgegebenen Skontofrist zahlt. Dadurch soll der Schuldner veranlasst werden, nicht das gesamte Zahlungsziel (z. B. von 30 Tagen) auszuschöpfen, sondern schon vorher zu zahlen (z. B. innerhalb von 10 Tagen).

Für den Schuldner der Rechnung taucht nun die Frage auf, inwieweit es sich für ihn lohnt, eine Rechnung schon innerhalb der Skontofrist zu begleichen. Nutzt der Schuldner das vom Lieferer gesetzte Zahlungsziel voll aus, kann er keinen Skontobetrag abziehen. Bei Ausnutzung des Liefererkredits erhöhen sich also die Wareneinkaufskosten um den Skontobetrag. Der Skonto ist somit der Preis für die Ausnutzung des Liefererkredits. Es wird (mit Recht) behauptet, dass der Lieferantenkredit der teuerste aller Kredite sei.

Um die Berechtigung für die Behauptung verstehen zu können, muss man die Kosten für den Lieferantenkredit mit den Kosten anderer Kreditarten vergleichen. Da der Skonto, als Kosten für den Lieferantenkredit, in einem Prozentsatz, die Kosten für andere Kreditarten über einen Zinssatz angegeben werden, ist ein solcher Vergleich nur möglich, wenn man den Prozentsatz für den Skonto in einen effektiven Zinssatz umwandelt. Das bedeutet, dass bei dem Prozentsatz für den Skonto die Zeitachse einbezogen werden muss.

Einführungsbeispiel

Aufgabe 1

Ein Einzelhändler erhält aufgrund einer Warenlieferung eine Rechnung über 2 000,00 EUR. Die Zahlungsbedingungen lauten: zahlbar innerhalb von 10 Tagen mit 2 % Skonto oder Zahlungsziel 30 Tage rein netto.

Welchem Zinsfuß entspricht der gewährte Skonto von 2 %?

```
                    Dauer des Lieferantenkredits
                            20 Tage
0           10    ⎧‾‾‾‾‾‾‾‾‾‾‾‾‾‾⎫    30
├───────────┼─────┴──────────────┴─────┼──────→ Tage
            Zahlung mit                 Zahlung
            Skontoabzug                 rein netto
```

Um den Skonto in Anspruch nehmen zu können, genügt es, wenn die Rechnung am 10. Tag nach der Ausstellung beglichen wird. Der Skonto wird also dafür gewährt, dass 20 Tage vor Ablauf des Zahlungsziels gezahlt wird. Unter Berücksichtigung, dass sich der Zinssatz immer auf ein Jahr (360 Tage) bezieht, erhalten wir für die Umrechnung des Skontosatzes in einen effektiven Zinssatz die nachfolgende Lösung.

Musterlösung

In 20 Tagen erhalten wir 2%
In 360 Tagen erhalten wir x% $\qquad x = \dfrac{2 \cdot 360}{20} = \underline{\underline{36\%}}$

Ergebnis: Dem Skontosatz von 2% entspricht ein Zinssatz von 36%.

Umrechnungsformel:
$$\text{Zinssatz} = \frac{\text{Skontosatz} \cdot 360}{(\text{Zahlungsziel} - \text{Skontofrist}^{1)})}$$

Bei einer genauen Umrechnung des Skontosatzes in einen Zinssatz ist im Zähler statt des Skontosatzes der Skontobetrag und im Nenner die effektiv beanspruchte Kredithöhe in die Berechnungsformel einzubeziehen.

$$\text{Zinssatz} = \frac{\text{Skontobetrag} \cdot 100 \cdot 360}{(\text{Rechnungsbetrag} - \text{Skontobetrag}) \cdot (\text{Zahlungsziel} - \text{Skontofrist})}$$

Bezogen auf die Aufgabe 1 erhält man dann folgende Lösung:

$$\text{Zinssatz} = \frac{40 \cdot 100 \cdot 360}{1960 \cdot 20} = 36{,}73\%$$

Fehlt ein absoluter Betrag, dann kann folgende Formel Anwendung finden.

$$\text{Zinssatz} = \frac{\text{Skontosatz} \cdot 360}{\dfrac{100 - \text{Skontosatz}}{100} \cdot (\text{Zahlungsziel} - \text{Skontofrist})}$$

Wegen der hohen Kosten, die der Verzicht auf eine Zahlung mit Skontoabzug für einen Kaufmann bedeutet, sollte er immer bestrebt sein, seine Rechnungen mit Abzug von Skonto (innerhalb der Skontofrist) zu begleichen. Da dem Prozentsatz für den Skonto ein sehr hoher Zinssatz entspricht, ist eine Zahlung mit Skontoabzug im Allgemeinen auch dann noch vorteilhaft, wenn man sich die für die vorzeitige Zahlung erforderlichen Mittel im Wege eines Bankkredites beschaffen muss.

---

[1] Unter der Skontofrist versteht man die Zeit innerhalb der mit Abzug von Skonto gezahlt werden kann.

Aufgabe 2

Angenommen, dem Einzelhändler fehlen die nötigen Finanzmittel, um die Rechnung aus Aufgabe 1 (vgl. S. 100) innerhalb der Skontofrist begleichen zu können.

Lohnt es sich zur Ausnutzung des Skontos einen entsprechenden Bankkredit in Anspruch zu nehmen, wenn die Bank (einschließlich aller Kosten) 12% Zinsen verlangt?

Musterlösung:

Rechnungsbetrag	2 000,00 EUR
− 2% Skonto	40,00 EUR
Zahlung (= benötigter Kredit)	1 960,00 EUR

Gegeben: benötigter Kredit (Kapital): 1 960,00 EUR
Kreditzeit: 20 Tage
Zinssatz: 12%

Gesucht: Zinsen: ?

$$\text{Zinsen} = \frac{1960 \cdot 12 \cdot 20}{100 \cdot 360} = \underline{13,07 \text{ EUR}}$$

Ergebnis: Die Kosten für den beanspruchten Bankkredit betragen 13,07 EUR.

Skontoertrag bei vorzeitiger Zahlung	40,00 EUR
− Kosten des Bankkredits für 20 Tage	13,07 EUR
Nettoersparnis	26,93 EUR

Ergebnis: Trotz des benötigten Bankkredits für die vorzeitige Zahlung hat der Einzelhändler noch eine Nettoersparnis in Höhe von 26,93 EUR.

9. Welchem Jahreszinsfuß entspricht der jeweils gewährte Skontoabzug in den folgenden Zahlungsbedingungen?

   9.1 Zahlbar innerhalb von 8 Tagen mit 2% Skonto oder innerhalb von 30 Tagen rein netto.

   9.2 Zahlbar innerhalb von 10 Tagen mit 3% Skonto oder innerhalb von 60 Tagen rein netto.

10. Das Textilhaus Franz Nadi e.Kfm. erhält von der Großhandlung Umme GmbH folgende Rechnung:

    Rechnungsdatum 4. Oktober 01, Rechnungsbetrag einschließlich 16% Umsatzsteuer 10 720,00 EUR, zahlbar innerhalb 30 Tagen netto oder innerhalb 8 Tagen mit 3% Skonto.

    10.1 Welchem Jahreszinssatz entspricht der Skonto von 3% bei den gegebenen Zahlungsbedingungen?

    10.2 Das Textilhaus zahlt erst am 19. Februar 02 nach einer Mahnung. Die Großhandlung berechnet 275,20 EUR Verzugszinsen.

    Welchen Zinssatz hat die Großhandlung Umme GmbH bei der Berechnung der Verzugszinsen zugrunde gelegt?

    10.3 Wie viel EUR hätte das Textilhaus Franz Nadi e.Kfm. bei rechtzeitiger Zahlung unter Ausnutzung des Skontos bei der Inanspruchnahme eines Bankkredites zu 9,5% sparen können?

11. Einem Einzelhandelsunternehmen werden von einem Lieferer folgende Zahlungsbedingungen eingeräumt: „Zahlbar innerhalb 30 Tagen netto oder innerhalb 10 Tagen mit 3% Skonto."

11.1 Welchem Jahreszinsfuß entspricht der Skonto von 3%?

11.2 Der Rechnungsbetrag für einen Wareneinkauf beträgt 8 125,00 EUR.
Wie viel EUR spart das Einzelhandelsunternehmen bei Ausnutzung des Skontos, wenn es für die Zahlung einen Bankkredit mit einer Verzinsung von 9,5% in Anspruch nimmt?

12. Ein Kunde möchte einen gebrauchten Pkw für 6 000,00 EUR kaufen. Da er nicht bar bezahlen kann, bieten sich ihm zwei Finanzierungsmöglichkeiten:

1. Möglichkeit: Aufnahme eines Kredits für 6 Monate bei einer Bank in Höhe von 6 000,00 EUR. Kreditbedingungen: Kreditzinsen 8%, Bearbeitungsgebühr: $1\frac{1}{2}$% von der Kreditsumme.

2. Möglichkeit: Bezahlung beim Händler in 6 Monatsraten zu je 1 060,00 EUR.

12.1 Bei welcher Finanzierung muss der Kunde weniger ausgeben (Unterschiedsbetrag)?

12.2 Welchem Zinssatz entspricht die Ratenzahlung des Händlers?

7.3.3 Berechnung der Zeit

Einführungsbeispiel

Aufgabe

Ein Einzelhandelsgeschäft hat einem Kunden am 15. Januar eine Rechnung in Höhe von 4 500,00 EUR zu einem Zinssatz von 6,5% gestundet. Der Rückzahlungsbetrag einschließlich Zinsen beträgt 4 682,00 EUR.
1. Wie viel Tage wurde die Stundung gewährt?
2. Zu welchem Zeitpunkt ist der Rechnungsbetrag zurückgezahlt worden?

Musterlösung

Gegeben: Kapital: 4 500,00 EUR
Zinsen: 182,00 EUR
Zinssatz: 6,5%

Gesucht: Tage: ?

Für 100,00 EUR erhält man 6,50 EUR in 360 Tagen
Für 4 500,00 EUR erhält man 182,00 EUR in x Tagen

Berechnung der Tage mit Hilfe der Formel:

$$x = \frac{360 \cdot 100 \cdot 182}{4500 \cdot 6,5} \xrightarrow{\text{durch Umstellung erhält man}} \text{Tage} = \frac{\text{Zinsen} \cdot 100 \cdot 360}{\text{Kapital} \cdot \text{Zinssatz}}$$

x = 224 Tage

Ergebnis: 1. Der Rechnungsbetrag wurde 224 Tage gestundet.
2. Rückzahlungstermin: 15. Januar + 224 Tage = 29. August

Anmerkung: Ableitung der Formel aus der allgemeinen Zinsformel:

$$Z = \frac{K \cdot p \cdot t}{100 \cdot 360} \quad \text{oder:} \quad Z \cdot 100 \cdot 360 = K \cdot p \cdot t$$

$$\text{oder:} \quad \frac{Z \cdot 100 \cdot 360}{K \cdot p} = t \quad \text{oder:} \quad t = \frac{Z \cdot 100 \cdot 360}{K \cdot p}$$

> **Beachten Sie:**
>
> Es ist immer schwierig, viele Formeln zu lernen. Für das Einprägen der Formeln zur Berechnung von Kapital, Zinssatz und Zeit kann folgende Hilfestellung nützlich sein:
>
> - Der Zähler ist bei allen drei Formeln gleich: Zinsen · 100 · 360.
> - Im Nenner stehen immer die übrigen zwei **gegebenen** Größen.

Übungsaufgabe

34 1. Wie viel Tage war das Kapital ausgeliehen?

Nr.	Kapital	Zinssatz	Zinsen
1.1	7 800,00 EUR	$2\frac{3}{8}\%$	63,90 EUR
1.2	287,40 EUR	$3\frac{1}{2}\%$	5,60 EUR
1.3	2 610,00 EUR	$6\frac{1}{4}\%$	68,40 EUR
1.4	2 920,50 EUR	$6\frac{3}{4}\%$	54,50 EUR
1.5	510,90 EUR	8 %	9,40 EUR
1.6	50 400,00 EUR	6 %	784,00 EUR

2. Zu welchem Zeitpunkt ist ein Sparkapital von 2 500,00 EUR, das am 2. April bei einer Bank zu $5\frac{1}{4}\%$ angelegt wird, auf 2 620,00 EUR angewachsen?

3. Am 20. August wurde eine Rechnung über 1 680,00 EUR einschließlich 6 % Verzugszinsen mit 1 695,96 EUR beglichen.

   Zu welchem Zeitpunkt war die Rechnung fällig?

4. An welchem Tag wurde ein Kapital in Höhe von 8 400,00 EUR ausgeliehen, das am 20. November einschließlich 5 % Zinsen mit 8 522,50 EUR zurückbezahlt wurde?

5. Eine Kundin zahlt am 20. April eine Rechnung über 216,00 EUR zuzüglich 7 % Verzugszinsen mit 220,62 EUR.

   An welchem Tag war die Rechnung zur Zahlung fällig?

6. Die Kreissparkasse gewährte einer Verkäuferin zur Finanzierung eines Pkws ein Darlehen über 5 400,00 EUR. Der Zinssatz betrug 7,5 %. Die Verkäuferin zahlte das Darlehen am 5. September zurück und entrichtete zusätzlich 63,00 EUR Zinsen.

   An welchem Tag hatte sie das Darlehen aufgenommen?

7. An welchem Tag war eine Rechnung über 15 800,00 EUR fällig, wenn am 17. August dafür einschließlich 6 % Verzugszinsen 15 971,16 EUR berechnet werden?

8. Die Eisenhandlung Fritz Hart e. Kfm. zahlt am 15. Mai ein Darlehen über 13 200,00 EUR mit 13 450,80 EUR (einschließlich 9,5 % Zinsen) an die Bank zurück.

   An welchem Tag wurde das Darlehen aufgenommen?

9. Ein Kapital von 27 000,00 EUR wurde einschließlich $5\frac{2}{3}\%$ Zins am 30. November mit 27 850,00 EUR zurückbezahlt.

   An welchem Tag wurde das Kapital ausgeliehen?

7.4 Berechnung der Zinsen mit der kaufmännischen Zinsformel – summarische Zinsrechnung

7.4.1 Kaufmännische Zinsformel

Aus Gründen der Vereinfachung hat sich im kaufmännischen Rechnen folgende Veränderung der allgemeinen Zinsformel herausgebildet:

Allgemeine Zinsformel:

$$\text{Zinsen} = \frac{\text{Kapital} \cdot \text{Zinssatz} \cdot \text{Tage}}{100 \cdot 360}$$

$$\text{Zinsen} = \frac{\text{Kapital} \cdot \text{Tage} \cdot \text{Zinssatz}}{100 \cdot 360}$$

1. Schritt: Andere Anordnung der Elemente der Zinsformel.

$$\text{Zinsen} = \frac{\text{Kapital} \cdot \text{Tage}}{100} \cdot \frac{\text{Zinssatz}}{360}$$

2. Schritt: Zerlegung der Zinsformel in 2 Teile.

$$\text{Zinsen} = \text{Zinszahl} \ (\#)$$

3. Schritt: Den ersten Teil der Zinsformel nennen wir Zinszahl oder Zinsnummer. Symbol: #

4. Schritt: Den zweiten Teil der Zinsformel stellt man um.
Statt zu rechnen:
$$\text{Zinsen} = \text{Zinszahl} \cdot \frac{\text{Zinssatz}}{360}$$
rechnet man:
$$\text{Zinsen} = \text{Zinszahl} : \frac{360}{\text{Zinssatz}}$$
(Regel: Statt eine Zahl mit einem Bruch zu multiplizieren, kann auch mit dem Kehrwort dividiert werden.)

5. Schritt: Den Wert aus $\frac{360}{\text{Zinssatz}}$ nennt man Zinsteiler.

$$\text{Zinsen} = \frac{\text{Kapital} \cdot \text{Tage}}{100} \cdot \frac{360}{\text{Zinssatz}}$$

Kaufmännische Zinsformel:

$$\text{Zinsen} = \frac{\text{Zinszahl}}{\text{Zinsteiler}}$$

6. Schritt: Zur Errechnung der Zinsen ist nun die Zinszahl durch den Zinsteiler zu dividieren.

7.4.2 Anwendung der kaufmännischen Zinsformel – Berechnung der Zinsen bei mehreren Kapitalien zum gleichen Zinssatz[1]

Einführungsbeispiel

Aufgabe

Ein säumiger Einzelhändler hat bei seinem Großhändler drei Rechnungen ausstehen:
Rechnung 1: 2560,40 EUR, fällig am 19. Oktober
Rechnung 2: 4130,00 EUR, fällig am 17. November
Rechnung 3: 3704,00 EUR, fällig am 1. Dezember
Auf Bitten des Einzelhändlers werden die drei fälligen Rechnungen bis zum 31. Dezember gestundet, wobei 6 % Verzugszinsen berechnet werden.
Mit wie viel EUR an Zinsen wird der Einzelhändler belastet und wie viel EUR beträgt die Zahlungsverpflichtung am 31. Dezember?

Musterlösung

Kapital ①	zu verzinsen vom – bis	Tage	# ②
2560,40 EUR	19. Okt. – 31. Dez.	71	1818
4130,00 EUR	17. Nov. – 31. Dez.	43	1776
3704,00 EUR	1. Dez. – 31. Dez.	29	1074
10394,40 EUR	Gesamtbetrag	③	4668
77,80 EUR	Zinsen		
10472,20 EUR	Zahlung/Wert 31. Dez.		

④ Zinsteiler = $\frac{360}{6}$ = 60

⑤ Zinsen = $\frac{4668}{60}$ = 77,80 EUR

Ergebnis: Der Einzelhändler wird mit 77,80 EUR Verzugszinsen belastet. Die Zahlungsverpflichtung am 31. Dez. beträgt 10472,20 EUR.

> **Centbeträge** des Kapitals bleiben bei der Berechnung der Zinszahlen **unberücksichtigt**; z.B. wird bei der Berechnung der Zinszahl für den 1. Kapitalbetrag nicht mit 2560,40 EUR, sondern mit 2560,00 EUR gerechnet. Die Zinszahlen werden immer auf ganze Zahlen gerundet (z. B. 1817,6 auf 1818).[2]

Erläuterungen zur Aufgabe:

① Es ist sinnvoll, die Aufgabe in einer Tabelle mit 4 Spalten zu lösen. In den einzelnen Spalten sind die Kapitalbeträge, die Verzinsungszeit, die Tage und die Zinszahlen einzutragen.

② Zur Berechnung der Zinszahlen:

1% des Kapitals	·	Tage	=	#
25,60 EUR	·	71	=	1817,6 = 1818
41,30 EUR	·	43	=	1775,9 = 1776
37,04 EUR	·	29	=	1074,2 = 1074

③ Addition der Zinszahlen.

④ Berechnung des Zinsteilers: $\frac{360}{\text{Zinssatz}}$

⑤ Die Zinsen werden nach der kaufmännischen Zinsformel berechnet: Zinsen = $\frac{\#}{\text{Zinsteiler}}$

---

[1] Die summarische Zinsrechnung ist nur anwendbar, wenn für alle Kapitalbeträge der gleiche Zinssatz gilt.
[2] Diese Vorgehensweise entspricht der Vorgabe der Aufgabenstelle für kaufmännische Abschluss- und Zwischenprüfungen (AKA, Geschäftsführung IHK Nürnberg). In der Praxis werden bei der heute üblichen maschinellen Berechnung der Zinszahlen die Centbeträge des Kapitals häufig mit einbezogen.

Die **Vereinfachung des Rechenganges** durch den Einsatz der kaufmännischen Zinsformel beruht auf folgenden zwei Überlegungen:

- Durch die Anwendung der kaufmännischen Zinsformel werden die Zinsen nicht für jedes Kapital **einzeln**, sondern für alle Kapitalien **gemeinsam** in **einem** Rechengang ermittelt. Diese Vorgehensweise ist nur möglich, wenn mehrere Beträge zum **gleichen Zinssatz** verzinst werden (gemeinsamer Zinsteiler). So ist der Zinsteiler in unserem Beispiel für alle drei Kapitalien der gleiche, nämlich 60. Es genügt daher, für jedes Kapital die Zinszahl zu ermitteln und die Division (nach Addition der Zinszahlen) nur einmal auszuführen. Das Ergebnis ist dann der **Gesamtbetrag an Zinsen** für **alle** drei Kapitalien.

Die Lösung des Einführungsbeispiels nach der *allgemeinen Zinsformel* verdeutlicht den Rechenvorteil, den die *kaufmännische Zinsformel* bietet.

Kapital	vom – bis	Tage	Zinsformel	
2 560,40 EUR	19. Okt. – 31. Dez.	71	$\dfrac{2560 \cdot 71 \cdot 6}{100 \cdot 360}$	=
4 130,00 EUR	17. Nov. – 31. Dez.	43	$\dfrac{4130 \cdot 43 \cdot 6}{100 \cdot 360}$	=
3 704,00 EUR	1. Dez. – 31. Dez.	29	$\dfrac{3704 \cdot 29 \cdot 6}{100 \cdot 360}$	=

Bei allen 3 Bruchstrichen kommt der Bruch $\dfrac{6}{360}$ vor. Es genügt daher, die Division nach der Ermittlung der Zinszahlen nur **einmal** vorzunehmen.

- Viele Zinssätze sind in 360 glatt enthalten **(bequeme Zinsteiler)**. Bitte prägen Sie sich die folgenden bequemen Zinsteiler ein:

Zinssatz	Zinsteiler	Zinssatz	Zinsteiler	Zinssatz	Zinsteiler
$3/8$ %	960	3 %	120	$7\,1/5$ %	50
$1/2$ %	720	$3\,1/3$ %	108	$7\,1/2$ %	48
1 %	360	$3\,3/5$ %	100	8 %	45
$1\,1/4$ %	288	$3\,3/4$ %	96	9 %	40
$1\,1/3$ %	270	4 %	90	10 %	36
$1\,1/2$ %	240	$4\,2/7$ %	84	12 %	30
2 %	180	$4\,1/2$ %	80	15 %	24
$2\,1/4$ %	160	$4\,4/5$ %	75	18 %	20
$2\,2/5$ %	150	5 %	72	20 %	18
$2\,1/2$ %	144	6 %	60		
$2\,2/3$ %	135	$6\,2/3$ %	54		

Übungsaufgabe

35 1. Errechnen Sie die Zinszahlen bei den nachfolgenden Fällen!

    1.1 160,00 EUR vom 17. April – 30. Juni   1.2 270,60 EUR vom 18. Aug. – 27. Dez.
         380,00 EUR vom 1. Mai   – 17. Aug.   867,20 EUR vom 6. Okt. – 30. Okt.
      1 460,00 EUR vom 11. Nov. – 30. Dez.   5 232,50 EUR vom 2. Jan. – 29. Febr.
      4 230,80 EUR vom 28. Jan. – 5. April   1 989,00 EUR vom 27. Sept. – 1. Juni

2. Am 2. Mai bezahlen wir folgende Liefererrechnungen:

Rechnung 1: 4 150,00 EUR, fällig am 12. März
Rechnung 2: 1 720,00 EUR, fällig am 19. März
Rechnung 3:   510,00 EUR, fällig am 1. April

Berechnen Sie die Summe der Zinszahlen!

3. Wie viel EUR betragen die Zinsen, wenn folgende Zinszahlen und Zinssätze gegeben sind?

Benutzen Sie, wo immer möglich, bequeme Zinsteiler!

   3.1 #   4 680 bei $7\frac{1}{2}$ %   3.2 # 2 920 bei $5\frac{1}{2}$ %
        # 14 760 bei 7   %   # 9 109 bei 8   %
        #   840 bei $1\frac{1}{4}$ %   # 3 732 bei 9   %
        # 4 120 bei 4   %   # 2 040 bei $6\frac{2}{3}$ %

4. Welchen EUR-Betrag einschließlich $8\frac{1}{2}$ % Zinsen muss das Lebensmittelgeschäft „Fein GmbH" am 30. Dezember an die Bank zurückzahlen, wenn die nachfolgenden Kredite zu diesem Zeitpunkt zur Rückzahlung fällig werden?

  4 800,00 EUR, aufgenommen am 15. Februar
15 600,00 EUR, aufgenommen am 1. Juli
  8 500,00 EUR, aufgenommen am 15. Oktober
  3 750,00 EUR, aufgenommen am 10. November

5. Der Kunde Freund schuldet uns aus Lieferungen von Waren folgende Beträge:

seit dem 10. April   3 251,40 EUR
seit dem 30. April   740,30 EUR
seit dem 18. Mai   2 460,50 EUR

Entsprechend unseren Zahlungsbedingungen sind bei Zahlungsverzug 6 % Verzugszinsen zu bezahlen. Für Mahngebühren werden zusätzlich 14,50 EUR in Rechnung gestellt.

Welchen EUR-Betrag muss Freund einschließlich Verzugszinsen und Mahngebühren überweisen, wenn er die Gesamtschuld am 1. Juli begleicht?

6. Wegen Zahlungsschwierigkeiten haben wir um Stundung folgender Rechnungen beim Lieferer gebeten:

1 980,40 EUR, fällig am 16. Juli
6 431,50 EUR, fällig am 12. August
3 945,30 EUR, fällig am 13. September
  590,10 EUR, fällig am 1. Oktober

Wie viel EUR beträgt der Gesamtbetrag einschließlich $4\frac{4}{5}$ % Verzugszinsen, wenn wir den Betrag am 15. Oktober überweisen?

7. Ein Einzelhändler zahlt auf sein privates Sparkonto folgende Beträge ein:
   2 500,00 EUR am 15. September
   3 100,00 EUR am 17. November
   5 500,00 EUR am 1. Dezember
   Der Zinssatz beträgt $3\frac{1}{2}\%$.
   Wie viel EUR beträgt das Sparguthaben am 31. Dezember?

8. Ein Einzelhändler hat liquide Mittel[1] als Termingeld zu 6% angelegt:
    8 000,00 EUR am 12. April
   12 000,00 EUR am 1. Mai
   15 000,00 EUR am 15. Juni

   Berechnen Sie das Guthaben am 31. August!

9. Wir haben einem Kunden eine Rechnung über 2 400,00 EUR gestundet. Bei der Berechnung der Verzugszinsen haben wir eine Zinszahl von 360 errechnet.

   Für wie viel Tage wurden Verzugszinsen berechnet?

10. Ein Einzelhändler liefert an einen Kunden Waren für
    898,40 EUR am 3. Februar, Ziel 30 Tage
    570,70 EUR am 10. Februar, Ziel 60 Tage
    1 040,30 EUR am 1. März, Ziel 14 Tage
    740,00 EUR am 29. März, zahlbar sofort

    Der Kunde zahlt am 5. Juli per Scheck den Gesamtbetrag einschließlich 4,5% Verzugszinsen.

    Über welchen EUR-Betrag lautet der Scheck?

11. Der Einzelhändler Max Kluge e.Kfm. kauft bei seinem Lieferer zu folgenden Bedingungen ein:
    1. Waren bis zu einem Betrag von 500,00 EUR sind sofort zu bezahlen.
    2. Rechnungen über diesen Betrag hinaus werden jeweils zu folgenden Terminen fällig: 31. März; 30. Juni; 30. September; 31. Dezember.
    3. Bis zum jeweils fälligen Termin sind die Rechnungsbeträge mit 6% zu verzinsen.
    4. Für jede Quartalsabrechnung sind pauschal 15,00 EUR an Auslagen zusätzlich zu entrichten.

    Einzelhändler Kluge bezog während eines Quartals folgende Waren:

Kaufdatum	Warenwert
14. April	1 500,00 EUR
27. April	2 400,00 EUR

Kaufdatum	Warenwert
20. Mai	3 000,00 EUR
10. Juni	1 800,00 EUR

    Wie viel EUR hat Herr Kluge zum Schluss des 2. Quartals am 30. Juni an seinen Lieferer zu bezahlen?

12. Der Teilhaber Groß von der Groß & Klein OHG hat im Laufe des Geschäftsjahres folgende Privatentnahmen getätigt:
    15. Jan. 1 500,00 EUR   30. März 2 000,00 EUR   30. Nov. 5 500,00 EUR
    2. Febr. 4 000,00 EUR   24. Aug. 1 600,00 EUR

    Nach dem Gesellschaftsvertrag sind Privatentnahmen mit 8% zu verzinsen.
    Wie viel EUR an Zinsen muss Groß am 31. Dez. an die Gesellschaft entrichten?

---
1 Liquide Mittel: flüssige Mittel; z.B. Bargeld, Guthaben auf dem Bank- bzw. Postbankkonto.

Verschiedene Aufgaben zur Zinsrechnung

36
1. Eine Rechnung über 9 600,00 EUR, fällig am 28. März, wird am 10. Mai einschließlich Verzugszinsen mit 9 667,20 EUR bezahlt.

   Wie viel Prozent Verzugszinsen wurden berechnet?

2. Ein Einzelhändler nimmt bei seiner Bank am 1. März ein Darlehen in Höhe von 9 500,00 EUR auf. Vereinbarter Zinssatz: 10,5 %.

   Wie viel EUR betragen die Kreditzinsen bei der Abrechnung am 30. Juni?

3. Wir haben am 15. April bei unserer Hausbank einen Kredit in Höhe von 12 240,00 EUR in Anspruch genommen. Die Bank berechnet 8 % Zinsen. Der Rückzahlungsbetrag einschließlich der Zinsen betrug 12 389,60 EUR.

   An welchem Tag haben wir den Kredit zurückgezahlt?

4. Zum Kauf eines neuen Lkws nimmt ein Einzelhändler am 15. März ein Darlehen zu 9 % bei seiner Bank auf. Er zahlt es am 21. September zurück. Für das Darlehen muss er 1 209,00 EUR an Zinsen bezahlen.

   Wie viel EUR betrug der Kredit?

5. Ein Einzelhändler hat zur Modernisierung seiner Geschäftsräume vor 8 Monaten ein Darlehen in Höhe von 36 000,00 EUR zu 8 % Zinsen aufgenommen. 3 Monate nach der Kreditaufnahme hat er einen Teil des Darlehens in Höhe von 12 000,00 EUR zurückgezahlt.

   Wie viel EUR sind heute, am Ende der Kreditlaufzeit, an die Bank einschließlich der Zinsen zu zahlen?

6. Ein Einzelhändler legt auf seinem Sparkonto folgende Beträge zu einem Zinssatz von 3 % an:
am 18. Januar	3 617,00 EUR
am 25. Februar	1 223,70 EUR
am 30. März	3 784,00 EUR
am 28. Juni	157,30 EUR
am 13. November	6 712,00 EUR

   Wie viel EUR betragen die zu erwartenden Zinserträge und wie viel EUR beträgt das Guthaben einschließlich der Zinsen am Ende des Jahres?

7. Wir haben einem Kunden eine Rechnung über 3 600,00 EUR gestundet. Bei der Berechnung der Verzugszinsen haben wir eine Zinszahl von 540 errechnet.

   Für wie viel Tage wurden Verzugszinsen berechnet?

8. Ein Rechnungsbetrag über 15 300,00 EUR ist am 12. Februar fällig. Am Fälligkeitstag können nur 6 750,00 EUR gezahlt werden. Der Restbetrag wird am 24. April einschließlich 9,5 % Verzugszinsen überwiesen.

   Wie viel EUR betragen die Verzugszinsen?

9. Ein Einzelhändler nahm für die Zeit vom 15. Januar bis 15. April ein Darlehen zu einem Zinssatz von 7,5 % auf. Bei der Rückzahlung des Darlehens zahlte er 240,00 EUR Zinsen.

   9.1 Für wie viel Tage wurde das Darlehen aufgenommen?
   9.2 Wie viel EUR betrug das Darlehen?

10. Ein Einzelhändler nimmt einen Kredit in Höhe von 30 000,00 EUR für 6 Monate auf. Seine Bank unterbreitet ihm folgendes Angebot:
   - 2% Bearbeitungsgebühr (Disagio) von der Kreditsumme. Das Disagio wird bei der Auszahlung des Kredits einbehalten.
   - 8% Zinsen, fällig bei Rückzahlung des Kredits.
   - 85,00 EUR Auslagen, fällig bei Rückzahlung des Kredits.

   10.1 Wie viel EUR erhält der Einzelhändler ausbezahlt?
   10.2 Wie viel EUR betragen die Zinsen bei Rückzahlung des Kredits?
   10.3 Wie viel EUR sind am Ende der Kreditlaufzeit insgesamt zurückzuzahlen?

11. Der Einzelhandelskaufmann Moll nimmt bei seiner Bank ein Darlehen in Höhe von 20 000,00 EUR zu $8\frac{1}{2}$% auf, ein zweites Darlehen zu 9% auf. Die Zinsen entrichtet er halbjährlich für beide Darlehen zusammen. Für das erste Halbjahr hat er 1 930,00 EUR Zinsen zu zahlen.

   Wie viel EUR beträgt das zweite Darlehen?

12. Von unserem Lieferer erhalten wir folgende Zahlungsbedingungen: Zahlbar innerhalb 20 Tagen netto oder innerhalb 8 Tagen mit 2% Skonto.

   12.1 Welchem Jahreszinsfuß entspricht der Skonto?
   12.2 Der Rechnungsbetrag für einen Wareneinkauf beträgt 1 580,00 EUR. Wie viel EUR sparen wir bei Ausnutzung des Skontos, wenn wir für die Zahlung einen Bankkredit in Höhe von $8\frac{3}{4}$% in Anspruch nehmen müssen?

13. Ein Einzelhändler verkaufte am 25. August ein Fernsehgerät zum Preis von 2 800,00 EUR. Auf Wunsch des Kunden vereinbarte er Ratenzahlung mit folgenden Bedingungen:

   Anzahlung bei Lieferung 300,00 EUR, der Rest ist mit 5 Raten von je 500,00 EUR zu begleichen. Die Raten sind zu folgenden Zeitpunkten fällig:

   1. Rate am 15. Sept.   4. Rate am 5. Dez.
   2. Rate am 5. Okt.   5. Rate am 15. Jan. n.J.
   3. Rate am 15. Nov.

   Für nicht rechtzeitig bezahlte Raten werden 8,5% Verzugszinsen berechnet.

   Nach der pünktlichen Überweisung der 1. Rate stellte der Kunde die Zahlungen ein. Das daraufhin eingeleitete kaufmännische Mahnverfahren brachte keinen Erfolg. Jetzt will der Einzelhändler einen Mahnbescheid beantragen.

   Welchen Gesamtbetrag fordert er einschließlich 21,00 EUR Gerichtskosten und 8,50 EUR Auslagen, wenn der Mahnbescheid auf den 17. März ausgestellt werden soll?

14. Der Einzelhändler Schneider erhält von seinem Lieferer der Fritz Bolz KG eine Warenrechnung über 12 450,00 EUR, fällig am 15. Mai. Da Schneider erst am 15. Juli über liquide Mittel verfügt, muss er den obigen Betrag fremdfinanzieren.

   Bei der Bank kann Schneider einen Kredit zu einem Zinssatz von 8% in Anspruch nehmen, Limit 10 000,00 EUR.

   Berechnen Sie die Zinsen, wenn die Bank $1\frac{1}{2}$% Überziehungszinsen verlangt!

15. Ein Kunde zahlt eine Rechnung über 5 520,00 EUR, fällig am 13. April. Am 30. Juli zahlt der Kunde einschließlich Zinsen 5 624,26 EUR durch Banküberweisung.

   Wie viel Prozent Verzugszinsen hat der Einzelhändler berechnet?

16. Ein Lieferer gewährt uns auf einen Rechnungsbetrag von 6180,00 EUR 3% Skonto. Um den Skonto ausnützen zu können, nehmen wir für 15 Tage einen Kredit zu 10,5% auf.

    Wie viel EUR betragen die Kreditzinsen?

17. Ein Kunde hat uns am 14. September für eine gestundete Rechnung 2722,50 EUR einschließlich 6% Zinsen überwiesen.

    An welchem Tag war die Rechnung über 2700,00 EUR fällig?

18. Wir verkaufen am 17. Juli Waren für 6980,00 EUR an einen Kunden. Er zahlt 2000,00 EUR an. Die Restzahlung erfolgt am 1. Oktober einschließlich 5,5% Zinsen.

    Wie viel EUR hat der Kunde am Rückzahlungstermin zu bezahlen?

19. Welchen Betrag einschließlich $9\frac{1}{4}$% Zinsen muss ein Kunde an uns am 30. November überweisen, wenn die nachfolgenden, gestundeten Rechnungen zu den folgenden Zeitpunkten fällig sind:

    Rechnung 1: 1570,80 EUR, fällig am 28. August
    Rechnung 2: 3140,00 EUR, fällig am 15. September
    Rechnung 3: 5230,50 EUR, fällig am 2. Oktober?

20. Ein Einzelhandelsgeschäft soll verkauft werden. Der durchschnittliche vierteljährliche Reingewinn beträgt 15400,00 EUR. Für langfristig angelegtes Kapital beträgt der Zinssatz derzeit 5,5%.

    Wie viel EUR würde ein Käufer bei diesen Gegebenheiten höchstens bezahlen?

8 Diskontrechnen

8.1 Einführung in das Diskontrechnen

(1) Begriffsbestimmungen

Durch die Zahlung mit einem Wechsel wird erreicht, dass der Lieferer einer Ware sofort sein Geld erhält *(durch Diskontierung des Wechsels bei einer Bank)* bzw. sofort eine eigene Verbindlichkeit *(durch Weitergabe des Wechsels)* begleichen kann, obwohl der Käufer erst später zu bezahlen hat.

> **Beispiel:**
> Die Lebensmitteleinzelhandlung Karl Klein e.Kfm., Karl-May-Straße 86, 96049 Bamberg, möchte sich für Weihnachten 20.. mit Konserven im Werte von 2 775,00 EUR bei Georg Groß GmbH, Basler Straße 102, 85221 Dachau, eindecken. Karl Klein wünscht ein Ziel von 3 Monaten. Da die Georg Groß GmbH nur ein Zahlungsziel von 14 Tagen einräumen möchte, einigen sich die Unternehmen auf eine Wechselzahlung. Folgender Wechsel wird ausgestellt:

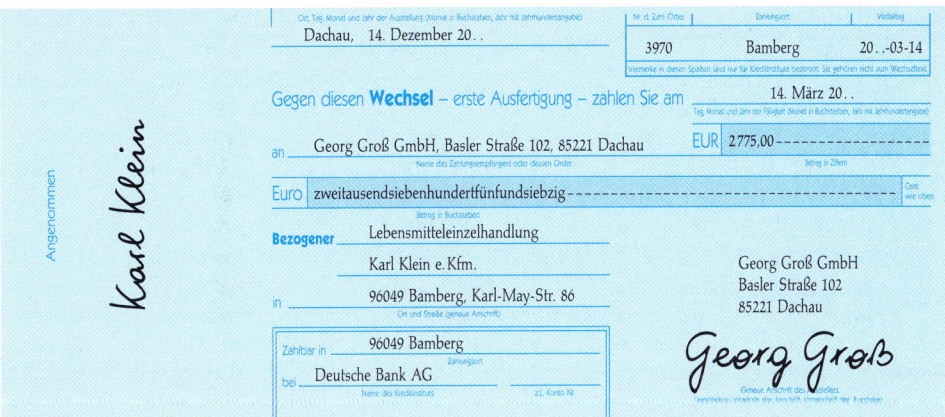

Durch den Wechsel hat die Georg Groß GmbH einen Geldanspruch von 2 775,00 EUR. Der **Anspruch** auf den **vollen Geldbetrag** besteht jedoch erst am 14. März **(Verfalltag)**. Lässt die Georg Groß GmbH den Wechsel zu einem früheren Termin bei einer Bank diskontieren, wird ihr die Bank Zinsen **(Diskont)** für die Zeit vom **Diskontierungstag (Ankaufstag)** bis zum **Zahlungstag**[1] abziehen. Den Zinssatz, den die Bank berechnet, nennen wir **Diskontsatz**. Die Gutschrift der Bank erfolgt unter Abzug des Diskonts (Gutschrift → **Barwert des Wechsels**).

> **Wir merken uns:**
> Diskontieren bedeutet: Zinsen im Voraus abziehen und einbehalten.
>
>> **Wechselsumme − Diskont = Barwert des Wechsels**
>> (berechnet vom Diskontierungstag bis zum Verfalltag)
>
> Die Diskontrechnung ist eine Anwendungsform der Zinsrechnung.

---

[1] In der Regel ist der Verfalltag auch der Zahlungstag. Verfalltag und Zahlungstag können auch nicht identisch sein, z.B. wenn der Bezogene nach dem Verfalltag den Wechsel einlöst.

(2) Zusammenhang zwischen Zinsrechnen und Diskontrechnen

Beim Diskontrechnen treten die *gleichen Rechengrößen* auf wie beim Zinsrechnen, nur erhalten sie jetzt eine andere Bezeichnung:

(3) Höhe des Diskontsatzes

Die Höhe des Diskontsatzes kann zwischen dem Kunden und der Bank frei vereinbart werden.

(4) Berechnung der Diskonttage

Die Diskonttage errechnen sich aus der Zeit vom Diskontierungstag (Ankaufstag) bis zum Verfall- bzw. Zahlungstag der einzelnen Wechsel. Für die Berechnung der Diskonttage bei der Diskontierung von Wechseln verwenden die Banken die so genannte **Eurozinsmethode**.

Es gelten folgende Besonderheiten:

- Das Jahr wird mit 365 Tagen berechnet.
- Die Zinsen werden tagegenau berechnet.
- Bei Wechseln, die an einem Samstag, Sonntag oder Feiertag fällig sind, werden die Zinsen bis zum nächsten Werktag berechnet.[2]

Beispiele für die Tageberechnung:

1. Diskontierungstag: 23. April
   Verfalltag: 21. Juli

   23. April – 30. April =   7 Tage
   30. April – 31. Mai   = 31 Tage
   31. Mai – 30. Juni   = 30 Tage
   30. Juni – 21. Juli   = 21 Tage
   Insgesamt: 89 Tage

2. Diskontierungstag: 30. März
   Verfalltag: 30. April So = 33 Tage
   (1. Mai: Feiertag)

3. Diskontierungstag: 25. April
   Verfalltag: 25. Juli Sa = 93 Tage

4. Diskontierungstag: 20. Febr.
   Verfalltag: 11. März = 19 Tage

   (Liegt ein Schaltjahr vor, werden 20 Tage berechnet).

---

1 **Anmerkung:** Durch eine Verordnung des Bundesministeriums der Justiz vom 5. April 2002 wurden die Wörter „Diskontsatz der Deutschen Bundesbank" in allen betreffenden Gesetzen jeweils durch die Wörter „Basiszinssatz nach § 247 des Bürgerlichen Gesetzbuches" ersetzt. Der jeweilige Basiszinssatz wird zum 1. Januar und 1. Juli jedes Jahres durch die Deutsche Bundesbank im Bundesanzeiger bekannt gegeben (Näheres siehe § 247 BGB).

2 In der Regel kommen solche Fälligkeiten in der Praxis nicht vor, da gezielt Geschäftstage als Verfalltage gewählt werden.

8.2 Diskontierung eines Wechsels

Einführungsbeispiel

Aufgabe

Ein Einzelhändler reicht am 15. März einen Wechsel über 1 450,00 EUR, fällig am 31. Mai, zur Diskontierung ein. Diskontierungstag ist der 15. März. Die Bank rechnet mit einem Diskontsatz von 9 %.
Wie viel EUR schreibt die Bank dem Einzelhändler am 15. März gut?

Musterlösung

Gegeben: Wechselsumme: 1 450,00 EUR
Diskontsatz: 9 %
① Tage: 15. März – 31. Mai = 77 Tage

Gesucht: Diskont: ?

Wechselsumme		1 450,00 EUR
− Diskont (9 %/77 Tage) ②	$\dfrac{1450 \cdot 9 \cdot 77}{100 \cdot 360} =$	27,91 EUR
Barwert des Wechsels am 15. März ③		1 422,09 EUR

Ergebnis:
Die Gutschrift der Bank beträgt 1 422,09 EUR.

Bei der Berechnung des Diskontbetrages bleiben die Centbeträge bei der Wechselsumme unberücksichtigt.[1]

Erläuterungen zur Aufgabe:

① Berechnen Sie die Diskonttage vom Diskontierungstag bis zum Verfalltag.

15. März → 77 Tage Kreditgewährung durch die Bank, ← 31. Mai
Diskontierungstag   hierfür Diskontabzug   Verfalltag (Zahlungotag)

② Berechnen Sie den Diskont in gleicher Weise wie die Zinsen.

③ Ermitteln Sie den Barwert des Wechsels, indem Sie den Diskont von der Wechselsumme abziehen.

Übungsaufgabe

37 1. Wie viel EUR beträgt der Barwert der folgenden Wechsel?

Nr.	Wechselsumme	Diskontierungstag	Verfalltag	Diskont
1.1	1 460,40 EUR	2. März	31. März	$6\frac{2}{3}$ %
1.2	2 766,50 EUR	5. Januar	29. Februar	$7\frac{1}{2}$ %
1.3	11 720,00 EUR	15. Januar	2. März	$7\frac{1}{5}$ %
1.4	864,10 EUR	16. Juli	30. September	8 %

---

1 Diese Vorgehensweise entspricht der Vorgabe der Aufgabenstelle für kaufmännische Abschluss- und Zwischenprüfungen (AKA, Geschäftsführung IHK Nürnberg). In der Praxis werden bei der Berechnung der Diskontbeträge die Centbeträge der Wechselsumme häufig mit einbezogen.

2. Ein Einzelhändler reicht einen Kundenwechsel über 4 160,80 EUR bei der Bank zum Diskont ein. Diskontierungstag ist der 16. April. Verfalltag des Wechsels ist der 1. Juni. Die Bank berechnet $9\frac{1}{4}$% Diskont.
   Welchen Barwert schreibt die Bank dem Einzelhändler gut?

3. Welcher EUR-Betrag wird dem Konto eines Einzelhandelsgeschäftes gutgeschrieben, wenn ein Wechsel über 2 096,20 EUR am 8. Februar (Diskontierungstag) zu $8\frac{1}{2}$% diskontiert wird? Der Wechsel ist am 30. März fällig.

4. Ein Einzelhandelsbetrieb kauft Waren in Höhe von 8 420,75 EUR. Die Rechnung ist am 5. Mai fällig. Der Einzelhandelsbetrieb bezahlt mit einem Wechsel, fällig am 1. August.
   Mit welchem Diskont wird der Einzelhandelsbetrieb vom Lieferer belastet, nachdem der Wechsel mit $8\frac{3}{4}$% diskontiert wurde?

5. Wir reichen unserer Bank einen Wechsel im Betrag von 2 010,00 EUR ein. Diskontierungstag ist der 22. April. Verfalltag des Wechsels ist der 1. Juli.
   Welchen Barwert schreibt uns die Bank gut, wenn $5\frac{3}{4}$% Diskont und 6,40 EUR Auslagen berechnet werden?

6. Zum Ausgleich einer Rechnung in Höhe von 2 160,00 EUR, fällig am 17. April, sendet uns ein Kunde einen Wechsel in Höhe von 1 500,00 EUR, fällig am 3. Juli, zu.
   Die bei der Wechseldiskontierung von der Bank berechneten 9% Diskont (Diskontierungstag 17. April) und 7,80 EUR Gebühren werden dem Kunden zuzüglich 16% USt in Rechnung gestellt.
   Wie viel EUR beträgt unsere Restforderung?

7. Die Bank diskontiert am 15. März einen Wechsel über 6 000,00 EUR. Sie berechnet 8% Diskont und schreibt dem Kunden 5 892,00 EUR gut.
   Berechnen Sie den Verfalltag des Wechsels!

8. Wir schreiben unserem Kunden am 20. Oktober für einen Wechsel über 3 140,00 EUR, fällig am 20. Februar nächsten Jahres, 3 092,90 EUR gut.
   Welchen Diskontsatz haben wir dem Kunden berechnet?

9. Ein Einzelhändler bezieht Waren im Werte von 894,60 EUR. Die Rechnung wird fristgerecht am 15. Juli mit einem Wechsel beglichen.
   Wie viel EUR stellt der Lieferer an Diskont einschließlich 16% Umsatzsteuer in Rechnung, wenn er $6\frac{1}{2}$% Diskont für den am 20. September fälligen Wechsel berechnet?

10. Als Anzahlung auf eine Rechnung in Höhe von 1 340,20 EUR erhalten wir am 17. Februar von einem Kunden einen Wechsel, fällig am 15. Mai. Wir reichen den Wechsel am 19. Februar (Diskontierungstag) bei unserer Bank zum Diskont ein und erhalten die Gutschrift der Wechselsumme unter Abzug von 19,35 EUR Diskont.
    Über wie viel EUR lautet die Restschuld unseres Kunden, wenn der Diskontsatz 9% beträgt?

11. Ein Einzelhändler gibt seinem Lieferer zum Ausgleich einer Rechnung über 7 140,00 EUR einen Wechsel über 5 250,00 EUR, fällig am 22. September, in Zahlung. Der Wechsel wird vom Lieferer am 25. Juli angenommen und mit 6% diskontiert.
    Wie viel EUR beträgt die Restschuld?

8.3 Diskontierung mehrerer Wechsel

Einführungsbeispiel

Aufgabe

Ein Einzelhändler hat Waren an verschiedene Kunden gegen Wechselzahlung verkauft. Er reicht die Wechsel bei seiner Bank zum Diskont ein:

        2 000,00 EUR, fällig am 6. Juni
      13 420,00 EUR, fällig am 30. Juli
       7 940,00 EUR, fällig am 15. September
       4 100,00 EUR, fällig am 2. Oktober

Die Bank berechnet 9 % Diskont. Diskontierungstag ist der 24. Mai.

Welchen EUR-Betrag schreibt die Bank dem Einzelhändler gut?

Musterlösung

Wechselsumme ①	Diskontierungstag bis Verfalltag	Tage	Diskontzahl ②
2 000,00 EUR	24. Mai – 6. Juni	13	260
13 420,00 EUR	24. Mai – 30. Juli	67	8 991
7 940,00 EUR	24. Mai – 15. September	114	9 052
4 100,00 EUR	24. Mai – 2. Oktober	131	5 371
27 460,00 EUR	Wechselsumme		23 674
591,85 EUR	– Diskont		
26 868,15 EUR	Barwert am 24. Mai ④		

$$\text{Diskontteiler} = \frac{360}{9} = \underline{\underline{40}}$$

③ $\text{Diskont} = \dfrac{23\,674}{40} = \underline{\underline{591,85 \text{ EUR}}}$

Ergebnis: Die Bank schreibt dem Einzelhändler am 24. Mai 26 868,15 EUR gut.

> Bei der Berechnung der Diskontzahlen werden die Centbeträge der Wechselsumme nicht berücksichtigt.[1]

Allgemeiner Lösungsweg

① Zunächst ist die Tabelle zu erstellen, die die Wechselsummen und die Tageberechnungen zu enthalten hat.

② Berechnung der Diskontzahlen: $\left(\dfrac{\text{Wechselsumme} \cdot \text{Tage}}{100}\right)$.

③ Berechnung des Diskonts: Summe der Diskontzahlen : Diskontteiler.

④ Die Summe der Wechselbeträge abzüglich Diskont ergibt den Barwert der Wechsel.

---

[1] Diese Vorgehensweise entspricht der Vorgabe der Aufgabenstelle für kaufmännische Abschluss- und Zwischenprüfungen (AKA, Geschäftsführung IHK Nürnberg). In der Praxis werden bei der Berechnung der Diskontzahlen die Centbeträge der Wechselsumme häufig mit einbezogen.

Übungsaufgabe

38 1. Am 4. Juli wurden drei Wechsel zu $7\frac{1}{2}\%$ diskontiert:

Wechsel 1: 8 130,10 EUR, fällig am 31. Juli
Wechsel 2: 5 721,90 EUR, fällig am 18. August
Wechsel 3: 9 535,50 EUR, fällig am 6. September

Wie viel EUR beträgt der Diskont?

2. Zum Ausgleich einer Rechnung über 4 180,60 EUR senden wir unserem Lieferer zwei Wechsel zu:

Wechsel 1: 3 120,00 EUR, Verfalltag 31. Juli
Wechsel 2:   580,00 EUR, Verfalltag 15. August

Der Wechsel wird von unserem Lieferer am 12. Juli mit $4\frac{4}{5}\%$ diskontiert.

Wie viel EUR beträgt die Restschuld?

3. Wir reichen bei unserer Bank drei Wechsel zum Diskont ein:

1. Wechsel: 300,00 EUR, fällig am 28. Februar
2. Wechsel: 820,00 EUR, fällig am 31. März
3. Wechsel: 2 400,00 EUR, fällig am 17. April

Diskontierungstag ist der 1. Februar. Die Bank berechnet 8 % Diskont.

Wie viel EUR beträgt der Barwert der Wechsel am 1. Februar?

4. Ein Einzelhändler nimmt am 15. Januar einen Bankkredit in Höhe von 12 500,00 EUR auf, der mit 8 % zu verzinsen und am 30. August zurückzuzahlen ist.

Wie viel EUR beträgt seine Restschuld, wenn er folgende Wechsel zum Diskont einreicht:

1. Wechsel: 850,00 EUR, fällig am 15. September
2. Wechsel: 3 100,00 EUR, fällig am 1. Oktober
3. Wechsel: 2 470,00 EUR, fällig am 20. November
4. Wechsel: 5 549,00 EUR, fällig am 10. Dezember

Der Diskont beträgt 6 %. Diskontierungstag ist der 30. August.

5. Ein Einzelhändler reicht bei seiner Bank die folgenden Wechsel zur Gutschrift ein:

1. Wechsel: 400,00 EUR, fällig am 20. April
2. Wechsel: 2 110,00 EUR, fällig am 23. Mai
3. Wechsel: 3 200,90 EUR, fällig am 19. Juni

Welcher EUR-Betrag wird am 13. April (Diskontierungstag) gutgeschrieben, wenn der Diskontsatz 7 % beträgt?

6. Der Einzelhändler Erwin Groß, Furtwangen, will die Rechnung seines Lieferers über 8 540,00 EUR, fällig am 5. November, durch Wechsel und einen Verrechnungsscheck ausgleichen. Folgende Wechsel werden zum Barwert mit der Verbindlichkeit verrechnet:

  230,00 EUR, fällig am 15. November
3 500,00 EUR, fällig am 22. November
1 450,00 EUR, fällig am 14. Dezember
1 870,00 EUR, fällig am 10. Januar n. J.

Über welchen EUR-Betrag muss der Verrechnungsscheck ausgestellt werden, wenn der Diskontsatz 7,5 % beträgt und 8,70 EUR Spesen und Auslagen von der Bank einbehalten werden?

7. Zum Ausgleich einer Bankschuld in Höhe von 36 000,00 EUR, fällig am 15. Juni, reicht ein Einzelhändler am Fälligkeitstag folgende Wechsel zum Diskont ein:

   8 420,00 EUR, fällig am 22. Juni
   7 200,00 EUR, fällig am 8. Juli
   3 500,00 EUR, fällig am 1. August
   10 240,00 EUR, fällig am 7. August

   Wie viel EUR beträgt die Restschuld, wenn die Bank $6\frac{1}{2}\%$ Diskont berechnet?

8. Das Bekleidungshaus Heimann OHG schuldet der Kleiderfabrik Freund KG 8 740,30 EUR per 17. September. Zum Ausgleich seiner Verbindlichkeiten überweist es am 17. September 2 300,00 EUR durch die Bank und schickt der Kleiderfabrik ein Akzept über 3 700,00 EUR, fällig am 31. Oktober, sowie eine Rimesse über 2 180,90 EUR, fällig am 1. Dezember, zu. Die Kleiderfabrik nimmt die Wechsel unter Abzug von $8\frac{1}{2}\%$ Diskont in Zahlung.

   Wie viel EUR beträgt die Restschuld des Bekleidungshauses Heimann OHG am 17. September?

9. Ein Einzelhändler erhielt von seiner Bank am 15. Februar einen Bankkredit über 38 000,00 EUR, der mit 7% verzinst wird und am 15. August zurückzuzahlen ist.

   9.1 Wie viel EUR beträgt die Rückzahlungssumme am 15. August?
   9.2 Wie viel EUR beträgt die geschuldete Restsumme, wenn er am 15. August (Diskontierungstag) folgende Wechsel zum Diskont einreicht:

   8 350,00 EUR, fällig am 5. September
   12 800,00 EUR, fällig am 3. Oktober
   7 450,00 EUR, fällig am 17. Oktober
   7 100,00 EUR, fällig am 30. Oktober

   Der Diskontsatz beträgt 7%.

9 Mischungsrechnung[1]

9.1 Mischung von zwei Sorten ohne und mit Mengenangabe

Die Einzelhändler sind in vielen Fällen bestrebt, durch das Mischen von einzelnen Waren die Produktpalette ihres Warenangebots zu erweitern (z. B. eigene Tee-, Kaffee-, Pralinen-, Bonbonmischungen). Häufig soll dadurch auch erreicht werden, dass eine Warengruppe mit einem mittleren Preisniveau angeboten werden kann.

9.1.1 Mischung von zwei Sorten ohne Mengenangaben

Einführungsbeispiel

Aufgabe

Das Reformhaus „Leb-Gesund" mischt 2 Sorten Tee zum Preis von 19,80 EUR je $\frac{1}{2}$ kg (Sorte I) und 16,40 EUR je $\frac{1}{2}$ kg (Sorte II) zu einem Beruhigungstee für Kinder. Der Beruhigungstee soll für 3,45 EUR je 100 g verkauft werden.

In welchem Verhältnis müssen die beiden Teesorten gemischt werden?

---

[1] Die Mischungsrechnung wird hier als Exkurs (Abschweifung) eingefügt, weil die Behandlung dieses Themengebietes in einigen Bundesländern vom Lehrplan gefordert wird. Die Mischungsrechnung ist jedoch nicht Gegenstand der AKA-Prüfung.

Musterlösung

Sorten	Preis je kg/ EUR	Gewinn/Verlust je kg	Mengen- (Mischungs-) verhältnis
Teesorte I	① 39,60 EUR	② – 5,10 EUR ③ →3	④ ⑤ 1
Mischung	34,50 EUR		
Teesorte II	32,80 EUR	+ 1,70 EUR →1	3

Probe: ⑥

1 Teil (z.B. 1 kg) der Sorte I ergibt 5,10 EUR Verlust
3 Teile (z.B. 3 kg) der Sorte II ergeben 5,10 EUR Gewinn

Ergebnis: Die Teesorten I und II müssen im Verhältnis 1 : 3 gemischt werden.

Allgemeiner Lösungsweg

① Schreiben Sie die zu mischenden Sorten in der Reihenfolge der Preise (vom teuersten zum billigsten oder umgekehrt) untereinander. Der Mischungspreis kommt in die Mitte.

② Ermitteln Sie den Gewinn bzw. Verlust zwischen dem jeweiligen Sortenpreis und dem Mischungspreis.

③ Damit Sie nach Möglichkeit ein Mischungsverhältnis mit ganzen Zahlen erhalten, sollten Sie den Gewinn bzw. Verlust so weit wie möglich kürzen (in unserem Fall: 5,10 : 1,7 = 3; 1,70 : 1,7 = 1).

④ Da beim Mischen weder ein Verlust noch ein Gewinn gegenüber einem Einzelverkauf der zwei Sorten auftreten soll, ist der Verlust der Sorte I durch einen Gewinn bei der Sorte II auszugleichen. (In unserem Fall wird der Verlust bei der Sorte I in Höhe von 5,10 EUR je kg dadurch ausgeglichen, dass man 3 kg der Sorte II hinzumischt.

⑤ Das Mischungsverhältnis ergibt sich dadurch, dass **„über Kreuz"** (**Mischungskreuz**) gemischt wird, weil die Mengen und Preisunterschiede in einem umgekehrten Verhältnis zueinander stehen. Je **geringer** der **Preisunterschied**, je **größer** die erforderliche **Menge**. Das Produkt aus Preisunterschied und Menge muss jeweils gleich sein.

> Es gilt immer: **Mischungsgewinn = Mischungsverlust**

Machen Sie stets die Probe, ob der Gewinn (Menge · Preisdifferenz) der einen Sorte dem Verlust (Menge · Preisdifferenz) der anderen Sorte entspricht.

⑥ Vergessen Sie nie, die Probe durchzuführen, um Rechenfehler aufzudecken.

Eine weitere Form der Probe besteht darin zu prüfen, ob sich aus der Gesamtmenge und dem Gesamtwert der Mischungspreis ergibt.

Sorte I	1 kg zu 39,60 EUR	≙	39,60 EUR
Sorte II	3 kg zu 32,80 EUR	≙	98,40 EUR
Mischung	4 kg	≙	138,00 EUR
	1 kg ergibt:		138,00 EUR : 4 kg = <u>34,50 EUR</u> (Mischungspreis)

9.1.2 Mischung von zwei Sorten mit Mengenangabe für eine Sorte

Aufgabe

Ein Süßwarengeschäft stellt eine Bonbonmischung zum Preis von 5,60 EUR je kg her. Es verwendet dazu 2 Bonbonsorten: Sorte I zu 6,80 EUR je kg und Sorte II zu 4,00 EUR je kg. Von der Sorte II soll ein Restbestand von 18 kg in die Mischung gegeben werden.
1. In welchem Verhältnis sind die beiden Bonbonsorten zu mischen?
2. Wie viel kg der Sorte I werden zur Mischung gebraucht?

Musterlösung

Zu 1.: Berechnung des Mischungsverhältnisses

Sorten ①	Preis je kg/ EUR	Gewinn/Verlust je kg	Mengen- (Mischungs-) verhältnis			Probe:
Sorte I	6,80 EUR	− 1,20 EUR	12	3	4	4 kg · 1,20 EUR = 4,80 EUR Verlust
Mischung	5,60 EUR					
Sorte II	4,00 EUR	+ 1,60 EUR	16	4	3	3 kg · 1,60 EUR = 4,80 EUR Gewinn

Ergebnis: Die Bonbonsorten sind im Verhältnis 4 : 3 zu mischen.

Zu 2.: Berechnung der Menge der anderen Sorte

Sorte II:	② 3 Teile ≙	18 kg
	1 Teil ≙	6 kg
Sorte I:	4 Teile ≙	24 kg
	③ (4 · 6 kg)	

Probe: ④

Sorte I:	24 kg · 6,80 EUR =	163,20 EUR
Sorte II:	18 kg · 4,00 EUR =	72,00 EUR
Mischung:	42 kg · 5,60 EUR =	235,20 EUR

1 kg ergibt:
235,20 EUR : 42 kg = 5,60 EUR

Erläuterungen zur Aufgabe:

① Die Errechnung des Mischungsverhältnisses erfolgt in der schon bekannten Art und Weise.

② Der berechnete Mischungsanteil für die Sorte mit der bekannten Menge und diese Menge werden zueinander in Beziehung gesetzt (3 Anteile ≙ 18 kg) und daraus die Menge für einen Anteil berechnet.

③ Durch Multiplikation der Menge, die auf einen Anteil entfällt, mit dem Mischungsanteil der anderen Sorte erhält man die erforderliche Menge dieser Sorte (6 kg · 4 = 24 kg).

④ Vergessen Sie nicht, die Probe zu machen!

Übungsaufgabe

Anmerkung: Machen Sie zu jeder Aufgabe (bzw. Teilaufgabe) die Probe!

39
1. Ein Lebensmittelgeschäft möchte selbst hergestelltes „Studentenfutter" zu 1,20 EUR je 100 g verkaufen. Es mischt Nüsse zu 1,60 EUR je 100 g und Rosinen zu 0,95 EUR je 100 g.
   In welchem Verhältnis muss der Einzelhändler die 2 Sorten mischen?

2. Ein Feinkostgeschäft verkauft die eigene Kaffeemischung „Exquisit" zum Preis von 9,50 EUR je kg. Es mischt hierfür 2 Kaffeesorten zu 8,30 EUR je kg (Sorte I) und 10,30 EUR je kg (Sorte II).
   2.1 Berechnen Sie das Mischungsverhältnis!
   2.2 Wie viel kg müssen von der II. Sorte genommen werden, wenn von der I. Kaffeesorte noch ein Rest von 25 kg vorhanden ist?

3. In welchem Verhältnis sind zwei Bonbonsorten zu 4,80 EUR und 2,10 EUR je $\frac{1}{2}$ kg zu mischen, wenn die Mischung zu 0,58 EUR je 100 g verkauft werden soll?

4. Teesortenmischung: Sorte I zu 3,40 EUR je 100 g, Sorte II zu 2,20 EUR je 100 g.
   4.1 Berechnen Sie das Mischungsverhältnis, wenn die Teesortenmischung zu 2,60 EUR je 100 g verkauft werden soll!
   4.2 Wie viel kg der Sorte I müssen mit 35 kg der Sorte II gemischt werden?
   4.3 Wie viel Beutel zu je 125 g können abgefüllt werden?

5. Ein Süßwarengeschäft stellt eine Gebäckmischung aus 2 Sorten her. Es werden verwendet von Sorte I 28 kg zu je 21,40 EUR und von Sorte II 36 kg zu je 28,50 EUR.
   5.1 Welchen Wert stellt die gesamte Mischung dar?
   5.2 Wie viel EUR kostet 1 kg der Mischung?
   5.3 Wie viel Tüten zu je 200 g können abgepackt werden, wenn ein Bruchverlust von 800 g eingetreten ist?
   5.4 Wie viel EUR kostet eine Tüte?

6. Ein Einzelhändler mischt 2 Samensorten zu 7,40 EUR je kg (Sorte I) und zu 11,80 EUR je kg (Sorte II) zu einer Rasenmischung. Sie wird zu 8,50 EUR je kg verkauft.
   6.1 Berechnen Sie das Mischungsverhältnis!
   6.2 Wie viel kg sind von jeder Sorte zu nehmen, wenn von der Mischung 36 kg hergestellt werden sollen?

7. Für eine Getränkemischung, die zu 1,86 EUR je Liter verkauft wird, werden 2 Getränkesorten verwendet: Sorte I zu 1,40 EUR je Liter und Sorte II zu 3,01 EUR je Liter.
   7.1 In welchem Verhältnis ist zu mischen?
   7.2 Wie viel Liter sind von der Sorte II zu nehmen, wenn von Sorte I noch ein Rest von 120 Liter aufgebraucht werden soll?

9.2 Mischung von drei Sorten

Einführungsbeispiel

Aufgabe

Eine Zoohandlung stellt eine Mischung Vogelfutter her, die zu 6,20 EUR je kg verkauft werden soll. Sie verwendet hierzu Sonnenblumenkerne zum Preis von 7,40 EUR je kg, Hanfsamen von 5,60 EUR je kg und Haferflocken zu 4,80 EUR je kg.
1. In welchem Verhältnis müssen die 3 Sorten gemischt werden?
2. 2.1 Wie viel kg müssen von den Sonnenblumenkernen genommen werden, wenn noch 50 kg Hanfsamen und 30 kg Haferflocken vorhanden sind?
   2.2 Wie lautet bei den vorgegebenen Restmengen das Mischungsverhältnis?

Musterlösung

Zu 1.: Berechnung des Mischungsverhältnisses

Sorten	Preis je kg/EUR	Gewinn/Verlust je kg	Mengen- (Mischungs-) verhältnis					
	①	②	③			④		
Sorte I: Sonnenblumenkerne	7,40 EUR	− 1,20 EUR →	12 →	6	3	7 →	10 →	5
Mischung	6,20 EUR			╳				
Sorte II: Hanfsamen	5,60 EUR	+ 0,60 EUR →	6 →	3	6	→	6 →	3
Sorte III: Haferflocken	4,80 EUR	+ 1,40 EUR →	14 →	7		6 →	6 →	3

Probe: ⑤

5 Teile ≙ z.B. 5 kg · 1,20 EUR	= 6,00 EUR Verlust
3 Teile ≙ z.B. 3 kg · 0,60 EUR = 1,80 EUR ⎫	= 6,00 EUR Gewinn
3 Teile ≙ z.B. 3 kg · 1,40 EUR = 4,20 EUR ⎭	

Ergebnis: Die 3 Sorten sind im Verhältnis 5 : 3 : 3 zu mischen.

Allgemeiner Lösungsweg

① Schreiben Sie die zu mischenden Sorten in der Reihenfolge der Preise untereinander. Der Mischungspreis ist zwischen der Sorte, die einen Gewinn, und der Sorte, die einen Verlust erbringt, einzuordnen.

② Ermitteln Sie den Gewinn bzw. Verlust zwischen dem jeweiligen Sortenpreis und dem Mischungspreis. Erweitern bzw. kürzen Sie, um nach Möglichkeit überschaubare Zahlen zu erhalten.

③ Mischen Sie zunächst die Gewinnsorte I (Sonnenblumenkerne) mit der Verlustsorte II (Hanfsamen) und dann die Gewinnsorte I mit der Verlustsorte III (Haferflocken). Benutzen Sie hierzu das Mischungskreuz. Die Gewinnsorte ist zweimal zu mischen, um zunächst den Verlust von Sorte II und anschließend den Verlust von Sorte III auszugleichen. Auch hier gilt: Mischungsgewinn = Mischungsverlust.

④ Addieren Sie die Mischungsanteile (hier von Gewinnsorte I) und kürzen Sie das Mischungsverhältnis auf die kleinstmögliche Einheit.

⑤ Überprüfen Sie die Mischungsrechnung durch die Gegenüberstellung von Gesamtgewinn und Gesamtverlust.

Zu 2.: Berechnung der Menge für die Sonnenblumenkerne und Berechnung des neuen Mischungsverhältnisses

Sorten	Preis je kg/EUR	Gewinn/Verlust je kg	Mengen in kg			Mischungs-verhältnis ⑤
Sorte I: Sonnen-blumenkerne	7,40 EUR	− 1,20 EUR	60 kg ← (72:1,20) ④		← 72,00 EUR ③ Verlust	60 → 6
Mischung	6,20 EUR				=	
Sorte II: Hanfsamen	5,60 EUR	+ 0,60 EUR ①	50 kg ⎫	30,00 EUR ⎫	→ 72,00 EUR	50 → 5
Sorte III: Haferflocken	4,80 EUR	+ 1,40 EUR	30 kg ⎭	42,00 EUR ⎭ ②	Gewinn	30 → 3

Ergebnis: 2.1 Es müssen 60 kg von den Sonnenblumenkernen genommen werden.
2.2 Bei den vorgegebenen Restmengen lautet das Mischungsverhältnis 6 : 5 : 3.

Allgemeiner Lösungsweg

① Nachdem die Preise je Sorte eingetragen und der Gewinn bzw. Verlust je Einheit errechnet wurden, sind die Mengenangaben in das Schema einzutragen.

② Ermitteln Sie den Gesamtgewinn durch Addition der Gewinne von Sorte II und III (50 kg · 0,60 EUR + 30 kg · 1,40 EUR = 72,00 EUR).

③ Da durch den Mischungsvorgang weder ein zusätzlicher Gewinn noch ein zusätzlicher Verlust gegenüber einem (angenommenen) Einzelverkauf eintreten soll, gilt auch hier die Aussage: Mischungsgewinn = Mischungsverlust. (Der Mischungsverlust beläuft sich somit auf ebenfalls 72,00 EUR.)

④ Gesamtverlust : Verlust je kg ergibt sodann die gesuchte Menge von Sorte I. (In unserem Beispiel: 72,00 EUR : 1,20 EUR = 60 kg.)

⑤ Das Mengenverhältnis ergibt nach dem Kürzen (bzw. evtl. dem Erweitern) das Mischungsverhältnis.

Übungsaufgabe

Anmerkung: Machen Sie zu jeder Aufgabe (bzw. Teilaufgabe) die Probe!

40 1. Ein Feinkosthändler mischt 3 Sorten Kaffee zu 16,00 EUR, zu 21,00 EUR und zu 26,50 EUR je kg.
Ermitteln Sie das Mischungsverhältnis, wenn der Preis der Mischung 20,50 EUR je kg betragen soll!

2. Ein Lebensmittelhändler mischt Rosinen zu 1,95 EUR je 100 g, Nüsse zu 2,60 EUR je 100 g und Mandeln zu 2,80 EUR je 100 g. Die Mischung wird zu 2,50 EUR je 100 g verkauft.
2.1 Berechnen Sie das Mischungsverhältnis!
2.2 Wie viel kg sind von den Rosinen und Mandeln zu nehmen, wenn von den Nüssen 22 kg verwendet werden?

3. Eine Rasenmischung zu 9,50 EUR je kg besteht aus 3 Sorten: Sorte I zu 6,40 EUR je kg, Sorte II zu 8,88 EUR je kg und Sorte III zu 15,70 EUR je kg.
   3.1 Von der Sorte I sind 20 kg und von der Sorte II sind 35 kg noch vorhanden. Wie viel kg sind von der Sorte III beizumischen?
   3.2 Wie lautet das Mischungsverhältnis?

4. Wir mischen 3 Pralinensorten: Sorte I: 28 kg zum Preis von 11,20 EUR je $^1/_2$ kg, Sorte II: 9 kg zum Preis von 15,40 EUR je $^1/_2$ kg und Sorte III zum Preis von 16,10 EUR je $^1/_2$ kg. Die Pralinenmischung wird zum Preis von 2,80 EUR je 100 g verkauft.
   4.1 Wie viel kg werden von der III. Sorte benötigt?
   4.2 Berechnen Sie das Mischungsverhältnis!

5. Ein Einzelhändler mischt 3 Bonbonsorten zu einer Mischung, die für 1,80 EUR je 100 g verkauft werden soll. Die Sorten kosten: Sorte I 1,40 EUR je 100 g, Sorte II 1,60 EUR je 100 g und Sorte III 2,60 EUR je 100 g.
   5.1 Berechnen Sie das Mischungsverhältnis!
   5.2 Wie viel kg sind von den einzelnen Sorten zu nehmen, wenn als Mischung insgesamt 33 kg hergestellt werden sollen?

6. Es soll eine Gebäckmischung hergestellt werden. Von Sorte I sind 12 kg zum Preis von 5,20 EUR je $^1/_2$ kg vorhanden, von Sorte II 8 kg zum Preis von 12,20 EUR je kg. Die Sorte III kostet 15,80 EUR je kg. Die Mischung soll 15,00 EUR je kg kosten.
   6.1 Wie viel kg werden von der III. Sorte benötigt?
   6.2 Berechnen Sie das Mischungsverhältnis!

B. Buchführung

1 Grundlagen der Buchführung

1.1 Überblick über die Rechtsgrundlagen der Buchführung

(1) Wesen der Buchführung

Wer eine Übersicht über die Verwendung seines verfügbaren Geldes behalten möchte, greift zu Papier und Schreibstift, um sich alles aufzuschreiben. Das gilt für den Auszubildenden ebenso wie für die Hausfrau. Beide betreiben also Buchführung in einfachster Form.

Die Notwendigkeit des Festhaltens solcher Vorgänge wird umso wichtiger, je höher und zahlreicher solche Geldbewegungen sind. Daher sind die staatlichen „Haushaltungen" (Bund, Länder und Gemeinden) verpflichtet alle Ausgaben und Einnahmen in ihren so genannten **Haushaltsplänen** zu erfassen.

In den **privaten Unternehmen** fällt täglich ebenfalls eine Vielzahl solcher barer, aber auch unbarer Vorgänge an, die Wertveränderungen des Vermögens und/oder der Schulden hervorrufen. Wir nennen Sie **Geschäftsvorfälle**. Um die Übersicht über diese Wertveränderungen zu behalten, muss der Kaufmann sie im eigenen Interesse in seiner **Buchführung** erfassen. Darüber hinaus ist er auch im öffentlichen Interesse zur Buchführung verpflichtet. Diese kaufmännische Buchführung ist der Gegenstand unserer weiteren Betrachtung.

> **Wir merken uns:**
>
> 1. Unter **kaufmännischer Buchführung** versteht man das Festhalten der Anfangsbestände an Vermögen und Schulden sowie deren Veränderungen.
>
> 2. Die Vorgänge, durch die solche Veränderungen ausgelöst werden, nennen wir **Geschäftsvorfälle**. Sie sind der Erfassungsgegenstand der Buchführung.

(2) Rechtsvorschriften und Grundsätze ordnungsmäßiger Buchführung (GoB)

Wir sahen, dass es ein öffentliches Interesse an der Rechenschaftslegung der Unternehmen gibt. Der Staat hat daher gesetzliche Regelungen zur Buchführung der Unternehmen erlassen. Die wichtigsten gesetzlichen Bestimmungen sind im **Handelsgesetzbuch (HGB)** und in der **Abgabenordnung (AO)** enthalten.[1]

---

[1] Unter **Abgaben** verstehen wir Pflichtzahlungen (Steuern, Zölle, Gebühren und Beiträge), die Bund, Länder und Gemeinden von den Staatsbürgern und von juristischen Personen fordern. Das steuerliche Grundgesetz zur Regelung des Abgabenwesens nennen wir **Abgabenordnung**. Sie enthält Vorschriften über das Besteuerungsverfahren, das Steuerstrafwesen, das Rechtsmittelverfahren gegen Steuerbescheide und die Vorschriften über die örtliche Zuständigkeit der Finanzämter.

Buchführungspflicht:	Jeder Kaufmann ist verpflichtet, Bücher zu führen und in diesen seine Handelsgeschäfte und die Lage seines Vermögens **nach den Grundsätzen ordnungsmäßiger Buchführung** ersichtlich zu machen (§ 238 HGB). Hierbei muss auch die Ertragslage des Unternehmens ausgewiesen werden. Dies ergibt sich aus § 242 Abs. 2 HGB, der ausdrücklich die GuV-Rechnung als Bestandteil des Jahresabschlusses nennt. Das Jahresergebnis darf demnach nicht allein durch Vermögensbestandsvergleich ermittelt werden, vielmehr müssen auch die einzelnen Bestandteile, auf denen das Jahresergebnis beruht, ausgewiesen werden.
Pflicht zur Aufstellung von Inventar und Bilanz:	**Inventar.** Jeder Kaufmann hat zu Beginn seines Handelsgewerbes seine Grundstücke, seine Forderungen und Schulden, den Betrag seines baren Geldes sowie seine sonstigen Vermögensgegenstände genau zu verzeichnen und dabei den Wert der einzelnen Vermögensgegenstände und Schulden anzugeben. Er hat demnächst für den Schluss eines jeden Geschäftsjahres ein solches Inventar aufzustellen (§ 240 HGB). **Bilanz.** Der Kaufmann hat zu Beginn seines Handelsgewerbes und für den Schluss eines jeden Geschäftsjahres einen das Verhältnis seines Vermögens und seiner Schulden darstellenden Abschluss (Eröffnungsbilanz, Bilanz) aufzustellen (§ 242 HGB).

Die **Grundsätze ordnungsmäßiger Buchführung (GoB)** haben sich aus der Praxis der Buchführung entwickelt. Sie sind nicht in jedem Einzelfall gesetzlich verankert. Allgemein zählt dazu alles, was ein gewissenhafter, ordentlicher Kaufmann darunter versteht. Obwohl z. B. der Gesetzgeber kein bestimmtes Buchführungssystem vorschreibt, wird ab einer bestimmten Größenordnung des Betriebs die Anwendung des Grundprinzips der doppelten Buchführung zu den GoB gerechnet.

Ein großer Teil dieser Grundsätze ist inzwischen im Handelsgesetzbuch bzw. in den Steuergesetzen, namentlich in der Abgabenordnung (AO), gesetzlich verankert. Dabei stimmen die Vorschriften des HGB (§§ 238, 239 HGB) mit den Vorschriften der AO (§§ 246–251 AO) fast wörtlich überein, sodass wir uns auf die Bestimmungen des HGB beziehen. Obwohl das Handelsgesetzbuch Grundsätze ordnungsmäßiger Buchführung einerseits (§§ 238, 239 HGB) und Grundsätze eines ordnungsmäßigen Jahresabschlusses mit Ansatzvorschriften (§§ 246 bis 251 HGB) und Bewertungsvorschriften (§§ 252 bis 256 HGB) andererseits unterscheidet, hängen beide Grundsätze so eng miteinander zusammen, dass selbst in der Fachliteratur diese Unterscheidung oft nicht getroffen wird. Daher wollen wir die wichtigsten **Grundsätze ordnungsmäßiger Buchführung** zusammenfassen.

Im Einzelnen gelten:

1. **Allgemeiner Grundsatz:** § 238 Abs. 1 Satz 2 HGB	„Die Buchführung muss so beschaffen sein, dass sie einem sachverständigen Dritten innerhalb angemessener Zeit einen Überblick über die Geschäftsvorfälle und über die Lage des Unternehmens vermitteln kann."
2. Grundsatz der **Klarheit und Übersichtlichkeit:** § 238 Abs. 1 Satz 3 HGB	„Die Geschäftsvorfälle müssen sich in ihrer Entstehung und Abwicklung verfolgen lassen." Praktisch führt dieser Grundsatz zu der Forderung: **keine Buchung ohne Beleg** und zu einer ordnungsmäßigen Belegaufbewahrung.
3. Grundsatz der **Vollständigkeit und Richtigkeit:** § 239 Abs. 2 HGB	„Die Eintragungen in Büchern und die sonst erforderlichen Aufzeichnungen müssen vollständig, richtig, zeitgerecht und geordnet vorgenommen werden." Die Grundsätze 2 und 3 hängen eng miteinander zusammen. Der dritte Grundsatz erfordert zusätzlich für die Praxis die Führung eines Grundbuches (zeitgerechte Erfassung) und die Führung eines Hauptbuches (sachgerechte, geordnete Erfassung).

4. Grundsatz des **Erhalts der ursprünglichen Eintragungen:** § 239 Abs. 3 Satz 1 HGB	„Eine Eintragung oder eine Aufzeichnung darf nicht in einer Weise verändert werden, dass der ursprüngliche Inhalt nicht mehr feststellbar ist." Praktisch bedeutet das ein Verbot der Benutzung von Radier- oder Killerinstrumenten sowie das Verbot des Überschreibens. Es bedeutet auch, dass nicht mit radierfähigen Bleistiften gebucht werden darf.
5. Grundsatz des **Verrechnungsverbots:** § 246 Abs. 2 HGB	„Posten der Aktivseite dürfen nicht mit Posten der Passivseite, Aufwendungen nicht mit Erträgen, ... verrechnet werden." Praktisch bedeutet das, dass jeweils gesonderte Konten zu führen sind.
6. Grundsatz der **Lesbarkeit der Daten:** § 239 Abs. 4 Satz 2 HGB	„Bei der Führung der Handelsbücher und der sonst erforderlichen Aufzeichnungen auf Datenträgern muss insbesondere sichergestellt sein, dass die Daten während der Dauer der Aufbewahrungsfrist verfügbar sind und jederzeit innerhalb angemessener Frist lesbar gemacht werden können." Der Kaufmann muss also auf seine Kosten entsprechende Geräte dafür bereithalten.

Zusätzlich zu den GoB wurden auch noch **„Grundsätze ordnungsmäßiger DV-gestützter Buchführungssysteme" (GoBS)** erstellt. Dies ist erforderlich, denn nach § 239 Abs. 4 HGB und § 146 Abs. 5 AO können die zu führenden Bücher sowie die sonst erforderlichen Aufzeichnungen auch auf Datenträgern geführt und aufbewahrt werden (§ 147 Abs. 2 AO).

(3) Aufbewahrungsfristen

Bücher und Aufzeichnungen (z. B. Geschäftspapiere, Belege) müssen sowohl nach dem Handelsrecht (§ 257 HGB) als auch nach dem Steuerrecht (§ 147 Abs. 1 AO) aufbewahrt werden. Dadurch soll eine spätere Nachprüfung durch den Geschäftsinhaber bzw. Gesellschafter (interne Revision) oder durch Außenstehende (z. B. Finanzamt) gewährleistet werden.

Während das Handelsrecht nach § 257 HGB nur die Vollkaufleute erfasst, bezieht der § 147 Abs. 1 AO alle buchführungs- und aufzeichnungspflichtigen Personen und damit einen viel größeren Personenkreis ein. Die nachfolgende Übersicht gibt beispielhaft Aufschluss über Frist und Form der Aufbewahrung von Unterlagen.

Unterlagen	Fristen*		Form	
	6 Jahre	10 Jahre	Originale	Original, Bild- oder Datenträger
Eröffnungsbilanzen		x	x	
Jahresabschlüsse		x	x	
Inventare		x		x
Handelsbücher		x		x
Lageberichte		x		x
Arbeitsanweisungen		x		x
empfangene Handelsbriefe	x			x
abgesandte Handelsbriefe	x			x
Buchungsbelege		x		x

* Die Aufbewahrungsfrist beginnt mit dem Schluss des Kalenderjahres, in dem die Unterlage entstanden ist. Nach dem Steuerrecht läuft die Aufbewahrungsfrist allerdings so lange nicht ab, soweit und so lange die Unterlagen für die Steuer von Bedeutung sind.

In einem Rechtsstreit oder bei Vermögensauseinandersetzungen sind die Unterlagen auf Anordnung des Gerichts zur Einsichtnahme vorzulegen. Sofern die Unterlagen auf modernen Speichermedien erfasst werden, sind Bild- und Datensichtgeräte zur Verfügung zu stellen bzw. die Unterlagen sind auf Anordnung auszudrucken.

1.2 Wirtschaftliche Gründe für eine ordnungsmäßige Buchführung

Obwohl die Gründe für eine ordnungsmäßige Buchführung teilweise schon angeklungen sind, wollen wir uns ihnen jetzt im Einzelnen zuwenden. Dabei unterscheiden wir zwei Interessenstandpunkte:

1.2.1 Aus der Sicht der Unternehmensleitung

(1) Buchführung als Gedächtnisstütze

Ursprünglich diente die Buchführung als Gedächtnisstütze. Sobald das Geschäftsvolumen einen bestimmten Umfang überschreitet, ist es dem Kaufmann nicht mehr möglich, alles im Kopf zu behalten. Das gilt besonders für die noch nicht vollständig abgewickelten Geschäfte (Zielgeschäfte, Ratengeschäfte). Diese Aufgabe der Gedächtnisstütze übernimmt die Buchführung auch heute noch.

(2) Buchführung als Instrument der Erfolgsermittlung (Ergebnisermittlung)

Jeder Kaufmann möchte sich nach einer gewissen Zeit (Monat, Vierteljahr, Halbjahr), spätestens nach einem Jahr, Rechenschaft über seine Geschäftstätigkeit ablegen. Er möchte wissen, wie erfolgreich er innerhalb der Geschäftsperiode gewesen ist. Der **Erfolg** (das Ergebnis) der Geschäftstätigkeit kann ein **Gewinn**, im ungünstigen Fall aber auch ein **Verlust** sein. Der Begriff Erfolg bzw. Ergebnis ist also als eine **neutrale Größe** anzusehen. Er darf nicht mit dem Gewinnbegriff gleichgesetzt werden.

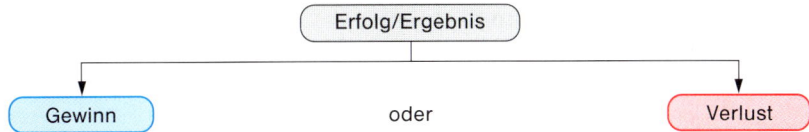

(3) Buchführung als Instrument der Vermögens- und Schuldenermittlung

Ein Kaufmann will nicht nur wissen, welches Ergebnis er innerhalb eines bestimmten Zeitraumes erzielt hat, sondern er will sich auch zu jeder Zeit über den Stand seines Vermögens und der Schulden informieren können. Das kann er aber nur mit Hilfe der Buchführung, da sie alle Wertveränderungen erfasst.

Obwohl enge Beziehungen zwischen beiden Rechnungssystemen bestehen, sehen wir, dass die Blickrichtung hier eine andere ist als zuvor. Eine **Vermögens- und Schuldenrechnung** kann sich naturgemäß nur auf einen bestimmten **Zeitpunkt** beziehen, während bei der **Ergebnisermittlung** der ganze **Zeitraum** ins Auge gefasst werden muss.

Sofern es sich um Kleinbetriebe handelt, werden auch die folgenden Aufgaben von der Buchführung mit übernommen.

(4) Buchführung als Grundlage der Kosten- und Leistungsrechnung (Kalkulation)

Mit Hilfe der Kalkulation werden die Selbstkosten und die Verkaufspreise für die Waren ermittelt. Voraussetzung hierfür ist, dass alle Kosten des Einzelhandelsunternehmens vorliegen. Da die Buchführung alle Werteveränderungen des Betriebs sowie die angefallenen Kosten erfasst, kann die Kostenrechnung hierauf zurückgreifen. Die Buchführung bildet somit auch die Grundlage für die Kosten- und Leistungsrechnung.

(5) Buchführung als Instrument der Betriebskontrolle

Sobald ein Unternehmen eine bestimmte Größe übersteigt, ist es der Geschäftsleitung nicht mehr möglich, alle Auswirkungen der Geschäftsvorfälle am Ort des Geschehens zu kontrollieren. Mit Hilfe der Buchführung können die erforderlichen Kontrollen jedoch vom Schreibtisch aus erfolgen. Die Geschäftsleitung braucht sich nur die gewünschten Zahlen aus der Buchführung vorlegen zu lassen. Dabei kann sie erkennen, ob z.B. irgendwelche Aufwendungen gestiegen sind oder die Umsätze in einer Abteilung oder bei einem bestimmten Artikel nicht den Erwartungen entsprechen. Dann kann sie den Ursachen auf den Grund gehen und gegebenenfalls die erforderlichen Maßnahmen ergreifen. Insoweit ist die Buchführung auch ein Instrument der Betriebskontrolle. Mit Recht bezeichnet man die **Buchführung** als das **Spiegelbild der Geschäftstätigkeit**.

1.2.2 Aus der Sicht von außenstehenden Personen bzw. Institutionen

Wir haben gesehen, dass die Buchführung eine unentbehrliche Informationsquelle für die Geschäftsleitung ist. Neben diesem hohen Eigeninteresse der Geschäftsleitung an der Buchführung gibt es Kreise, die außerhalb des Einzelhandelsunternehmens stehen und dennoch ein berechtigtes Interesse an der Buchführung des Einzelhandelsunternehmens, insbesondere an den jährlich erstellten Abschlüssen, nachweisen können. Wir wollen nur die wichtigsten nennen:

- Die **Steuerbehörde**, weil für die Berechnung bestimmter Steuern (z.B. Einkommensteuer, Umsatzsteuer, Gewerbesteuer) das Zahlenmaterial der Buchführung zugrunde gelegt wird. Die Buchführung liefert die Unterlagen zur Steuerveranlagung.
- Die **Banken**, da sie bei Kreditgewährungen durch die Vorlage bestimmter Zahlen der Buchführung ihr Risiko besser abschätzen können.
- Die **Kapitalgeber** (z.B. Mitinhaber, Gläubiger), die ihr Geld eingebracht haben, besitzen ein Recht auf Information. Dieses Recht kann mit Hilfe der Buchführungsergebnisse befriedigt werden.
- Die **Mitarbeiter** haben ein Recht auf Unterrichtung über die wirtschaftliche und soziale Lage ihres Unternehmens (§ 43 Abs. 1 und 2 BetrVG).
- Die **Gerichte** gehen bei Vermögensstreitigkeiten im Zweifel von der Richtigkeit der Zahlen der Buchführung aus.

Die Buchführung ist damit ein **Auskunftsmittel** (z.B. gegenüber Gläubigern, Kapitaleignern oder Mitarbeitern) und ein **Beweismittel** (gegenüber Finanzämtern, Gerichten usw.) über die betrieblichen Geschäftsabläufe.

Aufgaben der Buchführung	
• Für die Unternehmensleitung: 1. Gedächtnisstütze 2. Instrument der Ergebnisermittlung 3. Instrument der Vermögens- und Schuldenermittlung 4. Grundlage der Kosten- und Leistungsrechnung 5. Instrument der Betriebskontrolle	• Für außenstehende Personen und Institutionen: 1. Auskunftsmittel 2. Beweismittel Im Einzelnen informiert sie: – Steuerbehörden – Banken – Kapitalgeber – Mitarbeiter Vor Gericht dient sie: – als Beweismittel

Wir merken uns:

Was versteht man unter Buchführung?	Welche gesetzlichen Grundlagen gibt es für die Buchführung?
Im weiteren Sinne ... das Festhalten kaufmännischer Tatbestände **Im engeren Sinne** ... eine systematische Erfassung der Geschäftsvorfälle mit den in unserer Kulturepoche verfügbaren technischen Hilfsmitteln. Erfassungsbedürftig sind alle Vorgänge, die die Vermögenslage des Kaufmanns verändern.	• das Handelsgesetzbuch • die Steuergesetze • die Rechtsprechung Außerdem gelten: • GoB und • GoS

- Bücher und Aufzeichnungen müssen sowohl nach Handelsrecht (§ 257 HGB) als auch nach Steuerrecht (§ 147 Abs. 1 AO) aufbewahrt werden. Je nach Wichtigkeit der Unterlagen gelten unterschiedlich lange Aufbewahrungsfristen.

Übungsaufgabe

41 1. 1.1 Erläutern Sie das Wesen der Buchführung!

1.2 Wie nennt man die Vorgänge, die in der Buchführung erfasst werden?

1.3 Nennen Sie die wichtigsten Aufgaben der Buchführung für die Leitung eines Einzelhandelsunternehmens!

1.4 Nennen Sie Beispiele, aus denen hervorgeht, dass die Buchführung eines Unternehmens auch für Außenstehende von Bedeutung sein kann!

1.5 Stellen Sie den wesentlichen Unterschied der Buchführung als Vermögensrechnung und als Erfolgsrechnung heraus!

1.6 Welche Rechtsquellen sind für die Buchführung von Bedeutung?

2. 2.1 2.1.1 Bilden Sie drei Beispiele, aus denen hervorgeht, warum die Aufzeichnung der Geschäftsvorfälle für den Einzelhändler unentbehrlich ist!

2.1.2 Überlegen Sie, welche Gründe den Staat veranlasst haben können, gesetzliche Bestimmungen zur Buchführung zu erlassen!

2.1.3 Wann kann eine Buchführung als ordnungsmäßig bezeichnet werden?

2.2 Wie viel Jahre sind die Quittungen für gekaufte Büroformulare aufzubewahren?

1. 2 Jahre
2. 5 Jahre
3. 6 Jahre
4. 10 Jahre
5. 30 Jahre

Übertragen Sie die Ziffer der Lösung in Ihr Hausaufgabenheft!

2 Inventur, Inventar und Bilanz

2.1 Inventur, Inventar

2.1.1 Gesetzliche Grundlagen und begriffliche Klarstellungen

Nach § 240 HGB ist jeder Kaufmann verpflichtet, „zu Beginn seines Handelsgewerbes" (d.h. bei der Gründung) und danach „für den Schluss eines jeden Geschäftsjahres" seine Vermögens- und Schuldposten mit ihren Werten anzugeben. Diese Aufstellung nennt der Gesetzgeber **Inventar**. Formale Vorschriften zur Aufstellung des Inventars gibt der Gesetzgeber nicht.

Zum Inhalt des Inventars wird in der Richtlinie 30 Abs. 1 der Einkommensteuerrichtlinien (EStR) klargestellt, dass in dem Inventar die einzelnen Erfassungsgegenstände nach ihrer Art, mit ihrer Menge und mit ihrem Wert genau anzugeben sind. Diese Werte sind – abgesehen von bestimmten Vereinfachungsregelungen – nicht etwa aus der Buchführung zu entnehmen, sondern sie müssen aufgrund einer **körperlichen Bestandsaufnahme** ermittelt werden. Das bedeutet, dass man in den Betrieb gehen und vor Ort feststellen muss, welche Vermögensgegenstände in welcher Menge tatsächlich vorhanden sind. In einem zweiten Vorgang erfolgt die Feststellung der Werte. Diese Ermittlungsvorgänge (diese Ermittlungstätigkeit) nennt man **Inventur**. Entsprechendes gilt für die Ermittlung der Schulden.

Typische Tätigkeiten im Rahmen der Mengenermittlung sind: Zählen, Messen, Wiegen, notfalls auch Schätzen. Anschließend erfolgt die Ermittlung des Wertes für jeden einzelnen Erfassungsgegenstand. Durch die Multiplikation von Menge und Wert je Einheit erhält man den Gesamtwert eines Vermögenspostens. Auf die besondere Problematik der Ermittlung der Einzelwerte soll hier nicht näher eingegangen werden.

2.1.2 Bedeutung und Zielsetzung der Inventur

Die vom Gesetzgeber geforderte Inventur ist wesentlicher Bestandteil einer ordnungsmäßigen Buchführung. Die Inventur dient in erster Linie dem Schutz der Gläubiger. Durch eine körperliche Bestandsaufnahme soll überprüft werden, ob die in der Buchführung ausgewiesenen Bestände (Sollbestände) mit den Beständen übereinstimmen, die durch die Inventur ermittelt werden (Istbeständen). Treten Differenzen zwischen Soll- und Istbeständen auf, muss man die Ursachen aufdecken und entsprechende Korrekturen in der Buchführung vornehmen, damit solche Differenzen nicht noch weitergeschleppt werden. Insofern übt die **Inventur** gegenüber der Buchführung eine **Kontrollfunktion** aus.

2.1.3 Praktische Hinweise zum Inventurvorgang

Auch heute noch ist die Inventur für jeden Kaufmann eine mühselige Arbeit. Alle technologischen Errungenschaften der letzten Jahrzehnte stoßen bei der Inventur auf ihre natürlichen Grenzen. Die notwendigen Ermittlungen vor Ort müssen auch heute noch durch menschliche Inaugenscheinnahme vorgenommen werden. Lediglich die anschließende Verarbeitung dieser Primärdaten kann mit Hilfe moderner Organisations- und Kommunikationsmittel erfolgen.

Nach wie vor sind die Inventurarbeiten sehr zeitaufwendig und arbeitsintensiv. Um den Betriebsablauf nicht unnötig zu stören, bedürfen sie einer sorgfältigen Planung. Man denke nur an die Ermittlung der Vorräte, die zweifellos den Hauptumfang der Inventurarbeiten einnimmt. Schon bei kleinen und mittleren Industrieunternehmen geht die Anzahl der Vorräte an Werkstoffen, Fertigerzeugnissen und Handelswaren, für die jeweils ihre Menge und anschließend ihr Wert ermittelt werden muss, in die Tausende.

Blatt Nr. 34			Abteilung/Lagerraum	
Lagerbestand aufgenommen am .... –12 –30			Aufnahme durch Ho	

Warenbezeichnung		Stück	Preis	Rabatt
Blechschälbohrer	8 – 20	10	8,80	
	16 – 30,5	17	13,95	
	16 – 30	2	13,95	
	26 – 40	4	33,75	netto
	36 – 50	1	49,10	
	4 – 30,5	12	19,95	
	3 – 31	3	27,10	
Stufenbohrer Ruko	4 – 20	9	57,70	
	4 – 30	4	84,90	
	20 – 34	1	102,00	
Fräsbohrer 6 mm		14	12,50	
Ruko Schneidspray		21	6,35	
Schweißpunktfräser		33	16,15	
Fräskronen f. dto.		31	8,05	./. 50%
Schweißpunktbohrer	8	24	14,75	
	10	14	15,55	
Handentgrater Gratfix		4	32,80	
Ersatzmesser f. dto.	100	30	3,15	
	200	10	3,15	
	300	10	3,15	
Stufenbohrer	4 M	1	68,80	./. 48%
"	2 M	2	32,20	./. 48%
Zentrierbohrer DIN 333 60°	1,0	25	2,55	
	1,6	30	3,11	
	2,0	51	3,37	netto
	2,5	44	3,75	
	3,15	46	4,32	

```
10      8,80              88,00
17     13,95             237,15
 2     13,95              27,90
 4     33,75             135,00
 1     49,10              49,10
12     19,95             239,40
 3     27,10              81,30
 9     57,70   50,00     259,65
 4     84,90   50,00     169,80
 1    102,00   50,00      51,00
14     12,50              87,50
21      6,35   50,00      66,67
33     16,15   50,00     266,47
31      8,05   50,00     124,77
24     14,75   50,00     177,00
14     15,55   50,00     108,85
 4     32,80              65,60
30      3,15   50,00      47,25
10      3,15   50,00      15,75
10      3,15   50,00      15,75
 1     68,80   48,00      35,78
 2     32,20   48,00      33,49
25      2,55              63,75
30      3,11              93,30
51      3,37             171,87
44      3,75             165,00
46      4,32             198,72

                       3.075,82 T
```

Wir stellen hier einen Originalausschnitt aus der Inventur eines Baumarktes vor. Auf dem Inventurblatt Nr. 34 (von insgesamt 181 Blättern) sind bestimmte Bohrer mit der vorhandenen Stückzahl und den jeweiligen Einstandspreisen angegeben. Die vom Lieferer gewährten Rabatte wurden ebenfalls eingetragen. Rechts daneben sind für jeden Artikel die entsprechenden Werte ermittelt. Die Gesamtsumme dieses Inventurblattes Nr. 34 beträgt 3 075,82 EUR. In der darunter befindlichen Auflistung finden Sie in der Reihenfolge der Inventurblätter die Endsummen der einzelnen Inventurblätter wieder. Daher deckt sich der 34. Posten mit der Endsumme auf dem Additionsstreifen für das dargestellte Inventurblatt Nr. 34.

```
Blatt Nr.1   4.655,67 +        2.147,69 +
     Nr.2   3.887,75 +        3.648,29 +
            8.695,98 +        6.691,82 +
            2.791,35 +          610,50 +
            5.190,35 +        2.913,81 +
            3.542,36 +        3.685,24 +
            3.413,98 +          462,98 +
            1.901,32 +          279,97 +
            1.762,43 +          412,65 +
            2.908,35 +          404,65 +
           11.415,47 +          833,90 +
              586,75 +        1.330,25 +
            3.573,18 +        3.321,88 +
            2.510,89 +        3.075,82 +
            2.261,57 +        1.069,85 +
            3.040,39 +          597,76 +
            2.085,79 +          672,74 +
            2.663,89 +        1.555,94 +
            2.973,72 +        1.481,42 +
            4.049,89 +        4.155,43 +
                    ⁻20              ⁻20
           74.111,12 •       39.352,59 •
```

Weniger umfangreich, aber prinzipiell in der gleichen Weise, erfolgen die Ermittlungen für die Gegenstände der Betriebs- und Geschäftsausstattung sowie des Fuhrparks. Relativ einfach verläuft dagegen die Ermittlung des Barvermögens in der (den) Kasse(n). Hierbei wird das darin befindliche Geld gezählt und nach Scheinen und Münzen geordnet angegeben.

Bei Vermögens- und Schuldposten, für die naturgemäß eine körperliche Bestandsaufnahme nicht möglich ist, wie z.B. bei Forderungen oder Verbindlichkeiten, lässt man sich die durch die Buchführung ermittelten Salden von den jeweiligen Geschäftspartnern bestätigen. Durch gegenseitige Saldenbestätigung ist sichergestellt, dass die ausgewiesenen Salden auch den tatsächlichen Verhältnissen entsprechen.

2.1.4 Arten (Verfahren) der Inventur

(1) Stichtagsinventur (Normalverfahren)

Grundsätzlich sind nach § 240 HGB zu Beginn eines Handelsgewerbes und zum Schluss eines jeden Geschäftsjahres alle Vermögens- und Schuldposten aufgrund einer körperlichen Bestandsaufnahme genau zu verzeichnen und zu bewerten. Diese zeitraubenden Inventurarbeiten sind aber in der Praxis häufig an einem Tag nicht zu bewältigen.

Daher gestatten die Einkommensteuerrichtlinien (Richtlinie 30 Abs. 1 EStR),[1] dass die Inventurarbeiten für den Jahresabschluss nicht **am** Abschlussstichtag (Bilanzstichtag), sondern lediglich zeitnah **um** den Stichtag herum durchgeführt werden können. Als zulässige Zeitspanne um den Bilanzstichtag gelten 10 Tage vor bzw. 10 Tage nach dem Bilanzstichtag.

Allerdings muss sichergestellt sein, dass die Bestandsveränderungen zwischen dem Tag der Bestandsaufnahme und dem Bilanzstichtag anhand von Belegen oder Aufzeichnungen ordnungsmäßig berücksichtigt werden können.

(2) Vereinfachungsverfahren bei der Inventur

Wegen der Belastungen, die eine körperliche Stichtagsinventur für die Unternehmen mit sich bringt, sieht der Gesetzgeber unter bestimmten Voraussetzungen von einer körperlichen Stichtagsinventur ab und lässt folgende Vereinfachungen zu:

- **Stichprobeninventur** (§ 241 Abs. 1 HGB)

Bei der Stichprobeninventur wird nur für einen bestimmten Teil der Inventurobjekte eine körperliche Bestandsaufnahme durchgeführt. Aus den dabei ausgewählten Einzelobjekten (Stichproben) wird ein Durchschnittswert ermittelt. Durch Multiplikation der Gesamtmenge mit dem ermittelten Stichprobendurchschnitt ergibt sich der Gesamtwert für diesen Vermögensteil. Zur Gewinnung eines möglichst realitätsnahen Ergebnisses müssen bei der Auswahl der Stichproben mathematisch-statistische Methoden angewandt werden. Die Auswahl jedes 10. Inventurobjektes würde diesem Anspruch nicht genügen. Es muss sich um eine möglichst breite Steuung handeln.

Da das Verfahren dem Aussagewert eines durch vollständige körperliche Bestandsaufnahme aufgestellten Inventars gleichkommen muss, ist es nur unter bestimmten Voraussetzungen anwendbar. Es ist z.B. anwendbar bei Warenbeständen, deren Werte relativ dicht beieinander liegen oder für einen Teil der Warenbestände, dessen Teilwert im Verhältnis zum Gesamtwert eine geringe Bedeutung hat, während sein Mengenanteil im Verhältnis zur Gesamtmenge jedoch erheblich ist.

---

[1] EStR: Einkommensteuerrichtlinien.

Wenn z. B. 80 % der Warenmenge nur 20 % des Warenwertes ausmachen, kann für die geringe Menge eine körperliche Bestandsaufnahme stattfinden. Für die weitaus größere Menge mit ihrem relativ geringen Wertanteil kann das Stichprobenverfahren angewandt werden. Das bedeutet dann eine erhebliche Arbeitserleichterung und der dabei evtl. auftretende Fehler wirkt sich im Gesamtwert nur unbedeutend aus.

- **Permanente Inventur** (§ 241 Abs. 2 HGB)

Werden die Vermögensgegenstände nach Art, Menge und Wert fortlaufend nach den Grundsätzen ordnungsmäßiger Buchführung erfasst, kann auf eine körperliche Bestandsaufnahme zum Bilanzstichtag gänzlich verzichtet werden.

Die körperliche Bestandsaufnahme muss dann allerdings zu einem beliebigen anderen Zeitpunkt innerhalb des Jahres vorgenommen werden.

- **Verlegte Inventur** (§ 241 Abs. 3 HGB)

Sind für einen bestimmten Tag innerhalb von 3 Monaten vor dem Bilanzstichtag oder innerhalb von 2 Monaten nach dem Bilanzstichtag die Werte von Vermögensgegenständen durch eine körperliche Bestandsaufnahme oder auch durch eine permanente Inventur ermittelt und in einem gesonderten Verzeichnis festgehalten worden, dann braucht für diese Vermögensgegenstände eine körperliche Inventur zum Bilanzstichtag nicht mehr vorgenommen zu werden, wenn sichergestellt ist, dass durch eine ordnungsmäßige Fortschreibung bzw. Rückrechnung der Wert am Bilanzstichtag zuverlässig ermittelt werden kann.

Wir merken uns:

- Durch die Inventur erfolgt vor Ort eine körperliche Bestandsaufnahme aller Vermögens- und Schuldwerte nach ihrer Art, ihrer Menge und ihrem Wert. Die so ermittelten Werte bilden die Grundlage für die Erstellung des Jahresabschlusses.
- Die Inventur übt gegenüber der Buchführung eine Kontrollfunktion aus.
- Bei auftretenden Differenzen zwischen den Werten der Buchführung (Buchbeständen) und den durch die Inventur ermittelten Istbeständen müssen die Werte der Buchführung an die Werte der Inventur angepasst werden (siehe S. 143).

2.1.5 Inhalt und Aufbau des Inventars

Die festgestellten Werte werden mit dem Hinweis auf das jeweilige Einzelverzeichnis übersichtlich in einem Gesamtverzeichnis zusammengetragen. Dieses Verzeichnis wird als **Inventar** bezeichnet.

Inventur: Vorgang der Bestands**aufnahme**

Inventar: Bestands**verzeichnis**

Eine **Gesamtinventarliste** setzt sich in der Praxis aus einer Vielzahl von **Einzelinventurlisten** zusammen. Als Beispiel soll eine vereinfachte Gesamtinventarliste vorgestellt werden.

Inventar zum 31. Dezember 20..
Otto Ehrlich e. Kfm., Feldstraße 115, Nürnberg

A. Vermögen

I. Anlagevermögen:
1. Bebaute Grundstücke — 330 000,00 EUR
2. Geschäftsgebäude — 800 000,00 EUR
3. Büromaschinen lt. bes. Einzelinventurliste 1 — 45 600,00 EUR
4. Fuhrpark lt. bes. Einzelinventurliste 2 — 71 400,00 EUR
5. Betriebs- und Geschäftsausstattung:
   - Theke — 20 725,00 EUR
   - Regale — 18 500,00 EUR
   - Registrierkasse — 10 775,00 EUR — 50 000,00 EUR

II. Umlaufvermögen:
1. Warenvorräte:
   - 10 Fernsehgeräte schwarz/weiß je 914,00 EUR — 9 140,00 EUR
   - 15 Fernsehgeräte farbig je 1 230,00 EUR — 18 450,00 EUR
   - 20 Transistorgeräte je 147,50 EUR — 2 950,00 EUR
   - Zubehörteile, Ersatzteile lt. bes. Einzelinventurliste 3 — 1 410,00 EUR — 31 950,00 EUR
2. Forderungen an Kunden:
   - Otto Schulz e. Kfm., Nürnberg — 12 125,00 EUR
   - Werner Müller OHG, Erlangen — 21 650,00 EUR
   - Fritz Schäfer KG, Fürth — 13 920,00 EUR — 47 695,00 EUR
3. Bargeld — 1 250,00 EUR
4. Bankguthaben, Kreissparkasse Konto Nr. 412 — 2 315,00 EUR

Summe des Vermögens (Rohvermögens) — **1 380 210,00 EUR**

B. Schulden

1. Verbindlichkeiten gegenüber Kreditinstituten
   a) langfristig:
      - Darlehen bei der B-Bank Konto-Nr. 34 215 — 70 000,00 EUR
   b) kurzfristig:
      - bei der C-Bank Konto-Nr. 15 94 — 3 045,00 EUR
      - bei der D-Bank Konto-Nr. 89 175 — 2 100,00 EUR — 5 145,00 EUR
2. Verbindlichkeiten aus Lieferungen und Leistungen
   - Tele-Technik Aschaffenburg GmbH — 5 150,00 EUR
   - Fernseh-Apparatebau Düren AG — 7 350,00 EUR — 12 500,00 EUR
3. Verbindlichkeiten aus Wechseln — 5 100,00 EUR
4. Liefererdarlehen der Rado GmbH — 8 420,00 EUR

Summe der Schulden — **101 165,00 EUR**

C. Ermittlung des Reinvermögens (Eigenkapitals)

Summe des Vermögens — 1 380 210,00 EUR
− Summe der Schulden — 101 165,00 EUR

= **Reinvermögen (Eigenkapital)** — **1 279 045,00 EUR**

Erläuterungen zum Inventar von Seite 136:

Wie wir sehen, besteht das Inventar aus drei Teilen: **dem Vermögen, den Schulden** und **dem Reinvermögen**.

- Das **Vermögen** gibt Aufschluss darüber, welche Gegenstände in einem Einzelhandelsunternehmen vorhanden sind. Die **Vermögensposten** werden im Allgemeinen in Anlehnung an die gesetzlichen Vorschriften über die Gliederung der Bilanz nach ihrer **Flüssigkeit (Liquidität)** geordnet, d. h. danach, wie schnell ein Vermögensposten beim normalen Betriebsablauf zu Geld gemacht werden kann. Man unterscheidet zwischen Anlagevermögen und Umlaufvermögen.

  → Zum **Anlagevermögen** gehören alle Vermögensposten, die dazu bestimmt sind, dem Unternehmen langfristig zu dienen. Sie bilden die Grundlage für die Betriebsbereitschaft.

  Beispiele: Gebäude, Grundstücke, Maschinen, Betriebs- und Geschäftsausstattung ...

  → Zum **Umlaufvermögen** zählen alle Vermögensposten, die dazu bestimmt sind, dass sie sich durch die Geschäftstätigkeit laufend verändern.

  Beispiele: Kasse, Bank, Waren, Forderungen aus Warenlieferungen.

- Die **Schulden** (Verbindlichkeiten) gliedert man nach der Art der Schuld und gegebenenfalls in langfristige und kurzfristige Verbindlichkeiten.

  Beispiele: Verbindlichkeiten gegenüber Kreditinstituten, Verbindlichkeiten aus Lieferungen und Leistungen

- Ziehen wir vom Gesamtwert des Vermögens (Rohvermögens) den Gesamtwert der Schulden ab, erhalten wir das **Reinvermögen**.

$$\text{(Roh-)Vermögen} - \text{Schulden} = \text{Reinvermögen}$$

Wir merken uns:

- Die **Inventur** ist die mengen- und wertmäßige Erfassung aller Vermögens- und Schuldenwerte eines Kaufmanns zu einem bestimmten Zeitpunkt. Die Inventur ist also eine Tätigkeit. Sie ist regelmäßig zum Bilanzstichtag, bei Gründung, Übernahme oder Auflösung des Unternehmens durchzuführen (§ 240 HGB). Wir unterscheiden zwischen **Stichtags-, Stichproben-, permanenter** und **verlegter Inventur**. Die Inventur schafft **gesicherte Ausgangsdaten** für den Jahresabschluss.

- Das **Inventar** ist das übersichtlich zusammengestellte wertmäßige Ergebnis der Inventur. Das Inventar ist also ein Verzeichnis über die tatsächlich vorhandenen Vermögens- und Schuldenwerte (Istwerte) an einem bestimmten Tag (Stichtag). Es wird in folgende Teile gegliedert und geordnet: **Vermögen** (nach dem Grad der Liquidität), **Schulden** (nach ihrer Art und Fälligkeit) und **Reinvermögen** (Differenz zwischen Vermögen und Schulden).

Anmerkung:

Für die Begriffsbildungen und die Ordnung im Inventar bestehen keine gesetzlichen Vorschriften. Wegen des engen Zusammenhangs mit der Bilanz orientieren wir uns bei der Aufstellung des Inventars an den gesetzlichen Vorschriften für die Bilanz und dem daraus abgeleiteten Kontenrahmen.

Übungsaufgaben

42 1. Stellen Sie aufgrund der angegebenen Inventurergebnisse für Max Weber e.Kfm. zum 31. Dezember 20.. ein Inventar auf!

Bebaute Grundstücke		121 180,00 EUR
Geschäftsgebäude		535 925,00 EUR
Büroeinrichtung lt. Inventurliste I		48 000,00 EUR
Fuhrpark (1 Kombi)		51 400,00 EUR
Forderungen aus Lief. und Leist. lt. bestätigter Saldenliste		60 510,00 EUR
Warenvorräte:		
40 Videogeräte zu je 375,00 EUR	15 000,00 EUR	
32 Fernsehgeräte zu je 625,00 EUR	20 000,00 EUR	
20 Stereo-Anlagen zu je 400,00 EUR	8 000,00 EUR	
21 Lampen zu je 250,00 EUR	5 250,00 EUR	
Sonstiges Kleinmaterial lt. Inventurliste 2	3 000,00 EUR	51 250,00 EUR
Kassenbestand lt. Inventurliste 3		1 520,00 EUR
Guthaben bei Kreditinstituten:		
– Guthaben auf dem Kontokorrentkonto bei der A-Bank		27 790,00 EUR
– Guthaben bei der Postbank		2 200,00 EUR
Verbindlichkeiten gegenüber Kreditinstituten:		
– Darlehen bei der B-Bank		128 000,00 EUR
Verbindlichkeiten aus Lieferungen und Leistungen:		
– Teleblick Werner GmbH	31 600,00 EUR	
– Berliner Funk-Fernsehen GmbH	59 100,00 EUR	90 700,00 EUR

2. Stellen Sie aufgrund der angegebenen Inventurergebnisse für Susanne Klein e.Kfr. zum 31. Dezember 20.. ein Inventar auf!

Betriebs- und Geschäftsausstattung bestehend aus:		
– Ladentheke	18 500,00 EUR	
– 10 Regalen zu je 747,00 EUR	7 470,00 EUR	
– 2 PC zu je 740,00 EUR	1 480,00 EUR	27 450,00 EUR
Forderungen aus Lieferungen und Leistungen:		
– Fritz Krause e.Kfm.	1 200,00 EUR	
– Otto Selmig OHG	1 300,00 EUR	2 500,00 EUR
Verbindlichkeiten aus Lieferungen und Leistungen:		
– Otto Süß KG	9 000,00 EUR	
– Friedrich Sauer e.Kfm.	4 000,00 EUR	
– Liane Selbach e.Kfr.	10 000,00 EUR	23 000,00 EUR
Kassenbestand lt. Inventurliste 1		1 370,00 EUR
Warenvorräte:		
– Wäsche lt. Inventurliste 2	3 750,00 EUR	
– 20 Kleider zu je 250,00 EUR	5 000,00 EUR	
– 20 Röcke zu je 125,00 EUR	2 500,00 EUR	
– 10 Mäntel zu je 400,00 EUR	4 000,00 EUR	15 250,00 EUR
Guthaben bei Kreditinstituten:		
– Guthaben auf dem Kontokorrentkonto bei der C-Bank		36 250,00 EUR
Unbebautes Grundstück		132 000,00 EUR
Verbindlichkeiten gegenüber Kreditinstituten:		
– Darlehen bei der D-Bank		50 000,00 EUR
Liefererdarlehen der Gerhard Kleider GmbH		12 000,00 EUR

2.2 Bilanz

2.2.1 Aufbau und Gliederung der Bilanz

(1) Aufstellungspflicht

Nach § 242 HGB hat der Kaufmann zu Beginn seines Handelsgewerbes und danach für den Schluss eines jeden Geschäftsjahres eine Bilanz[1] aufzustellen, aus der das Verhältnis zwischen seinem Vermögen und seinen Schulden erkennbar ist.

Obschon es bei der Bilanz – wie beim Inventar – auch um eine Aufstellung des Vermögens und der Schulden geht, dient die Bilanz, wie wir später noch sehen werden, völlig anderen Zwecken. Das hat den Gesetzgeber auch veranlasst, unterschiedliche Begriffe einzuführen, obwohl die Endergebnisse in beiden Abschlussformen gleich sind.

(2) Form der Bilanz

Nach § 266 Abs. 1 Satz 1 HGB ist die Bilanz in **Kontoform**[2] aufzustellen. Das heißt allerdings nicht, dass die Bilanz ein Konto ist. Die Bilanz ist lediglich in der Form eines Kontos aufzustellen. Sie hat also – wie ein Konto – zwei Seiten. Die **linke Seite der Bilanz** ist die Aktivseite. Auf ihr stehen die **Aktiva (Vermögensposten)**. Die **rechte Seite der Bilanz** ist die Passivseite. Auf ihr stehen die **Passiva (Schulden und das Eigenkapital)**. Auch wenn uns das sprachlich zunächst noch ungewohnt erscheint, können wir sagen: Auf der Passivseite der Bilanz steht das Kapital, getrennt nach Kapitalgebern (Eigenkapital und Verbindlichkeiten [Fremdkapital]).

Warum das Eigenkapital auf der Schuldenseite steht, ergibt sich formal schon aus der Darstellung der Bilanz in der Kontoform. Die Differenz (Saldo) ergänzt die wertmäßig kleinere Seite. Auf die inhaltliche Deutung wird später eingegangen (vgl. Seite 160).

Während im Inventarverzeichnis alle Einzelposten mit ihren Werten angegeben werden bzw. im Gesamtverzeichnis auf die Einzelaufstellungen verwiesen wird, erscheint in der Bilanz zu jedem Posten nur **ein** Wert. **Die Bilanz ist also eine wesentlich gedrängtere Zusammenfassung der Vermögens- und Schuldenwerte.** Nach § 245 HGB ist der Jahresabschluss, wozu auch die Bilanz gehört, unter Angabe des Datums vom Kaufmann zu unterzeichnen.[3]

> **Wir merken uns:**
> - Die Bilanz ist eine zusammengefasste Gegenüberstellung von Vermögen (Aktiva) und Kapital (Passiva).
> - Der Kaufmann muss bei der Eröffnung seines Handelsgewerbes und dann am Schluss eines jeden Geschäftsjahres eine Bilanz aufstellen (§ 242 HGB).

---

1 Das Wort Bilanz hat seinen Wortstamm in dem italienischen Wort „bilancia" und heißt dort soviel wie Gleichgewicht bzw. Waage. Eine Bilanz muss sich also immer im Gleichgewicht befinden, d.h., beide Seiten müssen wertmäßig gleich sein.

2 Exkurs: Ein Konto ist ein zweiseitiges Verrechnungsschema, das sich in der Praxis der kaufmännischen Buchführung bewährt hat. Es wird im schulischen Bereich in der so genannten T-Form geführt. Näheres siehe S. 151f.

Kontoschema

3 Der Jahresabschluss (Bilanz und Gewinn- und Verlustrechnung) ist unter Angabe des Datums vom Kaufmann zu unterzeichnen. Sind mehrere persönlich haftende Gesellschafter vorhanden, so haben sie alle zu unterzeichnen (§ 245 HGB).

(3) Inhalts- und Gliederungsvorschriften für die Bilanz

Die Inhalts- und Gliederungsvorschriften für die Bilanz richten sich nach der Rechtsform des Unternehmens. Über den **Inhalt** der Bilanz, den **Einzelkaufleute und Personengesellschaften** ausweisen müssen, ist im § 247 Abs. 1 HGB ausgesagt, dass in der Bilanz das Anlage- und Umlaufvermögen, das Eigenkapital und die Schulden gesondert auszuweisen und **hinreichend** aufzugliedern sind. Eine genaue **Gliederungsvorschrift** für die Bilanz schreibt der Gesetzgeber den Einzelkaufleuten und Personengesellschaften nicht vor.[1] Die Entscheidung über die Gliederung der Bilanz fällen somit diese Unternehmen selbst, die jedoch an den Grundsatz der Klarheit und Übersichtlichkeit (§ 243 Abs. 2 HGB) gebunden sind. Hierauf weist das Gesetz ausdrücklich hin, wenn es in § 247 Abs. 1 HGB heißt, dass die Bilanz **hinreichend** aufzugliedern ist. Allerdings richten sich in der Praxis auch Nichtkapitalgesellschaften bei der Gliederung der Bilanz an den Vorschriften des § 266 HGB aus.

Da wir uns in der Schule, namentlich im Anfangsunterricht, nur mit einfachen Bilanzen beschäftigen können, schlagen wir für unsere vorläufige Arbeit mit Bilanzen folgendes, an der Praxis orientiertes, vereinfachtes Bilanzschema vor, wobei wir uns bezüglich der Begriffsbildung weitgehend nach den Vorgaben des § 266 HGB richten. Weil wir die Hauptgruppen (A, B, C) nicht in Untergruppen (I, II, III) untergliedern, beginnen wir die Gliederung nicht mit den Großbuchstaben, sondern mit den römischen Ziffern.

Aktiva	Bilanz zum 31. Dezember 20..	Passiva

I. Anlagevermögen
  1. Grundstücke und Bauten
  2. Andere Anlagen,
     Betriebs- und Geschäftsausstattung
II. Umlaufvermögen
  1. Waren
  2. Forderungen aus Lieferungen
     und Leistungen
  3. Kassenbestand
  4. Guthaben bei der Postbank
  5. Guthaben bei Kreditinstituten
		I. Eigenkapital
		II. Verbindlichkeiten
		  1. Verbindlichkeiten
		     gegenüber Kreditinstituten
		  2. Verbindlichkeiten aus Lieferungen
		     und Leistungen
		  3. Verbindlichkeiten aus Wechseln
		  4. Sonstige Verbindlichkeiten

Erläuterungen:

Wie wir erkennen können, liegt jeder Bilanzseite ein bestimmtes Ordnungsprinzip zugrunde:

– Die Posten auf der **Aktivseite** sind nach ihrer **Nähe zum Geld** (nach dem Grad der Liquidität) geordnet. Posten, die am weitesten entfernt zum Geld sind, stehen daher an oberster Stelle (z. B. Grundstücke und Bauten). Kassenbestand, Postbankguthaben und Bankguthaben sind in ihrer Liquidität gleichwertig. Sie werden daher häufig auch zu einem Posten zusammengefasst.

---

[1] Für Kapitalgesellschaften werden in § 266 HGB genaue Gliederungsvorschriften vorgegeben. Vgl. auch die Ausführungen in Kapitel 15.1.2.

- Auf der **Passivseite** der Bilanz steht das Kapital, aufgegliedert nach Kapitalgebern (Eigenkapital und Verbindlichkeiten).

Diese Ordnungsprinzipien, die sich aus den gesetzlichen Gliederungsvorschriften zur Bilanz ergeben, wurden auch für die Aufstellung eines Inventars übernommen (vgl. Seite 136).

> **Wir merken uns:**
> - Inhalts- und Gliederungsvorschriften für die Bilanz richten sich nach der **Rechtsform des Unternehmens**.
> - **Einzelkaufleute und Personengesellschaften** entscheiden selbst über die Gliederung der Bilanz im Rahmen des § 247 HGB.
> - **Kapitalgesellschaften** sind an die Gliederungsvorschriften des § 266 HGB gebunden, die in der Praxis weitgehend auch bei anderen Unternehmungsformen als Orientierungsgrundlage gelten.

(4) Beispiel für eine Bilanz

Aufgabe:
Stellen Sie zu dem Inventar auf Seite 136 die entsprechende Bilanz auf!

Lösung:

Aktiva   **Bilanz von Otto Ehrlich zum 31. Dezember 20..**   Passiva

Aktiva		Passiva	
I. Anlagevermögen		I. Eigenkapital	1 279 045,00
1. Grundstücke u. Bauten[1]	1 130 000,00	II. Verbindlichkeiten[2]	
2. Andere Anlagen, Betriebs- und Geschäftsausstattung	167 000,00	1. Verbindlichkeiten gegenüber Kreditinstituten	75 145,00
II. Umlaufvermögen		2. Verbindlichkeiten aus Lieferungen und Leistungen	12 500,00
1. Waren	31 950,00	3. Verbindlichkeiten aus Wechseln[3]	5 100,00
2. Ford. aus Lief. u. Leist.	47 695,00	4. Sonst. Verbindlichkeiten[4]	8 420,00
3. Kassenbestand	1 250,00		
4. Guthaben bei Kreditinstituten	2 315,00		
	1 380 210,00		**1 380 210,00**

Nürnberg, den 31. Dez. 20..   *Otto Ehrlich*

---

[1] Genau genommen heißt die Bilanzposition: Grundstücke, grundstücksgleiche Rechte und Bauten einschließlich der Bauten auf fremden Grundstücken.

[2] Die nach § 266 HGB vorgegebene Bezeichnung für diese Bilanzposition wird häufig auch durch den Begriff **Fremdkapital** ersetzt, was allerdings bei Kapitalgesellschaften nicht erlaubt wäre.

[3] Genau genommen heißt die Bilanzposition: Verbindlichkeiten aus der Annahme gezogener Wechsel und der Ausstellung eigener Wechsel.

[4] Zu diesem Bilanzposten zählen z. B. ein Liefererdarlehen; Sonstige Verbindlichkeiten gegenüber Finanzbehörden, Verbindlichkeiten gegenüber Sozialversicherungsträgern.

(5) Deutungsmöglichkeiten der Bilanz

Wir stellen fest, dass für die Bilanz folgende Grundgleichung gilt:

$$\text{Aktiva} \; \widehat{=} \; \text{Passiva}$$

Dabei gilt:

$$\text{Aktiva} \; \widehat{=} \; \text{Vermögen}$$
$$\text{Passiva} \; \widehat{=} \; \text{Eigenkapital} + \text{Verbindlichkeiten}$$

Hieraus lassen sich folgende weitere **Bilanzgleichungen** ableiten:

(1) **Für die Berechnung des Vermögens**

$$\text{Vermögen} \; \widehat{=} \; \text{Eigenkapital} + \text{Verbindlichkeiten}$$

(2) **Für die Berechnung des Kapitals**

$$\text{Eigenkapital} \; \widehat{=} \; \text{Vermögen} - \text{Verbindlichkeiten}$$
$$\text{Verbindlichkeiten} \; \widehat{=} \; \text{Vermögen} - \text{Eigenkapital}$$

Die Bilanz lässt auf einen Blick erkennen, wer das Kapital aufgebracht hat (Passivseite) und wie es verwendet wurde (Aktivseite). Die Passivseite wird daher auch als Kapitalseite bezeichnet.

Aktiva		Bilanz		Passiva
Wie wurde das Kapital verwendet?			**Wer** hat das Kapital aufgebracht?	
I. Anlagevermögen:	1 297 000,00		I. Eigenkapital:	1 279 045,00
II. Umlaufvermögen:	83 210,00		II. Verbindlichkeiten:	101 165,00
Vermögen	1 380 210,00		**Kapital**	1 380 210,00
↑			↑	
Verwendung finanzieller Mittel (Investierung)			**Beschaffung** finanzieller Mittel (Finanzierung)	

Wie im obigen Bilanzschema angedeutet, gibt die **Aktivseite** an, wohin das Kapital floss bzw. wie das verfügbare Kapital verwendet wurde. Sie kann also als **Mittelverwendungsseite** bezeichnet werden.

Dagegen gibt die Passivseite an, woher das Kapital kam bzw. wer das Kapital aufgebracht hat. Sie kann daher als **Mittelbeschaffungsseite** bezeichnet werden.

Unter Verwendung anderer Begriffe kann man auch sagen: Die **Passivseite** gibt die **Finanzierung** des Unternehmens wieder, die **Aktivseite** die **Investierung**.

> **Wir merken uns:**
>
> **Ziel der Bilanz** ist es, außerhalb des Einzelhandelsunternehmens stehende Interessenten (z. B. Steuerbehörden, Banken, Teilhaber, Mitarbeiter) über die Geschäftslage des Unternehmens zu informieren.

Übungsaufgaben

43 1. Stellen Sie unter Beachtung des Gliederungsschemas auf Seite 140 aus den Inventaren der Aufgabe 42 (Seite 138) die entsprechenden Bilanzen auf!

2. Erstellen Sie unter Beachtung der handelsrechtlichen Gliederungsvorschriften aufgrund folgender Angaben eine Bilanz!

Waren	110 000,00 EUR	Kassenbestand	4 310,00 EUR
Grundstücke u. Bauten	130 900,00 EUR	Bankdarlehen	75 800,00 EUR
Ford. a. Lief. u. Leist.	115 000,00 EUR	Bankguthaben	3 120,00 EUR
Verb. aus Lief. u. Leist.	77 700,00 EUR	Fuhrpark	34 950,00 EUR
Betriebs- und Geschäftsausstattung	12 500,00 EUR	Liefererdarlehen	25 000,00 EUR

2.2.2 Zusammenhang zwischen Inventar, Bilanz und Buchführung

Um den Zusammenhang aufzudecken, der zwischen Inventar, Bilanz und der Buchführung besteht, ist zunächst festzuhalten, dass beide Verzeichnisse **außerhalb** der Buchführung stehen.

Zwischen der Buchführung und der Bilanz besteht ein enger Zusammenhang, denn jede Bilanz – mit Ausnahme der Eröffnungsbilanz – baut auf den Zahlengrundlagen der Buchführung auf. Bevor jedoch diese Ergebnisse der Buchführung über die Bilanz der Öffentlichkeit präsentiert werden, soll sichergestellt sein, dass diese Werte auch tatsächlich vorhanden sind. Es könnten ja Unregelmäßigkeiten (z.B. Rechenfehler, Buchungsfehler, Diebstahl usw.) aufgetreten sein. Diese Sicherstellung erfolgt über die Inventur, bei der – völlig unabhängig von der Buchführung – vor Ort festgestellt wird, was vorhanden ist. Ohne die Inventur ist ein ordnungsmäßiger Jahresabschluss nicht möglich. Man unterscheidet daher **Inventurbestand (Istbestand)** und **Buchbestand (Sollbestand)**.

Liegen Abweichungen zwischen Soll- und Istbeständen vor, müssen die Gründe dafür aufgedeckt und entsprechende Korrekturen in der Buchführung vorgenommen werden, damit die Werte der Buchführung auch mit den tatsächlich vorhandenen übereinstimmen. Die Inventur – mit dem Inventar als Ergebnis – hat also gegenüber der Buchführung eine **Kontrollfunktion**.

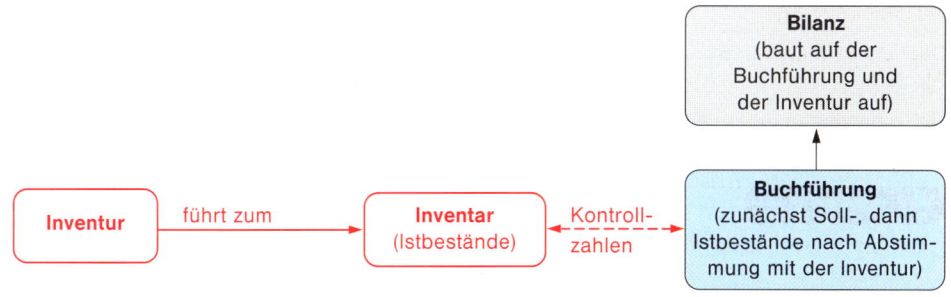

Gegenüberstellung von Inventar und Bilanz:

Inventar	Bilanz
– Das Inventar ist eine **ausführliche wert- und mengenmäßige** Gegenüberstellung der Vermögens- und Schuldposten.	– Die Bilanz ist eine **gedrängte wertmäßige** Gegenüberstellung aller Vermögens- und Schuldposten.
– Im Inventar werden alle selbstständig bewertbaren Gegenstände eines Postens erfasst. Es ist **sehr ausführlich** und dadurch **unübersichtlich**.	– Die Bilanz weist jeden Posten nur mit einer Summe aus. Sie ist **weniger ausführlich**, dadurch aber **übersichtlich**.
– Im Inventar stehen Vermögen und Schulden **untereinander**.	– In der Bilanz stehen Vermögen und Schulden **nebeneinander**.
– Die Differenz zwischen Vermögen und Schulden heißt **Reinvermögen**.	– Die Differenz zwischen Vermögen und Schulden heißt **Eigenkapital**.
– Das Inventar bzw. die Inventur übt gegenüber den Ergebnissen der Buchführung eine **Kontrollfunktion** aus.	– Die Bilanz **baut auf den Zahlenunterlagen der Buchführung** und denen der **Inventur** auf.
– Das Inventar (die Inventur) dient **innerbetrieblichen Zwecken** (Soll–Istvergleich).	– Die Bilanz informiert die **Außenwelt**.
– **Gesetzliche Gliederungsvorschriften** für das Inventar **bestehen nicht**.	– Es **bestehen gesetzliche Gliederungsvorschriften.** Nach dem Handelsgesetzbuch ist eine Bilanz nach bestimmten Vorschriften zu gliedern, die Einzelkaufleuten und Personengesellschaften einen relativ großen Freiheitsspielraum einräumen (§ 247 HGB), die dagegen bei Kapitalgesellschaften sehr genau festgelegt sind (§ 266 HGB).

2.2.3 Veränderung der Bilanz durch Geschäftsvorfälle (vier Grundfälle)

Die Bilanz wird für einen ganz bestimmten Zeitpunkt aufgestellt. Sie ist also sozusagen eine Momentaufnahme, die nur für diesen Zeitpunkt gelten kann. Diese einmal festgestellten Werte unterliegen durch die Geschäftstätigkeit einer laufenden Veränderung, denn aus theoretischer Sicht verändert jeder Geschäftsvorfall die Bilanz. Um die Übersicht zu behalten, muss der Kaufmann die Wertveränderungen im eigenen Interesse in seiner Buchführung festhalten. Darüber hinaus ist er aber auch im öffentlichen Interesse zur Buchführung verpflichtet (vgl. Seite 130).

Wir merken uns:
- In der kaufmännischen Buchführung werden alle Wertveränderungen des Vermögens und der Schulden festgehalten.
- Ursache für diese Wertveränderungen sind die Geschäftsvorfälle.
- Jeder Geschäftsvorfall verändert die Bilanz.

Jeder Geschäftsvorfall, der eine Wertveränderung hervorruft, verändert auch die Bilanz. Wenn es keine andere Erfassungsmöglichkeit dieser Wertveränderungen gäbe, müsste nach jedem Geschäftsvorfall eine neue Bilanz erstellt werden. Sie können sich jetzt schon denken, dass das bei der Vielzahl der Geschäftsvorfälle ein nicht zu bewältigender Arbeitsaufwand wäre. Bevor wir auf eine bessere Erfassungsmethode zurückkommen, wollen wir hier nur feststellen, welche Auswirkungen Geschäftsvorfälle **grundsätzlich** auf die Bilanz haben können.

Beispiel:

Aktiva	Ausgangsbilanz		Passiva
And. Anl., Betr.- u. Geschäftsausst.	40 000,00	Eigenkapital	42 000,00
Waren	2 000,00	Verb. a. Lief. und Leistungen	16 000,00
Kassenbestand	4 000,00		
Guthaben bei Kreditinstituten	12 000,00		
	58 000,00		58 000,00

Anmerkung: Wegen der geringen Anzahl von Posten wird auf die Gliederung in Anlagevermögen und Umlaufvermögen bzw. Eigenkapital und Verbindlichkeiten verzichtet.

Aufgaben:
Stellen Sie nach jedem Geschäftsvorfall die Bilanz neu auf, charakterisieren Sie jeweils die Bilanzveränderung und geben Sie an, in welcher Richung (+ oder −) sich die einzelnen Bilanzposten verändert haben!

Lösungen:

1. Geschäftsvorfall: Wir kaufen Waren gegen Barzahlung für 1 800,00 EUR.

Auswirkungen auf die Bilanz

Aktiva	1. veränderte Bilanz		Passiva
And. Anl., Betr.- u. Geschäftsausst.	40 000,00	Eigenkapital	42 000,00
Waren	3 800,00	Verb. a. Lief. und Leistungen	16 000,00
Kassenbestand	2 200,00		
Guthaben bei Kreditinstituten	12 000,00		
	58 000,00		58 000,00

Waren (Aktivposten) +
Kassenbestand (Aktivposten) −

Charakterisierung: AKTIVTAUSCH

Erläuterungen: Es werden zwei Aktivposten verändert. Die Waren nehmen um 1 800,00 EUR zu, der Kassenbestand nimmt um den gleichen Betrag ab. Die Bilanzsumme bleibt unverändert.

2. Geschäftsvorfall: Eine Verbindlichkeit aus Lieferungen und Leistungen von 5 000,00 EUR wird in ein Liefererdarlehen (Bilanzposition „Sonstige Verbindlichkeiten") umgewandelt.

Auswirkungen auf die Bilanz

Aktiva	2. veränderte Bilanz		Passiva
And. Anl., Betr.- u. Geschäftsausst.	40 000,00	Eigenkapital	42 000,00
Waren	3 800,00	Verb. a. Lief. und Leistungen	11 000,00
Kassenbestand	2 200,00	Sonstige Verbindlichkeiten	5 000,00
Guthaben bei Kreditinstituten	12 000,00		
	58 000,00		58 000,00

Sonstige Verbindlichkeiten (Passivposten) +
Verb. a. Lief. und Leistungen (Passivposten) −

Charakterisierung: PASSIVTAUSCH

Erläuterungen: Die Veränderungen erfolgen auf der Passivseite. Die Verbindlichkeiten aus Lieferungen und Leistungen nehmen um 5 000,00 EUR ab. In Höhe des gleichen Betrages kommt ein neuer Passivposten (Sonstige Verbindlichkeiten) hinzu. Die Bilanzsumme bleibt unverändert.

3. Geschäftsvorfall: Eine Verbindlichkeit aus Lieferungen und Leistungen in Höhe von 3 000,00 EUR wird durch eine Banküberweisung getilgt.

Auswirkungen auf die Bilanz

Aktiva	3. veränderte Bilanz		Passiva
And. Anl., Betr.- u. Geschäftsausst.	40 000,00	Eigenkapital	42 000,00
Waren	3 800,00	Verb. a. Lief. und Leistungen	8 000,00
Kassenbestand	2 200,00	Sonstige Verbindlichkeiten	5 000,00
Guthaben bei Kreditinstituten	9 000,00		
	55 000,00		55 000,00

Verb. a. Lief. u. Leist. (Passivposten) −
Guthaben b. Kreditinst. (Aktivposten) −

Charakterisierung: BILANZVERKÜRZUNG
Aktiv-Passivminderung

Erläuterungen: Es werden ein Aktivposten und ein Passivposten berührt. Die Verbindlichkeiten aus Lieferungen und Leistungen nehmen um 3 000,00 EUR ab, das Guthaben bei Kreditinstituten nimmt ebenfalls um den gleichen Betrag ab. Die Bilanzsumme vermindert sich.

4. Geschäftsvorfall: Wir kaufen Waren auf Ziel (Kredit) für 6 000,00 EUR.

Auswirkungen auf die Bilanz

Aktiva	4. veränderte Bilanz		Passiva
And. Anl., Betr.- u. Geschäftsausst.	40 000,00	Eigenkapital	42 000,00
Waren	9 800,00	Verb. aus Lief. und Leistungen	14 000,00
Kassenbestand	2 200,00	Sonstige Verbindlichkeiten	5 000,00
Guthaben bei Kreditinstituten	9 000,00		
	61 000,00		61 000,00

Waren (Aktivposten) +
Verb. a. Lief. u. Leist. (Passivposten) +

Charakterisierung: BILANZVERLÄNGERUNG
Aktiv-Passivmehrung

Erläuterungen: Es werden ein Aktivposten und ein Passivposten berührt. Die Position Waren nimmt um 6 000,00 EUR zu, die Verbindlichkeiten aus Lieferungen und Leistungen nehmen ebenfalls um diesen Betrag zu. Die Bilanzsumme erhöht sich.

Ein Blick auf das Eigenkapital zeigt, dass bei allen vier Geschäftsvorfällen das Eigenkapital unverändert blieb. Es handelte sich also um erfolgsunwirksame (erfolgsneutrale) Geschäftsvorfälle.

Wir merken uns:

- Jeder Geschäftsvorfall verändert die Bilanz.
- Bezüglich der Auswirkungen von Geschäftsvorfällen auf die Bilanz sind nur vier Grundfälle denkbar:
  → **Aktivtausch:** Ein Aktivposten nimmt im gleichen Maße ab, wie ein anderer Aktivposten zunimmt.
    Beispiel: Wir zahlen auf das Bankkonto bar ein.
  → **Passivtausch:** Ein Passivposten nimmt im gleichen Maße ab, wie ein anderer Passivposten zunimmt.
    Beispiel: Eine Verbindlichkeit aus Lieferungen und Leistungen wird in ein Liefererdarlehen umgewandelt.

> → **Aktiv-Passivminderung:** Auf der Aktiv- und der Passivseite nimmt jeweils ein Posten um den gleichen Wert ab. Die Bilanzsumme wird verringert.
> **Beispiel:** Wir zahlen eine Lieferantenrechnung durch Banküberweisung (wobei von einem Bankguthaben ausgegangen wird).
>
> → **Aktiv-Passivmehrung:** Auf der Aktiv- und der Passivseite nimmt jeweils ein Posten um den gleichen Wert zu. Die Bilanzsumme wird dadurch erhöht.
> **Beispiel:** Wir kaufen Waren auf Ziel.
>
> ● Nicht jeder Geschäftsvorfall verändert das Eigenkapital. Geschäftsvorfälle, die das Eigenkapital nicht verändern, nennt man **erfolgsunwirksame** (erfolgsneutrale) Geschäftsvorfälle.

Übungsaufgaben

44 I. Geschäftsvorfälle

1. Wir zahlen eine Lieferantenrechnung durch Banküberweisung	4 500,00 EUR
2. Wir kaufen einen Schreibtisch bar	1 020,00 EUR
3. Wir kaufen Ware bar	821,00 EUR
4. Wir zahlen ein Liefererdarlehen durch Banküberweisung zurück	9 500,00 EUR
5. Ein Kunde überweist einen Rechnungsbetrag auf unser Bankkonto	1 100,00 EUR
6. Wir kaufen einen PC bar	845,00 EUR
7. Wir heben von unserem Bankkonto bar ab und legen das Geld in die Geschäftskasse	3 000,00 EUR
8. Eine Verbindlichkeit aus Lieferungen und Leistungen wird in ein Liefererdarlehen umgewandelt	12 000,00 EUR

Bearbeitungshinweis:

Zur Lösung der Aufgabe verwenden Sie bitte das folgende Schema:

Nr.	a) Bilanzposten		b) Art des Grundfalles
1.	Verb. aus Lief. u. Leistungen	− 4 500,00	Aktiv-Passivminderung
	Guthaben bei Kreditinstituten	− 4 500,00	

II. Aufgaben
1. Geben Sie bei den angegebenen Geschäftsvorfällen jeweils die Änderungen der Bilanzposten an!
2. Zeigen Sie auf, um welchen der vier Grundfälle es sich jeweils handelt!

45 I. Geschäftsvorfälle

1. Wir zahlen auf unser Bankkonto bar ein	3 400,00 EUR
2. Eine Liefererverbindlichkeit wird in ein Liefererdarlehen umgewandelt	15 000,00 EUR
3. Verkauf eines nicht mehr benötigten Büroschrankes zum Buchwert gegen Bankscheck	250,00 EUR
4. Wir begleichen eine Lieferantenrechnung durch Banküberweisung	980,00 EUR
5. Kauf von Waren auf Ziel	2 200,00 EUR

II. Aufgaben
1. Geben Sie bei den angegebenen Geschäftsvorfällen jeweils die Änderungen der Bilanzposten an!
2. Zeigen Sie auf, um welchen der vier Grundfälle es sich jeweils handelt!

46 I. Angaben zur Eröffnungsbilanz
Andere Anlagen, Betriebs- u. Geschäftsausstattung 34 500,00 EUR; Waren 23 000,00 EUR; Forderungen aus Lieferungen und Leistungen 4 650,00 EUR; Kassenbestand 4 200,00 EUR; Guthaben bei Kreditinstituten 12 600,00 EUR; Eigenkapital 55 250,00 EUR; Verbindlichkeiten gegenüber Kreditinstituten 14 000,00 EUR; Verbindlichkeiten aus Lieferungen und Leistungen 9 700,00 EUR.

II. Geschäftsvorfälle
1. Zahlung einer Lieferantenrechnung mit Bankscheck	2 450,00 EUR
2. Eine Liefererverbindlichkeit wird in ein Liefererdarlehen umgewandelt	3 100,00 EUR
3. Kauf von Waren auf Ziel	2 000,00 EUR
4. Ein Kunde bezahlt einen Rechnungsbetrag bar	1 650,00 EUR

III. Aufgaben
1. Erstellen Sie die Eröffnungsbilanz!
2. Geben Sie für jeden Geschäftsvorfall die Veränderungen der Bilanzposten an und stellen Sie nach jedem Geschäftsvorfall die Bilanz neu auf!
3. Vergleichen Sie das Eigenkapital der Eröffnungsbilanz mit dem Eigenkapital der Schlussbilanz und ziehen Sie die Schlussfolgerungen aus diesem Vergleich!

3 Bestandskonten

3.1 Von der Bilanz zu den Konten

Es ist nicht nötig, nach jedem Geschäftsvorfall eine neue Bilanz zu erstellen, da wir die Wertveränderungen, die durch Geschäftsvorfälle hervorgerufen werden, auch **außerhalb der Bilanz** auf besonderen **Konten in der Buchführung** erfassen können. Wir müssen also nur für jeden Vermögens- und Schuldposten – einschließlich des Postens Eigenkapital – entsprechende Konten einrichten und den vorhandenen Anfangsbestand darauf vortragen. Die **Summe dieser benötigten Konten** bezeichnen wir als unsere **Buchführung**.

Da auf diesen Konten Bestände und deren Veränderungen erfasst werden, nennt man diese Konten **Bestandskonten** (bzw. **Bilanzkonten**).

> **Wir merken uns:**
>
> - In der **Buchführung** werden alle **Veränderungen der Bestände** auf Konten erfasst. Ursache für diese Veränderungen sind die **Geschäftsvorfälle**.
>
> - In unserer Buchführung führen wir **Vermögenskonten (Aktivkonten)** und **Schuldkonten (Passivkonten)** einschließlich des **Eigenkapitalkontos**.
>
> - Die **Vermögens- und Schuldkonten** bilden die Gruppe der **Bestandskonten (Bilanzkonten)**.

Beispiel:

Die Anfangsbestände zu Beginn der Geschäftsperiode sind in folgender Bilanz zusammengefasst.

Aufgaben:

Richten Sie für die einzelnen Bilanzposten Konten ein und tragen Sie die Bilanzwerte als Anfangsbestände darauf vor! Dabei vereinbaren wir, die **Anfangsbestände** bei den **Aktivkonten** auf der **Sollseite**[1] und die **Anfangsbestände** bei den **Passivkonten** auf der **Habenseite**[1] einzutragen.

Lösung:

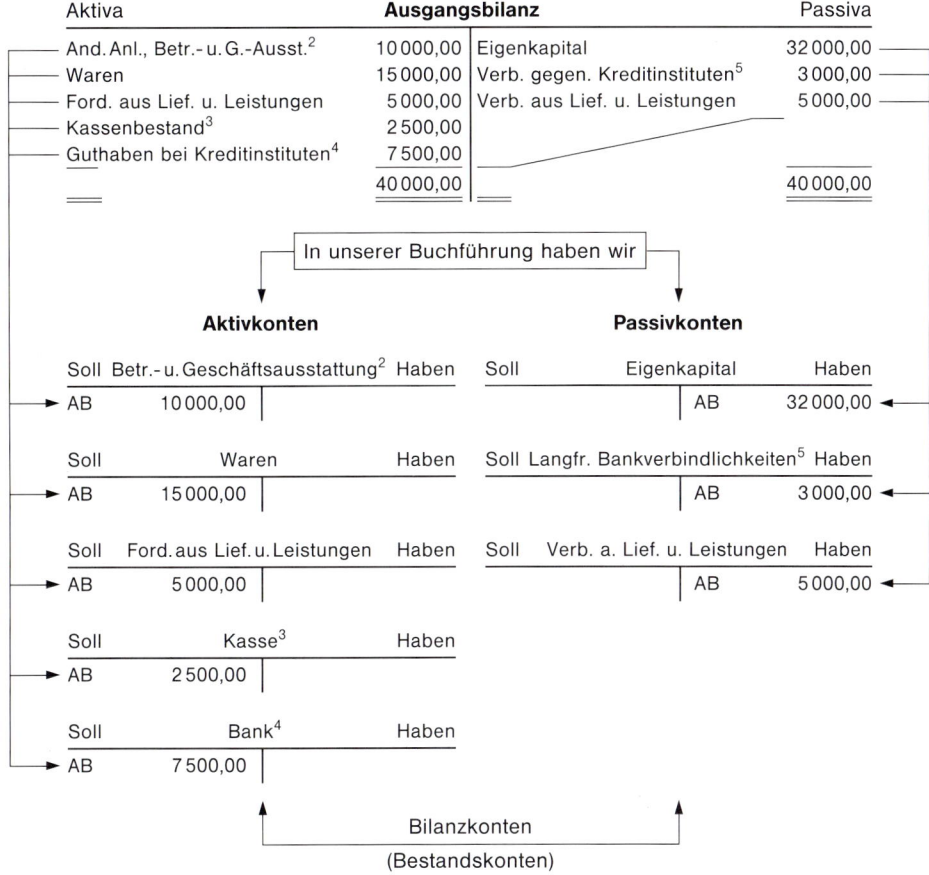

---

1. Die Seitenbezeichnungen „Soll" und „Haben" hängen mit der Entwicklungsgeschichte der Buchführung zusammen. Es sind Restbestände aus der Führung der ersten Konten, bei denen es sich um Personenkonten handelt (Kunden **„sollen"** zahlen [Warenlieferungen] und sie **„haben"** gezahlt [Zahlungen]). Diese für **alle** Konten geltenden Seitenbezeichnungen können bei anderen Konten nicht mehr zum Konteninhalt in Beziehung gebracht werden.
2. Wenn keine zusätzlichen Erläuterungen gegeben werden, beinhaltet der Bilanzposten „Andere Anlagen, Betriebs- und Geschäftsausstattung" nur Gegenstände der Betriebs- und Geschäftsausstattung. So soll dieses Konto der Einfachheit halber vorläufig bis zur Einführung des Kontenrahmens auch bezeichnet werden.
3. Für den Bilanzposten „Kassenbestand" bezeichnen wir das einzurichtende Konto mit **Kasse**.
4. Für den Bilanzposten „Guthaben bei Kreditinstituten" bezeichnen wir das einzurichtende Konto kurz mit **Bank**.
5. Für den Bilanzposten „Verbindlichkeiten gegenüber Kreditinstituten" ist je nach Art der Bankschuld das Konto „Langfristige Bankverbindlichkeiten" oder „Kurzfristige Bankverbindlichkeiten" einzurichten.

3.2 Buchungen auf den Vermögenskonten (Aktivkonten)

3.2.1 Buchungsregeln für die Buchungen auf den Vermögenskonten (Aktivkonten)

Bei den **Aktivkonten (Vermögenskonten)** gehören der **Anfangsbestand** und die **Zugänge** auf die **Sollseite**, die **Abgänge** und der **Schlussbestand** (Saldo) auf die **Habenseite**.

Soll	Aktivkonten	Haben
Anfangsbestand (AB)		Abgänge
Zugänge		Schlussbestand (SB)

3.2.2 Einseitige Buchungen auf den Aktivkonten

(1) Vorbemerkungen

Bei einem Geschäftsvorfall stehen sich immer zwei Personen gegenüber.

Beispiel:
Einkauf einer Ladenkasse bar

Auf der einen Seite haben wir den Käufer, auf der anderen Seite den Verkäufer. Es taucht daher die Frage auf, ob der Geschäftsvorfall aus der Sicht des Käufers oder aus der Sicht des Verkäufers erfasst werden soll.

Um keine Missverständnisse aufkommen zu lassen und um nicht ständig umdenken zu müssen, werden alle Geschäftsvorfälle nur von **einem** Standpunkt aus betrachtet und erfasst. Dabei versetzen wir uns in die Rolle eines Kaufmanns, der seine Bücher führt. Alle Geschäftsvorfälle sind als Ereignisse **unseres** Betriebes anzusehen. Wie der Geschäftsvorfall bei unserem Geschäftspartner zu buchen ist, interessiert uns daher aufgrund dieser Vereinbarung im Allgemeinen nicht.

Da wir als Betrieb jede Rolle einnehmen können, ist es nur eine Frage der Formulierung, welcher Geschäftsvorfall gebucht werden soll. Um diesen Standpunkt der Betrachtung ausdrücklich hervorzuheben, heißt es demnächst bei der Formulierung von Geschäftsvorfällen häufig „**wir**" bzw. „**uns**".

Beispiele:
„**Wir**" beliefern einen Kunden mit Waren.
„**Wir**" erhalten von einem Kunden eine Banküberweisung.
„**Wir**" kaufen bei einem Lieferanten einen PC bar.
Ein Kunde zahlt an „**uns**" durch Bankscheck.

Aber auch die Fälle, bei denen der „Wir-Standpunkt" nicht ausdrücklich in die Formulierung aufgenommen ist, sind so zu verstehen.

Beispiele:
Kauf einer Bürolampe bar   Kauf eines Bürotisches gegen Barzahlung
Banküberweisung eines Kunden   Zahlung einer Liefererrechnung durch Banküberweisung

(2) Einseitige Buchungen

Bei den folgenden Aufgaben sollen die Auswirkungen von Geschäftsvorfällen zunächst nur im Hinblick auf **ein** Konto betrachtet werden. Dieses Konto soll jeweils ein Vermögenskonto sein. Auf diese Weise werden die Auswirkungen eines Geschäftsvorfalles zunächst nur einseitig beurteilt, nämlich im Hinblick auf das vorgegebene Vermögenskonto.

Beispiel:

I. Sachverhalt:

Wir betreiben ein Elektroeinzelhandelsgeschäft. Es sollen die Einnahmen und Ausgaben der Geschäftskasse in unserem Unternehmen auf einem Kassenkonto festgehalten werden. Vorgänge, die Einnahmen oder Ausgaben der Kasse hervorrufen, bezeichnet man als Bargeschäfte.

Es ereignen sich folgende Bargeschäfte:

1. Karl Kunde kauft 5 Bürolampen zum Gesamtpreis von 1 750,00 EUR.
2. Fritz Müller kauft bei uns 50 Strahler für 6 500,00 EUR.
3. Wir zahlen für einen Auszubildenden die Ausbildungsvergütung in Höhe von 620,00 EUR.
4. Wir erhalten eine Lieferung Ersatzteile per Nachnahme. Wir lösen die Nachnahme über 1 480,00 EUR ein.
5. Klaus Abel zahlt für die erhaltene Werksbeleuchtung 1 980,00 EUR.
6. Anton Beyer kauft diverse Lampen für insgesamt 1 460,00 EUR.

II. Aufgabe:

Führen Sie das Kassenkonto!

Lösung:

Aus den Buchungsregeln für die Vermögenskonten ist abzuleiten, dass alle Einnahmen aus Bargeschäften auf der Sollseite des Kassenkontos und demnach alle Barausgaben auf der Habenseite zu buchen sind.

Soll		Kasse	Haben
Karl Kunde	1 750,00	Ausbildungsvergütung	620,00
Fritz Müller	6 500,00	Nachnahme	1 480,00
Klaus Abel	1 980,00		
Anton Beyer	1 460,00		

(3) Kontoabschluss und Saldovortrag

Wollen wir den Schlussbestand ermitteln, muss das Konto zu diesem Zweck **abgeschlossen** werden. Den ermittelten Schlussbestand nennt man in der Sprache des Buchhalters **Saldo,** den Vorgang des Kontoabschlusses bezeichnet man als Saldieren. Eine frei bleibende Textstelle ist durch einen Querstrich (Buchhalternase) innerhalb der Textspalte zu entwerten.

Um **nach dem Abschluss** weitere Eintragungen vornehmen zu können, muss ein bereits abgeschlossenes Konto wieder **neu eröffnet** werden. Dabei wird der Wert des Schlussbestands (Saldos) beim Abschluss auf dem neu zu eröffnenden Konto als Anfangsbestand (Saldovortrag) übernommen.

Dies ergibt folgende Darstellung:

Abschluss des Kontos:

Soll		Kasse		Haben
Karl Kunde	1 750,00	Ausbildungsvergütung		620,00
Fritz Müller	6 500,00	Nachnahme		1 480,00
Klaus Abel	1 980,00	Schlussbestand (Saldo)		9 590,00
Anton Beyer	1 460,00			
	11 690,00			11 690,00

Neueröffnung des Kontos:

Soll		Kasse	Haben
Anfangsbestand (Saldovortrag)	9 590,00		

Schematische Darstellung:

Soll	Kasse	Haben
Bar-einnahmen		Bar-auszahlungen
		Schlussbestand (Saldo)

Anfangsbestand (Saldovortrag)		Bar-auszahlungen
Bar-einnahmen		Schlussbestand (Saldo)

Erläuterungen:

Der ermittelte Restbetrag (Saldo) auf einem Konto heißt Schlussbestand. Dieser steht immer auf der wertmäßig kleineren Seite. Das ist bei einem Kassenkonto die Habenseite (niemand kann mehr Geld aus der Kasse entnehmen als vorher hineingelegt wurde).

Der Anfangsbestand (Saldovortrag) auf dem neu eröffneten Konto steht immer auf der entgegengesetzten Seite wie der Schlussbestand (Saldo). Da auf dem Kassenkonto der Schlussbestand auf der Habenseite steht, muss der Anfangsbestand (Saldo) auf der Sollseite erscheinen.

Schritte beim Abschluss eines Kontos:

1. Schritt: Das Wort Schlussbestand (Saldo) wird auf der wertmäßig kleineren Seite eingetragen.

2. Schritt: Die wertmäßig größere Seite wird addiert.

3. Schritt: Die errechnete Summe wird auf die wertmäßig kleinere Seite übertragen.

4. Schritt: Der Schlussbestand (Saldo) wird ermittelt.

5. Schritt: Die Abschlussstriche sind zu ziehen und der freie Raum ist zu entwerten.

Übungsaufgaben

47 Führen Sie das **Kassenkonto** und schließen Sie es nach Buchung der Geschäftsvorfälle ab!

Bearbeitungshinweis: Denken Sie daran, dass alle Geschäftsvorfälle jeweils nur nach ihrer Auswirkung auf den Kassenbestand befragt werden müssen. Für die Beantwortung gibt es nur zwei Möglichkeiten: Entweder der Kassenbestand nimmt durch den Geschäftsvorfall zu oder er nimmt ab. Zugänge gehören bei der Kasse auf die Sollseite, Abgänge auf die Habenseite.

I. Anfangsbestand

Bei Geschäftseröffnung weist die Kasse einen Anfangsbestand (Saldovortrag) von 2 160,00 EUR aus.

II. Geschäftsvorfälle

Es ereignen sich folgende Geschäftsvorfälle, die den Kassenbestand verändern:

1. Barverkauf von Waren	3 070,00 EUR
2. Zeitungsinserat bar bezahlt	190,00 EUR
3. Kauf von Briefmarken	45,00 EUR
4. Barzahlung eines Kunden	910,00 EUR
5. Mietzahlung unseres Mieters bar	300,00 EUR
6. Barzahlung einer Lieferantenrechnung	1 940,00 EUR
7. Barverkauf von Waren	180,00 EUR
8. Provisionszahlung bar	2 700,00 EUR

2. Führen Sie das Konto **Kasse** und schließen Sie es nach Buchung der Geschäftsvorfälle ab!

I. Anfangsbestand

Die Kasse weist einen Anfangsbestand von 2 370,00 EUR aus.

II. Geschäftsvorfälle

Es ereignen sich folgende Geschäftsvorfälle, die den Kassenbestand verändern:

1. Ein Kunde zahlt einen Rechnungsbetrag bar	350,00 EUR
2. Wir kaufen Waren bar ein	500,00 EUR
3. Wir heben vom Bankkonto ab und legen das Geld in die Geschäftskasse	1 000,00 EUR
4. Wir zahlen die Aushilfslöhne bar	900,00 EUR
5. Wir kaufen Waren bar	850,00 EUR
6. Wir kaufen Büromaterial bar	78,00 EUR
7. Wir kaufen einen Bürostuhl bar	425,00 EUR
8. Wir zahlen auf unser Bankkonto bar ein	400,00 EUR

48 Führen Sie das Konto **Bank**[1] und schließen Sie es nach Buchung der Geschäftsvorfälle ab!

I. Anfangsbestand

Die Bank weist einen Anfangsbestand von 2 500,00 EUR aus.

II. Geschäftsvorfälle

1. Wir überweisen an einen Warenlieferanten	280,00 EUR
2. Wir heben vom Bankkonto ab und legen das Geld in die Geschäftskasse	350,00 EUR
3. Ein Kunde überweist einen Rechnungsbetrag auf unser Bankkonto	420,00 EUR
4. Wir begleichen betriebliche Steuern durch Banküberweisung	750,00 EUR
5. Ein Kunde zahlt einen Rechnungsbetrag durch Banküberweisung	365,00 EUR

49 Führen Sie die folgenden Vermögenskonten und stellen Sie jeweils durch Abschluss der Konten den Schlussbestand fest!

Forderungen aus Lieferungen und Leistungen

Anfangsbestand	4 150,00 EUR
1. Ein Kunde zahlt einen Rechnungsbetrag bar	2 000,00 EUR
2. Ein Kunde überweist einen Rechnungsbetrag auf unser Bankkonto	1 500,00 EUR

---

1 In diesem Lehrbuch gehen wir davon aus, dass das Bankkonto immer ein Guthaben aufweist.

Betriebs- und Geschäftsausstattung

Anfangsbestand	3 750,00 EUR
3. Wir kaufen eine Registrierkasse bar	1 350,00 EUR
4. Wir verkaufen einen ausgedienten PC bar zum Buchwert	50,00 EUR

Waren

Anfangsbestand	4 750,00 EUR
5. Wir kaufen Ware bar	750,00 EUR
6. Wir kaufen Ware gegen Banküberweisung	1 250,00 EUR

Bank

Anfangsbestand	5 150,00 EUR
7. Wir heben vom Bankkonto bar ab und legen das Geld in die Geschäftskasse	1 200,00 EUR
8. Ein Kunde überweist einen Rechnungsbetrag auf unser Bankkonto	1 500,00 EUR
9. Wir kaufen Ware gegen Banküberweisung	1 250,00 EUR

Kasse

Anfangsbestand	560,00 EUR
10. Ein Kunde zahlt einen Rechnungsbetrag bar	2 000,00 EUR
11. Wir heben vom Bankkonto bar ab und legen das Geld in die Geschäftskasse	1 200,00 EUR
12. Wir kaufen eine Registrierkasse bar	1 350,00 EUR
13. Wir kaufen Ware bar	750,00 EUR
14. Wir verkaufen einen ausgedienten PC bar zum Buchwert	50,00 EUR

3.2.3 Überleitung zum System der doppelten Buchführung

(1) Erfassung der doppelseitigen Auswirkungen von Geschäftsvorfällen mit Hilfe eines Überlegungsschemas

Anstatt die Auswirkungen eines Geschäftsvorfalles nur einseitig von einem bestimmten Konto ausgehend zu betrachten, wollen wir jetzt jeden Geschäftsvorfall in seinen gesamten Auswirkungen untersuchen. Das führt zu einem anderen Ausgangspunkt in unserer Betrachtungsweise und daher auch zu einer anderen Fragestellung. Wir wählen nicht mehr ein bestimmtes Konto zum Ausgangspunkt unserer Betrachtung, sondern den Geschäftsvorfall selbst. Wir fragen daher nicht mehr: Wie wird dieses Konto durch einen bestimmten Geschäftsvorfall verändert, sondern wir fragen jetzt: Welche Konten werden durch diesen Geschäftsvorfall verändert?

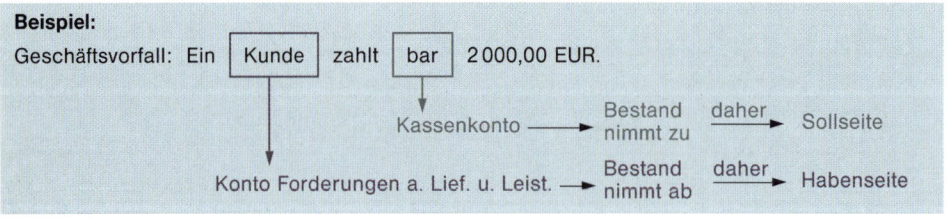

Um die Auswirkungen von mehreren Geschäftsvorfällen übersichtlich darstellen zu können, schlagen wir das folgende **Überlegungsschema** vor:

Geschäftsvorfälle	I. Welche Konten werden berührt?	II. Wie verändern sich die Kontobestände?	III. Auf welcher Kontoseite ist zu buchen? Soll	Haben
1. Ein Kunde zahlt einen Rechnungsbetrag bar 2 000,00 EUR usw.	Kasse Ford. a. Lief. u. Leist.	Zugang Abgang	2 000,00	2 000,00

Übungsaufgaben

Stellen Sie anhand des Überlegungsschemas fest, welche Konten durch die folgenden Geschäftsvorfälle berührt werden, welche Veränderung sich auf dem jeweiligen Konto ergibt und auf welcher Seite jeweils zu buchen ist!

50
1. Ein Kunde zahlt einen Rechnungsbetrag bar — 350,00 EUR
2. Wir kaufen Waren gegen Banküberweisung — 1 250,00 EUR
3. Wir verkaufen einen nicht mehr benötigten Schreibtisch bar zum Buchwert — 150,00 EUR
4. Ein Kunde bezahlt einen Rechnungsbetrag mit Bankscheck — 720,00 EUR
5. Wir heben vom Bankkonto bar ab und legen das Geld in die Geschäftskasse — 900,00 EUR
6. Wir kaufen zwei PCs gegen Bankscheck — 4 310,00 EUR
7. Wir verkaufen eine nicht mehr benötigte Ladentheke gegen Bankscheck zum Buchwert — 680,00 EUR
8. Ein Kunde zahlt einen Rechnungsbetrag durch Banküberweisung — 165,00 EUR
9. Wir zahlen auf unser Bankkonto bar ein — 2 200,00 EUR
10. Kundenüberweisung lt. Bankauszug — 910,00 EUR

51
1. Wir heben vom Bankkonto ab und legen das Geld in die Kasse — 10 000,00 EUR
2. Wir kaufen einen Kombiwagen bar — 12 000,00 EUR
3. Ein Kunde zahlt eine Rechnung bar — 1 200,00 EUR
4. Wir zahlen auf das Bankkonto bar ein — 500,00 EUR
5. Wir kaufen Ware gegen Bankscheck — 1 750,00 EUR
6. Wir richten bei einer Bank ein Girokonto ein und zahlen darauf bar ein — 500,00 EUR
7. Ein Kunde überweist den Rechnungsbetrag auf unser Bankkonto — 3 200,00 EUR
8. Die Forderung gegenüber dem Kunden (vgl. Nr. 7) beträgt nur 2 300,00 EUR. Wir zahlen daher dem Kunden den irrtümlich zu viel gezahlten Betrag durch Banküberweisung zurück — 900,00 EUR
9. Ein Kunde zahlt einen Rechnungsbetrag mit Bankscheck — 780,00 EUR
10. Wir verkaufen einen nicht mehr benötigten Computer bar zum Buchwert — 500,00 EUR
11. Wir kaufen Waren bar — 325,00 EUR
12. Wir kaufen einen neuen Computer gegen Banküberweisung — 1 500,00 EUR

(2) Buchung von Geschäftsvorfällen im System der doppelten Buchführung (im Überlegungsschema und auf Konten)

Um die Vorteile der neuen Sichtweise, bei der als Ausgangspunkt nicht ein bestimmtes Konto, sondern der Geschäftsvorfall gewählt wird, besser verstehen zu können, greifen wir auf die Aufgabe Nr. 49 auf den Seiten 153/154 zurück. Bei der alten Sichtweise, bei der wir von einem bestimmten Konto ausgingen, musste jeder Geschäftsvorfall zweimal erscheinen, da jeder Geschäftsvorfall zwei Konten berührt (vgl. in Aufgabe 49 z. B. Nr. 1 und Nr. 10, Nr. 2 und Nr. 8 usw.). Bei der neuen Vorgehensweise, bei der wir den Geschäftsvorfall als Ausgangspunkt unserer Bearbeitung wählen, kommen wir bei der gleichen Aufgabe mit der Hälfte der Geschäftsvorfälle aus. Wir wählen dabei nur eine andere Form der Aufgabenstellung und kommen zu den gleichen Ergebnissen auf den Konten.

Beispiel mit Lösung (Rückgriff auf Aufgabe 49):

I. Anfangsbestände:
Forderungen aus Lieferungen und Leistungen 4 150,00 EUR; Betriebs- und Geschäftsausstattung 3 750,00 EUR; Waren 4 750,00 EUR; Bank 5 150,00 EUR; Kasse 560,00 EUR.

II. Aufgaben:
1. Stellen Sie mit Hilfe der drei Fragen unseres eingeführten Überlegungsschemas jeweils fest, wie sich die folgenden Geschäftsvorfälle (siehe unter III.) auf die Kontenbestände auswirken!
2. Übertragen Sie die Ergebnisse Ihrer Überlegungen jeweils auf die Konten!

Lösungen:

Zu 1.: Feststellung der Auswirkung der Geschäftsvorfälle mit Hilfe des eingeführten Überlegungsschemas

III. Geschäftsvorfälle:	I. Welche Konten werden berührt?	II. Wie verändern sich die Kontobestände?	III. Auf welcher Kontoseite ist zu buchen?	
			Soll	Haben
1. Ein Kunde zahlt einen Rechnungsbetrag bar 2 000,00 EUR	Kasse Ford.a.L.u.L.	Zugang[1] Abgang[1]	2 000,00	2 000,00
2. Ein Kunde überweist einen Rechnungsbetrag auf unser Bankkonto 1 500,00 EUR	Bank Ford.a.L.u.L.	Zugang Abgang	1 500,00	1 500,00
3. Wir kaufen eine Registrierkasse bar 1 350,00 EUR	B.- u. G.-Ausstatt. Kasse	Zugang Abgang	1 350,00	1 350,00
4. Wir verkaufen einen ausgedienten PC bar zum Buchwert 50,00 EUR	Kasse Betriebs- u. Geschäftsausstattung	Zugang Abgang	50,00	50,00
5. Wir kaufen Ware bar 750,00 EUR	Waren Kasse	Zugang Abgang	750,00	750,00
6. Wir kaufen Ware gegen Banküberweisung 1 250,00 EUR	Waren Bank	Zugang Abgang	1 250,00	1 250,00
7. Wir heben vom Bankkonto bar ab und legen das Geld in die Geschäftskasse 1 200,00 EUR	Kasse Bank	Zugang Abgang	1 200,00	1 200,00
			8 100,00	8 100,00

[1] **Hinweis:** Die scheinbare Gesetzmäßigkeit in Spalte II (Zugang einerseits, Abgang andererseits) haben wir bewusst nicht angesprochen. Dieses Wechselspiel gilt nur im Bereich der Aktivkonten. Nach Einbeziehung der Schuldkonten (Passivkonten) werden wir sehen, dass durchaus auf beiden Konten ein Zugang bzw. Abgang möglich ist, ohne dass dabei das aus Spalte III ableitbare Grundprinzip des Systems der doppelten Buchführung (Sollbuchung ≙ Habenbuchung), auf das wir noch zurückkommen, durchbrochen wird.

Außerdem haben wir die Reihenfolge der Konten so gewählt, dass das Konto, auf dem auf der Sollseite zu buchen ist, immer an erster Stelle steht. An diese Ordnung sind Sie vorläufig nicht gebunden.

Zu 2.: Übertragung der festgestellten Auswirkungen auf die Konten

Soll	Forderungen a. Lief. u. Leist.		Haben
AB	4 150,00	Kasse	2 000,00
		Bank	1 500,00
		SB	650,00
	4 150,00		4 150,00

Soll	Betr.- u. Geschäftsausstattung		Haben
AB	3 750,00	Kasse	50,00
Kasse	1 350,00	SB	5 050,00
	5 100,00		5 100,00

Soll	Waren		Haben
AB	4 750,00	SB	6 750,00
Kasse	750,00		
Bank	1 250,00		
	6 750,00		6 750,00

Soll	Bank		Haben
AB	5 150,00	Ware	1 250,00
F.a.L.u.L.	1 500,00	Kasse	1 200,00
		SB	4 200,00
	6 650,00		6 650,00

Soll	Kasse		Haben
AB	560,00	BGA	1 350,00
F.a.L.u.L.	2 000,00	Ware	750,00
BGA	50,00	SB	1 710,00
Bank	1 200,00		
	3 810,00		3 810,00

Erläuterungen zu den Buchungen auf den Konten:

1. Die erforderlichen Buchungen auf den Konten sind jeweils aus dem Überlegungsschema abzulesen. Aus dem Geschäftsvorfall Nr. 1 ist z. B. ablesbar, dass auf dem Kassenkonto auf der Sollseite 2 000,00 EUR einzutragen sind und auf dem Forderungskonto ebenfalls 2 000,00 EUR, allerdings auf der Habenseite.
2. Um feststellen zu können, wie es zu diesem Betrag auf dem betreffenden Konto gekommen ist, trägt man in Höhe des gebuchten Betrages in der Textspalte jeweils das andere Konto (das so genannte Gegenkonto) ein. Aus praktischen Gründen (Platzmangel, Zeit) kann der Kontoname abgekürzt werden.

Wir merken uns:
- Jeder Geschäftsvorfall wird doppelt gebucht und berührt (mindestens) zwei Konten.
- Bei jedem Geschäftsvorfall wird der Betrag auf einem Konto auf der Sollseite und auf einem anderen Konto auf der Habenseite gebucht.
- Für jeden Geschäftsvorfall gilt:

   gebuchter Sollbetrag ≙ gebuchter Habenbetrag

  Das ist das **Grundprinzip** des Systems der doppelten Buchführung.[1]

Übungsaufgabe

52 I. Anfangsbestände

Betriebsgebäude 420 000,00 EUR; Betriebs- und Geschäftsausstattung 20 000,00 EUR; Waren 35 900,00 EUR; Forderungen aus Lieferungen und Leistungen 16 450,00 EUR; Kasse 3 500,00 EUR; Bank 9 100,00 EUR.

---

[1] Das System der doppelten Buchführung war bereits im Mittelalter bekannt. Es ist von dem Grundgedanken her so genial, dass es sich bis in unsere heutigen Tage bewährt hat und sich auch sicher in Zukunft bewähren wird.

II. Geschäftsvorfälle

1. Wir kaufen Ware bar	3 000,00 EUR
2. Wir heben vom Bankkonto bar ab und legen das Geld in die Kasse	2 500,00 EUR
3. Wir kaufen einen Aktenschrank und zahlen mit Bankscheck	1 750,00 EUR
4. Ein Kunde überweist den Rechnungsbetrag für die AR 146 auf unser Bankkonto	2 000,00 EUR
5. Wir kaufen Ware gegen Banküberweisung	1 800,00 EUR
6. Ein nicht mehr benötigter PC wird zum Buchwert bar verkauft	250,00 EUR

III. Aufgaben

1. Richten Sie für die angegebenen Anfangsbestände die Konten ein und tragen Sie die Anfangsbestände vor!
2. Erfassen Sie die Veränderungen durch die Geschäftsvorfälle zunächst in dem Überlegungsschema und übertragen Sie diese anschließend auf die Konten!
3. Schließen Sie die Konten ordnungsmäßig ab!

3.3 Einbeziehung der Schuldkonten in das System der doppelten Buchführung

3.3.1 Buchungsregeln für die Buchungen auf den Schuldkonten (Passivkonten)

Der gegensätzliche Charakter von Vermögen und Schulden führt zwangsläufig dazu, dass auf den Schuldkonten **anders** zu buchen ist als auf den Vermögenskonten. Auf einem Konto, das durch die zweiseitige Verrechnungsmöglichkeit charakterisiert ist (Soll- oder Habenseite), kann das Wort „anders" nur bedeuten: „auf der **anderen Kontoseite**". Das führt zu der Konsequenz, dass auf den Schuldkonten der Anfangsbestand und die Zugänge auf der Habenseite, die Abgänge und der Schlussbestand auf der Sollseite zu buchen sind. In der Gegenüberstellung zu den Aktivkonten ergeben sich daher für die Passivkonten folgende Buchungsregeln:

Soll	Aktivkonto	Haben	Soll	Passivkonto	Haben
Anfangsbestand		Abgänge	Abgänge		Anfangsbestand
Zugänge		Schlussbestand	Schlussbestand		Zugänge

Bei den Aktivkonten (Vermögenskonten) erscheinen:
- der **Anfangsbestand** und die **Zugänge** auf der **Sollseite**,
- die **Abgänge** und der **Schlussbestand** auf der **Habenseite**.

Bei den Passivkonten (Schuldkonten und Eigenkapitalkonto) erscheinen:
- der **Anfangsbestand** und die **Zugänge** auf der **Habenseite**,
- die **Abgänge** und der **Schlussbestand** auf der **Sollseite**.

Beispiel:
Wir kaufen bei der Karl Sende OHG Waren auf Ziel (Zahlung später) für 5 000,00 EUR.

Aufgabe:
Buchen Sie den Geschäftsvorfall auf den entsprechenden Konten!

Lösung:

Der Geschäftsvorfall besagt, dass wir bei der Karl Sende OHG zunächst Schulden machen, weil wir nicht unverzüglich zahlen. Die Karl Sende OHG ist unser Lieferant. Schulden bei Lieferanten buchen wir auf dem Schuldkonto „Verbindlichkeiten aus Lieferungen und Leistungen".

Der Geschäftsvorfall berührt also die beiden Konten **Waren** und **Verbindlichkeiten aus Lieferungen und Leistungen**.

Betrachtungspunkt: Konto Waren

Durch den Wareneinkauf nimmt der Anfangsbestand auf dem Warenkonto **zu**. Das Warenkonto ist ein Aktivkonto. Der **Zugang** auf einem **Aktivkonto** wird nach den festgelegten Buchungsregeln auf der **Sollseite** erfasst.

Betrachtungspunkt: Konto Verbindlichkeiten aus Lieferungen und Leistungen

Durch den Wareneinkauf auf Ziel nehmen die Verbindlichkeiten **zu**. Das Konto Verbindlichkeiten aus Lieferungen und Leistungen ist ein Passivkonto. Der **Zugang** bei **Passivkonten** wird nach den geltenden Buchungsregeln auf der **Habenseite** erfasst.

Soll	Waren	Haben	Soll	Verbindlichkeiten a. Lief. u. Leist.	Haben
Verb.a.L.u.L. 5 000,00				Waren	5 000,00

Erläuterungen:

Wir stellen fest, dass auf beiden Konten ein Zugang zu verzeichnen ist. Damit wird klargestellt, dass das Prinzip der doppelten Buchführung nicht in einem Wechsel von Zugang und Abgang besteht. Das ist, wie dieser Fall zeigt, eben nicht so. Dagegen bleibt das Grundprinzip der doppelten Buchführung (Sollbuchung auf dem einen Konto, Habenbuchung auf dem anderen Konto) selbstverständlich erhalten. Um nachvollziehen zu können, wie es jeweils zu dem Betrag auf dem Konto gekommen ist, tragen wir vor dem Betrag jeweils das andere Konto (Gegenkonto) ein.

Übungsaufgabe

53 Stellen Sie mit Hilfe des auf Seite 160 vorgegebenen Überlegungsschemas dar, wie die nachfolgenden Geschäftsvorfälle zu buchen sind!

1. Wir kaufen Waren auf Ziel — 340,00 EUR
2. Wir bezahlen eine bereits gebuchte[1] Liefererrechnung mit Bankscheck — 1 210,00 EUR
3. Eine kurzfristige Bankverbindlichkeit wird in ein langfristiges Bankdarlehen umgewandelt.[2] — 5 500,00 EUR
4. Wir kaufen ein Regal auf Ziel — 980,00 EUR
5. Wir tilgen ein Bankdarlehen durch Banküberweisung — 6 000,00 EUR
6. Ein Kunde zahlt bar — 55,00 EUR

---

[1] Bei Zahlungen an Lieferanten bzw. Zahlungseingängen von Kunden ist stets davon auszugehen, dass die entsprechenden Eingangs- und Ausgangsrechnungen bereits gebucht waren, auch wenn nicht ausdrücklich darauf hingewiesen wird.

[2] Wir unterscheiden die Konten: „Kurzfristige Bankverbindlichkeiten" (z. B. bei Nutzung des Kontokorrentkredits) und „Langfristige Bankverbindlichkeiten" (z. B. für ein Bankdarlehen).

7. Kauf eines PCs auf Ziel   1 980,00 EUR
8. Barabhebung vom Bankkonto   500,00 EUR
9. Zielkauf von Waren   1 720,00 EUR
10. Kauf eines Faxgerätes auf Ziel   598,00 EUR

Bearbeitungshinweise:

Um Fehler soweit wie möglich zu vermeiden, verwenden Sie bitte das nachfolgende **Überlegungsschema.** Da wir es jetzt mit zwei unterschiedlichen Kontoarten zu tun haben, müssen wir das bereits auf Seite 155 eingeführte Überlegungsschema um eine weitere Spalte erweitern.

Geschäftsvorfälle	I. Welche Konten werden berührt?	II. Um welche Kontoart handelt es sich?	III. Wie verändern sich die Kontobestände?	IV. Auf welcher Kontoseite wird gebucht?	
				Soll	Haben
1. Wir kaufen Waren auf Ziel für 340,00 EUR	Waren Verbindlichkeiten a. Lief. u. Leist.	Aktivkonto Passivkonto	Zugang Zugang	340,00	340,00

3.3.2 Einordnung des Eigenkapitalkontos in die Gruppe der Passivkonten (Schuldkonten)

Wir haben gelernt, dass die **Schuldkonten** und das **Eigenkapitalkonto** zu derselben Kontogruppe gehören, nämlich zu den **Passivkonten.** Für das Eigenkapitalkonto gelten also dieselben Buchungsregeln wie für die Schuldkonten. Hier treten oft Verständigungsschwierigkeiten auf.

Aus rein formaler Sicht gehört das Eigenkapitalkonto schon deshalb zu den Passivkonten, weil das Eigenkapital auf der Passivseite der Bilanz steht. Eine tiefer gehende, sachliche Begründung erhalten wir dann, wenn wir uns zwischen dem Unternehmen und den Kapitalgebern eine Trennungslinie denken. Stellen wir uns das Unternehmen als eine Person vor, eine Vorstellung, die bei Kapitalgesellschaften unter dem Begriff der juristischen Person durchaus üblich ist, dann sind die Kapitalgeber die Gläubiger des Unternehmens und das Unternehmen ist der Schuldner gegenüber den Kapitalgebern.

Aus dieser Sicht ist es gleichgültig, wer dem Unternehmen das Kapital zur Verfügung stellt. Das kann der **Unternehmer selbst sein (Eigenkapital)** oder es können auch **fremde Personen** bzw. **Institutionen wie Lieferanten oder Banken** sein **(Fremdkapital; Verbindlichkeiten)**. Das als selbstständige Einheit gedachte Unternehmen wird in jedem Fall Schuldner gegenüber den Kapitalgebern. Jeder Kapitalgeber erwartet von dem Unternehmen eine Vergütung für das zur Verfügung gestellte Kapital, die für den Eigenkapitalgeber in Form eines erwarteten Gewinnes und für die Fremdkapitalgeber im Allgemeinen in Form von Zinszahlungen besteht.

Übungsaufgaben

54 I. **Anfangsbestände**
Kasse 300,00 EUR; Ford. a. Lief. u. Leist. 12 000,00 EUR; Eigenkapital 12 300,00 EUR.

II. **Geschäftsvorfälle**
1. Ein Kunde zahlt einen Rechnungsbetrag bar   10 000,00 EUR
2. Wir kaufen Ware bar ein   10 200,00 EUR

3. Wir kaufen Ware auf Ziel	5 000,00 EUR
4. Ein Kunde zahlt einen Rechnungsbetrag bar	1 500,00 EUR
5. Wir zahlen eine Lieferantenrechnung bar	1 000,00 EUR

III. Aufgaben

1. Richten Sie für die angegebenen Anfangsbestände die Konten ein und tragen Sie die Anfangsbestände vor!
2. Legen Sie die Buchungen für die Geschäftsvorfälle in einem Überlegungsschema fest und übertragen Sie die Buchungen anschließend auf die Konten!
3. Schließen Sie die Konten ordnungsmäßig ab!

55 Buchen Sie mit Hilfe des Überlegungsschemas die nachfolgenden Geschäftsvorfälle!

1. Einkauf von Waren 14 950,00 EUR gegen Rechnung.
2. Einkauf von Waren gegen Bankscheck 21 748,00 EUR.
3. Zahlung der Liefererrechnung durch Banküberweisung (Fall 1) 14 950,00 EUR.
4. Banküberweisung zur Tilgung eines Bankdarlehens 7 000,00 EUR.
5. Einkauf von Lagerregalen auf Ziel 6 812,00 EUR.
6. Einkauf eines Bürosessels bar 1 745,00 EUR.
7. Bareinzahlung auf unser Bankkonto 10 800,00 EUR.
8. Ein Kunde begleicht eine Rechnung durch Banküberweisung 14 500,00 EUR.
9. Barkauf einer PC-Anlage 19 220,00 EUR.
10. Aufnahme eines Darlehens bei der Bank in Höhe von 50 000,00 EUR. Der Betrag wird uns von der Bank auf dem Kontokorrentkonto zur Verfügung gestellt.

3.4 Buchungssatz

3.4.1 Einfacher Buchungssatz

(1) Theoretische Grundlagen

Das bisher benutzte „Überlegungsschema" (vgl. Seite 160) zur Festlegung der erforderlichen Buchungen auf den Konten ist recht aufwendig. Es genügt, wenn wir uns in Zukunft auf zwei Angaben beschränken:

- die **Konten**, auf denen zu buchen ist,
- die Angabe der **Kontoseite**, auf der jeweils auf dem Konto zu buchen ist.

Diese beiden Angaben sind in den Spalten I und IV unseres Überlegungsschemas enthalten. Die übrigen Spalten (II und III) sind daher entbehrlich. Eine solche auf das Mindestmaß beschränkte Buchungsanweisung nennen wir **Buchungssatz**.

Beispiel:

Geschäftsvorfälle	Konten	Soll	Haben
1. Wir kaufen Ware auf Ziel für 1 500,00 EUR	Waren an Verbindlichkeiten a. Lief. u. Leist.	1 500,00	1 500,00

Buchungssatz

Erläuterungen:

- Da bezüglich der Kontenseite immer nur zwei Möglichkeiten in Frage kommen können (Soll- oder Habenseite), hat man die Vereinbarung getroffen, dass das Konto, auf dem auf der **Sollseite** zu buchen ist, immer **zuerst** genannt wird. Des Weiteren hat man vereinbart, **vor** das Konto, auf dem auf der Habenseite zu buchen ist, das Wörtchen „an" zu setzen. Unter Beachtung dieser Vereinbarung kann ein Buchungssatz daher immer nur lauten:

> Konto mit der **Sollbuchung**
> **an** Konto mit der **Habenbuchung**.

- Zur Vereinheitlichung der Schreibweise legen wir fest, dass beim Bilden von Buchungssätzen für jedes Konto eine Zeile benutzt wird. Es sollen auch immer die drei Spalten des oben dargestellten Schemas eingerichtet werden. Nur so ist eine eindeutige Zuordnung von Konto und Betrag möglich.

Zur Bildung des richtigen Buchungssatzes müssen selbstverständlich auch weiterhin die vier Denkschritte 1. bis 5. vollzogen werden.

Beispiel:
Geschäftsvorfall: Wir kaufen Waren auf Ziel für 1 500,00 EUR.

Aufgabe:
Bilden Sie zu dem Geschäftsvorfall den Buchungssatz!

Lösung:

Wir fragen:	Wir antworten:
1. **Welche Konten werden berührt?**	Das Warenkonto und das Konto Verbindlichkeiten aus Lieferungen und Leistungen.
2. **Um welche Kontoart handelt es sich jeweils?**	Das Warenkonto ist ein Vermögenskonto. Das Konto Verb. a. Lief. u. Leist. ist ein Schuldkonto.
3. **Welche Veränderungen ergeben sich jeweils auf den Konten?**	Der Warenbestand nimmt durch Wareneinkäufe zu, die Verbindlichkeiten a. L. u. L. nehmen ebenfalls zu.
4. **Welche Buchungsregeln sind jeweils anzuwenden?**	Zugänge auf dem Warenkonto (Aktivkonto) erscheinen auf der Sollseite. Zugänge auf dem Konto Verb. a. Lief. u. Leist. (Passivkonto) gehören auf die Habenseite.

	Konten	Soll	Haben
5. **Wie lautet der Buchungssatz?** (zuerst das Konto mit der Sollbuchung angeben!)	Waren an Verbindl. a. L. u. L.	1 500,00	1 500,00

Übungsaufgaben

56 Bilden Sie zu folgenden Geschäftsvorfällen die Buchungssätze, bzw. ermitteln Sie die Geschäftsvorfälle:

1. Wir zahlen auf unser Bankkonto bar ein — 500,00 EUR
2. Wir zahlen eine Lieferantenrechnung durch Banküberweisung — 375,00 EUR
3. Ein Kunde zahlt einen Rechnungsbetrag bar — 570,00 EUR
4. Wir kaufen Ware bar — 1 250,00 EUR
5. Wir kaufen eine Schrankwand bar — 1 320,00 EUR
6. Wir zahlen die Tilgungsrate für ein Bankdarlehen bar — 500,00 EUR
7. Ein Kunde zahlt einen Rechnungsbetrag durch Banküberweisung ein — 650,00 EUR
8. Wir heben vom Bankkonto ab und legen das Geld in die Kasse — 750,00 EUR
9. Welche Geschäftsvorfälle lagen folgenden Buchungssätzen zugrunde?

Nr.	Konten	Soll	Haben
9.1	Verbindlichkeiten a. Lief. u. Leist. an Bank	900,00 EUR	900,00 EUR
9.2	Kasse an Bank	500,00 EUR	500,00 EUR
9.3	Waren an Kasse	350,00 EUR	350,00 EUR

57 Bilden Sie zu den folgenden Geschäftsvorfällen die Buchungssätze, bzw. ermitteln Sie die Geschäftsvorfälle:

1. Eine kurzfristige Bankverbindlichkeit wird in ein langfristiges Bankdarlehen umgewandelt — 20 000,00 EUR
2. Wir kaufen Waren auf Ziel — 1 500,00 EUR
3. Von der bereits gebuchten Wareneingangsrechnung werden Waren im Wert von 300,00 EUR an den Lieferanten zurückgeschickt.
4. Ein Kunde zahlt eine Rechnung durch Banküberweisung — 500,00 EUR
5. Ein Kunde zahlt einen Rechnungsbetrag durch Bankzahlschein — 700,00 EUR
6. Eine Lieferantenrechnung wird durch Bankzahlschein beglichen — 350,00 EUR

Nr.	Konten	Soll	Haben
7.	Verbindlichkeiten a. Lief. u. Leist. an Waren	300,00 EUR	300,00 EUR
8.	Kasse an Forderungen a. Lief. u. Leist.	470,00 EUR	470,00 EUR

(2) Praktische Anwendung – Buchung nach Belegen

● **Grundsätzliches**

In der Praxis existiert über jeden Geschäftsvorfall ein Beleg. Die Buchungssätze werden somit dort immer nur aufgrund von Belegen (Überweisungen, Rechnungen, Quittungen, Lohnlisten usw.) gebildet. In der Praxis gilt daher der Grundsatz: **Keine Buchung ohne Beleg!** Denn nur durch ihn kann die Richtigkeit bzw. Vollständigkeit der Buchführung nachgewiesen werden. Belege sind daher die Grundvoraussetzung für eine ordnungsmäßige Buchführung. (Im Übrigen schreiben die „Richtlinien der Organisation der Buchführung" vom 11. November 1937 das Vorhandensein eines Beleges für jede Buchung in Abschnitt II, 12 zwingend vor.) Nach der Rechtsprechung ist eine Buchführung aus steuerlicher Sicht nur in Verbindung mit den Belegen beweiskräftig und ordnungsmäßig (BFH[1]-Urteil vom 17. Februar 1961).

Bei Prüfungen der Buchführung durch die steuerliche Betriebsprüfung oder bei betriebsinterner Revision gibt oft erst der Rückgriff auf den Buchungsbeleg Aufschluss über den zugrunde liegenden Geschäftsvorfall.

● **Bearbeitung der Buchungsbelege**

Die **Buchungsanweisung (Buchungssatz, Kontierung)** wird auf dem Beleg festgehalten. Zu diesem Zweck benutzt man in der Regel einen so genannten Kontierungsstempel, mit dem man die benötigten Spalten auf den Beleg aufdruckt, sodass diese nur noch mit den erforderlichen Daten versehen werden müssen. Da später so gebucht wird wie kontiert wurde, ist die Kontierungsarbeit von grundlegender Bedeutung.

An die Kontierung schließt sich dann der eigentliche **Buchungsvorgang** an. Hierbei wird bei jeder Buchung im Grundbuch[2] die Belegnummer vermerkt (z. B. ER 9 ≙ Eingangsrechnungsnummer 9), um jederzeit von der Buchung auf den Beleg schließen zu können. Da der Buchhalter auch den Beleg mit einem Buchungsvermerk versieht (Buchungsnummer, Seitennummer, Datum, Zeichen des Buchhalters), kann umgekehrt auch vom Beleg auf die Buchung geschlossen werden.

Beispiel:

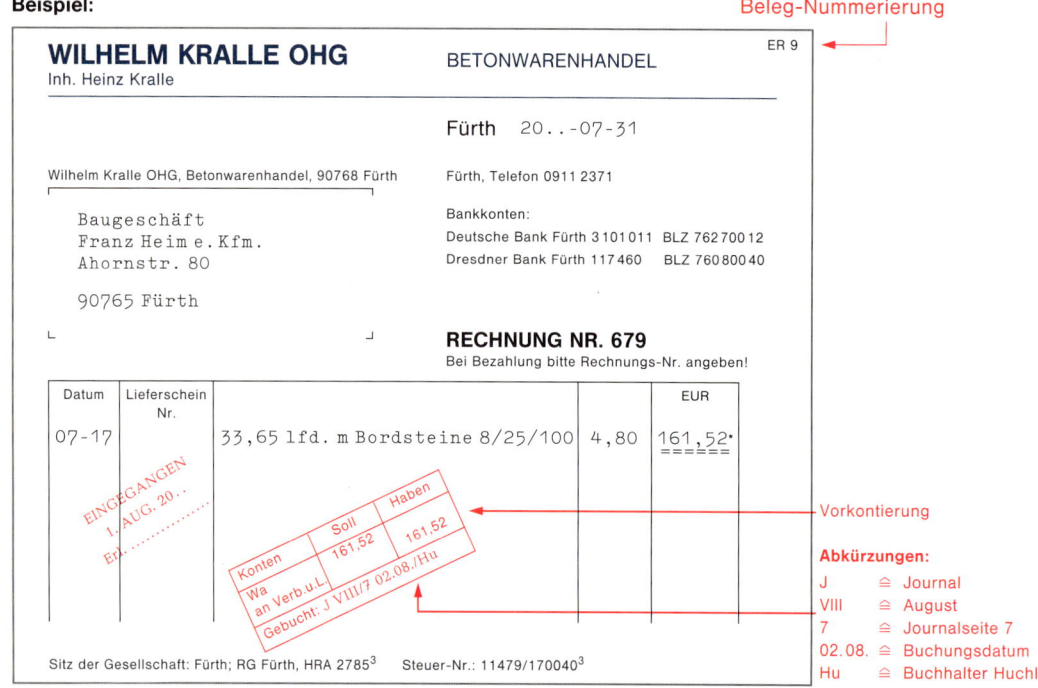

* Auf den Ausweis der Umsatzsteuer wurde verzichtet, weil diese noch nicht behandelt wurde.

1 BFH: Bundesfinanzhof mit Sitz in München.
2 Im Grundbuch werden die Buchungen in zeitlicher Reihenfolge (chronologisch) erfasst.
3 Nach dem ab 1. Juli 1998 geltenden neuen Firmenrecht ist bei allen Kaufleuten **auf den Geschäftsbriefen** die Firma, die Bezeichnung als Kaufmann, (z. B. e. Kfm. GmbH, GmbH & Co. KG) der Ort der Handelsniederlassung, das Registergericht (HRA→ für Einzelunternehmen und Personengesellschaften HRB → für Kapitalgesellschaften) und die Nummer, unter der die Firma in das Handelsregister eingetragen ist, anzugeben. Zudem muss die Steuernummer oder die Umsatzsteuer-Identifikationsnummer des Bundesamts für Finanzen ausgewiesen werden (§ 141a UStG).

Übungsaufgaben

58
1. Formulieren Sie aufgrund der Belege den zugrunde liegenden Geschäftsvorfall!
2. Bilden Sie die Buchungssätze für die „Weber Markt OHG", Huberweg 8, 91058 Erlangen.

Beleg 1

Lener-Service-Handelsgesellschaft GmbH
Ostendstr. 4 64319 Pfungstadt · Telefon (06157) 80413

Weber Markt OHG
Huberweg 8
91058 Erlangen

Datum: 27. Januar 20..

Rechnung Nr. 157/19   KARTON

Artikel-Nr.	Artikel-Bezeichnung	Menge	Einzelpreis	Bruttobetrag
10001	Nähnadel lang 3/7	25	2,40 EUR	60,00 EUR
10016	Glaskopf-Stecknadel bunt	12	4,20 EUR	50,40 EUR
11011	Gummiband glatt 3 m	5	2,90 EUR	14,50 EUR
12440	Zwirn 2er schwarz	30	1,29 EUR	38,70 EUR
13041	Klebefilm-Ersatzrolle	40	1,39 EUR	55,60 EUR
20005	Herrenkamm Celluloid	18	1,48 EUR	26,64 EUR
40020	Vokabelheft 32 Blatt A6	95	0,99 EUR	94,05 EUR
40161	Spiralkassetten A7	60	1,02 EUR	61,20 EUR
41256	Micro-Feinschreiber blau	15	3,99 EUR	59,85 EUR
	Endbetrag			460,94 EUR*

Sitz der Gesellschaft: Pfungstadt; RG Pfungstadt: HRB 1020   Steuer-Nr.: 77411/95013

* Auf den Ausweis der Umsatzsteuer wird verzichtet, da diese noch nicht behandelt wurde.

Beleg 2

Beleg 3

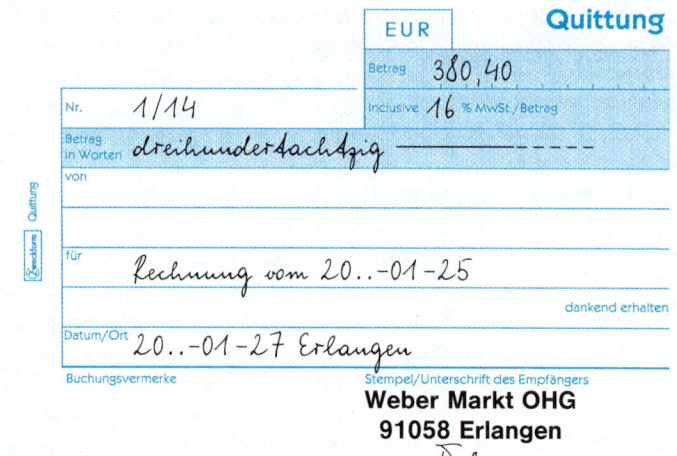

Beleg 4

Beleg 5

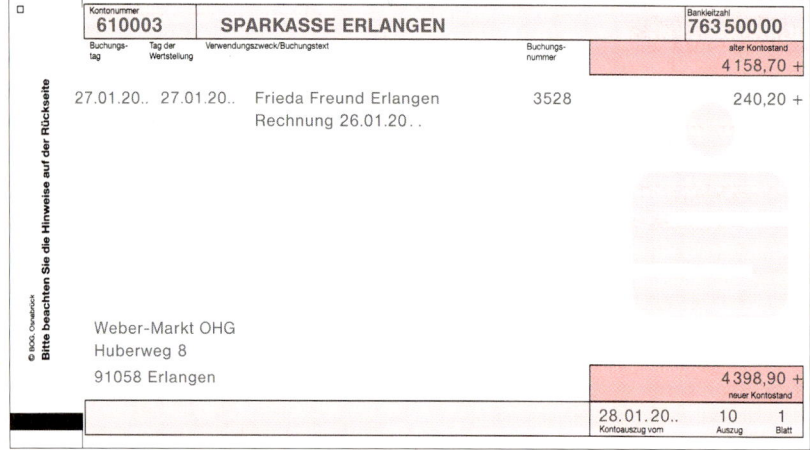

3.4.2 Zusammengesetzter Buchungssatz

Sind für einen Buchungssatz **mehr als zwei Konten** erforderlich, spricht man von einem **zusammengesetzten Buchungssatz**. Auch für den zusammengesetzten Buchungssatz gilt, dass bei jedem Buchungssatz die Summe der gebuchten Sollbeträge mit der Summe der gebuchten Habenbeträge übereinstimmen muss.

> **Beispiel:**
>
> **I. Anfangsbestände:**
> Verbindlichkeiten aus Lieferungen und Leistungen 10 000,00 EUR; Bank 7 000,00 EUR; Kasse 5 000,00 EUR.
>
> **II. Geschäftsvorfall:**
> Wir zahlen eine Wareneingangsrechnung über 3 700,00 EUR, und zwar durch Banküberweisung 3 000,00 EUR, in bar 700,00 EUR.
>
> **III. Aufgaben:**
> 1. Buchen Sie den Geschäftsvorfall auf den Konten!
> 2. Bilden Sie den Buchungssatz!

Lösungen:

Zu 1.: Buchung auf den Konten

Soll	Bank		Haben		Soll	Verbindlichkeiten a. Lief. u. Leist.		Haben
AB	7 000,00	Verb.a.L.u.L.	3 000,00		Ba/Ka	3 700,00	AB	10 000,00

Soll	Kasse		Haben
AB	5 000,00	Verb.a.L.u.L.	700,00

Zu 2.: Buchungssatz

Konten	Soll	Haben
Verbindl.a.Lief.u.Leist.	3 700,00	
an Bank		3 000,00
an Kasse		700,00

> **Wir merken uns:**
>
> Für den **einfachen Buchungssatz** wie für den **zusammengesetzten Buchungssatz** gilt:
>
> Summe der gebuchten Sollbeträge ≙ Summe der gebuchten Habenbeträge

Übungsaufgaben

59 Bilden Sie zu den folgenden Geschäftsvorfällen die Buchungssätze!

1. Ein Kunde zahlt eine Rechnung über 725,00 EUR
   in bar .... 225,00 EUR
   durch Banküberweisung .... 500,00 EUR
2. Wir kaufen Ware für insgesamt 3 500,00 EUR
   gegen Barzahlung .... 1 500,00 EUR
   auf Ziel .... 2 000,00 EUR

3. Wir verkaufen einen nicht mehr benötigten Lieferwagen in Höhe
des Buchwertes von 3 800,00 EUR
   gegen Barzahlung 800,00 EUR
   Restforderung 3 000,00 EUR

4. Ein Kunde zahlt einen Rechnungsbetrag über 1 750,00 EUR
   durch Banküberweisung 1 000,00 EUR
   durch Barzahlung 750,00 EUR

5. Wir bezahlen eine Lieferantenrechnung über 2 550,00 EUR
   in bar 550,00 EUR
   mit Bankscheck 2 000,00 EUR

6. Wir kaufen einen neuen Lieferwagen zum Preise von 25 000,00 EUR
   gegen Barzahlung 5 000,00 EUR
   durch Banküberweisung 17 500,00 EUR
   Restverbindlichkeit 2 500,00 EUR

60 Bilden Sie zu den folgenden Geschäftsvorfällen die Buchungssätze bzw. ermitteln Sie die Geschäftsvorfälle!

1. Wir tilgen eine Darlehensschuld bei der Bank über 5 000,00 EUR
   in bar 1 500,00 EUR
   durch Banküberweisung 3 500,00 EUR

2. Wir kaufen eine neue Ladentheke für 20 000,00 EUR
   Finanzierung: Barzahlung 5 000,00 EUR
   Banküberweisung 10 000,00 EUR
   Restverbindlichkeit 5 000,00 EUR

3. Gutschriftanzeigen der Bank für
   – Bareinzahlung 1 500,00 EUR
   – Überweisung eines Kunden 750,00 EUR

4. Welche Geschäftsvorfälle liegen folgenden Buchungssätzen zugrunde?

Nr.	Konten	Soll	Haben
4.1	Waren	3 750,00 EUR	
	an Bank		3 000,00 EUR
	an Kasse		750,00 EUR
4.2	Verbindlichkeiten aus Lief. u. Leist.	2 350,00 EUR	
	an Bank		2 000,00 EUR
	an Kasse		350,00 EUR
4.3	Bank	750,00 EUR	
	Kasse	250,00 EUR	
	an Forderungen aus Lief. u. Leist.		1 000,00 EUR
4.4	Unbebaute Grundstücke	40 000,00 EUR	
	an Bank		37 000,00 EUR
	an Kasse		3 000,00 EUR

61 **I. Anfangsbestände**

Betriebs- und Geschäftsausstattung 41 355,00 EUR; Kasse 1 670,00 EUR; Bank 33 975,00 EUR; Forderungen aus Lieferungen und Leistungen 12 150,00 EUR; Waren 24 570,00 EUR; Verbindlichkeiten aus Lieferungen und Leistungen 13 220,00 EUR; Langfristige Bankverbindlichkeiten 5 000,00 EUR; Eigenkapital 95 500,00 EUR.

II. Geschäftsvorfälle

1. Wir verkaufen eine nicht mehr benötigte Verkaufstheke bar
   zum Buchwert   2 500,00 EUR
2. Neuanschaffung einer Ladentheke gegen Banküberweisung   30 000,00 EUR
3. Eingangsrechnung für Waren   5 200,00 EUR
4. Ein Kunde überweist einen Rechnungsbetrag auf das Bankkonto   2 120,00 EUR
5. Zur Auffüllung des Kassenbestandes heben wir vom Bankkonto
   bar ab   500,00 EUR
6. Wir zahlen eine Lieferantenrechnung bar   1 200,00 EUR
7. Teilweise Tilgung des Bankdarlehens bar   1 000,00 EUR

III. Aufgaben

1. Richten Sie für die angegebenen Anfangsbestände die Bilanzkonten ein und tragen Sie die Anfangsbestände vor!
2. Bilden Sie die Buchungssätze!
3. Buchen Sie die Geschäftsvorfälle auf den Konten und schließen Sie die Konten ordnungsmäßig ab!

3.5 Eröffnung und Abschluss der Bilanzkonten (Bestandskonten)

Das Prinzip der doppelten Buchführung wurde bisher nur bei der Buchung der Geschäftsvorfälle angewandt. Die Anfangs- und Schlussbestände auf den Konten wurden dagegen nicht doppelt gebucht, sondern nur eingetragen. Das **Prinzip der doppelten Buchführung** ist jedoch ein **generelles Prinzip** und gilt folglich auch für die Anfangs- und Schlussbestände auf den Konten.

Von diesen beiden Lücken, die zur Zeit noch in unserer Buchführung bestehen, wollen wir zunächst eine schließen, und zwar die, die sich bei der Erfassung der **Schlussbestände** ergibt.

3.5.1 Schlussbilanzkonto

Wenn beim Abschluss der Konten für jeden Schlussbestand eine entsprechende Gegenbuchung erfolgen soll, benötigen wir ein besonderes Konto, das für diese Schlussbestände die Gegenbuchung aufnimmt. Dieses Abschlusskonto nennen wir **Schlussbilanzkonto** (abgekürzt: **SBK**).

> **Wir merken uns:**
>
> Auf dem Schlussbilanzkonto erscheinen die Gegenbuchungen für die Salden (Schlussbestände) auf den Bilanzkonten. Nach der Buchung aller Schlussbestände stehen die **Vermögenswerte** auf der **Sollseite** des Schlussbilanzkontos und die **Kapitalwerte** (Schulden und das Eigenkapital) auf der **Habenseite** des Schlussbilanzkontos.

> **Beispiel:**
> Als Demonstrationsbeispiel für die doppelte Buchung der Schlussbestände greifen wir auf die oben stehende Aufgabe 61 zurück.
>
> **Aufgaben:**
> 1. Eröffnen Sie die Konten mit den angegebenen Anfangsbeständen!
> 2. Buchen Sie die Auswirkungen der Geschäftsvorfälle auf den entsprechenden Konten!
> 3. Schließen Sie die Konten über das Schlussbilanzkonto ab!

Lösungen:

Soll	Betriebs- u. Geschäftsausstattung		Haben
AB	41 355,00	Kasse	2 500,00
Bank	30 000,00	SBK*	68 855,00
	71 355,00		71 355,00

Soll	Kasse		Haben
AB	1 670,00	Verb.a.L.u.L.	1 200,00
BGA	2 500,00	L. Bankv.	1 000,00
Bank	500,00	SBK	2 470,00
	4 670,00		4 670,00

Soll	Bank		Haben
AB	33 975,00	BGA	30 000,00
Ford.a.L.u.L.	2 120,00	Kasse	500,00
		SBK	5 595,00
	36 095,00		36 095,00

Soll	Forderungen aus Lief. u. Leist.		Haben
AB	12 150,00	Bank	2 120,00
		SBK	10 030,00
	12 150,00		12 150,00

Soll	Waren		Haben
AB	24 570,00	SBK	29 770,00
Verb.a.L.u.L.	5 200,00		
	29 770,00		29 770,00

Soll	Eigenkapital		Haben
SBK	95 500,00	AB	95 500,00

Soll	Verbindlichkeiten a. Lief. u. Leist.		Haben
Kasse	1 200,00	AB	13 220,00
SBK	17 220,00	Waren	5 200,00
	18 420,00		18 420,00

Soll	Langfr. Bankverbindlichkeiten		Haben
Kasse	1 000,00	AB	5 000,00
SBK	4 000,00		
	5 000,00		5 000,00

Soll	Schlussbilanzkonto		Haben
BGA	68 855,00	EK	95 500,00
Kasse	2 470,00	Verb.a.L.u.L.	17 220,00
Bank	5 595,00	L. Bankv.	4 000,00
Ford.a.L.u.L.	10 030,00		
Waren	29 770,00		
	116 720,00		116 720,00

> **Wir merken uns:**
>
> - Das Schlussbilanzkonto stellt beim Abschluss der Bestandskonten das Gegenkonto dar.
> - Schlussbilanzkonto und Schlussbilanz stimmen inhaltlich überein, dienen jedoch völlig unterschiedlichen Zwecken, haben daher auch andere Seitenbezeichnungen und dürfen deshalb nicht miteinander verwechselt werden.

---

* Da alle Schlussbestände auf diesem Konto „gegengebucht" werden, tragen wir in der Textspalte der einzelnen Konten nicht wie bisher „Schlussbestand", sondern das Gegenkonto Schlussbilanzkonto (SBK) ein.

Übungsaufgaben

62 **I. Anfangsbestände**

Betriebsgebäude 175 000,00 EUR; Betriebs- und Geschäftsausstattung 25 750,00 EUR; Waren 48 250,00 EUR; Forderungen aus Lieferungen und Leistungen 5 980,00 EUR; Bank 13 120,00 EUR; Kasse 2 750,00 EUR; Verbindlichkeiten aus Lieferungen und Leistungen 6 520,00 EUR; Langfristige Bankverbindlichkeiten 30 000,00 EUR; Eigenkapital 234 330,00 EUR.

II. Geschäftsvorfälle

1. Eingangsrechnung für Waren	2 750,00 EUR
2. Von der bereits gebuchten Warenlieferung schicken wir einen nicht bestellten Posten zurück	250,00 EUR
3. Ein Kunde zahlt einen Rechnungsbetrag durch Banküberweisung	1 200,00 EUR
4. Wir tilgen teilweise das Bankdarlehen durch Banküberweisung	500,00 EUR
5. Wir verkaufen einen nicht mehr benötigten Büroschrank bar zum Buchwert	100,00 EUR
6. Teilweise Rückzahlung des Bankdarlehens durch Banküberweisung	750,00 EUR
7. Wir zahlen eine Lieferantenrechnung über 3 350,00 EUR, in bar	350,00 EUR
durch Banküberweisung	3 000,00 EUR

III. Aufgaben

1. Tragen Sie die Anfangsbestände auf den entsprechenden Konten vor!
2. Bilden Sie die Buchungssätze und buchen Sie auf den Konten!
3. Schließen Sie die Konten über das Schlussbilanzkonto ab!

63 **I. Anfangsbestände**

Betriebs- und Geschäftsausstattung 55 000,00 EUR; Waren 27 500,00 EUR; Forderungen aus Lieferungen und Leistungen 12 750,00 EUR; Kasse 3 510,00 EUR; Bank 23 220,00 EUR; Langfristige Bankverbindlichkeiten 5 000,00 EUR; Verbindlichkeiten aus Lieferungen und Leistungen 17 850,00 EUR; Eigenkapital 99 130,00 EUR.

II. Geschäftsvorfälle

1. Kauf eines kleinen Grundstückes für einen Parkplatz im Wert von 10 000,00 EUR zu folgenden Bedingungen:	
Banküberweisung	8 000,00 EUR
Barzahlung	2 000,00 EUR
2. Ein Kunde zahlt einen Rechnungsbetrag über 1 250,00 EUR, in bar	500,00 EUR
durch Banküberweisung	750,00 EUR
3. Zahlung einer Eingangsrechnung in Höhe von 2 850,00 EUR, in bar	1 000,00 EUR
durch Banküberweisung	1 850,00 EUR
4. Wareneinkauf im Werte von 3 250,00 EUR: auf Ziel	2 750,00 EUR
gegen Barzahlung	500,00 EUR
5. Ein Kunde zahlt einen Rechnungsbetrag bar	1 650,00 EUR
6. Anschaffung mehrerer Personalcomputer zum Preis von 7 850,00 EUR zu folgenden Bedingungen:	
Anrechnung eines nicht mehr benötigten PCs zum Buchwert von	350,00 EUR
Banküberweisung	5 500,00 EUR
Barzahlung	2 000,00 EUR
7. Das Bankdarlehen wird teilweise durch Banküberweisung getilgt	850,00 EUR

III. Aufgaben

1. Tragen Sie die Anfangsbestände auf den entsprechenden Konten vor!
2. Bilden Sie die Buchungssätze und buchen Sie auf den Konten!
3. Schließen Sie die Konten über das Schlussbilanzkonto ab!

3.5.2 Eröffnungsbilanzkonto

Die konsequente Beachtung des Prinzips der doppelten Buchführung führt zu der jederzeit gültigen Gleichung: **Summe der gebuchten Sollbeträge** ≙ **Summe der gebuchten Habenbeträge**.

Nun gibt es immer noch eine Stelle in unserer Buchführung, an der das Prinzip der doppelten Buchführung durchbrochen ist, nämlich bei den Anfangsbeständen. Diese wurden bisher nicht im Sinne der doppelten Buchführung auf den Konten gebucht, sondern lediglich eingetragen.

Beispiel:

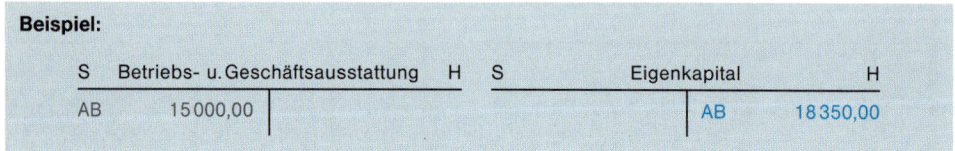

Sowohl zu dem Betrag von 15 000,00 EUR auf dem Konto Betriebs- und Geschäftsausstattung als auch zu dem Betrag von 18 350,00 EUR auf dem Eigenkapitalkonto fehlen entsprechende Gegenbuchungen.

Diese Lücke wird mit Hilfe des **Eröffnungsbilanzkontos (EBK)** geschlossen. Es handelt sich hierbei um ein Hilfskonto, das nur dazu dient, die Eröffnungsbuchungen nach dem Prinzip der doppelten Buchführung aufzunehmen.

Beispiel:

I. Anfangsbestände:

Betriebs- und Geschäftsausstattung 15 000,00 EUR; Waren 10 000,00 EUR; Kasse 850,00 EUR; Verbindlichkeiten aus Lieferungen und Leistungen 7 500,00 EUR; Eigenkapital 18 350,00 EUR.

II. Aufgabe:

Eröffnen Sie die Konten mit Hilfe des Eröffnungsbilanzkontos!

Lösung:

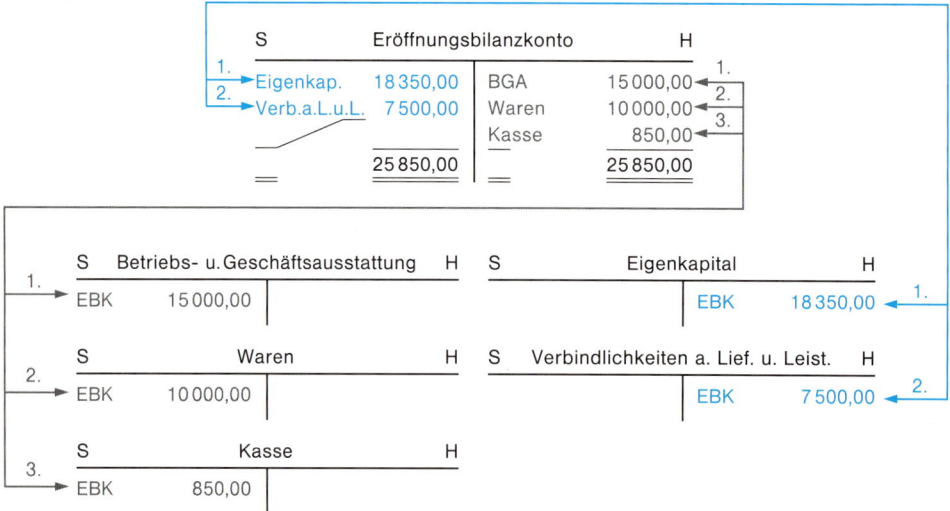

172

Auf dem Eröffnungsbilanzkonto stehen die Anfangsbestände der **Aktivkonten** auf der **Habenseite** und die Anfangsbestände der **Passivkonten** auf der **Sollseite**. Im Vergleich zum Schlussbilanzkonto ergibt sich damit eine Vertauschung der Seiten. Aus dieser Tatsache ist Folgendes ablesbar:

Das Eröffnungsbilanzkonto ist ein Hilfskonto für eine systemgerechte Buchung der Anfangsbestände. Es erfüllt in dieser Rolle lediglich die Funktion einer Kontrollrechnung, denn es bietet gleich zu Beginn der Geschäftsperiode die Gewähr dafür, dass die Summe der gebuchten Sollbeträge gleich der Summe der gebuchten Habenbeträge ist, da die Summen auf beiden Seiten des Eröffnungsbilanzkontos gleich sein müssen.

> **Anmerkung:**
> - Das Eröffnungsbilanzkonto wurde hier aus methodischen und systematischen Überlegungen dargestellt. Ob in den nachfolgenden Übungsaufgaben das Eröffnungsbilanzkonto geführt werden soll, bleibt der individuellen Entscheidung der Fachlehrerin/des Fachlehrers vorbehalten.
> - Bei elektronisch gesteuerten Buchführungssystemen ist das Eröffnungsbilanzkonto aus Abstimmungsgründen unverzichtbar.

Übungsaufgaben

64 I. Anfangsbestände

Betriebs- und Geschäftsausstattung 25 580,00 EUR; Kasse 5 200,00 EUR; Bank 12 580,00 EUR; Forderungen aus Lieferungen und Leistungen 5 510,00 EUR; Waren 25 100,00 EUR; Verbindlichkeiten aus Lieferungen und Leistungen 7 750,00 EUR; Eigenkapital muss noch ermittelt werden!

II. Geschäftsvorfälle

1. Einzahlung auf das Bankkonto — 1 500,00 EUR
2. Ein Kunde zahlt einen Rechnungsbetrag über 2 500,00 EUR
   in bar — 500,00 EUR
   durch Banküberweisung — 2 000,00 EUR
3. Barkauf eines Lagerregals — 1 275,00 EUR
4. Barabhebung vom Bankkonto — 500,00 EUR
5. Wareneinkauf in Höhe von 2 250,00 EUR
   gegen Banküberweisung — 500,00 EUR
   auf Ziel — 1 750,00 EUR
6. Kauf mehrerer PCs für 5 000,00 EUR
   Bankscheck — 3 000,00 EUR
   Barzahlung — 2 000,00 EUR

III. Aufgabe

Nach Eröffnung der Konten mit Hilfe des Eröffnungsbilanzkontos, der Bildung der Buchungssätze und der Buchung der Geschäftsvorfälle sind die Konten über das Schlussbilanzkonto abzuschließen!

3.6 Zusammenhang: Bilanz – Bilanzkonten – Inventur und Inventar

Die Konten der Buchführung (Bilanzkonten) – unter Einbeziehung des Schlussbilanzkontos und des Eröffnungsbilanzkontos – bilden jetzt eine in sich geschlossene Einheit: **Das Kontensystem der doppelten Buchführung**. Die Zahlen auf diesen Konten stellen für die Geschäftsleitung eine unentbehrliche Informationsquelle dar.

Neben der Geschäftsleitung sind auch außerhalb des Einzelhandelsunternehmens stehende Kreise (Steuerbehörden, Banken, Gesellschafter, Mitarbeiter) an den Ergebnissen der Buchführung interessiert. Die berechtigten Informationsansprüche dieser Gruppen werden unter anderem durch die **Bilanz** erfüllt.

Die Bilanz baut auf den Zahlen der Buchführung auf, wobei diese Zahlen jedoch vor ihrer Übernahme in die Bilanz durch die Inventur auf ihre Richtigkeit hin überprüft werden. Vom buchtechnischen Standpunkt aus und auch von der Tatsache ausgehend, dass die Bilanz für die Öffentlichkeit entsprechend aufbereitet werden muss (§§ 247, 266 HGB), stehen **Inventur** (bzw. **Inventar**) und **Bilanz außerhalb der Buchführung**.

Die grafische Darstellung auf Seite 175 soll den Zusammenhang zwischen dem Kontensystem der Buchführung und der Bilanz sowie der Inventur (bzw. dem Inventar) veranschaulichen.

Übungsaufgaben

65 **I. Anfangsbestände**

Betriebsgebäude 150 000,00 EUR; Betriebs- und Geschäftsausstattung 68 000,00 EUR; Kasse 6 500,00 EUR; Waren 35 000,00 EUR; Bank 37 500,00 EUR; Forderungen aus Lieferungen und Leistungen 23 750,00 EUR; Verbindlichkeiten aus Lieferungen und Leistungen 12 900,00 EUR; Langfristige Bankverbindlichkeiten 56 000,00 EUR; Eigenkapital 251 850,00 EUR.

II. Geschäftsvorfälle

1. Wareneinkauf bar	2 300,00 EUR
2. Wir kaufen ein Ladenregal gegen Rechnung	4 500,00 EUR
3. Wir zahlen auf unser Bankkonto bar ein	400,00 EUR
4. Ein Teil des Bankdarlehens wird durch Banküberweisung getilgt	3 000,00 EUR
5. Kauf eines Lagergebäudes (Konto Betriebsgebäude) im Wert von 28 500,00 EUR unter folgenden Bedingungen:	
gegen Bankscheck	26 000,00 EUR
gegen Barzahlung	2 500,00 EUR
6. Ein Kunde zahlt einen Rechnungsbetrag über 2 500,00 EUR	
in bar	500,00 EUR
durch Banküberweisung	2 000,00 EUR
7. Ein Kunde begleicht durch Bankscheck eine Rechnung über	12 000,00 EUR
8. Wareneinkauf auf Ziel	2 450,00 EUR
9. Barabhebung vom Bankkonto	700,00 EUR
10. Wir begleichen eine Lieferantenrechnung durch Banküberweisung	1 950,00 EUR

III. Aufgaben
1. Erstellen Sie die Eröffnungsbilanz!
2. Eröffnen Sie die Konten und buchen Sie die Anfangsbestände auf den Konten!
3. Bilden Sie die Buchungssätze zu den Geschäftsvorfällen!
4. Schließen Sie nach Buchung der Geschäftsvorfälle die Konten ordnungsgemäß ab und erstellen Sie die Schlussbilanz!

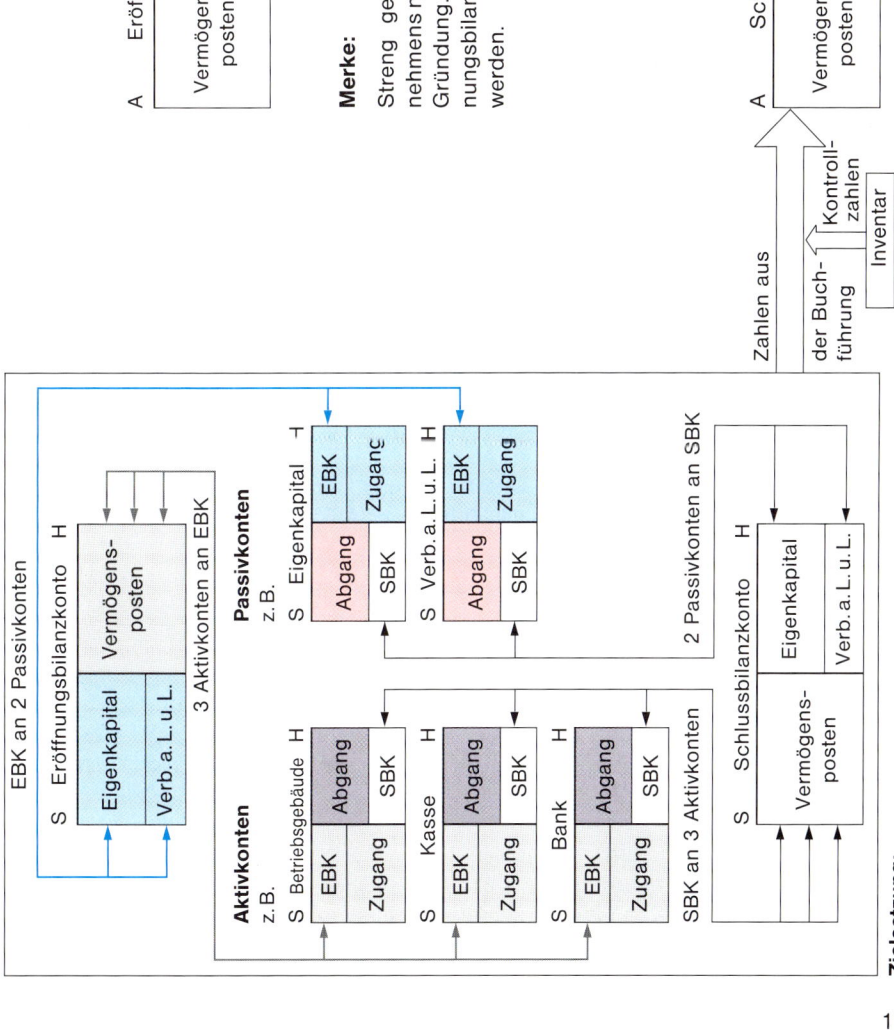

66 I. Anfangsbestände

Waren	37 500,00 EUR	Betriebs- u. Geschäftsausstattung	40 000,00 EUR
Ford. a. Lief. u. Leist.	15 120,00 EUR	Fuhrpark	25 000,00 EUR
Verb. a. Lief. u. Leist.	12 750,00 EUR	Bebaute Grundstücke	150 000,00 EUR
Langfristige Bank-		Bank	10 000,00 EUR
verbindlichkeiten	30 000,00 EUR	Eigenkapital	237 720,00 EUR
Kasse	2 850,00 EUR		

II. Geschäftsvorfälle

1. Wir kaufen Waren auf Ziel   2 125,00 EUR
2. Wir verkaufen aus unserer Geschäftsausstattung eine gebrauchte Rechenmaschine bar zum Buchwert von   300,00 EUR
3. Ein Kunde begleicht eine Rechnung durch Banküberweisung   1 520,00 EUR
4. Wir zahlen eine Lieferantenrechnung über 2 150,00 EUR
   - in bar   1 000,00 EUR
   - durch Banküberweisung   1 150,00 EUR
5. Wir senden Ware, die bereits bei uns gebucht war, an den Lieferanten zurück   300,00 EUR
6. Ein Kunde zahlt einen Rechnungsbetrag bar   153,00 EUR
7. Nach der Buchung von Fall 6 stellt die Buchhaltung fest, dass die Rechnung nicht über 153,00 EUR, sondern über 135,00 EUR lautet. Der zu viel gezahlte Betrag in Höhe von 18,00 EUR wird durch Banküberweisung an den Kunden zurückgezahlt.
8. Wir kaufen eine Schneidemaschine bar   1 200,00 EUR
9. Wir zahlen auf unser Bankkonto bar ein   500,00 EUR

III. Aufgaben

1. Führen Sie das Eröffnungsbilanzkonto!
2. Richten Sie die entsprechenden Konten ein und buchen Sie die Anfangsbestände!
3. Bilden Sie die Buchungssätze zu den Geschäftsvorfällen!
4. Schließen Sie nach Buchung der Geschäftsvorfälle die Konten über das Schlussbilanzkonto ab!
5. Stellen Sie auf der Grundlage des buchhalterischen Abschlusses eine nach handelsrechtlichen Vorschriften gegliederte Bilanz auf!

4 Erfolgskonten (Ergebniskonten)

4.1 Vorbemerkungen

Bisher haben sich in unserer Buchführung noch keine Gewinne bzw. Verluste ergeben. Wir konnten das daran erkennen, dass sich das Eigenkapital innerhalb der Geschäftsperiode nicht verändert hat. Ursache für diese Erfolgsneutralität war die Art der Geschäftsvorfälle. Wir haben bisher nur mit Geschäftsvorfällen gearbeitet, durch die das Eigenkapital nicht verändert wurde. Solche Geschäftsvorfälle nennt man **erfolgsunwirksame (erfolgsneutrale) Geschäftsvorfälle**. Sie zeichnen sich dadurch aus, dass bei ihrer Buchung das Eigenkapital ausgeschlossen ist und nur die übrigen Bilanzkonten in Frage kommen können. Soll sich das Eigenkapital verändern, müssen wir eine andere Art von Geschäftsvorfällen wählen, nämlich **erfolgswirksame Geschäftsvorfälle**. Sie zeichnen sich dadurch aus, dass sich neben einem anderen Bilanzkonto auch das Eigenkapitalkonto verändert.

- **Erfolgsunwirksame Geschäftsvorfälle** verändern das Eigenkapital nicht. Es werden daher immer nur die übrigen Bilanzkonten angesprochen.
- **Erfolgswirksame Geschäftsvorfälle** verändern das Eigenkapital. Neben dem Bestand auf einem anderen Bilanzkonto verändert sich auch immer der Bestand auf dem Eigenkapitalkonto.

4.2 Einführung der Begriffe Aufwendungen und Erträge

Wir haben bereits festgestellt, dass sich durch erfolgswirksame Geschäftsvorfälle das Eigenkapital verändern muss. Nun kann sich das Eigenkapital nach zwei Richtungen hin verändern, es kann zunehmen oder abnehmen. Dementsprechend sind auch zwei Arten von erfolgswirksamen Geschäftsvorfällen zu unterscheiden. Nimmt durch einen Geschäftsvorfall das Eigenkapital zu, sprechen wir von **Erträgen**, nimmt durch einen Geschäftsvorfall das Eigenkapital ab, sprechen wir von **Aufwendungen**.

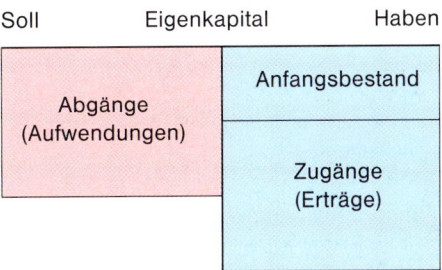

Wir merken uns:

- **Zugänge** beim **Eigenkapital** nennen wir **Erträge**.
- **Abgänge** beim **Eigenkapital** nennen wir **Aufwendungen**.

Vorläufige Beispiele für Aufwendungen und Erträge:

Aufwendungen, durch die sich das Eigenkapital vermindert	**Erträge,** durch die sich das Eigenkapital erhöht
Beispiele: • Gehälter, Löhne • Mieten, Pachten • Büromaterial • Versicherungsbeiträge • Aufwendungen für Waren • Kraftfahrzeugsteuer	Beispiele: • Umsatzerlöse für Waren • Erlöse aus Vermietung u. Verpachtung • Zinserträge • Sonstige Umsatzerlöse (aus Dienstleistungen)

Anmerkung: Die wichtigsten Erträge durch Warenverkäufe und die dazugehörigen Aufwendungen für diese Warenverkäufe werden erst im Kapitel 6.1 behandelt.

4.3 Buchungen von Aufwendungen und Erträgen auf dem Eigenkapitalkonto

Beispiel:

Anfangsbestand
Eigenkapital 25 000,00 EUR.

Aufgabe:
Stellen Sie für die folgenden erfolgswirksamen Geschäftsvorfälle die Auswirkungen auf dem Eigenkapitalkonto dar!

Lösung:

Geschäftsvorfälle:

1. Wir zahlen Miete für die Geschäftsräume bar 1 500,00 EUR.
2. Wir zahlen die Ausbildungsvergütung für zwei Auszubildende bar 1 190,00 EUR.
3. Wir erhalten eine Vermittlungsprovision auf unser Bankkonto überwiesen 18 000,00 EUR.
4. Die Bank schreibt uns Zinsen auf unserem Bankkonto gut 7 850,00 EUR.

Soll	Eigenkapital		Haben
Kasse	1 500,00	AB	25 000,00
Kasse	1 190,00	Bank	18 000,00
		Bank	7 850,00

Wir merken uns:

Erfolgswirksame Geschäftsvorfälle verändern das Eigenkapital:

• erfolgswirksame Zahlungs**aus**gänge **(Aufwendungen)** vermindern das Eigenkapital.
• erfolgswirksame Zahlungs**ein**gänge **(Erträge)** erhöhen das Eigenkapital.

Übungsaufgaben

67 Welcher Geschäftsvorfall führt zu einer Eigenkapitalminderung?
① Eine kurzfristige Bankschuld wird in ein langfristiges Bankdarlehen umgewandelt.
② Einkauf von Waren auf Ziel.
③ Barkauf von Büromaterial.
④ Barabhebung vom Bankkonto.

Übertragen Sie die entsprechende Ziffer als Lösung in Ihr Hausheft!

68 Welcher Geschäftsvorfall führt zu einer Eigenkapitalerhöhung?
① Bareinzahlung auf das Bankkonto.
② Ein Kunde zahlt eine Forderung bar.
③ Wir erhalten Provision vom Lieferer.
④ Wir kaufen einen Büroschrank mit Bankscheck.

Übertragen Sie die entsprechende Ziffer als Lösung in Ihr Hausheft!

69 **I. Anfangsbestand**

Eigenkapital 58 800,00 EUR.

II. Geschäftsvorfälle

1. Wir kaufen Büromaterial bar	180,00 EUR
2. Wir erhalten Provision auf unser Bankkonto überwiesen	2 350,00 EUR
3. Die Stromrechnung wird vom Bankkonto abgebucht	910,00 EUR
4. Wir erhalten die Miete für den laufenden Monat durch Banküberweisung	3 100,00 EUR
5. Die Kfz-Versicherung für den Geschäftswagen wird mit Bankscheck beglichen	580,00 EUR
6. Die Bank schreibt uns Zinsen gut	720,00 EUR

III. Aufgaben

1. Stellen Sie wie im Beispiel auf Seite 178 die Auswirkungen obiger Geschäftsvorfälle auf dem Konto Eigenkapital dar! Die Gegenkonten sind nicht zu führen!
2. Schließen Sie das Eigenkapitalkonto ab und ermitteln Sie das neue Eigenkapital!

4.4 Einführung der Erfolgskonten und Buchungen auf Erfolgskonten

Die bisher gezeigte Darstellung der Buchungen von erfolgswirksamen Geschäftsvorfällen auf dem Eigenkapitalkonto diente dem Grundverständnis der Zusammenhänge. Würde man in der Praxis die Auswirkungen der Vielzahl der erfolgswirksamen Geschäftsvorfälle, von denen ein Großteil zu unterschiedlichen Zeiten immer wiederkehrt, direkt auf dem Eigenkapitalkonto erfassen, würde das folgende Nachteile mit sich bringen:

1. Wenn die unterschiedlichen Aufwendungen und Erträge, die zu unterschiedlichen Zeitpunkten wiederholt auftreten, jeweils auf dem Eigenkapitalkonto erfasst werden, würde dieses Konto unverhältnismäßig umfangreich und unübersichtlich.
2. Da sich ein Einzelhandelskaufmann nicht so sehr für die Gesamtsumme aller Aufwendungen, sondern – z.B. unter dem Gesichtspunkt der Kostenkontrolle – eher für die Summe einzelner Aufwandsarten interessiert, müsste er sich diese mühsam aus der Fülle des Zahlenmaterials auf dem Eigenkapitalkonto zuammensuchen.

Deshalb geht man in der Praxis der Buchführung den naheliegenden Weg, die Eigenkapitalveränderungen nicht direkt auf dem Eigenkapitalkonto zu erfassen, sondern sie zunächst auf besonderen Konten auszulagern. Da auf diesen Konten die Quellen des Erfolgs erfasst werden, nennt man diese Konten Erfolgskonten. Je nach der Art der Auswirkung eines erfolgswirksamen Geschäftsvorfalles auf das Eigenkapital (Zugang oder Abgang) müssen wir auch **zwei Arten von Erfolgskonten** unterscheiden:

- Die **Aufwandskonten:** sie erfassen die Minderungen (Abgänge) beim Eigenkapital
- Die **Ertragskonten:** sie erfassen die Mehrungen (Zugänge) beim Eigenkapital

Die Erfolgskonten stellen sich somit als Unterkonten des Eigenkapitals dar, da sie nichts anderes erfassen als Eigenkapitalminderungen, die wir Aufwendungen nennen, und Eigenkapitalmehrungen, die wir als Erträge bezeichnen.

Damit der Einzelhandelskaufmann eine gute Übersicht über die einzelnen Arten von Aufwendungen und Erträgen behält und er die bis dahin jeweils aufgelaufene Summe jederzeit abrufen kann, wird für jede Art von Aufwand bzw. Ertrag ein eigenes Konto geführt. Lediglich für sehr geringfügige Aufwendungen, wie z.B. für den üblichen Bürobedarf wie Schreibpapier, Schreibstifte, Radiergummi, Farbbänder usw., wird ein Sammelkonto mit der entsprechenden Bezeichnung „Büromaterial" geführt. Die Bezeichnung der einzelnen Erfolgskonten ergibt sich im Allgemeinen schon aus dem Geschäftsvorfall.

Um die Lernenden schon jetzt an die in der Prüfung zu erwartenden Begriffe zu gewöhnen, werden auch bei den Erfolgskonten die offiziellen Bezeichnungen des für uns gültigen Kontenrahmens zugrunde gelegt.

In schematischer Zusammenfassung ergibt sich die folgende Darstellung:

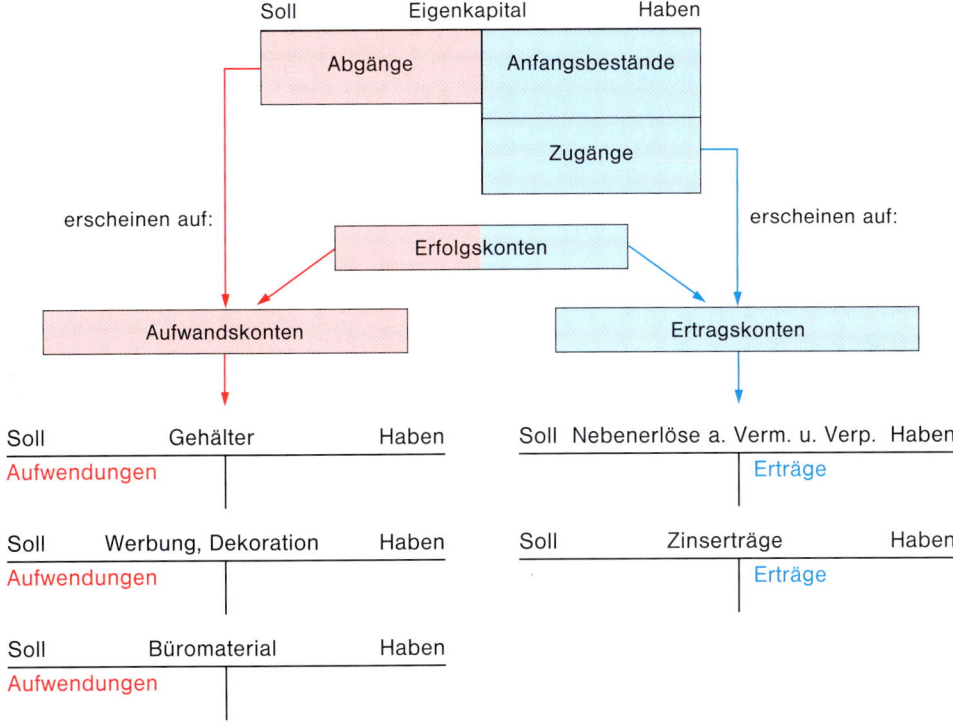

> **Wir merken uns:**
> - Die Aufwands- und Ertragskonten sind **Unterkonten des Eigenkapitalkontos**.
> - Da die Aufwands- und Ertragskonten Auskunft darüber geben, wodurch der Erfolg (Gewinn oder Verlust) zustande gekommen ist, nennen wir sie **Erfolgskonten**.
> - Bei den Aufwandskonten erscheinen die **Aufwendungen** immer auf der **Sollseite**.
> - Bei den Ertragskonten erscheinen die **Erträge** immer auf der **Habenseite**.

Übungsaufgaben

70
1. Erläutern Sie den Zusammenhang zwischen den Erfolgskonten und dem Eigenkapitalkonto!
2. Würde das System der doppelten Buchführung auch ohne die Einrichtung von Erfolgskonten funktionieren? Begründen Sie Ihre Entscheidung!
3. Aus welchen Gründen werden Erfolgskonten eingerichtet?
4. Warum kann es auf den Erfolgskonten keine Anfangsbestände geben?
5. Wie können Aufwendungen in Bezug auf das Eigenkapital bezeichnet werden?
6. Bestimmen Sie in entsprechender Weise den Inhalt der Ertragskonten!
7. Weshalb werden Aufwendungen auf der Sollseite und Erträge auf der Habenseite gebucht?

4.5 Beispiele für die Buchungen von Aufwendungen und Erträgen

1. Geschäftsvorfall: Wir zahlen Gehälter durch Banküberweisung 7 100,00 EUR.

Soll	Gehälter	Haben		Soll	Bank	Haben
Bank	7 100,00			AB	3 000,00	Gehälter 7 100,00

Buchungssatz:

Konten	Soll	Haben
Gehälter	7 100,00	
an Bank		7 100,00

2. Geschäftsvorfall: Wir kaufen Briefmarken für 45,00 EUR und Schreibpapier für das Büro 180,00 EUR gegen Barzahlung.

Soll	Postgebühren	Haben		Soll	Kasse	Haben
Kasse	45,00			AB	1 200,00	Post/Büro 225,00

Soll	Büromaterial	Haben
Kasse	180,00	

Buchungssatz:

Konten	Soll	Haben
Postgebühren	45,00	
Büromaterial	180,00	
an Kasse		225,00

3. Geschäftsvorfall: Weitere Aufwendungen werden durch Banküberweisung bezahlt: Strom: 1 090,00 EUR; Dekoration: 420,00 EUR; Rechnung des Steuerberaters: 720,00 EUR.

Soll	Aufwendung für Energie	Haben		Soll	Bank	Haben
Bank	1 090,00			AB	3 480,00	Div. Aufw. 2 230,00

Soll	Werbung, Dekoration	Haben
Bank	420,00	

Soll	Rechts- u. Beratungsaufwend.	Haben
Bank	720,00	

Buchungssatz:

Konten	Soll	Haben
Aufwend. f. Energie	1 090,00	
Werbung, Dekoration	420,00	
Rechts- u. Beratungsaufwendungen	720,00	
an Bank		2 230,00

4. Geschäftsvorfall: Wir erhalten Miete für eine vermietete Garage durch Banküberweisung 60,00 EUR.

Soll	Bank	Haben		Soll	Nebenerlöse aus Vermietung und Verpachtung	Haben
Vermietung	60,00				Bank	60,00

Buchungssatz:

Konten	Soll	Haben
Bank	60,00	
an Nebenerlöse aus Vermietung und Verpachtung		60,00

5. Geschäftsvorfall: Im Betrieb fallen weitere Erträge an: Wir erhalten vom Lieferer eine Verkaufsprovision in Höhe von 1 420,00 EUR bar; Zinsgutschrift der Bank 175,00 EUR.

Soll	Kasse	Haben	Soll	Sonstige Umsatzerlöse	Haben
Sonst. U.Erlöse 1 420,00				Kasse	1 420,00

Soll	Bank	Haben	Soll	Zinserträge	Haben
Zinserträge 175,00				Bank	175,00

Buchungssätze:

Konten	Soll	Haben
Kasse	1 420,00	
an Sonst. Umsatzerl.		1 420,00
Bank	175,00	
an Zinserträge		175,00

> **Wir merken uns:**
> - Erfolgskonten erfassen **keine Bestände**. Es gibt daher auf diesen Konten **keinen Anfangsbestand, keine Zugänge, keine Abgänge und keinen Schlussbestand**.
> - Bei den Erfolgskonten gibt es nur: **Aufwendungen (im Soll)** oder **Erträge (im Haben)**

Übungsaufgaben[1]

71 Bilden Sie zu den folgenden Geschäftsvorfällen die Buchungssätze!

1. Wir zahlen Miete für die Geschäftsräume durch Banküberweisung — 4 000,00 EUR
2. Die Bank schreibt uns Zinsen gut — 210,00 EUR
3. Wir zahlen die Ausbildungsvergütung bar — 550,00 EUR
4. An unsere Verkäufer im Außendienst zahlen wir Provisionen (Konto Sonstige Umsatzerlöse)
   - in bar — 6 100,00 EUR
   - per Bankscheck — 2 345,00 EUR
5. Zinslastschrift der Bank — 651,00 EUR
6. Bankeinzug zum Ausgleich der Stromrechnung für das Geschäft — 745,00 EUR
7. Zahlung der Grundsteuer durch die Bank — 2 380,00 EUR
8. Für Büromaterialien wurden bar bezahlt — 123,00 EUR
9. Banküberweisung der Kfz-Steuer für das Betriebsfahrzeug — 630,00 EUR
10. Banküberweisung für Heizmaterial für den Betrieb — 2 200,00 EUR

---

[1] Sofern es sich um Zahlungen handelt, die als Aufwand zu erfassen sind, ist davon auszugehen, dass die zugrunde liegende Rechnung noch **nicht** gebucht wurde.

72 Bilden Sie für die folgenden erfolgsneutralen (erfolgsunwirksamen) und erfolgswirksamen Geschäftsvorfälle die Buchungssätze! Geben Sie in einer besonderen Spalte an, ob der Geschäftsvorfall erfolgswirksam oder erfolgsneutral ist!

1. Wir zahlen Miete für die Geschäftsräume durch Banküberweisung — 6 000,00 EUR
2. Die Bank schreibt uns Zinsen gut — 200,00 EUR
3. Wir zahlen Ausbildungsvergütungen durch die Bank — 3 950,00 EUR
4. Wir kaufen Waren bar — 500,00 EUR
5. Wir zahlen Gewerbesteuer durch Banküberweisung — 8 750,00 EUR
6. Wir kaufen einen Büroschrank bar — 850,00 EUR
7. Die Bank belastet unser Konto mit Kreditzinsen (Sollzinsen) — 125,00 EUR
8. Wir zahlen Miete für eine Lagerhalle durch Banküberweisung — 5 300,00 EUR
9. Ein Kunde zahlt einen Rechnungsbetrag durch Banküberweisung — 450,00 EUR

73 Bilden Sie für die folgenden erfolgsneutralen und erfolgswirksamen Geschäftsvorfälle die Buchungssätze! Geben Sie in einer besonderen Spalte an, ob der Geschäftsvorfall erfolgswirksam oder erfolgsneutral ist!

1. Wir kaufen Büromöbel bar — 1 500,00 EUR
2. Wir zahlen Bargeld auf das Bankkonto ein — 500,00 EUR
3. Wir zahlen Reparaturkosten für die Geschäftsräume durch Banküberweisung — 2 700,00 EUR
4. Ein Kunde überweist einen Rechnungsbetrag auf unser Bankkonto — 250,00 EUR
5. Bankgutschrift für erhaltene Provision — 200,00 EUR
6. Wir bezahlen Ausbildungsvergütungen bar — 2 820,00 EUR
7. Wir kaufen eine Registrierkasse bar — 3 000,00 EUR
8. Wir zahlen eine Lieferantenrechnung durch Banküberweisung — 350,00 EUR

Wir merken uns:

Zusammen mit dem bereits bekannten Bilanzkontenbereich erhalten wir nun in unserer Buchführung folgende Kontenübersicht:

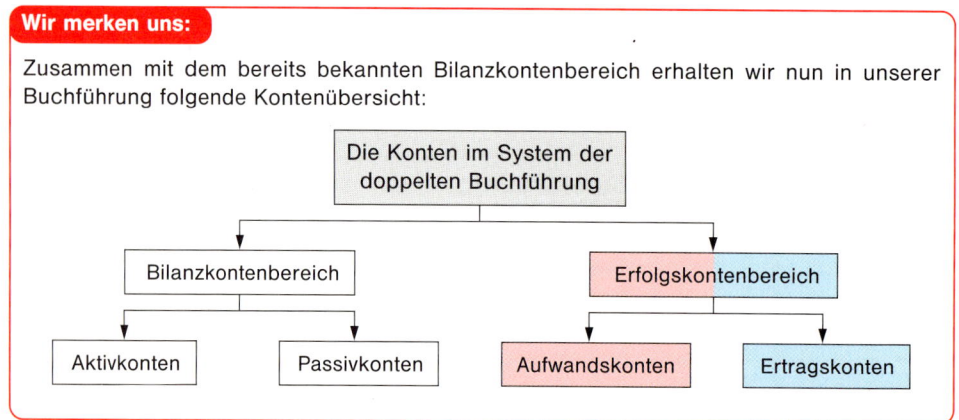

74 Bilden Sie zu beiden folgenden Belegen des Möbelhauses Franz Merkurius e. Kfm. die Buchungssätze!

① **KONTOABRECHNUNG der Volksbank Lindau**

für Herrn, Frau, Fräulein, Firma
Möbelhaus
Franz Merkurius e. Kfm.
Humpisstr. 15
88212 Ravensburg

Konto-Nr. 414070

Abschlussnachweisung

Datum bis	Sollzinsen %	Zinszahlen	Überziehungsprovision %	Zinszahlen	Umsatzpr.= UP Kreditpr.= KP %	Zinszahlen=ZZ Höchstsollsaldo = HS	Habenzinsen %	Zinszahlen
06 30	8 000	32 490						

EUR 722,00 | 000

Abrechnungszeitraum	Buch.-sp.	Gebühren	Anz.	Porto	Umsatzprovision	Kreditprovision
01.05.20.. – 30.06.20..		64,50			0,00	0,00

Die Abrechnungsergebnisse wurden für die Verbuchung wie folgt zusammengefasst:

SOLL 786,50 | HABEN

②

Kontonummer **13 597** — **SPARKASSE LINDAU** — Bankleitzahl **735 500 00**

Buchungstag	Tag der Wertstellung	Verwendungszweck/Buchungstext	Buchungsnummer	alter Kontostand 1 220,50 +
30.06.20..	30.06.20..	Grundsteuer Geschäftsgebäude Steuernummer 1050/274 Stadt Ravensburg	1719	2 810,20 –

Möbelhaus
Franz Merkurius e. Kfm.
88212 Ravensburg

neuer Kontostand 1 589,70 –

Kontoauszug vom 30.06.20.. | Auszug 55 | Blatt 1

4.6 Abschluss der Aufwands- und Ertragskonten

Als Unterkonten des Eigenkapitals müssten die Erfolgskonten direkt über das Eigenkapitalkonto abgeschlossen werden. Aus Gründen der Übersichtlichkeit wird auf dem Konto Eigenkapital jedoch nur das **Gesamtergebnis** in einer Summe (Reingewinn bzw. Reinverlust) ausgewiesen. Das bedeutet, dass die einzelnen Aufwendungen und Erträge auf einem Zwischenkonto einander gegenübergestellt werden müssen.

Da aus der Gegenüberstellung aller Erträge mit allen Aufwendungen der Reingewinn oder Reinverlust des Unternehmens errechnet wird, heißt dieses Zwischenkonto **Gewinn- und Verlustkonto (GuV-Konto)**. Der auf dem GuV-Konto ermittelte Reingewinn oder Reinverlust wird anschließend auf das Konto Eigenkapital umgebucht. Das GuV-Konto ist daher ein Unterkonto des Eigenkapitalkontos. Dabei erhöht ein Reingewinn das Eigenkapital, ein Verlust vermindert es.

$$\text{Erträge} > \text{Aufwendungen} = \text{Gewinn}$$
$$\text{Erträge} < \text{Aufwendungen} = \text{Verlust}$$

Beispiel:

Das folgende Beispiel beschränkt die kontenmäßige Darstellung auf die Erfolgskonten. Die Bilanzkonten werden bewusst ausgeklammert, um den Abschluss der Erfolgskonten deutlich herausstellen zu können.

I. Anfangsbestand auf dem Eigenkapitalkonto: 30 000,00 EUR

II. Erfolgswirksame Geschäftsvorfälle: **Buchungssätze**

		Konten	Soll	Haben
1. Wir zahlen Aushilfsgehälter durch Banküberweisung	800,00 EUR	1. Gehälter an Bank	800,00	800,00
2. Kauf von Büromaterial bar	80,00 EUR	2. Büromaterial an Kasse	80,00	80,00
3. Abbuchung der Stromkosten vom Bankkonto	150,00 EUR	3. Aufwendung für Energie an Bank	150,00	150,00
4. Wir erhalten Provisionserträge auf die Bank überwiesen	2 000,00 EUR	4. Bank an Sonst. U.Erlöse	2 000,00	2 000,00
5. Gutschrift der Bank für Zinsen	140,00 EUR	5. Bank an Zinserträge	140,00	140,00
			3 170,00	3 170,00

III. Aufgabe:

Führen Sie den Abschluss der Erfolgskonten, des GuV-Kontos und des Eigenkapitalkontos durch!

Lösung:

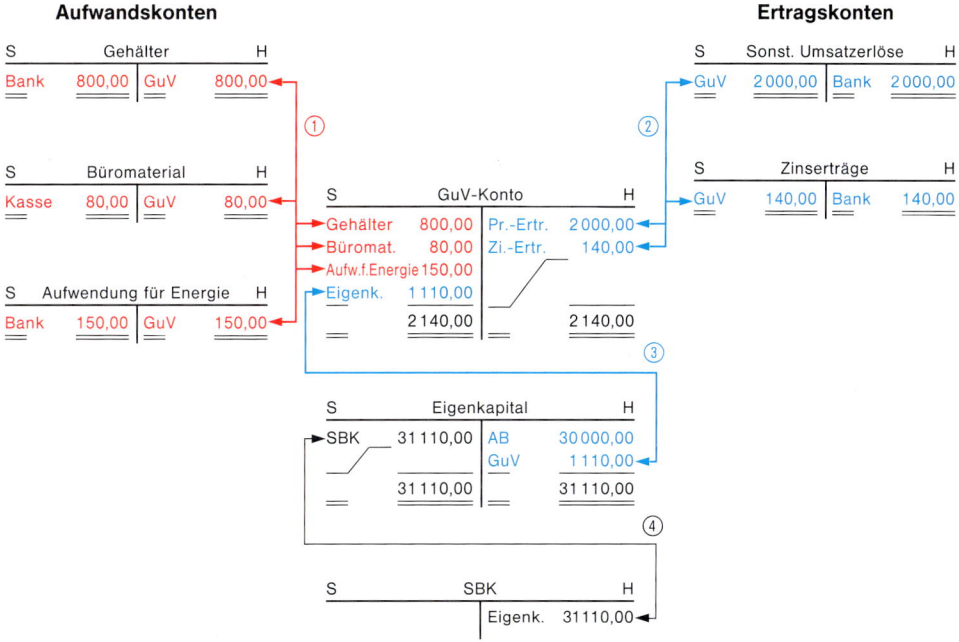

1. **Buchungssätze beim Abschluss der Aufwandskonten:**

   GuV an Gehälter
   GuV an Büromaterial
   GuV an Aufwendungen für Energie

2. **Buchungssätze beim Abschluss der Ertragskonten:**

   Sonstige Umsatzerlöse   an GuV
   Zinserträge   an GuV

3. **Buchungssatz beim Abschluss des GuV-Kontos:**

   GuV an Eigenkapital

4. **Buchungssatz beim Abschluss des Eigenkapitalkontos:**

   Eigenkapital an SBK

Abschlussschritte beim Abschluss der Erfolgskonten:
1. Schritt: Abschluss der Aufwandskonten über das GuV-Konto.
2. Schritt: Abschluss der Ertragskonten über das GuV-Konto.
3. Schritt: Abschluss des GuV-Kontos über das Eigenkapitalkonto.
4. Schritt: Abschluss des Eigenkapitalkontos über das Schlussbilanzkonto.

Übungsaufgaben

75 **I. Anfangsbestand**

Bank 90 000,00 EUR; Eigenkapital: 90 000,00 EUR

II. Aufwendungen

1. Wir zahlen eine noch nicht gebuchte Reparaturrechnung durch Banküberweisung — 840,00 EUR
2. Zahlung der Löhne durch Banküberweisung — 1 140,00 EUR
3. Zahlung der Gehälter durch Banküberweisung — 27 700,00 EUR
4. Zahlung einer noch nicht gebuchten Büromaterialrechnung durch Banküberweisung — 1 900,00 EUR

III. Erträge

5. Mieteinnahmen per Bankscheck — 14 840,00 EUR
6. Wir erhalten Provision durch Banküberweisung — 8 270,00 EUR
7. Gutschrift der Bank für Erträge aus Wertpapieren — 11 930,00 EUR
8. Die Bank schreibt uns Zinsen gut — 7 200,00 EUR

IV. Aufgaben

1. Eröffnen Sie das Konto Eigenkapital!
2. Bilden Sie die Buchungssätze und buchen Sie auf den Erfolgskonten!
3. Führen Sie den Abschluss der Erfolgskonten, des GuV-Kontos und des Eigenkapitalkontos durch!

76 **I. Anfangsbestand**

Bank 150 000,00 EUR; Eigenkapital 150 000,00 EUR

II. Erfolgswirksame Geschäftsvorfälle

1. Banküberweisung für Verpackungsmaterial — 85,00 EUR
2. Zinsgutschrift der Bank — 490,00 EUR
3. Reparaturkosten für einen Kassenautomaten werden mit Bankscheck bezahlt — 512,00 EUR
4. Lohnzahlung durch Banküberweisung — 1 290,00 EUR
5. Banküberweisung für Kraftfahrzeugsteuer — 950,00 EUR
6. Mieteinnahmen per Bankscheck — 4 650,00 EUR
7. Banküberweisung für den Bezug einer Fachzeitschrift — 56,00 EUR
8. Büromaterial wird mit Bankscheck gekauft — 370,00 EUR
9. Wir erhalten Provision durch Banküberweisung — 9 980,00 EUR
10. Ein Zeitungsinserat wird mit Banküberweisung beglichen — 290,00 EUR

III. Aufgaben

1. Eröffnen Sie die Konten Bank und Eigenkapital!
2. Bilden Sie die Buchungssätze und buchen Sie auf den Konten!
3. Führen Sie den Abschluss durch!

4.7 Geschäftsgang mit Bestands- und Erfolgskonten

Beispiel:

I. Anfangsbestände:
Betriebs- und Geschäftsausstattung 120 000,00 EUR, Kasse 3 150,00 EUR, Bank 4 800,00 EUR, Verbindlichkeiten aus Lieferungen und Leistungen 26 000,00 EUR, Langfristige Bankverbindlichkeiten 20 000,00 EUR, Eigenkapital 81 950,00 EUR.

II. Geschäftsvorfälle:
1. Zahlung der Gehälter durch Banküberweisung — 2 100,00 EUR
2. Wir erhalten eine Provisionszahlung durch Banküberweisung — 15 400,00 EUR
3. Barzahlung eines Zeitungsinserates — 160,00 EUR
4. Die Bank schreibt uns Zinsen gut — 580,00 EUR
5. Barzahlung der Miete für das Geschäft — 1 800,00 EUR
6. Wir begleichen eine Lieferantenrechnung durch Bankscheck — 750,00 EUR

III. Aufgaben:
1. Buchen Sie die Anfangsbestände mit Hilfe des Eröffnungsbilanzkontos!
2. Bilden Sie die Buchungssätze für die Geschäftsvorfälle und übertragen Sie die Buchungen anschließend auf die Konten!
3. Schließen Sie die Konten über das Schlussbilanzkonto ab, bilden Sie hierzu die Buchungssätze und erstellen Sie die Schlussbilanz!

Lösungen:

Zu 1.: Eröffnungsbuchungen
Buchung der Anfangsbestände
- Aktivkonten an Eröffnungsbilanzkonto
- Eröffnungsbilanzkonto an Passivkonten

Zu 2.: Buchung der Geschäftsvorfälle

Nr.	Konten	Soll	Haben
1.	Gehälter	2 100,00	
	an Bank		2 100,00
2.	Bank	15 400,00	
	an Sonstige Umsatzerlöse		15 400,00
3.	Werbung, Dekoration	160,00	
	an Kasse		160,00
4.	Bank	580,00	
	an Zinserträge		580,00
5.	Mieten, Pachten	1 800,00	
	an Kasse		1 800,00
6.	Verbindlichkeiten a. Lief. u. Leist.	750,00	
	an Bank		750,00
		20 790,00	20 790,00

Zu 3.: Abschlussbuchungen
Abschluss der Erfolgskonten über das GuV-Konto
- GuV-Konto an Aufwandskonten
- Ertragskonten an GuV-Konto

Abschluss des GuV-Kontos über das Eigenkapitalkonto
Da Gewinnsituation: GuV-Konto an Eigenkapitalkonto

Abschluss der Bestandskonten über das Schlussbilanzkonto (SBK)
- SBK an Aktivkonten
- Passivkonten an SBK

Erstellung der Schlussbilanz aufgrund der Inventurwerte
In unserem Beispiel entsprechen die Inventurwerte den errechneten Buchwerten.

Kontensystem der doppelten Buchführung

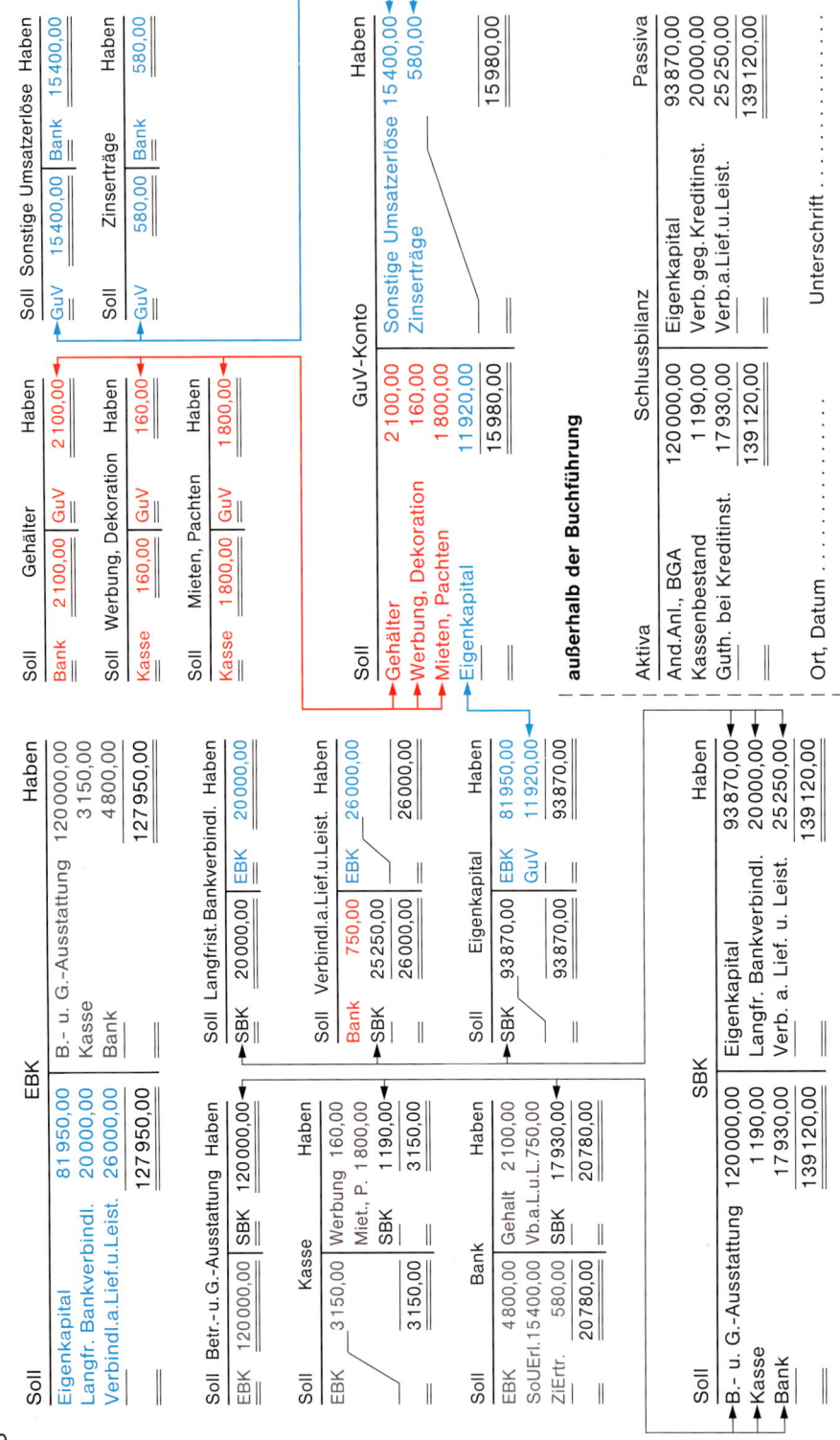

4.8 Doppelte Ergebnisermittlung

Aus dem vorhergehenden Geschäftsgang ersehen wir, dass in der doppelten Buchführung auch eine **doppelte Möglichkeit der Ergebnisermittlung** besteht:

1. **Im Erfolgskontenbereich:**

   Hier wird das Ergebnis (Gewinn oder Verlust) durch die Gegenüberstellung der Aufwendungen mit den Erträgen auf dem GuV-Konto ermittelt. Aus dem GuV-Konto sind auch die einzelnen Ertrags- und Aufwandsarten ersichtlich.

Summe der Erträge	15 980,00 EUR
− Summe der Aufwendungen	4 060,00 EUR
= Erfolg (Gewinn)	11 920,00 EUR

2. **Im Bilanzkontenbereich:**

   Hier wird das Ergebnis (Gewinn oder Verlust) durch den Vergleich des Eigenkapitals am Ende des Geschäftsjahres mit dem Eigenkapital am Anfang der Geschäftsperiode ermittelt.

Eigenkapital am Ende des Geschäftsjahres	−	Eigenkapital am Anfang des Geschäftsjahres	=	Reingewinn bzw. Reinverlust
93 870,00 EUR	−	81 950,00 EUR	=	11 920,00 EUR

Übungsaufgaben

77 **I. Anfangsbestände**

Betriebsgebäude 85 000,00 EUR; Betriebs- und Geschäftsausstattung 15 000,00 EUR; Bank 16 200,00 EUR; Kasse 5 400,00 EUR; Verbindlichkeiten aus Lieferungen und Leistungen 25 000,00 EUR; Eigenkapital?

II. Geschäftsvorfälle

1. Wir zahlen für Werbematerial durch Banküberweisung — 5 300,00 EUR
2. Kauf von Schreibwaren für das Büro bar — 120,00 EUR
3. Zinsgutschrift der Bank — 350,00 EUR
4. Die Verkaufsprovision für einen Großauftrag geht auf dem Bankkonto ein — 11 350,00 EUR
5. Zahlung der Geschäftsmiete durch Banküberweisung — 1 100,00 EUR
6. Die Telefongebühren werden vom Bankkonto abgebucht — 215,00 EUR

III. Aufgaben

1. Erstellen Sie die Eröffnungsbilanz!
2. Eröffnen Sie die Konten und buchen Sie die Anfangsbestände!
3. Bilden Sie die Buchungssätze und buchen Sie auf den Konten!
4. Schließen Sie die Konten ab und geben Sie das neue Eigenkapital an!

78 I. Anfangsbestände

Betriebs- und Geschäftsausstattung 34 200,00 EUR; Forderungen aus Lieferungen und Leistungen 13 800,00 EUR; Kasse 2 200,00 EUR; Bank 16 500,00 EUR; Langfristige Bankverbindlichkeiten 11 000,00 EUR; Verbindlichkeiten aus Lieferungen und Leistungen 4 500,00 EUR; Eigenkapital?

II. Geschäftsvorfälle

1. Wir begleichen eine Lieferantenrechnung durch Banküberweisung	1 100,00 EUR
2. Barkauf eines Faxgerätes	460,00 EUR
3. Wir zahlen Zinsen durch Banküberweisung	380,00 EUR
4. Barkauf von Briefmarken	55,00 EUR
5. Die Telefongebühren werden von der Bank abgebucht	190,00 EUR
6. Teilweise Tilgung eines Bankdarlehens durch Banküberweisung	2 000,00 EUR
7. Wir erhalten Provision für die Vermittlung eines Auftrages auf das Bankkonto überwiesen	9 100,00 EUR
8. Wir zahlen Geschäftsmiete per Bankscheck	900,00 EUR
9. Zahlung einer Kfz-Reparaturrechnung bar	120,00 EUR
10. Die Bank schreibt uns Zinsen gut	220,00 EUR

III. Aufgaben

1. Erstellen Sie die Eröffnungsbilanz!
2. Eröffnen Sie die Konten und buchen Sie die Anfangsbestände!
3. Bilden Sie die Buchungssätze und buchen Sie auf den Konten!
4. Schließen Sie die Konten über das Schlussbilanzkonto ab!

5 Privatkonto

5.1 Privatentnahmen von Geldmitteln

Wie jeder Privatmann, so gibt auch der Einzelhändler für sich und seine Familie Geld aus. Er kauft z. B. Kleidung, Nahrung, er fährt in Urlaub, er geht ins Theater usw. Da der Unternehmer nicht wie jeder Arbeiter oder Angestellte Lohn bzw. Gehalt empfängt, muss er das Geld für seine privaten Ausgaben aus dem Betrieb nehmen. Er hebt es vom Geschäftskonto ab bzw. entnimmt es der Kasse. **Privatentnahmen mindern das Eigenkapital**. Private Geldentnahmen werden zunächst auf dem **Unterkonto Privatkonto** gebucht.

Beispiel:

I. Anfangsbestände:
Kasse 40 000,00 EUR; Eigenkapital 40 000,00 EUR.

II. Geschäftsvorfall:
Für den privaten Verbrauch werden 1 000,00 EUR aus der Geschäftskasse entnommen.

III. Aufgaben:
1. Buchen Sie den Geschäftsvorfall auf Konten!
2. Schließen Sie das Privatkonto ab!
3. Bilden Sie die Buchungssätze!

Lösungen:

Zu 1. und 2.: Buchung des Geschäftsvorfalls auf Konten und Abschluss der Konten

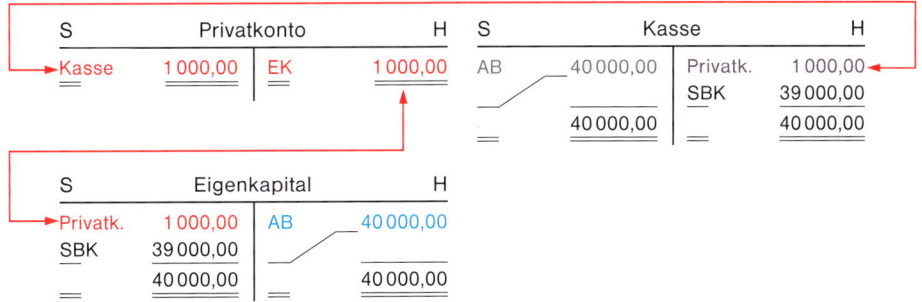

Zu 3.: Buchungssätze

Geschäftsvorfälle	Konten	Soll	Haben
(1) Privatentnahme des Geschäftsinhabers bar 1 000,00 EUR	Privatkonto an Kasse	1 000,00	1 000,00
(2) Abschluss des Privatkontos	Eigenkapital an Privatkonto	1 000,00	1 000,00

Erläuterungen:

Die Entnahme von Geld aus der Kasse verändert den Kassenbestand. Da es sich um einen Abgang handelt, muss auf dem **Kassenkonto** auf der **Habenseite** gebucht werden.

Durch die Abnahme des Barvermögens wird unser Vermögen kleiner und damit auch unser **Eigenkapital** auf dem Eigenkapitalkonto. (Die Abnahme wird auf der **Sollseite** gebucht.) Um das Konto Eigenkapital nicht über Gebühr zu belasten, werden die Privatentnahmen in der Praxis auf einem **Unterkonto** gebucht, und zwar auf dem **Privatkonto**. Beim Abschluss wird das Privatkonto über das Eigenkapitalkonto abgeschlossen.

5.2 Privateinlagen von Geldmitteln

Wird aus der Privatsphäre eines Einzelhändlers z. B. Bargeld in das Geschäft eingebracht, hat dieser Vorgang die entgegengesetzte Wirkung, d. h., das Vermögenskonto **Kasse** nimmt zu. Daher erfolgt eine **Sollbuchung** auf dem Kassenkonto. Auf dem **Privatkonto** erfolgt die **Habenbuchung.** (Grund: Das Eigenkapital nimmt zu. Auf dem Privatkonto, als einem Unterkonto des Eigenkapitalkontos, wird genauso gebucht wie auf dem Ursprungskonto Eigenkapital.)

Geschäftsvorfälle	Konten	Soll	Haben
Bareinlage des Geschäftsinhabers 5 000,00 EUR	Kasse an Privatkonto	5 000,00	5 000,00

Wir merken uns:

- Privatentnahmen vermindern das Eigenkapital.
- Privateinlagen erhöhen das Eigenkapital.
- Das Privatkonto ist ein Unterkonto zum Eigenkapitalkonto. Es ist daher über das Eigenkapitalkonto abzuschließen.

Übungsaufgaben

79 Sofern bei den folgenden Geschäftsvorfällen eine Buchung erforderlich ist, bilden Sie jeweils den Buchungssatz!

1. Der Kaufmann hebt für eine Urlaubsreise von seinem Geschäftskonto (Bankkonto) 5 000,00 EUR bar ab.
2. Er fährt mit dem Geschäftswagen. Laut vorliegender Quittung hatte er Barauslagen für Benzin in Höhe von 282,50 EUR.
3. Für die Hotelrechnung zahlt er bar 2 400,00 EUR.
4. Nach der Rückkehr zahlt er von dem übrig gebliebenen Geld wieder 500,00 EUR auf das Bankkonto (Geschäftskonto) ein.
5. Für den Haushalt werden aus der Geschäftskasse 1 000,00 EUR entnommen.
6. Mit dem entnommenen Geld werden für eine Geburtstagsfeier Waren im Wert von 300,00 EUR eingekauft.
7. Der Geschäftsinhaber kauft auf einer Geschäftsreise Schmuck für seine Frau im Wert von 800,00 EUR und bezahlt bar.
8. Ein Einzelhändler zahlt aus dem Privatvermögen 7 000,00 EUR auf das Geschäftskonto (Bankkonto) eingezahlt.
9. Die private Krankenversicherung in Höhe von 220,00 EUR wird durch Einziehungsauftrag vom Geschäftsbankkonto abgebucht.
10. Anlässlich eines Geschäftsbummels kauft sich der Kaufmann ein Bild für sein Wohnzimmer und bezahlt 400,00 EUR in bar.

80 Bilden Sie die Buchungssätze zu folgenden Geschäftsvorfällen!

1. Ein Einzelhändler spendet für das Rote Kreuz 500,00 EUR durch Banküberweisung.[1]
2. Die noch nicht gebuchte Rechnung für Werbekalender in Höhe von 660,00 EUR wird bar bezahlt.
3. Der Sohn eines Geschäftsfreundes erhält als Verlobungsgeschenk einen Reisekoffer. Die Rechnung über 275,00 EUR wird durch Banküberweisung beglichen.
4. Zum 25-jährigen Dienstjubiläum erhält ein Angestellter 550,00 EUR in bar.
5. Anlässlich der Feier zum 50-jährigen Bestehen des örtlichen Sportvereins überreicht ein Einzelhändler dem Präsidenten einen Bank-Verrechnungsscheck über 1 000,00 EUR.
6. Zur Förderung der Kontakte lädt ein Einzelhändler zur Silvesterparty in die Privatvilla ein. Die Rechnung für eingekaufte Delikatessen in Höhe von 330,00 EUR wird durch Bankscheck beglichen.
7. Die Miete für die Geschäftsräume 1 800,00 EUR und Miete für die Privatwohnung 700,00 EUR werden bar (aus der Geschäftskasse) bezahlt.
8. Ein Einzelhändler zahlt aus dem Privatvermögen 4 000,00 EUR in die Geschäftskasse ein.
9. Der Erstattungsbetrag für Arztkosten in Höhe von 420,00 EUR wird von der privaten Krankenversicherung auf das Bankkonto überwiesen.
10. Die Telefonrechnung des Geschäfts über 970,00 EUR wird durch Bankabbuchung beglichen.

---

1 **Anmerkung.** Es ist davon auszugehen, dass es sich bei den Zahlungskonten (Bank, Kasse) stets um ein Geschäftskonto handelt.

5.3 Erfolgsermittlung durch Eigenkapitalvergleich unter Einbeziehung des Privatkontos

Das Eigenkapitalkonto kann durch zwei Vorgänge verändert werden:
- Durch die **Übernahme des Erfolgs** (Gewinn oder Verlust) vom Konto GuV (**erfolgswirksame Veränderung** des Eigenkapitalkontos).
- Durch **Privateinlagen bzw. Privatentnahmen**. Der Erfolg des Unternehmens wird durch die Bewegungen auf dem Privatkonto nicht beeinflusst (**erfolgsunwirksame Veränderung** des Eigenkapitalkontos).

Es gibt also Eigenkapitalveränderungen – verursacht durch Privatentnahmen bzw. Privateinlagen –, die sich nicht auf den Erfolg auswirken. Diese Tatsache ist bei der Erfolgsermittlung durch Eigenkapitalvergleich zu berücksichtigen.

Bisher, d.h. vor der buchhalterischen Erfassung von Privatentnahmen bzw. -einlagen, ergab sich der Erfolg durch folgende Berechnung:

```
  Eigenkapital am Ende des Geschäftsjahres
− Eigenkapital am Anfang des Geschäftsjahres
= Erfolg (Gewinn oder Verlust)
```

Wenn aber im Laufe einer Geschäftsperiode z.B. Privatentnahmen gemacht worden sind, ist dadurch das Eigenkapital um diesen Betrag verringert worden.

Unter der Annahme, dass Gewinn vorliegt, würde sich nach der oben aufgestellten Berechnungsformel ein um die Privatentnahmen zu geringer Gewinn ergeben. Um zum richtigen Ergebnis zu kommen, muss man daher die Privatentnahmen hinzu addieren. Da Privateinlagen die umgekehrte Wirkung haben, müssen diese abgezogen werden. Wir erhalten dann folgende Berechnungsformel:

```
  Eigenkapital am Ende des Geschäftsjahres
− Eigenkapital am Anfang des Geschäftsjahres
  Zwischensumme
+ Privatentnahmen
  Zwischensumme
− Privateinlagen
= Erfolg (Gewinn oder Verlust)
```

Wir merken uns:
Privateinlagen/Privatentnahmen verändern zwar das Eigenkapital, nicht jedoch den Erfolg.

Übungsaufgaben

81 I. **Anfangsbestände**
Betriebs- und Geschäftsausstattung 50 000,00 EUR; Waren 30 000,00 EUR; Kasse 7 350,00 EUR; Bank 17 850,00 EUR; Verbindlichkeiten aus Lieferungen und Leistungen 26 350,00 EUR; Eigenkapital 78 850,00 EUR.

II. **Geschäftsvorfälle**
1. Wir zahlen eine bereits gebuchte Wareneingangsrechnung durch Banküberweisung 3 120,00 EUR

2. Die Bank schreibt uns Zinsen gut — 535,00 EUR
3. Bareinzahlung auf das Bankkonto — 250,00 EUR
4. Wir zahlen die Geschäftsmiete bar — 1 000,00 EUR
5. Wir kaufen Waren auf Ziel — 7 850,00 EUR
6. Für die vermieteten Lagerräume wird uns die Miete auf dem Bankkonto gutgeschrieben — 5 500,00 EUR
7. Für Werbeprospekte zahlen wir bar — 120,00 EUR
8. Wir zahlen durch Banküberweisung die Gewerbesteuer — 350,00 EUR
9. Barentnahmen für den Haushalt — 450,00 EUR
10. Für die Vermittlung von Geschäften erhalten wir eine Bankgutschrift in Höhe von — 1 250,00 EUR

III. Aufgaben
1. Eröffnen Sie die Konten mit den angegebenen Anfangsbeständen!
2. Bilden Sie zu den Geschäftsvorfällen die Buchungssätze und buchen Sie diese anschließend auf den Konten!
3. Schließen Sie die Konten über das Schlussbilanzkonto ab!
4. Ermitteln Sie den Erfolg auch außerhalb der Buchführung durch Eigenkapitalvergleich!

82 Die Buchführung eines Einzelhandelsbetriebs weist am Ende des Geschäftsjahres Vermögen in Höhe von 1 520 400,00 EUR, Schulden von 465 000,00 EUR und ein Eigenkapital von 1 055 400,00 EUR aus. Die Privatentnahmen betrugen 32 800,00 EUR. Privateinlagen wurden nicht getätigt. Der Anfangsbestand des Eigenkapitals belief sich auf 1 018 200,00 EUR.

Aufgabe: Wie viel EUR betrug der Jahresgewinn?

83 Eigenkapital am Anfang des Geschäftsjahres — 140 000,00 EUR
Eigenkapital am Ende des Geschäftsjahres — 168 000,00 EUR
Privatentnahmen — 4 200,00 EUR
Privateinlagen in bar — 2 800,00 EUR
Privateinlagen in Sachwerten — 5 000,00 EUR

Aufgabe: Berechnen Sie durch Eigenkapitalvergleich den Reingewinn bzw. -verlust!

84 Der nachfolgende Beleg wurde über das Geschäftskonto abgewickelt.

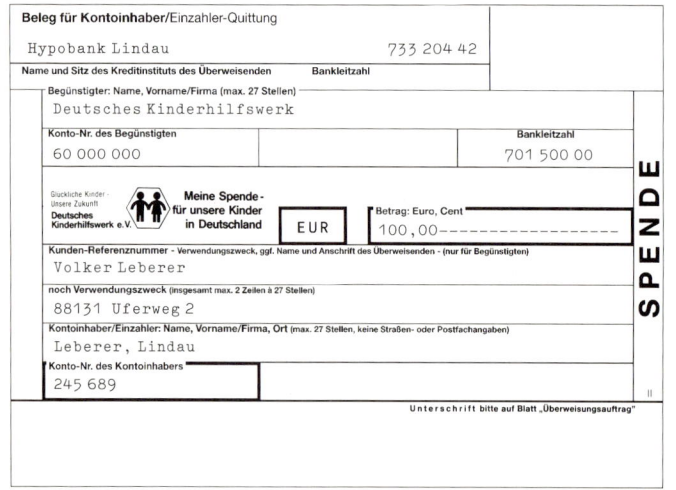

Aufgabe
1. Formulieren Sie den zugrunde liegenden Geschäftsvorfall!
2. Bilden Sie den Buchungssatz!

6 Warenkonten

6.1 Erfolg aus Warengeschäften – die Buchungen beim Einkauf und Verkauf von Waren

6.1.1 Einführung der drei Warenkonten

Bisher haben wir nur ein Warenkonto geführt, auf dem auf der Sollseite der Anfangsbestand und die Zugänge gebucht wurden. Als Saldo ergab sich dann auf der Habenseite der Schlussbestand. Das war deshalb möglich, weil wir noch keine Ware verkauft haben und daher auch noch keinen Gewinn aus Warengeschäften erzielen konnten. Hauptzweck des Handelsbetriebes ist es aber, durch den Verkauf von Waren einen **Gewinn** zu erzielen. Der Gewinn entsteht dadurch, dass der Kaufmann seine Waren teurer verkauft als er sie einkauft. Diesen Gewinn nennen wir **Warengewinn** bzw. **Rohgewinn**.

> Verkaufspreis − Einstandspreis[1] = Warengewinn (Rohgewinn)

Dadurch, dass wir die Ware zu einem höheren Preis verkaufen als wir sie einkaufen, muss für die **Warenverkäufe** ein **Ertrags**konto eingerichtet werden (**Konto: Umsatzerlöse für Waren**).

Um den Gewinn aus den Warengeschäften ermitteln zu können, müssen den Verkaufserlösen die dazugehörigen **Einkaufswerte** als **Aufwand** gegenübergestellt werden. Insofern benötigen wir auch ein Warenaufwandskonto, auf dem der Einkaufswert der verkauften Ware erfasst wird (**Konto: Aufwendungen für Waren**).

Außerdem wird noch ein drittes Konto benötigt, auf dem der Bestand an Waren erfasst wird (**Konto: Waren**). Auf diesem Konto erscheinen nur der Anfangsbestand und der Schlussbestand an Waren. Das Konto ist also ein reines Bestandskonto (Aktivkonto). Die Differenz zwischen Anfangsbestand und Schlussbestand an Waren (die **Bestandsveränderung**) muss über das Aufwandskonto „Aufwendungen für Waren" verrechnet werden. Die nähere Begründung hierfür erfolgt in dem Kapitel 6.1.2.2.

> Es sind folgende **drei Warenkonten** zu führen:
> - Das **Konto Waren**, auf dem nur der Anfangsbestand und der Schlussbestand erscheinen dürfen. Es handelt sich um ein **Aktivkonto**.
> - Das **Konto Aufwendungen für Waren**, auf dem der Wareneinkauf innerhalb der Geschäftsperiode erfasst wird. Es handelt sich um ein **Aufwandskonto**.
> - Das **Konto Umsatzerlöse für Waren**, auf dem die Verkaufserlöse erfasst werden. Es handelt sich um ein **Ertragskonto**.

6.1.2 Buchungen auf den Warenkonten und Abschluss der Warenkonten

6.1.2.1 Buchungen auf den Warenkonten ohne Veränderung des Warenbestandes

Wir gehen zunächst aus Vereinfachungsgründen von der unrealistischen Annahme aus, dass sich der Warenbestand am Ende der Geschäftsperiode gegenüber dem Warenbestand am Anfang der Geschäftsperiode nicht verändert hat. Wir haben also bei den Warenvorräten **keine Bestandsveränderungen**. Das bedeutet, dass genau die während der Geschäftsperiode eingekaufte Ware auch wieder verkauft worden ist.

---

[1] Der Einstandspreis ergibt sich, wenn man vom Einkaufspreis die gewährten Nachlässe abzieht und eventuell anfallende Bezugskosten zu der Zwischensumme hinzuaddiert.

Beispiel:

Wir übernehmen die Buchführung des Radiohauses Fritz Leist e.Kfm., Gartenstr. 8, 89231 Neu-Ulm.

I. Bestände:

Anfangsbestand an Waren: 20 Radiogeräte zu je 100,00 EUR = 2 000,00 EUR
Schlussbestand an Waren: 20 Radiogeräte zu je 100,00 EUR = 2 000,00 EUR

II. Geschäftsvorfälle:

1. Wareneinkäufe bar: 10 Radiogeräte zu je 100,00 EUR = 1 000,00 EUR
2. Warenverkäufe bar: 10 Radiogeräte zu je 150,00 EUR = 1 500,00 EUR

III. Aufgaben:

1. Bilden Sie die Buchungssätze für die beiden Geschäftsvorfälle!
2. Tragen Sie den Anfangsbestand auf dem Konto Waren vor!
3. Buchen Sie die beiden Geschäftsvorfälle auf den Konten des Hauptbuches!
4. Stellen Sie durch den Abschluss der Warenkonten den Warengewinn buchhalterisch dar!
5. Bilden Sie die Buchungssätze für den Abschluss der Warenkonten!
6. Ermitteln Sie außerhalb der Buchführung den Rohgewinn!

Lösungen:

Zu 1.: Buchungssätze für die beiden Geschäftsvorfälle

Nr.	Geschäftsvorfälle	Konten	Soll	Haben
1.	Wir kaufen 10 Radiogeräte zu je 100,00 EUR bar ein = 1 000,00 EUR.[1]	Aufwend. f. Waren an Kasse	1 000,00	1 000,00
2.	Wir verkaufen 10 Radiogeräte zu je 150,00 EUR bar = 1 500,00 EUR.	Kasse an Ums.-Erl. f. Waren	1 500,00	1 500,00

Zu 2., 3. und 4.: Darstellung auf den Warenkonten mit Abschluss der Warenkonten

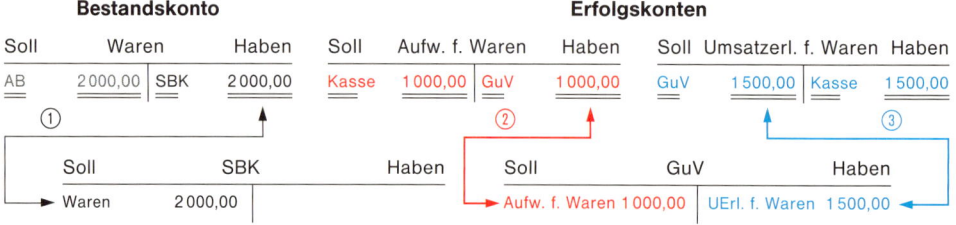

---

1 Da wir vor der Einführung der Erfolgskonten nur ein Warenkonto geführt haben, haben wir den Einkauf von Waren auf diesem Bestandskonto erfasst. Ab jetzt wird der Einkauf von Waren direkt auf dem entsprechenden Aufwandskonto (**Aufwendungen für Waren**) erfasst. Diese direkte Aufwandserfassung wird auch als Just-in-time-Verfahren bezeichnet.

Zu 5.: Buchungssätze für den Abschluss der Konten

Nr.	Abschlussschritte	Konten	Soll	Haben
①	Buchung des durch Inventur ermittelten Warenschlussbestandes 20 Stück à 100,00 EUR = 2 000,00 EUR	SBK an Waren	2 000,00	2 000,00
②	Abschluss des Kontos Aufwendungen für Waren	GuV an Aufwend. f. Waren	1 000,00	1 000,00
③	Abschluss des Kontos Umsatzerlöse f. Waren	Ums.-Erl. f. Waren an GuV	1 500,00	1 500,00

Zu 6.: Berechnung des Rohgewinns

Nach Abschluss der Konten stehen sich auf dem GuV-Konto der Wert der verkauften Ware und der dazugehörige Einkaufswert gegenüber. Als Saldo daraus ergibt sich der **Warengewinn (Rohgewinn)**.

Umsatzerlöse für Waren (10 Radiogeräte zu je 150,00 EUR)	1 500,00 EUR
− Aufwendungen für Waren (10 Radiogeräte zu je 100,00 EUR)	1 000,00 EUR
Rohgewinn (Warengewinn)	500,00 EUR

Übungsaufgabe

85 1. **I. Bestände**
Anfangsbestand an Waren: 30 000,00 EUR;
Schlussbestand an Waren lt. Inventur 30 000,00 EUR.

II. Geschäftsvorfälle
Einkauf von Waren auf Ziel: 200 Stück zu je 25,00 EUR Einstandspreis
Verkauf von Waren auf Ziel: 200 Stück zu je 35,00 EUR Verkaufspreis

III. Aufgaben
1.1 Bilden Sie die Buchungssätze, buchen Sie auf den Warenkonten, schließen Sie die Warenkonten ab und bilden Sie die Buchungssätze für den Abschluss der Warenkonten!
1.2 Ermitteln Sie den Rohgewinn!
1.3 Worin unterscheidet sich der Reingewinn vom Rohgewinn?

2. **I. Bestände**
Anfangsbestand an Waren: 45 000,00 EUR;
Schlussbestand an Waren lt. Inventur 45 000,00 EUR.

II. Geschäftsvorfälle
Einkauf von Waren bar: 160 500,00 EUR
Verkauf von Waren bar: 197 800,00 EUR
Summe der Aufwendungen: 27 700,00 EUR
Summe der sonstigen Erträge: 8 100,00 EUR

III. Aufgaben
2.1 Bilden Sie die Buchungssätze für den Ein- und Verkauf von Waren und buchen Sie auf den Warenkonten!
2.2 Schließen Sie die Warenkonten ab und ermitteln Sie buchhalterisch den Reingewinn!

6.1.2.2 Buchungen auf den Warenkonten mit Veränderung des Warenbestandes

Eine sinnvolle Ermittlung des Warengewinnes ist nur möglich, wenn den erzielten Verkaufserlösen der Warenaufwand (Wareneinsatz) für die gleiche Menge gegenübergestellt wird.

- Wurde innerhalb einer Geschäftsperiode mehr Ware verkauft als eingekauft, vermindert sich der Warenbestand (der Schlussbestand ist niedriger als der Anfangsbestand).

  Um zu den Verkaufserlösen den entsprechenden Warenaufwand zu erhalten, müssen die **Aufwendungen für Waren um den Wert der Bestandsminderungen erhöht werden**. Das erfolgt buchhalterisch in der Weise, dass die Bestandsminderung (Saldo auf dem Konto Waren auf der Habenseite) auf das Konto **Aufwendungen für Waren** umgebucht wird.

  Buchungssatz: Aufwendungen für Waren an Waren

- Wurde innerhalb einer Geschäftsperiode weniger Ware verkauft als eingekauft, erhöht sich der Warenbestand. In diesem Fall müssen die **Aufwendungen für Waren um den Wert der Bestandsmehrung vermindert werden**.

  Buchungssatz: Waren an Aufwendungen für Waren

Fall 1: Minderung des Warenbestandes

Beispiel:
Ausschnitt aus der Buchführung des Radiohauses Fritz Leist e. Kfm.

I. Bestände:
Anfangsbestand an Waren: 20 Radiogeräte zu je 100,00 EUR = 2 000,00 EUR
Schlussbestand an Waren: 15 Radiogeräte zu je 100,00 EUR = 1 500,00 EUR

II. Geschäftsvorfälle:
1. Wareneinkäufe bar: 40 Radiogeräte zu je 100,00 EUR = 4 000,00 EUR
2. Warenverkäufe bar: 45 Radiogeräte zu je 150,00 EUR = 6 750,00 EUR

III. Aufgaben:
1. Bilden Sie die Buchungssätze für die beiden Geschäftsvorfälle!
2. Tragen Sie die Anfangsbestände auf dem Konto Waren vor!
3. Buchen Sie die beiden Geschäftsvorfälle auf den Konten des Hauptbuches!
4. Stellen Sie durch den Abschluss der Warenkonten den Warengewinn buchhalterisch dar!
5. Bilden Sie die Buchungssätze für den Abschluss der Warenkonten!
6. Ermitteln Sie außerhalb der Buchführung den Rohgewinn!

Lösungen:

Zu 1.: Buchungssätze für die beiden Geschäftsvorfälle

Nr.	Für die Geschäftsvorfälle	Konten	Soll	Haben
1.	Einkauf von 40 Radiogeräten zu je 100,00 EUR bar = 4 000,00 EUR.	Aufwend. f. Waren an Kasse	4 000,00	4 000,00
2.	Verkauf von 45 Radiogeräten zu je 150,00 EUR bar = 6 750,00 EUR.	Kasse an Ums.-Erl. f. Waren	6 750,00	6 750,00

Zu 2., 3. und 4.: Darstellung auf den Warenkonten mit Abschluss der Warenkonten

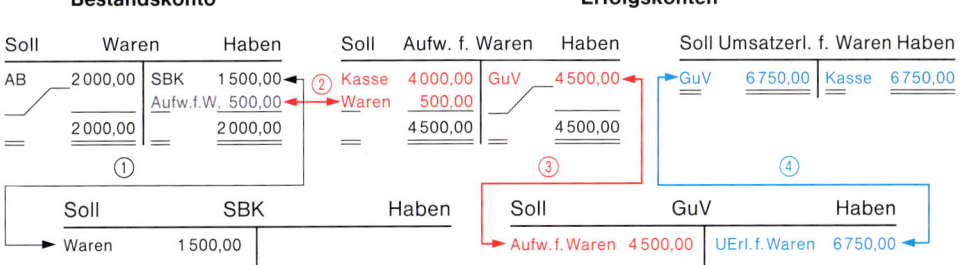

Zu 5.: Buchungssätze für den Abschluss der Warenkonten

Nr.	Abschlussschritte	Konten	Soll	Haben
①	Buchung des durch Inventur ermittelten Warenschlussbestandes im Werte von 1 500,00 EUR.	SBK an Waren	1 500,00	1 500,00
②	Umbuchung der Bestandsminderung von 5 Radiogeräten zu je 100,00 EUR = 500,00 EUR.	Aufwend. f. Waren an Waren	500,00	500,00
③	Abschluss des Kontos Aufwendungen für Waren	GuV an Aufwend. f. Waren	4 500,00	4 500,00
④	Abschluss des Kontos Umsatzerlöse für Waren	Ums.-Erl. f. Waren an GuV	6 750,00	6 750,00

Zu 6.: Berechnung des Rohgewinnes

Es wurden 45 Radiogeräte verkauft, aber nur 40 Stück eingekauft. Daher ergibt sich eine Bestandsminderung in Höhe von 5 Stück zu je 100,00 EUR = 500,00 EUR. Um den Verkaufserlösen von 45 Stück den entsprechenden Warenaufwand (Wareneinsatz) gegenüberstellen zu können, muss der Wareneinkauf um den Wert der Bestandsminderung erhöht werden.

$$\text{Aufwend. f. Waren} = \text{Einkäufe} + \text{Bestandsminderung}$$

	Wareneinkäufe:	40 Radiogeräte zu je 100,00 EUR =	4 000,00 EUR
+	Bestandsminderung:	5 Radiogeräte zu je 100,00 EUR =	500,00 EUR
=	Wareneinsatz	45 Radiogeräte zu je 100,00 EUR =	4 500,00 EUR
	Warenverkauf (Ertrag)	45 Radiogeräte zu je 150,00 EUR =	6 750,00 EUR
−	Wareneinsatz (Aufwand)	45 Radiogeräte zu je 100,00 EUR =	4 500,00 EUR
=	Rohgewinn		2 250,00 EUR

Fall 2: Erhöhung des Warenbestandes

Beispiel:
Ausschnitt aus der Buchführung des Radiohauses Fritz Leist e. Kfm.

I. Bestände:
Anfangsbestand an Waren: 15 Radiogeräte zu je 100,00 EUR = 1 500,00 EUR
Schlussbestand an Waren: 20 Radiogeräte zu je 100,00 EUR = 2 000,00 EUR

II. Geschäftsvorfälle:
1. Wareneinkäufe bar: 45 Radiogeräte zu je 100,00 EUR = 4 500,00 EUR
2. Warenverkäufe bar: 40 Radiogeräte zu je 150,00 EUR = 6 000,00 EUR

III. Aufgaben:
1. Bilden Sie die Buchungssätze für die beiden Geschäftsvorfälle!
2. Tragen Sie den Anfangsbestand auf dem Konto Waren vor!
3. Buchen Sie die beiden Geschäftsvorfälle auf den Konten des Hauptbuches!
4. Stellen Sie durch den Abschluss der Warenkonten den Warengewinn buchhalterisch dar!
5. Bilden Sie die Buchungssätze für den Abschluss der Warenkonten!
6. Ermitteln Sie außerhalb der Buchführung den Rohgewinn!

Lösungen:

Zu 1.: Buchungssätze für die beiden Geschäftsvorfälle

Nr.	Für die Geschäftsvorfälle	Konten	Soll	Haben
1.	Einkauf von 45 Radiogeräten zu je 100,00 EUR bar = 4 500,00 EUR.	Aufwend. f. Waren an Kasse	4 500,00	4 500,00
2.	Verkauf von 40 Radiogeräten zu je 150,00 EUR bar = 6 000,00 EUR.	Kasse an Ums.-Erl. f. Waren	6 000,00	6 000,00

Zu 2., 3. und 4.: Darstellung auf den Warenkonten mit Abschluss der Warenkonten

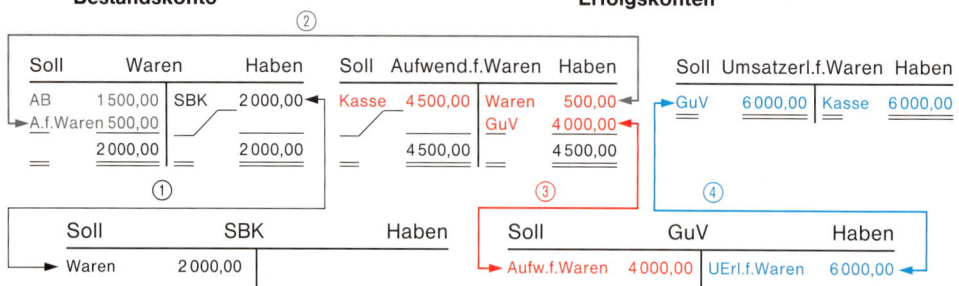

Zu 5.: Buchungssätze für den Abschluss der Warenkonten

Nr.	Abschlussschritte	Konten	Soll	Haben
①	Buchung des durch Inventur ermittelten Warenschlussbestandes im Werte von 2 000,00 EUR.	SBK an Waren	2 000,00	2 000,00
②	Umbuchung der Bestandsmehrung von 5 Radiogeräten zu je 100 EUR = 500,00 EUR.	Waren an Aufwend. f. Waren	500,00	500,00
③	Abschluss des Kontos Aufwendungen für Waren	GuV an Aufwend. f. Waren	4 000,00	4 000,00
④	Abschluss des Kontos Umsatzerlöse für Waren	Ums.-Erl. f. Waren an GuV	6 000,00	6 000,00

Zu 6.: Berechnung des Rohgewinnes

Es wurden 45 Radiogeräte eingekauft, aber nur 40 Stück verkauft. Daher ergibt sich eine Bestandserhöhung von 5 Stück zu je 100,00 EUR = 500,00 EUR.

Um den Verkaufserlösen von 40 Stück den entsprechenden Warenaufwand (Wareneinsatz) gegenüberstellen zu können, muss der Wareneinkauf um den Wert der Bestandserhöhung vermindert werden.

> Aufwend. f. Waren = Einkäufe − Bestandsmehrung

	Wareneinkäufe	45 Radiogeräte zu je 100,00 EUR =	4 500,00 EUR
−	Bestandsmehrung	5 Radiogeräte zu je 100,00 EUR =	500,00 EUR
=	Wareneinsatz	40 Radiogeräte zu je 100,00 EUR =	4 000,00 EUR
	Warenverkauf	40 Radiogeräte zu je 150,00 EUR =	6 000,00 EUR
−	Wareneinsatz	40 Radiogeräte zu je 100,00 EUR =	4 000,00 EUR
=	Rohgewinn		2 000,00 EUR

Wir merken uns:

Der Abschluss der Warenkonten erfolgt in vier Schritten:

1. Schritt: Buchung des durch Inventur ermittelten Warenschlussbestandes:
SBK an Waren

2. Schritt: Umbuchung der Veränderung des Warenbestandes
(Abschluss des Kontos Waren)
– Bei **Bestandsmehrung**: Waren an Aufwendungen für Waren
– Bei **Bestandsminderung**: Aufwendungen für Waren an Waren

3. Schritt: Abschluss des Kontos Aufwendungen für Waren über das GuV-Konto:
GuV an Aufwendungen für Waren

4. Schritt: Abschluss des Kontos Umsatzerlöse für Waren über das GuV-Konto:
Umsatzerlöse für Waren an GuV

Übungsaufgaben

86 Die Lagerbuchführung liefert uns folgende Zahlen, die auf den drei Warenkonten vorzutragen sind:

I. Anfangsbestand
Anfangsbestand an Waren zum Jahresbeginn 17 800,00 EUR

II. Geschäftsvorfälle
Wareneingänge während des Jahres 185 410,00 EUR
Warenverkäufe während des Jahres 240 720,00 EUR

III. Abschlussangabe
Warenschlussbestand lt. Inventur 12 100,00 EUR

IV. Aufgaben
1. Übertragen Sie die in der Aufgabe angegebenen Werte für den Anfangsbestand, die Wareneingänge und die Warenverkäufe auf die entsprechenden Konten, buchen Sie den durch Inventur ermittelten Warenendbestand, schließen Sie die Warenkonten ab und ermitteln Sie buchhalterisch den Rohgewinn!
2. Bilden Sie den Buchungssatz für die Buchung der Bestandsminderung!

87/88

	87	88
I. Anfangsbestände		
Anfangsbestand auf dem Konto Waren	108 700,00 EUR	109 300,00 EUR
Anfangsbestand auf dem Eigenkapitalkonto	85 000,00 EUR	90 000,00 EUR
II. Geschäftsvorfälle		
Wareneinkäufe bar	7 500,00 EUR	23 500,00 EUR
Warenverkäufe bar	9 500,00 EUR	12 950,00 EUR
Warenverkäufe auf Ziel	25 650,00 EUR	45 800,00 EUR
Wareneinkäufe auf Ziel	10 500,00 EUR	19 700,00 EUR
Warenverkäufe gegen Bankscheck	6 550,00 EUR	3 750,00 EUR
III. Abschlussangabe		
Warenschlussbestand lt. Inventur	95 700,00 EUR	114 300,00 EUR

IV. Aufgaben
1. Richten Sie die drei Warenkonten, das Eigenkapitalkonto, das Schlussbilanzkonto und das Gewinn- und Verlustkonto ein!
2. Tragen Sie auf den eingerichteten Konten die angegebenen Anfangsbestände vor!
3. Übertragen Sie die zu den Geschäftsvorfällen angegebenen Werte auf die entsprechenden Konten!
4. Schließen Sie die Konten ordnungsmäßig ab!

89/90

	89	90
I. Anfangsbestände		
Anfangsbestand auf dem Konto Waren	43 650,00 EUR	60 500,00 EUR
Anfangsbestand auf dem Eigenkapitalkonto	47 400,00 EUR	12 250,00 EUR
II. Geschäftsvorfälle		
Wareneinkäufe bar	47 100,00 EUR	7 850,00 EUR
Warenverkäufe auf Ziel	16 850,00 EUR	43 750,00 EUR
Warenverkäufe bar	25 700,00 EUR	12 200,00 EUR
Wareneinkäufe auf Ziel	2 300,00 EUR	25 650,00 EUR
Warenverkäufe gegen Bankscheck	3 100,00 EUR	25 800,00 EUR
III. Abschlussangabe		
Warenschlussbestand lt. Inventur	44 650,00 EUR	40 500,00 EUR

IV. Aufgaben
1. Richten Sie die Warenkonten, das Eigenkapitalkonto, das Schlussbilanzkonto und das Gewinn- und Verlustkonto ein!
2. Tragen Sie auf den eingerichteten Konten die angegebenen Anfangsbestände vor!

3. Übertragen Sie die zu den Geschäftsvorfällen angegebenen Werte auf die entsprechenden Konten!
4. Schließen Sie die Konten ordnungsmäßig ab!

91 Beim Abschluss der Warenkonten wird ein Mehrbestand von 2 100,00 EUR ermittelt. Geben Sie den richtigen Buchungssatz an!

1	Waren	an	Aufwendungen für Waren
2	Aufwendungen für Waren	an	Waren
3	GuV-Konto	an	Aufwendungen für Waren
4	Schlussbilanzkonto	an	Waren
5	Waren	an	Schlussbilanzkonto
6	GuV-Konto	an	Waren

Übertragen Sie die entsprechende Ziffer als Lösung in Ihr Hausheft!

6.1.3 Eröffnung der Bestandskonten und Abschluss der Bestands- und Erfolgskonten in der doppelten Buchführung unter Einbeziehung der Warenkonten mit Beispiel

Beispiel:

I. Anfangsbestände:

Unbebaute Grundstücke 50 000,00 EUR; Betriebs- und Geschäftsausstattung 35 000,00 EUR; Waren 40 000,00 EUR; Forderungen aus Lieferungen und Leistungen 15 320,00 EUR; Bank 37 850,00 EUR; Verbindlichkeiten aus Lieferungen und Leistungen 19 450,00 EUR; Langfristige Bankverbindlichkeiten 40 000,00 EUR; Eigenkapital 118 720,00 EUR.

II. Geschäftsvorfälle:

1. Wir kaufen Waren auf Ziel	2 750,00 EUR
2. Die Bank belastet uns mit Zinsen	2 450,00 EUR
3. Wir verkaufen Waren auf Ziel	33 550,00 EUR
4. Die Miete für das Geschäft wird durch die Bank überwiesen	12 900,00 EUR
5. Wir überweisen die Gewerbesteuer durch die Bank	4 100,00 EUR
6. Die Bank schreibt uns Zinsen gut	1 200,00 EUR

III. Abschlussangabe:

Warenschlussbestand lt. Inventur 34 000,00 EUR.

IV. Aufgaben:

1. Stellen Sie den Ablauf der buchtechnischen Schritte dar!
2. Bilden Sie im Grundbuch[1] die Buchungssätze für die Geschäftsvorfälle!
3. Übertragen Sie anschließend die Vorgänge auf die Konten des Hauptbuches![2]
4. Schließen Sie die Konten ab!

---

1 Alle Geschäftsvorfälle müssen vollständig, richtig, zeitgerecht und geordnet aufgezeichnet werden (vgl. § 239 Abs. 2 HGB). Man spricht auch von **chronologischer Aufzeichnungspflicht.** Unabhängig von der Art des dabei verwendeten Mediums wird die Zusammenfassung dieser Eintragungen als **Grundbuch** bezeichnet.

2 Die zeitliche Auflistung der Buchungen allein genügt nicht, sie müssen vielmehr auch in ihren **sachlichen** Auswirkungen dargestellt werden, d.h., die Buchungen im Grundbuch sind auf die Sachkonten zu übertragen. Dies geschieht im so genannten **Hauptbuch.** Die Sachkonten werden daher auch als **Hauptbuchkonten** bezeichnet. Erst durch die sachliche Aufgliederung ist der Stand des Vermögens und der Schulden ersichtlich.

Lösungen:

Zu 1. Ablauf der buchungstechnischen Schritte:

I. Eröffnungsbuchungen

Eröffnung der Bilanzkonten
- Aktivkonten an Eröffnungsbilanzkonto
- Eröffnungsbilanzkonto an Passivkonten

II. Bildung der Buchungssätze für die Geschäftsvorfälle (zu 2.)

Konten	Soll	Haben
1. Aufwendungen für Waren an Verbindlichkeiten a. Lief. u. Leist.	2 750,00	2 750,00
2. Zinsaufwendungen an Bank	2 450,00	2 450,00
3. Forderungen a. Lief. u. Leist. an Umsatzerlöse für Waren	33 550,00	33 550,00
4. Mieten, Pachten an Bank	12 900,00	12 900,00
5. Gewerbesteuer an Bank	4 100,00	4 100,00
6. Bank an Zinserträge	1 200,00	1 200,00
	56 950,00	56 950,00

III. Abschlussbuchungen

1. Abschluss der Warenkonten

    1.1 Buchung des Warenschlussbestandes lt. Inventur:
    SBK an Waren

    1.2 Abschluss des Kontos Waren (Buchung der Bestandsveränderung)
    Bestandsminderung: Aufwendungen für Waren an Waren

    1.3 Abschluss des Kontos Aufwendungen für Waren über das GuV-Konto.

    1.4 Abschluss des Kontos Umsatzerlöse für Waren über das GuV-Konto.

2. Abschluss der übrigen Erfolgskonten über das GuV-Konto
3. Abschluss des GuV-Kontos über das Eigenkapitalkonto.
4. Abschluss der Bestandskonten über das Schlussbilanzkonto.

Zu 3. und 4. Darstellung auf den Konten:

Bilanzkonten-Bereich

Aktivkonten

S	Unbebaute Grundstücke	H
EBK	50 000,00	SBK 50 000,00

S	Betriebs- und Geschäftsausstattung	H
EBK	35 000,00	SBK 35 000,00

S	Waren	H
EBK	40 000,00	SBK 34 000,00
		Auf.f.W. 6 000,00
	40 000,00	40 000,00

S	Ford. a. Lief. u. Leist.	H
EBK	15 320,00	SBK 48 870,00
UE.f.W.	33 550,00	
	48 870,00	48 870,00

S	Bank	H
EBK	37 850,00	ZiAufw. 2 450,00
ZiErtr.	1 200,00	Mieten 12 900,00
		GewSt. 4 100,00
		SBK 19 600,00
	39 050,00	39 050,00

S	EBK	H
V.a.L.u.L. 19 450,00	Unb.Gr. 50 000,00
BVerb. 40 000,00	BGA 35 000,00
EK 118 720,00	Wa 40 000,00
	F.a.L.u.L. 15 320,00
	Ba 37 850,00
178 170,00	178 170,00

S	SBK	H
Unb.Gr. 50 000,00	V.a.L.u.L. 22 200,00
BGA 35 000,00	L.B.Verb. 40 000,00
Wa 34 000,00	EK 125 270,00
F.a.L.u.L. 48 870,00	
Ba 19 600,00	
186 470,00	186 470,00

Passivkonten

S	Verbindl. a. Lief. u. Leist.	H
SBK	22 200,00	EBK 19 450,00
		Auf.f.W. 2 750,00
	22 200,00	22 200,00

S	Langfr. Bankverbindl.	H
SBK	40 000,00	EBK 40 000,00

S	Eigenkapital	H
SBK	125 270,00	EBK 118 720,00
		GuV 6 550,00
	125 270,00	125 270,00

Erfolgskonten-Bereich

Aufwandskonten

S	Mieten, Pachten	H
Ba	12 900,00	GuV 12 900,00

S	Gewerbesteuer	H
Ba	4 100,00	GuV 4 100,00

S	Zinsaufwendungen	H
Ba	2 450,00	GuV 2 450,00

S	Aufwend. für Waren	H
Verb.	2 750,00	GuV 8 750,00
Wa	6 000,00	
	8 750,00	8 750,00

Ertragskonten

S	Umsatzerlöse f. Waren	H
GuV	33 550,00	F.a.L.u.L. 33 550,00

S	Zinserträge	H
GuV	1 200,00	Ba 1 200,00

S	GuV	H
Mieten, Pachten 12 900,00	Umsatzerl.f.W. 33 550,00
Gew.St. 4 100,00	ZiErtr. 1 200,00
ZiAufw. 2 450,00	
Aufw.f.W. 8 750,00	
EK 6 550,00	
34 750,00	34 750,00

Übungsaufgaben

92 **I. Anfangsbestände**

Betriebs- und Geschäftsausstattung 25 000,00 EUR; Kasse 3 150,00 EUR; Waren 15 250,00 EUR; Verbindlichkeiten aus Lieferungen und Leistungen 4 350,00 EUR; Eigenkapital 39 050,00 EUR.

II. Geschäftsvorfälle

1. Wareneinkauf bar	2 500,00 EUR
2. Barzahlung einer Lieferantenrechnung	500,00 EUR
3. Warenverkauf bar	3 000,00 EUR
4. Wareneinkauf auf Ziel	1 250,00 EUR
5. Warenverkauf bar	2 750,00 EUR
6. Bareinzahlung bei der Bank	350,00 EUR
7. Barzahlung der Miete	125,00 EUR
8. Barkauf von Computerpapier	25,00 EUR
9. Barzahlung der Gewerbesteuer	200,00 EUR

III. Abschlussangabe

Warenschlussbestand lt. Inventur 16 000,00 EUR.

IV. Aufgaben

1. Eröffnen Sie die Konten und buchen Sie die Anfangsbestände!
2. Bilden Sie die Buchungssätze für die Geschäftsvorfälle!
3. Übertragen Sie anschließend die Vorgänge auf die Konten!
4. Schließen Sie die Konten ab!

93 **I. Anfangsbestände**

Betriebs- und Geschäftsausstattung 25 000,00 EUR; Kasse 3 570,00 EUR; Bank 7 800,00 EUR; Waren 15 000,00 EUR; Forderungen aus Lieferungen und Leistungen 1 250,00 EUR; Verbindlichkeiten aus Lieferungen und Leistungen 3 500,00 EUR; Eigenkapital 49 120,00 EUR.

II. Geschäftsvorfälle

1. Bareinzahlung auf das Bankkonto	1 000,00 EUR
2. Warenverkauf bar	2 100,00 EUR
3. Barzahlung von Aushilfsgehältern	1 100,00 EUR
4. Eingangsrechnungen (Wareneinkäufe)	2 750,00 EUR
5. Banküberweisung der Gewerbesteuer	280,00 EUR
6. Ausgangsrechnungen (Warenverkäufe)	3 500,00 EUR
7. Zahlung einer Eingangsrechnung durch Banküberweisung	750,00 EUR
8. Die Bank schreibt uns Zinsen gut	120,00 EUR
9. Barzahlung für die Anschaffung von Ordnern für das Büro	25,00 EUR
10. Ein Kunde überweist einen Rechnungsbetrag auf unser Bankkonto	500,00 EUR
11. Buchung der Tageslosung (Barverkauf)	680,00 EUR

III. Abschlussangabe

Warenschlussbestand lt. Inventur 14 000,00 EUR.

IV. Aufgaben

1. Eröffnen Sie die Konten und buchen Sie die Anfangsbestände!
2. Bilden Sie die Buchungssätze für die Geschäftsvorfälle!
3. Übertragen Sie anschließend die Vorgänge auf die Konten!
4. Schließen Sie die Konten ab!

94 Der Istbestand an Waren ist lt. Inventur höher als der in der Lagerbuchführung errechnete Bestand. Worauf ist dies zurückzuführen?
- ☐ 1 Ein Warenverkauf wurde versehentlich nicht gebucht.
- ☐ 2 Ein Warenverkauf wurde versehentlich doppelt gebucht.
- ☐ 3 Eingegangene Ware wurde versehentlich nicht gebucht.
- ☐ 4 Verdorbene Ware wurde ausgesondert.

Übertragen Sie die entsprechende Ziffer als Lösung in Ihr Hausheft!

95 Das Konto Aufwendungen für Waren ist abzuschließen. Wie lautet der Buchungssatz?
- ☐ 1 Aufwendungen für Waren an Waren
- ☐ 2 GuV an Waren
- ☐ 3 GuV an Aufwendungen für Waren
- ☐ 4 Aufwendungen für Waren an GuV
- ☐ 5 Schlussbilanzkonto an Aufwendungen für Waren

Übertragen Sie die entsprechende Ziffer als Lösung in Ihr Hausheft.

96 Was ist unter dem Begriff „Aufwendungen für Waren" zu verstehen?
- ☐ 1 Der Wert der eingekauften Ware zum Verkaufspreis.
- ☐ 2 Der Wert der eingekauften Ware zum Einstandspreis.
- ☐ 3 Der Wert der verkauften Ware zum Einstandspreis.
- ☐ 4 Der Wert der verkauften Ware zum Verkaufspreis.

Übertragen Sie die entsprechende Ziffer als Lösung in Ihr Hausheft.

97 Bilden Sie die Buchungssätze zu folgenden Geschäftsvorfällen!

1. Einnahmen aus Barverkäufen von Waren	1 350,00 EUR
2. Banküberweisung eines Kunden	910,00 EUR
3. Einkauf von Waren auf Ziel	2 713,00 EUR
4. Banküberweisung der Miete für Geschäftsräume	3 600,00 EUR
5. Barzahlung der Eingangsrechnung für Gebäudereinigung im Monat Mai	1 980,00 EUR
6. Verkauf von Waren auf Ziel	3 060,00 EUR
7. Banküberweisung des Handelskammerbeitrags	460,00 EUR
8. Banküberweisung Darlehenszinsen 1 390,00 EUR Tilgungsrate für das Bankdarlehen 3 000,00 EUR	4 390,00 EUR
9. Zahlung einer Liefererrechnung mit Bankscheck	927,40 EUR
10. Gutschrift der Bank für Zinsen	212,00 EUR

7 Umsatzsteuer (Mehrwertsteuer)

7.1 Betriebswirtschaftliche und rechtliche Grundlagen

Bis die Waren zum Verkauf im Einzelhandel angeboten werden, durchlaufen sie häufig mehrere Unternehmen.

> **Beispiel:**
>
> Bis der Kunde in einem Lebensmittelgeschäft eine Ecke Schmelzkäse kaufen kann, hat das Produkt in der Regel folgende Unternehmen durchlaufen:
>
> Milcherzeugung im **landwirtschaftlichen Betrieb** → Verarbeitung zu Käse im **Milchwerk** → Fertigung im **Schmelzkäsewerk** → Vertrieb über den **Großhandel** zum → **Einzelhandel**.

Durch **Kosten** und **Gewinn** erhöht sich in jedem Unternehmen jeweils der **Wert** des Produktes. Diesen **Mehrwert** (Unterschied zwischen Verkaufswert und Einstandswert) besteuert der Staat, d. h. jeder **Unternehmer** hat von dem Mehrwert, der von seinem Unternehmen geschaffen wird, Umsatzsteuern zu entrichten. Aus diesem Grunde wird die **Umsatzsteuer (USt)** häufig auch als **Mehrwertsteuer** bezeichnet.

Die Umsatzsteuer gehört abgaberechtlich zu den Verkehrsteuern, weil Vorgänge des Wirtschaftsverkehrs besteuert werden. Der Wirkung nach ist die Umsatzsteuer eine Verbrauchsteuer, da die Belastung der Endverbraucher zu tragen hat.

Rechtsgrundlage ist das Umsatzsteuergesetz mit dem seit 1967 geltenden Mehrwertsteuersystem sowie die Umsatzsteuerdurchführungsverordnung in der jeweils gültigen Fassung.

In vereinfachter und verkürzter Form dargestellt beantwortet das Umsatzsteuergesetz folgende Fragen:

(1) Wer ist umsatzsteuerpflichtig?

Grundsätzlich wird der **Unternehmer,** der die Leistung ausgeführt hat, zur Umsatzsteuer herangezogen. Insoweit ist er auch Steuerschuldner. (Näheres siehe § 13a UStG!)

(2) Welche Umsätze sind steuerbar?

Hier gilt es zunächst zwischen steuerbaren und nicht steuerbaren Umsätzen zu unterscheiden.

- **Nichtsteuerbare Umsätze.** Sie fallen nicht unter das Umsatzsteuergesetz. Deshalb fällt bei diesen Umsätzen keine Umsatzsteuer an.

> **Beispiel:** Ein Autohändler liefert als **Privatmann** seinen gebrauchten Fernseher an einen Interessenten gegen Barzahlung.

- **Steuerbare Umsätze.** Sie sind entweder steuerpflichtig oder steuerfrei.

→ **Steuerpflichtige Umsätze.** Folgende Umsätze unterliegen nach § 1 UStG der Umsatzsteuer:
  1. Lieferungen im Inland gegen Entgelt.
  2. Leistungen im Inland gegen Entgelt (z. B. Reparaturen, Transport von Waren, Errichtung neuer Anlagen usw.).
  3. Einfuhr von Gegenständen aus einem Drittlandsgebiet (Einfuhrumsatzsteuer).
  4. Innergemeinschaftlicher Erwerb im Inland gegen Entgelt.

→ **Steuerfreie Umsätze.** Hierbei handelt es sich um Umsätze, die dem Umsatzsteuergesetz unterliegen, für die aber keine Umsatzsteuer entsteht, da diese Umsätze vom Gesetzgeber für steuerfrei erklärt werden. Die steuerfreien Umsätze sind im wesentlichen in § 4 Nr. 1 bis Nr. 28 aufgeführt.

> **Beispiel:**
>
> Ausfuhrlieferungen in ein Drittland;[1] Innergemeinschaftliche[2] Lieferungen; Umsätze im Geld- und Kapitalverkehr (z. B. die Gewährung und die Vermittlung von Krediten, die Umsätze von Wertpapieren); Vermietung und Verpachtung von Grundstücken; Umsätze von Bausparkassenvertretern, Versicherungsvertretern und Versicherungsmaklern; Umsätze aus der Tätigkeit als Arzt, Zahnarzt, Heilpraktiker und Krankengymnast; Zahlung von Versicherungsbeiträgen.

Nach § 9 Abs. 1 UStG kann der Unternehmer einen Umsatz der steuerfrei ist, als **steuerpflichtig behandeln (Option)**, wenn der Umsatz an einen anderen Unternehmer für dessen Unternehmen ausgeführt wird (z. B. Umsätze, die die Vermietung und Verpachtung von Grundstücken betreffen, Umsätze im Geld- und Kapitalverkehr).

(3) Wie viel Prozent beträgt der Steuersatz?

- Der **allgemeine Steuersatz** beträgt für jeden steuerpflichtigen Umsatz gegenwärtig 16 % der Bemessungsgrundlage (§ 12 Abs. 1 UStG).

- Der **ermäßigte Steuersatz** beträgt seit dem 1. Juli 1983 7 % (§ 12 Abs. 2 UStG). Dem ermäßigten Steuersatz unterliegen z. B. die Leistungen der Theater, Orchester, Chöre; Die Personenbeförderung im Linienverkehr; der Verkauf von Grundnahrungsmitteln (außer dem Verzehr an Ort und Stelle); Die Leistungen der Körperschaften, die ausschließlich und unmittelbar gemeinnützige, mildtätige oder kirchliche Zwecke verfolgen; Der Umsatz aus dem Verkauf von Büchern und Zeitschriften.

---

1 Drittlandstaaten sind Staaten, die nicht zur Europäischen Union gehören.
2 Das Gemeinschaftsgebiet umfasst das Inland und die Gebiete der übrigen Mitgliedstaaten der Europäischen Gemeinschaft. Zum übrigen Gemeinschaftsgebiet gehören Belgien, Dänemark, Finnland, Frankreich, Irland, Italien, Luxemburg, Niederlande, Österreich, Portugal, Schweden, Spanien, Vereinigtes Königreich, Nordirland und Griechenland.

(4) Von welchem Betrag wird die Umsatzsteuer berechnet (Bemessungsgrundlage)?

Die Umsatzsteuer wird vom **Entgelt** berechnet. Das ist der vom Empfänger der Leistung zu **entrichtende Nettopreis**. Die Umsatzsteuer fällt bereits dann an, wenn eine Lieferung bzw. Leistung erbracht wird, also die Forderung entsteht **(Sollbesteuerung)**. Erlösminderungen (Skonti, Rabatte, Preisnachlässe usw.) vermindern die Berechnungsgrundlage für die Umsatzsteuer, in Rechnung gestellte Nebenkosten erhöhen das Entgelt.

(5) Welchen Betrag erhält das Finanzamt?

Bei der Berechnung der Umsatzsteuer wird zunächst vom **gesamten Umsatzwert** ausgegangen: 16% vom Verkaufserlös ergibt die (vorläufige) Umsatzsteuerschuld. Von dieser so berechneten Steuerschuld können die auf den **Eingangsrechnungen ausgewiesenen Umsatzsteuerbeträge** als so genannte **Vorsteuer** abgezogen werden. Die Vorsteuer stellt somit für den Kaufmann eine **Forderung** an das Finanzamt dar. Die Differenz zwischen Umsatzsteuer und Vorsteuer ist dann die tatsächlich zu zahlende Steuerschuld. Wir nennen sie **Zahllast**.

Dargestellt am Beispiel eines Warengeschäfts, bei der die Zusammenhänge am einfachsten dargestellt werden können, ergibt sich die folgende Abrechnung mit dem Finanzamt:

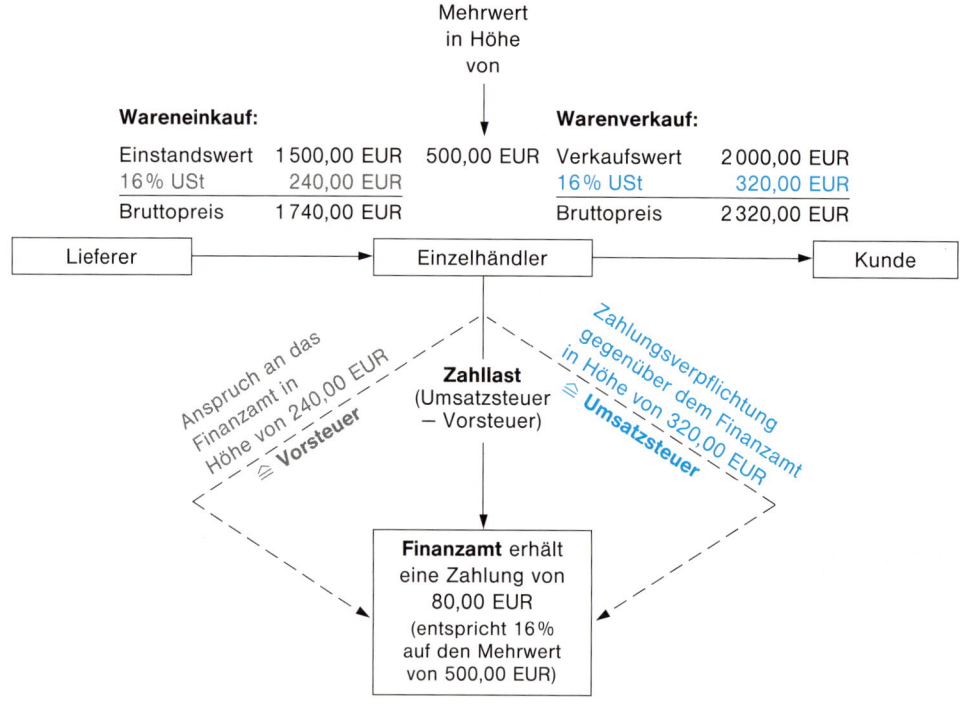

● Abrechnung mit dem Finanzamt

	16% v. Nettoverkaufspreis 2 000,00 EUR	320,00 EUR ⟶	Umsatzsteuer ⟶	Verbindlichkeiten
−	16% v. Nettoeinkaufspreis 1 500,00 EUR	240,00 EUR ⟶	Vorsteuer ⟶	Forderungen
=	Mehrwert 500,00 EUR	80,00 EUR ⟶	Zahllast ⟶	Restschuld

● Auswirkungen der Umsatzsteuer auf den Erfolg am Beispiel eines Warengeschäftes

Einzelhändler **zahlt USt**
→ an den Lieferer lt. ER 240,00 EUR
→ an das Finanzamt 80,00 EUR
  320,00 EUR

Einzelhändler **erhält USt**
vom Kunden lt. AR 320,00 EUR

Erkenntnis: Durch die USt entstehen dem Einzelhändler **keine** Kosten (Aufwendungen). Die USt ist daher ergebnisunwirksam. Was das Unternehmen auf der einen Seite einnimmt, gibt es auf der anderen Seite aus. Die Umsatzsteuer ist für das Unternehmen **ein durchlaufender Posten**.

Anmerkung:
Auch wenn das Demonstrationsbeispiel den gegenteiligen Eindruck erweckt, muss darauf hingewiesen werden, dass zwischen der Umsatzsteuer auf Eingangsrechnungen und der Umsatzsteuer auf Ausgangsrechnungen kein Zusammenhang bestehen muss.

(6) Zu welchem Zeitpunkt muss die Umsatzsteuer gezahlt werden?

Die Umsatzsteuer ist eine Jahressteuer. Der Einzelhändler muss aber bis zum 10. des lfd. Monats für den vorangegangenen Monat eine **Umsatzsteuervoranmeldung**[1] beim Finanzamt einreichen. Gleichzeitig ist für die darin zu ermittelnde Zahllast eine entsprechende Vorauszahlung auf die Jahressteuer zu leisten (§ 18 UStG). Am Jahresende erfolgt die Endabrechnung mit Hilfe der Jahressteuererklärung und des Jahressteuerbescheides. Nachzahlungen bzw. Rückerstattungen sind nicht ausgeschlossen, da sich die Bemessungsgrundlage durch nachträgliche Skonti, Rabatte, Preisnachlässe oder aufgrund von Forderungsausfällen ändern kann.

> **Wir merken uns:**
> - Die Umsatzsteuer stellt für den Unternehmer keinen Aufwand, sondern einen **durchlaufenden Posten** dar. (Was der Unternehmer auf der einen Seite an Steuerbeträgen einnimmt, gibt er auf der anderen Seite in gleicher Höhe wieder aus.)
> - Die **Last der Umsatzsteuer** trägt allein der **Verbraucher**.

---
[1] Vgl. ausgefülltes Formular Seite 224.

7.2 Buchung der Umsatzsteuer im Ein- und Verkaufsbereich

7.2.1 Umsatzsteuer beim Verkauf

(1) Buchhalterische Erfassung der Umsatzsteuer beim Verkauf von Waren gegen Rechnungsstellung

Der Verkauf von Waren stellt einen steuerpflichtigen Umsatz dar. Wird über den Verkauf eine Ausgangsrechnung erstellt, so sind der Warenwert (Entgelt, Nettobetrag) und die Umsatzsteuer getrennt auszuweisen. Nettobetrag und Umsatzsteuer zusammen ergeben den Rechnungsbruttowert. Werden Nettowert und Umsatzsteuer bei jeder einzelnen Rechnung getrennt gebucht, sprechen wir von **Nettobuchung**.

Beispiel:
Der Buchhaltung des Bürozentrums B. Sieglinger GmbH liegt die abgebildete Ausgangsrechnung (AR) vor.

Bürozentrum · B. Sieglinger GmbH · 97074 Würzburg

B. Sieglinger GmbH, Fichtestr. 10, 97074 Würzburg

Industriewerke
Franz Schneider KG
Hauptstraße 12

87700 Memmingen

Rechnung Nr. 158

Ihre Bestellung	Versandart	Unsere Zeichen	Würzburg
20..-02-15	Spedition	Kl/Ps	20..-01-21

Anzahl	Art.-Nr.	Bezeichnung	Einzelpreis EUR	Gesamtpreis EUR
2	125/67	Schreibtisch	450,00	900,00
1	479/98	Tischlampe	140,00	140,00
4	915/54	Drehstuhl	115,00	460,00
				1 500,00
		+ 16% Umsatzsteuer		240,00
				1 740,00

Sitz der Gesellschaft: Würzburg; RG Würzburg: HRB 1420   Steuer-Nr.: 1285/4693

Aufgaben:
Buchen Sie die Ausgangsrechnung
1. auf den Konten und bilden Sie
2. den Buchungssatz!

Lösungen:

Zu 1.: Buchung auf den Konten

S	Forderungen a. Lief. u. Leist.	H
UEf.W./USt 1 740,00		

S	Umsatzerlöse für Waren	H
	F.a.L.u.L.	1 500,00

S	Umsatzsteuer	H
	F.a.L.u.L.	240,00

Zu 2.: Buchungssatz

Konten	Soll	Haben
Forderungen a. Lief. u. Leist.	1 740,00	
an Umsatzerlöse für Waren		1 500,00
an Umsatzsteuer		240,00

Wir merken uns:

- Die Umsatzsteuer auf Ausgangsrechnungen stellt eine **Verbindlichkeit** des Unternehmens gegenüber dem Finanzamt dar. Sie wird auf einem entsprechenden Schuldkonto, genannt **Umsatzsteuer**, gebucht.
- Das Umsatzsteuerkonto ist ein **Passivkonto**.
- Erfolgt die buchmäßige Trennung von Nettobetrag (Entgelt) und darauf entfallender Umsatzsteuer direkt bei jeder einzelnen Buchung, so sprechen wir von **Nettobuchung**.

---

(2) Buchung der Tageslosung

Im Einzelhandel finden im Normalfall nur Barverkäufe statt, bei denen keine Rechnungen ausgestellt werden. Den Wert für den täglichen Barverkauf nennt man Tageslosung.

In jedem Warenverkaufspreis ist im Einzelhandel die Umsatzsteuer eingerechnet, d. h., in der Tageslosung ist die Umsatzsteuer enthalten. Um auf dem Konto Umsatzerlöse für Waren den Nettowert buchen zu können, ist eine tägliche Berechnung der in der Tageslosung enthaltenen Umsatzsteuer erforderlich.

Beispiel:
Die Tageslosung des Früchtehauses Franz Huber e. Kfm. am 27. November beträgt 1 193,06 EUR.

Aufgaben:
1. Berechnen Sie bei der angegebenen Tageslosung die USt und den Nettobetrag!
2. Buchen Sie den Beleg am 27. Nov.
   2.1 auf den Konten!
   2.2 Bilden Sie den Buchungssatz!

Beleg über die Tageslosung vom 27. Nov.:

```
    870.00 CA
         1
    263,29 CK
         0
      0.00 CH
         2
     49.49 PO
         0
     10.58 RA
   1.193,06 ST
```

Lösungen:[1]

Zu 1.: Berechnung der USt und des Nettobetrags

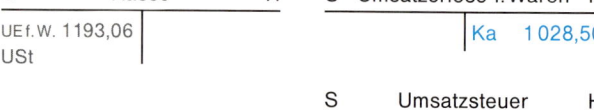

$$x = \frac{1\,193{,}06 \cdot 16}{116} = \underline{164{,}56 \text{ EUR}}$$

Nettobetrag: 1 028,50 EUR
USt: 164,56 EUR

Zu 2.: Buchung der Tageslosung

2.1 Buchung auf den Konten

S	Kasse	H
UE f. W. 1 193,06		
USt		

S	Umsatzerlöse f. Waren	H
		Ka 1 028,50

S	Umsatzsteuer	H
		Ka 164,56

2.2 Buchungssatz

Geschäftsvorfall	Konten	Soll	Haben
Wir buchen die Tageslosung über 1 193,06 EUR einschließlich 16 % USt.	Kasse an Umsatzerl. f. W. an Umsatzsteuer	1 193,06	1 028,50 164,56

> **Wir merken uns:**
>
> In der **Tageslosung (Barverkauf von Waren)** ist die **Umsatzsteuer enthalten**. Es handelt sich also um einen Bruttowert (Wert einschließlich der USt). Bei der Berechnung der darin enthaltenen USt muss beachtet werden, dass der Rechenansatz vom vermehrten Grundwert auszugehen hat.

---

[1] **Bruttobuchung.** Nach § 63 Abs. 4 UStDV kann der Unternehmer den Bruttorechnungsbetrag (Entgelt zuzüglich USt) auf dem Konto Umsatzerlöse für Waren buchen. Spätestens am Schluss jedes Voranmeldezeitraums (Monatsende) hat er dann die aufgezeichneten Bruttobeträge in Form einer Korrekturbuchung in Nettowert und USt zu trennen. Die Bruttobuchung ist dann angezeigt, wenn üblicherweise keine Rechnungen ausgestellt werden (z. B. Barverkauf im Einzelhandel) oder wenn die Rechnungsbeträge nicht in Nettowert und USt aufgeteilt werden (z. B. bei Kleinbetragsrechnungen bis zu einem Gesamtbetrag einschließlich USt von 100,00 EUR). Der Vorzug der Bruttobuchung besteht dann darin, dass nicht bei jeder einzelnen Einnahme die Umsatzsteuer für Buchungszwecke herausgerechnet werden muss, was sich hauptsächlich bei der Buchung der Tageslosung (Barverkauf von Waren an einem Tag) als Vorteil erweist.

Bei Einsatz von EDV-Anlagen stellt sich dieses Problem nicht, da die gespeicherten Bruttobeträge beim Ausdrucken automatisch in Nettowert (Wert für das Konto Umsatzerlöse für Waren) und Umsatzsteuer aufgeteilt und entsprechend auf den Konten ausgedruckt werden.

Im Folgenden wird nach dem Nettoverfahren gebucht, da die Prüfungsaufgaben im Warenverkaufsbereich am Nettoverfahren ausgerichtet sind.

(3) Buchhalterische Erfassung der Umsatzsteuer auf der Ausgangsseite bei weiteren Fällen

Neben dem Verkauf von Waren können gebrauchte Fahrzeuge oder Teile der Betriebs- und Geschäftsausstattung verkauft werden. Auch solche so genannte Hilfsgeschäfte sind umsatzsteuerpflichtig. Beim Verkauf müssen wir Umsatzsteuer in Rechnung stellen. Sie erscheint auf dem Passivkonto Umsatzsteuer.

Übungsaufgaben

98 Buchen Sie im Grundbuch die nachfolgende Ausgangsrechnung für die Sport-Jakob KG!

Ski
Sportartikel

Sport · Jakob KG

Sport-Jakob KG, Schiffmacherweg, 86199 Augsburg

Herrn
Franz Sportler
Leonhardstr. 18

88131 Lindau

Rechnung Nr. 748   Datum: 20..-11-27

1	Paar Kinderski mit Bindung	105,25 EUR
1	Paar Skistöcke	39,75 EUR
		145,00 EUR
	– 16% MWSt sind enthalten –	

Zahlungs- und Erfüllungsort sowie Gerichtsstand ist Augsburg. Die Ware bleibt bis zur vollständigen Bezahlung mein Eigentum.

Sitz der Gesellschaft: Augsburg; RG Augsburg: HRA 480   Steuer-Nr.: 7854/7953

---

99 Ein Einzelhändler, der alle Verkäufe als Bargeschäfte tätigt, hat eine Tageseinnahme von insgesamt 7 510,70 EUR. Davon entfallen Umsätze mit einem Steuersatz von 16% in Höhe von 5 231,60 EUR und Umsätze mit einem Umsatzsteuersatz von 7% in Höhe von 2 279,10 EUR.

Aufgaben
1. Berechnen Sie die USt und die Nettobeträge des Monats April!
2. Führen Sie die Konten Kasse, Umsatzsteuer 16%, Umsatzsteuer 7%, Umsatzerlöse für Waren mit 16% USt und Umsatzerlöse für Waren mit 7% USt und buchen Sie die Tageseinnahme auf den entsprechenden Konten!

100 Bilden Sie für die nebenstehende Ausgangsrechnung aus Sicht der Heim-Service GmbH den Buchungssatz!

Heim-Service GmbH
Köllestr. 7
95447 Bayreuth

Rechnung Nr. 971

Datum: 12.Okt.20..
95447 Bayreuth

Herrn
Heinz Hammer
Felsenweg 5
95445 Bayreuth

| 1 | Speise-Service 24-teilig COBURG | 179,80 EUR |

Im Rechnungsendbetrag sind 16% USt enthalten.

RG: Bayreuth HRB 717
Sitz der Gesellschaft: Bayreuth
Steuer-Nr.: 5697/4155

Hocher

---

101 1. Es liegen folgende Kassenvorgänge vor:

Kassenbestand des Vortages (Wechselgeld)	246,32 EUR
Entnahmen: – Ausgabe für Reinigungsmittel	63,84 EUR
– Barzahlung einer Eingangsrechnung	820,80 EUR
Entnahme für Privatzwecke	342,00 EUR
Kassenbestand bei Geschäftsschluss	800,28 EUR

Aufgaben
1.1 Wie viel EUR beträgt die Tageslosung?
1.2 Berechnen Sie die USt (Steuersatz 16%) und den Nettobetrag des Warenverkaufs!
1.3 Bilden Sie den Buchungssatz für die Tageslosung!

2. Es liegen folgende Kassenvorgänge vor:

Wechselgeld	1 168,80 EUR
Auszahlung für Wareneingang	1 504,80 EUR
Privateinlage	5 700,00 EUR
Barzahlung der Garagenmiete für das Privatauto	91,20 EUR
Kassenbestand bei Geschäftsschluss	22 116,00 EUR

Aufgaben
2.1 Wie viel EUR beträgt die Tageslosung?
2.2 Berechnen Sie die USt (Steuersatz 16%) und den Nettobetrag des Warenverkaufs!
2.3 Bilden Sie den Buchungssatz für die Tageslosung!

Anmerkung zur Lösung der Aufgabe 101:
Verwenden Sie zur Lösung der Aufgabe das folgende Berechnungsschema:
Kassenbestand bei Geschäftsschluss
+ Ausgaben im Laufe des Tages
– Einnahmen, die nicht Warenverkäufe betreffen
– Kassenbestand vom Vortag (Wechselgeld)
= Tageslosung (Barverkauf von Waren an diesem Tag)

102 Bilden Sie die Buchungssätze zu folgenden Geschäftsvorfällen!

1. Verkauf von Waren auf Ziel   1 470,00 EUR
   + 16% USt   235,20 EUR   1 705,20 EUR

2. Bareinzahlung auf das Bankkonto   3 200,00 EUR

3. Die Tageslosung beträgt einschließlich 16% USt   4 848,80 EUR

4. Barkauf von Briefmarken   65,50 EUR

5. Barverkauf von Waren   825,00 EUR
   + 16% USt   132,00 EUR   957,00 EUR

6. Banküberweisung eines Kunden zum Ausgleich einer Rechnung   1 970,00 EUR

7. Wir erhalten Provision durch Bankscheck   370,00 EUR
   + 16% USt   59,20 EUR   429,20 EUR

8. Bankgutschrift der Mieten für Geschäftsräume[1]   1 500,00 EUR
   Garagen   250,00 EUR
       1 750,00 EUR
   + 16% USt   280,00 EUR   2 030,00 EUR

7.2.2 Umsatzsteuer beim Einkauf

(1) Buchhalterische Erfassung der Umsatzsteuer beim Einkauf von Waren

Die von anderen Unternehmen beim Einkauf von Waren in Rechnung gestellte Umsatzsteuer kann der Einzelhändler gegenüber dem Finanzamt als **Vorsteuer** (VSt) geltend machen. Die Vorsteuer kann von der den Kunden in Rechnung gestellten Umsatzsteuer abgesetzt werden und mindert dadurch den an das Finanzamt abzuführenden Betrag. Die Vorsteuer hat also den Charakter einer Forderung und ist daher auf einem entsprechenden Aktivkonto zu buchen. Umsatzsteuer minus Vorsteuer ergibt die so genannte Zahllast, die an das Finanzamt abzuführen ist. Vorsteuerabzugsberechtigt sind nur Unternehmen. Die USt muss in der Eingangsrechnung gesondert ausgewiesen sein. Werden Nettowert und VSt bei jeder einzelnen Buchung getrennt gebucht, sprechen wir von **Nettobuchung**. Das ist in der Praxis der Normalfall.

Hinweis: Auch im Einkaufsbereich ist die Bruttobuchung gesetzlich erlaubt (vgl. § 63 Abs. 6 UStDV), wovon aber in der Praxis wenig Gebrauch gemacht wird. Im Rahmen dieses Buchführungslehrganges verwenden wir bei Eingangsrechnungen nur das Nettoverfahren.

---

[1] In diesem Fall hat der Unternehmer nach § 9 UStG auf die Umsatzsteuerbefreiung verzichtet. Bei den folgenden Übungsaufgaben wird in der Regel auf die Angabe der Umsatzsteuer verzichtet.

Beispiel:

Büro-Service – Handelsgesellschaft GmbH
Bahnhofstraße 3 · 82178 Puchheim

Bürozentrum
B. Sieglinger GmbH
Fichtestr. 10
97074 Würzburg

Seite	Kunden-Nr.	Rechnung Nr.	Datum	SR
1	20671	24793	20..-10-27	2110

Artikel-Nr.	Artikel-Berechnung	Menge	Einzelpreis EUR	Gesamtpreis EUR
40082	Ringbucheinlagen A4 50 Blatt	10	2,59	25,90
40151	Spiralblock A5 50 Blatt kar	40	1,89	75,60
41103	Füllhalter	15	4,99	74,85
41107	Super Tintenhai 2 ER	30	2,79	83,70
41261	Buntstifte 12 ER	25	4,49	112,25
				372,30
			+ 16 % USt	59,57
				431,87

Sitz der Gesellschaft: Puchheim; RG Puchheim: HRA 708; Steuer-Nr.: 3948/5642

Aufgaben:

Buchen Sie die Eingangsrechnung für das Bürozentrum B. Sieglinger
1. auf Konten und bilden Sie
2. den Buchungssatz!

Lösungen:

Zu 1.: Buchung auf den Konten

S	Aufwendungen für Waren	H		S	Verbindlichkeiten a. Lief. u. Leist.	H
V.a.L.u.L. 372,30					A.f.W./VSt 431,87	

S	Vorsteuer	H
V.a.L.u.L. 59,57		

Zu 2.: Buchungssatz

Konten	Soll	Haben
Aufw. für Waren	372,30	
Vorsteuer	59,57	
an Verb.a.Lief.u.Leist.		431,87

(2) Buchhalterische Erfassung der Umsatzsteuer auf der Eingangsseite bei weiteren Fällen

Neben den Eingangsrechnungen für den Einkauf von Waren erhält der Einzelhändler z. B. Rechnungen für den Kauf von Anlagegegenständen (z. B. Rechnungen von Fahrzeugen, Teilen, die zur Betriebs- und Geschäftsausstattung zählen), Rechnungen von Handwerkern für Reparaturleistungen, Rechnungen für den Einkauf von Büromaterial usw. Die Umsatzsteuer dieser Rechnungen erscheint ebenfalls auf dem Aktivkonto Vorsteuer.

(3) Buchung von Aufwendungen des Unternehmens

Die Erfassung der Umsatzsteuer als Vorsteuer trifft nicht nur bei Eingangsrechnungen für Waren oder Gegenständen des Anlagevermögens zu, sondern auch bei Eingangsrechnungen, die in der Buchführung als Aufwand erfasst werden. Das betrifft z. B. Eingangsrechnungen, für den Einkauf von Verpackungsmaterial, Büromaterial, Werbematerial und für die Instandhaltung und Reparatur von Gegenständen des Betriebsvermögens.[1]

> **Beispiel:**
> Für Reparaturarbeiten am Kopiergerät werden lt. nachfolgender Rechnung vom Spielwarenhaus Fritz Schaffer e. Kfm. 157,06 EUR bar bezahlt.
>
> **Aufgaben:**
> Buchen Sie die Zahlung der Eingangsrechnung
> 1. auf Konten und bilden Sie
> 2. den Buchungssatz!

Kurt-Werner Schenk e. Kfm.
Kundendienst für Kopiergeräte

Spielwarenhaus
Fritz Schaffer e. Kfm.
Zentralplatz

91550 Dinkelsbühl

Telefon (09851) 58222 F
Lilienstraße 15
91550 Dinkelsbühl

Rechnung Nr. 0634   Datum: 8. Juni 20..

	EHUS 750 M	EUR
	Material:	
1	Einbau-Set M 50/1	80,40
	Arbeitskosten 2 AW	25,00
	Fahrtkosten	30,00
	Summe	135,40
	+ 16 % MWSt	21,66
		157,06

Sitz der Gesellschaft: Dinkelsbühl
RG Dinkelsbühl: HRA 1020
Steuer-Nr.: 2748/6537

Betrag dankend erhalten

Lösungen:

Zu 1.: Buchung auf den Konten

S	Fremdinstandhaltung	H
Kasse 135,40		

S	Vorsteuer	H
Kasse 21,66		

S	Kasse	H
	Fremdinst./VSt 157,06	

Zu 2.: Buchungssatz

Konten	Soll	Haben
Fremdinstandhaltung	135,40	
Vorsteuer	21,66	
an Kasse		157,06

---

1 Eingangsrechnungen für Aufwendungen werden im Normalfall erst bei Zahlung gebucht.

> **Wir merken uns:**
> - Die USt auf Eingangsrechnungen stellt eine **Forderung** des Unternehmens gegenüber dem Finanzamt dar. Sie wird auf einem Forderungskonto, genannt **Vorsteuer**, gebucht.
> - Das Vorsteuerkonto ist ein **Aktivkonto**.
> - Erfolgt die buchmäßige Trennung von Nettobetrag (Entgelt) und Vorsteuer direkt bei jeder einzelnen Buchung, so sprechen wir vom **Nettoverfahren**.

Übungsaufgaben

103 Bilden Sie die Buchungssätze für die folgenden Geschäftsvorfälle!

1. Wir kaufen Waren auf Ziel netto   3 000,00 EUR
   + 16 % USt   480,00 EUR   3 480,00 EUR

2. Wir verkaufen Ware bar netto   5 000,00 EUR
   + 16 % USt   800,00 EUR   5 800,00 EUR

3. Wir kaufen Ware bar netto   1 000,00 EUR
   + 16 % USt   160,00 EUR   1 160,00 EUR

4. Wir verkaufen Ware auf Ziel netto   2 000,00 EUR
   + 16 % USt   320,00 EUR   2 320,00 EUR

5. Der Kunde zahlt die Rechnung bar   2 320,00 EUR

6. Wir zahlen die Lieferantenrechnung bar   3 480,00 EUR

104 Buchen Sie im Grundbuch die folgenden Geschäftsvorfälle!

1. Barkauf von Büromaterial   170,00 EUR
   + 16 % USt   27,20 EUR   197,20 EUR

2. Wir zahlen Miete für die Geschäftsräume durch Banküberweisung   780,00 EUR

3. Abbuchung der Stromrechnung für das Geschäft vom Bankkonto   745,00 EUR
   + 16 % USt   119,20 EUR   864,20 EUR

4. Wir kaufen einen Büroschrank und zahlen mit Bankscheck   900,00 EUR
   + 16 % USt   144,00 EUR   1 044,00 EUR

5. Einkauf von Waren auf Ziel   1 560,00 EUR
   + 16 % USt   249,60 EUR   1 809,60 EUR

6. Wir zahlen Gewerbesteuer durch Banküberweisung   269,40 EUR

7. Wir bezahlen die Ausbildungsvergütung bar   580,00 EUR

8. Der Kundendienst-Monteur stellt uns für die Reparatur der Kasse in Rechnung   275,00 EUR
   + 16 % USt   44,00 EUR   319,00 EUR

105 Buchen Sie im Grundbuch beim Pelz-Einzelhandelsgeschäft Alice Kimmerle folgende Geschäftsvorfälle!
1. Eingangsrechnung Nr. 213 auf Ziel für Pelzeinkauf 8 700,00 EUR zuzüglich 16% USt.
2. Verkauf einer Pelzjacke AR Nr. 43 gegen Bankscheck 2 300,00 EUR zuzüglich 16% USt.
3. Banküberweisung an unseren Lieferanten zum Ausgleich der ER Nr. 12 1 910,00 EUR.
4. Kauf eines neuen Pkws für das Geschäft gegen Bankscheck 21 300,00 EUR zuzüglich 16% USt.
5. Barkauf von Büromaterial 200,00 EUR zuzüglich 16% USt.
6. Banküberweisung für Reparatur am Dach des Geschäftshauses 12 400,00 EUR zuzüglich 16% USt.

7.3 Ermittlung und Buchung der Zahllast

7.3.1 Ermittlung und Begleichung der Zahllast

Nach dem Umsatzsteuergesetz ist der Einzelhändler verpflichtet, monatlich eine Umsatzsteuervoranmeldung abzugeben. Hierbei ermittelt er die Zahllast. Bei der Berechnung der Zahllast, das ist der Betrag, der an das Finanzamt abgeführt werden muss, wird die Vorsteuer von der Umsatzsteuer des Monats **abgezogen**. Buchhalterisch erfolgt das in der Weise, dass das Vorsteuerkonto über das Umsatzsteuerkonto abgeschlossen wird. Der Saldo, der sich danach auf dem Umsatzsteuerkonto ergibt, stellt die Zahllast dar. Die Zahllast ist innerhalb von 10 Tagen nach Ablauf des Kalendermonats zu begleichen.

Beispiel für den Monat Januar:
Vorsteuer: Summe 1 800,00 EUR; Umsatzsteuer: Summe 6 000,00 EUR. Die Zahllast von 4 200,00 EUR wird an das Finanzamt durch die Bank überwiesen.

Aufgaben:
1. Buchen Sie den Sachverhalt auf Konten!
2. Bilden Sie die Buchungssätze!

Lösungen:

Zu 1.: Buchung auf den Konten

S	Vorsteuer		H	S	Umsatzsteuer		H
Summe	1 800,00	USt	1 800,00	VSt	1 800,00	Summe	6 000,00
				Ba	4 200,00		
S	Bank		H		6 000,00		6 000,00
AB	5 000,00	USt	4 200,00				

Zu 2.: Buchungssätze

Geschäftsvorfälle	Konten	Soll	Haben
(1) Ermittlung der Zahllast	Umsatzsteuer an Vorsteuer	1 800,00	1 800,00
(2) Banküberweisung der Zahllast	Umsatzsteuer an Bank	4 200,00	4 200,00

Umsatzsteuer-Voranmeldung 2004

Steuernummer: 11 01516 | 56

Finanzamt: Ravensburg

Kaufhaus Otto Müller GmbH
Gartenstraße 25
88212 Ravensburg

Voranmeldungszeitraum:

04.01 Jan	04.07 Juli
04.02 Feb	04.08 Aug
04.03 März	04.09 Sept
04.04 April	04.10 Okt
04.05 Mai X	04.11 Nov
04.06 Juni	04.12 Dez

Berichtigte Anmeldung: 10

I. Anmeldung der Umsatzsteuer-Vorauszahlung

Lieferungen und sonstige Leistungen (einschließlich unentgeltlicher Wertabgaben)

	Bemessungsgrundlage ohne Umsatzsteuer volle EUR		Steuer EUR	Ct
Steuerfreie Lieferungen mit Vorsteuerabzug – Innergemeinschaftliche Lieferungen (§ 4 Nr. 1 Buchst. b UStG) an Abnehmer mit USt-IdNr.	41			
neuer Fahrzeuge an Abnehmer ohne USt-IdNr.	44			
Steuerfreie Umsätze ohne Vorsteuerabzug	49			
Weitere steuerfreie Umsätze mit Vorsteuerabzug	43			
Umsätze nach § 4 Nr. 8 bis 28 UStG	48			

Steuerpflichtige Umsätze

zum Steuersatz von 16 v.H.	51	111 400	35	17 824	00
zum Steuersatz von 7 v.H.	86	24 300	36	1 701	00
Umsätze land- und forstwirtschaftlicher Betriebe nach § 24 UStG	77		80		
zu anderen Steuersätzen	76				

Innergemeinschaftliche Erwerbe

Steuerfreie innergemeinschaftliche Erwerbe nach § 4b UStG	91			
zum Steuersatz von 16 v.H.	97		98	
zum Steuersatz von 7 v.H.	93		96	
zu anderen Steuersätzen	95			
neuer Fahrzeuge von Lieferern ohne USt-IdNr. zum allgemeinen Steuersatz	94			
Lieferungen des ersten Abnehmers bei innergemeinschaftlichen Dreiecksgeschäften (§ 25b Abs. 2 UStG)	42			

Übertrag: 45 | 19 525 | 00

	Bemessungsgrundlage ohne Umsatzsteuer volle EUR	Steuer EUR	Ct
Übertrag		45	19 525	00
Umsätze, für die der Leistungsempfänger die Steuer nach § 13b Abs. 2 UStG schuldet			
zum Steuersatz von 16 v.H.	48		
zum Steuersatz von 7 v.H.	49		
zu anderen Steuersätzen	50		
Nicht steuerbare Umsätze	58		
Steuer infolge Wechsels der Besteuerungsart/-form sowie Nachsteuer auf versteuerte Anzahlungen wegen Steuersatzerhöhung	65		

Abziehbare Vorsteuerbeträge

Vorsteuerbeträge aus Rechnungen von anderen Unternehmern (§ 15 Abs. 1 Satz 1 Nr. 1 UStG)	66	4 200	00
Vorsteuerbeträge aus dem innergemeinschaftlichen Erwerb von Gegenständen (§ 15 Abs. 1 Satz 1 Nr. 3 UStG)	61		
Entrichtete Einfuhrumsatzsteuer (§ 15 Abs. 1 Satz 1 Nr. 2 UStG)	62		
Vorsteuerbeträge aus Leistungen im Sinne des § 13b UStG (§ 15 Abs. 1 Satz 1 Nr. 4 UStG)	67		
Vorsteuerbeträge, die nach allgemeinen Durchschnittssätzen berechnet sind (§§ 23 und 23a UStG)	63		
Berichtigung des Vorsteuerabzugs (§ 15a UStG)	64		
Vorsteuerabzug für innergemeinschaftliche Lieferungen neuer Fahrzeuge außerhalb eines Unternehmens (§ 2a UStG) sowie von Kleinunternehmern im Sinne des § 19 Abs. 1 UStG (§ 15 Abs. 4a UStG)	59	15 325	00
Verbleibender Betrag	62		
Steuerbeträge, die vom letzten Abnehmer eines innergemeinschaftlichen Dreiecksgeschäfts geschuldet werden (§ 25b Abs. 2 UStG), in Rechnungen unrichtig oder unberechtigt ausgewiesene Steuerbeträge (§ 14c UStG) sowie Steuerbeträge nach § 4 Abs. 2 oder § 17 Abs. 1 Satz 6 UStG	69		
Umsatzsteuer-Vorauszahlung/Überschuss	39		
Anrechnung (Abzug) der festgesetzten Sondervorauszahlung für Dauerfristverlängerung (nur auszufüllen in der letzten Voranmeldung des Besteuerungszeitraums, in der Regel Dezember)	83	15 325	00
Verbleibende Umsatzsteuer-Vorauszahlung / Verbleibender Überschuss			

II. Sonstige Angaben und Unterschrift

Ein Erstattungsbetrag wird auf das dem Finanzamt benannte Konto überwiesen, soweit der Betrag nicht mit Steuerschulden verrechnet wird.

Verrechnung des Erstattungsbetrages erwünscht / Erstattungsbetrag ist abgetreten (falls ja, bitte eine „1" eintragen) | 29

Geben Sie bitte die Verrechnungswünsche auf einem besonderen Blatt an oder auf dem Finanzamt erhaltenen Vordruck „Verrechnungsantrag".

Die Einzugsermächtigung wird ausnahmsweise für diesen Voranmeldungszeitraum widerrufen (falls ja, bitte eine „1" eintragen) | 26

Hinweis nach den Vorschriften der Datenschutzgesetze:
Die mit der Steueranmeldung angeforderten Daten werden auf Grund der §§ 149 ff. der Abgabenordnung und der §§ 18, 18b des Umsatzsteuergesetzes erhoben.

Bei der Anfertigung dieser Steueranmeldung hat mitgewirkt:
(Name, Anschrift, Telefon)

| | 11 | | 19 |
| | | | 12 |

Ich versichere, die Angaben in dieser Steueranmeldung wahrheitsgemäß nach bestem Wissen und Gewissen gemacht zu haben.

2004-06-05   Müller

Datum, Unterschrift

Bearbeitungshinweis:
1. Die aufgeführten Daten sind mit Hilfe des Programms sowie ggf. unter Berücksichtigung der Daten maschinell zu verarbeiten.
2. Die weitere Bearbeitung richtet sich nach den Ergebnissen der maschinellen Verarbeitung.

Kontozahl und/oder Datenerfassungsvermerk

7.3.2 Ermittlung und Passivierung der Zahllast am Ende des Geschäftsjahres

Weil am Bilanzstichtag die **Zahllast** noch **nicht überwiesen** ist, muss sie **passiviert** werden (Abschluss auf der Habenseite des Schlussbilanzkontos), da sie eine Schuld gegenüber dem Finanzamt darstellt.[1]

> **Beispiel für den Monat Dezember:**
> Vorsteuer: Summe 4 000,00 EUR; Umsatzsteuer: Summe 9 000,00 EUR. Passivierung der Zahllast am 31. Dezember.
>
> **Aufgaben:**
> 1. Buchen Sie den Sachverhalt auf Konten!
> 2. Bilden Sie die Buchungssätze!

Lösungen:

Zu 1.: Buchung auf den Konten

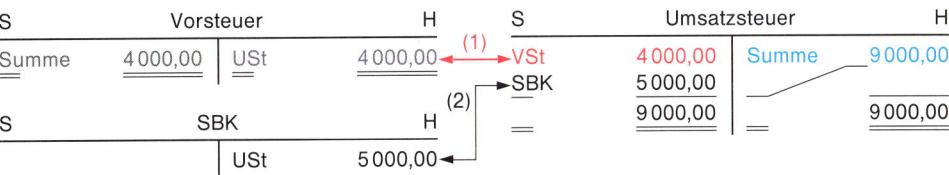

Zu 2.: Buchungssätze

Geschäftsvorfall	Konten	Soll	Haben
(1) Umbuchung der Vorsteuer zur Ermittlung der Zahllast	Umsatzsteuer an Vorsteuer	4 000,00	4 000,00
(2) Passivierung der Zahllast	Umsatzsteuer an SBK	5 000,00	5 000,00

Übungsaufgaben

106

S	Vorsteuer	H		S	Umsatzsteuer	H
Bank	99,18				AB	480,70
Verbindl.	343,14				Kasse	797,72

Aufgaben
1. Übertragen Sie die Konten in Ihr Hausheft und ermitteln Sie buchhalterisch die Zahllast!
2. Die Zahllast wird an das Finanzamt durch die Bank überwiesen.
3. Formulieren Sie die anfallenden Abschlussbuchungen und bilden Sie die Buchungssätze zu 1. und 2.!

107

S	Vorsteuer	H		S	Umsatzsteuer	H
Su	4 925,00				Su	18 170,00

Aufgaben
1. Übertragen Sie die Konten in Ihr Hausheft und ermitteln Sie buchhalterisch die Zahllast!

---
[1] **Anmerkung:** Zum Vorsteuerüberhang siehe Seite 227 f.

2. Die Zahllast ist zu passivieren!
3. Formulieren Sie die anfallenden Abschlussbuchungen und bilden Sie die Buchungssätze zu 1. und 2.!

108 **I. Anfangsbestände**
Betriebs- und Geschäftsausstattung 50 000,00 EUR; Kasse 2 150,00 EUR; Bank 12 150,00 EUR; Forderungen aus Lieferungen und Leistungen 3 920,00 EUR; Verbindlichkeiten aus Lieferungen und Leistungen 7 850,00 EUR; Waren 30 000,00 EUR; Eigenkapital muss noch ermittelt werden.

II. Geschäftsvorfälle
1. Wareneinkauf auf Ziel 3 700,00 EUR zuzüglich 16 % USt.
2. Barzahlung der Aushilfsgehälter 750,00 EUR.
3. Tageslosung (16 % USt) 23 200,00 EUR.
4. Banküberweisung eines Rechnungsbetrages an einen Lieferanten 300,00 EUR.
5. Gewerbesteuerzahlung durch Banküberweisung 200,00 EUR.
6. Zinsgutschrift der Bank 250,00 EUR.

III. Abschlussangaben
1. Warenschlussbestand lt. Inventur 20 000,00 EUR.
2. Die Zahllast ist zu passivieren.

IV. Aufgabe
1. Eröffnen Sie die Konten und buchen Sie die Anfangsbestände!
2. Bilden Sie die Buchungssätze für die Geschäftsvorfälle, übertragen Sie anschließend die Vorgänge auf die Konten und schließen Sie die Konten ab!

Hinweis: Lösen Sie die Aufgaben 109–111 bitte im Hausaufgabenheft und kreuzen Sie nicht im Buch an.

109 Die Zahllast ist zu passivieren. Bilden Sie mit der vorgegebenen Kontenauswahl den richtigen Buchungssatz!
- ☐ 1 Umsatzsteuer
- ☐ 2 GuV-Konto
- ☐ 3 Umsatzerlöse für Waren
- ☐ 4 Vorsteuer
- ☐ 5 Schlussbilanzkonto
- ☐ 6 Waren

110 Was besagt lt. Umsatzsteuerrecht der Begriff „Zahllast"?
- ☐ 1 USt und VSt zusammen ergeben die Zahllast.
- ☐ 2 Ist die Summe der Vorsteuer eines Monats.
- ☐ 3 Ist die Summe der Umsatzsteuer eines Monats.
- ☐ 4 Ist die EUR-Differenz zwischen USt und VSt, die an das Finanzamt abzuführen ist.

111 Die Umsatzsteuer wird durch Banküberweisung an das Finanzamt abgeführt. Bilden Sie mit der vorgegebenen Kontenauswahl den richtigen Buchungssatz!
- ☐ 1 Bank
- ☐ 2 Bank
- ☐ 3 Vorsteuer
- ☐ 4 betriebliche Steuer
- ☐ 5 Umsatzsteuer
- ☐ 6 Verbindlichkeiten a. Lief. u. Leist.

7.3.3 Ermittlung und Buchung des Vorsteuerüberhangs

Ist innerhalb eines Abrechnungszeitraumes (Monats) die Vorsteuer höher als die Umsatzsteuer, was z.B. aufgrund von saisonbedingten Einkäufen durchaus vorkommen kann, entsteht ein so genannter Vorsteuerüberhang. In diesem Fall ist die Forderung gegenüber dem Finanzamt höher als die Verbindlichkeit. Diesen Vorsteuerüberhang muss das Finanzamt auszahlen bzw. verrechnen.

Logischerweise erscheint der Saldo dann nicht auf dem Passivkonto „Umsatzsteuer", sondern auf dem Aktivkonto „Vorsteuer". In diesem Fall ist das Umsatzsteuerkonto über das Vorsteuerkonto abzuschließen. Der Buchungssatz bleibt dabei gleich.

Beispiel:
Die Summe auf dem Vorsteuerkonto beträgt am Jahresende 12 750,00 EUR und auf dem Umsatzsteuerkonto 9 500,00 EUR.

Aufgaben:
1. Aktivieren Sie den Vorsteuerüberhang am Ende des Geschäftsjahres!
    1.1 Buchen Sie den Sachverhalt auf Konten!
    1.2 Bilden Sie die Buchungssätze!
2. Der Vorsteuerüberhang wird vom Finanzamt auf unser Bankkonto überwiesen. Bilden Sie den Buchungssatz!

Lösungen:

Zu 1.: Der Vorsteuerüberhang wird am Jahresende aktiviert

1.1 Buchung auf den Konten

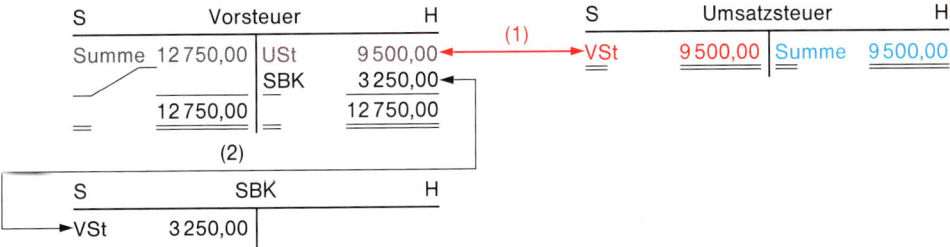

1.2 Buchungssätze

Geschäftsvorfall	Konten	Soll	Haben
(1) Ermittlung des Vorsteuerüberhanges (Umbuchung der Umsatzsteuer auf das Vorsteuerkonto)	Umsatzsteuer an Vorsteuer	9 500,00	9 500,00
(2) Aktivierung des Vorsteuerüberhanges	SBK an Vorsteuer	3 250,00	3 250,00

Zu 2.: Der Vorsteuerüberhang wird vom Finanzamt auf unser Bankkonto überwiesen

Geschäftsvorfall	Konten	Soll	Haben
Eingang des Vorsteuerüberhangs auf dem Bankkonto	Bank an Vorsteuer	3 250,00	3 250,00

Übungsaufgaben

112

S	Vorsteuer	H
Su	12 900,00	

S	Umsatzsteuer	H
		Su 8 300,00

Aufgaben
1. Übertragen Sie die Konten in Ihr Hausheft und ermitteln Sie buchhalterisch den Vorsteuerüberhang!
2. Der Vorsteuerüberhang wird vom Finanzamt auf unser Bankkonto überwiesen.
3. Formulieren Sie die anfallenden Abschlussbuchungen und bilden Sie die Buchungssätze zu 1. und 2.!

113 I. Anfangsbestände

Betriebs- und Geschäftsausstattung 75 000,00 EUR; Eigenkapital 99 520,00 EUR; Kasse 3 250,00 EUR; Bank 15 150,00 EUR; Forderungen aus Lieferungen und Leistungen 5 920,00 EUR; Verbindlichkeiten aus Lieferungen und Leistungen 9 800,00 EUR; Waren 10 000,00 EUR.

II. Geschäftsvorfälle
1. Wareneinkauf auf Ziel netto 34 500,00 EUR zuzüglich 16 % USt.
2. Warenverkauf auf Ziel 22 000,00 EUR zuzüglich 16 % USt.
3. Barzahlung von Aushilfsgehältern 810,00 EUR.
4. Banküberweisung an einen Lieferanten 2 750,00 EUR.
5. Barkauf einer Schneidemaschine 1 000,00 EUR zuzüglich 16 % USt.
6. Begleichung der Benzinrechnung durch Bankscheck brutto 580,00 EUR.

III. Abschlussangabe

Warenschlussbestand lt. Inventur 30 000,00 EUR.

IV. Aufgaben
1. Eröffnen Sie die Konten und buchen Sie die Anfangsbestände!
2. Bilden Sie die Buchungssätze zu den Geschäftsvorfällen!
3. Führen Sie den Abschluss durch. Aktivieren Sie den Vorsteuerüberhang!

7.4 Privatentnahmen von Gegenständen

1. Fall: Entnahme von Waren für private Zwecke

Wenn der Kaufmann Waren aus seinem Geschäft entnimmt, verändert sich der Warenbestand und damit das Betriebsvermögen. Die Entnahme von Waren muss daher gebucht werden. Warenentnahmen werden immer zum **Einstandspreis** gebucht.

Die Entnahme von Gegenständen für Zwecke, die außerhalb des Unternehmens liegen, sind nach § 3 Abs. 16 UStG wie die Lieferung gegen Entgelt zu behandeln. Das heißt, der Vorgang ist umsatzsteuerpflichtig. Er ist auf einem **besonderen Ertragskonto**, dem Konto **Eigenverbrauch**[1], zu erfassen. Auf dem Konto Eigenverbrauch wird der **Nettowert** (d. h. ohne USt) gebucht. Das Konto Eigenverbrauch ist als selbstständiges Ertragskonto über das GuV-Konto abzuschließen.

---

[1] Obschon es den Begriff Eigenverbrauch im Umsatzsteuerrecht nicht mehr gibt, bezeichnen wir das Ertragskonto weiterhin als **Eigenverbrauch,** da der Kontenrahmen noch nicht verändert worden ist.

Beispiel:

Ein Textilkaufmann erlaubt seiner Tochter, sich als Geburtstagsgeschenk ein Kleid vom Warenlager auszusuchen. Sie entscheidet sich für ein Kleid, das einen Einstandswert von netto 100,00 EUR und einen Verkaufspreis von 198,00 EUR hat.

Aufgaben:
1. Buchen Sie den Geschäftsvorfall auf den Konten!
2. Bilden Sie den Buchungssatz!

Lösungen:

Zu 1.: Buchung auf den Konten

S	Privatkonto	H
EV/USt 116,00		

S	Eigenverbrauch	H
	Priv.	100,00

S	Umsatzsteuer	H
	Priv.	16,00

Zu 2.: Buchungssatz

Konten	Soll	Haben
Privatkonto	116,00	
an Eigenverbrauch		100,00
an Umsatzsteuer		16,00

2. Fall: Nutzung von betrieblichen Gegenständen für Privatzwecke

Nutzt ein Unternehmer unentgeltlich Gegenstände seines Unternehmens für private Zwecke, so ist diese Leistung nach § 3 Abs. 9a UStG den Lieferungen gegen Entgelt gleichgestellt. Daraus folgt, die unentgeltliche Nutzung von Gegenständen für Privatzwecke ist umsatzsteuerpflichtig.

Beispiel:

Ein Einzelhändler benutzt eine Maschine aus dem Unternehmen für den privaten Hausbau. Es entstehen Aufwendungen in Höhe von 480,00 EUR zuzüglich 16 % USt.

Aufgaben:
1. Buchen Sie den Geschäftsvorfall auf Konten!
2. Bilden Sie den Buchungssatz!

Lösungen:

Zu 1.: Buchung auf Konten

S	Privatkonto	H
EV/USt 556,80		

S	Eigenverbrauch	H
	Priv.	480,00

S	Umsatzsteuer	H
	Priv.	76,80

Zu 2.: Buchungssatz

Konten	Soll	Haben
Privatkonto	556,80	
an Eigenverbrauch		480,00
an Umsatzsteuer		76,80

Übungsaufgaben

114 Bilden Sie die Buchungssätze zu folgenden Geschäftsvorfällen!
1. Aus der Geschäftskasse entnehmen wir 500,00 EUR für eine Geldspende an den örtlichen Sportverein.
2. Aus dem Warenlager entnehmen wir für den privaten Verbrauch Waren im Werte von 340,00 EUR zuzüglich 16% USt.

115 Bilden Sie zu dem nachfolgenden Geschäftsvorfall den Buchungssatz!
Die betriebliche Kehrmaschine wird zur Reinigung des Privatgrundstücks benutzt. Es entstehen Aufwendungen in Höhe von 132,00 EUR zuzüglich 16% USt.

116 Bilden Sie die Buchungssätze zu den folgenden Geschäftsvorfällen!
1. Wir überweisen die Miete für die Privatwohnung vom Bankkonto 1 100,00 EUR.
2. Die bereits gebuchten Telefonkosten belaufen sich auf 1 040,00 EUR zuzüglich 16% USt. Der noch zu buchende private Nutzungsanteil beträgt 35%.
   (**Anmerkung:** Für den privaten Anteil kann keine Vorsteuer abgezogen werden. Um diesen nicht abziehbaren Vorsteuerbetrag erhöht sich der Nettowert auf dem Privatkonto.)
3. Der Einzelhändler entnimmt Waren für den Haushalt im Nettowert von 150,00 EUR zuzüglich 16% USt.
4. Die privaten Aufwendungen für den Geschäftswagen betragen für die Monate Januar bis April 580,00 EUR. Die private Nutzung des Geschäfts-Pkws ist umsatzsteuerfrei.[1]
5. Beschreiben Sie den Zusammenhang von Gewinn und Privatentnahmen!

117 I. Anfangsbestände
Fuhrpark 8 000,00 EUR; Betriebs- und Geschäftsausstattung 25 175,00 EUR; Eigenkapital 78 121,00 EUR; Kasse 1 225,00 EUR; Bank 15 946,00 EUR; Forderungen aus Lieferungen und Leistungen 1 750,00 EUR; Verbindlichkeiten aus Lieferungen und Leistungen 2 475,00 EUR; Waren 28 500,00 EUR.

II. Geschäftsvorfälle
1. Wir verkaufen Waren auf Ziel netto 2 750,00 EUR zuzüglich 16% USt.
2. Die private Krankenversicherung wird durch Banküberweisung vom Geschäftskonto beglichen 220,00 EUR.
3. Wir zahlen die Ausbildungsvergütungen in Höhe von 1 050,00 EUR bar.
4. Für die Verlobungsfeier der Tochter im benachbarten Hotel werden 1 200,00 EUR durch die Bank (Geschäftskonto) überwiesen.
5. Wir zahlen eine Lieferantenrechnung durch Banküberweisung 480,00 EUR.
6. Die Miete für die Privatwohnung wird durch Banküberweisung beglichen 720,00 EUR.
7. Barentnahme für den Haushalt 500,00 EUR.
8. Die Tageslosung in Höhe von 1 740,00 EUR (USt 16%) ist zu buchen.
9. Zum Eigenverbrauch wurden Waren zum Einstandswert von 400,00 EUR zuzüglich 16% USt entnommen.

---
1 Der private Nutzungsanteil an den Aufwendungen für den Geschäftswagen kann aufgrund des geführten Fahrtenbuches ermittelt werden oder nach der so genannten 1%-Regelung, nach der monatlich 1% vom Bruttowert der Anschaffungskosten als privater Nutzungsanteil angenommen wird. Auch eine Schätzung des privaten Nutzungsanteils aufgrund verlässlicher Daten ist möglich.

10. Warenverkauf auf Ziel 5 000,00 EUR zuzüglich 16 % USt.
11. 11.1 Die monatliche Rechnung für die Pkw-Kosten (Wartung) in Höhe von netto 400,00 EUR zuzüglich 16 % USt wird durch Banküberweisung beglichen.
    11.2 Von den Pkw-Kosten entfallen auf private Fahrten netto 120,00 EUR. Die private Nutzung des Geschäfts-Pkws ist umsatzsteuerfrei.

III. Abschlussangabe
Warenschlussbestand lt. Inventur 25 000,00 EUR.

IV. Aufgaben
1. Eröffnen Sie die Konten und buchen Sie die Anfangsbestände!
2. Bilden Sie die Buchungssätze zu den Geschäftsvorfällen!
3. Führen Sie den Abschluss durch. Die Zahllast ist zu passivieren!
4. Ermitteln Sie den Erfolg durch Eigenkapitalvergleich!

118 Buchen Sie im Grundbuch bei dem Einzelhändler Friedrich Hager e. Kfm. folgende Geschäftsvorfälle:

1. Wir kaufen Waschmittel auf Ziel netto 1 000,00 EUR zuzüglich 16 % USt.
2. Wir zahlen eine Lieferantenrechnung bar über 1 700,00 EUR.
3. Einkauf von Geschirr lt. Eingangsrechnung Nr. 56 2 300,00 EUR zuzüglich 16 % USt gegen Bankscheck.
4. Ein Kunde zahlt die Ausgangsrechnung Nr. 45 durch Überweisung auf unser Bankkonto 2 200,00 EUR.
5. Barzahlung einer noch nicht gebuchten Handwerkerrechnung für Malerarbeiten im Büro netto 300,00 EUR zuzüglich 16 % USt.
6. Wir kaufen einen PC gegen Barzahlung netto 1 300,00 EUR zuzüglich 16 % USt.
7. Verkauf eines Postens Bestecke auf Ziel. Warenwert 980,00 EUR zuzüglich 16 % USt.
8. Kauf von Schreibwaren für das Büro bar 65,00 EUR zuzüglich 16 % USt.

119 Ein Einzelhandelsbetrieb zahlt aufgrund des folgenden Belegs bar:

```
158,92 EUR für Reinigung der
Geschäftsräume erhalten.
Nürnberg, den 20..-04-02    Mayer
```

1. Welchen Einfluss hat die Barauszahlung auf die Tageslosung?
2. Bilden Sie den Buchungssatz!

120 1. Nach welchen Gesichtspunkten wird eine Bilanz gegliedert?
2. Erläutern Sie den Begriff „Eigenverbrauch" im Sinne des Umsatzsteuergesetzes!
3. Welche Aussage ist zutreffend für ⒈ Bilanz, ⒉ Inventur und ⒊ Inventar?
   Ordnen Sie bitte in Ihrem Hausheft die Ziffer der betreffenden Aussage zu!
   3.1 Vor Ort erfolgt eine körperliche Bestandsaufnahme aller Vermögens- und Schuldwerte nach ihrer Art, ihrer Menge und ihren Werten.
   3.2 ... ist ein ausführliches Verzeichnis über die tatsächlich vorhandenen Vermögens- und Schuldwerte an einem bestimmten Tag.
   3.3 ... ist eine zusammengefasste Gegenüberstellung von Vermögen und Kapital.

121

```
         Webwaren-Markt GmbH – Großhandlung –
         70327 Stuttgart, Fellbacherstraße 15–20
```

Handelsring Freund GmbH
Blumenweg 2

91522 Ansbach

Rechnung Nr. 1094/90   Stuttgart, 20..–05–07

Menge	Art.-Nr.	Artikelbezeichnung	Einzelpreis je Karton	Gesamtpreis
12	01371	Sportsocken uni 10er Pack	35,00 EUR	420,00 EUR
8	71221	Knie BW 10er Pack	31,20 EUR	294,60 EUR
15	6935	Feinsöckchen gem. 12er Pack	15,60 EUR	234,00 EUR
				948,60 EUR
			16 % USt	151,78 EUR
				1 100,38 EUR

Sitz der Gesellschaft: Stuttgart;   RG Stuttgart: HRB 985;   Steuer-Nr.: 46531/2690

Aufgaben

1. Überprüfen Sie die vorliegende Eingangsrechnung auf ihre Richtigkeit und korrigieren Sie einen eventuellen Fehler!
2. Bilden Sie für die Eingangsrechnung aus der Sicht des Handelsrings Freund GmbH den Buchungssatz!
3. Der Vertreter teilt uns mit, dass ab 10. Mai eine Preiserhöhung auf alle Artikel von 3,5 % erhoben wird. Berechnen Sie den Einzelpreis (netto) je Artikel nach der Preiserhöhung!

Zur Erinnerung:

- **Umsatzsteuer** auf **Ausgangsrechnungen**
  - Die Umsatzsteuer auf Ausgangsrechnungen stellt eine Verbindlichkeit gegenüber dem Finanzamt dar.
  - Das Umsatzsteuerkonto ist daher ein Passivkonto.

- **Umsatzsteuer** auf **Eingangsrechnungen**
  - Die Umsatzsteuer auf Eingangsrechnungen stellt eine Forderung gegenüber dem Finanzamt dar. Sie wird als Vorsteuer bezeichnet.
  - Das Vorsteuerkonto ist daher ein Aktivkonto.

8 Organisation der Buchführung

8.1 Überblick über die Bücher der Buchführung

(1) Allgemeines

Obwohl die kaufmännische Buchführung sich weitgehend vom Zwang gebundener Bücher befreit hat, ist im Handelsgesetzbuch (z. B. §§ 238, 239, 257 HGB) sowie in den Steuergesetzen (z. B. §§ 146, 147 AO) von den „Büchern" der Buchführung die Rede.

Im Zuge der technischen Entwicklung in der Buchführung hat der veraltete Begriff „Buch" eine ständige inhaltliche Ausweitung erfahren. Der rechtliche Anspruch, den die einschlägigen Gesetze an die Pflicht zur Führung von Büchern knüpfen, wird heute von jedem lesbaren bzw. reproduzierbaren Medium erfüllt, das nach dem derzeitigen Stand der Technik zur Erfassung buchhalterischer Vorgänge eingesetzt wird. Dabei kann es sich um jede Art von Konten, Listen oder auch um reproduzierbare Speichermedien moderner Datenverarbeitungsanlagen handeln.

Unabhängig vom Einsatz der technischen Hilfsmittel ist jedoch für jede Art kaufmännischer Buchführung ein Mindestmaß an Erfassungspflichten zu erfüllen. Diese bestehen in der Führung eines Grund- und eines Hauptbuches, wobei das Wort „Buch" in der angedeuteten extensiven (ausgeweiteten) Auslegung zu verstehen ist.

(2) Grundbuch

Aus den gesetzlichen Bestimmungen ist ableitbar, dass eine geordnete kaufmännische Buchführung folgende Mindestanforderungen erfüllen muss:

Alle Geschäftsvorfälle müssen lückenlos und fortlaufend aufgezeichnet werden. Man spricht auch von **chronologischer Aufzeichnungspflicht** (vgl. § 239 Abs. 2 HGB). Unabhängig von der Art des dabei verwendeten Mediums wird die Zusammenfassung dieser Eintragung als **Grundbuch** bezeichnet.

Beispiel:

\multicolumn{5}{c}{Grundbuch: Monat Februar 20..}				Seite
Tag	Beleg-Nr.	Geschäftsvorfall	Buchungssatz	Soll	Haben
15. Febr.	173	Barabhebung vom Bankkonto	Kasse an Bank	500,00	500,00

(3) Hauptbuch

Die zeitliche Auflistung der Buchungen allein genügt nicht. Sie müssen vielmehr auch in ihren **sachlichen** Auswirkungen dargestellt werden, d. h., die Buchungen im Grundbuch sind auf die Sachkonten zu übertragen. Dies geschieht im so genannten **Hauptbuch**. Die Sachkonten werden daher auch als **Hauptbuchkonten** bezeichnet. Erst durch die sachliche Aufgliederung ist der Stand des Vermögens und der Schulden ersichtlich. Es werden so viele Konten eingerichtet, wie der Kontenplan vorsieht.

Beispiel:
Die Buchung im Grundbuch führt zu folgender Buchung im Hauptbuch:

S	Kasse		H	S	Bank		H
Bank	500,00			AB	3 000,00	Kasse	500,00

Wir merken uns:
- Im **Grundbuch** werden alle buchungsbedürftigen Geschäftsvorfälle **chronologisch**, d. h. in der zeitlichen Reihenfolge ihres tatsächlichen Anfalls erfasst.
- Im **Hauptbuch** werden mit Hilfe von Konten die **sachlichen** Auswirkungen aller Geschäftsvorfälle erfasst.

(4) Zusammenhang von Beleg, Grundbuch und Hauptbuch

Grundlage aller Buchungen im Grundbuch und im Hauptbuch sind die vorkontierten Belege. Im Grundbuch erfolgen die Buchungen in zeitlicher Reihenfolge, während auf den Konten des Hauptbuches die sachlichen Auswirkungen der Geschäftsvorfälle erfasst werden. Die Eintragungen im Grund- und im Hauptbuch werden in Abhängigkeit zur Organisation der Buchführung entweder nacheinander **(Übertragungsbuchführung)** oder gleichzeitig **(Durchschreibebuchführung einschließlich DV-Buchführung)** vorgenommen.

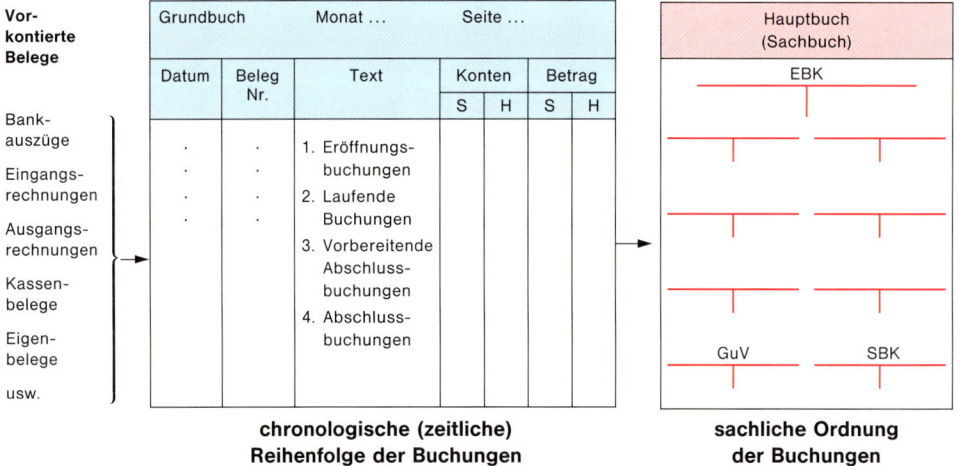

(5) Nebenbücher

Wenn sich auf den Konten des Hauptbuches eine Vielzahl von Veränderungen ergibt oder zusätzliche Daten erfasst werden sollen, können zur Entlastung des Hauptbuches **Nebenbücher** geführt werden. Die Nebenbücher erfassen den Buchungsinhalt für jeden einzelnen Beleg und ergänzen somit die zusammengefassten Buchungsinhalte des Hauptbuches. Auch für diese Bücher gilt das bereits zu diesem Thema Gesagte. Man muss sie sich nicht als Bücher im herkömmlichen Sinne vorstellen.

> **Wir merken uns:**
>
> **Nebenbücher** erfassen alle Wertveränderungen **im Einzelnen**. Diese werden periodenweise gesammelt und auf die Hauptbuchkonten übertragen. Erst nach dieser Übertragung ist das Hauptbuch abschlussfähig.

Die Erfassung der einzelnen Vorgänge in Nebenbüchern wird häufig auch als **Nebenbuchhaltung** bezeichnet. Dieser Ausdruck darf jedoch nicht missverstanden werden. Jede Nebenbuchhaltung ist ein abgesonderter Teil der Hauptbuchhaltung, der dorthin zurückgeführt werden muss. Wegen dieses sachlichen Zusammenhanges muss jedem Nebenbuch, in dem die Einzelvorgänge erfasst werden, ein Konto des Hauptbuches entsprechen, das die gesammelten Werte periodenweise aufnimmt.

Die wichtigsten Nebenbücher bzw. Nebenbuchhaltungen sind:

- **Personenbücher**
  - Kundenbuch
  - Lieferantenbuch } Kontokorrentbuchführung

- **Kassenbuch**   Kassenbuchführung

- **Wechselbücher**
  - Besitzwechselbuch
  - Schuldwechselbuch } Wechselbuchführung

- **Lagerbuch**   Lagerbuchführung

- **Anlagebuch**   Anlagebuchführung

- **Lohnbuch**   Lohnbuchführung

8.2 Buchen auf der Grundlage von Belegen

Wir wissen, in der Praxis existiert über jeden Geschäftsvorfall ein Beleg, d. h., die Buchungssätze werden immer aufgrund von Belegen gebildet.

Nach dem **Inhalt der Belege** unterscheidet man:

- **Fremdbelege**

Darunter versteht man Belege, die von **fremden Unternehmen** erstellt werden. Dazu gehören z. B. Liefererrechnungen (Eingangsrechnungen), Bankbelege, Quittungen, Frachtbriefe.

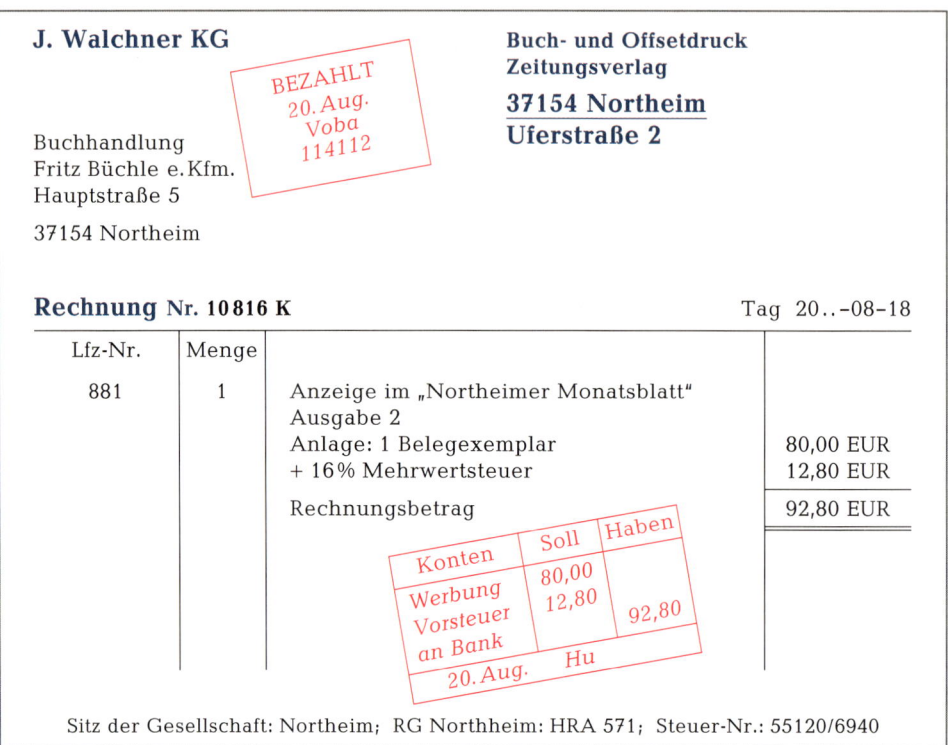

- **Eigenbelege**

Darunter versteht man Belege, die das **Unternehmen selbst** erstellt hat. Dazu zählen z.B. Kopien der Ausgangsrechnungen, Entnahmescheine, Lohnlisten, Buchungsanweisungen für Abschlussarbeiten usw.

Übungsaufgabe

122 1. Formulieren Sie aufgrund der vorliegenden Belege die zugrunde liegenden Geschäftsvorfälle!
2. Bilden Sie die Buchungssätze für das Lebensmittelhaus Bernd Reiners e.Kfm., Finkenstraße 15, 90439 Nürnberg!

Beleg 1:

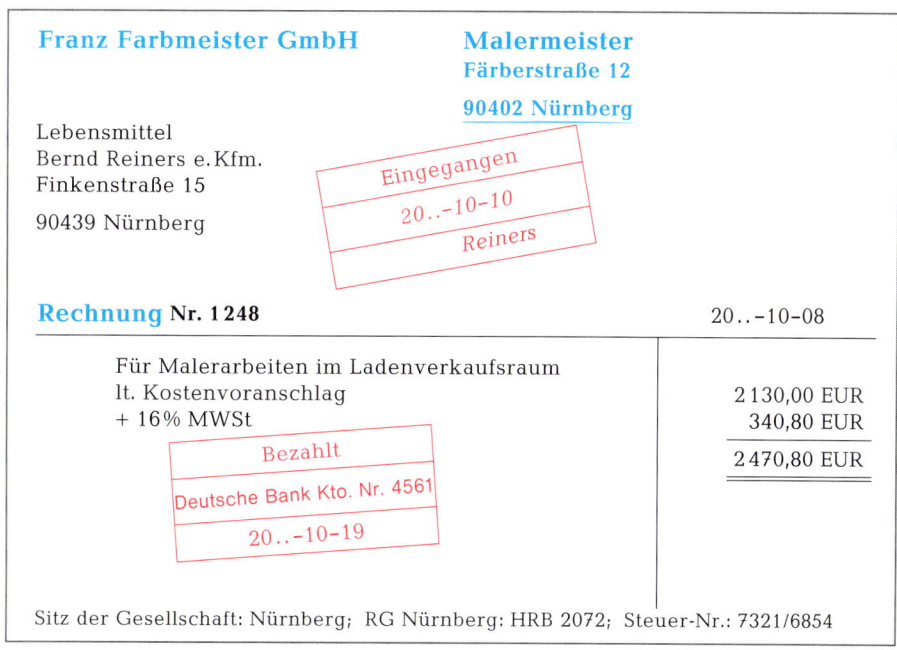

Beleg 2:

Beleg 3:

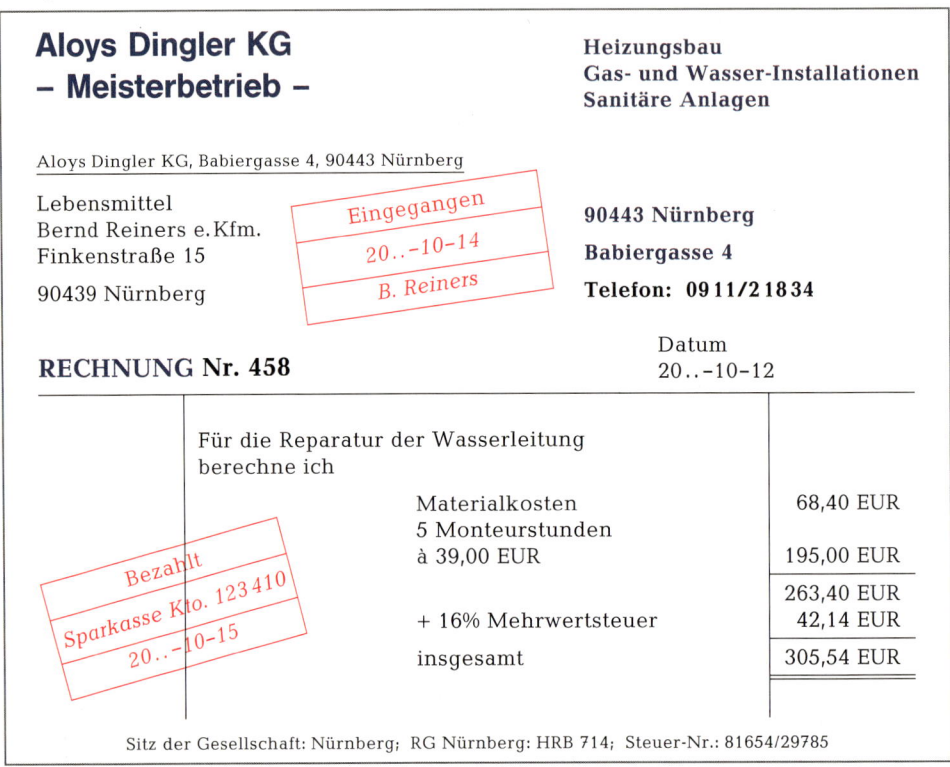

Beleg 4: Zahlung einer bereits gebuchten Ausgangsrechnung mit Bankscheck durch einen Kunden

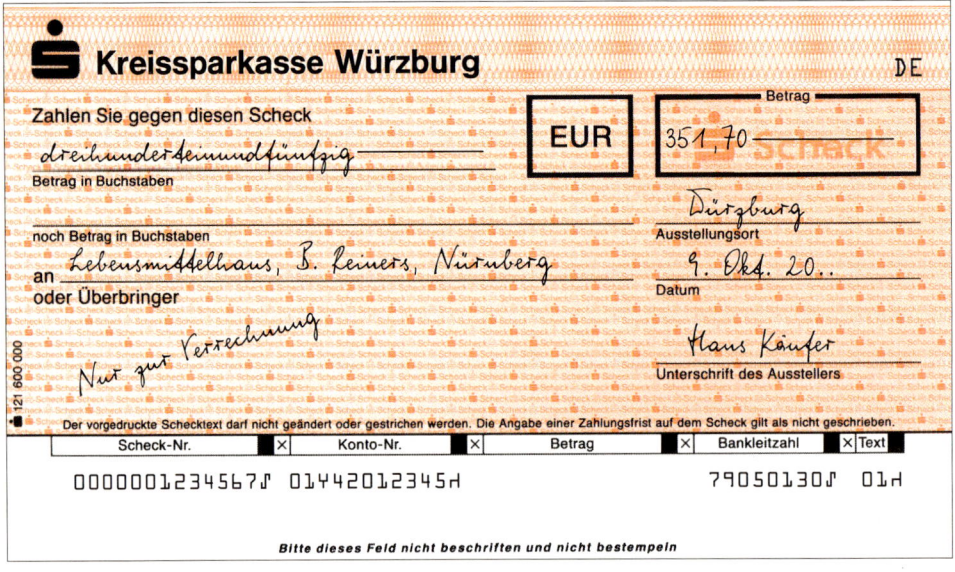

Beleg 5:

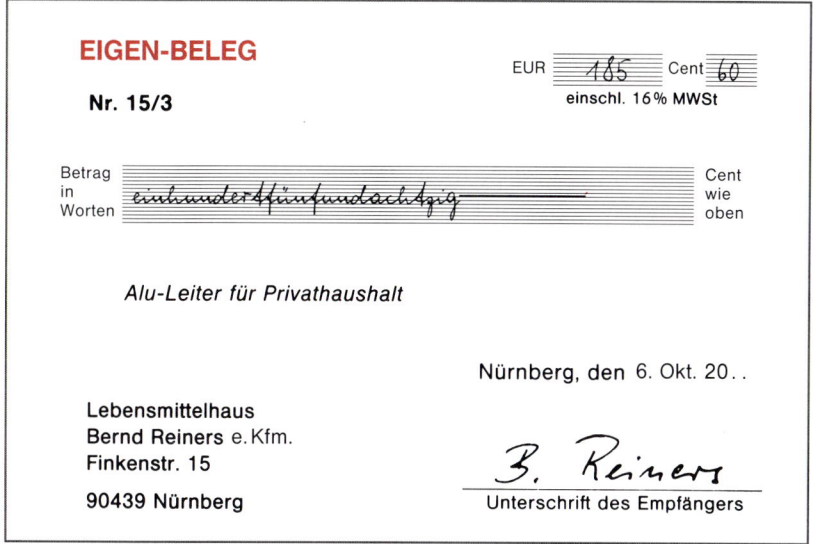

Beleg 6:

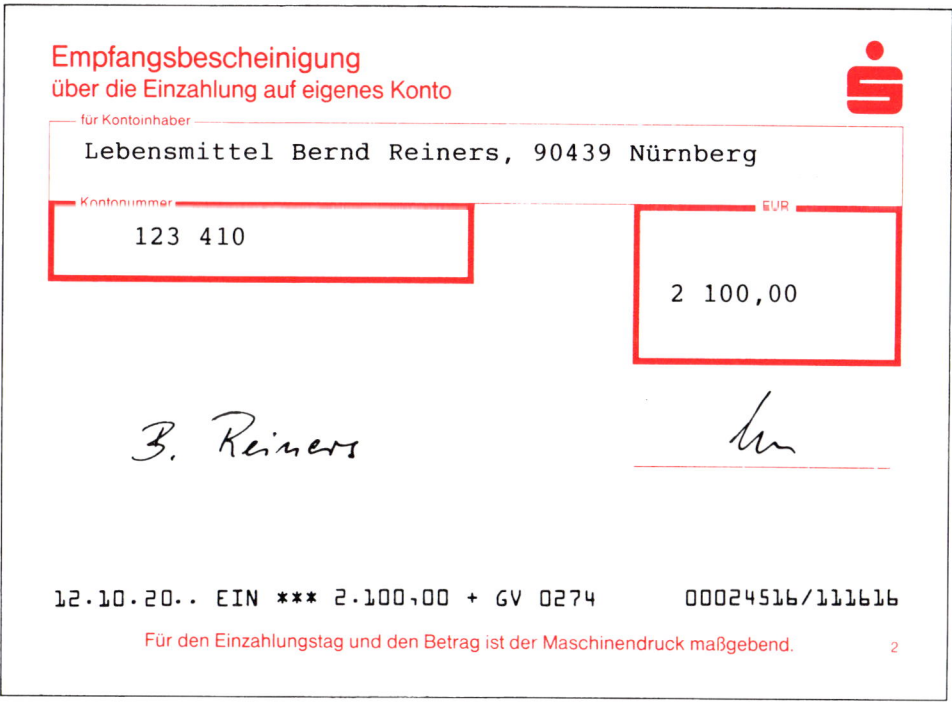

Übungsaufgabe (Beleggeschäftsgang)

123 Bei Fritz Schwalbe e.Kfm., Schreibwaren, Vogelweg 5, 88239 Wangen, endet das Geschäftsjahr am 31. Januar. Die Belege des Monats Januar sind noch zu buchen. Auf den Konten haben sich bisher die in der Saldenbilanz vorgetragenen Salden gebildet.

I. Saldenbilanz

Kontobezeichnungen	Soll	Haben
Betriebsgebäude	401 000,00	
Waren	110 000,00	
Forderungen a. Lief. u. Leist.	89 200,00	
Vorsteuer	83 636,00	
Bank	68 300,00	
Kasse	7 100,00	
Eigenkapital		430 000,00
Privatkonto	66 000,00	
Langfristige Bankverbindlichkeiten		40 000,00
Verbindlichkeiten a. Lief. u. Leist.		81 000,00
Umsatzsteuer		119 000,00
Umsatzerlöse für Waren		850 000,00
Aufwendungen für Waren	414 864,00	
Abfallentsorgung	26 000,00	
Fremdinstandhaltung	152 400,00	
Mieten, Pachten	81 500,00	
Büromaterial	20 000,00	
	1 520 000,00	1 520 000,00

II. Abschlussangabe

Warenschlussbestand lt. Inventur 125 000,00 EUR.

III. Aufgaben

1. Übertragen Sie die obigen Salden auf Konten!
2. Formulieren Sie aufgrund der vorliegenden Belege die zugrunde liegenden Geschäftsvorfälle!
3. Bilden Sie die Buchungssätze für Fritz Schwalbe e. Kfm., Schreibwaren, Vogelweg 5, 88239 Wangen.
4. Die Zahllast ist zu passivieren!
5. Führen Sie den Abschluss zum 31. Januar durch!
6. Stellen Sie aufgrund der Zahlen der Buchführung einen Jahresabschluss in Form der Bilanz und der Gewinn- und Verlustrechnung auf!

Beleg 1:

PRO CERAM GmbH · Rolf Amann

Versandbuchhandlung · Bürobedarf · Werbung

Rolf Amann · Steinfeldstraße 5 · 89079 Ulm

Schreibwaren
Fritz Schwalbe e. Kfm.
Vogelweg 5
88239 Wangen

EINGEGANGEN
2. Jan. 20..
Erl. .....a....

PRO CERAM GmbH
Rolf Amann
Steinfeldstraße 5
89079 Ulm
Telefon 0731/4564

Konto:
304032-602
Postbank
Frankfurt/M.
BLZ 500100060

Rechnung Nr. ____1497____   Datum __20..-12-28__

Ihr Auftrag vom ___20..-12-16___   Bestellzeichen ___PE___

1000	Kugelschreiber und Filzstifte verschiedene Formen und Farben	300,80 EUR
	16% Umsatzsteuer	48,13 EUR
		348,93 EUR

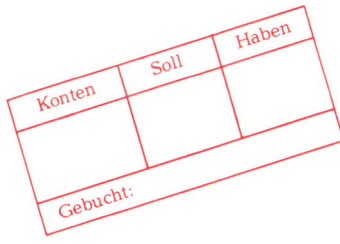

Zahlbar nach Erhalt rein netto. Eigentumsvorbehalt bis zur vollständigen Bezahlung.

Sitz der Gesellschaft: Ulm; RG Ulm: HRB 1090; Steuer-Nr.: 21568/97643

Beleg 2:

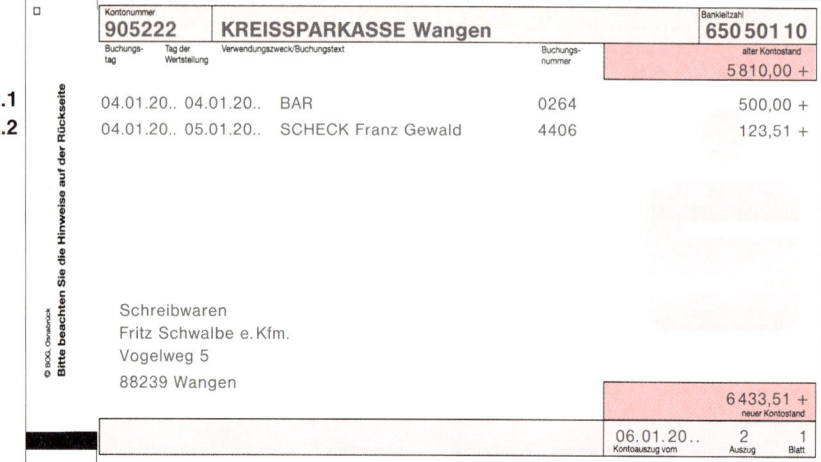

Beleg 2.1:

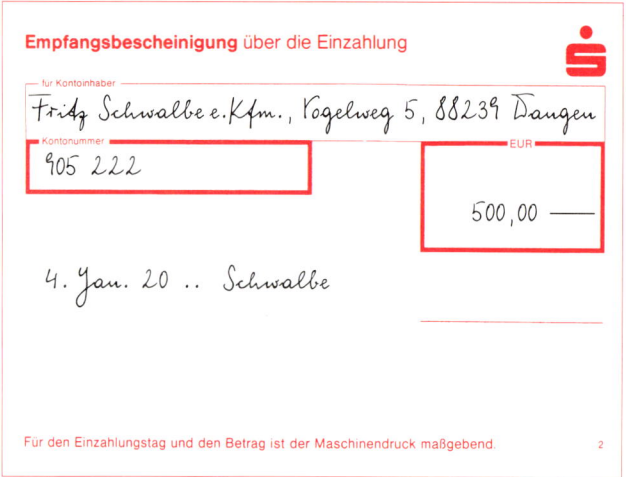

Beleg 2.2:

Beleg 3:

Fritz Schwalbe e. Kfm.

Fritz Schwalbe e. Kfm., Vogelweg 5, 88239 Wangen

Tank- und Apparatebau
Ludwig Edel GmbH
Ravensburger Str. 71

88239 Wangen

Buchhandlung, Papier u. Schreibwaren, Bürobedarf

Vogelweg 5
88239 Wangen
Postfach 63 · Telefon (07522) 2306

Durchschlag

Rechnung Nr. 123

Datum 11. Januar 20..

Lieferschein Nr./Datum	Menge	Artikel-Bezeichnung	Einzelpreis	Betrag
		Warenlieferungen laut beiliegender Lieferkarte für Januar		
		Warenwert netto		5100,00 EUR
		+ 16% Umsatzsteuer		816,00 EUR
				5916,00 EUR

Warenwert	USt EUR	USt %

Konten	Soll	Haben

Gebucht:

Sitz des Einzelhandelsunternehmens: Wangen
RG Wangen: HRA 72

Hypobank Wangen
(BLZ 660 220 51)
Konto-Nr. 2 470 105 022

Volksbank Wangen
(BLZ 660 920 10)
Konto-Nr. 30 373 000

Steuer-Nr.:
8675/3765

Beleg 4:

EINGEGANGEN
13. JAN. 20..
Erl. G.

Quittung

EUR

Nr.

Betrag ---69,60----

inclusive 16 % MwSt./Betrag

Betrag in Worten ----neunundsechzig----

von Fritz Schwalbe, Vogelstr. 5, 88239 Wangen

für Entsorgung von alten Rechnungen und Belegen

dankend erhalten

Datum/Ort 13. Jan. 20.., Ravensburg

Buchungsvermerke

Konten	Soll	Haben

Gebucht:

Stempel/Unterschrift des Empfängers

Reinigung mbH Level Ravensburg

Zweckform Quittung

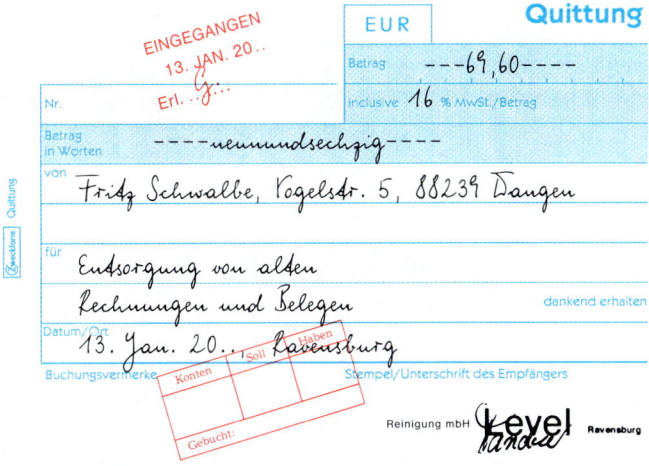

Beleg 5:

Schnepfer e. Kfm.

Franz Schnepfer e. Kfm.
Inh. Erich Schnepfer
Bregenzer Weg 14
88212 Ravensburg

Zentralheizungen – Öl und Gasfeuerungen – Kundendienst

Franz Schnepfer e.Kfm., Inh. Erich Schnepfer, Bregenzer Weg 14, 88212 Ravensburg

Telefon 0751/21332

Bankverbindungen:
Kreissparkasse Ravensburg
(BLZ 650 501 10) Kto. Nr. 240000

Schreibwaren
Fritz Schwalbe e. Kfm.
Vogelweg 5

88239 Wangen

EINGEGANGEN
18. JAN. 20..
Erl. ......

Datum 15. Januar 20..

Rechnung Nr. 1545

Lfd Nr.	Anzahl	Gegenstand	Einzelpreis	Gesamtpreis EUR
		Am 12. Dez. 20.. Heizungsmischer zerlegt, gereinigt und neu abgedichtet		
		Arbeitsaufwand		165,00
		+ 16% Umsatzsteuer		26,40
				191,40

Konten | Soll | Haben

Gebucht:

Bezahlung innerhalb 8 Tagen mit 2% Skonto, oder 30 Tagen rein netto.

Sitz des Einzelhandelsunternehmens: Ravensburg   RG Ravensburg: HRA 1112   Steuer-Nr.: 41956/37158

Beleg 6:

	Kontonummer 905222	KREISSPARKASSE Wangen		Bankleitzahl 650 501 10
	Buchungstag	Tag der Wertstellung	Verwendungszweck/Buchungstext	Buchungsnummer	alter Kontostand 3 577,90 +

	Buchungstag	Wertstellung	Text	Nr.	Betrag
			SCHECKEINREICHUNG		
6.1	23.01.20..	23.01.20..	Franz Schulte, Rechnung 05.01.	0265	155,63 +
6.2	23.01.20..	23.01.20..	DARLEHEN NR. 200/551968 fällig 23. JANUAR	0417	2 656,00 −
6.3	23.01.20..	23.01.20..	STADT WANGEN MÜLLGEBÜHR 275,10 UST 44,02	0418	319,12 −

Schreibwaren
Fritz Schwalbe e. Kfm.
Vogelweg 5
88239 Wangen

neuer Kontostand: 758,41 +

Kontoauszug vom 24.01.20.. Auszug 4 Blatt 1

Beleg 7:

245

Beleg 8:

Bürogroßhandlung
FINDEISEN GMBH

Findeisen GMBH · Hauptstr. 7 · 73527 Schwäbisch-Gmünd

Schreibwaren
Fritz Schwalbe e. Kfm.
Vogelweg 5

88239 Wangen

EINGEGANGEN
30. JAN. 20..
Erl. ....

73527 Schwäbisch Gmünd
Hauptstraße 7
Telefon 07171/3754

Postbank Stuttgart
(BLZ 600 100 70) Kto.-Nr. 86 813-700

Rechnung Nr.   B 3425
Bei Zahlung bitte angeben!

Unser Zeichen
W

Den 20..-01-28

Bestell-Nr. und Datum	geliefert am	durch	EUR
20..-12-27 Ku	20..-01-20	die Post frei	
10 Bücher-Stützen in verschiedenen Holzarten + 16% Umsatzsteuer			252,39 40,38 292,77

Konten | Soll | Haben

Gebucht:

Zahlung erbeten innerhalb 14 Tagen nach Rechnungserhalt ohne Abzug.

Erfullungsort und Gerichtsstand ist Schwabisch Gmund

Sitz der Gesellschaft:
Schwäbisch Gmünd

RG Schwäbisch Gmünd
HRB 532

Steuer-Nr.:
21758/34659

8.3 Aufgabenbereiche des Rechnungswesens

8.3.1 Teilbereiche des Rechnungswesens und deren Aufgaben

Ein modernes Rechnungswesen umfasst üblicherweise die folgenden vier Teilbereiche:

1. Buchführung (Grundlagenerfassung),
2. Kosten- und Leistungsrechnung,
3. Statistik (Vergleichsrechnung),
4. Planung (Vorausschaurechnung).

(1) Buchführung (Geschäftsbuchführung)

Wesen und Aufgaben der Buchführung wurden zu Beginn dieses Buches schon ausführlich dargestellt (vgl. S. 126f. und 129f.). Es genügt daher hier eine kurze wiederholende Zusammenfassung:

- **Gegenstand** der kaufmännischen Buchführung ist das Festhalten aller Veränderungen der Vermögenswerte und der Schulden unter Beachtung bestimmter Regeln (Grundsätze ordnungsmäßiger Buchführung und Bilanzierung). Die Vorgänge, durch die solche Veränderungen ausgelöst werden, nennen wir **Geschäftsvorfälle**. Sie sind der Erfassungsgegenstand der Buchführung. Dieser Teil des Rechnungswesens wird häufig auch in Abgrenzung zur Betriebsbuchführung [siehe unter (2)] als **Geschäftsbuchführung** bezeichnet. Weil mit der Geschäftsbuchführung auch immer direkt oder indirekt finanzielle Veränderungen verbunden sind, spricht man gelegentlich auch von **Finanzbuchführung**.

- Die **Aufgaben** der Buchführung können wir der folgenden Tabelle entnehmen:

Für die Unternehmensleitung:	Für Außenstehende:
• Festhalten der Geschäftsvorfälle (Gedächtnisstütze) • Instrument der Erfolgsermittlung • Instrument zur Vermögens- und Schuldenermittlung • Grundlage der Kosten- und Leistungsrechnung • Instrument der Betriebskontrolle	• Auskunftsmittel • Beweismittel

(2) Betriebsbuchführung (Kosten- und Leistungsrechnung)[1]

Die Betriebsbuchführung (Kosten- und Leistungsrechnung) bildet bei größeren Einzelhandelsunternehmen häufig einen selbstständigen Teilbereich des Rechnungswesens. Hier geht es vor allem darum, den einzelnen Leistungsträgern (z.B. Warengruppen) die für sie entstandenen Kosten verursachungsgerecht zuzurechnen. Dadurch wird der Einzelhändler in die Lage versetzt, zu erkennen, mit welchem Anteil die einzelnen Warengruppen am Gesamtgewinn beteiligt sind. Auf der Grundlage dieser Erkenntnis kann entschieden werden, bei welcher Warengruppe sich weitere Verkaufsanstrengungen lohnen (Werbung) bzw. welche Warengruppe aus dem Sortiment ausscheiden muss.

---

[1] Zur Kosten- und Leistungsrechnung vgl. Kapitel 14.

Im Einzelnen bestehen zwischen der Geschäftsbuchführung (Finanzbuchführung) und der Betriebsbuchführung (Kosten- und Leistungsrechnung) folgende Unterschiede:

Buchführung, die den Geschäftsverkehr mit der Außenwelt erfasst. **Geschäftsbuchführung oder Finanzbuchführung**	Buchführung, die der Erfassung und Verrechnung der entstandenen Kosten und Leistungen dient. **Betriebsbuchführung oder Kosten- und Leistungsrechnung**
• Erfasst alle Geschäftsvorfälle, die durch den Verkehr mit der **Außenwelt** anfallen (Einkäufe, Verkäufe, Zahlungseingänge, Zahlungsausgänge).	• Erfasst alle im **Betrieb** entstandenen Kosten, möglichst nach Warenarten getrennt sowie die Leistungen durch die sie verursacht sind.
• Dient als **Grundlage für den Jahresabschluss**.	• Dient als **Grundlage für die Kalkulation** und der **Kontrolle der Wirtschaftlichkeit** einzelner Warengruppen.
• Unterliegt **gesetzlichen Vorschriften** (HGB, Steuergesetze).	• Unterliegt **keiner gesetzlichen Vorschrift**.
• Verwendet im Erfolgsbereich die Begriffe **Aufwand** und **Ertrag**.	• Verwendet die Begriffe **Kosten** (betriebsbedingter Aufwand) und **Leistungen** (betriebsbedingter Ertrag).

(3) Statistik

Hier werden Zahlenwerte der Buchführung und der Kosten- und Leistungsrechnung vergleichend dargestellt. Dabei können die Zahlenwerte des eigenen Betriebes im Zeitablauf verglichen werden **(innerbetrieblicher Vergleich)** oder die Zahlenwerte des eigenen Betriebes werden mit den entsprechenden Werten anderer Betriebe der gleichen Branche bzw. mit deren Durchschnittswerten verglichen **(zwischenbetrieblicher Vergleich)**. So werden z.B. Lagerbewegungen, Umsatzzahlen, Lohnkosten, Gewinne usw. in tabellarischer oder auch grafischer Form zusammengestellt und evtl. zueinander in Beziehung gesetzt, um positive oder negative Entwicklungen deutlich zu machen.

(4) Planung

Die Marktstellung eines Einzelhandelsunternehmens hängt nicht nur von Vergangenheits- und Gegenwartsentscheidungen ab, sondern auch in entscheidender Weise von der richtigen Einschätzung zukünftiger Entwicklungen. Hierfür liefert die Planungsrechnung die entsprechenden Unterlagen. In ihr werden die durch die drei vorher genannten Teilbereiche des Rechnungswesens erfassten Zahlenwerte unter Berücksichtigung der zukünftigen Erwartungen fortgeschrieben. Es ist klar, dass dieser Teil des Rechnungswesens aufgrund der nicht exakt vorausberechenbaren Daten der Zukunft einen erheblichen Unsicherheitsfaktor in sich birgt. Dennoch kann ein moderner Betrieb heute nicht mehr auf eine in die Zukunft weisende Planungsrechnung verzichten. Sie liefert die Grundlagen für eine angezeigte Erweiterung oder evtl. auch Schrumpfung des Betriebes.

Je abgesicherter dieser Teil des Rechnungswesens sein Zahlenwerk erstellt hat, je risikoloser können die darauf basierenden Entscheidungen gefällt werden.

In vielen Betrieben arbeiten die einzelnen Zweige des Rechnungswesens noch ziemlich isoliert nebeneinander. Durch den verstärkten Einsatz der elektronischen Datenverarbeitung kommt es aber derzeit zu einem organisatorischen Zusammenrücken der einzelnen Zweige des betrieblichen Rechnungswesens. Über die elektronische Datenverarbeitung werden alle Daten der vier Teilbereiche des Rechnungswesens zusammengefasst und gebündelt, sodass z.B. der Warenfluss vom Wareneingang bis zum Warenausgang erfasst, verarbeitet, analysiert, kontrolliert und für neue Entscheidungen aufbereitet werden kann (computerunterstütztes Warenwirtschaftssystem).

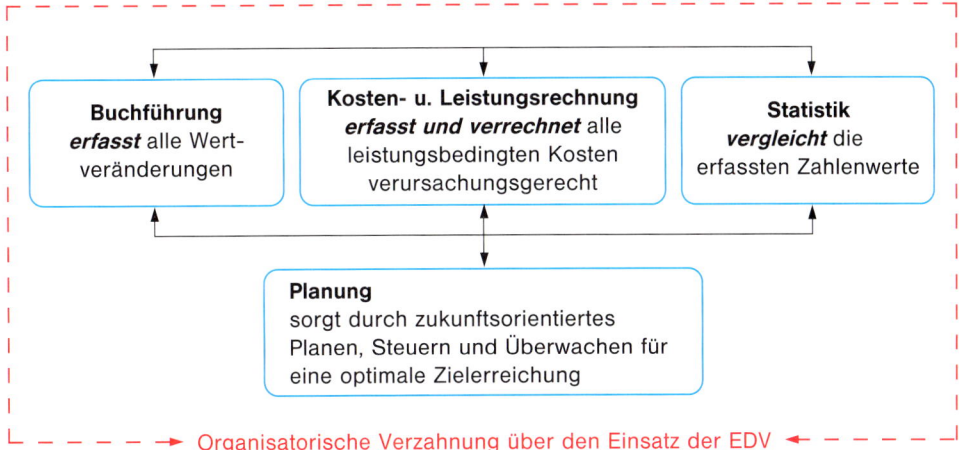

8.3.2 Rechnungswesen als Informations- und Kontrollsystem

Die wesentliche Aufgabe des Rechnungswesens besteht darin, alle innerbetrieblichen und außerbetrieblichen Vorgänge des Unternehmens mengen- und wertmäßig **festzuhalten**, zu **kontrollieren** und **auszuwerten**.

Im Einzelnen kommen dem Rechnungswesen folgende Hauptaufgaben zu:

- Erfassung sämtlicher Geschäftsvorfälle auf Grund von Belegen. Das Einzelhandelsunternehmen wird damit in die Lage versetzt, alle Veränderungen des Vermögens und des Kapitals des Unternehmens auszuweisen **(Dokumentationsaufgabe)**.

- Durch den Vergleich von Bestands- und Erfolgsgrößen hat das Einzelhandelsunternehmen die Möglichkeit, Wirtschaftlichkeit und Rentabilität der betrieblichen Tätigkeit zu kontrollieren **(Kontrollaufgabe)**.

- Die gewonnenen Daten bieten für die Betriebsführung zugleich die Möglichkeit, begründete und nachprüfbare Planungsüberlegungen zu treffen **(Dispositionsaufgabe)**.

- Neben diesen betriebsinternen Aufgaben hat das Rechnungswesen auch die Aufgabe, auf der Grundlage der gesetzlichen Bestimmungen die Gläubiger, die Belegschaft, die Finanzbehörden und die interessierte Öffentlichkeit über die Vermögens- und Ertragslage des Unternehmens zu informieren **(Rechenschafts- und Informationsaufgabe)**.

> **Wir merken uns:**
>
> - Das **Rechnungswesen** umfasst folgende **vier Teilgebiete**:
>   - Geschäftsbuchführung (Buchführung)
>   - Betriebsbuchführung (Kosten- und Leistungsrechnung)
>   - Statistik
>   - Planung
> - Im Einzelnen hat das **Rechnungswesen vier Hauptaufgaben**:
>   - Dokumentationsaufgabe
>   - Kontrollaufgabe
>   - Dispositionsaufgabe
>   - Rechenschafts- und Informationsaufgabe

Übungsaufgabe

124
1. Nennen Sie die verschiedenen Teilbereiche des betrieblichen Rechnungswesens!
2. Welches ist der wichtigste Teilbereich des Rechnungswesens? Begründen Sie Ihre Auffassung!
3. Welche wichtige Aufgabe kommt der Kosten- und Leistungsrechnung zu?
4. Erläutern Sie das Wesen der Buchführung!
5. Stellen Sie die Unterschiede zwischen der Geschäftsbuchführung (Finanzbuchführung) und der Betriebsbuchführung (Kosten- und Leistungsrechnung) dar!
6. Begründen Sie, warum das Rechnungswesen ein Informations- und Kontrollsystem darstellt!
7. Worin sehen Sie die Hauptaufgaben des Rechnungswesens?

8.4 Kontenrahmen als Organisationsmittel der Buchführung

8.4.1 Allgemeines zum Kontenrahmen

Die Buchführung eines Kaufmanns besteht aus einer Vielzahl von Konten. Um hierüber die wünschenswerte Übersicht zu behalten, bedarf es einer bestimmten Ordnung. Sie wird mit Hilfe des Kontenrahmens erreicht. Dieses bewährte Ordnungsmittel wurde bereits 1937 in der deutschen Wirtschaft eingeführt. Neben dem genannten Zweck der Übersichtlichkeit sollte mit der Einführung des Kontenrahmens auch die Vergleichbarkeit und Kontrolle der Betriebe besser ermöglicht werden. Die Einführung eines bestimmten Kontenrahmens kann nur als Empfehlung an die Betriebe angesehen werden, eine gesetzliche Verpflichtung dazu besteht nicht.

Um den individuellen Bedürfnissen optimal zu entsprechen, hat jeder Wirtschaftszweig seinen eigenen Kontenrahmen entwickelt. Daneben haben bekannte Softwarefirmen spezielle EDV-Kontenrahmen herausgebracht. Das dabei zugrunde gelegte Ordnungsprinzip ist einheitlich. Die Gesamtmenge der Konten wird mit Hilfe der zehn Ziffern unseres Zahlensystems nach bestimmten Gesichtspunkten in Klassen und Gruppen gegliedert.

8.4.2 Bedeutung des Kontenrahmens

Dadurch, dass nicht mehr jeder Unternehmer seine Buchführung nach eigenem Ermessen und Gutdünken aufbaut, werden insbesondere folgende zwei Vorteile erzielt:

- **Erster Vorteil:**

Der Inhalt der einzelnen Konten ist genau bestimmt. Dadurch können die verschiedenen Inhalte scharf gegeneinander abgegrenzt werden. Verschiedene Unternehmen buchen daher unter der gleichen Kontenbezeichnung den gleichen Inhalt. Dadurch wird die **Organisation** der Buchführung **einheitlicher** und **übersichtlicher.**

- **Zweiter Vorteil:**

Durch die Vereinheitlichung von Bezeichnung und Inhalt der Konten in der Buchführung ist es dem Unternehmer möglich, Vergleiche vorzunehmen, und zwar

→ **innerhalb des Unternehmens**: Vergleich der Entwicklung der Konteninhalte von Rechnungsjahr zu Rechnungsjahr **(Zeitvergleich),** aber auch

→ **außerhalb des Unternehmens**: z.B. Vergleich der eigenen Buchführungsergebnisse mit denen anderer Unternehmen **(Betriebsvergleich).**

8.4.3 Vom Kontenrahmen zum Kontenplan

Innerhalb des Kontenrahmens, dessen Anwendung allen Unternehmen des betreffenden Wirtschaftszweiges empfohlen wird, stellt jeder Betrieb den individuellen Bedürfnissen entsprechend seinen eigenen **Kontenplan** auf. In diesem werden jene Konten ausgelassen, die für den betreffenden Betrieb keine Bedeutung haben.

> **Wir merken uns:**
> - Der **Kontenrahmen** bezieht sich auf eine bestimmte **Wirtschaftsbranche**.
> - Der **Kontenplan** bezieht sich auf einen bestimmten **Betrieb**.

Mit Hilfe der zehn Ziffern unseres Zahlensystems (0 bis 9) wird die Gesamtmenge der Konten nach sachlichen Gesichtspunkten (z. B. alle Finanzanlagen, alle Ertragskonten usw.) zunächst in 10 **Kontenklassen** gegliedert.

Beispiel:

AKTIVA		
Anlagevermögen		Umlaufvermögen
0 Kontenklasse **Immaterielle Vermögens- gegenstände u. Sachanlagen**	1 Kontenklasse **Finanzanlagen**	2 Kontenklasse **Umlaufvermögen und aktive Rechnungsgegenstände**

Da es in jeder Kontenklasse mehrere Konten gibt, muss man zur eindeutigen Unterscheidung eine zweite Ziffer hinzufügen. Dabei beginnt man ebenfalls wieder mit der Ziffer 0. Diese zweistellige Kontenkennzeichnung bildet jeweils eine **Kontengruppe**.

Beispiel:

AKTIVA	
Anlagevermögen	
0 Kontenklasse **Immaterielle Vermögensgegenstände und Sachanlagen**	
. . 02 **Konzessionen, gewerbliche Schutzrechte . und Lizenzen** . 05 **Grundstücke und Bauten** .	

Da auch innerhalb einer Kontengruppe im Allgemeinen unterschiedliche Konten vorkommen, muss jede Kontengruppe wieder nach dem gleichen Verfahren unterteilt werden. Man spricht dann von einer bestimmten **Kontenart**. Notfalls müssen zu einer Kontoart auch **Kontounterarten** gebildet werden.

Beispiel:

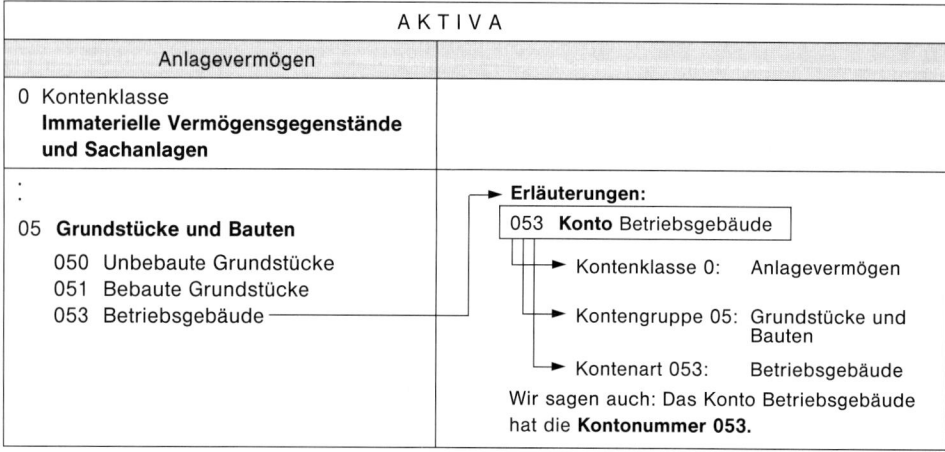

8.4.4 Aufbau des Einzelhandels-Kontenrahmens

Nach dem oben dargestellten Bauprinzip hat jeder Wirtschaftszweig unter Berücksichtigung seiner Interessenlage seinen eigenen Kontenrahmen entwickelt. Der vorliegende Schulkontenrahmen ist für den Einzelhandel vorgesehen und ist in seiner Grobstruktur wie folgt aufgebaut:

Klasse 0:	Immaterielle Vermögensgegenstände und Sachanlagen	← Bestandskonten
Klasse 1:	Finanzanlagen	← Bestandskonten
Klasse 2:	Umlaufvermögen und aktive Rechnungsabgrenzung	← Bestandskonten
Klasse 3:	Eigenkapital und Rückstellungen	← Bestandskonten
Klasse 4:	Verbindlichkeiten und passive Rechnungsabgrenzung	← Bestandskonten
Klasse 5:	Erträge	← Erfolgskonten
Klasse 6:	Betriebliche Aufwendungen	← Erfolgskonten
Klasse 7:	Weitere Aufwendungen	← Erfolgskonten
Klasse 8:	Ergebnisrechnung	← Abschlusskonten
Klasse 9:	Kosten- und Leistungsrechnung	← Keine Konten vorgesehen[1]

In den folgenden Kapiteln werden wir die Buchungssätze nur noch unter Zuhilfenahme des Schulkontenrahmens bilden, d.h. bei den Buchungen im Grundbuch setzen wir vor den Kontennamen die entsprechende Kontonummer und im Hauptbuch werden die Gegenkonten nur mit den Kontonummern angegeben.

Beispiel:
Wir zahlen eine bereits gebuchte Wareneingangsrechnung über 3 850,00 EUR
durch Banküberweisung 3 000,00 EUR
in bar 850,00 EUR

Aufgaben:
1. Buchen Sie den Geschäftsvorfall auf Konten!
2. Bilden Sie den Buchungssatz!

Lösungen:

Zu 1.: Buchung auf den Konten

Soll	2800 Bank	Haben		Soll	4400 Verb. a. Lief. u. Leist.	Haben
AB	5 000,00	4400 3 000,00	←	→ 2800/2880 3 850,00	AB	10 000,00

Soll	2880 Kasse	Haben
AB	3 140,00	4400 850,00 ←

Zu 2.: Buchungssatz

Konten	Soll	Haben
4400 Verb. a. Lief. u. Leist.	3 850,00	
an 2800 Bank		3 000,00
an 2880 Kasse		850,00

---
1 In der Praxis wird die Kosten- und Leistungsrechnung tabellarisch durchgeführt (vgl. S. 360).

Übungsaufgaben

125 Nehmen Sie zur Bearbeitung der folgenden Aufgaben den als Anlage beigefügten Schulkontenrahmen zur Hand!

1. In welchen Kontenklassen erscheinen die Aufwendungen des Betriebes?
2. Nennen Sie fünf Aufwandsarten und geben Sie jeweils die entsprechende Ziffernfolge der Kontonummern an!
3. Ordnen Sie folgenden Konten die entsprechende Kontonummer zu: Waren, Aufwendungen für bezogene Waren, Kasse, Ladenausstattung!
4. Welche Informationen erhalten Sie durch die Kontobezeichnung: 084?
   4.1 Was bedeutet die Ziffer 0?
   4.2 Was besagt die Ziffernfolge 08?
   4.3 Was drückt die Ziffernfolge 084 aus?

126 Bilden Sie unter Angabe der Kontonummern und der Kontonamen für folgende Geschäftsvorfälle die Buchungssätze!

1.

Geschäftsvorfälle	Konten	Soll	Haben
1. Wareneinkauf bar 5 000,00 EUR + 16 % USt 800,00 EUR 5 800,00 EUR	6000 Aufw. für Waren 2600 Vorsteuer an 2880 Kasse	5 000,00 800,00	 5 800,00

2. Ein Kunde überweist auf unser Bankkonto   896,00 EUR
3. Wir kaufen Büromaterial bar netto   120,00 EUR
   + 16 % USt   19,20 EUR   139,20 EUR
4. Wir verkaufen Ware auf Ziel netto   8 000,00 EUR
   + 16 % USt   1 280,00 EUR   9 280,00 EUR
5. Wir zahlen eine Liefererrechnung
   per Banküberweisung   560,00 EUR
6. Wir verkaufen Ware bar (Tageslosung) netto   950,00 EUR
   + 16 % USt   152,00 EUR   1 102,00 EUR
7. Ein Kunde zahlt einen Rechnungsbetrag
   in bar   750,00 EUR
   per Bankscheck   1 000,00 EUR   1 750,00 EUR
8. Wir kaufen Ware netto   10 000,00 EUR
   + 16 % USt   1 600,00 EUR   11 600,00 EUR

   Zahlungsvereinbarungen: Bankscheck   3 500,00 EUR
                                    Barzahlung   200,00 EUR
                                    Restverbindlichkeit   7 900,00 EUR

9. Wir kaufen eine neue Büroeinrichtung
   gegen Rechnung   12 000,00 EUR
   + 16 % USt   1 920,00 EUR   13 920,00 EUR
10. Wir verkaufen Ware gegen Bankscheck   160,00 EUR
    + 16 % USt   25,60 EUR   185,60 EUR

> **Hinweis:** Die bisher eingeführte Farbzuordnung der verschiedenen Vorgänge auf den unterschiedlichen Kontenarten diente als zusätzliche Anschauungshilfe bei der Einführung in die Buchführung.
>
> Von hier ab halten wir die konsequente Farbzuordnung nicht mehr für erforderlich. Mit Einschränkung lässt sie sich auch nicht immer ohne Erweiterung des eingeführten Farbenspektrums konsequent und sinngebend weiterführen.
>
> Daher dienen die Farben im Folgenden – in einem gleitenden Übergang – nur noch als Hervorhebung der Unterschiede.

9 Buchungen im Warenverkehr mit Umsatzsteuer

9.1 Buchungen beim Wareneinkauf

9.1.1 Buchhalterische Behandlung von Sofortnachlässen und gesondert in Rechnung gestellten Bezugskosten

(1) Buchung der Sofortnachlässe

Nachlässe, die sofort bei Rechnungsstellung gewährt werden, vermindern den Einkaufspreis (Anschaffungspreis). Sie erscheinen in der Buchführung nicht. Gebucht wird der verminderte Einkaufspreis (Anschaffungskosten).

Beispiel: **Buchungssatz:**

Geschäftsvorfall		Konten	Soll	Haben
Wareneinkauf auf Ziel	2 000,00 EUR	6000 Aufwend. f. Waren	1 800,00	
− 10% Mengenrabatt	200,00 EUR	2600 Vorsteuer	288,00	
	1 800,00 EUR	an 4400 Verb.a.Lief.u.Leist.		2 088,00
+ 16% USt	288,00 EUR			
Rechnungsbetrag	2 088,00 EUR			

> **Wir merken uns:**
> Sofortnachlässe vom Lieferer werden nicht gebucht. Sie vermindern den Anschaffungspreis.

(2) Buchung der Bezugskosten

Bezugskosten, die zusätzlich in Rechnung gestellt werden, erhöhen den Anschaffungspreis. Sie können direkt auf das Konto 6000 Aufwendungen für Waren gebucht werden. Um die Bezugskosten für die Kalkulation leichter erfassen zu können, werden sie jedoch zunächst auf einem gesonderten Konto erfasst. Man will wissen, wie hoch der reine Warenwert und wie hoch die Nebenkosten sind.

Beispiel: **Buchungssätze:**

Geschäftsvorfall		Konten	Soll	Haben
1. Wareneinkauf auf Ziel, netto	1 500,00 EUR	6000 Aufwend.f.Waren	1 500,00	
+ Verpackung	50,00 EUR	6001 Bezugskosten	200,00	
+ Fracht	150,00 EUR	2600 Vorsteuer	272,00	
	1 700,00 EUR	an 4400 Verb.a.Lief.u.Leist.		1 972,00
+ 16% USt	272,00 EUR			
Rechnungsbetrag	1 972,00 EUR			
2. Abschluss des Kontos 6001 Bezugskosten		6000 Aufwend.f.Waren an 6001 Bezugskosten	200,00	200,00

> **Wir merken uns:**
> - Bezugskosten werden auf dem Konto 6001 Bezugskosten gebucht.
> - Das Konto 6001 Bezugskosten wird über das Konto 6000 Aufwendungen für Waren abgeschlossen.

Übungsaufgaben

127 Ein Einzelhändler erhält für einen Wareneinkauf folgende Rechnung von seinem Lieferer:

Listenpreis	1 250,00 EUR
− 25% Liefererrabatt	312,50 EUR
	937,50 EUR
− 3% Jubiläumsrabatt	28,13 EUR
	909,37 EUR
+ 16% USt	145,50 EUR
Rechnungspreis	1 054,87 EUR

Aufgabe: Bilden Sie den Buchungssatz die vorliegende Eingangsrechnung!

128 Einem Möbelhändler liegt folgende Eingangsrechnung vor:

5 Bürotische zu je 950,00 EUR	4 750,00 EUR
− 20% Händlerrabatt	950,00 EUR
	3 800,00 EUR
+ Fracht	320,00 EUR
+ Verpackung	90,00 EUR
+ Transportversicherung	47,50 EUR
	4 257,50 EUR
+ 16% USt	681,20 EUR
Rechnungsbetrag	4 938,70 EUR

Aufgabe: Bilden Sie den Buchungssatz für die vorliegende Eingangsrechnung!

129 Ein Lebensmittelhändler bestellt 45 Kartons Wein zu je 12 Flaschen. Eine Flasche Wein kostet 15,60 EUR zuzüglich 16% USt. An Bezugskosten für die Lieferung fallen 145,00 EUR zuzüglich 16% USt an. Die Verpackungskosten werden pauschal mit 70,00 EUR zuzüglich 16% USt in Rechnung gestellt.

Aufgabe: 1. Erstellen Sie die Eingangsrechnung!
2. Bilden Sie den Buchungssatz für den Geschäftsvorfall!
3. Wie viel EUR beträgt der Einstandspreis für eine Flasche Wein?

130 Beim Bezug einer Ware fielen folgende Kosten an:

Warenwert	645,00 EUR
+ Frachtpauschale	80,00 EUR
+ Transportversicherung	10,50 EUR
	735,50 EUR
+ 16% USt	117,68 EUR
Rechnungsbetrag	853,18 EUR

Die Anfuhrkosten in Höhe von 35,80 EUR zuzüglich 16% USt wurde von uns bar bezahlt.

Aufgaben
1. Bilden Sie die Buchungssätze für die beiden Geschäftsvorfälle!
2. Richten Sie die Konten 6000 Aufwendungen für Waren und 6001 Bezugskosten ein! Tragen Sie die Beträge der beiden Geschäftsvorfälle auf diese Konten ein! Schließen Sie das Konto 6001 Bezugskosten ab und ermitteln Sie die Anschaffungskosten der Ware!

131 Tragen Sie auf den entsprechenden Konten folgende Summen als Saldovorträge ein:
2000 Waren 25 000,00 EUR; 6000 Aufwendungen für Waren 122 500,00 EUR; 6001 Bezugskosten 7 350,00 EUR; 5000 Umsatzerlöse für Waren 212 952,00 EUR; 4800 Umsatzsteuer 5 000,00 EUR. Der Warenschlussbestand lt. Inventur beträgt 21 000,00 EUR.

Aufgaben
1. Richten Sie die Konten 8010 SBK und 8020 GuV ein und schließen Sie die Konten ab!
2. Ermitteln Sie den Rohgewinn!
3. Berechnen Sie den Rohgewinn in Prozent zum Wareneinsatz!

(3) Buchung bei der Rückgabe von Verpackungsmaterial (Leihverpackung)

Durch die Rückgabe von Verpackungsmaterial, das uns zunächst in Rechnung gestellt worden ist (z.B. Container, Fässer, Kisten), nehmen unsere zuvor gebuchten Bezugskosten wieder ab. Gleichzeitig wird die Vorsteuer entsprechend vermindert. Außerdem nehmen durch die Rücksendung des Verpackungsmaterials unsere Verbindlichkeiten gegenüber dem Lieferer ab.

Beispiel:
Wir senden Verpackung, die beim Warenbezug vom Lieferer in Rechnung gestellt wurde, vereinbarungsgemäß zurück. Gutschrift des Lieferers 180,00 EUR zuzüglich 16% USt.

Aufgabe:
Bilden Sie den Buchungssatz!

Lösung:

Konten	Soll	Haben
4400 Verbindl. a. Lief. u. Leist.	208,80	
an 6001 Bezugskosten		180,00
an 2600 Vorsteuer		28,80

Wir merken uns:
Die Rückgabe der Leihverpackung vermindert die Verbindlichkeiten aus Lieferungen und Leistungen, die Bezugskosten und die Vorsteuer.

Übungsaufgaben

132 1. Von einem Lieferer erhalten wir folgende Rechnung:

Warenwert	5 180,00 EUR
+ Frachtkosten	495,00 EUR
+ Verpackung	300,00 EUR
	5 975,00 EUR
+ 16% USt	956,00 EUR
Rechnungsbetrag	6 931,00 EUR

2. Gutschrift des Lieferers für die Rückgabe der Verpackung 300,00 EUR zuzüglich 16% USt.

Aufgabe: Bilden Sie die Buchungssätze!

133 Eingangsrechnung Nr. 145:
1. Warenwert 897,50 EUR, berechnete Verpackung 120,00 EUR, Frachtkosten 85,10 EUR zuzüglich 16% USt.
2. Die Kosten für die Anfuhr in Höhe von 30,00 EUR zuzüglich 16% USt wird von uns bar bezahlt.
3. Für die Rückgabe der Verpackung werden uns vom Lieferer 60% des berechneten Wertes gutgeschrieben.

Aufgabe: Bilden Sie die Buchungssätze!

134 Wir haben die uns in Rechnung gestellte Leihverpackung vereinbarungsgemäß an den Lieferer zurückgesandt und erhalten daraufhin eine Gutschrift über 175,00 EUR zuzüglich 16% USt.

Aufgabe: Bilden Sie den Buchungssatz!

135 Bilden Sie zu folgenden Geschäftsvorfällen die Buchungssätze!

1. Wir kaufen Waren auf Ziel, Listenpreis 12 000,00 EUR, abzüglich 20 % Rabatt, zuzüglich 510,00 EUR Fracht und Verpackungskosten sowie 16 % USt.
2. Kauf von Textilien von einem ausländischen Exporteur auf Ziel, Listenpreis 795,20 EUR. Zölle und Gebühren: 8 % vom Listenpreis. Der Rechnungspreis ist mit 16 % USt zu versteuern.
3. Kauf von Waren gegen Bankscheck. Lieferung frei Haus 2 400,00 EUR zuzüglich 16 % USt. Für Fracht werden 150,00 EUR zuzüglich 16 % USt in Rechnung gestellt.
4. Der Lieferer belastet uns mit Fracht 40,00 EUR und Verpackungsmaterial 20,00 EUR zuzüglich 16 % USt.
5. Einkauf einer Partie Ware Nettopreis 8 500,00 EUR zuzüglich 16 % USt gegen Banküberweisung.
6. Die Frachtkosten (zu Geschäftsvorfall 5) in Höhe von 300,00 EUR zuzüglich 16 % USt werden per Bank überwiesen.
7. Wir beziehen Ware auf Ziel im Gesamtwert von 8 400,00 EUR zuzüglich 16 % USt. Der Rabattsatz unseres Lieferers beträgt 30 %. An Verpackungskosten werden uns 180,00 EUR zuzüglich 16 % USt in Rechnung gestellt.

9.1.2 Buchung von Warenrücksendungen an den Lieferer und nachträglichen Preisänderungen im Bereich des Wareneinkaufs

Vorbemerkung. In dem vorangegangenen Kapitel haben Sie u. a. erfahren, wie Preisänderungen, die schon bei Rechnungserstellung gewährt werden, buchhalterisch zu erfassen sind. In diesem Kapitel sollen Sie lernen, wie Warenrücksendungen bzw. **nachträgliche** Preisänderungen in der Buchführung zu erfassen sind. „Nachträglich" in diesem Zusammenhang bedeutet: nach bereits gebuchter Eingangsrechnung.

9.1.2.1 Buchung von Warenrücksendungen an den Lieferer

Durch die Rücksendung von Waren nimmt der ursprünglich gebuchte Bruttowert der Eingangsrechnung um den Bruttowert der Rücksendung ab. Daher muss eine **Sollbuchung auf dem Konto 4400 Verbindlichkeiten aus Lieferungen und Leistungen** erfolgen.

Gleichzeitig müssen auch die ursprünglich gebuchten Anschaffungskosten durch eine **Habenbuchung auf dem Aufwandskonto 6000 Aufwendungen für Waren** korrigiert werden.

Da sich durch die nachträgliche Änderung der Anschaffungskosten die Berechnungsgrundlage für die Umsatzsteuer (hier Vorsteuer) geändert hat, muss auch die **Vorsteuer** durch eine entsprechende **Habenbuchung korrigiert** werden. Diese Korrektur ergibt sich aus der Differenz zwischen dem zu korrigierenden Bruttowert auf der Sollseite des Kontos 4400 Verbindlichkeiten aus Lieferungen und Leistungen und den zu korrigierenden Anschaffungskosten auf der Habenseite des Kontos 6000 Aufwendungen für Waren.

Danach entspricht die Summe des gebuchten Sollbetrages auch der Summe der gebuchten Habenbeträge.

Beispiel:

Ausgangssituation: Folgende Eingangsrechnung für einen Einkauf von Waren auf Ziel wurde bereits bei uns gebucht.

Warenwert	15 000,00 EUR
+ 16% USt	2 400,00 EUR
Rechnungsbetrag	17 250,00 EUR

Problemfall:

Von der bereits bei uns gebuchten Warenlieferung senden wir Waren an den Lieferer zurück (Falschlieferung). Warenwert 500,00 EUR zuzüglich 16% USt.

Aufgaben:

1. Buchen Sie den Problemfall auf den Konten des Hauptbuches!
2. Bilden Sie den Buchungssatz!

Lösungen:

Zu 1.: Buchung auf den Konten des Hauptbuches

Soll	6000 Aufwend. f. Waren		Haben		Soll	4400 Verb. a. Lief. u. Leist.		Haben
4400	15 000,00	4400	500,00		6000/2600	580,00	6000/2600	17 400,00

Soll	2600 Vorsteuer		Haben
4400	2 400,00	4400	80,00

Zu 2.: Buchungssatz

Vorgang	Konten	Soll	Haben
Von der bereits gebuchten Warenlieferung schicken wir Waren zurück. Nettowert 500,00 EUR + 16% USt 80,00 EUR Bruttowert 580,00 EUR	4400 Verb. a. Lief. u. Leist. an 6000 Aufwend. f. Waren an 2600 Vorsteuer	580,00	500,00 80,00

Das folgende Übersichtsschema soll Ihnen die Zusammenhänge ergänzend verdeutlichen:

Ausgangssituation (war bereits gebucht)		Nachträgliche Preisänderung durch Rücksendung		Neue Situation lt. Salden auf den Konten	
Waren (netto)	15 000,00 EUR	Waren (netto)	500,00 EUR	Waren (netto)	14 500,00 EUR
+ 16% USt	2 400,00 EUR	+ 16% USt (VSt)	80,00 EUR	+ 16% USt (VSt)	2 320,00 EUR
ursprüngl. Verb.	17 400,00 EUR		580,00 EUR	Verbindlichkeiten	16 820,00 EUR

> **Wir merken uns:**
> Warenrücksendungen an den Lieferer vermindern die Aufwendungen für Waren, die Vorsteuer und die Verbindlichkeiten aus Lieferungen und Leistungen.

Übungsaufgaben

136 Bilden Sie die Buchungssätze für die beiden Geschäftsvorfälle!
1. Ein Einzelhändler für Büromaschinen kauft 10 Faxgeräte im Gesamtwert von 2 150,00 EUR zuzüglich 16% USt gegen Rechnung.
2. Nach Buchung und Überprüfung der Sendung werden 2 Geräte wegen Qualitätsmängeln zurückgesandt, netto 430,00 EUR.

137 Bilden Sie die Buchungssätze für die beiden Geschäftsvorfälle!
1. Wir kaufen Waren auf Ziel lt. ER 689 im Warenwert von 2 900,00 EUR zuzüglich 16% USt.
2. Einen Teil der bereits gebuchten Ware senden wir wegen Beschädigung zurück. Warenwert 480,00 EUR zuzüglich 16% USt.

138 Wie ist der Geschäftsvorfall „Warenrücksendungen an den Lieferer" zu buchen?

1 4400 V.a.L.u.L. an 6000 Aufw. f. Waren
                 an 4800 Umsatzsteuer

2 4400 V.a.L.u.L. an 6000 Aufw. f. Waren
                 an 2600 Vorsteuer

3 6000 Aufw. f. Waren
   2600 Vorsteuer an 4400 V.a.L.u.L.

4 4400 V.a.L.u.L. an 2000 Waren
                 an 2600 Vorsteuer

5 4400 V.a.L.u.L. an 2000 Waren
                 an 4800 Umsatzsteuer

Übertragen Sie die entsprechende Ziffer als Lösung in Ihr Hausheft!

139

Einkaufsfachverband GmbH   **76227 Karlsruhe, Asternweg 15–18**

Fahrrad-Center
Fritz Schnell e.Kfm.
Hauptstraße 25
63743 Aschaffenburg

Rücksendung
3584/261

Eingegangen am 20..-07-09 Fritz Schnell

Sehr geehrter Herr Schnell,

wir bestätigen die Rücksendung von zwei Rennrädern wegen Qualitätsmangel

Warenwert	995,80 EUR
+ 16% USt	159,33 EUR
Gesamtwert	1 155,13 EUR

Bitte nehmen Sie eine entsprechende Verrechnung in Ihrer Buchführung vor.

Mit freundlichen Grüßen

ppa. *Franzmaier*

Sitz der Gesellschaft: Karlsruhe   Registergericht Karlsruhe: HRB 520   Steuer-Nr.: 44085/39765

Aufgabe
Bilden Sie den Buchungssatz für die Warenrücksendung aus Sicht des Fahrrad-Center!

9.1.2.2 Buchung von nachträglichen Preisänderungen bei Eingangsrechnungen

Neben den Preisänderungen, die sofort bei Rechnungserteilung berücksichtigt werden, gibt es im Wareneinkaufsbereich auch Preisänderungen, die nach der Buchung einer Eingangsrechnung auftreten.

Es sind drei Fälle zu unterscheiden:

1. Preisnachlass vom Lieferer aufgrund unserer Reklamationen **(Mängelrüge)**,
2. Gewährung eines Umsatzbonus durch den Lieferer **(Liefererbonus)**,
3. Inanspruchnahme von Skonto bei der Zahlung **(Liefererskonto)**.

1. Fall: Buchung einer Lieferergutschrift wegen Mängelrüge

Gewährt uns der Lieferer aufgrund unserer Mängelrüge **nachträglich**, d.h. nach der bereits bei uns gebuchten Eingangsrechnung einen Preisnachlass, so mindert dieser die Anschaffungskosten der eingekauften Ware, die Höhe der Vorsteuer und die Verbindlichkeiten.

Die Preisnachlässe können direkt auf dem Konto Aufwendungen für Waren gebucht werden. Um die Nachlässe später noch feststellen zu können, werden sie jedoch zunächst auf dem **Konto 6002 Nachlässe** gebucht. Auf dem Konto Nachlässe wird der **Nettowert** gebucht.

Beispiel:

Ausgangssituation: Folgende Eingangsrechnung für einen Wareneinkauf wurde bereits bei uns gebucht. Warenwert 1 500,00 EUR zuzüglich 16 % USt.

Problemfall:

Aufgrund unserer Reklamation erhalten wir von unserem Lieferer eine Gutschrift über 500,00 EUR zuzüglich 16 % USt.

Aufgaben:
1. Buchen Sie den Problemfall auf den Konten!
2. Bilden Sie den Buchungssatz für die Lieferergutschrift!

Lösungen:

Zu 1.: Buchung auf den Konten

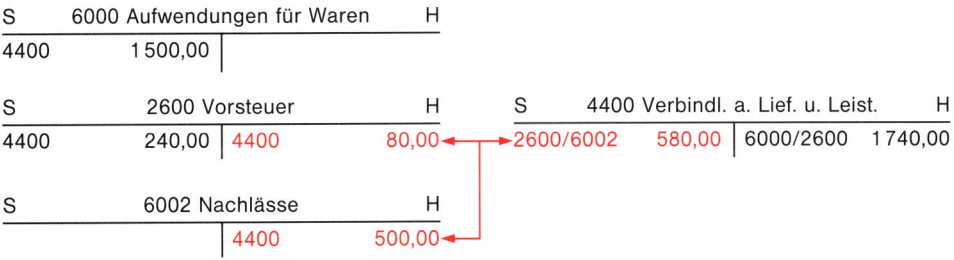

Zu 2.: Buchungssatz

Konten	Soll	Haben
4400 Verbindl. a. Lief. u. Leist.	580,00	
an 6002 Nachlässe		500,00
an 2600 Vorsteuer		80,00

2. Fall: Buchung von Liefererboni

Um treue Kunden zu belohnen, gewähren Lieferer beim Erreichen einer bestimmten Umsatzhöhe häufig eine Umsatzrückvergütung. Dieser nachträgliche Preisnachlass wird Umsatzbonus (kurz: Bonus) genannt. Der Bonus ist somit ein Mengen- oder Treuerabatt. Die uns von Lieferern nachträglich gewährten Boni mindern ebenfalls die Anschaffungskosten der eingekauften Waren. Auch diese Nachlässe werden nicht direkt auf dem Hauptkonto, sondern auf dem Unterkonto 6002 Nachlässe gebucht. Durch die nachträgliche Preisminderung muss auch die ursprünglich gebuchte Vorsteuer um den auf den Bonus entfallenden Steueranteil korrigiert werden.

Beispiel:
Der Lieferer gewährt uns einen Umsatzbonus in Form folgender Gutschrift:

Umsatzrückvergütung (Bonus)   500,00 EUR
+ 16 % USt   80,00 EUR
                              580,00 EUR

Aufgaben:
1. Buchen Sie den Geschäftsvorfall auf den Konten!
2. Bilden Sie den Buchungssatz!

Lösungen:

Zu 1.: Buchung auf den Konten

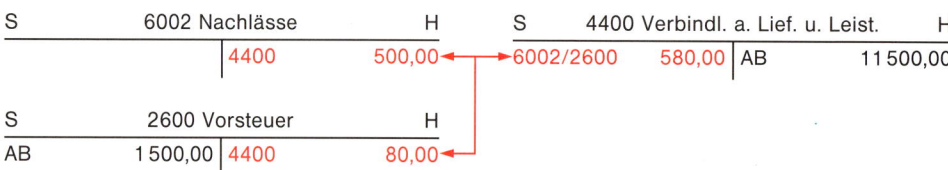

Zu 2.: Buchungssatz

Konten	Soll	Haben
4400 Verbindl. a. Lief. u. Leist.	580,00	
an 6002 Nachlässe		500,00
an 2600 Vorsteuer		80,00

3. Fall: Buchung von Liefererskonti

Zahlen wir eine Lieferantenrechnung innerhalb der Skontofrist, so bedeutet dies für uns einen Preisnachlass, der ebenfalls auf dem Konto 6002 Nachlässe gebucht wird.

Beispiel:
Wir zahlen eine bereits gebuchte Liefererrechnung über   1 740,00 EUR
unter Abzug von 2 % Skonto   34,80 EUR
per Banküberweisung   1 705,20 EUR

Aufgaben:
1. Buchen Sie den Geschäftsvorfall auf den Konten!
2. Bilden Sie den Buchungssatz!

Lösungen:

Zu 1.: Buchung auf den Konten

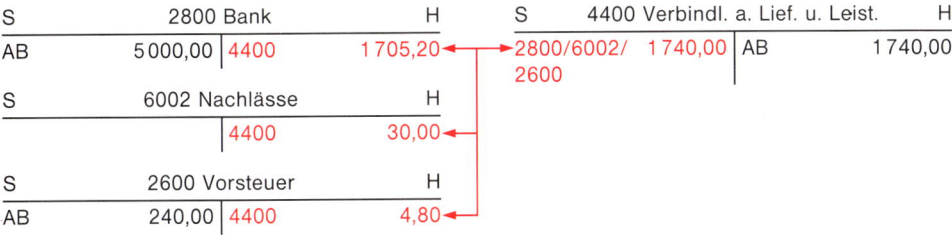

Zu 2.: Buchungssatz

Konten	Soll	Haben
4400 Verbindl. a. Lief. u. Leist.	1 740,00	
an 2800 Bank		1 705,20
an 6002 Nachlässe		30,00
an 2600 Vorsteuer		4,80

Erläuterungen:

- Die Liefererrechnung lautet über 1 740,00 EUR. Mit der Zahlung wird diese Gesamtschuld getilgt. Daher erfolgt eine **Sollbuchung auf dem Konto Verbindlichkeiten aus Lieferungen und Leistungen** in Höhe von 1 740,00 EUR.

- Unsere Zahlung lautet über 1 705,20 EUR, die als Abgang auf dem Bankkonto zu erfassen ist, daher die **Habenbuchung auf dem Bankkonto** in Höhe dieses Betrages.

- Der Skontoabzug in Höhe von 34,80 EUR stellt eine nachträgliche Preisminderung dar, die eine Korrektur der ursprünglich gebuchten Vorsteuer nach sich ziehen muss. Da der Skontobetrag vom Bruttowert der Eingangsrechnung berechnet wird, ist der Korrekturbetrag in diesem Skontobetrag enthalten. Er kann wie folgt berechnet werden:

$$116\% \triangleq 34,80 \text{ EUR}$$
$$16\% \triangleq x \text{ EUR}$$

$$x = \frac{34,80 \cdot 16}{116} = 4,80 \text{ EUR}$$

Somit beträgt der Umsatzsteueranteil 4,80 EUR und der reine Skonto 30,00 EUR.

Für die Buchung sind diese 34,80 EUR aufzuteilen in

→ den reinen Skonto (Nettobetrag) von 30,00 EUR, der auf der **Habenseite des Kontos 6002 Nachlässe** zu erfassen ist und

→ den darauf entfallenden Umsatzsteueranteil von 4,80 EUR, um den die ursprünglich ausgewiesene Vorsteuer durch eine **Habenbuchung auf dem Vorsteuerkonto** zu korrigieren ist.

Wir merken uns:

- Alle nachträglich gewährten Preisnachlässe des Lieferers, wie z. B. Gutschriften aufgrund unserer Reklamation, Liefererboni und Liefererskonti werden auf dem Konto 6002 Nachlässe erfasst.
- Auf dem Konto 6002 Nachlässe wird der Nettowert gebucht.
- Es ist eine Berichtigung der Vorsteuer vorzunehmen.

Übungsaufgaben

140 Bilden Sie die Buchungssätze für die folgenden Geschäftsvorfälle!

1. Der Lieferer sendet uns eine Gutschrift für zurückgesandte Ware zu:

Warenwert	350,00 EUR
+ 16% USt	56,00 EUR
Gutschrift	406,00 EUR

2. Unser Lieferer gewährt uns am Jahresende einen Bonus in Höhe von 820,00 EUR zuzüglich 16% USt.

3. Wir zahlen eine Liefererrechnung über 1 531,20 EUR abzüglich 3% Skonto durch Banküberweisung.

4. Formulieren Sie zu dem folgenden Buchungssatz den Geschäftsvorfall!
   4400 Verb. a. Lief. u. Leist. 168,20 EUR   an 6000 Aufwend. f. Waren   145,00 EUR
   an 2600 Vorsteuer   23,20 EUR

5. Wir senden Leihverpackung zurück und erhalten eine Gutschrift von 85,00 EUR zuzüglich 16% USt.

141 Der Baumarkt Wolfgang Fellsing erhält die nachfolgende Eingangsrechnung:

Baustoffe Putz KG · Paulusstr. 53-55 · 63741 Aschaffenburg

Baumarkt
Wolfgang Fellsing e. Kfm.
Haeckelweg 3

63741 Aschaffenburg   **Rechnung**

Kunden-Nr.	Geschäftsstelle	Beleg-Nr.	Datum	Versandart	Liefer-Datum	Auftrags-Nr.	Bl.-Nr.
8086415	58050	78543	20..-01-27	Zufuhr	20..-01-04	10341-2	01

Artikel-Bezeichnung	Artikel-Nr.	Berechnungs- Menge	Einheit	Preis EUR	je	Netto-Betrag	USt
Putzeckleisten lt. LS	58473	28,0	m	0,90	1 m		2
Klebemörtel grau	59035	25,0	kg	0,90	1 kg		2
Gasb. Blöcke G 2 49/24/5-7,5	54001	1,5	m^2	10,20	1 m^2		2
Maschinenputz lt. LS	53167	480,0	kg	227,00	1000 kg		2
Gipsgrundierung lt. LS	59012	5,0	kg	6,03	1 kg		2
Klebemörtel grau	59035	75,0	kg	0,90	1 kg		2
Gipskartonplatten 9,5 mm	58612	81,3	m^2	4,50	1 m^2		2
Leichtbauplatten zementgebunden 2,5 cm	58405	2,0	m^2	6,65	1 m^2		2
Maschinenputz lt. LS	53167	240,0	kg	227,00	1000 kg		2
Fugenweiß	59060	20,0	kg	1,5	1 kg		2
Gipsk. Fugenfüller	58701	50,0	kg	1,20	1 kg		2
Glasfaser-Fugendeckstreifen 25 lfm R	58713	3,0	Stck	24,50	1 Stck		2
Umsatzsteuer				USt 1/7%	USt 2/16%		

Bei Zahlung bis	Skonto	aus EUR	Skonto Betrag	zu zahlen EUR
10. Febr.	2,0%			
26. Febr.	Netto			

Sitz der Gesellschaft: Aschaffenburg   RG Aschaffenburg: HRA 189   Steuer-Nr.: 26958/37656

Aufgaben

1. Errechnen Sie aus der abgedruckten Eingangsrechnung die Nettobeträge der einzelnen Artikel, den Bruttobetrag, den Skontobetrag sowie den Zahlungsbetrag am 10. Februar bzw. 26. Februar!

2. Bilden Sie die Buchungssätze für Wolfgang Fellsing e. Kfm.:
   2.1 für die Eingangsrechnung,
   2.2 für die Zahlung am 10. Februar durch Banküberweisung!

142 Buchen Sie im Grundbuch eines Einzelhandelsbetriebs die folgenden Geschäftsvorfälle:

1. Ein Einzelhändler kauft 25 Damenjacken zu je 105,00 EUR zuzüglich 16% USt auf Ziel.
2. 5 Jacken sind leicht beschädigt. Der Einzelhändler erhält vom Lieferer hierfür eine Gutschrift in Höhe von 50,00 EUR zuzüglich 16% USt je Jacke.
3. 2 Jacken sind so stark beschädigt, dass der Einzelhändler sie zurücksendet.
4. Der Einzelhändler bezahlt die korrigierte Rechnung unter Abzug von 2% Skonto durch Bankscheck.

143 Der Eisenhandlung Helmut Bahne e.Kfm., Bahnhofstraße 45, 30159 Hannover, liegen die folgenden Belege vor:

1. Eingangsrechnung

Haushaltswaren-Großhandel Busch GmbH   **70327 Stuttgart**
Fellbacher Str. 159-170

Eisenhandlung
Helmut Bahne e.Kfm.
Bahnhofstr. 45
30159 Hannover

Rechnung

Nr. 24 36 43 67   Datum 20..–11–17

Bei Zahlung und Schriftwechsel bitte angeben!

Auftrags-Datum	Menge	Artikel-Nr.	Artikel-Bezeichnung	Brutto-Preis	Netto-Preis	Netto-Betrag
7. Juli	4	5675	GP 3 Salatteller	25,50	12,75	51,00
8. Nov.	1	1407	Kaffeeservice	276,80	139,70	139,70
20. Okt.	2	4993	GP Ku. Ga Bamberg	42,00	21,25	42,50
28. Sept.	3	4993	GP Ku. Ga Bamberg	42,00	21,25	63,75
8. Nov.	2	5001	Tafellöffel	14,20	7,19	14,38
	2	5002	Tafelgabel	14,20	7,19	14,38
	2	5003	Tafelmesser	25,30	12,80	25,60

Netto-Betrag	Porto/Fracht	Verp.-Kosten	Zwischensumme	%	MWSt	Total EUR
351,31	11,10	2,50	364,91	16	58,39	423,30

bei Zahlung bis	Skonto %	Skonto-Betrag
27. Nov.	3	12,70

Sitz der Gesellschaft: Stuttgart   RG Stuttgart: HRB 1020   Steuer-Nr.: 41459/97199

Aufgaben

Bilden Sie die Buchungssätze
1.1 für die Eingangsrechnung,
1.2 für die Zahlung der Rechnung am 27. November durch Bankscheck!

2. **Bonusgutschrift von einem Lieferer**

Haushaltswaren-Großhandel Busch GmbH	70327 Stuttgart Fellbacher Str. 159–170

Eisenhandlung
Helmut Bahne e.Kfm.
Bahnhofstr. 45

30159 Hannover

Gutschrift: 30640/99790   20..–01–04

Umsatzbonus für den Zeitraum 20..–01–01 bis 20..–12–31

Nettoumsatz:	17 772,66 EUR
davon 2% Bonus	EUR
+ 16% MWSt	EUR
Gutschriftsbetrag:	EUR

Sitz der Gesellschaft: Stuttgart   RG Stuttgart: HRB 1020   Steuer-Nr.: 41459/97199

Aufgaben
2.1 Errechnen Sie den Gutschriftsbetrag!
2.2 Bilden Sie den Buchungssatz für den gewährten Bonus!

3. **Gutschrift vom Lieferer wegen einer Rabattdifferenz**

Haushaltswaren-Großhandel Busch GmbH	70327 Stuttgart Fellbacher Str. 159–170

Eisenhandlung
Helmut Bahne e.Kfm.
Bahnhofstr. 45

30159 Hannover

Gutschrift
30640/99791

Rabattdifferenz aus Rg. 90610 zu Ihren Gunsten
vom ..–09–29

Gutschrift 2% von 1 010,00 EUR	20,20 EUR
Zwischensumme netto	20,20 EUR

Steuerpfl. Betrag	% MWSt	EUR MWSt	Rechnungsbetrag
20,20 –	16	3,23	23,43

Sitz der Gesellschaft: Stuttgart   RG Stuttgart: HRB 1020   Steuer-Nr.: 41459/97199

Aufgabe: Bilden Sie den Buchungssatz für die eingegangene Gutschrift!

144 Bilden Sie zu folgenden Geschäftsvorfällen die Buchungssätze:
1. Wir schicken bereits gebuchte Waren an den Lieferer zurück
   Nettowert   300,00 EUR
   + 16% USt   48,00 EUR   348,00 EUR
2. Ein Lieferer gewährt uns einen Umsatzbonus in Form einer Gutschrift
   Bruttowert einschließlich 16%   696,00 EUR
3. Wir zahlen eine bereits gebuchte Liefererrechnung (16% USt) über   580,00 EUR
   unter Abzug von 2% Skonto   11,60 EUR
   per Banküberweisung   568,40 EUR

4. Wir erhalten eine Gutschrift aufgrund unserer Reklamation,
   Nettowert   251,00 EUR
   + 16% USt   40,16 EUR   291,16 EUR

5. Retouren an einen Lieferer: Warenwert netto (16% USt)   150,00 EUR

145 Wareneinkauf auf Ziel   4 100,00 EUR   **Aufgaben**
   − 10% Rabatt   410,00 EUR   Bilden Sie die Buchungssätze:
                                       3 690,00 EUR   1. Für die Eingangsrechnung!
   + Verpackung   105,00 EUR
   + Fracht pauschal   80,00 EUR   2. Für die Zahlung des Rechnungsbetra-
                                       3 875,00 EUR   ges unter Abzug von 3% Skonto
   + 16% USt   620,00 EUR   durch Bankscheck!
                                       4 495,00 EUR

9.1.2.3 Abschluss des Kontos Nachlässe

Das Konto 6002 Nachlässe ist ein Unterkonto des Kontos Aufwendungen für Waren und wird daher über das Konto 6000 Aufwendungen für Waren abgeschlossen.

Beispiel:
Konto 6000 Aufw. f. Waren: Summe der Nettobeträge am Abschlussstichtag   35 500,00 EUR
Konto 6002 Nachlässe: Summe der Nettobeträge am Abschlussstichtag   2 736,00 EUR

Aufgaben:
1. Übertragen Sie die Angaben auf die entsprechenden Konten, schließen Sie die Konten 6000 und 6002 ab!
2. Bilden Sie die Buchungssätze!

Lösungen:

Zu 1.: Buchung auf den Konten

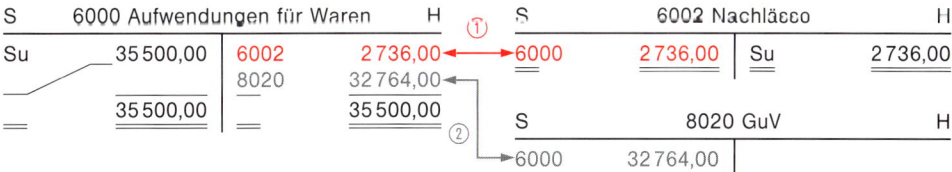

Zu 2.: Buchungssätze

Abschlussangaben	Konten	Soll	Haben
1. Abschluss des Kontos 6002 Nachlässe	6002 Nachlässe an 6000 Aufwend. für Waren	2 736,00	2 736,00
2. Abschluss des Kontos 6000 Aufwendungen für Waren	8020 GuV an 6000 Aufwend. für Waren	32 764,00	32 764,00

Wir merken uns:

Das Konto 6002 Nachlässe wird über das Konto 6000 Aufwendungen für Waren abgeschlossen!

Übungsaufgaben

146 S   6002 Nachlässe   H   S   6000 Aufwend. für Waren   H

       | Su   1 425,00   Su   85 100,00 |

Aufgaben
1. Bilden Sie den Buchungssatz, der beim Abschluss des Kontos Nachlässe anfällt!
2. Erläutern Sie die Auswirkungen der uns nachträglich gewährten Nachlässe!

147 Am Monatsende ergeben sich bei einem Einzelhändler folgende Werte:

S   2000 Waren   H   S   6000 Aufwend. für Waren   H

AB   25 000,00 | Su   62 000,00 |

S   6001 Bezugskosten   H   S   6002 Nachlässe   H

Su   2 100,00 | | Su   1 300,00

Der Inventurbestand der Ware beträgt 21 500,00 EUR.

Aufgabe
Ermitteln Sie buchhalterisch den Einstandspreis der Ware, indem Sie die Konten abschließen!

148

Keramik Werkstatt GmbH · 01067 Dresden · Postplatz 21

Glas-Sprinz OHG
Herrenstr. 10 – 14

33129 Delbrück

Rechnung

Kd.-Nr.   R.-Nr.   R.-Datum
11 737   0727   20..-07-27

Ihr Auftrag vom 27. Juni   Restlieferung   Versand unfrei

Art.-Nr.	Artikel-Bezeichnung	Menge	E-Preis	EUR-Betrag
55	Brottopf flach	1	98,50	98,50
54	Brottopf neu	1	78,50	78,50
27	Käseglocke	1	40,50	40,50
19	Seidel mit Deckel	1	34,50	34,50
14	Becher	12	5,00	60,00
60	Krüge	12	4,50	54,00

Warenwert	Fracht	Verpackung	EUR-Betrag	MWSt %	MWSt EUR	Rechn.-Betrag
366,00	20,90	7,20	394,10	16	63,06	457,16

Zahlbar innerhalb von 8 Tagen mit 2% Skonto oder 30 Tage rein netto
Sie sparen   9,14

Sitz der Gesellschaft: Dresden; RG Dresden: HRB 278; Steuer-Nr.: 25934/21865

Aufgaben
Bilden Sie die Buchungssätze für die Glas-Sprinz OHG:
1. für die Eingangsrechnung,
2. für die Zahlung am 3. August per Bankscheck unter Abzug von 2% Skonto,
3. für den Abschluss des Kontos Nachlässe!

9.2 Buchungen beim Warenverkauf

9.2.1 Buchung von Barverkäufen mit Sofortnachlässen

In vielen Einzelhandelsgeschäften erfolgt der Verkauf als Bargeschäft ohne Ausstellung einer Rechnung. Wenn dem Kunden hierbei Rabatt oder Skonto gewährt wird, so werden die Preisabzüge direkt auf dem Kassenzettel vermerkt und im Anschluss daran der Barverkaufspreis in die Kasse getippt. Bei diesen so genannten Sofortnachlässen fallen **keine** besonderen Buchungen an.

> **Beispiel:**
> Barverkauf von Büromaterial im Wert von 180,00 EUR einschließlich 16 % USt. Gewährter Wiederverkäuferrabatt 10 % und 2 % Skonto.
>
> **Aufgabe:**
> Bilden Sie den Buchungssatz!

Buchhandlung · Schreibwaren
Josef Natterer e. Kfm. Herrenplatz 19
93047 Regensburg
R.-Nr. 758

Spielwarenhandlung Fritz e. Kfm., Regensburg

Anz.	Datum 7. Febr. 20..	EUR
500 Bl.	Schreibmaschinenpapier	160,00
10	Filzstifte	20,00
		180,00
	– 10 % Rabatt	18,00
		162,00
	– 2 % Skonto	3,24
		158,76

Wenn nicht besonders ausgewiesen, sind im Gesamtbetrag 16 % Umsatzsteuer enthalten.
Sitz des Einzelhandelsunternehmens: Regensburg
RG Regensburg: HRA 1772

Lösung:

Buchungssatz:

Konten	Soll	Haben
2880 Kasse	158,76	
an 5000 Umsatzerl.f.W.		136,86
an 4800 Umsatzsteuer		21,90

> **Wir merken uns:**
> Sofortnachlässe an den Kunden werden nicht gebucht.

9.2.2 Buchhalterische Behandlung der Versandkosten

Unter betriebswirtschaftlichen Gesichtspunkten stellen Versandkosten einen Teilbereich der Vertriebskosten dar. Unter buchhalterischen Gesichtspunkten sind zu unterscheiden:

- Vertriebskosten (Versandkosten), die wir den Kunden zusätzlich (neben den reinen Produktkosten) in Rechnung stellen und
- Vertriebskosten (Versandkosten), für die uns Eingangsrechnungen vorliegen.

(1) Vertriebskosten, die wir den Kunden in Rechnung stellen

Die von uns zusätzlich in Rechnung gestellten Vertriebskosten erhöhen die Verkaufserlöse. Im Gegensatz zum Einkaufsbereich wird im Verkaufsbereich **kein** Unterkonto geführt. Die zusätzlich in Rechnung gestellten Versandkosten werden daher zusammen mit dem Nettoverkaufswert direkt auf dem **Konto 5000 Umsatzerlöse für Waren** gebucht.

Beispiel: **Buchungssatz:**

Geschäftsvorfall		Konten	Soll	Haben
Wir verkaufen lt. AR 25 Ware auf Ziel:		2400 Ford. a. Lief. u. Leist.	2 668,00	
Listenpreis netto	2 500,00 EUR	an 5000 Umsatzerlöse f. W.		2 300,00
− 10 % Rabatt	250,00 EUR	an 4800 Umsatzsteuer		368,00
	2 250,00 EUR			
+ Zustellkosten	50,00 EUR			
	2 300,00 EUR			
+ 16 % USt	368,00 EUR			
	2 668,00 EUR			

(2) Vertriebskosten, für die Eingangsrechnungen vorliegen

Sofern für Versandkosten Eingangsrechnungen vorliegen, wie z.B. Eingangsrechnungen für den Einkauf von Verpackungsmaterial, Eingangsrechnung von Spediteuren für so genannte Ausgangsfrachten oder Eingangsrechnungen von Vertretern für die uns in Rechnung gestellten Provisionsansprüche, erscheinen diese Kosten auf besonderen Aufwandskonten in der Klasse 6.

Der vorliegende Schulkontenrahmen sieht dafür folgende Aufwandskonten vor:

> 6101 Aufwendungen für Verpackungsmaterial
> 6102 Aufwendungen für Leergut
> 6110 Frachten und Fremdlager

Beispiele: **Buchungssätze:**

Geschäftsvorfälle		Konten	Soll	Haben
1. Wir kaufen Verpackungsmaterial lt. folgender ER bar:		6101 Aufwend. für Verpackungsmaterial	247,00	
1 000 Blatt Packpapier à 0,26	260,00 EUR	2600 Vorsteuer	39,52	
− 5 % Rabatt	13,00 EUR	an 2880 Kasse		286,52
	247,00 EUR			
+ 16 % USt	39,52 EUR			
	286,52 EUR			
2. Barkauf von Spezialbehältern für den Versand unserer Waren	428,00 EUR	6102 Aufw. f. Leergut	428,00	
+ 16 % USt	68,48 EUR	2600 Vorsteuer	68,48	
	496,48 EUR	an 2880 Kasse		496,48
3. Wir überweisen folgende Rechnung eines Spediteurs per Bank:		6110 Fracht. u. Fremdlager	380,00	
Für Fahrten im März	380,00 EUR	2600 Vorsteuer	60,80	
+ 16 % USt	60,80 EUR	an 2800 Bank		440,80
	440,80 EUR			

(3) Rücknahme von Verpackungsmaterial (Leihverpackung)

Wird einem Kunden eine Verpackung leihweise überlassen, so muss die Gutschrift, bei Rückgabe der Leihverpackung durch den Kunden, als Warenrücksendung (Minderung der Umsatzerlöse für Waren) gebucht werden (vgl. hierzu Seite 273).

Übungsaufgaben

149 Bilden Sie zu folgenden Geschäftsvorfällen die Buchungssätze!

1. Wir senden einem Kunden für die Lieferung von Waren folgende Ausgangsrechnung:

Listenpreis	1 890,00 EUR
− 30 % Kundenrabatt	567,00 EUR
	1 323,00 EUR
− 5 % Einführungsrabatt	66,15 EUR
	1 256,85 EUR
+ 16 % USt	201,10 EUR
Rechnungsbetrag	1 457,95 EUR

2. Eingangsrechnung Nr. 1567 für

Waren	865,00 EUR
− 10 % Rabatt	86,50 EUR
	778,50 EUR
+ Zustellkosten	25,00 EUR
	803,50 EUR
+ 16 % USt	128,56 EUR
Rechnungsbetrag	932,06 EUR

150 Bilden Sie zu folgenden Geschäftsvorfällen die Buchungssätze!

1. Für die Zusendung der Waren beauftragen wir einen Spediteur. Der Spediteur sendet uns die folgende Rechnung, die wir mit Bankscheck begleichen:

Frachtkosten	184,70 EUR
+ 16 % USt	29,55 EUR
Rechnungsbetrag	214,25 EUR

2. Ausgangsrechnung Nr. 2654 für Waren

Warenwert	2 390,00 EUR
+ Verpackungskosten	105,00 EUR
+ Frachtkosten	132,00 EUR
+ Transportversicher.	25,00 EUR
	2 652,00 EUR
+ 16 % USt	424,32 EUR
Rechnungsbetrag	3 076,32 EUR

151 Bilden Sie zu folgenden Geschäftsvorfällen die Buchungssätze!

1. Zielverkauf von Waren lt. AR 14/1718   14 000,00 EUR
   − 10 % Rabatt   1 400,00 EUR
       12 600,00 EUR
   + Fracht- und Verpackungspauschale   470,00 EUR
       13 070,00 EUR
   + 16 % USt   2 091,20 EUR
       15 161,20 EUR

2. Der Kunde überweist zum Ausgleich der Rechnung AR 14/1718 auf unser Bankkonto   15 161,20 EUR

3. Einkauf von Waren lt. ER 20/7172   9 100,00 EUR
   − 5 % Rabatt   455,00 EUR
       8 645,00 EUR
   + Fracht- und Verpackungspauschale   165,00 EUR
       8 810,00 EUR
   + 16 % USt   1 409,60 EUR
       10 219,60 EUR

4. Wir begleichen die Eingangsrechnung ER 20/7172 durch Banküberweisung   10 219,60 EUR

5. Banküberweisung für eine noch nicht gebuchte Rechnung unseres Spediteurs   920,00 EUR
   + 16 % USt   147,20 EUR   1 067,20 EUR

152 Bilden Sie zu folgenden Geschäftsvorfällen die Buchungssätze!

1. Wir bezahlen die Vertriebsprovisionen an einen
   Handelsvertreter bar in Höhe von netto   765,00 EUR
   + 16% USt   122,40 EUR   887,40 EUR

2. Für Reparaturen an der Lagereinrichtung
   zahlen wir per Banküberweisung   19 540,00 EUR
   + 16% USt   3 126,40 EUR   22 666,40 EUR

3. Barzahlung für eine Computer-
   reparatur einschließlich 16% USt   1 310,80 EUR

4. Bankabbuchung der Monatspauschale der
   Stadtwerke für Strom und Gas   8 940,00 EUR
   + 16% USt   1 430,40 EUR   10 370,40 EUR

5. Banküberweisung einer Speditionsrechnung
   für Ausgangsfrachten   751,00 EUR
   + 16% USt   120,16 EUR   871,16 EUR

153 Bilden Sie zu folgenden Geschäftsvorfällen die Buchungssätze!

1. Die Eingangsrechnung für Gebäudereinigung im
   Monat Mai wird durch Bankscheck beglichen   891,00 EUR
   + 16% USt   142,56 EUR   1 033,56 EUR

2. Die noch nicht gebuchte Rechnung der Abfallentsorgungs-GmbH
   für den Abtransport unseres Mülls wird durch
   Bankscheck beglichen   1 860,00 EUR
   + 16% USt   297,60 EUR   2 157,60 EUR

3. Die Speditionsrechnung für den Versand verkaufter
   Waren zahlen wir per Banküberweisung   420,00 EUR
   + 16% USt   67,20 EUR   487,20 EUR

4. Für Reparaturen am Geschäftsgebäude erhalten
   wir eine Rechnung über   23 000,00 EUR
   + 16% USt   3 680,00 EUR 26 680,00 EUR

5. Wir schicken bereits gebuchte Waren
   an den Lieferer zurück:
   Nettowert   571,20 EUR
   + 16% USt   91,39 EUR   662,59 EUR

6. Ein Lieferer gewährt uns einen Umsatzbonus
   in Form einer Gutschrift:
   Bruttowert (16% USt)   1 183,20 EUR

9.2.3 Buchung von Warenrücksendungen durch Kunden und nachträglichen Preisänderungen im Bereich des Warenverkaufs

Vorbemerkung. In dem vorangegangenen Kapitel haben Sie u. a. erfahren, wie Preisänderungen, die schon bei der Rechnungsstellung für den Warenverkauf berücksichtigt wurden, buchhalterisch zu erfassen sind. In diesem Kapitel sollen Sie nun lernen, wie **nachträgliche** Warenrücksendungen des Kunden bzw. ihm gewährte Preisnachlässe in der Buchführung zu erfassen sind. „Nachträglich" in diesem Zusammenhang bedeutet: nach bereits gebuchter Ausgangsrechnung.

9.2.3.1 Buchung von Warenrücksendungen durch den Kunden

Beispiel:

Ausgangssituation: Folgende Ausgangsrechnung für verkaufte Waren auf Ziel wurde bereits bei uns gebucht: Warenwert 2 000,00 EUR zuzüglich 16% USt.

Problemfall:

Von der Lieferung sendet uns der Kunde wegen Falschlieferung Ware zurück im Wert von 600,00 EUR zuzüglich 16% USt.

Aufgaben:
1. Buchen Sie den Problemfall auf den Konten!
2. Bilden Sie den Buchungssatz für die Warenrücksendung!

Lösungen:

Zu 1.: Buchung auf den Konten

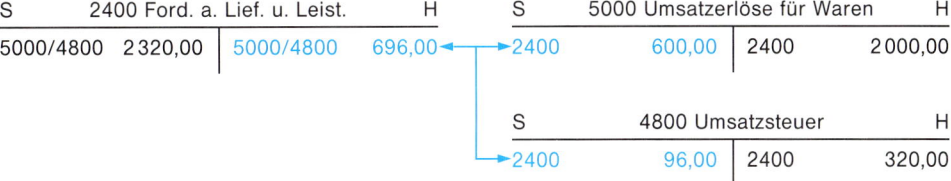

Zu 2.: Buchungssätze

Geschäftsvorfall	Konten	Soll	Haben
Ein Kunde sendet einen Teil der Warenlieferung wegen Falschlieferung an uns zurück. Wir gewähren eine Gutschrift. Warenwert 600,00 EUR + 16% USt 96,00 EUR Gutschrift 696,00 EUR	5000 Umsatzerl. f. Waren 4800 Umsatzsteuer an 2400 Ford.a.Lief.u.Leist.	600,00 96,00	696,00

Erläuterungen zur Buchung des Problemfalles:

1. Durch die Warenrücksendungen des Kunden nehmen unsere Forderungen in Höhe des Bruttowertes ab. Daher erfolgt eine **Habenbuchung auf dem Forderungskonto** in Höhe von 696,00 EUR.

2. Auch die ursprünglich gebuchten Umsatzerlöse nehmen ab, und zwar um den Nettowert in Höhe von 600,00 EUR. Daher erfolgt eine Buchung auf dem **Konto 5000 Umsatzerlöse für Waren** in Höhe von 600,00 EUR auf der **Sollseite**.

3. Da die Umsatzsteuer nur noch von 1 400,00 EUR zu berechnen ist (d. h., die Umsatzsteuer nur noch insgesamt 224,00 EUR ausmacht), muss die Umsatzsteuer um 96,00 EUR gekürzt werden. Daher die **Sollbuchung auf dem Umsatzsteuerkonto**.

Hinweis:

Die Rückgabe der Leihverpackungen durch den Kunden wird ebenfalls über das Konto Umsatzerlöse für Waren gebucht. Die Rückgabe der Leihverpackungen vermindert damit die Forderungen aus Lieferung und Leistungen, die Umsatzerlöse für Waren und die Umsatzsteuer.

Übungsaufgaben

154 Bilden Sie zu folgenden Geschäftsvorfällen die Buchungssätze!

1. Ein Kunde sendet einen Teil der Warenlieferung wegen eines Qualitätsmangels an uns zurück. Wir gewähren eine Gutschrift:

Warenwert	189,00 EUR
+ 16% USt	30,24 EUR
Gutschrift	219,24 EUR

2. Ein Kunde bringt Ware (16% USt) zurück und erhält den Wert von 98,60 EUR bar ausbezahlt.

3. 3.1 Ein Kunde kaufte 2 Artikel zum Bruttowert von 121,80 EUR je Artikel (16% USt) gegen Rechnung.
   3.2 Nach einigen Tagen gibt er einen Artikel zurück und bezahlt den anderen bar.

155 Wie ist der Geschäftsvorfall „Warenrücksendungen vom Kunden" zu buchen?

|1| 2400 Ford.a.L.u.L. an 2000 Waren
                              an 2600 Vorsteuer

|2| 2400 Ford.a.L.u.L. an 6002 Nachlässe
                              an 2600 Vorsteuer

|3| 5000 UErl.f.Waren
    4800 Umsatzsteuer an 2000 Waren

|4| 5000 UErl.f.Waren
    4800 Umsatzsteuer an 2400 F.a.L.u.L.

|5| 2400 Ford.a.L.u.L. an 5000 UErl.f.W.
                              an 4800 USt

Aufgabe
Übertragen Sie die entsprechende Ziffer als Lösung in Ihr Hausheft.

9.2.3.2 Buchung von nachträglichen Preisänderungen bei Ausgangsrechnungen

Neben den Preisänderungen, die sofort bei Rechnungserteilung berücksichtigt werden, gibt es im Verkaufsbereich auch Preisänderungen, die nach der Buchung einer Ausgangsrechnung auftreten.

Es sind drei Fälle zu unterscheiden:[1]

> 1. Inanspruchnahme von Skonto bei der Zahlung durch den Kunden (Kundenskonto),
> 2. Preisnachlass an den Kunden aufgrund seiner Reklamation (Mängelrüge),
> 3. Gewährung eines Umsatzbonus an den Kunden (Kundenbonus).[2]

1. Fall: Buchung von Kundenskonti

Zahlt der Kunde innerhalb der Skontofrist, so mindert dies unsere Umsatzerlöse. Die Skontoaufwendungen können direkt auf dem Konto 5000 Umsatzerlöse für Waren gebucht werden. Um die gewährten Skonti später leichter feststellen zu können, werden sie jedoch zunächst auf dem **Unterkonto 5001 Erlösberichtigungen** gebucht.

---

[1] Allerdings ist darauf hinzuweisen, dass bei Einzelhandelsgeschäften die genannten Fälle nachträglicher Preisänderungen in der Beziehung zu den Kunden (also im Verkaufsbereich) eine wesentlich geringere Bedeutung haben als im Einkaufsbereich. Im Normalfall erfolgt die Warenlieferung im Einzelhandel Zug um Zug (Ware gegen Geld). Falschlieferungen, die uns zurückgesandt werden müssten, können daher nur selten auftreten. Stellt sich nachträglich ein Fehler der Ware heraus, erfolgt im Allgemeinen ein Umtausch der Ware, wodurch keine neue Buchung ausgelöst wird.

[2] Da Bonigewährungen an Kunden in der Praxis nur sehr selten vorkommen, wird hier auf eine buchhalterische Darstellung des Problems verzichtet.

Beispiel:

Ausgangssituation: Folgende Ausgangsrechnung für verkaufte Waren auf Ziel wurde bereits bei uns gebucht. Warenwert 2 000,00 EUR zuzüglich 16 % USt.

Problemfall: Ein Kunde bezahlt eine bereits gebuchte Rechnung
über eine Warenlieferung in Höhe von   2 320,00 EUR
unter Abzug von 3 % Skonto   69,60 EUR
Banküberweisung   2 250,40 EUR

Aufgaben:
1. Buchen Sie die Ausgangssituation und den Problemfall auf den Konten!
2. Bilden Sie den Buchungssatz für den Zahlungsvorgang!

Lösungen:

Zu 1.: Buchung auf den Konten

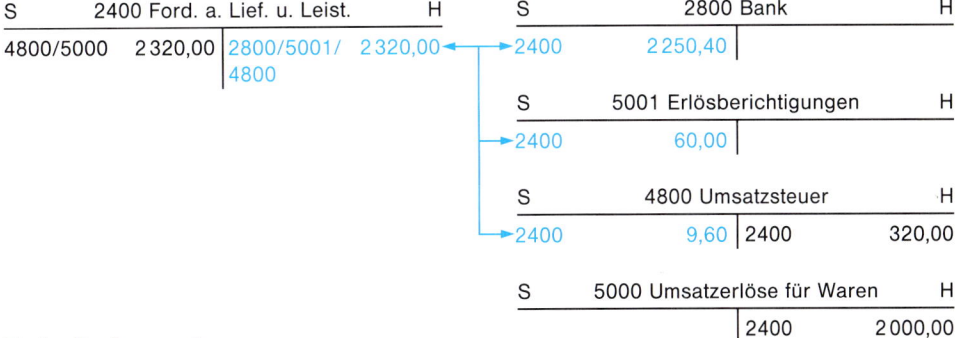

Zu 2.: Buchungssatz

Konten	Soll	Haben
2800 Bank	2 250,40	
5001 Erlösberichtigungen	60,00	
4800 Umsatzsteuer	9,60	
an 2400 Ford.a.Lief.u.Leist.		2 320,00

Erklärungen:

- Der Kunde tilgt eine Rechnungsschuld über 2 320,00 EUR. Daher erfolgt die **Habenbuchung auf dem Forderungskonto** in dieser Höhe.
- Die Bankgutschrift beträgt 2 250,40 EUR. Daher erfolgt eine **Sollbuchung auf dem Konto Bank** in dieser Höhe.
- Die Differenz zwischen der Rechnungssumme und der tatsächlich erhaltenen Summe stellt den an den Kunden gewährten Skontonachlass dar. Dieser Preisnachlass beträgt 69,60 EUR. In diesem Betrag steckt ein Umsatzsteueranteil von 16 % (9,60 EUR), da der Skonto vom Bruttobetrag der Rechnung berechnet wurde.

$$116\,\% \,\widehat{=}\, 69{,}60 \text{ EUR}$$
$$16\,\% \,\widehat{=}\, x \text{ EUR}$$
$$x = \frac{69{,}60 \cdot 16}{116} = 9{,}60 \text{ EUR}$$

Für die Buchung sind diese 69,60 EUR aufzuteilen in
- den reinen Skonto (Nettobetrag) von 60,00 EUR, der auf der **Sollseite** des Kontos **5001 Erlösberichtigungen** zu erfassen ist und
- den darauf entfallenden Umsatzsteueranteil von 9,60 EUR, um den die ursprünglich ausgewiesene Umsatzsteuer durch eine **Sollbuchung auf dem Umsatzsteuerkonto** zu korrigieren ist.

2. Fall: Buchung eines Preisnachlasses in Form einer Barauszahlung

Beispiel:

Ausgangs- Wir haben Waren für 255,00 EUR zuzüglich 16% Umsatzsteuer gegen Barzahlung
situation: verkauft.

Problemfall:
Wegen eines geringfügigen Mangels gewähren wir unserem Kunden einen Preisnachlass in Höhe von 29,58 EUR. Der Betrag wird an den Kunden bar ausbezahlt.

Aufgaben:
1. Buchen Sie die Ausgangssituation und den Problemfall auf den Konten!
2. Bilden Sie den Buchungssatz für den Preisnachlass!

Lösungen:

Zu 1.: Buchung auf den Konten

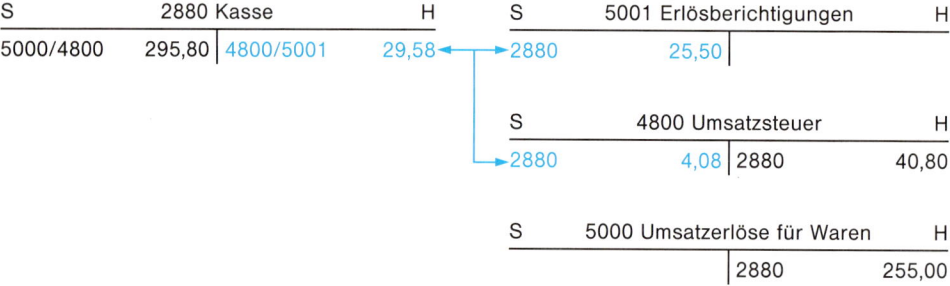

Zu 2.: Buchungssatz

Konten	Soll	Haben
5001 Erlösberichtigungen	25,50	
4800 Umsatzsteuer	4,08	
an 2880 Kasse		29,58

Erklärung zur Buchung des Problemfalles:

- Durch die Auszahlung des Preisnachlasses nimmt unser Kassenbestand um den Bruttowert des Preisnachlasses (29,58 EUR) ab. Daher erfolgt eine **Habenbuchung auf dem Kassenkonto**.

- Der nachträglich gewährte Preisnachlass vermindert die Umsatzerlöse um den Nettowert des Preisnachlasses. Um eine Übersicht über solche Preisnachlässe zu erhalten, sieht der Einzelhandelskontenrahmen ein besonderes Unterkonto vor, nämlich das Konto „5001 Erlösberichtigungen". Da die Verringerung der Umsatzerlöse im Soll zu buchen ist, wird auch auf dem **Konto 5001 Erlösberichtigungen ebenfalls auf der Sollseite** gebucht, und zwar der Nettobetrag in Höhe von 25,50 EUR.

- Da sich die Berechnungsgrundlage für die Umsatzsteuer nachträglich um 25,50 EUR gemindert hat, muss die ursprünglich gebuchte Umsatzsteuer um den darauf entfallenden Umsatzsteueranteil von 4,08 EUR korrigiert werden. Deshalb ist auf dem **Umsatzsteuerkonto auf der Sollseite** zu buchen.

3. Fall: Buchung eines Preisnachlasses in Form einer Gutschrift

Haben wir dem Kunden Waren gegen Rechnung geliefert und gewähren wir ihm **vor der Zahlung** einen Nachlass wegen eines Mangels, so mindert dieser unsere Umsatzerlöse (erfasst auf dem Konto 5001 Erlösberichtigungen), die Umsatzsteuer und unsere Forderungen.

Beispiel:

Geschäftsvorfall	Konten	Soll	Haben
Ein Kunde erhält aufgrund einer Mängelrüge eine Gutschrift in Höhe von 92,80 EUR einschließlich 16% USt	5001 Erlösberichtigungen 4800 Umsatzsteuer an 2400 Ford.a.Lief.u.Leist.	80,00 12,80	92,80

Wir merken uns:
- Kundenskonti, Barauszahlungen und Gutschriften aufgrund von Kundenreklamationen werden auf dem Konto **5001 Erlösberichtigungen** mit dem **Nettowert** auf der Sollseite gebucht.
- Außerdem ist eine **Berichtigung der Umsatzsteuer** vorzunehmen.

Übungsaufgaben

156 Bilden Sie zu den folgenden Geschäftsvorfällen die Buchungssätze!

1. Wir senden einem Kunden eine Gutschrift für eine mangelhafte Ware zu.
   Warenwert   160,00 EUR
   + 16% USt   25,60 EUR   185,60 EUR
2. Ein Kunde zahlt eine Rechnung über 1 061,40 EUR (einschließlich 16% USt) abzüglich 3% Skonto durch Banküberweisung.
3. Formulieren Sie zu dem folgenden Buchungssatz den Geschäftsvorfall!
   5000 Umsatzerlöse für Waren
   4800 Umsatzsteuer   an   2400 Ford.a.Lief.u.Leist.
4. Wegen eines geringfügigen Mangels gewähren wir unserem Kunden einen Preisnachlass in Höhe von 57,43 EUR (einschließlich 16% USt). Der Betrag wird an den Kunden bar ausbezahlt.

157 Wir erhalten von unserem Kunden eine berechtigte Reklamation. Daraufhin nehmen wir einen Teil der Ware in Höhe von 420,00 EUR zuzüglich 16% USt zurück. Auf den Rest gewähren wir einen Nachlass in Form einer Gutschrift von 177,48 EUR einschließlich 16% USt.
Aufgabe: Bilden Sie die Buchungssätze!

158 Wie ist der Geschäftsvorfall „Wir gewähren einem Kunden eine Gutschrift wegen Mängelrüge" zu buchen?

[1] 5001 Erlösberichtigungen
     4800 Umsatzsteuer   an 2400 Ford.a.Lief.u.Leist.
[2] 4400 Verbindl.a.Lief.u.Leist. an 6002 Nachlässe
                                        2600 Vorsteuer
[3] 5001 Erlösberichtigungen
     4800 Umsatzsteuer   an 4400 Verbindl.a.Lief.u.Leist.
[4] 2400 Ford.a.Lief.u.Leist. an 5001 Erlösberichtigungen
                                    4800 Umsatzsteuer

Aufgabe: Übertragen Sie die entsprechende Ziffer als Lösung in Ihr Hausheft!

159

Josef Natterer e. Kfm. · Buchhandlung

Lebensmittelwerke
Adler GmbH
Frankenstr. 27

93059 Regensburg

Herrenplatz 19
93047 Regensburg

Rechnung Nr. 58/102

Datum 30. Juni 20..

Menge	Artikel-Bezeichnung	Einzelpreis	Betrag EUR
	Warenlieferungen laut beiliegender Lieferkarte: Mai – Juni 20..		280,00
	10% Rabatt		28,00
			252,00
	16% MWSt		40,32
			292,32
	Bei Bezahlung innerhalb 10 Tagen abzüglich 5,85 EUR Skonto.		

Sitz des Einzelhandelsunternehmens: Regensburg; RG Regensburg: HRA 1772; Steuer-Nr.: 36565/21865

Aufgaben

Bilden Sie die Buchungssätze aus der Sicht von Josef Natterer e. Kfm.:

1. für die Ausgangsrechnung,
2. für den Zahlungseingang auf dem Bankkonto am 9. Juli abzüglich Skonto!

160 Buchen Sie im Grundbuch eines Einzelhändlers:

1. Ein Einzelhändler verkauft einem Handwerker 5 Bohrmaschinen zu je 210,00 EUR zuzüglich 16% USt auf Ziel.
2. Eine Bohrmaschine ist leicht beschädigt. Der Kunde erhält hierfür eine Gutschrift von 60,00 EUR zuzüglich 16% USt.
3. Eine Bohrmaschine ist so stark beschädigt, dass sie zurückgenommen wird.
4. Der Kunde bezahlt die Rechnung unter Abzug von 3% Skonto durch Bankscheck.

161 Bilden Sie zu den folgenden Geschäftsvorfällen die Buchungssätze:

1. Wir kaufen Waren auf Ziel   3 760,00 EUR
   − 20% Rabatt   752,00 EUR
                                      3 008,00 EUR
   + Fracht- und Verpackungskosten   146,00 EUR
                                      3 154,00 EUR
   + 16% USt   504,64 EUR
                                      3 658,64 EUR

2. Wir bezahlen die bereits gebuchte Rechnung mit Bankscheck unter Abzug von 2% Skonto.

9.2.3.3 Abschluss des Kontos Erlösberichtigungen

Das Konto 5001 Erlösberichtigungen ist ein Unterkonto des Kontos 5000 Umsatzerlöse für Waren und wird daher über das Hauptkonto 5000 Umsatzerlöse für Waren abgeschlossen. Das Konto Umsatzerlöse für Waren wird über das GuV-Konto abgeschlossen.

Beispiel:
Konto 5001 Erlösberichtigungen: Summe der Nettobeträge 1 400,00 EUR
Konto 5000 Umsatzerlöse für Waren: Summe der Nettobeträge 22 000,00 EUR

Aufgaben:
1. Übertragen Sie die Angaben auf die entsprechenden Konten und schließen Sie die Konten 5000 und 5001 ab!
2. Bilden Sie die Buchungssätze!

Lösungen:

Zu 1.: Buchung auf den Konten

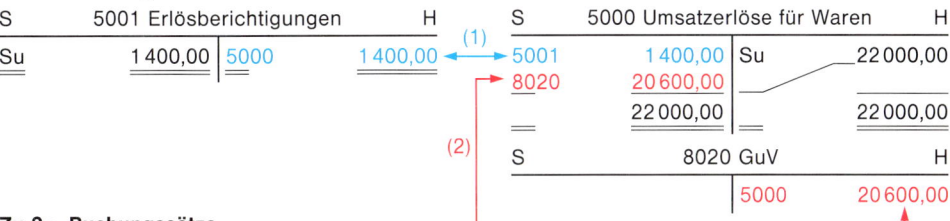

Zu 2.: Buchungssätze

Abschlussbuchungen	Konten	Soll	Haben
1. Abschluss des Kontos Erlösberichtigungen	5000 Umsatzerlöse für Waren an 5001 Erlösberichtigungen	1 400,00	1 400,00
2. Abschluss des Kontos Umsatzerlöse	5000 Umsatzerlöse für Waren an 8020 GuV	20 600,00	20 600,00

Wir merken uns:

Das Unterkonto 5001 Erlösberichtigungen wird über das Hauptkonto 5000 Umsatzerlöse für Waren abgeschlossen.

Übungsaufgaben

162

S	5001 Erlösberichtigungen	H	S	5000 Umsatzerlöse für Waren	H
Su	4 195,20			Su	86 315,20

Aufgaben
1. Übertragen Sie die Konten in Ihr Hausheft und führen Sie den Abschluss durch!
2. Bilden Sie die Buchungssätze!

163 Geben Sie die richtige Buchung für den Abschluss des Kontos Erlösberichtigungen an!

1. 5001 Erlösberichtigungen an 2000 Waren
2. 5001 Erlösberichtigungen an 8020 GuV
3. 5000 Umsatzerlöse für Waren an 5001 Erlösberichtigungen
4. 5001 Erlösberichtigungen an 5000 Umsatzerlöse für Waren

Aufgabe
Übertragen Sie die entsprechende Ziffer als Lösung in Ihr Hausheft.

164 Richten Sie folgende Konten ein: 2000 Waren, 5000 Umsatzerlöse für Waren, 5001 Erlösberichtigungen, 6000 Aufwendungen für Waren, 6001 Bezugskosten, 8010 SBK, 8020 GuV und ermitteln Sie buchhalterisch den Wareneinsatz und den Warengewinn aufgrund folgender Angaben:

Anfangsbestand an Waren 17 400,00 EUR, Bezugskosten 2 400,00 EUR; Wareneingänge netto 135 800,00 EUR; Warenverkäufe netto 195 630,00 EUR; Erlösberichtigungen netto 5 130,00 EUR; Schlussbestand an Waren lt. Inventur 27 200,00 EUR.

165 **I. Kontenplan**
0860, 2000, 2400, 2600, 2880, 3000, 4400, 4800, 5000, 5001, 6000, 6001, 6002, 8010, 8020

II. Anfangsbestände
0860 Büromaschinen 35 000,00 EUR; 2000 Waren 65 000,00 EUR; 2400 Forderungen aus Lieferungen und Leistungen 12 150,00 EUR; 2880 Kasse 5 100,00 EUR; 3000 Eigenkapital 108 500,00 EUR; 4400 Verbindlichkeiten aus Lieferungen und Leistungen 8 750,00 EUR.

III. Geschäftsvorfälle

1. Wir kaufen Ware auf Ziel   3 180,00 EUR
   + Frachtkosten   20,00 EUR   3 200,00 EUR
   + 16 % USt   512,00 EUR
   Rechnungsbetrag   3 712,00 EUR

2. Gutschrift für Retouren an den Lieferer   300,00 EUR
   + 16 % USt   48,00 EUR   348,00 EUR

3. Warenverkauf an einen Großabnehmer auf Ziel brutto (16 % USt)   23 200,00 EUR

4. Tageslosung brutto (16 % USt)   16 472,00 EUR

5. Ein Kunde schickt Ware zurück brutto (16 % USt)   696,00 EUR

6. Wir erhalten eine Gutschrift für Umsatzbonus brutto (16 % USt)   464,00 EUR

7. Wareneinkauf auf Ziel   2 000,00 EUR
   − 10 % Rabatt   200,00 EUR   1 800,00 EUR
   + 16 % USt   288,00 EUR
   Rechnungsbetrag   2 088,00 EUR

8. Barkauf eines PCs   1 470,00 EUR
   + 16 % USt   235,20 EUR   1 705,20 EUR

9. Wir gewähren einem Kunden eine Gutschrift brutto (16 % USt)   174,00 EUR

IV. Abschlussangaben
1. Warenschlussbestand lt. Inventur 50 000,00 EUR.
2. Die Zahllast ist zu passivieren.

V. Aufgaben
Eröffnen Sie die Konten mit den angegebenen Anfangsbeständen, bilden Sie für die Geschäftsvorfälle die Buchungssätze, übertragen Sie die Werte anschließend auf die entsprechenden Konten und schließen Sie die Konten über das Schlussbilanzkonto ab!

166 Bilden Sie zu folgenden Geschäftsvorfällen die Buchungssätze:

1. Aufgrund einer Mängelrüge macht ein Kunde das Recht auf Wandelung geltend und bringt die mangelhafte Ware zurück, brutto (16 % USt)   189,08 EUR

2. Ein Kunde bringt Verpackung zurück und erhält bar einschließlich 16 % USt   81,20 EUR

3. Wir senden Waren an unseren Lieferer zurück:
   Bruttowert einschließlich 16% USt 974,40 EUR

4. Zahlung einer Liefererrechnung über 3 723,60 EUR
   unter Abzug von 2% Skonto 74,47 EUR
   Banküberweisung 3 649,13 EUR

5. Ein Kunde zahlt eine Rechnung bar 579,77 EUR
   2% Skontoabzug 11,83 EUR
   Rechnungsbetrag 591,60 EUR

6. Wir gewähren unserem Kunden eine Gutschrift
   einschließlich 16% USt 162,40 EUR

7. Wir gleichen eine Eingangsrechnung über 1 914,00 EUR (16% USt)
   durch Bankscheck unter Abzug von 3% Skonto aus!

8. Wir erhalten von unserem Lieferer aufgrund einer Mängelrüge
   eine Gutschrift von brutto (16%) 104,40 EUR

9. Barkauf von Computerpapier einschließlich 16% USt 836,36 EUR

10. Ein Lieferer gewährt uns den vierteljährlichen Umsatzbonus
    in Form einer Gutschrift einschließlich 16% 812,00 EUR

11. Rechnung der Tageszeitung für eine Werbeanzeige 401,00 EUR
    und ein Stellenangebot 120,00 EUR
    521,00 EUR
    + 16% USt 83,36 EUR 604,36 EUR

12. Wir zahlen eine Liefererrechnung (16% USt) über 1 415,20 EUR
    unter Abzug von 2,5% Skonto 35,38 EUR
    per Banküberweisung 1 379,82 EUR

13. Buchen Sie die nachfolgende Ausgangsrechnung aus der Sicht von Josef Hübner e. Kfm.!

Josef Hübner e. Kfm.
Bürobedarf

90403 Nürnberg
Burgstraße 17
Telefon: 09 11/24 36 50

Verkehrsamt
der Stadt Nürnberg
Hauptmarkt 10

90403 Nürnberg

Lieferung von Städtekarten Nürnberg
1 500 Stück Einzelpreis 1,80 EUR 2 700,00 EUR
16% MWSt 432,00 EUR
3 132,00 EUR

Sitz des Einzelhandelsunternehmens: RG Nürnberg: Steuer-Nr.:
Nürnberg HRA 940 45156/23875

167 Auf dem Bankkonto des Einzelhandelsgeschäfts Fritz Bleicher GmbH, 88212 Ravensburg, geht eine Gutschrift von Hans Merissen e. Kfm., Ravensburg, ein:

Aufgaben
1. Berechnen Sie den Skontobetrag und den Rechnungsbetrag!
2. Bilden Sie aus der Sicht der Fritz Bleicher GmbH den Buchungssatz für den Zahlungsbeleg!

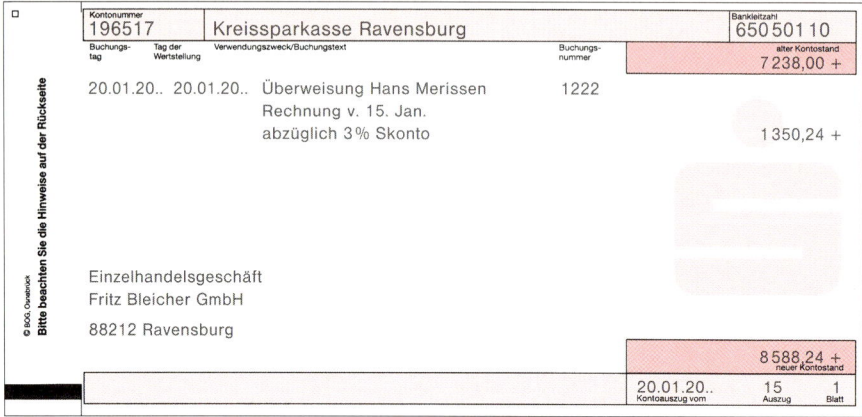

168 Buchen Sie die nachfolgenden Belege und Geschäftsvorfälle der Buch- und Schreibwarenhandlung Josef Natterer e. Kfm., Herrenplatz 19, 91552 Ansbach, im Grundbuch.

1. Eingangsrechnung

GKA GmbH
Verlag für Kunst- und Ansichtskarten

90409 Nürnberg
Bayreuther Str. 1

Buch- und Schreibwarenhandlung
Josef Natterer e. Kfm.
Herrenplatz 19
93047 Regensburg

Kunden-Nr.	Rechnungs-/Gutschrifts-Nr.	Datum
12407	27333	20.-09-15

Art.-Nr.	Artikel-Bezeichnung	Mengen Preis MWSt-K.	Menge	Einzelpreis	Zu-/Abschl. %	Netto-Betrag EUR
10000	Städtekarten Ansbach Bl Nr. 1	111	50	1,20	10 –	54,00
10000	WN Nr. 1	111	50	1,20	10 –	54,00
10000	WN Je 100 Nr. 19, 12	111	200	1,05	10 –	189,00
10000	WN Je 100 Nr. 4, 2	111	200	1,45	10 –	261,00
10000	N Nr. 1	111	50	1,20	10 –	54,00
10000	N JE 100 Nr. 12, 13, 19	111	300	1,05	10 –	283,50
10000	WN 1887	111	200	0,38	10 –	68,40
10000	WN Je 100 Nr. 14, 16, 13, 12, 17, 18	111	600	0,38	10 –	205,20
10000	N Je 40 Nr. 16, 13	111	80	0,38	10 –	27,36
10000	N Je 50 Nr. 12, 18	111	100	0,38	10 –	34,20
10000	ANH	111	200	0,35	10 –	63,00

Zu-/Abschlag EUR	Fracht/Verpackung	sonstige Nebenkosten	Waren netto	MWSt %	Mehrwertsteuer	Einzelendbeträge
0,00	71,34	0,00	1 293,66	16	218,40	1 583,40

Sitz der Gesellschaft: Nürnberg   RG Nürnberg: HRB 1079   Steuer-Nr.: 65483/26578

2. Wir überweisen den Rechnungsbetrag abzüglich 2% Skonto durch Banküberweisung!
3. Folgende Zahlungen werden über die Bank abgewickelt:
   - Miete für die Geschäftsräume   2 400,00 EUR
   - Rechnung für Büroformulare (einschl. 16% USt)   187,92 EUR
   - Privatentnahme   500,00 EUR
   - Reparaturrechnung für den Geschäftswagen (einschl. 16% USt)   996,44 EUR
4. Tageslosung (16% USt)

```
-  -  -  -  -  -  -
     9 919,45  CA
            1
       508,06  CK
            0
         0,00  CH
     1 172,75  TX
     3 175,82  CA
    14 776,08  Su
-  -  -  -  -  -  -
```

5. Jahresbonus

GKA GmbH   **90409 Nürnberg**
Verlag für Kunst- und Ansichtskarten   **Bayreuther Str. 1**

Buch- und Schreibwarenhandlung
Josef Natterer e.Kfm.
Herrenstr. 19

93047 Regensburg

                                        Nürnberg, den 31. Dez. 20..

                                        Kartei-Nr.   234160 0
                                        SOBEZ B 632   S 632 KA 15
                                        Buchh.-Konto   199913 5

Jahresvergütung 20..

Sehr geehrter Geschäftsfreund,

wir danken Ihnen für die erfolgreiche Zusammenarbeit im abgelaufenen Jahr und haben folgende Vergütung für Sie errechnet:

Jubiläumsprämie für Mehrumsatz in 20..	von 6 252,39 EUR	340,00 EUR
Jahresbonus für Schule/Freizeit-Artikel	2% von 24 840,00 EUR	496,80 EUR
	Gesamt-Vergütung	836,80 EUR
	16% MWSt	133,89 EUR
	Scheckbetrag	970,69 EUR

Unseren Scheck über die vorstehend genannte Summe finden Sie beiliegend.

Mit freundlichem Gruß

GKA GmbH Nürnberg

Sitz der Gesellschaft: Nürnberg; RG Nürnberg: HRB 1079; Steuer-Nr.: 65483/26578

10 Warenbestände und Bestandsveränderungen im Warenwirtschaftssystem

10.1 Organisatorische Voraussetzungen für die Planung, Kontrolle und Steuerung des Warenflusses

(1) Einsatz eines warenwirtschaftlichen Informationssystems

In einem herkömmlichen Lebensmittelgeschäft hat der Inhaber das betriebliche Informationssystem im Wesentlichen in seinem Kopf. Er verwendet für die ordentliche Führung seiner Bücher neben Papier und Bleistift lediglich die Bestellformulare, Lieferscheine und Rechnungen seiner Lieferanten. In einem modernen Lebensmittelsupermarkt verhält es sich hingegen ganz anders. Erfassung, Aufbewahrung, Veränderung und Übertragung von Informationen werden mit Hilfe der elektronischen Datenverarbeitung durchgeführt. Dabei lassen sich im Warenein- und Warenverkauf sowie in der Verwaltung viele Routinearbeiten teilweise oder ganz automatisieren. Die Informationsgrundlage, die die Geschäftsleitung für ihre Entscheidungen braucht, wird wesentlich breiter. Das Informationssystem eines herkömmlichen Lebensmittelgeschäfts ist als Mensch-Mensch-System zu kennzeichnen. Es wird durch Menschen geprägt. Dagegen kann das rechnergestützte Informationssystem als Mensch-Maschine-System bezeichnet werden. In einem derartigen System sind viele betriebliche Abläufe teilweise oder vollständig automatisiert. Menschen und Maschinen wirken in diesem Informationssystem zusammen.

(2) Festlegung einer einheitlichen Datenstruktur

Die Daten, die im Einzelhandelsgeschäft anfallen, sind als wirtschaftliche Nutzdaten zu bezeichnen. Es hat sich als zweckmäßig erwiesen, sie folgendermaßen zu unterscheiden:

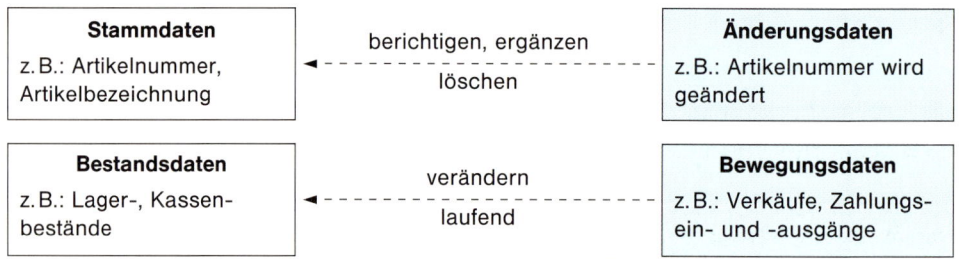

Vereinfachtes Beispiel für den Aufbau eines Artikelstamms:

Artikelnummer	Artikelbezeichnung	Artikelpreis
4000286000080	Früchte-Müsli	5,90 EUR
40003994127582	Coco-Pops	4,80 EUR
...	...	...
Datenfeld	Datenfeld	Datenfeld

Datensatz (Artikelstammsatz) — Artikel-Datei

Die kleinste Dateneinheit stellt das Zeichen dar. Zusammengehörige Zeichen, die einen inhaltlichen Informationswert haben, nennt man Datenfeld. Datenfelder, die einen logischen Zusammenhang ergeben, bezeichnet man als Datensatz. Die Sammlung gleichartiger Datensätze ergibt eine Datei.

10.2 Computerunterstützte Erfassung von Wareneingangs- und Warenausgangsdaten

(1) Erfassung von Wareneingängen

- **Wareneingangskontrolle:** Da die Bestellung im Rechner gespeichert ist, kann die Richtigkeit der Lieferung durch einen Vergleich dieser Daten mit den Angaben des Lieferscheins festgestellt werden.
- **Aktualisierung der Bestandsdaten:** Stimmen Bestelldaten und Lieferung überein, so kann der Wareneingang in der Bewegungsdatei gebucht werden. Eine Veränderung (Aktualisierung) der Bestandsdatei erfolgt entweder unmittelbar oder zu bestimmten festgelegten Zeitpunkten einmal am Tage.
- **Etikettierung:** Die Etiketten werden auf der Grundlage der Artikelstammdaten (z.B. EAN, Bezeichnung, Preis) automatisch gedruckt. Eine Auszeichnung der einzelnen Artikel entfällt. In der Regel genügt die einmalige Preisauszeichnung am Regal.

(2) Erfassung von Warenausgängen

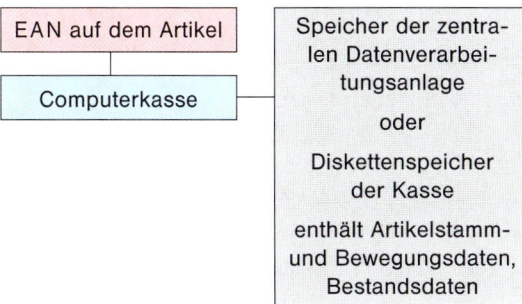

Durch die maschinengerechte Erfassung der Artikel über ihren Strichcode können die Artikelstammdaten aus der Stammdatei angefordert werden. Der mengenmäßige Absatz und der Umsatz können sofort registriert und für statistische Auswertungen aufbereitet werden.

10.3 Computerunterstütztes Bestellwesen

Das Bestellwesen kann weitgehend automatisiert werden. Durch die ständige Aktualisierung des Warenbestandes (permanente Inventur) können entweder mit Hilfe des Datenverarbeitungsprogramms Bestellvorschläge für den Einkauf oder sogar auch direkt Bestellschreiben an die Lieferanten erstellt werden. Eine bestmögliche Auslastung der Kapazitäten des Verkaufsraumes wird dadurch gewährleistet.

10.4 Auswertungsmöglichkeiten für die Geschäftsleitung

Die wichtigsten Statistiken im Überblick:

- **Preislagenstatistik:** Sie gibt Auskünfte darüber, welche Preislagen in welcher Preisgruppe am besten laufen. Im Einzelnen enthält sie die Verkaufs- und Lagerzahlen sowie die Altersgliederung des Lagerbestandes.
- **Verkäuferstatistik:** Sie liefert Informationen über die Verkäufer, über deren Umsatzanteil, über gewährte Preisnachlässe, über die Zahl der bedienten Kunden und erhaltenen Prämien.
- **Lieferantenstatistik:** Sie ermöglicht den Vergleich hinsichtlich der Leistungsfähigkeit der Lieferanten.

11 Buchungen im Zahlungsverkehr

11.1 Buchung von Zahlungseingängen und Zahlungsausgängen

Im Laufe des Buchführungslehrganges haben wir das Buchen von Zahlungseingängen und Zahlungsausgängen kennen gelernt. Im Folgenden sollen die Buchungen der wichtigsten Zahlungsvorgänge wiederholt werden.

Übungsaufgaben

169 Buchen Sie für Franz Mayer e.Kfm., Industriestr. 5, 59425 Unna, die nachfolgenden Belege im Grundbuch!

Beleg 1

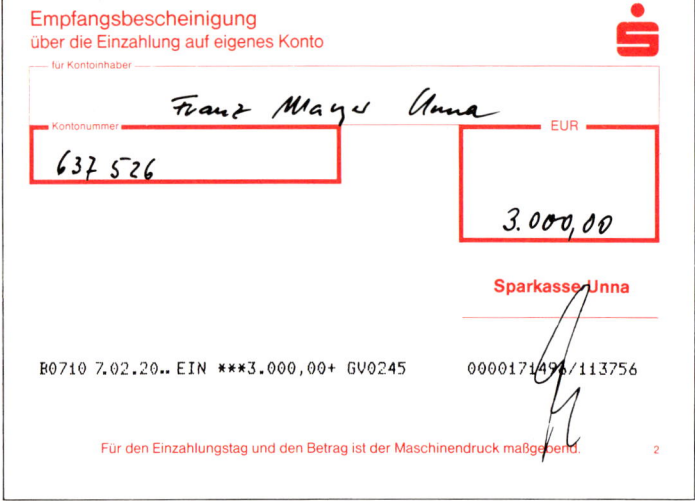

Beleg 2

Beleg 3

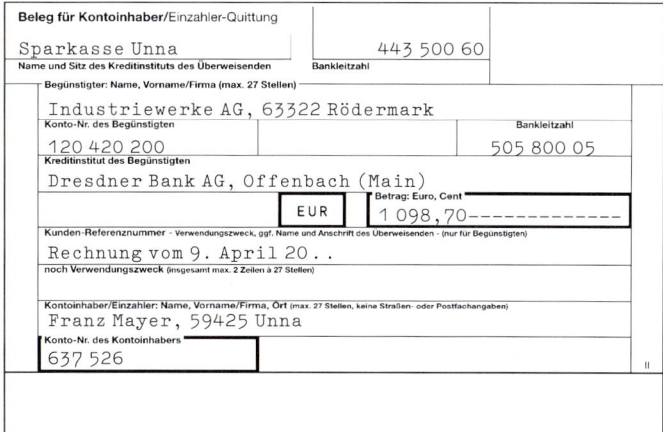

Beleg 4

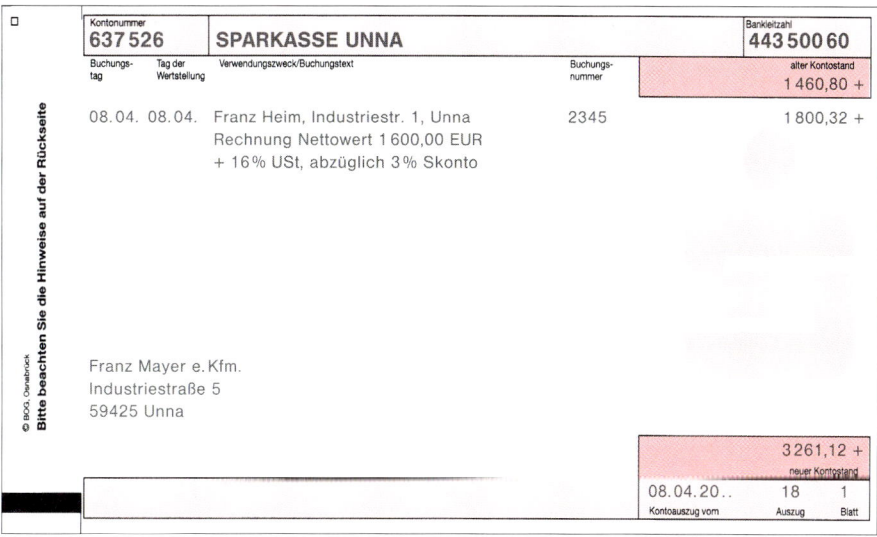

Beleg 5

170 Dem Lebensmittelhaus Franz Baier e. Kfm., Hauptstraße 1, 59427 Unna, liegen die nachfolgenden Belege vor. Bilden Sie hierzu die Buchungssätze!

Beleg 1: Zahlung einer bereits gebuchten Ausgangsrechnung mit Bankscheck

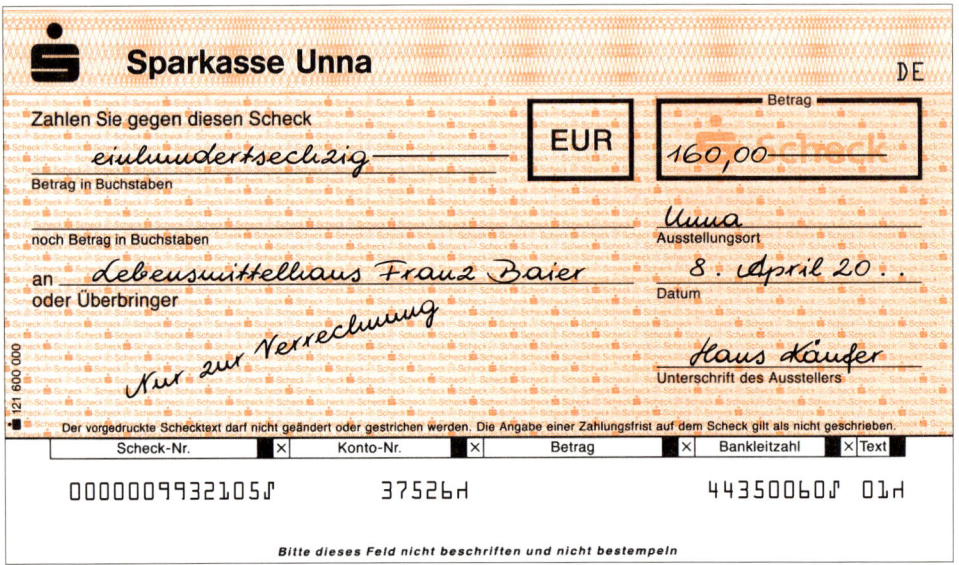

Beleg 2: Zahlung einer bereits gebuchten Ausgangsrechnung mit Banküberweisung

Beleg 3: Bezahlung einer schon gebuchten Eingangsrechnung mit Scheck

Beleg 4: Scheckeingänge für bereits gebuchte Ausgangsrechnungen (Großabnehmer) werden bei der Bank eingereicht.

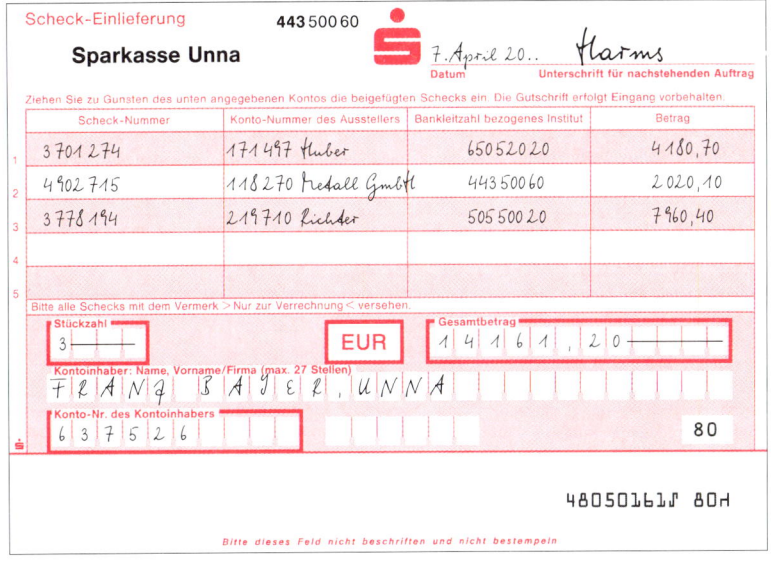

171 Bilden Sie zu folgenden Geschäftsvorfällen die Buchungssätze!

1. Wir zahlen eine Liefererrechnung über per Bankscheck   1 650,00 EUR

2. Ein Kunde begleicht eine Ausgangsrechnung durch Verrechnungsscheck   1 800,00 EUR

3. Folgende Kunden zahlen uns per Bankscheck:
   Maierhofer   10 000,00 EUR
   Sandleben   3 750,00 EUR   13 750,00 EUR

4. Wir buchen die Tageslosung (16% USt)   9 280,00 EUR

5. Wir zahlen Bareinnahmen auf das Bankkonto ein   22 500,00 EUR

172 Das Möbelhaus „Nimm-Mit GmbH" hat bei der Werbungsgesellschaft „Schwyz GmbH", Chemnitz, Material zur Herstellung von Werbedrucksachen in Auftrag gegeben und erhält folgende Rechnung:

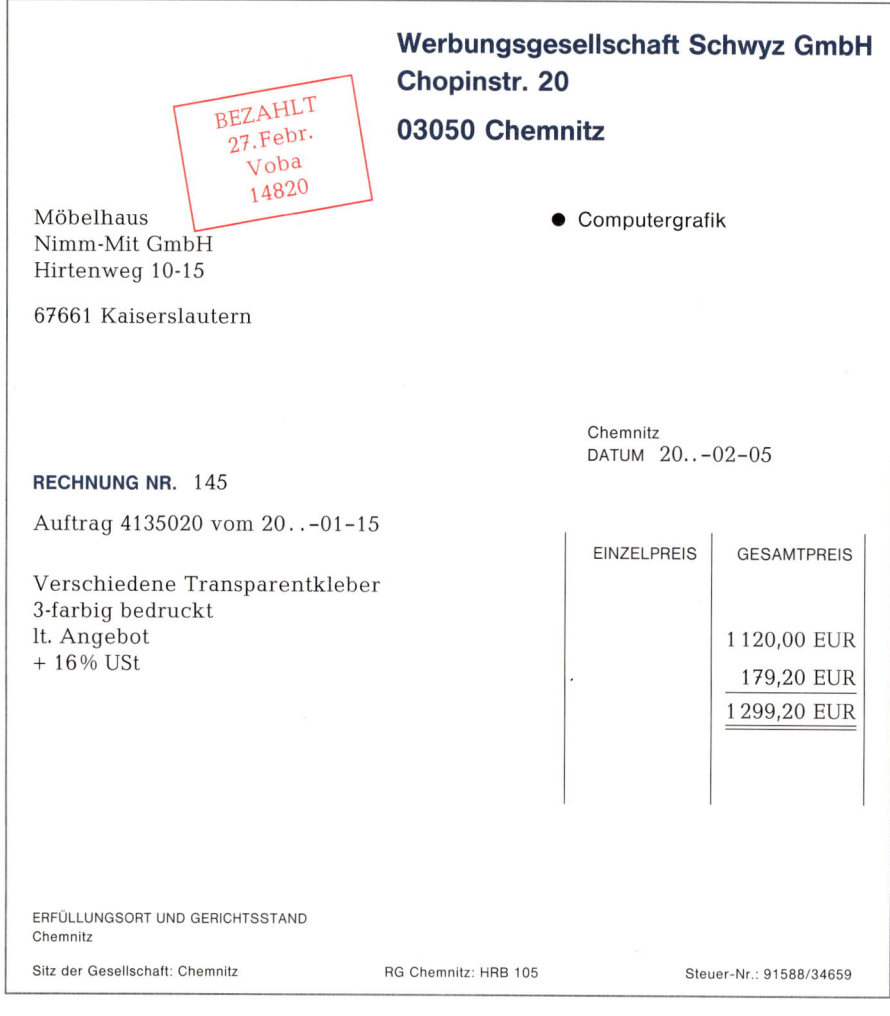

Aufgabe
Bilden Sie den Buchungssatz für das Möbelhaus Nimm-Mit GmbH!

11.2 Buchung von Zinsen und Kosten des Zahlungsverkehrs sowie von Kassendifferenzen

(1) Zinsen und Kosten des Geldverkehrs beim Zahlungsverkehr mit den Banken

Bei der Abwicklung des Zahlungsverkehrs ist der Einzelhändler auf die Dienste der Banken angewiesen. Hierbei fallen Sollzinsen (Schuldzinsen) für eingeräumte Kredite der Banken an, Habenzinsen (Guthabenzinsen) für Guthaben auf der Bank oder aber Gebühren für die Abwicklung des Zahlungsverkehrs. Da die Banken von der Umsatzsteuer befreit sind, fällt beim Zahlungsverkehr mit den Banken keine Umsatzsteuer an.

- **Habenzinsen**

Geschäftsvorfall: Die Bank schreibt uns Zinsen für das abgelaufene Vierteljahr gut: 104,60 EUR.

Buchungssatz:

Konten	Soll	Haben
2800 Bank	104,60	
an 5710 Zinserträge		104,60

- **Sollzinsen**

Geschäftsvorfall: Für ein aufgenommenes Darlehen belastet uns die Bank mit Sollzinsen in Höhe von 1 465,20 EUR.

Buchungssatz:

Konten	Soll	Haben
7510 Zinsaufwendungen	1 465,20	
an 2800 Bank		1 465,20

- **Gebühren**

Geschäftsvorfall: Für die Führung des Geschäftskontos belastet uns die Bank wie folgt:
Kontoauszugsgebühren: 14,60 EUR; Porti: 24,80 EUR
Kontoführungsgebühren: 57,80 EUR; Auslagen: 8,50 EUR.

Buchungssatz:

Konten	Soll	Haben
6750 Aufwendungen des Geldverkehrs	105,70	
an 2800 Bank		105,70

(2) Zinsen und Kosten des Geldverkehrs beim Zahlungsverkehr zwischen Unternehmen

Auch bei der Zahlungsabwicklung zwischen Lieferer und Einzelhändler bzw. zwischen Einzelhändler und Kunden können durch Zielüberschreitungen Verzugszinsen und Gebühren (Auslagen, Mahnkosten) anfallen. Nach einem Urteil des Europäischen Gerichtshofs stellen **Zinsen, Mahngebühren und Auslagenersatz** eine bloße Erstattung von Kosten, also eine Entschädigung wegen der verspäteten Zahlung dar, die der Unternehmer als **unfreiwilligen** Zahlungsaufschub hinnehmen muss. Zinsen sind damit kein Entgelt für eine Leistung, sondern Schadenersatz und daher **umsatzsteuerfrei**.

Beispiel 1:

Der Lieferer stellt uns Verzugszinsen in Rechnung: 8% von 1 650,00 EUR für die Zielüberschreitung von 75 Tagen.

Aufgaben:
1. Berechnen Sie die Verzugszinsen!
2. Bilden Sie den Buchungssatz!

Lösungen:

Zu 1.: Berechnung der Verzugszinsen

$$\text{Zinsen} = \frac{1\,650 \cdot 8 \cdot 75}{100 \cdot 360}$$

Zinsen = 27,50 EUR

Zu 2.: Buchungssatz

Konten	Soll	Haben
7510 Zinsaufwendungen	27,50	
an 4400 Verb. a. Lief. u. Leist.		27,50

Beispiel 2:

Wir stellen einem Kunden Verzugszinsen wegen verspäteter Zahlung in Rechnung: 6% von 3 300,00 EUR für 58 Tage.

Aufgaben:
1. Berechnen Sie die Verzugszinsen!
2. Bilden Sie den Buchungssatz!

Lösungen:

Zu 1: Berechnung der Verzugszinsen

$$\text{Zinsen} = \frac{3\,300 \cdot 6 \cdot 58}{100 \cdot 360}$$

Zinsen = 31,90 EUR

Zu 2.: Buchungssatz

Konten	Soll	Haben
2400 Ford. a. Lief. u. Leist.	31,90	
an 5710 Zinserträge		31,90

(3) Behandlung von Kassendifferenzen

● **Beseitigung von Kassendifferenzen**

Werden aufgrund der Geschäftsstruktur auch Bargeschäfte im großen Umfang getätigt, treten auch Kassendifferenzen auf, die als Kassenmanko bzw. Kassenüberschuss bezeichnet werden. Die Bezeichnungen leiten sich vom Standpunkt des Kassen-Istbestandes ab. Ein Kassenmanko liegt vor, wenn weniger in der Kasse ist als laut Buchführung vorhanden sein müsste. Beim Kassenüberschuss ist der Istbestand höher als der Sollbestand. Sofern sich ein Kassenmanko (häufigster Fall) in den üblichen Grenzen hält, wird er ohne weitere Nachforschungen ausgebucht. Dadurch wird der Buchbestand an den Inventurbestand angeglichen.

Der Kontenplan sieht die Ausbuchung eines **Kassenmankos** über das Konto **6930 Andere sonstige betriebliche Aufwendungen** vor. Ein **Kassenüberschuss** wird über das Konto **5430 Andere sonstige betriebliche Erträge** ausgebucht.[1]

---

[1] Die Ausbuchung eines Kassenmankos bzw. Kassenüberschusses kann auch erfolgswirksam über das Konto 3001 Privatkonto vorgenommen werden.

Beispiele:

Geschäftsvorfall	Konten	Soll	Haben
Ein Kassenmanko in Höhe von 45,00 EUR wird ausgebucht.	6930 And. sonst. betr. Aufwend. an 2880 Kasse	45,00	45,00
Ein Kassenüberschuss in Höhe von 32,40 EUR wird ausgebucht.	Kasse an 5430 And. sonst. betr. Erträge	32,40	32,40

In der Praxis wird bei unwesentlichen Beträgen der Abgleich zwischen Buchbestand und Istbestand der Kasse häufig dadurch vollzogen, dass beim Kassenmanko die Kasse um diesen Betrag aufgefüllt und im Falle eines Kassenüberschusses dieser Betrag der Kasse entnommen wird. Aus diesem Grund erhält der (die) verantwortliche Kassenführer (in) im Allgemeinen ein so genanntes Mankogeld, mit dem er (sie) solche unwesentlichen Differenzen ausgleichen kann. Gleichzeitig wird er (sie) dadurch zu einer gewissenhaften Kassenführung bestärkt. Außerdem ist darauf hinzuweisen, dass die Finanzbehörden bei der Prüfung der Kassenbuchführung sehr strenge Maßstäbe anlegen. Bei wiederholten Unstimmigkeiten in der Kassenbuchführung kann das Finanzamt die Ordnungsmäßigkeit der Kassenbuchführung verneinen und die Besteuerungsgrundlagen durch eine Erhöhung der Einnahmen schätzen. Um Kassendifferenzen und deren Folgen zu vermeiden, sollte der Abgleich zwischen Soll- und Istbestand der Kasse möglichst täglich vorgenommen werden, da innerhalb eines Tages aufgetretene Unstimmigkeiten relativ leicht aufgedeckt und behoben werden können, sodass Kassendifferenzen keine Bedeutung erlangen.

● **Ursachen von Kassendifferenzen**

Kassenfehlbeträge können verschiedene Ursachen haben. Sie können durch eine zeitlich oder sachlich unrichtige Erfassung der Einnahmen oder der Ausgaben entstehen. Besonders schwerwiegend sind Kassenfehlbeträge, bei denen sich ein Unterbestand in der Kasse ergibt. Das ist dann der Fall, wenn die Summe der gebuchten Ausgaben die Summe aus Anfangsbestand plus der gebuchten Zugänge übersteigt (Verdacht auf bewusste Einnahmekürzung).

→ **Falsche Einnahmeerfassung**

Beispiele:
- Bewusste Einnahmekürzungen.
- Einzahlung einer Bankabhebung in die Kasse, ohne das im Kassenbuch zu vermerken.
- Erfassung einer Einnahme unter falschem Datum (eine am 5. Januar erhaltene Mieteinnahme wird erst am 10. Januar gebucht).
- Eine Bareinnahme wurde doppelt erfasst.

→ **Falsche Ausgabenerfassung**

Beispiele:
- Eine Kassenausgabe wurde gebucht, tatsächlich erfolgte die Bezahlung durch Banküberweisung.
- Eine Ausgabe wurde doppelt erfasst.
- Eine Privatentnahme wurde irrtümlich nicht erfasst.
- Die Bezahlung einer Eingangsrechnung wurde doppelt erfasst.

Übungsaufgaben

173 Bilden Sie die Buchungssätze zu den folgenden Geschäftsvorfällen!

1. Die Bank belastet uns
   - mit Darlehenszinsen   420,00 EUR
   - mit Kontoführungsgebühren   19,20 EUR   439,20 EUR

2. Ein Kassenüberschuss von 30,00 EUR kann nicht aufgeklärt werden und ist daher auszubuchen

3. Wir zahlen eine Liefererrechnung (16% USt) bar   1 566,00 EUR
   − 2% Skonto   31,32 EUR   1 534,68 EUR

4. Ein Lieferer stellt uns Verzugszinsen in Rechnung   76,00 EUR

5. Ein Kunde zahlt eine Rechnung über   226,20 EUR
   abzüglich 2% Skonto bar

6. Ein Kassenmanko von 24,30 EUR ist auszubuchen.

7. Für die Termingeldanlage schreibt uns die Bank die Zinsen gut   180,90 EUR

8. Ein Kunde überschreitet das Zahlungsziel. Wir berechnen
   ihm für Verzugszinsen   91,10 EUR

9. Die Bank belastet uns mit der Darlehensrate
   − Tilgung   800,00 EUR
   − Zinsen   190,00 EUR   990,00 EUR

10. Ein Kassenfehlbetrag von 20,00 EUR kann nicht aufgeklärt werden und ist daher auszubuchen.

174 Die Zinsabrechnung eines Bankkontos ergibt folgende Zinszahlen:

Wert	Kontostand	Tage	Soll #	Haben #
30. März	Soll 3 100,00 EUR	90	18 000	6 480

Die Bank berechnet 9% Sollzinsen und $\frac{1}{2}$% Habenzinsen.

Aufgabe
1. Errechnen Sie die Soll- und Habenzinsen sowie den neuen Saldo!
2. Bilden Sie die Buchungssätze!

175 Eine Rechnung über 2 227,20 EUR ist am 16. August fällig. Der Einzelhändler zahlt jedoch erst am 28. Oktober. Der Lieferer berechnet dafür $6\frac{1}{2}$% Verzugszinsen.

Aufgabe
1. Für wie viel Tage müssen Verzugszinsen gezahlt werden?
2. Wie viel EUR beträgt der gesamte Überweisungsbetrag?
3. Wie lautet der Buchungssatz, wenn der Einzelhändler die ihm in Rechnung gestellten Zinsen per Banküberweisung begleicht?

176 Auf dem Bankkonto der Fritz Fischbach OHG, Bertholdstr. 4, 87439 Kempten, geht eine Gutschrift der Hans Starnecker KG, Ravensburg, in Höhe von 2 700,48 EUR ein. Die Hans Starnecker KG begleicht damit die Rechnung vom 15. Januar über bezogene Ware unter Abzug von 3% Skonto.

Aufgaben
1. Berechnen Sie den Skontobetrag und den Rechnungsbetrag!
2. Buchen Sie im Grundbuch für die Fritz Fischbach OHG den Zahlungsbeleg!

11.3 Buchungen im Wechselverkehr

Vorbemerkungen: Der Wechsel ist ein Zahlungs-, Sicherungs- und **Kreditmittel**.

Der Lieferer **(Aussteller)** sendet dem Käufer **(Bezogener)** einen Wechsel mit der Bitte, diesen zu akzeptieren. Der noch nicht unterschriebene (akzeptierte) Wechsel heißt **Tratte**. Der Bezogene akzeptiert die Tratte und sendet sie an den Aussteller zurück. Sowohl die Unterschrift als auch den angenommenen Wechsel selbst bezeichnet man als **Akzept**.

Da der Unternehmer sowohl Aussteller als auch Bezogener sein kann, unterscheiden wir zwei Grundfälle:

- Einkauf von Waren gegen Wechsel **(Schuldwechsel)**
- Verkauf von Waren gegen Wechsel **(Besitzwechsel)**

11.3.1 Buchung der Grundfälle

11.3.1.1 Buchungen beim Schuldwechsel

Bei der Buchung von Wechselverbindlichkeiten ist danach zu unterscheiden, ob für die Warenlieferung eine Wechselzahlung **von Anfang an** oder erst **nachträglich**, d.h. nach der Rechnungslegung, vereinbart wurde.

1. Fall: Die Wechselzahlung wird mit dem Lieferer n a c h der Rechnungsstellung vereinbart

Beispiel:

Ausgangssituation: Wir kaufen Waren auf Ziel 5 100,00 EUR zuzüglich 16 % USt.

Problemfall:
Der Lieferer zieht einen Wechsel auf uns (Tratte), den wir akzeptiert zurücksenden.
Wechselsumme: 5 916,00 EUR.

Aufgaben:
1. Buchen Sie die Ausgangssituation und den Problemfall auf Konten!
2. Bilden Sie die Buchungssätze!

Lösungen:

Zu 1.: Buchung auf den Konten

S	6000 Aufwend. f. Waren	H		S	4400 Verbind. a. Lief. u. Leist.	H
4400	5 100,00			4500	5 916,00	6000/2600 5 916,00

S	2600 Vorsteuer	H		S	4500 Schuldwechsel	H
4400	816,00					4400 5 916,00

Zu 2.: Buchungssätze

Geschäftsvorfälle	Konten	Soll	Haben
Wareneinkauf auf Ziel: Wir kaufen Waren auf Ziel 5 100,00 EUR zuzüglich 16 % USt.	6000 Aufwend.f.Waren 2600 Vorsteuer an 4400 Verb.a.Lief.u.Leist.	5 100,00 816,00	5 916,00
Zahlung der Verbindlichkeiten mit Akzept:	4400 Verb.a.Lief.u.Leist an 4500 Schuldwechsel	5 916,00	5 916,00

Erläuterungen:

Nach der Rechnungsstellung vereinbaren wir mit dem Lieferer Wechselzahlung. Aus diesem Grunde akzeptieren wir den vom Lieferer zugesandten Wechsel (Tratte) und senden ihn anschließend unterschrieben an den Lieferer zurück (Akzept). Durch das Akzept (Unterschrift) auf dem Wechsel ist für uns eine Wechselschuld entstanden. Da wir wegen der gleichen Warenlieferung nicht zweimal in Anspruch genommen werden können, muss die Verbindlichkeit aus Warenlieferung ausgebucht werden.

2. Fall: Die Wechselzahlung wird mit dem Lieferer vor der Rechnungsstellung vereinbart[1]

Wurde von Anfang an für den Wareneinkauf eine Wechselzahlung vereinbart, wird die Schuld an den Lieferer direkt als Wechselschuld auf dem Konto 4500 Schuldwechsel gebucht.

Geschäftsvorfall	Konten	Soll	Haben
Wir kaufen Waren gegen Wechsel. Warenwert 5 100,00 EUR + 16% USt 816,00 EUR Rechnungsbetrag 5 916,00 EUR	6000 Aufwend. f. Waren 2600 Vorsteuer an 4500 Schuldwechsel	5 100,00 816,00	5 916,00

Wenn uns der Lieferer die bei ihm angefallenen Diskontaufwendungen in Rechnung stellt, führt dies bei uns zu folgender Buchung:

Geschäftsvorfall	Konten	Soll	Haben
Der Lieferer belastet uns mit Diskont in Höhe von 85,00 EUR zuzüglich 16% USt.	7530 Diskontaufwand 2600 Vorsteuer an 4400 Verb.a.Lief.u.Leist.	85,00 13,60	98,60

11.3.1.2 Buchungen beim Besitzwechsel

Bei der Buchung von Wechselforderungen ist ebenfalls danach zu unterscheiden, ob beim Verkaufsabschluss eine Wechselzahlung *von Anfang an* vereinbart wurde oder erst *nachträglich*, d.h. nach gebuchter Rechnungsstellung.

1. Fall: Die Wechselzahlung wird mit dem Kunden nach der Rechnungsstellung vereinbart

Beispiel:

Ausgangssituation: Wir verkaufen Waren auf Ziel 3 000,00 EUR zuzüglich 16% USt.

Problemfall:

Ein Kunde schickt den von uns gezogenen Wechsel (Tratte) akzeptiert zurück.
Wechselsumme: 3 480,00 EUR.

Aufgaben:
1. Buchen Sie die Ausgangssituation und den Problemfall auf Konten!
2. Bilden Sie die Buchungssätze!

---

1 Die Praxis bevorzugt das zweistufige Buchungsverfahren, das im Fall 1 dargestellt wurde.

Lösungen:

Zu 1.: Buchung auf den Konten

```
S      2400 Ford. a. Lief. u. Leist.      H        S     5000 Umsatzerlöse f. Waren     H
   5000/4800  3 480,00 | 2450    3 480,00                         | 2400       3 000,00

        S       2450 Besitzwechsel         H        S         4800 Umsatzsteuer         H
        2400    3 480,00 |                                        | 2400         480,00
```

Zu 2.: Buchungssätze

Geschäftsvorfälle	Konten	Soll	Haben
Verkauf von Waren auf Ziel:	2400 Ford. a. Lief. u. Leist.	3 480,00	
Wir verkaufen Waren auf Ziel	an 5000 Umsatzerl. f. Waren		3 000,00
3 000,00 EUR zuzüglich 16 % USt.	an 4800 Umsatzsteuer		480,00
Zahlung des Kunden mit Wechsel:	2450 Besitzwechsel	3 480,00	
	an 2400 Ford. a. Lief. u. Leist.		3 480,00

Erläuterungen:

Nach der Rechnungsstellung vereinbaren wir mit dem Kunden Wechselzahlung. Aus diesem Grund senden wir ihm einen Wechsel zu, den er akzeptiert an uns zurücksendet. Durch die Rücksendung des (vom Kunden) akzeptierten Wechsels ist bei uns eine Wechselforderung entstanden. Deshalb ist die Forderung aus Warenlieferung auszubuchen.

2. Fall: Die Wechselzahlung wird mit dem Kunden vor der Rechnungsstellung vereinbart

Wurde von Anfang an für den Warenverkauf Wechselzahlung vereinbart, wird die Forderung an den Kunden direkt als Wechselforderung gebucht.

Geschäftsvorfall		Konten	Soll	Haben
Wir verkaufen Waren gegen Wechsel.		2450 Besitzwechsel	3 480,00	
Warenwert	3 000,00 EUR	an 5000 Umsatzerl.f.Waren		3 000,00
+ 16 % USt	480,00 EUR	an 4800 Umsatzsteuer		480,00
Rechnungsbetrag	3 480,00 EUR			

11.3.1.3 Abschluss der Konten Besitzwechsel und Schuldwechsel

Das Konto **2450 Besitzwechsel** ist ein **Aktivkonto**, das Konto **4500 Schuldwechsel** ist ein **Passivkonto**. Beide Konten sind daher über das Schlussbilanzkonto abzuschließen. Beim Abschluss ist zu buchen:

- 8010 Schlussbilanzkonto   an   2450 Besitzwechsel
- 4500 Schuldwechsel   an   8010 Schlussbilanzkonto

Übungsaufgaben

177 Buchen Sie im Grundbuch die folgenden Geschäftsvorfälle!
1. 1.1 Wir liefern einem Kunden Waren im Wert von 1 850,00 EUR zuzüglich 16% USt.
   1.2 Nach Erhalt der Rechnung bittet der Kunde um Zahlung mit einem 2-Monats-Akzept. Wir stimmen zu und erhalten daraufhin vom Kunden einen akzeptierten Wechsel zugesandt.
2. 2.1 Wir erhalten von unserem Lieferer eine Rechnung über eine Warenlieferung in Höhe von 1 390,00 EUR zuzüglich 16% USt.
   2.2 Nach einigen Tagen bitten wir unseren Lieferer um Wechselzahlung. Der Lieferer stimmt zu. Wir senden daraufhin unserem Lieferer ein Akzept über den Rechnungsbetrag zu.
3. 3.1 Wir verkaufen Waren für 890,00 EUR zuzüglich 16% USt an einen Kunden gegen Wechselzahlung.
   3.2 Eine Rechnung unseres Lieferers über 2 900,00 EUR zuzüglich 16% USt wird mit einem 2-Monats-Akzept in Höhe von 2 000,00 EUR bezahlt. Die Restschuld wird mit einem Bankscheck beglichen.
   3.3 Ein Kunde akzeptiert zum Ausgleich unserer Rechnung in Höhe von 1 580,00 EUR einen auf ihn gezogenen Wechsel dieser Höhe.
   3.4 Wir kaufen von einem Lieferer Waren im Wert von 3 180,00 EUR zuzüglich 16% USt gegen Wechselakzept.

178 Bilden Sie zu den folgenden Geschäftsvorfällen die Buchungssätze!
1. Wir verkaufen Waren auf Ziel lt. AR 15/1:
   Nettowert   1 760,00 EUR
   + 16% USt   281,60 EUR   2 041,60 EUR
2. Zum Ausgleich unserer Rechnung AR 15/1 erhalten wir von unserem Kunden einen akzeptierten Wechsel über 2 041,60 EUR.
3. Ein Kunde begleicht
   eine Rechnung lt. AR 17/2 durch Banküberweisung unter Abzug von 3% Skonto
   Bruttobetrag der Rechnung   4 292,00 EUR
   − 3% Skonto   128,76 EUR   4 163,24 EUR
4. Wareneinkauf auf Ziel lt. ER 19/20
   Nettowert   6 160,00 EUR
   + 16% USt   985,60 EUR   7 145,60 EUR
5. Verkauf von Waren gegen Wechselzahlung
   Nettowert   820,00 EUR
   + 16% USt   131,20 EUR   951,20 EUR
6. Wir akzeptieren eine vom Lieferer zugesandte Tratte.
   Die Wechselsumme beträgt   6 776,00 EUR
7. Am Verfalltag löst unsere Zahlstelle (zahlende Bank)
   unser Akzept ein und belastet unser Bankkonto   6 776,00 EUR
8. Einkauf von Waren gegen Wechselzahlung
   Nettowert   3 100,00 EUR
   + 16% USt   496,00 EUR   3 596,00 EUR

11.3.2 Buchungen bei den Verwendungsmöglichkeiten von Besitzwechseln

Aus der Wirtschaftslehre wissen wir, dass Besitzwechsel auf verschiedene Weise verwendet werden können:

1. Möglichkeit: Aufbewahrung bis zum Verfalltag

Sofern der Wechselinhaber nicht sofort Bargeld benötigt, kann er den Wechsel (unter Einsparung von Diskont) bis zum Verfalltag aufbewahren und ihn dann selbst oder über seine Bank dem Bezogenen zur Einlösung vorlegen. Wird die Bank mit der Einziehung des Wechselbetrages (Inkasso) beauftragt, berechnet sie für den Einzug Spesen (Inkassospesen). Für die Buchführung können sich folgende Fälle ergeben:

Geschäftsvorfälle:	Konten	Soll	Haben
1. Für den von uns beim Bezogenen vorgelegten fälligen Wechsel über 10 000,00 EUR erhalten wir den Betrag in bar.	2880 Kasse an 2450 Besitzwechsel	10 000,00	10 000,00
2. Die Bank zieht für uns einen Wechsel über 10 000,00 EUR ein und belastet uns mit Inkassospesen in Höhe von 25,00 EUR.	2800 Bank 6750 Aufwendungen des Geldverkehrs an 2450 Besitzwechsel	9 975,00 25,00	 10 000,00

2. Möglichkeit: Einreichung eines Wechsels bei der Bank zur Diskontierung

Da die Bank schon jetzt Bargeld für einen später fälligen Wechsel zur Verfügung stellt, erhebt sie für die Überbrückungszeit Zinsen. Die Bank zahlt also nur die um die Zinsen gekürzte Wechselsumme aus. Diesen Zinsabzug nennt man **Diskont**.

Beispiel:

Geschäftsvorfälle:	Konten	Soll	Haben
Wir reichen einen Kundenwechsel über 11 000,00 EUR der Bank zur Diskontierung ein und erhalten folgende Abrechnung: Wechselsumme 11 000,00 EUR − Diskont (8 % f. 90 Tg.) 220,00 EUR Barwert zur Gutschrift 10 780,00 EUR	2800 Bank 7530 Diskontaufwand[1] an 2450 Besitzwechsel	10 780,00 220,00	 11 000,00

Anmerkung: Nach dem geltenden Umsatzsteuerrecht stellt der Diskontabzug eine nachträgliche Entgeltminderung dar, für die eine entsprechende Umsatzsteuerkorrektur vorgenommen werden kann. In der Praxis wird jedoch im Allgemeinen darauf verzichtet.

Wenn wir die angefallenen **Diskontaufwendungen dem Kunden weiterwälzen**, führt dies zu folgender Buchung:

Geschäftsvorfälle:	Konten	Soll	Haben
Wir belasten den Kunden mit Diskont in Höhe von 220,00 EUR zuzüglich 16 % USt.	2400 Ford. a. Lief. u. Leist. an 5730 Diskonterträge[2] an 4800 Umsatzsteuer	255,20	 220,00 35,20

---

[1] Nach dem geltenden Umsatzsteuerrecht stellt der Diskontabzug eine nachträgliche Entgeltminderung dar, für die eine entsprechende Umsatzsteuerkorrektur vorgenommen werden kann. In der Praxis wird jedoch im Allgemeinen darauf verzichtet.

[2] Die nachträglich dem Kunden in Rechnung gestellten Diskonterträge sind nach herrschender Rechtsauffassung als nachträgliche Erlöserhöhung anzusehen und damit umsatzsteuerpflichtig.

3. Möglichkeit: Weitergabe des Wechsels zur Zahlung einer Liefererrechnung

Geschäftsvorfälle:	Konten	Soll	Haben
Wir geben einen Wechsel über 7 500,00 EUR zahlungshalber an einen Lieferer weiter.	4400 Verb.a.Lief.u.Leist. an 2450 Besitzwechsel	7 500,00	7 500,00

11.3.3 Buchungen bei der Einlösung von Schuldwechseln

Am Verfalltag legt der Wechselinhaber dem Aussteller bzw. der Bank, bei der der Wechsel zahlbar gestellt ist, den Wechsel (Akzept) zur Einlösung (Zahlung) vor. Der Bezogene erhält nach der Zahlung den quittierten Wechsel. Erhebt die Bank für die Zahlbarstellung des Wechsels eine **Zahlstellengebühr** oder berechnet sie für die Einlösung des Wechsels **Spesen (Inkassogebühren)**, so werden diese auf dem **Konto 6750 Aufwendungen des Geldverkehrs** gebucht.

Geschäftsvorfälle:	Konten	Soll	Haben
1. Wir lösen unser Akzept über 10 000,00 EUR bar ein.	4500 Schuldwechsel an 2880 Kasse	10 000,00	10 000,00
2. Für die Einlösung unseres Akzepts belastet uns die Bank mit der Wechselsumme von 10 000,00 EUR und Spesen in Höhe von 55,00 EUR	4500 Schuldwechsel 6750 Aufw. d. Geldverkehrs an 2800 Bank	10 000,00 55,00	10 055,00

Übungsaufgaben

179 Wir haben Waren für 8 900,00 EUR zuzüglich 16 % USt auf Ziel eingekauft. Zum Rechnungsausgleich geben wir am Zahlungstermin einen Wechsel über 8 000,00 EUR weiter. Den Restbetrag begleichen wir mit einem Bankscheck.

Aufgabe: Bilden Sie die Buchungssätze!

180 Für die Einlösung eines Akzepts über 2 489,00 EUR erhalten wir die Banklastschrift.

Aufgabe: Bilden Sie den Buchungssatz!

181 1. Ein Einzelhändler vereinbart mit seinem Kunden, zum Ausgleich einer Forderung über 4 150,00 EUR einen Wechsel auf ihn zu ziehen.
2. Nach Erhalt des akzeptierten Wechsels reicht ihn der Einzelhändler bei der Bank zum Diskont ein. Die Bank berechnet 195,20 EUR Diskont.

Aufgaben
Bilden Sie für das Akzept und die Diskontierung des Wechsels die Buchungssätze!

182 Zwei Kundenwechsel werden fällig. Der erste Wechsel über 2 500,00 EUR wird in unseren Geschäftsräumen vom Kunden bar bezahlt. Der zweite Wechsel in Höhe von 1 870,00 EUR wird von unserer Bank eingezogen und gutgeschrieben. Die Bank belastet uns hierbei mit Wechselspesen in Höhe von 35,00 EUR.

Aufgabe: Bilden Sie die Buchungssätze!

183 Bilden Sie die Buchungssätze zu den folgenden Geschäftsvorfällen:

1. Wir liefern an einen Kunden Waren im Werte von 3 166,80 EUR einschließlich 16% USt.
2. Nach einigen Tagen bittet unser Kunde um Wechselzahlung. Wir stimmen zu. Vom Kunden erhalten wir den auf ihn gezogenen Wechsel akzeptiert zurück.
3. Zum Ausgleich einer Eingangsrechnung für Waren geben wir den Wechsel zahlungshalber an einen Lieferer weiter.

184 Bilden Sie die Buchungssätze zu den folgenden Geschäftsvorfällen:

1. Wir kaufen Waren im Werte von 6 206,00 EUR einschließlich 16% USt auf Ziel.
2. Nach einigen Tagen bitten wir unseren Lieferer um Wechselzahlung. Er stimmt zu. Der Lieferer zieht einen Wechsel auf uns, den wir akzeptiert zurücksenden.
3. Am Verfalltag belastet uns die Bank für die Einlösung des Wechsels mit der Wechselsumme von 6 206,00 EUR. Außerdem berechnet sie uns 55,00 EUR Spesen.

185 Sie sind Mitarbeiter der Erich Kenzelmann AG, Eschenweg 7, 97422 Schweinfurt. Bilden Sie für die folgenden zwei Belege die Buchungssätze!

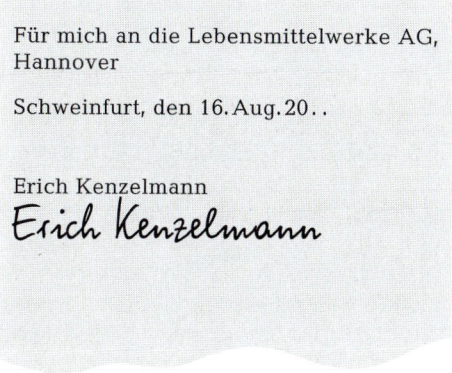

11.4 Einsatzmöglichkeiten der Datenverarbeitung beim Zahlungsverkehr

11.4.1 Moderne Zahlungsabwicklung – Bedeutung des Kassenarbeitsplatzes

Am Ende des Verkaufsvorganges in einem Einzelhandelsgeschäft, z. B. im Supermarkt, steht die Erfassung der vom Kunden gewünschten Artikel. Es müssen Nummern, Preise und Mengen als Grundlage der Rechnungserstellung ermittelt werden. Die Zufriedenheit des Kunden wird nicht zuletzt davon abhängen, ob der Kassiervorgang reibungslos, schnell und insbesondere korrekt abgewickelt wird. Hier hilft ein besonderer Zweig der modernen Datenverarbeitung, der den Einzelhandelsgeschäften elektronisch gesteuerte Kassensysteme zur Verfügung stellt.

Bestandteile von Computerkassen-Systemen

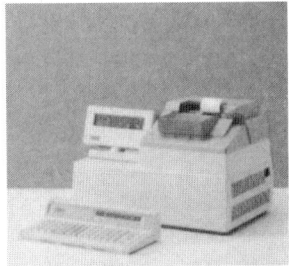
Computerkasse

Kundenanzeige

Kassendrucker

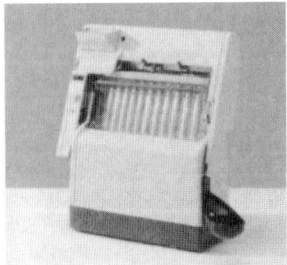
Rückgeldgeber

Geldschublade

Diskettenlaufwerk

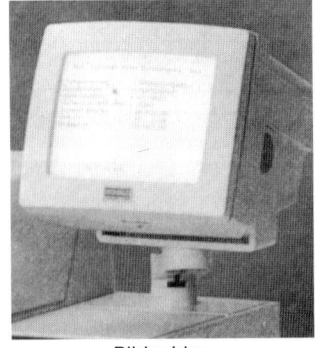
Bildschirm

Tastatur

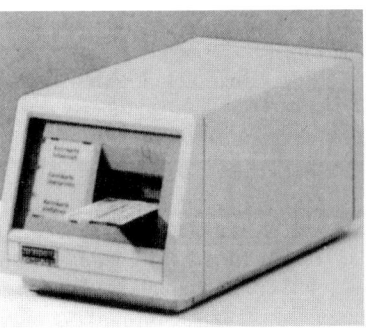
Identkartenleser

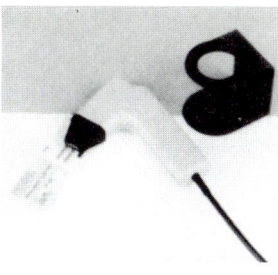 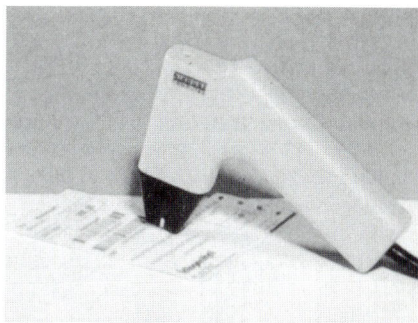

Klarschrift-Handleser   Klarschrift-Handleser

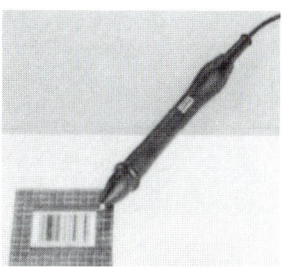 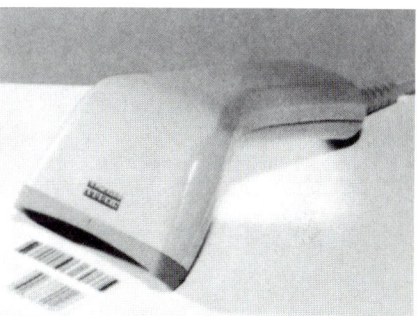

Strichcode-Lesestift   Handscanner

11.4.2 Computerunterstützte Zahlungsabwicklung beim Verkauf

- **Barzahlung**

Für diese Art der Zahlung stellt das System der Computerkasse den Rückgeldgeber sowie die herkömmliche Geldschublade zur Verfügung. Durch den Rückgeldgeber wird das Geldwechseln an der Kasse wesentlich erleichtert und die Abwicklungsgeschwindigkeit erhöht. Der Rückgeldgeber kann um einen Münzsortierer ergänzt werden. Die Geldladen entsprechen der „klassischen" Kassenanwendung. Sie öffnen sich nach vorn und geben den Zugriff auf Münz- und Banknotenfächer frei.

- **Halbbare Zahlung**

Bei der Zahlung mit eurocheque entfällt für den Kunden die im Gedränge an der Kasse mühselige Scheckausstellung. Lediglich seine Unterschrift wird notwendig. Alles Übrige, wie den Eindruck vom Zahlungsbetrag, Ausstellungsort, Ausstellungsdatum und Scheckkartennummer übernimmt der Kassendrucker. Mit der Kontrolle des Zahlungsbetrages auf seinem eurocheque schließt der Kunde den Zahlungsvorgang ab.

- **Bargeldlose Zahlung**

Der bargeldlosen Zahlung mit Scheck- oder Kreditkarten dienen die Identkartenleser. Der Magnetstreifen auf den Karten kann von diesen Geräten gelesen werden. Besteht zwischen der Computerkasse und dem Geld- bzw. Kreditkarteninstitut des Kunden eine Leitungsverbindung (z.B. über das Datennetz der Deutschen Telekom AG), so kann der Zahlungsvorgang elektronisch durch Abbuchung abgewickelt werden. Der Kunde erhält einen entsprechenden Beleg ausgedruckt. Dieser Vorgang wird als „Electronic Cash" bezeichnet.

11.4.3 Verlässlichkeit der Verkaufsdatenerfassung

Die Schlüsselbegriffe bezüglich der Verlässlichkeit der Verkaufsdatenerfassung sind „EAN" (Europäische Artikel-Nummer) einerseits und „Scanning" (engl. to scan d. h. aufmerksam, genau ansehen/ abtasten) andererseits. Die Verwendung einer allgemein anerkannten Artikelnummer und der Einsatz von äußerst genauen Lesegeräten (den Scannern) gewährleisten Datensicherheit in hohem Maße.

(1) EAN

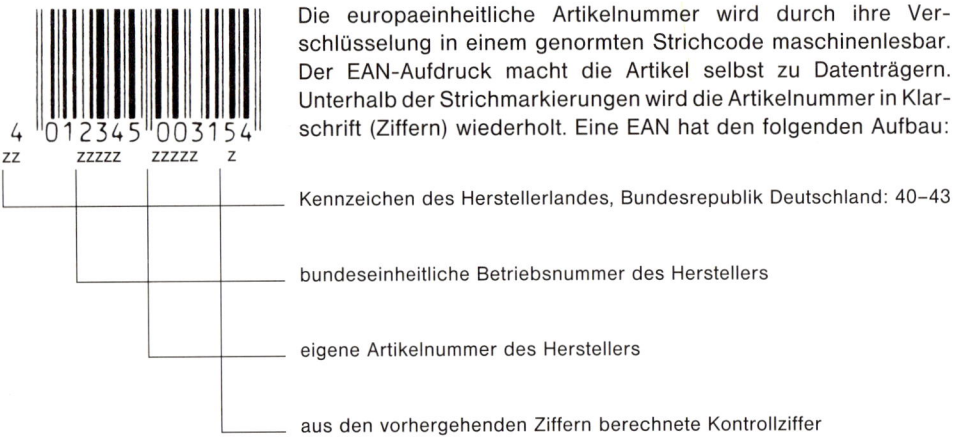

Die europaeinheitliche Artikelnummer wird durch ihre Verschlüsselung in einem genormten Strichcode maschinenlesbar. Der EAN-Aufdruck macht die Artikel selbst zu Datenträgern. Unterhalb der Strichmarkierungen wird die Artikelnummer in Klarschrift (Ziffern) wiederholt. Eine EAN hat den folgenden Aufbau:

- Kennzeichen des Herstellerlandes, Bundesrepublik Deutschland: 40–43
- bundeseinheitliche Betriebsnummer des Herstellers
- eigene Artikelnummer des Herstellers
- aus den vorhergehenden Ziffern berechnete Kontrollziffer

Die Aufgabe beim Kassieren besteht nun darin, den Strichcode, der auf dem Artikel abgebildet ist, mit einem Lesegerät zu erfassen. Die Eingabe des Preises über die Tastatur der Kasse entfällt, da die Preisinformation über die Artikelnummer aus dem Datenverarbeitungssystem abgerufen wird. Diese Tatsache hat große Auswirkungen auf die mühevolle Tätigkeit der Preisauszeichnung. Es müssen nur noch Artikel mit ihren Preisen ausgezeichnet werden, die keine EAN aufweisen. Dies bedeutet eine große Arbeitsersparnis.

Preisänderungen können bei einem derartigen Kassensystem leicht durchgeführt werden. Da zur Abrufung der Artikeldaten (Bezeichnung und Preis) aus einem kasseninternen oder zentralen Datenspeicher nur die Eingabe der EAN nötig ist, wird auch nur dort die Preisänderung vorgenommen.

(2) Scanning

Der EAN-Scanner ist ein stationäres Lesegerät. Er ist üblicherweise in der Artikelauflage des Kassentisches eingebaut. Bewegt der (die) Kassierer (in) den auf dem Artikel aufgedruckten EAN-Strichcode über ein Lesefenster, kann durch abgelenkte Laserstrahlen eine Abtastung erfolgen.

Beim Handscanner wird die Codierung der Artikelnummer durch die Annäherung des Gerätes an das Etikett des Artikels erfasst.

Bei großen Artikelteilen, die besonders unhandlich sind, muss das Lesegerät eine hohe Mobilität aufweisen. Dies gewährleistet ein Strichcode-Lesestift, der mit einem langen Kabel an der Computerkasse angeschlossen ist.

Ist der Strichcode beschädigt, kann die Ziffernfolge der Artikelnummer über die Tastatur der Computerkasse eingegeben werden oder mit einem Klarschrift-Handlesegerät („Lesepistole") abgetastet werden.

Beispiel für einen Kassenbon:

```
                    06.03. 20..

Waschpulver                  9,80
5    *       0,70
Coca-Cola                    3,50
Tabak                        3,80
                          --------
                 Summe      17,10
                 Bar        20,00
                 Rückgeld    2,90-

Vielen Dank für Ihren Einkauf!

            12.13 Uhr
```

11.4.4 Informative Belegausgabe

Die Kassendrucker sind in der Lage, sowohl informative Bons für den Kunden auszugeben, als auch betriebsinterne Belege für die Buchhaltung zu erstellen.

11.4.5 Artikelgenaue Umsatzerfassung

Die vollständige und automatische Erfassung der Verkaufsdaten bringt sowohl dem Kunden als auch dem Einzelhandelsgeschäft wesentliche Vorteile. Der Kunde erhält eine genaue Auflistung der gekauften Artikel, die er mit der ausgehändigten Ware vergleichen kann. Der Einzelhändler kann sich täglich den Umsatz der einzelnen Artikel ausdrucken lassen. Damit gewinnt er einen schnellen Überblick über „Verkaufsrenner oder -penner" und die wichtige Aufgabe der Sortimentsgestaltung wird erheblich erleichtert. In einem computerunterstützten Warenwirtschaftssystem kommt es somit zu einer Verzahnung von schneller und genauer Datenerfassung und verbesserten betriebswirtschaftlichen Auswertungsmöglichkeiten.

12 Personalwirtschaft

12.1 Unterschiedliche Bedeutung von Lohn und Gehalt für Arbeitnehmer und Arbeitgeber

Der Arbeitnehmer setzt seine Arbeitskraft im Unternehmen ein und erhält hierfür vom Arbeitgeber ein Entgelt (Lohn, Gehalt). Lohn bzw. Gehalt ist somit die Vergütung (der Preis) für die Arbeitsleistung des Arbeitnehmers.

Für den **Arbeitnehmer** stellt der Lohn (Gehalt) **Einkommen** dar, während er für den **Arbeitgeber Aufwand** bedeutet, den er über den Verkaufspreis wieder erwirtschaften muss. Die Festsetzung des Lohns bzw. Gehalts erfolgt im Arbeitsvertrag (zwischen Arbeitnehmer und Arbeitgeber), der sich an den gesetzlichen Vorschriften, am Tarifvertrag (ausgehandelt zwischen Gewerkschaften und Arbeitgeberverbänden) und an einer eventuellen betrieblichen Vereinbarung auszurichten hat. Die Lohnhöhe ist somit nicht nur eine wirtschaftliche und soziale, sondern auch eine rechtliche Frage. Zu den Personalkosten des Arbeitgebers zählen neben den Personalgrundkosten auch die so genannten Personalnebenkosten.

Die Lohnhöhe umfasst:

Personalgrundkosten	Personalnebenkosten
Direktentgelt für die geleistete Arbeit	– gesetzliche Personalnebenkosten – freiwillige /einschl. tarifliche Personalnebenkosten

Bei den **Personalnebenkosten** unterscheiden wir:

● **Gesetzliche Personalnebenkosten**

Hierzu zählen z. B.

→ der Arbeitgeberanteil für die sozialversicherungspflichtigen Arbeitnehmer an der gesetzlichen Kranken-, Renten- und Arbeitslosenversicherung sowie an der sozialen Pflegeversicherung.

→ Arbeitgeberzuschüsse (gilt nicht für Beamte)
  – für die soziale Pflegeversicherung für Arbeitnehmer, die freiwillig in der gesetzlichen Krankenkasse versichert sind.
  – für die private Pflegeversicherung für Arbeitnehmer, die wegen Überschreitens der Versicherungspflichtgrenzen nicht mehr der gesetzlichen Sozialversicherungspflicht unterliegen und eine private Krankenversicherung abgeschlossen haben.

→ Beiträge zur Unfallversicherung.

→ Lohnfortzahlungen bei so genannter bezahlter Abwesenheit (Krankheit, Mutterschutz, Fortbildung, bezahlter Feiertag).

→ sonstige Sonderabgaben (z. B. Insolvenzsicherungsabgabe, Schwerbehindertenabgabe, Ausbildungsabgabe).

● **Freiwillige (betriebliche) bzw. tariflich abgesicherte Personalnebenkosten**

Hierzu zählen z. B. Erstattung der Kosten für Fahrten zur Arbeitsstätte; verbilligte Abgabe von Speisen und Getränken; Urlaubsgeld; betriebseigene Altersversorgung; Vermögensbildung in Arbeitnehmerhand; Weihnachtsgeld, Gratifikationen (13. Monatsgehalt u. Ä.); Unterhaltung betriebseigener Freizeitheime. Da die Tarifverträge unterschiedlich ausgestattet sind, muss im Einzelfall überprüft werden, ob die jeweilige Sozialleistung tariflich festgeschrieben ist oder aber vom Arbeitgeber freiwillig gewährt wird.

Derzeit muss der Arbeitgeber auf 100,00 EUR Lohn (Gehalt), die der Beschäftigte für geleistete Arbeit erhält, noch einmal je nach Branche bis zu 80,00 EUR für gesetzliche, tarifliche und freiwillige Zusatzkosten (Lohnnebenkosten) hinzurechnen. Man spricht in diesem Zusammenhang auch vom „Lohn neben dem Lohn".

Von den Bruttobezügen werden vom Arbeitgeber die vom Arbeitnehmer zu tragenden Beträge einbehalten.

12.2 Rechtliche und wirtschaftliche Grundlagen von Lohn und Gehalt

12.2.1 Berechnung des Arbeitsentgelts

Die Höhe der Entlohnung ergibt sich heute im Allgemeinen aus Tarifverträgen, die von den Arbeitgeberverbänden und den Gewerkschaften ausgehandelt werden. Die Tarifverträge setzen die Untergrenze der Entlohnung fest, einer übertariflichen Entlohnung steht rechtlich nichts im Wege.

(1) Ermittlung des Arbeitsentgeltes

Nach § 2 LStDV gehören zum Arbeitsentgelt (Arbeitslohn) alle Einnahmen, die dem Arbeitnehmer aus dem Dienstverhältnis zufließen. Es ist gleichgültig in welcher Form oder unter welcher Bezeichnung die Einnahmen gewährt werden. Neben **(1) Geldbeträgen** können dem Arbeitnehmer auch **(2) Sachwerte** (freie Kost und Wohnung, oder Waren) zugeflossen sein. Welcher Wert für derartige Sachbezüge anzusetzen ist, richtet sich nach besonderen Verordnungen bzw. orientiert sich am Marktpreis. Neben den Sachbezügen zählen auch so genannte **(3) geldwerte Vorteile**, z. B. die kostenlose Zurverfügungstellung eines Geschäftswagens, zum Arbeitsentgelt. Dem Arbeitnehmer werden dann die ersparten Aufwendungen, die für ein eigenes Auto dieses Typs anfallen, als Arbeitslohn hinzugerechnet. In der Praxis ermittelt man diesen Wert dadurch, dass man monatlich 1 % der Anschaffungskosten des Autos als lohnsteuerpflichtiges Entgelt ansetzt.

(2) Ermittlung des steuerpflichtigen bzw. sozialversicherungspflichtigen Bruttoentgeltes

Zum steuerpflichtigen bzw. sozialversicherungspflichtigen Bruttoentgelt – wir gehen der Einfachheit halber davon aus, dass beide Beträge gleich sind – gelangen wir, wenn man vom Arbeitsentgelt die steuerfreien Entgelte abzieht. Im § 3 des EStG werden derzeit 69 steuerfreie Einnahmen aufgezählt, von denen uns hier nur einige typische Beispiele interessieren, die für steuerpflichtige Arbeitnehmer in Frage kommen.

Beispiel:

> Erhält der Arbeitnehmer anlässlich seiner Eheschließung oder der Geburt eines Kindes vom Arbeitgeber eine Zuwendung, so bleibt diese ab 01.01.2004 in Höhe von 315,00 EUR steuerfrei.
>
> Zuschüsse für typische Berufskleidung, die der Arbeitgeber gewährt, sofern sie die Kosten für die Berufskleidung nicht übersteigen.
>
> Zuschläge für geleistete Sonntags-, Feiertags- oder Nachtarbeit, bis zu einem vereinbarten Stundenlohn (Grundlohn) von 50,00 EUR.

(3) Ermittlung des Nettoentgeltes

Zieht man vom steuer- und sozialversicherungspflichtigen Bruttoentgelt die vom Arbeitnehmer zu tragende Lohn- und Kirchensteuer, den zur Zeit erhobenen Solidaritätszuschlag sowie die Sozialversicherungsbeiträge (Kranken-, Pflege-, Renten- und Arbeitslosenversicherung) ab, erhält man das Nettoentgelt.

(4) Ermittlung des Auszahlungsbetrages

Das Nettoentgelt stellt nicht zwangsläufig auch den Auszahlungsbetrag dar. In vielen Fällen wird das Nettoentgelt um bestimmte Abzugsbeträge gekürzt. Als Abzugsbeträge können z.B. in Frage kommen: vermögenswirksame Anlagen, Verrechnung von Vorschüssen, Kostenanteil für das Kantinenessen, Mietverrechnung für eine Werkswohnung, evtl. auch Lohnpfändungen.

In schematischer Darstellung erhalten wir daher folgendes Abrechnungsschema:

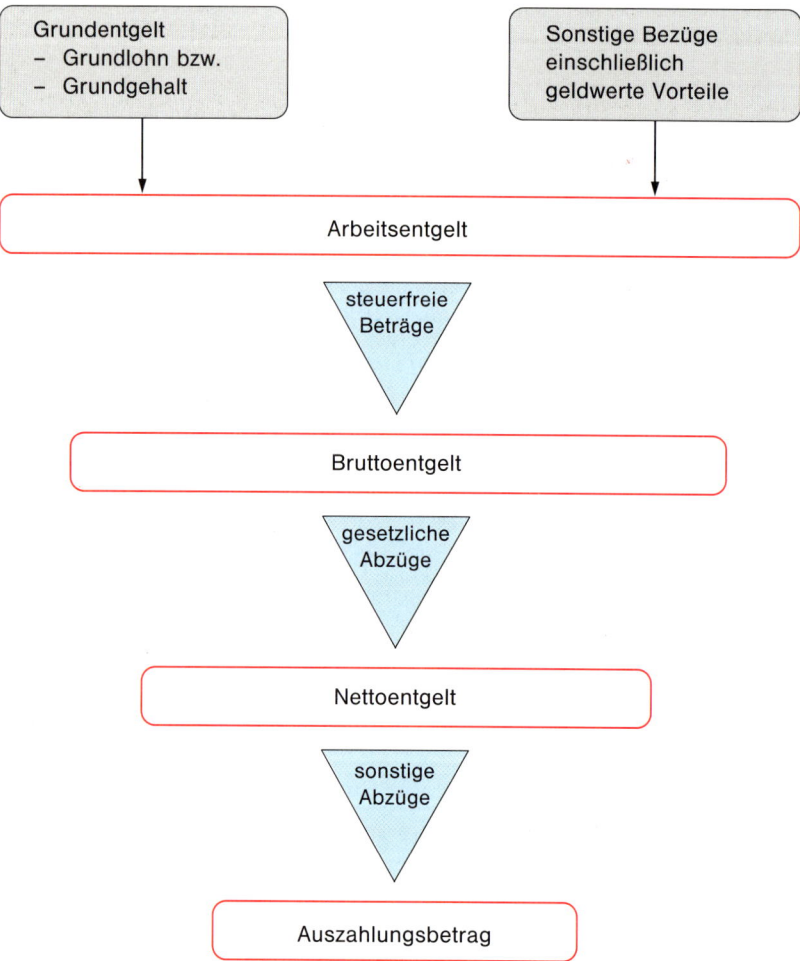

12.2.2 Berechnung der Lohnsteuer, des Solidaritätszuschlags und der Kirchensteuer

(1) Lohnsteuer und Solidaritätszuschlag

Nach dem Einkommensteuergesetz sind alle inländischen natürlichen Personen – von einer bestimmten Einkommenshöhe ab – zur Zahlung von Steuern aus dem Einkommen verpflichtet. Die Lohnsteuer ist eine Sonderform der Einkommensteuer. Besteuert werden dabei die *Einkünfte aus nichtselbstständiger Arbeit*. Die **Höhe der Lohn- bzw. Einkommensteuer** wird bestimmt durch die **Höhe des Bruttolohns** bzw. **-gehalts**, den **Familienstand**, die **Anzahl der Kinder** und durch bestimmte **Freibeträge**. Auf die Lohnsteuer wird derzeit ein Solidaritätszuschlag von 5,5 % erhoben.[1]

Die **Feststellung der Lohnsteuer, der Kirchensteuer und des Solidaritätszuschlags** erfolgt mit Hilfe von *Lohnsteuertabellen*, aus denen die entsprechenden Beträge abgelesen werden können. Die allgemeine Lohnsteuertabelle enthält sechs *Lohnsteuerklassen*, in denen die persönlichen Verhältnisse des Arbeitnehmers berücksichtigt werden.

Übersicht über die Lohnsteuerklassen

Steuer-klasse	Personenkreis	Pauschalen u. Freibeträge	EUR[2]
I	Arbeitnehmer, die (1) ledig oder geschieden sind; (2) verheiratet sind, aber von ihrem Ehegatten dauernd getrennt leben, oder wenn der Ehegatte nicht im Inland wohnt; (3) verwitwet sind.	Grundfreibetrag Arbeitnehmer-Pauschbetrag Sonderausgaben-Pauschbetrag[3]	7 664,00 920,00 36,00
II	Arbeitnehmer der Steuerklasse I, wenn in ihrer Wohnung mindestens 1 Kind gemeldet ist, für das ein Kinderfreibetrag gewährt wird.	Grundfreibetrag Arbeitnehmer-Pauschbetrag Sonderausgaben-Pauschbetrag Entlastungsbetrag[4]	7 664,00 920,00 36,00 1 308,00
III	**Verheiratete** Arbeitnehmer, von denen nur ein Ehegatte in einem Dienstverhältnis steht, und verwitwete Arbeitnehmer für das Kalenderjahr, in dem der Ehegatte verstorben ist, sowie für das folgende Kalenderjahr.	Grundfreibetrag Arbeitnehmer-Pauschbetrag Sonderausgaben-Pauschbetrag	15 328,00 920,00 72,00
IV	**Verheiratete** Arbeitnehmer, wenn **beide** Ehegatten Arbeitslohn beziehen.	Grundfreibetrag Arbeitnehmer-Pauschbetrag Sonderausgaben-Pauschbetrag	7 664,00 920,00 36,00
V	Auf Antrag verheiratete Arbeitnehmer, die unter die Lohnsteuerklasse IV fallen würden, bei denen jedoch ein Ehegatte nach Steuerklasse III besteuert wird.	Arbeitnehmer-Pauschbetrag	920,00
VI	Arbeitnehmer, die aus **mehr** als einem Arbeitsverhältnis (von verschiedenen Arbeitgebern) Arbeitslohn beziehen.		

---

1 Ein Solidaritätszuschlag wird nur erhoben, wenn die monatliche Lohnsteuer in der Steuerklasse III mehr als 162,00 EUR und in den übrigen Steuerklassen mehr als 81,00 EUR beträgt. Im Anschluss an diese Nullzone wird auf die Erhebung des vollen Satzes von 5,5 % stufenweise übergeleitet.

2 Stand Januar 2004.

3 Der Sonderausgabenpauschbetrag gilt nur für Sonderausgaben, die nicht Vorsorgeaufwendungen sind und auch nur dann, wenn nicht höhere Aufwendungen nachgewiesen werden. Daher spielt er in der Praxis im Allgemeinen keine Rolle.

4 Nach dem Bundesverfassungsgericht ist der Haushaltsfreibetrag nicht mit dem Grundgesetz vereinbar. Er wurde daher zum 01.01.2004 durch einen so genannten Entlastungsbetrag ersetzt.

Neben den in der Lohnsteuertabelle schon eingearbeiteten Pausch- und Freibeträgen kann der Steuerpflichtige noch **zusätzliche** Freibeträge in die Lohnsteuerkarte eintragen lassen.

Auszug aus der Lohnsteuertabelle

1 979,99* MONAT

Lohn/Gehalt Versorgungs-Bezug bis €		Abzüge an Lohnsteuer, Solidaritätszuschlag (SolZ) und Kirchensteuer (8%, 9%) in den Steuerklassen																			
		I–VI ohne Kinderfreibeträge				**I, II, III, IV** mit Zahl der Kinderfreibeträge ...															
							0,5			**1**			**1,5**			**2**			**2,5**		**3****	
		LSt	SolZ	8%	9%	LSt	SolZ	8%	9%	SolZ	8%	9%	SolZ	8%	9%	SolZ	8%	9%	SolZ	8%	9%	SolZ	8%	9%
1 937,99	I,IV	248,75	13,68	19,90	22,38	I 248,75	10,05	14,62	16,44	6,62	9,63	10,83	—	4,99	5,61	—	1,14	1,28	—	—	—	—	—	—
	II	218,58	12,02	17,48	19,67	II 218,58	8,47	12,33	13,87	2,51	7,48	8,42	—	3,14	3,53	—	—	—	—	—	—	—	—	—
	III	32,16	—	2,57	2,89	III 32,16																		
2 193,99	V	542,66	29,84	43,41	48,83	IV 248,75	11,83	17,22	19,37	10,05	14,62	16,44	8,30	12,08	13,59	6,62	9,63	10,83	1,93	7,25	8,15	—	4,99	5,61
	VI	574,50	31,59	45,96	51,70																				
1 940,99	I,IV	249,58	13,72	19,96	22,46	I 249,58	10,09	14,68	16,51	6,66	9,69	10,90	—	5,04	5,67	—	1,18	1,32	—	—	—	—	—	—
	II	219,41	12,06	17,55	19,74	II 219,41	8,52	12,40	13,95	2,65	7,54	8,48	—	3,19	3,59	—	—	—	—	—	—	—	—	—
	III	32,50	—	2,60	2,92	III 32,50																		
2 196,99	V	543,83	29,91	43,50	48,94	IV 249,58	11,88	17,28	19,44	10,09	14,68	16,51	8,35	12,14	13,66	6,66	9,69	10,90	2,06	7,30	8,21	—	5,04	5,67
	VI	575,66	31,66	46,05	51,80																				
1 943,99	I,IV	250,50	13,77	20,04	22,54	I 250,50	10,13	14,74	16,58	6,70	9,75	10,97	—	5,10	5,73	—	1,22	1,37	—	—	—	—	—	—
	II	220,16	12,10	17,61	19,81	II 220,16	8,56	12,46	14,01	2,80	7,60	8,55	—	3,24	3,64	—	—	—	—	—	—	—	—	—
	III	33,—	—	2,64	2,97	III 33,—																		
2 199,99	V	545,16	29,98	43,61	49,06	IV 250,50	11,93	17,35	19,52	10,13	14,74	16,58	8,39	12,21	13,73	6,70	9,75	10,97	2,21	7,36	8,28	—	5,10	5,73
	VI	576,83	31,72	46,14	51,91																				

Der Arbeitnehmer hat dem Arbeitgeber eine **Lohnsteuerkarte** vorzulegen. Sie wird jedem Arbeitnehmer von der zuständigen Gemeindeverwaltung zugestellt. Der Arbeitnehmer ist verpflichtet, diese unmittelbar seinem Arbeitgeber einzureichen. Der Arbeitgeber hat die Lohnsteuerkarte aufzubewahren. Am Ende des Jahres erhält der Arbeitnehmer die Lohnsteuerkarte mit den Angaben über Bruttoverdienst, einbehaltene Abzüge (Lohnsteuer, Solidaritätszuschlag und Kirchensteuer) wieder zurück. Sie dient dann dem Arbeitnehmer im Falle der Einkommensteuerveranlagung als Nachweis über die gezahlten Abzüge (Lohnsteuer, Solidaritätszuschlag und Kirchensteuer).

(2) Kirchensteuer

Die Kirchensteuer erheben die Kirchen von ihren Mitgliedern. Die Veranlagung erfolgt durch die Finanzämter, an die auch die Zahlungen zu leisten sind. Bei den Arbeitnehmern wird die Kirchensteuer zusammen mit der Lohnsteuer und dem Solidaritätszuschlag vom Arbeitgeber einbehalten und abgeführt. Zurzeit beträgt die Kirchensteuer 8 % bzw. 9 % (je nach Bundesland) von der zu zahlenden Lohn- bzw. Einkommensteuer, die sich nach Abzug des Kinderfreibetrags vom Bruttolohn ergibt.

Beispiel:

Die Angestellte Edda Meyer, Kramerstr. 2, 30159 Hannover, bezieht ein Bruttogehalt in Höhe von 1 940,00 EUR. Sie ist ledig (Lohnsteuerklasse I) und hat keine Kinder. Konfession: röm.-kath.

Bruttogehalt	1 940,00 EUR
Lohnsteuer lt. LSt.-Tabelle (Klasse I, ohne Kinder)	249,58 EUR
Solidaritätszuschlag	13,72 EUR
Kirchensteuer 9 %	22,46 EUR.

Die Angestellte hat insgesamt 285,76 EUR an Steuern zu entrichten. (Siehe obigen Auszug aus der Lohnsteuertabelle!)

12.2.3 Berechnung der Sozialversicherungsbeiträge

Die Sozialversicherung ist eine gesetzliche Versicherung (Pflichtversicherung), der ca. 90% der Bevölkerung angehören. Sie soll die Versicherten vor finanzieller Not bei Krankheit **(gesetzliche Krankenkasse)**, bei Arbeitslosigkeit **(gesetzliche Arbeitsförderung)**, bei Pflegebedürftigkeit **(soziale Pflegeversicherung)** und bei Erwerbsunfähigkeit, meistens aus Altersgründen **(gesetzliche Rentenversicherung)**, schützen.

Außer der Unfallversicherung, die der Arbeitgeber allein zu tragen hat, müssen Arbeitnehmer und Arbeitgeber je 50% der Beiträge zur Kranken-, Pflege-,[1] Renten- (Arbeiter- oder Angestelltenrentenversicherung) und Arbeitslosenversicherung zahlen. Die Beiträge für jeden Sozialversicherungszweig werden bis zur jeweiligen Beitragsbemessungsgrenze über einen festen Prozentsatz vom jeweiligen Bruttoverdienst berechnet. Über die Beitragsbemessungsgrenze hinaus werden keine Beiträge zur jeweiligen Sozialversicherung erhoben. Die Prozentsätze werden von den Versicherungsträgern (z.B. der betreffenden Krankenkasse) und von den politischen Gremien (z.B. für die Rentenversicherung) jedes Jahr überprüft und gegebenenfalls neu festgelegt.

Derzeit gelten für die Sozialversicherung folgende Beitragssätze bzw. Beitragsbemessungsgrenzen (ab 1. Januar 2004):

			In den alten Bundesländern	In den neuen Bundesländern
Krankenversicherung:[2] im Durchschnitt	14,5%	je nach Versicherungsträger Beitragsbemessungsgrenze:	3 487,50 EUR	3 487,50 EUR
Pflegeversicherung:[2]	1,7%	Beitragsbemessungsgrenze:	3 487,50 EUR	3 487,50 EUR
Rentenversicherung:	19,5%	Beitragsbemessungsgrenze:	5 150,00 EUR	4 350,00 EUR
Arbeitslosenversicherung:	6,5%	Beitragsbemessungsgrenze:	5 150,00 EUR	4 350,00 EUR

Beispiel 1:

Die Angestellte Edda Meyer hat von ihrem Bruttogehalt von 1 940,00 EUR folgende Sozialversicherungsbeiträge zu zahlen:

Bruttogehalt	1 940,00 EUR
Krankenvers.. (angenommener Beitragssatz 14,4% [7,2% Arbeitnehmeranteil])	139,68 EUR
Pflegeversicherung: 1,7% (0,85% Arbeitnehmeranteil)	16,49 EUR
Rentenversicherung: 19,5% (9,75% Arbeitnehmeranteil)	189,15 EUR
Arbeitslosenversicherung: 6,5% (3,25% Arbeitnehmeranteil)	63,05 EUR

Der Sozialversicherungsbeitrag des Arbeitnehmers beläuft sich auf insgesamt 408,37 EUR.

Beispiel 2:

Bruttogehalt	3 610,00 EUR
Krankenversicherung: 7,2% (von 3 487,50 EUR)	251,10 EUR
Pflegeversicherung: 0,85% (von 3 487,50 EUR)	29,64 EUR
Rentenversicherung: 9,75%	351,98 EUR
Arbeitslosenversicherung: 3,25%	117,33 EUR

Der Sozialversicherungsbeitrag des Arbeitnehmers beläuft sich auf insgesamt 750,05 EUR.

---

1 In den Bundesländern, die zur Kompensation der Arbeitgeberbeiträge keinen stets auf einen Werktag fallenden Feiertag abgeschafft haben, tragen die Arbeitnehmer anteilig 1,35% (Arbeitgeber 0,35%) des Betrags.

2 Die Arbeitnehmer-**Versicherungspflichtgrenze** („Jahresarbeitsentgeltgrenze") beträgt seit 1. Januar 2004 in der Kranken- und Pflegeversicherung (Monatsdurchschnitt einschließlich Sonderzuwendungen) 3 862,50 EUR.

Beispiel 3:

Bruttogehalt	6 230,00 EUR
Krankenversicherung: 7,2% (von 3 487,50 EUR)	251,10 EUR
Pflegeversicherung: 0,85% (von 3 487,50 EUR)	29,64 EUR
Rentenversicherung: 9,75% (von 5 150,00 EUR)	502,13 EUR
Arbeitslosenversicherung: 3,25% (von 5 150,00 EUR)	167,38 EUR
Der Sozialversicherungsbeitrag des Arbeitnehmers beläuft sich auf insgesamt 950,25 EUR.	

Die Lohnabrechnung erfolgt heute in der Regel mit Hilfe eines EDV-Programms. In dieses EDV-Programm werden die Beitragssätze der Sozialversicherung eingegeben. Das Programm rechnet dann die entsprechenden Sozialversicherungsbeiträge für jede Gehaltshöhe automatisch aus.

Erfolgt die Lohnabrechnung nicht EDV-gestützt, dann werden die Sozialversicherungsbeiträge in der Regel mit Hilfe von Beitragstabellen ermittelt. Beitragstabellen werden von den Krankenkassen herausgegeben, die ja zunächst den gesamten Sozialversicherungsbeitrag ihrer Mitglieder erhalten. Die Krankenkassen reichen dann die entsprechenden Beiträge an die Träger der Renten- und Arbeitslosenversicherung weiter.

Wir merken uns:

- Arbeitnehmer unterliegen mit ihren Einkünften aus nichtselbstständiger Arbeit der **Lohnsteuer**.
  - → Die Höhe der Lohnsteuer richtet sich nach den persönlichen Daten des Arbeitnehmers. Diese sind in der Lohnsteuerkarte vermerkt.
  - → Die Lohnsteuer, die Kirchensteuer und der Solidaritätszuschlag werden der Lohnsteuertabelle entnommen, bei der Lohnzahlung einbehalten und an das Finanzamt abgeführt.
- Die **Kirchensteuer** erheben die Kirchen von ihren Mitgliedern. Die Höhe der Kirchensteuer hängt von der Höhe der Lohnsteuer ab. Sie wird zusammen mit der Lohnsteuer einbehalten und an das Finanzamt abgeführt, das die Weiterleitung an die Kirchen vornimmt.
- Die **Sozialversicherung** ist eine **gesetzliche Pflichtversicherung**. Die Beiträge werden vom Arbeitgeber einbehalten und zusammen mit dem Arbeitgeberanteil an die zuständige Krankenkasse abgeführt.

12.3 Organisation der Lohnabrechnung (Lohnbuchhaltung)

Die Errechnung von Brutto- und Nettoentgelten findet organisatorisch in der Lohn- und Gehaltsbuchhaltung statt. Sie stellt eine Nebenbuchhaltung dar. Dazu wird in der Regel für den Arbeitnehmer ein Lohn- bzw. Gehaltskonto geführt. Die Lohn- und Gehaltskonten dienen zum Nachweis für die ordnungsmäßige Berechnung der Abzüge.

Die Abrechnungsformulare für die Lohn- und Gehaltsberechnungen sind in der Praxis unterschiedlich. Beispielhaft wird hier eine Abrechnungsmöglichkeit für die Gehaltszahlung der Angestellten Edda Meyer gezeigt.

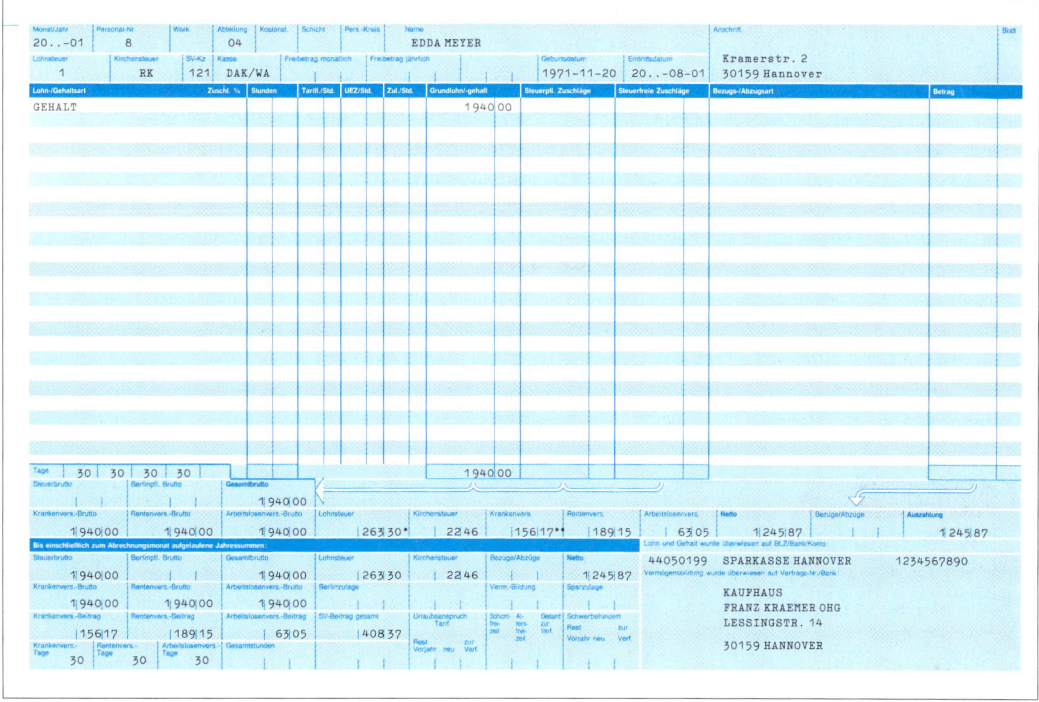

* Einschließlich des Solidaritätszuschlags.
** Der Beitrag für die Pflegeversicherung ist hier im Beitrag für die Krankenversicherung enthalten und wird zusammen mit dem Krankenversicherungsbeitrag an die Krankenkasse abgeführt.

Die auf den Lohn- und Gehaltskonten ermittelten Werte werden auf **Lohn- oder Gehaltslisten** zusammengefasst. Eine Datendiskette geht an die Hausbank und dient dieser als Buchungsgrundlage für die Gutschrift der Auszahlungsbeträge auf den einzelnen Gehaltskonten der Arbeitnehmer, falls Löhne und Gehälter vom Arbeitgeber nicht bar ausgezahlt werden. Die Arbeitnehmer erhalten auf einer gesonderten Mitteilung ihre Lohn- und Gehaltsabrechnung zugestellt. Die Lohn- bzw. Gehaltsliste geht in die Buchhaltung des Unternehmens. Sie wird als Sammelbeleg verwendet. Die Bruttoentgelte, Abzüge und Nettoentgelte sowie der Arbeitgeberanteil an der Sozialversicherung werden bei einer größeren Anzahl von Beschäftigten summarisch gebucht.

Übungsaufgaben

186 1. Ein verheirateter Mitarbeiter, dessen Ehefrau nicht berufstätig ist, erhält ein Bruttogehalt von 1 984,20 EUR. Er hat ein Kind und ist kirchensteuerpflichtig mit 9%.

Aufgabe

Erstellen Sie die Gehaltsabrechnung für den Mitarbeiter unter Verwendung des abgedruckten Auszugs aus der Lohnsteuertabelle und der Beitragssätze zur Sozialversicherung lt. Seite 311 (Krankenversicherungsbeitrag 14,6%)!

MONAT 1 980,–*

Lohn/Gehalt Versorgungs-Bezug bis €*		I–VI ohne Kinderfreibeträge				I, II, III, IV mit Zahl der Kinderfreibeträge ...																
								0,5			1			1,5			2			2,5			3**		
		LSt	SolZ	8%	9%	LSt	SolZ	8%	9%	SolZ	8%	9%	SolZ	8%	9%	SolZ	8%	9%	SolZ	8%	9%	SolZ	8%	9%
1 982,99 / 2 238,99	I,IV	261,50	14,38	20,92	23,53	I 261,50	10,71	15,58	17,52	7,24	10,53	11,84	—	6,53	—	1,78	2,—	—	—	—	—	—	—
	II	230,91	12,70	18,47	20,78	II 230,91	9,12	13,26	14,92	4,70	8,36	9,40	—	3,88	4,37	—	0,26	0,29	—	—	—	—	—
	III	38,50	—	3,08	3,46	III 38,50	—	—	—	—	—	—	—	—	—	—	—	—	—	—	—	—	—
	V	561,16	30,86	44,89	50,50	IV 261,50	12,52	18,21	20,48	10,71	15,58	17,52	8,95	13,02	14,64	7,24	10,53	11,84	4,11	8,12	9,14	—	5,80	6,53
	VI	593,50	32,64	47,48	53,41																			
1 985,99 / 2 241,99	I,IV	262,33	14,42	20,98	23,60	I 262,33	10,75	15,64	17,59	7,28	10,60	11,92	—	5,86	6,59	—	1,83	2,06	—	—	—	—	—
	II	231,75	12,74	18,54	20,85	II 231,75	9,16	13,33	14,99	4,85	8,42	9,47	—	3,94	4,43	—	0,30	0,34	—	—	—	—	—
	III	39,—	—	3,12	3,51	III 39,—	—	—	—	—	—	—	—	—	—	—	—	—	—	—	—	—	—
	V	562,33	30,92	44,98	50,60	IV 262,33	12,56	18,27	20,55	10,75	15,64	17,59	8,99	13,08	14,71	7,28	10,60	11,92	4,26	8,18	9,20	—	5,86	6,59
	VI	594,83	32,71	47,58	53,53																			
1 988,99 / 2 244,99	I,IV	263,16	14,47	21,05	23,68	I 263,16	10,79	15,70	17,66	7,32	10,66	11,99	—	5,92	6,66	—	1,87	2,10	—	—	—	—	—
	II	232,58	12,79	18,60	20,93	II 232,58	9,20	13,39	15,06	5,—	8,48	9,54	—	3,98	4,48	—	0,34	0,38	—	—	—	—	—
	III	39,50	—	3,16	3,55	III 39,50	—	—	—	—	—	—	—	—	—	—	—	—	—	—	—	—	—
	V	563,66	31,—	45,09	50,72	IV 263,16	12,60	18,34	20,63	10,79	15,70	17,66	9,03	13,14	14,78	7,32	10,66	11,99	4,41	8,24	9,27	—	5,92	6,66
	VI	595,83	32,77	47,66	53,62																			

2. Ein Mitarbeiter erhält einschließlich vermögenswirksamer Leistung des Arbeitgebers (monatlich 36,00 EUR) einen Bruttolohn von 3 610,00 EUR; Lohnsteuerklasse II/1. Abzüge: Vermögenswirksame Sparleistung 36,00 EUR, Lohnpfändung 110,00 EUR, Wareneinkauf im Betrieb 90,00 EUR zuzüglich 16% USt, Miete für Geschäftswohnung 360,00 EUR.

Aufgabe

Berechnen Sie den Auszahlungsbetrag für den Mitarbeiter! (Die Kirchensteuer beträgt 9%, der Krankenversicherungsbeitrag beläuft sich auf 14,6%.)

MONAT 3 600,–*

Lohn/Gehalt Versorgungs-Bezug bis €*		I–VI ohne Kinderfreibeträge				I, II, III, IV mit Zahl der Kinderfreibeträge ...																
								0,5			1			1,5			2			2,5			3**		
		LSt	SolZ	8%	9%	LSt	SolZ	8%	9%	SolZ	8%	9%	SolZ	8%	9%	SolZ	8%	9%	SolZ	8%	9%	SolZ	8%	9%
3 608,99 / 3 864,99	I,IV	806,83	44,37	64,54	72,61	I 806,83	39,32	57,20	64,35	34,48	50,15	56,42	29,83	43,40	48,82	25,40	36,94	41,56	21,17	30,79	34,64	17,14	24,94	28,05
	II	765,—	42,07	61,20	68,85	II 765,—	37,11	53,98	60,73	32,36	47,07	52,95	27,81	40,46	45,51	23,47	34,14	38,40	19,33	28,12	31,63	15,40	22,40	25,20
	III	444,66	24,45	35,57	40,01	III 444,66	20,85	30,33	34,12	17,35	25,24	28,39	13,95	20,29	22,82	6,36	15,50	17,44	—	10,92	12,28	—	6,74	7,58
	V	1288,25	70,85	103,06	115,94	IV 806,83	41,82	60,83	68,43	39,32	57,20	64,35	36,87	53,64	60,34	34,48	50,15	56,42	32,13	46,74	52,58	29,83	43,40	48,82
	VI	1322,75	72,75	105,82	119,04																			
3 611,99 / 3 867,99	I,IV	808,—	44,44	64,64	72,72	I 808,—	39,38	57,28	64,44	34,53	50,23	56,51	29,89	43,48	48,91	25,45	37,02	41,65	21,22	30,87	34,73	17,19	25,01	28,13
	II	766,16	42,13	61,29	68,95	II 766,16	37,17	54,07	60,83	32,42	47,16	53,05	27,87	40,54	45,60	23,52	34,22	38,49	19,38	28,19	31,71	15,45	22,47	25,28
	III	445,50	24,50	35,64	40,09	III 445,50	20,90	30,40	34,20	17,39	25,30	28,46	13,99	20,35	22,90	6,50	15,56	17,50	—	10,97	12,34	—	6,78	7,63
	V	1289,58	70,92	103,16	116,06	IV 808,—	41,88	60,92	68,54	39,38	57,28	64,44	36,93	53,72	60,44	34,53	50,23	56,51	32,18	46,82	52,67	29,89	43,48	48,91
	VI	1324,08	72,82	105,92	119,16																			
3 614,99 / 3 870,99	I,IV	809,16	44,50	64,73	72,82	I 809,16	39,44	57,38	64,55	34,59	50,32	56,61	29,95	43,56	49,01	25,51	37,10	41,74	21,27	30,94	34,81	17,24	25,08	28,22
	II	767,33	42,20	61,38	69,05	II 767,33	37,23	54,16	60,93	32,47	47,24	53,14	27,92	40,62	45,69	23,57	34,29	38,57	19,43	28,26	31,79	15,49	22,54	25,35
	III	446,33	24,54	35,70	40,16	III 446,33	20,94	30,46	34,27	17,44	25,37	28,54	14,04	20,42	22,97	6,66	15,62	17,57	—	11,02	12,40	—	6,84	7,69
	V	1291,—	71,—	103,28	116,19	IV 809,16	41,95	61,02	68,64	39,44	57,38	64,55	36,99	53,81	60,53	34,59	50,32	56,61	32,24	46,90	52,76	29,95	43,56	49,01
	VI	1325,50	72,90	106,04	119,29																			

187 Ein leitender Angestellter erhält ein Bruttogehalt von 4550,00 EUR einschließlich 36,00 EUR monatlich vermögenswirksame Leistung. Lohnsteuerklasse III/3. Anlässlich seines 10-jährigen Dienstjubiläums erhält der Angestellte eine Sonderzahlung von 250,00 EUR.[1] Abzüge: Vermögenswirksame Sparleistung 36,00 EUR, Tilgung und Zinsen für ein Arbeitgeberdarlehen 450,00 EUR, einbehaltener Vorschuss 500,00 EUR.

Aufgabe

Berechnen Sie den Auszahlungsbetrag für den Angestellten! (Die Kirchensteuer beträgt 9%, der Krankenversicherungsbeitrag beläuft sich auf 14,4%.)

Bitte beachten Sie die Beitragsbemessungsgrenzen zur Sozialversicherung auf S. 311.

MONAT	**4 770,–***																			
Lohn/Gehalt	Abzüge an Lohnsteuer, Solidaritätszuschlag (SolZ) und Kirchensteuer (8%, 9%) in den Steuerklassen																			
Versorgungs-Bezug	I–VI				I, II, III, IV															
bis € *	ohne Kinderfreibeträge				mit Zahl der Kinderfreibeträge ...															
						0,5			1			1,5			2			2,5		3**
		LSt	SolZ 8%	9%		LSt	SolZ 8%	9%	SolZ 8%	9%	SolZ 8%	9%	SolZ 8%	9%	SolZ 8%	9%	SolZ 8%	9%	SolZ 8%	9%
4 799,99 / 5 055,99	I,IV II III V VI	1311,91 1262,91 794,33 1824,25 1858,75	72,15 69,46 43,68 100,33 102,23	104,95 101,03 63,54 145,94 148,70	118,07 113,66 71,48 164,18 167,28	I II III IV	1311,91 1262,91 794,33 1311,91	66,16 63,50 39,58 69,16	96,24 92,37 57,57 100,60	108,27 103,91 64,76 113,17	60,31 57,74 35,57 66,16	87,72 83,98 51,81 96,24	98,69 94,48 58,21 108,27	54,66 52,18 31,67 63,21	79,50 75,90 46,06 91,94	89,44 85,38 51,82 103,43	49,21 46,82 27,86 60,31	71,58 68,11 40,53 87,72	80,53 76,62 45,59 98,69	43,97 41,68 24,17 57,46	63,96 60,62 35,16 83,58	71,95 68,20 39,55 94,02	38,93 36,73 20,57 54,66	56,63 53,43 29,93 79,50	63,71 60,11 33,67 89,44
4 802,99 / 5 058,99	I,IV II III V VI	1313,33 1264,25 795,33 1825,58 1860,08	72,23 69,53 43,74 100,40 102,30	105,06 101,14 63,62 146,04 148,80	118,19 113,78 71,57 164,30 167,40	I II III IV	1313,33 1264,25 795,33 1313,33	66,24 63,58 39,63 69,23	96,35 92,48 57,65 100,70	108,39 104,04 64,85 113,29	60,38 57,80 35,62 66,24	87,83 84,08 51,81 96,35	98,81 94,59 58,28 108,39	54,72 52,25 31,71 63,28	79,60 76,— 46,13 92,05	89,55 85,50 51,89 103,55	49,28 46,89 27,91 60,38	71,68 68,20 40,60 87,83	80,64 76,73 45,67 98,81	44,03 41,74 24,21 57,53	64,05 60,71 35,22 83,68	72,05 68,30 39,62 94,14	38,99 36,79 20,62 54,72	56,72 53,52 30,— 79,60	63,81 60,21 33,75 89,55

188 Von welchem Betrag wird die Kirchensteuer berechnet?
1. Vom Nettogehalt
2. Vom Bruttogehalt
3. Vom Lohnsteuerabzug
4. Vom Beitrag zur Krankenversicherung
5. Vom Beitrag zur Rentenversicherung

Aufgabe

Übertragen Sie die entsprechende Ziffer als Lösung in Ihr Hausheft!

189 Wer stellt die Lohnsteuerkarte aus?
1. Arbeitgeber
2. Das zuständige Finanzamt des Arbeitnehmers
3. Das zuständige Finanzamt des Arbeitgebers
4. Die zuständige Gemeindebehörde

Aufgabe

Übertragen Sie die entsprechende Ziffer als Lösung in Ihr Hausheft!

---

1 Die Jubiläumszuwendungen gehören in vollem Umfang zum steuerpflichtigen Arbeitslohn.

12.4 Buchungen bei Personalaufwendungen

12.4.1 Buchungen der Grundfälle bei Lohn- und Gehaltszahlungen

Die erforderlichen Buchungen lassen sich mit Hilfe der nachfolgenden Fragen ableiten. Hierbei gehen wir von der Entgeltabrechnung von Frau Edda Meyer, Mitarbeiterin des Kaufhauses Franz Kraemer OHG aus.

Arbeitgeberanteil an der Sozialversicherung	Name	Brutto-gehalt	Abzüge			Abzüge insgesamt	Nettogehalt (Auszahlungsbetrag)
			Lohnst./ Sol.-Zuschl.	Kirchensteuer	Sozialversicherung		
408,37	Edda Meyer	1 940,00	263,30	22,46	408,37	694,13	1 245,87

Aufwendungen des Arbeitgebers | Abzuführende Beträge (Verbindlichkeiten) – an das Finanzamt – an die zuständige Krankenkasse | Auszahlungsbetrag

(1) Welche Aufwendungen erwachsen dem Kaufhaus monatlich für diese Mitarbeiterin?

Für Frau Meyer hat das Kaufhaus folgende Beträge aufzuwenden:

Personalkosten (Bruttogehalt)   1 940,00 EUR
+ $^1/_2$ Sozialversicherungsbeiträge (Arbeitgeberanteil)   408,37 EUR
                                     2 348,37 EUR

Diese beiden Aufwandsposten müssen auf entsprechenden Aufwandskonten in unserer Buchführung gebucht werden: das **Bruttogehalt** auf dem Konto **6300 Gehälter**, der **Arbeitgeberanteil zur Sozialversicherung** auf dem Konto **6400 Arbeitgeberanteil zur Sozialversicherung**.

(2) Welche Abzüge werden einbehalten?

An **Lohnsteuer, Solidaritätszuschlag und Kirchensteuer** werden 285,76 EUR (249,58 EUR + 13,72 EUR + 22,46 EUR) einbehalten. Solange die einbehaltenen Steuern nicht an das Finanzamt abgeführt sind, stellen sie für das Unternehmen Verbindlichkeiten dar. Die Buchung erfolgt auf dem Konto **4830 Sonstige Verbindlichkeiten gegenüber Finanzbehörden**.

Die **einbehaltenen Sozialversicherungsbeiträge** umfassen 408,37 EUR. Sie müssen an die zuständige Krankenkasse weitergeleitet werden. Solange dies noch nicht erfolgt ist, stellen die einbehaltenen Sozialversicherungsbeiträge ebenso wie der Arbeitgeberanteil Verbindlichkeiten dar. Die Buchung erfolgt auf dem Konto **4840 Verbindlichkeiten gegenüber Sozialversicherungsträgern**.

(3) Welcher Betrag wird monatlich an Frau Meyer ausbezahlt?

Frau Meyer erhält das Nettogehalt in Höhe von 1 245,87 EUR ausgezahlt. In Höhe dieses Betrages erfolgt bei der Gehaltsauszahlung ein Abgang auf dem Zahlungskonto. Bei Bankzahlung, wie wir annehmen wollen, bedeutet das eine Habenbuchung auf dem Bankkonto.

(4) Wann sind diese Beträge zu begleichen?

Die einbehaltenen Steuerbeträge sind bis zum 10. des folgenden Monats und die Sozialversicherungsbeiträge bis zum 15. des folgenden Monats an die zuständigen Stellen zu entrichten. Da die Beträge an unterschiedliche Stellen gehen, erfolgen zwei Zahlungen.

Den anfallenden Buchungen liegen somit **drei** Vorgänge zugrunde:

(1) **Gehaltszahlung.**
(2) **Erfassung des Arbeitgeberanteils zur Sozialversicherung.**
(3) **Zahlung der noch abzuführenden Beträge**
   a) an das Finanzamt,
   b) an die zuständige(n) Krankenkasse(n).

Geschäftsvorfälle:

(1) Wir zahlen Gehalt an unsere Mitarbeiterin Edda Meyer durch Banküberweisung:

Bruttogehalt		1 940,00 EUR
– Abzüge:		
Lohnsteuer	249,58 EUR	
Solidaritäts-zuschlag	13,72 EUR	
Kirchensteuer	22,46 EUR	
Sozialvers.	408,37 EUR	694,13 EUR
Auszahlungsbetrag		1 245,87 EUR

(2) Der Arbeitgeberanteil zur Sozial-versicherung beträgt 408,37 EUR

(3) Zahlung der noch abzuführenden Beträge durch Banküberweisung
- an das Finanzamt 285,76 EUR
- an die zuständige Krankenkasse 816,74 EUR

Buchung auf den Konten:

S	6300 Gehälter		H
2830/1940,00 4830/4840			

S	6400 Arbeitgeber SV		H
4840	408,37		

S	2800 Bank		H
AB	7120,00	6300	1245,87
		4830	285,76
		4840	816,74

S 4830 Sonst.Verb.g.Finanzb.			H
2800	285,76	6300	285,76

S 4840 Verb. geg. Sozialvers.			H
2800	816,74	6300	408,37
		6400	408,37

Buchungssätze

(1)

Konten	Soll	Haben
6300 Gehälter	1 940,00	
an 2800 Bank		1 245,87
an 4830 Sonst. Verbindlichk. geg. Finanzbehörden		285,76
an 4840 Verbindlichkeiten geg. Sozialversicherungsträger		408,37

(2)

Konten	Soll	Haben
6400 Arbeitgeberanteil zur Sozialversicherung	408,37	
an 4849 Verbindlichkeiten geg. Sozialversicherungsträger		408,37

(3)

Konten	Soll	Haben
4830 Sonst. Verbindlichkeiten gegenüber Finanzbehörden	285,76	
an 2800 Bank		285,76
4840 Verbindlichkeiten geg. Sozialversicherungsträger	816,74	
an 2800 Bank		816,74

Anmerkung: Die Beiträge zur **gesetzlichen Unfallversicherung** trägt der Arbeitgeber allein. Zu buchen ist auf dem Konto **6420 Beiträge zur Berufs-genossenschaft**.

Übungsaufgaben

190 Bilden Sie die Buchungssätze zu den folgenden Geschäftsvorfällen!

1.

Gehaltsliste Monat Juni				
Bruttogehälter	LSt, Sol.-Zuschlag und Kirchensteuer	Sozialversicherung	Banküberweisung	Arbeitgeberanteil
25 440,00	3 869,00	5 342,40	16 228,60	5 342,40

2. Wir überweisen die einbehaltenen Sozialversicherungsbeiträge für unsere Mitarbeiter in Höhe von 10 684,80 EUR durch die Bank.

3. Banküberweisung des Gehalts in Höhe von brutto 2 980,00 EUR an eine Mitarbeiterin. Sozialversicherung 627,29 EUR, Lohnsteuer, Solidaritätszuschlag und Kirchensteuer 339,34 EUR. Der Arbeitgeberanteil zur Sozialversicherung beträgt 627,29 EUR.

4. Wir zahlen einbehaltene Abzüge (Lohnsteuer, Solidaritätszuschlag und Kirchensteuer) in Höhe von 4 670,00 EUR sowie die fällige Einkommensteuer des Geschäftsinhabers in Höhe von 3 120,80 EUR durch Banküberweisung.

5. Wir überweisen Beiträge zur Unfallversicherung in Höhe von 1 480,00 EUR durch die Bank.

6. Wir begleichen eine Liefererverbindlichkeiten in Höhe von   4 779,20 EUR
abzüglich 3 % Skonto   143,38 EUR
durch Banküberweisung   4 635,82 EUR

7. Zahlung des privaten Krankenversicherungsbeitrags in Höhe von 580,00 EUR über das Geschäftskonto bei der Bank.

191 Beschreiben Sie die Auswirkungen eines Steuerfreibetrages auf der Lohnsteuerkarte für die Gehaltsabrechnung!

192

Gehaltsliste Monat Oktober					
Bruttogehalt	Lohnsteuer/ Sol.-Zuschlag	Kirchensteuer	Sozialversicherung	Gesamtabzüge	Auszahlung Bank
30 390,00	4 686,00	393,00	6 397,10	11 476,10	18 913,90

Aufgaben

Bilden Sie die Buchungssätze
1. für die Gehaltsabrechnung lt. Gehaltsliste,
2. für den Arbeitgeberanteil zur Sozialversicherung!
3. Die einbehaltenen Abzüge für das Finanzamt und die einbehaltenen Abzüge für die Sozialversicherung sowie der Arbeitgeberanteil zur Sozialversicherung werden am 10. bzw. 15. November durch die Bank überwiesen.

193 Die Prokuristin Frieda Fleißig hat ein Bruttogehalt von 4 773,40 EUR. Sie ist röm.-kath., unterliegt der Lohnsteuerklasse I und erhält einen Kinderfreibetrag.

Aufgaben

1. Erstellen Sie die Gehaltsabrechnung aufgrund der abgedruckten Lohnsteuertabelle! Zu den Abzügen für die Sozialversicherung vergleichen Sie bitte die Angaben auf Seite 311.
(Die Kirchensteuer beträgt 9 %; der Krankenversicherungsbeitrag beläuft sich auf 14,8 %.)

2. Bilden Sie die Buchungssätze zu der erstellten Gehaltsabrechnung (Banküberweisung)!

MONAT	4 770,–*																				
Lohn/Gehalt	Abzüge an Lohnsteuer, Solidaritätszuschlag (SolZ) und Kirchensteuer (8%, 9%) in den Steuerklassen																				
	I–VI				I, II, III, IV																
Versorgungs-Bezug	ohne Kinderfreibeträge				mit Zahl der Kinderfreibeträge ...																
					0,5			1			1,5			2			2,5			3**		
bis € *	LSt	SolZ	8%	9%	LSt	SolZ	8%	9%	SolZ	8%	9%	SolZ	8%	9%	SolZ	8%	9%	SolZ	8%	9%	SolZ	8%	9%
4772,99 / 5028,99	I,IV 1299,83 / II 1250,75 / III 786,– / V 1812,00 / VI 1846,58	71,49 / 68,79 / 43,23 / 99,66 / 101,65	103,98 / 100,06 / 62,88 / 144,96 / 147,72	116,98 / 112,56 / 70,74 / 163,08 / 166,19	I 1299,83 / II 1250,75 / III 786,– / IV 1299,83	65,50 / 62,85 / 39,13 / 68,49	95,28 / 91,42 / 56,92 / 99,62	107,19 / 102,84 / 64,03 / 112,07	59,67 / 57,11 / 35,13 / 65,50	86,79 / 83,07 / 51,10 / 95,28	97,64 / 93,45 / 57,49 / 107,19	54,04 / 51,57 / 31,24 / 62,56	78,60 / 75,02 / 45,44 / 91,–	88,43 / 84,39 / 51,12 / 102,37	48,62 / 46,24 / 27,45 / 59,67	70,72 / 67,26 / 39,93 / 86,79	79,56 / 75,66 / 44,92 / 97,64	43,39 / 41,11 / 23,76 / 56,83	63,12 / 59,80 / 34,57 / 82,66	71,01 / 67,28 / 38,89 / 92,99	38,39 / 36,19 / 20,18 / 54,04	55,84 / 52,65 / 29,36 / 78,60	62,82 / 59,23 / 33,03 / 88,43
4775,99 / 5031,99	I,IV 1301,16 / II 1252,08 / III 786,83 / V 1813,41 / VI 1847,91	71,56 / 68,86 / 43,27 / 99,73 / 101,63	104,09 / 100,16 / 62,94 / 145,07 / 147,83	117,10 / 112,68 / 70,81 / 163,20 / 166,31	I 1301,16 / II 1252,08 / III 786,83 / IV 1301,16	65,57 / 62,92 / 39,17 / 68,56	95,38 / 91,52 / 56,98 / 99,73	107,30 / 102,96 / 64,10 / 112,19	59,74 / 57,18 / 35,18 / 65,57	86,90 / 83,17 / 51,17 / 95,38	97,76 / 93,56 / 57,55 / 107,30	54,11 / 51,64 / 31,28 / 62,63	78,70 / 75,11 / 45,50 / 91,10	88,54 / 84,50 / 51,19 / 102,49	48,68 / 46,31 / 27,50 / 59,74	70,81 / 67,36 / 40,– / 86,90	79,66 / 75,78 / 45,– / 97,76	43,46 / 41,18 / 23,81 / 56,90	63,22 / 59,90 / 34,64 / 82,76	71,12 / 67,38 / 38,97 / 93,11	38,44 / 36,25 / 20,22 / 54,11	55,92 / 52,74 / 29,41 / 78,70	62,91 / 59,33 / 33,08 / 88,54
4778,99 / 5034,99	I,IV 1302,50 / II 1253,41 / III 787,83 / V 1814,75 / VI 1849,25	71,63 / 68,93 / 43,33 / 99,81 / 101,70	104,20 / 100,27 / 63,02 / 145,18 / 147,94	117,22 / 112,80 / 70,90 / 163,32 / 166,43	I 1302,50 / II 1253,41 / III 787,83 / IV 1302,50	65,65 / 62,99 / 39,23 / 68,64	95,49 / 91,63 / 57,06 / 99,84	107,42 / 103,08 / 64,19 / 112,32	59,81 / 57,25 / 35,23 / 65,65	87,– / 83,27 / 51,25 / 95,49	97,87 / 93,68 / 57,65 / 107,42	54,17 / 51,70 / 31,34 / 62,70	78,80 / 75,21 / 45,58 / 91,21	88,65 / 84,61 / 51,28 / 102,61	48,75 / 46,37 / 27,54 / 59,81	70,91 / 67,45 / 40,06 / 87,–	79,77 / 75,88 / 45,07 / 97,87	43,52 / 41,24 / 23,85 / 56,97	63,31 / 59,98 / 34,69 / 82,86	71,22 / 67,48 / 39,02 / 93,22	38,50 / 36,31 / 20,26 / 54,17	56,01 / 52,82 / 29,48 / 78,80	63,01 / 59,42 / 33,16 / 88,65

194 Bilden Sie für die Eisenwarenhandlung David Otto KG die Buchungssätze zu folgenden Geschäftsvorfällen!

1. Wir zahlen das Gehalt eines Mitarbeiters durch Banküberweisung
   Bruttogehalt .... 2 140,00 EUR
   – Lohnsteuer/Solidaritätszuschlag .... 405,81 EUR
   – Kirchensteuer .... 30,71 EUR
   – Sozialversicherungsbeiträge .... 438,70 EUR   875,22 EUR
   = Auszahlungsbetrag .... 1 264,78 EUR

   Der Arbeitgeberanteil zur Sozialversicherung ist noch zu buchen   438,70 EUR

2. Wir zahlen Löhne per Banküberweisung aufgrund einer Lohnliste:
   Bruttolöhne .... 85 600,00 EUR
   – LSt, Solidaritätszuschlag und KSt .... 25 680,00 EUR
   – Sozialversicherungsbeiträge .... 16 606,40 EUR   42 286,40 EUR
   = Auszahlungsbetrag .... 43 313,60 EUR

   Der Arbeitgeberanteil zur Sozialversicherung ist noch zu buchen   16 606,40 EUR

3. Wir überweisen per Bank die einbehaltenen Steuerbeträge
   (siehe Fälle 1 u. 2) .... 26 116,52 EUR

4. Wir überweisen per Bank die Sozialversicherungsbeiträge
   (siehe Fälle 1 u. 2) .... 34 090,20 EUR

5. Wir zahlen den Beitrag an die Berufsgenossenschaft
   mit Banküberweisung .... 2 150,00 EUR

6.

Kontonummer 118 260	KREISSPARKASSE RAVENSBURG		Bankleitzahl 650 501 10	
Buchungs-tag	Tag der Wertstellung	Verwendungszweck/Buchungstext	Buchungs-nummer	alter Kontostand 0,00 +
24.01.20..	24.01.20..	SCHECK FRITZ HUTTER KG RV-ZS 290 KFZ-VERSICHERUNG LT: RECHNUNG VOM 10.01	1234	7 590,00 +
23.01.20..	23.01.20..	WÜRTT.GEMEINDE-VERSICH.	1235	1 135,80 −
24.01.20..	24.01.20..	STAHLWERKE WERNER AG	1236	827,60 −
24.01.20..	24.01.20..	ÜBERW. FRITZ ZEH KG	1237	4 720,00 +

EISENWARENHANDLUNG
DAVID OTTO KG
HUMPISSTR. 8
88212 RAVENSBURG

neuer Kontostand: 10 346,60 +

Kontoauszug vom 25.01.20.. Auszug 9 Blatt 1

7. Wir zahlen eine Liefererrechnung über per Bankscheck		1 650,00 EUR
8. Bankabbuchung des Zeitungsverlages für unser Abonnement von Fachzeitschriften + 7 % USt	210,00 EUR 14,70 EUR	224,70 EUR
9. Folgende Kunden zahlen einen Rechnungsbetrag per Bankscheck: Maierhofer KG Sandleben GmbH	10 000,00 EUR 3 750,00 EUR	13 750,00 EUR
10. Wir buchen die Tageslosung (16 % USt)		9 280,00 EUR
11. Wir zahlen Bareinnahmen auf das Bankkonto ein		22 500,00 EUR
12. Ein Kunde zahlt eine Rechnung über mit Bankscheck		2 320,00 EUR
13. Die Bank bucht die Januar-Miete für das Lagergebäude per Dauerauftrag von unserem Bankkonto ab		4 300,00 EUR
14. Wir ziehen eine Forderung an einen Kunden per Banklastschrift ein		2 000,00 EUR
15. Die Stromwerke buchen die Stromrechnung für den Monat Januar in Höhe von 891,00 EUR zuzüglich 16 % USt vom Bankkonto ab!		
16. Ein Kunde überweist einen Rechnungsbetrag in Höhe von auf unser Bankkonto.		1 721,00 EUR
17. Wir ziehen die Januar-Miete für ein vermietetes Grundstück von unserem Mieter per Banklastschrift ein		500,00 EUR

12.4.2 Zahlung und Verrechnung von Vorschüssen

(1) Auszahlung von Vorschüssen

Geschäftsvorfall:	Konten	Soll	Haben
Unser Mitarbeiter Franz Heine erhält einen Gehaltsvorschuss von 100,00 EUR in bar. Bilden Sie den Buchungssatz!	2650 Forderungen an Mitarbeiter an 2880 Kasse	100,00	100,00

Erläuterungen:

Bei der Kasse ergibt sich ein Abgang von 100,00 EUR, daher erfolgt eine Habenbuchung auf dem Kassenkonto. Für die von uns geleistete Vorauszahlung haben wir noch die Gegenleistung in Form der Arbeitsleistung zu „fordern". Insofern ist der hier ausgewiesene Vorschuss eine Forderung besonderer Art. Die Buchung erfolgt auf der Sollseite des **Kontos 2650 Forderungen an Mitarbeiter**.

(2) Verrechnung von Vorschüssen

Die Vorauszahlung wird – je nach Vereinbarung – bei der nächsten Gehaltsabrechnung ganz oder teilweise verrechnet.

Geschäftsvorfall:	Konten	Soll	Haben
Bruttogehalt 1 730,00 EUR – Lohnsteuer, Sol.-Zuschl. und Kirchensteuer 278,40 EUR – Sozialvers.-Beiträge 354,65 EUR Nettogehalt 1 096,95 EUR – Vorschuss 100,00 EUR Banküberweisung 996,95 EUR Bilden Sie den Buchungssatz	6300 Gehälter an 4830 Sonstige Verbindlichkeiten gegenüber Finanzbehörden an 4840 Verbindlichkeiten gegenüber Sozialversicherungsträgern an 2650 Ford. an Mitarbeiter an 2800 Bank	1 730,00	278,40 354,65 100,00 996,95

Erläuterungen:

Dadurch, dass der Vorschuss bei der Gehaltszahlung abgezogen wird, ist die Forderung an den Mitarbeiter erloschen. Für die Auszahlung auf dem Zahlungskonto (Bank oder Kasse) ergibt sich ein um den Vorschuss geminderter Betrag.

Wir merken uns:

- Bei der **Zahlung von Vorschüssen** haben wir für unsere geldliche Vorleistung noch die Arbeitsleistung zu fordern. Daher ist das **Konto 2650 Forderungen an Mitarbeiter** anzusprechen (Sollbuchung).

- Wird die **Vorauszahlung** bei der nächsten Lohn- und Gehaltszahlung **verrechnet**, müssen auch die ausgewiesenen Vorschüsse auf dem **Konto 2650 Forderungen an Mitarbeiter** ausgebucht werden (Habenbuchung).

Übungsaufgaben

195

Gehaltsliste Monat Mai					
Bruttogehalt	LSt, Sol.-Zuschl. und KSt	Sozial-versicherung	Verrechneter Vorschuss	Banküber-weisung	Arbeitgeber-anteil
31 200,00	4 440,00	6 567,60	2 400,00	17 792,40	6 567,60

Aufgaben

Bilden Sie die Buchungssätze
1. für die Gehaltsabrechnung lt. Gehaltsliste,
2. für den Arbeitgeberanteil zur Sozialversicherung!
3. Die einbehaltenen Abzüge für das Finanzamt und die einbehaltenen Abzüge für die Sozialversicherung sowie der Arbeitgeberanteil zur Sozialversicherung werden am 10. bzw. 15. Juni durch Banküberweisung weitergeleitet.

196 Bilden Sie unter Verwendung nebenstehender Konten die Buchungssätze zu folgenden Gehaltsbuchungen:
1. Barzahlung eines Gehaltsvorschusses an einen Angestellten.
2. Gehaltsabrechnung: Banküberweisung unter Einbehaltung der Abzüge (LSt, Sol.-Zuschlag, Kirchensteuer, Sozialversicherungsbeitrag und ausgezahlter Vorschuss).
3. Arbeitgeberanteil zur Sozialversicherung (noch nicht abgeführt).
4. Banküberweisung der einbehaltenen Abzüge und des Arbeitgeberanteils zur Sozialversicherung.

2650 Forderungen an Mitarbeiter
2800 Bank
2880 Kasse
4830 Sonstige Verbindlichkeiten gegenüber Finanzbehörden
4840 Verbindlichkeiten gegenüber Sozialversicherungsträgern
6300 Gehälter
6400 Arbeitgeberanteil zur Sozialversicherung

197 Bilden Sie zu folgenden Geschäftsvorfällen die Buchungssätze!
1. Lohnzahlung durch Banküberweisung (Steuerklasse IV/0):
   Bruttolohn   2 319,00 EUR
   – Lohnsteuer, Solidaritätszuschlag und Kirchensteuer   413,62 EUR
   – Sozialversicherung   478,87 EUR
   – einbehaltener Vorschuss   240,00 EUR
   Auszahlungsbetrag   1 186,51 EUR

   Der Arbeitgeberanteil zur Sozialversicherung ist zu buchen   478,87 EUR

2. Wir überweisen die einbehaltenen Beträge (Geschäftsfall 1) durch die Bank
   – an das Finanzamt   413,62 EUR
   – an die zuständige Krankenkasse   957,74 EUR

3. Einer unserer Mitarbeiter erhält einen Gehaltsvorschuss in Höhe von
   per Bank überwiesen.   800,00 EUR

4. Wir überweisen einbehaltene Abzüge durch die Bank:
   – an das Finanzamt   548,00 EUR
   – an die zuständige Krankenkasse   1 520,96 EUR

5. Wir zahlen den Handelskammerbeitrag mit Bankscheck   490,00 EUR

6. Banküberweisung an die Berufsgenossenschaft
   für Berufsgenossenschaftsbeiträge   4 180,00 EUR

7. Auszahlung eines Gehaltsvorschusses bar
   an einen Angestellten   2 000,00 EUR

198 I. **Kontenplan**

0510, 0810, 0840, 2000, 2400, 2600, 2650, 2800, 2880, 3000, 3001, 4400, 4800, 4830, 4840, 5000, 6000, 6002, 6300, 6400, 7020, 7030, 8010, 8020

II. **Anfangsbestände**

0510 Bebaute Grundstücke 200 000,00 EUR; 0810 Ladenausstattung 60 850,00 EUR; 0840 Fuhrpark 12 250,00 EUR; 2000 Waren 80 650,00 EUR; 2400 Forderungen aus Lieferungen und Leistungen 25 730,00 EUR; 2800 Bank 15 300,00 EUR; 2880 Kasse 3 950,00 EUR; 3000 Eigenkapital 372 930,00 EUR; 4400 Verbindlichkeiten aus Lieferungen und Leistungen 25 800,00 EUR.

III. **Geschäftsvorfälle**

1. Barabhebung vom Bankkonto   5 000,00 EUR
2. Gehaltszahlung bar lt. folgender Gehaltsliste:

Name	Steuer-klasse	Brutto-gehalt	LSt/SolZ	Kirchen-steuer	Sozial-abgaben	Gesamt-abzüge	Netto-gehalt
Busch	III/1	3 040,00	288,99	15,10	627,45	931,54	2 108,46
Frick	I/0	1 860,00	240,44	20,51	381,30	642,25	1 217,75
Summen		4 900,00	529,43	35,61	1 008,75	1 573,79	3 326,21

Buchung des Arbeitgeberanteils zur Sozialversicherung   1 008,75 EUR

3. Bankbelastungen für
   3.1 Kraftfahrzeugsteuer   1 200,00 EUR
   3.2 Grundsteuer (betrieblich)   850,00 EUR
   3.3 Grundsteuer (privat)   350,00 EUR

4. Wir überweisen per Bank die einbehaltenen Steuerbeträge
   lt. obiger Gehaltsliste   649,37 EUR

5. Warenverkauf auf Ziel an verschiedene
   Großabnehmer   120 000,00 EUR
   + 16% USt   19 200,00 EUR   139 200,00 EUR

6. Ein Angestellter erhält einen Vorschuss bar   250,00 EUR

7. Wir zahlen eine Liefererrechnung (16% USt)
   durch Banküberweisung   5 800,00 EUR
   − 2% Skonto   116,00 EUR   5 684,00 EUR

8. Warenverkauf auf Ziel   10 000,00 EUR
   + 16% USt   1 600,00 EUR   11 600,00 EUR

9. 9.1 Gehaltszahlung bar:
       Bruttogehalt   1 500,00 EUR
       − Lohnsteuer, Sol.-Zuschl. u. Kirchensteuer   105,80 EUR
       − Sozialversicherungsbeiträge   294,00 EUR
       − Vorschuss (siehe Fall 6)   250,00 EUR   649,80 EUR
       = Auszahlungsbetrag   850,20 EUR

   9.2 Der Arbeitgeberanteil zur Sozialversicherung
       in Höhe von 294,00 EUR ist noch zu buchen.

10. Wir kaufen Waren auf Ziel   9 500,00 EUR
    + 16 % USt   1 520,00 EUR   11 020,00 EUR

IV. Abschlussangaben

1. Warenschlussbestand lt. Inventur: 40 000,00 EUR.
2. Die Zahllast ist zu passivieren.

V. Aufgabe

1. Richten Sie für die angegebenen Anfangsbestände die Konten ein und tragen Sie die Anfangsbestände vor!
2. Bilden Sie die Buchungssätze!
3. Buchen Sie die Geschäftsvorfälle und schließen Sie die Konten über das Schlussbilanzkonto ab!

199 Bilden Sie zu den folgenden Geschäftsvorfällen die Buchungssätze!

1. Wir zahlen einen Gehaltsvorschuss in bar   800,00 EUR
2. Wir zahlen Gehalt bar:
   Bruttogehalt (Lohnsteuerklasse II/1)   1 592,00 EUR
   – Lohnsteuer, Solidaritätszuschlag
     und Kirchensteuer   129,49 EUR
   – Sozialversicherungsbeiträge   328,75 EUR
   – Teilrückzahlung des Vorschusses (Fall 1)   150,00 EUR   608,24 EUR
   = Auszahlungsbetrag   983,76 EUR
3. Wareneinkauf auf Ziel   2 280,00 EUR
   + Frachtkosten   20,00 EUR
   + 16 % USt   368,00 EUR   2 668,00 EUR
4. Wir zahlen eine Lieferrechnung (16 % USt) bar 1 450,00 EUR
   – 2 % Skonto   29,00 EUR   1 421,00 EUR

12.4.3 Buchung vermögenswirksamer Leistungen

(1) Darstellung der Rechtsgrundlagen des 5. VermBG

Wegen der Kompliziertheit des Gesetzes können hier nur die wesentlichen Punkte in vereinfachter und verkürzter Form dargestellt werden.

- **Vermögenswirksame Leistungen** sind Geldleistungen, die der Arbeitgeber für den Arbeitnehmer in Form bestimmter Vermögensbildungen anlegt. Diese Vermögensbildung für Arbeitnehmer wird unter bestimmten Voraussetzungen staatlich gefördert.

- Vermögenswirksame Leistungen sind für den Arbeitnehmer arbeitsrechtlich Bestandteil des Lohns oder Gehalts, sie sind deshalb **lohnsteuer- und sozialversicherungspflichtig.**

- Vermögenswirksame Leistungen sind für den Arbeitgeber Aufwendungen, die im Rahmen der **Lohnabrechnung**[1] getrennt auszuweisen sind.

---

1 In der Praxis wird dafür ein besonderes Konto geführt. Der vorliegende Kontenrahmen sieht das jedoch nicht vor.

- Der Arbeitnehmer hat für die angelegte **vermögenswirksame Sparleistung** Anspruch auf eine Arbeitnehmersparzulage, sofern
  - die vermögenswirksame Sparleistung den Betrag von 470,00 EUR im Kalenderjahr nicht übersteigt und
  - das zu versteuernde Einkommen den Betrag von 17 900,00 EUR, bei Zusammenveranlagung 35 800,00 EUR im Kalenderjahr nicht übersteigt.
- Die **Arbeitnehmersparzulage** beträgt für bestimmte Anlageformen (z. B. Bausparverträge) 9 Prozent der vermögenswirksamen Sparleistung, soweit diese 470,00 EUR jährlich nicht übersteigt. Sie gilt arbeitsrechtlich nicht als Bestandteil des Lohns oder Gehalts. Sie unterliegt daher weder der Lohnsteuer- noch der Sozialversicherungspflicht. Die Arbeitnehmersparzulage wird auf Antrag des Arbeitnehmers vom zuständigen Finanzamt jährlich auf Antrag festgesetzt und nach Ablauf der für die Anlage geltenden Sperrfrist ausbezahlt.

  Daneben können **zusätzlich** vermögenswirksame Leistungen bis zu einem Höchstbetrag von 400,00 EUR in betriebliche oder außerbetriebliche Beteiligungen (Aktien, Beteiligungen am arbeitgebenden Unternehmen durch stille Beteiligung oder Darlehensgewährung) getätigt werden. Die darauf gewährte Arbeitnehmersparzulage beträgt 18 Prozent.[1] Dadurch erhöht sich die begünstigungsfähige vermögenswirksame Leistung auf insgesamt 870,00 EUR (470,00 EUR + 400,00 EUR) und die mögliche Arbeitnehmersparzulage auf insgesamt 114,30 EUR.
- Vermögenswirksame Leistungen können in Einzelverträgen, in Betriebsvereinbarungen, in Tarifverträgen oder in bindenden Festsetzungen vereinbart werden. Sind keine vermögenswirksamen Leistungen vereinbart, kann der Arbeitnehmer verlangen, dass Teile seines Arbeitslohnes vermögenswirksam angelegt werden. Für sie hat er dann ebenfalls einen Anspruch auf die Arbeitnehmersparzulage.

(2) Buchhalterische Darstellung

Beispiel:

Bruttogehalt		2 275,00 EUR
+ vermögenswirksame Leistung		39,00 EUR
= steuer- und sozialversicherungspflichtiges Gehalt (Steuerklasse I/0)		2 314,00 EUR
Abzüge: Lohnsteuer	359,41 EUR	
Solidaritätszuschlag	19,76 EUR	
Kirchensteuer (9 %)	32,34 EUR	
Sozialversicherung	487,10 EUR	
vermögenswirksame Sparleistung	39,00 EUR	937,61 EUR
= Auszahlungsbetrag in bar		1 376,39 EUR

Der Arbeitgeberanteil zur Sozialversicherung in Höhe von 487,10 EUR ist zu buchen.

Aufgaben:
1. Buchen Sie die Gehaltsabrechnung auf den Konten und bilden Sie die Buchungssätze!
2. Die einbehaltenen Abzüge (einschließlich des Arbeitgeberanteils zur Sozialversicherung) werden durch die Bank überwiesen
   - an das Finanzamt,
   - an die zuständige Krankenkasse,
   - an das Institut, bei dem die vermögenswirksame Leistung angelegt werden soll.

---

[1] Für Arbeitnehmer mit Wohnsitz in den neuen Bundesländern beträgt der Zulagesatz 22 Prozent.

Lösungen:

S	6300 Gehälter	H
2880/4830/4840/4860	2314,00	

S	6400 Arbeitgeberanteil zur Sozialversicherung	H
4840	487,10	

Werden die einbehaltenen Beträge sowie der Arbeitgeberanteil an die zuständigen Stellen überwiesen, fallen folgende Buchungen an:

(1) Überweisung der einbehaltenen Lohnsteuer, des Solidaritätszuschlags sowie der Kirchensteuer an das Finanzamt

(2) Überweisung der abzuführenden Sozialversicherung

(3) Überweisung der vermögenswirksamen Anlage an die Bausparkasse bzw. Bank

S	2880 Kasse	H
AB	2000,00	6300 1376,39

S	4830 So.Verb.geg.Finanzbeh.	H
2800	411,51	6300 411,51

S	4840 Verb.geg.Sozialvers.-trägern	H
2800	974,20	6300 487,10
		6400 487,10

S	4860 Verbindlichkeiten aus vermögensw. Leistungen	H
2800	39,00	6300 39,00

S	2800 Bank	H
AB	3500,00	4830 411,51
		4840 974,20
		4860 39,00

Buchungssätze:

Gehaltsbuchung:

Konten	Soll	Haben
6300 Gehälter	2314,00	
an 2880 Kasse		1376,39
an 4830 So. Verb. geg. Finanzbeh.		411,51
an 4840 Verb.g. Sozialversicherungstr.		487,10
an 4860 Verb. aus verm. Leistungen		39,00
6400 Arbeitg. Sozialversicherung	487,10	
an 4840 Verb. g. Sozialversicherungstr.		487,10

Abführung der einbehaltenen Beträge:

Konten	Soll	Haben
4830 So. Verb. geg. Finanzbeh.	411,51	
an 2800 Bank		411,51
4840 Verb. g. Sozialversicherungstr.	974,20	
an 2800 Bank		974,20
4860 Verb. aus verm. Leistungen	39,00	
an 2800 Bank		39,00

Erläuterungen zur Gehaltsbuchung:

Die vermögenswirksamen Leistungen stellen direkte Sondervergütungen („sonstige Bezüge") dar. Wir erfassen sie der Einfachheit halber direkt auf dem Konto **6200 Löhne bzw. 6300 Gehälter**. In der Praxis sind sie getrennt nach Anlageform gesondert zu erfassen.

- Durch die Einbehaltung der vermögenswirksamen Sparleistung wird der Auszahlungsbetrag gekürzt. Bis zur Weiterleitung an die betreffende Institution (z.B. Bank, Bausparkasse usw.) handelt es sich bei diesem Betrag um eine Verbindlichkeit des Betriebes. Daher: Habenbuchung auf dem **Konto 4860 Verbindlichkeiten aus vermögenswirksamen Leistungen.**

- Die einbehaltenen Abzüge (Lohnsteuer, Solidaritätszuschlag und Kirchensteuer) bzw. die einbehaltenen Sozialversicherungsbeiträge stellen ebenfalls Verbindlichkeiten des Betriebes dar. Daher: Habenbuchung auf den **Konten 4830 Sonstige Verbindlichkeiten gegenüber Finanzbehörden** und **4840 Verbindlichkeiten gegenüber Sozialversicherungsträgern.**

- Die Auszahlung des Gehaltes erfolgt über die Kasse. Daher: Habenbuchung auf dem **Konto 2880 Kasse.**

> **Wir merken uns:**
>
> - Die **vermögenswirksame Leistung des Arbeitgebers** führt für den Arbeitnehmer zu einer Erhöhung des Bruttogehalts (Bruttolohns) und ist damit steuer- und sozialversicherungspflichtig.
> - Die **vermögenswirksamen Sparleistungen** werden bei der Lohn- bzw. Gehaltsauszahlung einbehalten und an die entsprechende Stelle weitergeleitet. Bis zur Weiterleitung stellen sie für den Betrieb eine Verbindlichkeit dar.
> - Für die vermögenswirksame Sparleistung erhält der Arbeitnehmer vom Staat eine steuer- und sozialversicherungsfreie **Arbeitnehmersparzulage**, die je nach Anlageform 10 % oder 20 % beträgt.

Übungsaufgaben

200 1. Bilden Sie die Buchungssätze zu den folgenden Geschäftsvorfällen!

Name	Steuerklasse	Bruttolohn	vermögenswirks. Leist.	Lohnsteuer/ Sol.-Zuschlag	Kirchensteuer 9 %	Sozialabgaben	vermögenswirks. Sparzul.	Auszahlungsbetrag (Bank)
Sonne	I/1	2 860,00	20,00	563,67	34,64	606,03	39,00	1 636,66
Lieb	III/3	2 910,00	20,00	255,16	–	616,75	39,00	2 019,09
Kramer	IV/0	2 070,00	20,00	308,58	26,32	439,94	39,00	1 276,16
Peter	II/1	3 108,00	20,00	613,37	38,52	658,44	28,00	1 789,67
		10 948,00	80,00	1 740,78	99,48	2 321,16	145,00	6 721,58

Der Arbeitgeberanteil zur Sozialversicherung in Höhe von 2 321,16 EUR ist zu buchen.

2. Ein Angestellter erhält einen Gehaltsvorschuss von 350,00 EUR in bar

3. Wir zahlen Gehalt durch Banküberweisung brutto   1 975,00 EUR
    + vermögenswirksame Leistung des Betriebes lt. Tarifvertrag   30,00 EUR
    + freiwillige vermögenswirksame Leistung des Betriebes   22,00 EUR

    = steuer- und sozialversicherungspflichtiges
        Gehalt (Steuerklasse I/0)   2 027,00 EUR
    − Abzüge:
        Lohnsteuer, Solidaritätszuschlag u. Kirchensteuer   314,09 EUR
        Sozialversicherung   426,70 EUR
        Vermögenswirksame Sparleistung   39,00 EUR   779,79 EUR

    Auszahlungsbetrag   1 247,21 EUR

    Arbeitgeberanteil zur Sozialversicherung   426,70 EUR

4. Wir überweisen einbehaltene Abzüge sowie den Arbeitgeberanteil zur Sozialversicherung durch die Bank
    – an das Finanzamt   1 020,30 EUR
    – an die zuständige Krankenkasse   1 320,50 EUR

201 Bilden Sie zu den folgenden Geschäftsvorfällen die Buchungssätze!

1. Barabhebung vom Bankkonto — 5 000,00 EUR

2. Wir zahlen eine Liefererrechnung mit Bankscheck — 2 100,00 EUR

3. Bankbelastungen für
   Gewerbesteuer — 1 550,00 EUR
   Provisionszahlung an unseren Vertreter einschl. 16% USt — 986,00 EUR

4. Wir überweisen einbehaltene Beträge für Lohn- und Kirchensteuer und den Solidaritätszuschlag durch Banküberweisung — 1 016,00 EUR

5. Verkauf von Waren auf Ziel
   netto — 874,00 EUR
   + 16% USt — 139,84 EUR
   — 1 013,84 EUR

6. Kauf von Waren auf Ziel netto — 8 700,00 EUR
   + 16% USt — 1 392,00 EUR
   — 10 092,00 EUR

7. Wir zahlen eine Liefererrechnung durch Banküberweisung — 3 200,00 EUR

8. Ein Angestellter erhält einen Vorschuss bar — 1 500,00 EUR

9. Für eine verspätete Zahlung stellt uns der Lieferer Zinsen in Rechnung: — 215,00 EUR

10. 10.1 Gehaltszahlung bar (Steuerklasse III/2):
    Bruttogehalt — 1 847,00 EUR
    + vermögenswirksame Leistung des Betriebes (freiwillig) — 30,00 EUR
    steuer- und sozialversicherungspflichtiges Gehalt — 1 877,00 EUR
    – Abzüge:
    Lohnsteuer, Solidaritätszuschlag und Kirchensteuer — 23,66 EUR
    Sozialversicherung — 394,17 EUR
    Vermögenswirksame Sparleistung — 39,00 EUR
    Vorschuss — 160,00 EUR
    — 616,83 EUR
    Auszahlungsbetrag — 1 260,17 EUR

    10.2 Buchung des Arbeitgeberanteils zur Sozialversicherung — 394,17 EUR

11. Beantworten Sie folgende Verständnisfragen!

    11.1 An wen muss der Arbeitgeber Lohnsteuer, Solidaritätszuschlag und Kirchensteuer sowie die Sozialversicherungsbeiträge abführen?

    11.2 Erklären Sie, wie es zu einem Vorsteuerüberschuss kommen kann!

    11.3 Nach welchen Gesichtspunkten wird eine Bilanz gegliedert?

12.5 Einsatzmöglichkeiten der DV in der Personalwirtschaft

(1) Datenerfassung

In der kaufmännischen Praxis hat sich der Einsatz der elektronischen Datenverarbeitung bereits sehr früh im Bereich der Personalwirtschaft durchgesetzt. Klassische Anwendungsbereiche sind die Lohn- und Gehaltsabrechnung und alle abhängigen Nebenarbeiten, wie zum Beispiel die Lohn- und Gehaltsauszahlungen sowie der Schriftverkehr mit dem Finanzamt und den Sozialversicherungsträgern.

Aufgrund vertraglicher und gesetzlicher Vorschriften ist der Betrieb gezwungen, eine Vielzahl von Informationen aus der Personalwirtschaft mit der „Außenwelt" auszutauschen. Das folgende Schaubild zeigt diese Beziehungen.

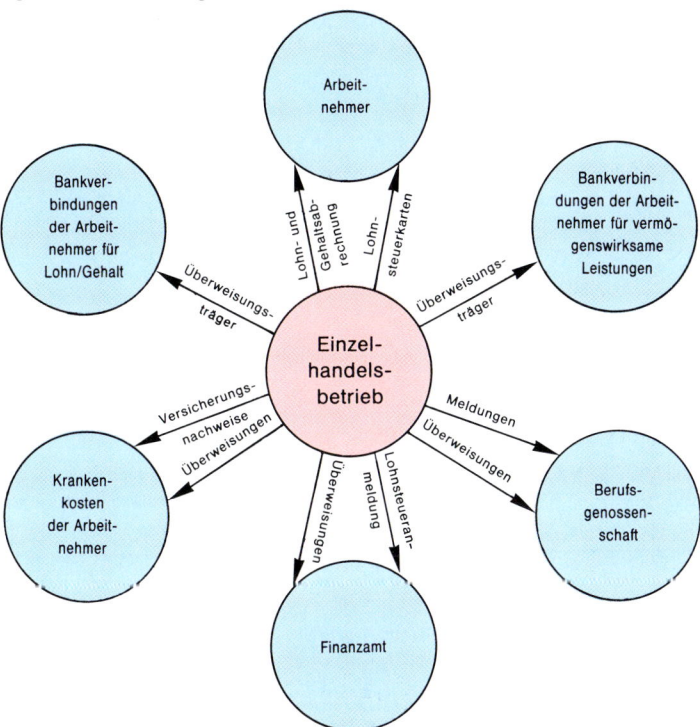

Darüber hinaus müssen für die Geschäfts- und Betriebsbuchführung sowie für die Verwaltung zusätzliche Unterlagen bereitgestellt werden:

Als Beispiel mögen dienen:
- Lohn-/Gehaltskonten
- Buchungslisten
- Personalkosten nach Kostenstellen
- Mitarbeiterinformationen (Urlaub, Krankenstand)

Diese vielfältigen Auswertungen können von einem Lohn- und Gehaltsprogramm erstellt werden. Voraussetzung hierfür ist eine gut organisierte Datenspeicherung, die mindestens die folgenden Informationen enthält:

1. **Feste Daten** z. B.
   - Beitragsbemessungsgrenzen
   - Beitragssätze für Arbeitgeber und Arbeitnehmer zur Sozialversicherung
2. **Daten der Krankenkassen** z. B.
   - Art (Ersatzkasse/gesetzliche Kasse)
   - Anschrift
   - Zahlstelle
3. **Daten der Banken** z. B.
   - Bankleitzahl
   - Name
   - Anschrift

   Diese Daten können auch für das Gesamtunternehmen zusammen mit der Bankverbindung der Lieferanten und Kunden gespeichert sein.
4. **Daten der Lohn/Gehaltsarten** z. B.
   - pauschalierte Löhne
   - Gehälter
   - Löhne
   - steuerfreie Bezüge
5. **Stammdaten der Arbeitnehmer**
   - persönliche Daten z. B.
     - Personalnummer
     - Name
     - Titel
     - Vorname
     - Straße
     - Postleitzahl
     - Wohnort
     - Familienstand
     - Geburtsdatum
   - Einsatzdaten z. B.
     - Kostenstelle
     - Tarifgruppe
     - Eintrittsdatum
     - Austrittsdatum
   - Zuordnungsschlüssel für z. B.
     - Krankenkasse
     - Freibeträge
     - Kinderzahl
     - Kirchensteuerberechnung
     - Berufsgenossenschaft
   - Urlaubsdaten
   - Zahlungen nach dem Vermögensbildungsgesetz z. B.
     - Bank
     - Empfänger
     - Vertragsart
   - Bankverbindung
     - Bank-Nr.
     - Konto-Nr.
     - Konto-Inhaber
   - feste Bezüge/Abzüge z. B.
     - Vermögensbildung
     - Mieten für Mitarbeiterwohnung
     - Lohnpfändung
6. **Variable Lohn-/Gehaltsdaten, die im Rahmen der monatlichen Abrechnung zu erfassen sind, z. B.**
   - Urlaub
   - Krankentage
   - Arbeitstage
   - Arbeitsstunden

Der EDV-Einsatz hat gegenüber der manuellen Verarbeitung neben den Vorteilen der höheren Verarbeitungsgeschwindigkeit und Rechengenauigkeit den Vorteil, dass alle Daten nur einmal erfasst werden müssen.

Die Programme der Personalwirtschaft verbinden die erfassten variablen Daten mit den Stammdaten, sodass die oben angeführten Belege und Auswertungen als Ergebnis der monatlichen und jährlichen Abschlussarbeiten entstehen. Gleichzeitig besteht die Möglichkeit zur Übergabe der erfassten Daten in die Finanzbuchführung.

(2) Schutz der persönlichen Daten der Mitarbeiter

Wie wir gesehen haben, werden in der Personalwirtschaft viele private Daten der Mitarbeiter gespeichert. Es ist leicht einzusehen, dass die Mitarbeiter ein hohes Interesse an der vertraulichen Behandlung dieser Informationen haben. Das Bundesdatenschutzgesetz (BDSG) regelt die Behandlung dieser Daten. Dort heißt es:

> **§ 1 Zweck und Anwendungsbereich des Gesetzes.** (1) Zweck dieses Gesetzes ist es, den Einzelnen davor zu schützen, dass er durch den Umgang mit seinen personenbezogenen Daten in seinem Persönlichkeitsrecht beeinträchtigt wird.

Beispiel für eine EDV-erstellte Gehaltsabrechnung:

Kontrollzahl: 5604/

Abrechnung der Brutto-Netto-Bezüge Monat: JULI 20..GB Datum 31.Juli Blatt:

Personal-Nr.	Name, Vorname	Eintritt	Abt.-Nr.	St.-Tg.	SV-Tg.	KK-Nr.	St.-Kl.	Kinderzahl	Konf.	Sozialvers.-Schlüssel K R A G U / V V V V M	Arb. Ang. Ausz.	Freibetrag
0004		010890	0000	1		20	III	0	1	1 1 1 0 2	1	

LA					Bezahlte Zeit Stunden Tage	%-Zuschlag	Faktor	Brutto-Betrag
001	LOHN/GEHALT							2684,00

								Gesamt-Brutto
Einm. Bez. 450,00								2684,00

Steuer-Brutto	Sozialvers.-Brutto	Lohnsteuer	Kirchensteuer	Solidaritätszus.	Krankenvers.*	Rentenvers.	Arbeitsl.-vers.	Gesetzl. Abzüge
2684,00	2684,00	184,66	16,61	4,53	210,69	261,69	87,23	765,41

	Netto-Bezüge / Netto-Abzüge	Netto-Verdienst
	Nr. Bezeichnung	

Herrn/Frau/Fräulein

Heinz Peter
Schillerstr. 2
48155 Münster

Verdienstbescheinigung

Bank:	Konto-Nr.:	Bankleitzahl:	Auszahlung
BETRAG ERHALTEN			1918,59

Arbeitgeber:
Lebensmittelhaus Manfred Mitter e. Kfm.
Otto-Hahn-Str. 17, 48161 Münster

* Der Beitrag für die Pflegeversicherung ist im Beitrag für die Krankenversicherung enthalten und wird zusammen mit dem Krankenversicherungsbeitrag (Beitragssatz 14%) an die Krankenkasse abgeführt.

In der Personalwirtschaft muss in erster Linie der Schutz vor unbefugtem Zugriff und missbräuchlicher Nutzung sichergestellt sein. Hierzu sind organisatorische und personelle Maßnahmen notwendig. Zu den organisatorischen Maßnahmen gehören programminterne Prüfungen der Nutzungsberechtigung (z.B. Passwords) sowie die Zugangskontrolle zu den entsprechenden Verarbeitungsgeräten, um sicherzustellen, dass nur befugte Mitarbeiter mit den schutzwürdigen Daten umgehen.

Als eine personelle Maßnahme schreibt § 28 Bundesdatenschutzgesetz für Betriebe mit mehr als 5 Arbeitnehmern die Bestellung eines betrieblichen Datenschutzbeauftragten vor. Zu seinen Aufgaben gehören unter anderem die Überwachung der ordnungsgemäßen Anwendung der Programme, mit denen personenbezogene Daten verarbeitet werden, und die Unterrichtung der Mitarbeiter, die mit personenbezogenen Daten umgehen, über die Erfordernisse des Datenschutzes.

(3) Einsatz der Tabellenkalkulation im Rahmen der Lohn- und Gehaltsabrechnung

Im Rahmen der Lohn-/Gehaltsabrechnung kann die Tabellenkalkulation eine gute Hilfe sein. Im abgedruckten Beispiel (vgl. Seite 333) gehen wir davon aus, dass die Beitragssätze für die Sozialversicherung als Prozentsätze in Spalte „B" eingegeben werden. Der Bruttolohn, der zunächst nicht die Beitragsbemessungsgrenze der Krankenversicherung überschreiten soll, wird ebenfalls in die Spalte „B" eingegeben. Die Lohn- und Kirchensteuerbeträge sowie der Solidaritätszuschlag werden mit Hilfe der Lohnsteuertabelle ermittelt und in Spalte „B" eingegeben.

Unter diesen Voraussetzungen lässt sich leicht eine Rechentabelle erstellen. Der Ausdruck auf Seite 333 zeigt die Realisierung mit Hilfe eines Tabellenkalkulationssystems. Mit Hilfe dieser Tabelle können nun unterschiedliche Aufgabenstellungen gelöst werden.

Übungsaufgabe

202
1. Erstellen Sie die auf Seite 333 abgebildete Tabelle!
2. Berechnen Sie die Auszahlungsbeträge für die Mitarbeiter:
   Karla Krumm
   Steuerklasse V, keine Kinderfreibeträge, Bruttoarbeitslohn: 1 725,30 EUR,
   Lohnsteuer: 459,16 EUR, Kirchensteuer: 41,32 EUR, Solidaritätszuschlag: 25,25 EUR,
   Krankenversicherung 7,25 % und
   Kordula Kleiner
   Steuerklasse II, 1 Kinderfreibetrag, Bruttoarbeitslohn: 2 318,81 EUR,
   Lohnsteuer: 327,50 EUR, Kirchensteuer: 17,15 EUR, Solidaritätszuschlag: 10,48 EUR,
   Krankenversicherung 7,25 %.
3. Verändern Sie Ihre Tabelle, indem Sie die Tatsache der Beitragsbemessungsgrenzen in der Renten- und Arbeitslosenversicherung (z.B. 2004: 5 150,00 EUR) sowie in der Kranken- und Pflegeversicherung (z.B. 2004: 3 487,50 EUR) berücksichtigen!
4. Berechnen Sie mit der veränderten Tabelle die Auszahlungsbeträge für die Mitarbeiter:
   Willi Wirgel
   Steuerklasse I, keine Kinderfreibeträge, Bruttoarbeitslohn: 3 425,10 EUR,
   Lohnsteuer: 737,08 EUR, Kirchensteuer: 66,33 EUR, Solidaritätszuschlag: 40,53 EUR,
   Krankenversicherung 7,25 % und
   Bernhard Brummer
   Steuerklasse III, 2 Kinderfreibeträge, Bruttoarbeitslohn: 4 800,00 EUR,
   Lohnsteuer: 795,33 EUR, Kirchensteuer: 45,67 EUR, Solidaritätszuschlag: 27,91 EUR,
   Krankenversicherung 7,25 %.

	A	B	C	D
1	**Lohn/Gehaltsabrechnung**		Monat:	Juni
2				
3	Name:	Fleißig	Steuerklasse:	II
4	Vorname:	Frieda	Kinderfreibeträge:	2,00
5				
6				
7	Bruttobetrag:	1.600,34 €		1.600,34 €
8	Lohnsteuer:	130,16 €		130,16 €
9	Kirchensteuer:	0,00 €		0,00 €
10	Solidaritätszuschlag:	0,00 €		0,00 €
11	**Arbeitnehmer Beiträge zur Sozialversicherung:**			
12	Krankenversicherung:	7,25%	116,02 €	
13	Pflegeversicherung:	0,85%	13,60 €	
14	Rentenversicherung:	9,75%	156,03 €	
15	Arbeitslosenversicherung:	3,25%	52,01 €	
16	Sozialversicherung Arbeitnehmeranteil:			337,66 €
17	**Auszahlungsbetrag:**			1.132,52 €

	A	B	C	D
2				
3	Name:	Fleißig	Steuerklasse:	II
4	Vorname:	Frieda	Kinderfreibeträge:	2
5				
6				
7	Bruttobetrag:	1600,34		=B7
8	Lohnsteuer:	130,16		=B8
9	Kirchensteuer:	0		=B9
10	Solidaritätszuschlag:	0		=B10
11	**Arbeitnehmer Beiträge zur Sozialversicherung:**			
12	Krankenversicherung:	0,0725	=RUNDEN(D7*B12;2)	
13	Pflegeversicherung:	0,0085	=RUNDEN(D7*B13;2)	
14	Rentenversicherung:	0,0975	=RUNDEN(D7*B14;2)	
15	Arbeitslosenversicherung:	0,0325	=RUNDEN(D7*B15;2)	
16	Sozialversicherung Arbeitnehmeranteil:			=SUMME(C12:C15)
17	**Auszahlungsbetrag:**			**=D7-SUMME(D8:D16)**

13 Anlagenwirtschaft

13.1 Kauf von Anlagegütern

Zum Anlagevermögen zählen die Vermögensposten, die dem Einzelhandelsunternehmen *langfristig* dienen. Sie werden nur *allmählich verbraucht* (z. B. Gebäude, Büromaschinen, Fuhrpark). Beim Erwerb werden die Güter des Anlagevermögens mit ihren **Anschaffungskosten** erfasst.

> **Wir merken uns:**
>
> Die **Anschaffungskosten** umfassen den **Nettopreis** (ohne Umsatzsteuer) des Anlagegutes und alle mit dem Erwerb zusammenhängenden **Nebenkosten** bzw. **Fremdleistungen** (z. B. Transport- und Versicherungskosten, Zölle, Montagekosten, Notariats- und Gerichtskosten). Erhaltene **Nachlässe** (wie Rabatte, Skonti, Boni) sind abzuziehen.

Die **Berechnung der Anschaffungskosten** erfolgt somit nach folgendem Schema:

Anschaffungspreis:	Nettopreis ohne Umsatzsteuer
− Anschaffungspreisminderungen:	z. B. Rabatte, Skonti, Boni, sonstige Nachlässe.
+ Anschaffungsnebenkosten:	Typische Beispiele sind: Transport-, Umbau-, Montagekosten, Aufwendungen für Provisionen, Notariats-, Gerichts- und Registerkosten.
= Anschaffungskosten	

Buchhalterisch gesehen ist die Anschaffung eines Anlagegutes ein **erfolgsunwirksamer** Vorgang. Es findet lediglich ein **Aktivtausch** statt (z. B. Barkauf eines Autos: Zugang auf dem Konto 0840 Fuhrpark, Abgang auf dem 2880 Konto Kasse) oder eine **Aktiv-Passiv-Mehrung** (z. B. beim Kreditkauf eines Autos: Zugang auf dem Konto 0840 Fuhrpark und Zugang auf dem Konto 4400 Verbindlichkeiten aus Lieferungen und Leistungen).

> **Beispiel:**
> Kauf einer Ladentheke zu Beginn der Geschäftsperiode gegen Rechnungsstellung. Nettopreis: 19 730,00 EUR zuzüglich 16 % USt. Die Rechnung wird später durch Banküberweisung unter Abzug von 3 % Skonto beglichen.
>
> **Aufgaben:**
> 1. Berechnen Sie die Anschaffungskosten!
> 2. Buchen Sie die Geschäftsvorfälle auf Konten!
> 3. Bilden Sie die Buchungssätze!
>   3.1 Bei der Anschaffung,
>   3.2 bei der Zahlung!

Lösungen:

Zu 1.: Berechnung der Anschaffungskosten

Anschaffungspreis	19 730,00 EUR
− 3 % Skonto	591,90 EUR
= Anschaffungskosten	19 138,10 EUR

Zu 2.: Buchung auf den Konten

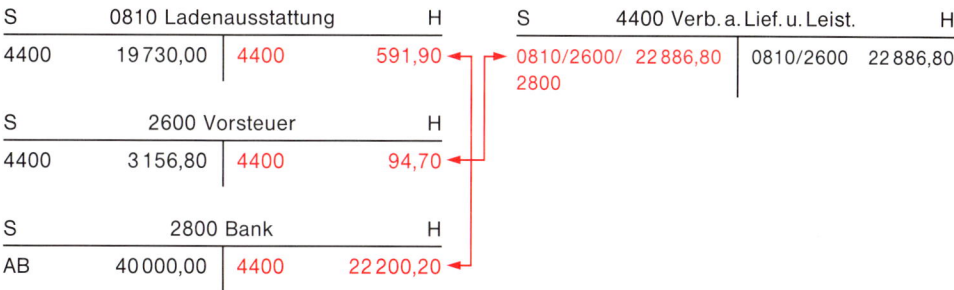

Erläuterungen zu den Zahlungsgrundlagen für die Buchführung:

Bei der Anschaffung:

Anschaffungskosten	19 730,00 EUR
+ 16 % USt	3 156,80 EUR
Verbindlichkeiten	22 886,80 EUR

Berechnung des Zahlungsbetrages:

Rechnungsbetrag	22 886,80 EUR
− 3 % Skonto	686,60 EUR
Banküberweisung	22 200,20 EUR

Aufteilung des Skontobetrages:

116 % ≙ 686,60 EUR
 16 % ≙   x EUR   x = 94,70 EUR

Skontobetrag brutto	686,60 EUR
− Vorsteuerkorrektur	94,70 EUR
Skontobetrag netto	591,90 EUR

Zu 3.: Buchungssätze

Geschäftsvorfälle	Konten	Soll	Haben
3.1 Kauf einer Ladentheke 19 730,00 EUR zuzüglich 16 % USt.	0010 Ladenausstattung 2600 Vorsteuer an 4400 Verb. a. L. u. L.	19 730,00 3 156,80	 22 886,80
3.2 Zahlung der Rechnung in Höhe von 22 886,80 EUR unter Abzug von 3 % Skonto.	4400 Verb. a. L. u. L. an 0810 Ladenausstattung an 2600 Vorsteuer an 2800 Bank	22 886,80	 591,90 94,70 22 200,20

> **Wir merken uns:**
>
> ● Beim Erwerb werden Anlagegüter mit den Anschaffungskosten bewertet.
> ● Anschaffungskosten = Anschaffungspreis + Nebenkosten − Nachlässe
> ● Sofortnachlässe vom Lieferer werden nicht gebucht.
> ● Spätere Nachlässe (z. B. Skontoabzug) werden in Höhe des Nettowertes unmittelbar auf dem entsprechenden Anlagekonto gebucht.
> ● Spätere Nachlässe machen eine Korrektur der Vorsteuer erforderlich.

Übungsaufgabe

203 Bilden Sie für die nachfolgenden Vorgänge die Buchungssätze!

1.

Maschinenfabrik Gerhardt AG · Wesel

Maschinenfabrik Gerhardt AG · 46485 Wesel · Hoher Weg 1–20

Kaufhaus Zentral GmbH
Zentralplatz

72488 Sigmaringen

Rechnung Nr. 197/4   Wesel, den 20..-05-10

Menge	Bezeichnung		Gesamtpreis
1	Verpackungsautomat MS 100		4 120,00 EUR
		+ 16% USt	659,20 EUR
			4 779,20 EUR

Sitz der Gesellschaft: Registergericht Wesel: Steuer-Nr.:
Wesel   HRB 51   17410/55901

Hinweis: Sie sind Mitarbeiter des Kaufhauses Zentral GmbH.

2. 2.1 Wir kaufen für unsere Büroräume Möbel im Werte von 14 500,00 EUR zuzüglich 16% USt gegen Rechnungsstellung. Der Lieferer räumt uns 10% Rabatt ein.
   2.2 Die Begleichung der Rechnung erfolgt durch Banküberweisung.

3. 3.1 Ein Einzelhandelsgeschäft kauft eine kleine Verpackungsmaschine zum Nettopreis von 1 800,00 EUR zuzüglich 16% USt auf Ziel.
   3.2 Die Zahlung erfolgt in Höhe von 1 200,00 EUR bar, über den Restbetrag wird ein Bankscheck ausgestellt.

4. 4.1 Wir kaufen einen Geschäftswagen zum Listenpreis von 28 500,00 EUR zuzüglich 16% USt auf Ziel.
   4.2 Die Zahlung der Eingangsrechnung erfolgt durch Bankscheck abzüglich 3% Skonto.

5. 5.1 Wir kaufen eine Ladenkasse im Werte von 2 860,00 EUR zuzüglich 16% USt gegen Rechnungsstellung.
   5.2 Die Zahlung der Eingangsrechnung erfolgt bar abzüglich 2% Skonto.

6. Wir kaufen zwei Büroschränke im Werte von 4 680,00 EUR zuzüglich 16% USt. Der Kaufpreis wurde unter Abzug von 3% Skonto sofort bar bezahlt.

7. Wir kaufen ein Grundstück zur Erweiterung unseres Geschäftshauses für 185 000,00 EUR. An Nebenkosten fallen an: Notariatsgebühren[1] 6 100,00 EUR zuzüglich 16% USt, Vermessungskosten[1] 2 200,00 EUR zuzüglich 16% USt. Es wird ein Bankdarlehen in Höhe von 150 000,00 EUR übernommen. Der Rest wird durch Banküberweisung beglichen. Die Zahlung der Grunderwerbsteuer wird vom Verkäufer übernommen.

8.

Ladenausbau · Franz Gut KG · Bielefeld

Franz Gut KG, Ladestraße 3, 33729 Bielefeld

Modehaus
Beate Bunt e. Kfr.
Hansestraße 15

48165 Münster

Auftragsbestätigung und
Rechnung Nr. 1443

Datum: 20..-05-14

Sie kaufen lt. unseren Lieferungsbedingungen	
1 Kassensystem ML 120	15 850,00 EUR
− 5% Sonderrabatt	792,50 EUR
	15 057,50 EUR
+ Fracht[2]	495,00 EUR
+ Transportversicherung	180,00 EUR
+ Montage	520,00 EUR
	16 252,50 EUR
+ 16% USt	2 600,40 EUR
	18 852,90 EUR

Zahlung unter Abzug von 3% Skonto bis 28. Mai

Sitz der Gesellschaft: Bielefeld; HG Bielefeld: HHA 174; Steuer-Nr.: 29914/82653

Hinweis: Sie sind Mitarbeiter des Modehauses Beate Bunt e. Kfr.

9. 9.1 Wir kaufen ein Kopiergerät im Wert von 4 500,00 EUR zuzüglich 16% USt und erhalten einen Sonderrabatt von 10%.
   9.2 Die Rechnung wird unter Abzug von 2% Skonto durch Banküberweisung beglichen.

10. Kauf einer neuen Lagereinrichtung aufgrund folgender Kaufabrechnung:

Listeneinkaufspreis	145 000,00 EUR
Transport und Montage	6 300,00 EUR
+ 16% USt	24 208,00 EUR
	175 508,00 EUR

---

[1] Notariatsgebühren und Vermessungskosten sind zu aktivieren, d.h. auf dem Konto 0500 Unbebaute Grundstücke zu buchen.
[2] Fracht, Transportversicherung und Montage sind zu aktivieren, d.h. auf dem Konto 0820 Kassensysteme zu buchen.

13.2 Wertminderungen beim Anlagevermögen

13.2.1 Ursachen der Abschreibungen

Anlagegüter wie z. B. ein Gebäude, einen Aktenschrank, eine Ladentheke, eine Kasse oder einen Lkw nutzt das Unternehmen langfristig. Durch den täglichen Gebrauch verlieren diese Güter an Wert **(abnutzbare Güter[1])**. Um ihren Wert auf dem Schlussbilanzkonto richtig darstellen zu können, ist ein bestimmter Betrag als **Wertminderung von den Anschaffungskosten** abzuschreiben (Abgang auf der Habenseite des betreffenden Anlagegutes). Die Gegenbuchung zu dieser Wertminderung erfolgt auf dem Aufwandskonto **Abschreibungen auf Sachanlagen**. Da die Wertminderung immer nur geschätzt werden kann (lediglich beim Verkauf des Anlagegutes könnte der Wertverlust genau festgestellt werden), ist der auf dem Schlussbilanzkonto ausgewiesene Rest-Vermögenswert ebenfalls nur ein Schätzwert.

> **Wir merken uns:**
>
> Durch die **Abschreibung** werden die Anschaffungskosten (aufgrund der geschätzten jährlichen Wertminderung) auf die Jahre der Nutzung als Aufwand verteilt.

Für die Bemessung der Höhe der Abschreibung können folgende Gründe eine Rolle spielen:

(1) Gebrauch
Jeder Gebrauchsgegenstand hat eine begrenzte Lebensdauer, die u.a. von der Häufigkeit der Nutzung abhängt. Je häufiger ein Gegenstand genutzt wird, desto schneller verschleißt er und desto mehr verliert er an Wert. Ein Auto, das 100 000 km gefahren wurde, ist weniger wert als das sonst gleiche Auto, das nur 50 000 km gefahren wurde.

(2) Technischer Fortschritt
In unserer durch hohe Technisierung und starken Konkurrenzdruck gekennzeichneten Wirtschaft werden die Produkte immer weiter verbessert. Sobald ein verbessertes Produkt auf den Markt kommt, verliert das alte Produkt schlagartig an Wert.

(3) Wirtschaftliche Überholung
Geht die Nachfrage nach einem Gut aufgrund neuer Erfindungen oder aufgrund des Modewechsels zurück, so hat das wertmindernde Rückwirkungen sowohl auf die Güter selbst als auch auf die zu ihrer Herstellung benötigten Maschinen.

(4) Natürlicher Verschleiß
Selbst wenn ein Gegenstand überhaupt nicht genutzt würde und auch die übrigen Ursachen der Abschreibung nicht in Frage kämen, würde z.B. durch Witterungseinflüsse (Wechsel von Wärme und Kälte, Nässe und Trockenheit) eine wertmindernde Veränderung des Gegenstandes eintreten.

Infolge der Abschreibung vermindern sich die Anschaffungskosten jährlich um die mit der Abschreibung erfassten Wertminderung, sodass sich der Buchwert von Jahr zu Jahr verringert.

> Anschaffungskosten − Abschreibung = Buchwert

---

[1] Nicht abnutzbare Gegenstände des Anlagevermögens sind zum Beispiel Beteiligungen, unbebaute Grundstücke und der Wert des Grund und Bodens bebauter Grundstücke. Da unbebaute Grundstücke im Allgemeinen im Wert nicht sinken, ist eine Abschreibung darauf normalerweise nicht möglich. Bei bebauten Grundstücken ist daher immer nur vom Gebäudewert abzuschreiben.

13.2.2 Buchung der Abschreibungen

Die Wertminderung des Anlagevermögens stellt einen **betrieblichen Aufwand** dar. Er wird buchhalterisch auf dem Konto **Abschreibungen auf Sachanlagen** erfasst.

> **Beispiel:**
> Die Anschaffungskosten für den Kauf einer Computeranlage zu Beginn der Geschäftsperiode betragen 21 000,00 EUR und sollen als Anfangsbestand auf dem Konto Büromaschinen vorgetragen werden. Die Abschreibung am Ende der Geschäftsperiode wird mit 7 000,00 EUR angesetzt.
>
> **Aufgaben:**
> 1. Buchen Sie die Abschreibung auf den entsprechenden Konten!
> 2. Schließen Sie die Konten ab!
> 3. Bilden Sie die Buchungssätze zu 1. und 2.!

Lösungen:

Zu 1./2.: Buchung auf den Konten und Abschluss der Konten

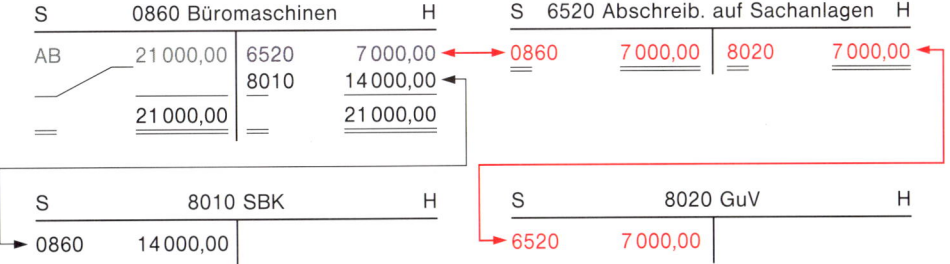

Zu 3.: Buchungssätze

Vorgang	Konten	Soll	Haben
Buchung der Abschreibung:	6520 Abschreibungen auf Sachanlagen	7 000,00	
	an 0860 Büromaschinen		7 000,00
Buchungen beim Abschluss:	8010 SBK	14 000,00	
	an 0860 Büromaschinen		14 000,00
	8020 GuV	7 000,00	
	an 6520 Abschreibungen auf Sachanlagen		7 000,00

Erläuterungen:

Für die erfolgswirksame Erfassung der jährlichen Abschreibungen auf das abnutzbare Anlagevermögen richten wir das Aufwandskonto **6520 Abschreibungen auf Sachanlagen** ein. Dieses Abschreibungskonto erfasst am Jahresende den festgestellten Abnutzungsbetrag als Aufwand. Dieser erscheint auf der **Sollseite**.

Die **Gegenbuchung** erfolgt direkt auf dem entsprechenden **Anlagekonto auf der Habenseite**, in unserem Fall auf dem Konto 0860 Büromaschinen. Dort bewirkt sie, dass der entsprechende Anlageposten auf den jeweils gültigen **Zeitwert** fortgeschrieben wird.

> **Wir merken uns:**
> - Am Ende des Geschäftsjahres wird die Wertminderung der Anlagegüter über die Abschreibung erfasst.
> - Durch die Abschreibung werden die Anschaffungskosten eines Anlagegutes auf die Jahre der Nutzung als Aufwand verteilt.
> - Abschreibungen sind betrieblicher Aufwand und mindern den Gewinn.
> - Buchungssatz: 6520 Abschreibungen auf Sachanlagen an Anlagekonto (z. B. 0860 Büromaschinen)
> - Anschaffungskosten − Summe der Abschreibung = (Rest-)Buchwert

Übungsaufgaben

204 Richten Sie die Konten 0530 Betriebsgebäude 580 000,00 EUR; 0810 Ladenausstattung 56 500,00 EUR; 0830 Lagerausstattung 124 900,00 EUR; 0840 Fuhrpark 62 700,00 EUR ein. Führen Sie außerdem noch die Konten 6520 Abschreibungen auf Sachanlagen, 8010 SBK und 8020 GuV!

Buchen Sie die folgenden Abschreibungsbeträge: auf Betriebsgebäude 14 500,00 EUR, auf Ladenausstattung 11 300,00 EUR, auf Lagerausstattung 22 480,00 EUR und auf Fuhrpark 12 540,00 EUR!

Aufgabe
Schließen Sie die Konten ab!

205 Beantworten Sie kurz die folgenden Fragen:
1. Wie wirken sich die Abschreibungen auf den Gewinn bzw. Verlust des Einzelhandelsunternehmens aus?
2. Welche Ursachen liegen der Abschreibung zugrunde?
3. Welche Wirkung hat die Abschreibung auf der Aktivseite der Bilanz?

206 Die Abschreibung auf einen PC ist vorzunehmen. Wie lautet der Buchungssatz? (Lösung bitte im Hausheft vornehmen!)

- ☐ 0820 Kassensysteme
- ☐ 0810 Lagerausstattung
- ☐ 0860 Büromaschinen
- ☐ 8020 Guv-Konto
- ☐ 6520 Abschreibungen auf Sachanlagen
- ☐ 6930 Andere, sonstige betriebliche Aufwendungen

207 Wie wirkt sich der Buchungssatz „6520 Abschreibungen auf Sachanlagen an 0840 Fuhrpark" aus? (Lösung bitte im Hausheft vornehmen!)

- ☐ Die Handlungskosten werden niedriger.
- ☐ Das Eigenkapital erhöht sich.
- ☐ Die Aufwendungen verringern sich.
- ☐ Der Gewinn wird niedriger.

208 **I. Kontenplan**

0530, 0810, 0840, 2000, 2400, 2600, 2800, 2880, 3000, 3001, 4250, 4400, 4800, 4830, 4840, 5000, 5420, 6000, 6002, 6110, 6300, 6400, 6520, 6800, 8010, 8020

II. Anfangsbestände

0530 Betriebsgebäude 170 000,00 EUR; 0810 Ladenausstattung 71 200,00 EUR; 0840 Fuhrpark 24 000,00 EUR; 2000 Waren 126 000,00 EUR; 2400 Forderungen aus Lieferungen und Leistungen 50 400,00 EUR; 2800 Bank 47 200,00 EUR; 2880 Kasse 24 000,00 EUR; 3000 Eigenkapital 427 200,00 EUR; 4250 Langfristige Bankverbindlichkeiten 47 800,00 EUR; 4400 Verbindlichkeiten aus Lieferungen und Leistungen 21 800,00 EUR; 4800 Umsatzsteuer 16 000,00 EUR.

III. Geschäftsvorfälle

1. Gehaltszahlung vom Bankkonto
   Bruttogehalt .... 3 210,00 EUR
   − Lohnsteuer, Sol.-Zuschlag und Kirchensteuer .... 469,48 EUR
   − Arbeitnehmeranteil zur Sozialversicherung .... 620,00 EUR
   Überweisungsbetrag .... 2 120,52 EUR

   Arbeitgeberanteil zur Sozialversicherung .... 620,00 EUR

2. Warenverkauf auf Ziel netto .... 21 200,00 EUR
   + 16% USt .... 3 392,00 EUR .... 24 592,00 EUR

3. Frachtzahlung für diese Lieferung (Fall 2) bar,
   Nettobetrag .... 35,00 EUR
   + 16% USt .... 5,60 EUR .... 40,60 EUR

4. Eine Liefererrechnung (16% USt) über brutto 812,00 EUR
   wird nach Abzug von 2% Skonto durch Banküberweisung
   beglichen.

5. Barverkauf von Waren an einen Kunden netto ... 1 100,00 EUR
   + 16% USt .... 176,00 EUR .... 1 276,00 EUR

6. Ein Kunde schickt fehlerhafte Ware zurück
   und erhält eine Gutschrift in Höhe von
   300,00 EUR zuzüglich 48,00 EUR USt .... 348,00 EUR

7. Privatentnahme von Waren netto 700,00 EUR
   zuzüglich 16% USt

8. Barkauf von Büromaterial .... 100,00 EUR
   + 16% USt .... 16,00 EUR .... 116,00 EUR

9. Verkauf von Waren auf Ziel .... 14 100,00 EUR
   + 16% USt .... 2 256,00 EUR .... 16 356,00 EUR

10. Einkauf von Waren auf Ziel .... 4 120,00 EUR
    + 16% USt .... 659,20 EUR .... 4 779,20 EUR

IV. Abschlussangaben

1. Abschreibung auf 0530 Betriebsgebäude: 3 400,00 EUR
2. Abschreibung auf 0810 Ladenausstattung: 7 120,00 EUR
3. Abschreibung auf 0840 Fuhrpark: 6 000,00 EUR
4. Warenschlussbestand lt. Inventur: 104 000,00 EUR

V. Aufgaben

Eröffnen Sie die Konten, buchen Sie die Anfangsbestände, bilden Sie die Buchungssätze, buchen Sie die Geschäftsvorfälle auf den Konten und schließen Sie die Konten über das Schlussbilanzkonto ab!

13.2.3 Berechnungsmethoden für die Abschreibung

13.2.3.1 Berechnung der Abschreibung nach der linearen Methode

Bei der linearen Abschreibung wird ein jährlich gleich bleibender Betrag von den **Anschaffungskosten** des Anlagegutes abgeschrieben. Auf diese Weise werden die gesamten Anschaffungskosten gleichmäßig auf die Nutzungsdauer verteilt. Nach Ablauf der Nutzungsdauer sind die Anschaffungskosten des Anlagegegenstandes abgeschrieben. Sofern das Wirtschaftsgut weiterhin genutzt wird, verbleibt ein **Erinnerungswert** von 1,00 EUR erhalten.

Beispiel:
Die Anschaffungskosten eines Kombiwagens zu Beginn der Geschäftsperiode betragen 30 000,00 EUR. Es wird eine Nutzungsdauer von 6 Jahren angenommen. In diesem Fall beträgt der jährliche Abschreibungsbetrag 5 000,00 EUR und der Abschreibungssatz $16\frac{2}{3}\%$.

Aufgabe:
Führen Sie rechnerisch die Abschreibung über die gesamte Laufzeit durch!

Lösung:

Anschaffungskosten		30 000,00 EUR
– Abschreibung 1. Jahr	$16\frac{2}{3}\%$	5 000,00 EUR
Buchwert Ende 1. Jahr		25 000,00 EUR
– Abschreibung 2. Jahr	$16\frac{2}{3}\%$	5 000,00 EUR
Buchwert Ende 2. Jahr		20 000,00 EUR
– Abschreibung 3. Jahr	$16\frac{2}{3}\%$	5 000,00 EUR
Buchwert Ende 3. Jahr		15 000,00 EUR
– Abschreibung 4. Jahr	$16\frac{2}{3}\%$	5 000,00 EUR
Buchwert Ende 4. Jahr		10 000,00 EUR
– Abschreibung 5. Jahr	$16\frac{2}{3}\%$	5 000,00 EUR
Buchwert Ende 5. Jahr		5 000,00 EUR
– Abschreibung 6. Jahr	$16\frac{2}{3}\%$	5 000,00 EUR
Buchwert Ende 6. Jahr[1]		0,00 EUR

$$\text{Jährlicher Abschreibungsbetrag} = \frac{\text{Anschaffungskosten}}{\text{Nutzungsdauer}}$$

$$\text{Jährlicher Abschreibungssatz} = \frac{100\%}{\text{Nutzungsdauer}}$$

Bei der linearen Abschreibung geht man davon aus, dass sich das Wirtschaftsgut gleichmäßig abnutzt. Ein eventueller höherer Wertverlust durch technische oder wirtschaftliche Überholung oder infolge eines unterschiedlich hohen Verschleißes durch unterschiedliche Nutzung in den verschiedenen Nutzungsjahren wird nicht berücksichtigt.

Die lineare Abschreibungsmethode hat insbesondere folgende Vorteile:

1. einfache und nur einmalige Berechnung des Abschreibungsbetrags;
2. gute Vergleichbarkeit der aufeinander folgenden Erfolgsrechnungen;
3. gleichmäßige Aufwandsbelastung bzw. Belastung der Kostenrechnung mit Abschreibungen.

Hinweis:
Wegen der Auswirkung der Abschreibung auf den Erfolg hat die Finanzbehörde zur Vermeidung willkürlicher Schätzungen die jeweilige Nutzungsdauer für die abschreibungsfähigen Anlagegüter in so genannten **AfA-Tabellen** (AfA, d. h. Absetzung für Abnutzung) festgesetzt.

---

[1] Nutzt das Unternehmen das Anlagegut nach Ablauf der Nutzungsdauer weiter, so wird das Anlagegut mit einem **Erinnerungswert** von 1,00 EUR ausgewiesen, d. h. in unserem Beispiel beträgt dann der letzte Abschreibungsbetrag nur 4 999,00 EUR.

Übungsaufgaben

209 Eine Ladentheke mit Anschaffungskosten in Höhe von 19 736,00 EUR zuzüglich 16% USt, wird linear abgeschrieben. Der jährliche Abschreibungssatz beträgt 12,5%.

Aufgabe
Führen Sie rechnerisch die Abschreibung über die gesamte Laufzeit durch!

210 Für die Anschaffung eines neuen Kassensystems zu Beginn der Geschäftsperiode erhalten wir folgende Rechnung: Listenpreis 24 409,00 EUR. Auf den Listenpreis erhalten wir 8% Rabatt. Die Umsatzsteuer beträgt 16%.

Aufgaben
1. Welchen Betrag müssen wir bezahlen?
2. Von welchem Wert muss die Abschreibung berechnet werden?
3. Wie viel EUR beträgt der jährliche Abschreibungsbetrag bei linearer Berechnung und einer angenommenen Nutzungsdauer von sechs Jahren?

211 Der Kaufpreis eines neuen PC zu Beginn der Geschäftsperiode beträgt einschließlich 16% USt 2874,48 EUR. Die Nutzungsdauer wird auf 3 Jahre geschätzt.

Aufgabe
Berechnen Sie den Buchwert zu Beginn des 2. Nutzungsjahres!

212 Für einen Warenautomaten wurde die Nutzungsdauer auf fünf Jahre festgesetzt. Zu Beginn des 2. Nutzungsjahres betrug der Buchwert 4050,00 EUR.

Aufgabe
Wie viel EUR betrugen die Anschaffungskosten des Lkws?

213 1. Ein Ladenregal wird am Ende des 3. Nutzungsjahres linear mit 930,00 EUR abgeschrieben, jährlicher Abschreibungssatz: $12\frac{1}{2}\%$.

Aufgabe
1.1 Bilden Sie den Buchungssatz!
1.2 Welcher Kaufpreis musste für das Ladenregal bei der Anschaffung einschließlich 16% USt bezahlt werden?

2.

Anlagegüter	Buchwert am 31. Dez.	Anschaffungskosten	Nutzungsdauer
Kühleinrichtungen	52 500,00 EUR	84 000,00 EUR	8 Jahre
Warenautomaten	33 600,00 EUR	56 000,00 EUR	5 Jahre

Aufgaben
2.1 Wie viel Prozent beträgt der jeweilige Abschreibungssatz?
2.2 Wie viel Jahre sind die beiden Anlagegüter bisher abgeschrieben worden?
2.3 Bilden Sie die Buchungssätze für die Abschreibung des laufenden Jahres und buchen Sie auf den Konten!
2.4 Schließen Sie die Konten ab!

214 **I. Kontenplan**
0510, 0530, 0810, 0840, 2000, 2600, 2800, 2880, 3000, 3001, 4250, 4400, 4800, 5000, 5420, 6000, 6520, 6700, 6800, 8010, 8020

II. Anfangsbestände
0510 Bebaute Grundstücke 150 000,00 EUR; 0530 Betriebsgebäude 85 000,00 EUR; 0810 Ladenausstattung 57 000,00 EUR; 0840 Fuhrpark 47 000,00 EUR; 2000 Waren

20 000,00 EUR; 2800 Bank 7 250,00 EUR; 2880 Kasse 3 100,00 EUR; 3000 Eigenkapital 288 550,00 EUR; 4250 Langfristige Bankverbindlichkeiten 35 000,00 EUR; 4400 Verbindlichkeiten aus Lieferungen und Leistungen 45 800,00 EUR.

III. Geschäftsvorfälle
1. Warenverkauf gegen Banküberweisung netto 20 000,00 EUR zuzüglich 16% USt.
2. Kauf eines Ladenregals gegen Bankscheck 1 500,00 EUR zuzüglich 16% USt.
3. Mietzahlung für die Geschäftsräume durch Banküberweisung 1 400,00 EUR.
4. Kassenentnahme für den Haushalt 200,00 EUR.
5. Tageslosung brutto 21 460,00 EUR.
6. Barzahlung für die Familienkrankenversicherung 620,00 EUR.
7. Barkauf von Büromaterial 100,00 EUR zuzüglich 16% USt.
8. Warenentnahme für Privatzwecke in Höhe von netto 200,00 EUR zuzüglich 16% USt.
9. Kauf von Waren auf Ziel 1 200,00 EUR zuzüglich 16% USt.

IV. Abschlussangaben
1. Warenschlussbestand lt. Inventur 14 100,00 EUR.
2. Abschreibungen auf
   - 0530 Betriebsgebäude: 3 000,00 EUR
   - 0810 Ladenausstattung: 8 800,00 EUR
   - 0840 Fuhrpark: 7 800,00 EUR

V. Aufgaben
Eröffnen Sie die Konten, buchen Sie die Anfangsbestände, bilden Sie die Buchungssätze, buchen Sie die Geschäftsvorfälle auf den Konten und schließen Sie die Konten über das Schlussbilanzkonto ab!

13.2.3.2 Berechnung der Abschreibung nach der degressiven Methode

Neben der Abschreibung mit jährlich gleich bleibenden Abschreibungsbeträgen (lineare Abschreibung) ist nach § 7 Abs. 2 EStG bei beweglichen Wirtschaftsgütern des Anlagevermögens auch eine Abschreibung mit jährlich fallenden Abschreibungsbeträgen (degressive Abschreibung) erlaubt. Dabei wird die Abschreibung durch Anwendung eines gleich bleibenden Prozentsatzes auf den jeweiligen Buchwert (Restbuchwert) ermittelt. Da der Buchwert durch die jährliche Abschreibung von Jahr zu Jahr geringer wird, werden bei Anwendung eines gleich bleibenden Prozentsatzes auch die Abschreibungsbeträge von Jahr zu Jahr geringer. Gemäß des angegebenen Paragrafen darf der anzuwendende Prozentsatz das Doppelte des bei Anwendung der linearen Abschreibung maßgeblichen Prozentsatzes betragen, jedoch höchstens 20%.

Das Steuerrecht erlaubt den Übergang von der degressiven Abschreibung zur linearen Abschreibung, jedoch nicht umgekehrt. Dieser Wechsel wird dann sinnvoll, wenn die lineare Abschreibung für die Restlaufzeit höher ist als die degressive Abschreibung.

Beispiel:
Die Anschaffungskosten eines Kombiwagens zu Beginn der Geschäftsperiode betragen 30 000,00 EUR. Die betriebsgewöhnliche Nutzungsdauer beträgt 6 Jahre.

Aufgabe:
Wie viel EUR betragen bei degressiver Abschreibung die jährlichen Abschreibungsbeträge im Laufe der Nutzungsdauer?

Lösung:

Bei einer Nutzungsdauer von 6 Jahren beträgt die lineare Abschreibung $16\,{}^2/_3\,\%$. Demnach kann bei degressiver Abschreibung der steuerlich zulässige Höchstsatz von 20% angewendet werden. Für die Jahre der Nutzungsdauer ergibt sich daher folgende Abschreibungstabelle.

	degressive Abschreibung	Übergang zur linearen Abschreibung
Anschaffungskosten	30 000,00 EUR	
− 20% Abschreibung 1. Jahr	6 000,00 EUR	
Buchwert Ende 1. Jahr	24 000,00 EUR	
− 20% Abschreibung 2. Jahr	4 800,00 EUR	
Buchwert Ende 2. Jahr	19 200,00 EUR ⟶	19 200,00 EUR
− 20% Abschreibung 3. Jahr	3 840,00 EUR	4 800,00 EUR
Buchwert Ende 3. Jahr	15 360,00 EUR	14 400,00 EUR
− 20% Abschreibung 4. Jahr	3 072,00 EUR	4 800,00 EUR
Buchwert Ende 4. Jahr	12 288,00 EUR	9 600,00 EUR
− 20% Abschreibung 5. Jahr	2 457,60 EUR	4 800,00 EUR
Buchwert Ende 5. Jahr	9 830,40 EUR	4 800,00 EUR
− Abschreibung 6. Jahr (Restwert)[2]	9 830,40 EUR	4 800,00 EUR
Buchwert Ende 6. Jahr	0,00 EUR	0,00 EUR

Wird das Anlagegut nach Ablauf der Nutzungsdauer noch genutzt, so wird das Anlagegut mit einem **Erinnerungswert** von 1,00 EUR ausgewiesen, d. h. in unserem Beispiel beträgt dann der letzte Abschreibungsbetrag beim Übergang zur linearen Abschreibung nur 4 799,00 EUR und bei fortgesetzter degressiver Abschreibung 9 829,40 EUR.

Erkenntnisse:

- Bei degressiver Abschreibung sind die Abschreibungsbeträge in den ersten Jahren höher als bei linearer Abschreibung. Das ist zweifellos ein Vorteil, weil durch höhere Abschreibungsbeträge der Gewinn geschmälert wird und dadurch die gewinnabhängigen Steuern (z. B. die Einkommensteuer) niedriger ausfallen. Dieser Vorteil in den ersten Jahren wird jedoch durch den Nachteil in den späteren Jahren erkauft, in denen der Abschreibungsbetrag bei degressiver Abschreibung niedriger ist als bei linearer Abschreibung.
- Im Gegensatz zur linearen Abschreibung, bei der nach Ablauf der Nutzungsdauer die gesamten Anschaffungskosten abgeschrieben sind, wäre bei degressiver Abschreibung noch ein erheblicher Restwert vorhanden.
- Um auch bei (fortgesetzter) degressiver Abschreibung auf den Nullwert (bzw. Erinnerungswert) zu kommen, ist im letzten Jahr der zugrunde gelegten Nutzungsdauer der gesamte verbleibende Restwert abzuschreiben. Das führt dann zu einer sehr ungleichen Aufwandsbelastung.
- Aufgrund der angesprochenen Nachteile bei degressiver Abschreibung ist ein Wechsel von der degressiven zur linearen Abschreibung (nicht jedoch umgekehrt) steuerrechtlich erlaubt (vgl. § 7 Abs. 3 EStG). Es ist natürlich sinnvoll, diesen Wechsel zu dem Zeitpunkt vorzunehmen, von dem ab die Abschreibungsbeträge bei linearer Abschreibung höher sind als bei der degressiven Abschreibung. In unserem Beispiel wäre dieser Übergang im dritten Jahr sinnvoll.

Die verbleibenden Abschreibungsbeträge beim Übergang zur linearen Abschreibung ergeben sich dann durch die folgende Rechnung: Restbuchwert : Restnutzungsdauer.

Auf unser Beispiel angewandt, kommen wir zu folgendem Ergebnis für die gleichmäßige Verteilung des Restbuchwertes: 19 200,00 EUR : 4 = 4 800,00 EUR.

---

[1] Bei der degressiven Abschreibungsmethode wird im letzten Jahr der zugrunde gelegten Nutzungsdauer der gesamte noch verbleibende Restwert abgeschrieben.

Die degressive Abschreibungsmethode hat insbesondere folgende Vorteile:

1. Die degressive Abschreibung geht von der Überlegung aus, dass der Wertverlust eines Wirtschaftsgutes in den ersten Nutzungsjahren wesentlich höher ist als in den Folgejahren.
2. Dem Risiko, dass durch den technischen Fortschritt das Wirtschaftsgut schnell an Wert verlieren kann, wird durch die anfangs hohe Abschreibung entsprochen.
3. Durch die Addition der jährlich abnehmenden Abschreibungsbeträge mit den jährlich ansteigenden Wartungs- und Reparaturaufwendungen (durch die Abnutzung des Wirtschaftsgutes) wird eine etwa gleichmäßige **Gesamtbelastung** der Erfolgs- und Kostenrechnung in den einzelnen Jahren erreicht.

Wir merken uns:
- Bei degressiver Abschreibung werden die Abschreibungsbeträge von Jahr zu Jahr niedriger. Relativ hohen Abschreibungsbeträgen in den ersten Jahren stehen relativ niedrige Abschreibungsbeträge in den späteren Jahren gegenüber.
- Der steuerrechtlich zulässige Prozentsatz beträgt bei der degressiven Abschreibung das Doppelte des bei der linearen Abschreibung maßgeblichen Prozentsatzes, höchstens jedoch 20%.
- Zur Vermeidung eines relativ hohen Abschreibungsbetrages im letzten Jahr ist ein Wechsel von der degressiven zur linearen Abschreibung erlaubt. Der günstigste Zeitpunkt für diesen Wechsel ist dann gegeben, wenn die Abschreibungsbeträge bei linearer Abschreibung – bezogen auf die Restnutzungsdauer – höher sind als bei fortgesetzter degressiver Abschreibung.

Übungsaufgaben

215 Die Anschaffungskosten für die Abfüllanlage betragen 35 000,00 EUR. Nutzungsdauer 10 Jahre. Abschreibungssatz: 20%.

Aufgaben
1. Führen Sie rechnerisch die degressive Abschreibung ohne Übergang zur linearen Abschreibung über die gesamte Laufzeit durch!
2. Führen Sie rechnerisch die degressive Abschreibung mit Übergang zur linearen Abschreibung über die gesamte Laufzeit durch!

216 Eine Maschine wird jährlich mit 20% degressiv abgeschrieben. Ihr Buchwert beträgt am Ende des 2. Jahres (nach der Abschreibung) 19 200,00 EUR.

Aufgabe
Wie viel EUR betragen die Anschaffungskosten?

217 Die Eingangsrechnung für die am 15. Januar 01 gekauften Personal-Computer lautet auf 4 176,00 EUR einschließlich 16% Umsatzsteuer. Die Rechnung wird unter Abzug von 2% Skonto bezahlt.

Aufgaben
1. Ermitteln Sie den Bilanzwert der Computer per 31. Dezember 01, wenn bei einer Nutzungsdauer von drei Jahren linear abgeschrieben wird!
2. Wodurch unterscheiden sich lineare und degressive Abschreibung?

218 Die Kühleinrichtung, Anschaffungskosten 39 472,00 EUR zuzüglich 16 % USt, wird linear abgeschrieben. Jährlicher Abschreibungssatz 12,5 %.

Aufgabe: Führen Sie rechnerisch die Abschreibung über die gesamte Laufzeit durch!

219 Ein Lkw hat eine Nutzungsdauer von neun Jahren. Es ist mit einem jährlichen Abschreibungssatz von 20 % degressiv abgeschrieben worden. Nach der zweiten Abschreibung beträgt der Restbuchwert 88 200,00 EUR.

Aufgaben
1. Ermitteln Sie die Anschaffungskosten des Fahrzeugs!
2. Berechnen Sie den Abschreibungsbetrag für das dritte Nutzungsjahr bei fortgesetzter degressiver Abschreibung!

220 Die Anschaffungskosten für eine Verpackungsmaschine zu Beginn der Geschäftsperiode betragen 18 000,00 EUR. Betriebsgewöhnliche Nutzungsdauer 13 Jahre. Abschreibungssatz: 15 %.

Aufgaben
1. Führen Sie rechnerisch die degressive Abschreibung über die ersten sechs Jahre durch!
2. Bilden Sie den Buchungssatz für die Abschreibung am Ende des ersten Geschäftsjahres!

221 Ein Getränkeautomat wird am Ende des 3. Nutzungsjahres mit dem jährlichen Abschreibungsbetrag in Höhe von 1 266,00 EUR abgeschrieben. Die Nutzungsdauer beträgt 7 Jahre.

Aufgaben
1. Bilden Sie den Buchungssatz!
2. Wie viel EUR mussten für den Getränkeautomaten bei der Anschaffung einschließlich 16 % USt bezahlt werden?

222 Für die Anschaffung eines neuen Kassensystems zu Beginn der Geschäftsperiode erhalten wir folgende Rechnung: Listeneinkaufspreis netto 24 409,00 EUR. Auf den Listeneinkaufspreis erhalten wir 8 % Rabatt. Für die Montage werden 820,00 EUR in Rechnung gestellt. Die Umsatzsteuer beträgt 16 %.

Aufgaben
1. Welchen Betrag müssen wir bezahlen?
2. Von welchem Wert muss die Abschreibung berechnet werden?
3. Wie viel EUR beträgt der jährliche Abschreibungsbetrag bei linearer Berechnung und einer angenommenen Nutzungsdauer von sechs Jahren?
4. 4.1 Richten Sie folgende Konten ein: 0820 Kassensysteme, 6520 Abschreibungen auf Sachanlagen, 8010 SBK, 8020 GuV!
   4.2 Tragen Sie die Anschaffungskosten auf dem Konto Kassensysteme als Anfangsbestand vor und buchen Sie die Abschreibung im ersten Jahr! Schließen Sie anschließend die Konten ab!

223 Der Kaufpreis eines zu Beginn der Geschäftsperiode angeschafften Warenwirtschaftssystems beträgt einschließlich 16 % Umsatzsteuer 69 600,00 EUR. Die Nutzungsdauer wird auf 6 Jahre geschätzt.

Aufgaben
1. Wie viel EUR betragen die Anschaffungskosten?
2. Erstellen Sie eine Tabelle nach dem Muster von Seite 345, in der Sie die Ergebnisse bei linearer und 20 %iger degressiver Abschreibung gegenüberstellen!
3. Ab welchem Zeitpunkt halten Sie einen Wechsel von der degressiven zur linearen Abschreibung für sinnvoll?
4. Welche Vorteile bringt der Wechsel von der degressiven zur linearen Abschreibung?

13.2.4 Bewertungsfreiheit für geringwertige Anlagegüter (geringwertige Wirtschaftsgüter – GWG)

(1) Problemstellung

Grundsätzlich gilt, dass Anlagegüter mit einer Nutzungsdauer von mehr als einem Jahr mit ihren Anschaffungskosten zu aktivieren und auf der Grundlage der geschätzten Nutzungsdauer abzuschreiben sind.

Abweichend hiervon gilt nach § 6 Abs. 2 EStG i.V.m. Richtlinie 40 Abs. 4 EStR Folgendes:

> Abnutzbare, bewegliche Wirtschaftsgüter des Anlagevermögens, die einer selbstständigen Nutzung fähig sind, können im Jahr der Anschaffung in voller Höhe als Betriebsausgaben[1] abgesetzt werden, wenn die Anschaffungskosten den Nettowert von 410,00 EUR nicht übersteigen.

Voraussetzung für diese Absetzung ist, dass bei diesen so genannten geringwertigen Wirtschaftsgütern (GWG) der Tag der Anschaffung und die Anschaffungskosten in einem besonderen Verzeichnis festgehalten werden.

Ein solches Verzeichnis braucht jedoch nicht geführt zu werden, wenn sich die Angaben direkt aus der Buchführung ergeben (Einrichtung eines besonderen Kontos für GWG) oder wenn die Anschaffungskosten den Nettowert von 60,00 EUR nicht übersteigen. Daher ergibt sich für die Buchführungspraxis folgende Handhabung:

(2) Anlagegüter bis zu Anschaffungskosten in Höhe von 60,00 EUR

Diese Anlagegüter werden sofort als Aufwand gebucht.

Beispiel:
Barkauf einer Schreibtischlampe zum Nettopreis von 48,00 EUR zuzüglich 16% Umsatzsteuer.

Aufgaben:
1. Buchen Sie den Geschäftsvorfall auf Konten!
2. Bilden Sie den Buchungssatz!

Lösungen:

Zu 1.: Buchung auf den Konten

```
S    6800 Büromaterial    H         S        2880 Kasse       H
2880     48,00                      AB   1 500,00 | 6800/2600  55,68

S    2600 Vorsteuer       H
2880      7,68
```

Zu 2.: Buchungssatz

Konten	Soll	Haben
6800 Büromaterial	48,00	
2600 Vorsteuer	7,68	
an 2880 Kasse		55,68

(3) Anlagegüter mit Anschaffungskosten über 60,00 EUR bis 410,00 EUR

Diese Anlagegüter werden zunächst auf dem **Anlagekonto 0890 Geringwertige Wirtschaftsgüter – kurz GWG** gebucht. Am Jahresende hat das Unternehmen die Möglichkeit, die GWG **voll abzuschreiben** oder aber die Abschreibung nach der **betriebsbedingten Nutzungsdauer** vorzunehmen, wobei dann vorher auf das entsprechende Anlagekonto umgebucht werden muss.

---

[1] Bei dem Begriff Betriebsausgaben handelt es sich um einen Begriff aus dem Steuerrecht. Danach sind Betriebsausgaben *alle Aufwendungen,* die durch den *Betrieb veranlasst* sind (§ 4 Abs. 4 EStG).

Beispiel:

Am 10. Mai wird ein Faxgerät für 398,00 EUR zuzüglich 16% USt gegen Barzahlung gekauft.

Aufgaben:

1. Buchen Sie den Sachverhalt auf Konten:
   1.1 am Tag der Anschaffung am 10. Mai und
   1.2 am Jahresende!
2. Bilden Sie jeweils den Buchungssatz!

Lösungen:

Zu 1.: Buchung auf den Konten

1.1 Buchung bei der Anschaffung:

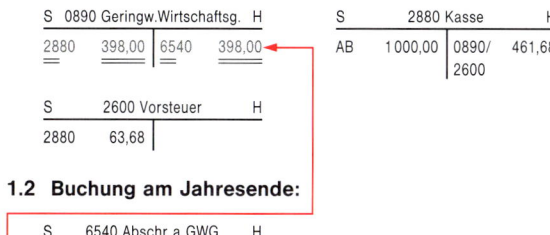

Zu 2.: Buchungssätze

Konten	Soll	Haben
0890 Geringwertige Wirtschaftsgüter	398,00	
2600 Vorsteuer	63,68	
an 2880 Kasse		461,68

1.2 Buchung am Jahresende:

S 6540 Abschr. a. GWG H
0890 398,00

Konten	Soll	Haben
6540 Abschreibungen auf GWG	398,00	
an 0890 Geringw. Wirtschaftsg.		398,00

Wir merken uns:

- **Geringwertige Wirtschaftsgüter** mit Anschaffungskosten **bis zur Höhe von 60,00 EUR** werden bei der Anschaffung direkt auf einem entsprechenden **Aufwandskonto** gebucht.

- **Geringwertige Wirtschaftsgüter** mit Anschaffungskosten **über 60,00 EUR bis zur Höhe von 410,00 EUR** werden bei der Anschaffung zunächst auf dem besonderen **Bestandskonto 0890** erfasst. Im Rahmen des Jahresabschlusses kann dann entschieden werden, ob diese Wirtschaftsgüter im Jahr der Anschaffung in voller Höhe als Aufwendungen oder nach Maßgabe der betriebsbedingten Nutzungsdauer abgeschrieben werden sollen.

Übungsaufgaben

224 Wir kaufen am 5. Januar ein Autotelefon Modell „Konsul", für 347,49 EUR zuzüglich 16% USt, abzüglich 10% Sonderrabatt gegen Barzahlung. Die betriebsbedingte Nutzungsdauer beträgt 5 Jahre.

Aufgaben

1. Bilden Sie den Buchungssatz für den Geschäftsvorfall am 5. Januar!
2. Bilden Sie den Buchungssatz für die Abschreibung am Jahresende:
   2.1 bei Ausnutzung der höchstmöglichen Abschreibung,
   2.2 bei einer Abschreibung nach der betriebsbedingten Nutzungsdauer!

225 Wir kaufen am 15. Februar einen PC für 2 800,00 EUR zuzüglich 16% USt und einen Drehstuhl für 236,00 EUR zuzüglich 16% USt auf Ziel.

Aufgabe
Bilden Sie den Buchungssatz für die beiden Geschäftsvorfälle!

226 Am 30. April kauft ein Einzelhändler zwei Einkaufswagen zum Preis von insgesamt 963,96 EUR einschließlich 16% Umsatzsteuer. Der Lieferant gewährt 5% Rabatt. Die Nutzungsdauer wird mit 5 Jahren angesetzt.

Aufgaben
Bilden Sie die Buchungssätze für
1. die Eingangsrechnung am 30. April,
2. die Zahlung der Rechnung durch Banküberweisung am 15. Mai,
3. die größtmögliche Abschreibung zum 31. Dezember!

227 Das Geschäftsgebäude und der Fuhrpark wurden in den vergangenen 3 Jahren so abgeschrieben, dass sich jeweils am Jahresende die folgenden Restwerte ergaben:

Anlagegut	Anschaffungskosten zu Beginn der Geschäftsperiode	Ende des 1. Nutzungsjahres	Ende des 2. Nutzungsjahres	Ende des 3. Nutzungsjahres
Geschäftsgebäude	630 000,00 EUR	614 250,00 EUR	598 500,00 EUR	582 750,00 EUR
Fuhrpark	65 000,00 EUR	52 000,00 EUR	41 600,00 EUR	33 280,00 EUR

Aufgaben
1. Welche Abschreibungsmethode wurde jeweils zugrunde gelegt?
2. Wie viel Prozent betrug der Abschreibungssatz beim Geschäftsgebäude bzw. beim Posten Fuhrpark?
3. Welche Nutzungsdauer wurde jeweils festgelegt?
4. Ermitteln Sie jeweils den Buchwert am Ende des 4. Jahres!

228 I. Kontenplan
0510, 0530, 0810, 0840, 0890, 2000, 2400, 2600, 2800, 2880, 3000, 4250, 4400, 4800, 5000, 6000, 6520, 6540, 6820, 7510, 8010, 8020

II. Anfangsbestände
0510 Bebaute Grundstücke 200 000,00 EUR; 0530 Betriebsgebäude 90 000,00 EUR; 0810 Ladenausstattung 35 500,00 EUR; 0840 Fuhrpark 20 000,00 EUR; 2000 Waren 36 000,00 EUR; 2400 Forderungen aus Lieferungen und Leistungen 21 400,00 EUR; 2800 Bank 18 000,00 EUR; 2880 Kasse 10 400,00 EUR; 3000 Eigenkapital 354 800,00 EUR; 4250 Langfristige Bankverbindlichkeiten 51 000,00 EUR; 4400 Verbindlichkeiten aus Lieferungen und Leistungen 20 100,00 EUR; 4800 Umsatzsteuer 5 400,00 EUR

III. Geschäftsvorfälle
1. Wareneinkauf gegen Bankscheck: Warenwert netto 3 120,00 EUR zuzüglich 16% USt.
2. Kauf von Briefmarken bar 43,00 EUR.
3. Ausgleich einer Liefererrechnung durch Banküberweisung 679,00 EUR.
4. Telefongebühren werden vom Bankkonto abgebucht 440,00 EUR zuzüglich 16% USt.
5. Kauf eines Aktenschrankes für das Büro gegen Rechnung 345,00 EUR zuzüglich 16% USt.

6. Zum Ausgleich einer Rechnung überweist unser Kunde auf das Bankkonto 1 320,00 EUR.
7. Zielkauf von 25 Taschenrechnern für die Mitarbeiter zum Nettopreis von 250,00 EUR zuzüglich 16% USt.
8. Kauf eines Lieferwagens zum Nettopreis von 32 400,00 EUR zuzüglich 16% USt.
   Zahlungsbedingungen: Baranzahlung   6 000,00 EUR
                          Bankscheck   10 000,00 EUR
                          Rest 2 Monate Ziel
9. Kauf eines Ladenregals gegen Barzahlung. Nettowert 310,00 EUR zuzüglich 16% USt.
10. Verkauf von Waren auf Ziel. Nettowert 39 700,00 EUR zuzüglich 16% USt.
11. Die Bank belastet unser Konto mit Zinsen in Höhe von 1 450,00 EUR.

IV. Abschlussangaben
1. Abschreibung auf 0530 Betriebsgebäude: 1 800,00 EUR
2. Abschreibung auf 0810 Ladenausstattung: 3 550,00 EUR
3. Abschreibung auf 0840 Fuhrpark: 13 000,00 EUR
4. Die geringwertigen Wirtschaftsgüter sind voll abzuschreiben.
5. Warenschlussbestand lt. Inventur 22 000,00 EUR

V. Aufgabe
Bilden Sie zu den Geschäftsvorfällen die Buchungssätze, buchen Sie diese anschließend auf den eröffneten Konten und schließen Sie die Konten über das entsprechende Abschlusskonto ab!

229 Wie lautet der Buchungssatz beim Abschluss des Kontos „0890 Geringwertige Wirtschaftsgüter"?

|1| 0890 Geringwertige Wirtschaftsgüter   an   8010 SBK
|2| 6520 Abschreibungen auf Sachanlagen   an   0890 Geringwertige Wirtschaftsgüter
|3| 6540 Abschreibungen auf GWG   an   0890 Geringwertige Wirtschaftsgüter
|4| 0890 Geringwertige Wirtschaftsgüter   an   6540 Abschreibungen auf GWG
|5| 8020 GuV   an   0890 Geringwertige Wirtschaftsgüter

Aufgabe
Übertragen Sie die entsprechende Ziffer als Lösung in Ihr Hausheft!

230 Die Ladeneinrichtung mit 60 000,00 EUR Anschaffungskosten zu Beginn der Geschäftsperiode hat eine Nutzungsdauer von acht Jahren.

Aufgaben
1. Berechnen Sie die Abschreibungssumme und den Buchwert am Ende des 5. Nutzungsjahres nach der linearen Abschreibungsmethode!
2. Berechnen Sie die Abschreibungssumme und den Buchwert im 5. Nutzungsjahr nach der degressiven Abschreibungsmethode zum steuerlichen Höchstsatz!
3. Buchen Sie Fall 1 und Fall 2 am Ende des 5. Jahres auf Konten und schließen Sie das Konto 0810 Ladenausstattung ab!

14 Kosten- und Leistungsrechnung

14.1 Zweck und Aufgaben der Kosten- und Leistungsrechnung

(1) Zweck

- Die **Geschäftsbuchführung** erfasst alle Geschäftsvorfälle mit der **Außenwelt**. Sie dient dem reibungslosen Ablauf dieses **Geschäftsverkehrs**, der Darstellung der **Vermögensentwicklung** sowie der **Erfolgsermittlung** unter Beachtung handels- und steuerrechtlicher Vorschriften und übernimmt damit auch Aufgaben für eine breite Öffentlichkeit.

- Die **Kosten- und Leistungsrechnung (Betriebsbuchführung) ist auf das innerbetriebliche Geschehen gerichtet**. Sie ist ein Informationssystem, das den betrieblichen Prozess von seiner Kosten- und Leistungsseite her zahlenmäßig erfasst. Sie liefert dem Einzelhändler die nötigen Orientierungshilfen, um – auf verlässlichen Zahlen basierend – zielgerichtete Entscheidungen zum Wohle seines Unternehmens und der damit verbundenen Personen treffen zu können.

Ohne ein solches **Informations- und Kontrollinstrument** ist der Einzelhändler dem ständig ausgesetzten Konkurrenzdruck in unserer sozialen Marktwirtschaft auf die Dauer nicht gewachsen. Zur Durchsetzung der Unternehmensziele, die allgemein in einer möglichst umweltverträglichen Leistungserstellung und Leistungsverteilung mit Gewinnerwirtschaftung zu sehen sind, kann heute kein Einzelhändler auf ein solches, auf verlässlichen Zahlen beruhendes **Steuerungsinstrument**, wie es die Kosten- und Leistungsrechnung darstellt, verzichten.

(2) Aufgaben

Der Zweck der Kosten- und Leistungsrechnung bestimmt weitgehend seine Aufgaben.

- Jedes Einzelhandelsgeschäft ist auf Gewinnerzielung angewiesen. Für eine zielgerichtete Steuerung dieses wichtigen Unternehmensziels müssen deshalb die Ursachen, die den erzielten Gewinn ermöglicht haben, aufgedeckt werden. Eine der wichtigsten Aufgaben der Kosten- und Leistungsrechnung besteht daher – neben der **Ermittlung des Betriebsergebnisses** innerhalb einer Rechnungsperiode – in einer **verursachungsgerechten Zurechnung der entstandenen Kosten auf die einzelnen Leistungen**. Nur so kann festgestellt werden, welche Produkte die Lebensgrundlagen des Unternehmens sichern und welche sie eventuell gefährden.

- Um die wichtige Aufgabe der produktbezogenen Gewinnermittlung erfüllen zu können, bedarf es zum einen einer **vollständigen und richtigen Kostenerfassung** und zum anderen einer ständigen **Kostenkontrolle,** wobei ökologische und soziale Gesichtspunkte zu berücksichtigen sind.

Da in der Konkurrenzwirtschaft die Marktpreise in vielen Fällen weitgehend vorgegebene Größen sind, an die sich der einzelne Marktteilnehmer anpassen muss, können wir die Aufgaben der Kosten- und Leistungsrechnung weitgehend auf die Kostenseite beziehen.

(3) Zur Preispolitik von Einzelhandelsunternehmen

In der Praxis sind der Preispolitik der Einzelhandelsunternehmen allerdings oft enge Grenzen gesetzt.

Bestehen **feste Marktpreise,** so ist eine selbstständige Preispolitik kaum möglich. Die Preiskalkulation beschränkt sich dann auf Angebotsvergleiche, um Preisunterschiede bei Lieferanten auszunutzen.

Den Einzelhandelsunternehmen stellt sich die Kalkulationsfrage häufig in folgender Form: Welche Kosten dürfen bei dem vorgegebenen Preisniveau anfallen? Die Kostenrechnung im Handel ist im Gegensatz zur Kostenrechnung der Industrie nicht in erster Linie von innerbetrieblichen Kostengegebenheiten her bestimmt und aufgebaut, sondern geht von den gegebenen Marktpreisen aus. Daraus leitet sich auch das im Handel häufig praktizierte **Prinzip der retrograden Kalkulation**[1] ab. Hier geht die Kalkulation vom Verkaufspreis aus, zieht davon den angestrebten Gewinn und die Handlungskosten ab und erhält damit den Preis, zu dem die Ware höchstens eingekauft werden kann.

Besteht die Möglichkeit, den **Preis selbstständig zu bestimmen,** wird der Verkaufspreis durch die eigene Kalkulation festgelegt. Insoweit sind dann auch die Kalkulationsverfahren von Bedeutung.

14.2 Grundbegriffe der Geschäftsbuchführung und der Kosten- und Leistungsrechnung (Betriebsbuchführung)

(1) Begriffe der Geschäftsbuchführung: Aufwand und Ertrag

> **Aufwendungen** sind die in Geld gemessenen Wertminderungen des Eigenkapitals (Gesamtverbrauch von Gütern und Dienstleistungen) eines Unternehmens innerhalb einer Abrechnungsperiode. Die Aufwendungen werden in der Buchführung in den Kontenklassen 6 und 7 erfasst.

> **Erträge** sind alle in Geld bewerteten Wertzugänge beim Eigenkapital innerhalb einer Abrechnungsperiode. Die Erträge werden in der Buchführung in der Kontenklasse 5 erfasst.

Die gesamten Aufwendungen und Erträge werden in der GuV-Rechnung einander gegenübergestellt. Als Saldo erhält man das **Unternehmensergebnis**. Aufwendungen und Erträge sind damit Begriffe der **Erfolgsrechnung (Ergebnis der Geschäftsbuchführung).**

> Erträge   —   Aufwendungen   =   Unternehmensergebnis

---
[1] Retrograde Kalkulation: Rückwärtskalkulation. Vgl. Abschnitt Wirtschaftsrechnen, Kapitel 6.3.2.

(2) Begriffe der Kosten- und Leistungsrechnung (Betriebsbuchführung): Kosten und Leistungen

Die Begriffe Kosten und Leistungen haben einen anderen Inhalt als die Begriffe Aufwand und Ertrag. Die Kosten- und Leistungsrechnung, auch **Betriebsabrechnung** genannt, bezieht sich allein auf die Erfassung der Aufwendungen und Erträge, die mit der **betrieblichen** Tätigkeit (Einkauf, Lagerung und Verkauf) des Einzelhandels zusammenhängen. Die Gegenüberstellung von Kosten und Leistungen sagt daher etwas über den **Erfolg** der **betrieblichen Tätigkeit** aus. Als Saldo ergibt sich das **Betriebsergebnis.**

> **Kosten** sind der betriebsbedingte und relativ regelmäßig anfallende Güter- und Leistungsverzehr zur Erstellung betrieblicher Leistungen, gemessen in Geld (z.B. Löhne, Gehälter, Geschäftsmiete, Aufwendungen für Waren usw.). Statt Kosten können wir auch **betriebliche Aufwendungen** sagen.

> **Leistungen** sind alle betriebsbedingten und relativ regelmäßig anfallenden Wertzugänge innerhalb einer Abrechnungsperiode (z.B. Umsatzerlöse, Provisionserträge, aktivierte Eigenleistungen). Man spricht auch von **betrieblichen Erträgen.**

Die Differenz zwischen Leistungen und Kosten ergibt das **Betriebsergebnis** (**Ergebnis der Kosten- und Leistungsrechnung**).

> Leistungen   −   Kosten   =   Betriebsergebnis

Die Höhe dieses Betriebsergebnisses dient in der Praxis als Maßgröße für die Beurteilung der Unternehmenstätigkeit. Man vergleicht es mit den Ergebnissen vorheriger Perioden (**innerbetrieblicher Vergleich**) oder auch mit dem Ergebnis anderer Unternehmen der gleichen Branche (**zwischenbetrieblicher Vergleich**).

Das Betriebsergebnis kann deswegen als sinnvoller Vergleichsmaßstab dienen, weil es bei unterschiedlichen Betrieben Größen einbezieht, die ihrer Art nach vergleichbar sind. Das sind die Größen, die durch den eigentlichen Betriebszweck (Ein- und Verkauf von Waren zum Zweck der Gewinnerzielung) verursacht sind.

Mit anderen Worten: Das Betriebsergebnis, das sich aus betriebsbedingten Kosten und Leistungen zusammensetzt, ist von zeitlichen und betriebsindividuellen Zufälligkeiten, durch die die Vergleichbarkeit gestört wird, reinzuhalten.

Übungsaufgaben

231 1. Unterscheiden Sie zwischen Aufwendungen und Kosten! Nennen Sie jeweils zwei Beispiele!
2. Unterscheiden Sie zwischen Erträge und Leistungen! Bilden Sie jeweils zwei Beispiele!

232 1. Warum ist neben der Geschäftsbuchführung eine Kosten- und Leistungsrechnung erforderlich?
2. Nennen Sie die wichtigsten Aufgaben der Kosten- und Leistungsrechnung!

---

[1] Vgl. zum Begriff „Reinvermögen" S. 136.

14.3 Inhaltliche Abgrenzung zwischen der Kosten- und Leistungsrechnung (Betriebsbuchführung) und der Geschäftsbuchführung[1]

In der Geschäftsbuchführung sind die betrieblichen Aufwendungen (Kosten) und die unternehmensbezogenen Aufwendungen in den Kontenklassen 6 und 7 gemeinsam erfasst. Gleiches gilt für die betrieblichen Erträge (Leistungen) und die unternehmensbezogenen Erträge, die in der Kontenklasse 5 zusammengefasst sind. Da für das Betriebsergebnis nur die Kosten und Leistungen herangezogen werden, sind über eine gesonderte Rechnung die nicht betrieblich bedingten oder die Aufwendungen und Erträge, die die Vergleichbarkeit stören würden, von den betrieblich bedingten Aufwendungen und Erträgen abzugrenzen.

(1) Abgrenzung zwischen Kosten und Aufwendungen

Aufwendungen, die in keinem Zusammenhang mit dem Einkauf, der Lagerung und dem Absatz der Waren stehen, die aperiodisch oder aber unregelmäßig oder in außergewöhnlicher Höhe anfallen, nennt man **neutrale Aufwendungen**. Die neutralen Aufwendungen werden in der Kosten- und Leistungsrechnung entweder gar *nicht* oder *nicht* in der in der *Geschäftsbuchführung ausgewiesenen Höhe* berücksichtigt.

Bezüglich der Aufwendungen und ihrer Abgrenzung zu den Kosten kommen wir daher zu folgendem Ergebnis:

- Ein Großteil der Aufwendungen, nämlich der Teil der betriebsbedingten Aufwendungen, stellt zugleich auch Kosten dar. Man nennt die **betriebsbedingten Aufwendungen** auch **Grundkosten**.
- Daneben gibt es Aufwendungen, die aus verschiedenen Gründen nicht zu den Kosten gerechnet werden dürfen bzw. sollen. Das sind die **neutralen Aufwendungen**.

Zu den **neutralen Aufwendungen** zählen:

- **Betriebsfremde Aufwendungen.** Als betriebsfremd bezeichnet man alle Aufwendungen, die mit dem eigentlichen Betriebszweck nichts zu tun haben.

    Beispiele: Verluste aus Wertpapierverkäufen, Reparaturkosten an nicht betrieblich genutzten Gebäuden, Kursverluste bei Auslandsgeschäften.

- **Periodenfremde Aufwendungen.** Das sind Aufwendungen, die zwar betriebsbedingt sind, deren Verursachung aber in einer vorangegangenen Geschäftsperiode liegt.

    Beispiele: Steuernachzahlungen, Nachzahlungen von Gehältern, Garantieverpflichtungen für Geschäfte aus dem vorangegangenen Geschäftsjahr.

---

[1] Diesen Vorgang nennt man auch **sachliche Abgrenzung**.

- **Außerordentliche Aufwendungen.** Es handelt sich um Aufwendungen, die ungewöhnlich hoch oder äußerst selten sind.

  Beispiele: Verluste aus Enteignungen, Verluste aus nicht durch Versicherungen gedeckte Katastrophenfälle.

- Aufwendungen, die im Zusammenhang mit einer **Umstrukturierung des Vermögens** entstehen.

  Beispiel: Verluste aus dem Abgang von Gegenständen des Sachanlagevermögens.

- Bewertungsbedingter neutraler Aufwand.

(2) Abgrenzung zwischen Erträgen und Leistungen

Wie bei den Aufwendungen unterscheiden wir bei den Erträgen betriebliche und neutrale Erträge.

> - Bei den **betrieblichen Erträgen** handelt es sich im Wesentlichen um die Umsatzerlöse. Sie stellen die Erträge dar, die sich bei der Erfüllung des Betriebszweckes ergeben haben **(Zweckerträge)** und decken sich daher mit den **Leistungen** der KLR.
> - Daneben gibt es die **neutralen Erträge**, deren Unterteilung sich wie bei den neutralen Aufwendungen ergibt und die aus entsprechenden Gründen auch nicht zu den Leistungen in der KLR gehören.

Zu den **neutralen Erträgen** zählen:

- **Betriebsfremde Erträge:** Als betriebsfremd bezeichnet man alle Erträge, die mit dem eigentlichen Betriebszweck nichts zu tun haben.

  Beispiele: Erträge aus Wertpapieren, Zins- und Diskonterträge, Kursgewinne bei Auslandsgeschäften, Erträge aus Vermietung und Verpachtung.

- **Periodenfremde Erträge:** Das sind Erträge, die zwar betriebsbedingt sind, deren Verursachung aber in einer vorangegangenen Geschäftsperiode liegt.

  Beispiele: Steuerrückerstattungen, Eingang einer bereits abgeschriebenen Forderung.

- **Außerordentliche Erträge:** Es handelt sich um Erträge, die ungewöhnlich hoch oder äußerst selten sind.

  Beispiele: Erträge aus Gläubigerverzicht, Steuererlass.

- Erträge, die im Zusammenhang mit einer **Umstrukturierung des Vermögens** entstehen.

  Beispiel: Erträge aus dem Abgang von Vermögensgegenständen.

(3) Zusammenhang zwischen Unternehmensergebnis, Betriebsergebnis und neutralem Ergebnis

In der Erfolgsrechnung der **Geschäftsbuchführung** wird aus der Differenz zwischen Erträgen und Aufwendungen das **Unternehmensergebnis** ermittelt. (Bei Kapitalgesellschaften spricht der Gesetzgeber vom Jahresüberschuss bzw. Jahresfehlbetrag.)

Ausgehend von den Erfolgskomponenten der Geschäftsbuchführung wird in der **Kosten- und Leistungsrechnung (Betriebsbuchführung)** das **Betriebsergebnis** ermittelt.

Auf dem Weg zum Betriebsergebnis wird einerseits das Unternehmensergebnis von den betriebsfremden, periodenfremden und außerordentlichen Erfolgskomponenten bereinigt und werden andererseits bestimmte Erfolgskomponenten unter kostenrechnerischen Gesichtspunkten anders oder auch zusätzlich verrechnet.

Bezeichnen wir den Unterschied zwischen Unternehmensergebnis und Betriebsergebnis der Einfachheit halber vorläufig als neutrales Ergebnis, ergibt sich folgender Zusammenhang zwischen den Ergebnisbegriffen:

Erträge	−	Aufwendungen	=	Unternehmensergebnis
neutrale Erträge	−	neutrale Aufwendungen	=	neutrales Ergebnis
Leistungen	−	Kosten	=	Betriebsergebnis

Unternehmensergebnis	−	neutrales Ergebnis	=	Betriebsergebnis

Wir merken uns:

Eine Erfolgsaufspaltung in ein neutrales Ergebnis und ein Betriebsergebnis ist aus zwei Gründen erforderlich:

- um betriebliche Zahlenwerte besser vergleichen zu können und
- um eine genaue Kalkulation durchführen zu können.

Übungsaufgaben

233 1. Erklären Sie mit eigenen Worten, was unter Leistungen einerseits und Kosten andererseits zu verstehen ist! Bilden Sie je zwei Beispiele!

2. Bei welchen der genannten buchhalterischen Begriffe handelt es sich um Begriffe der Kostenrechnung?

   Abschreibungen auf Sachanlagen; Kosten für Ausgangsfrachten; Zinsaufwendungen; Umsatzsteuer auf den Warenverkauf; Arbeitgeberanteil zur Sozialversicherung; Aufwendungen für Waren; Rabatt beim Warenverkauf; Skonto beim Warenverkauf; Aufwendungen für Kommunikation; andere sonstige betriebliche Aufwendungen (Verkauf eines Anlagegutes unter dem Buchwert).

3. Bei welchen der genannten buchhalterischen Begriffe handelt es sich um Begriffe der Leistungsrechnung?

   Umsatzerlöse für Waren; sonstige Umsatzerlöse (Provisionserträge); aktivierte Eigenleistungen;[1] Rabatt beim Wareneinkauf; Zinserträge; andere sonstige betriebliche Erträge (Verkauf eines Anlagegutes über dem Buchwert).

---

[1] Unter **aktivierten Eigenleistungen** (innerbetrieblichen Leistungen) versteht man Leistungen (Güter), die nicht für den Absatzmarkt bestimmt sind, sondern im eigenen Betrieb zur eigenen Verwendung hergestellt und aktiviert werden (z. B. selbst hergestellte Werkzeuge, Lagerregale, Ladentheken usw.).

234 1. Geben Sie bei den nachfolgenden Aufwandsarten an, ob es sich um betriebliche oder neutrale Aufwendungen handelt:
   1.1 Gehaltszahlungen
   1.2 Diskontaufwendungen
   1.3 Aufwendungen für Waren
   1.4 Andere sonstige betriebliche Aufwendungen (Verkauf eines Anlagegutes unter dem Buchwert)
   1.5 Abschreibungen auf Sachanlagen
   1.6 Hoher Forderungsausfall durch die Zahlungsunfähigkeit eines Kunden
   1.7 Aufwendungen für die Altersversorgung der Arbeitnehmer
   1.8 Verluste durch Brandschäden
   1.9 Arbeitgeberanteil zur Sozialversicherung
   1.10 Mietzahlung für die Garage des Betriebs-Lkws
   1.11 Steuernachzahlung für das vergangene Geschäftsjahr
   1.12 Zahlung der Gebäudeversicherung für ein nicht betriebsnotwendiges Gebäude.

2. Geben Sie bei den nachfolgenden Ertragsarten an, ob es sich um betriebliche oder neutrale Erträge handelt:
   2.1 Umsatzerlöse für Waren
   2.2 Kursgewinne aus einem Importgeschäft
   2.3 Erträge aus dem Verkauf von Wertpapieren
   2.4 Zinserträge
   2.5 Provisionserträge für verkaufte Waren
   2.6 Unerwarteter Eingang für eine bereits abgeschriebene Forderung
   2.7 Ertrag aus der Vermietung eines nicht betrieblich genutzten Gebäudes
   2.8 Steuerrückvergütung für das vergangene Geschäftsjahr
   2.9 Andere sonstige betriebliche Erträge (Verkauf eines Anlagegutes über dem Buchwert)
   2.10 Selbst hergestellte Regale für die Verwendung im eigenen Betrieb (aktivierte Eigenleistung).

235 1. Welche der folgenden Posten gehen in die Kostenrechnung ein?
   [1] Umsatzsteuer auf den Warenverkauf
   [2] Rabatt beim Warenverkauf
   [3] Einbehaltene Sozialversicherungsbeiträge
   [4] Frachten beim Wareneinkauf
   [5] Arbeitgeberanteil zur Sozialversicherung
   [6] Skonto beim Warenverkauf

   Aufgaben
   Übertragen Sie die entsprechenden Ziffern in Ihr Hausheft!

2. Welche der folgenden Vorgänge stellen Leistungen dar?
   [1] Verkauf von Waren gegen Bankscheck
   [2] Zinsgutschrift der Bank
   [3] Erhöhung des Lagerbestandes an Waren
   [4] Reparatur der Wasserleitung im Büro durch Mitarbeiter

   Aufgabe
   Übertragen Sie die entsprechenden Ziffern in Ihr Hausheft!

236 Geben Sie bei den nachfolgenden Aufwands- und Ertragsarten an, ob es sich um betriebliche oder neutrale Aufwendungen bzw. Erträge handelt.

Verwenden Sie zur Lösung der Aufgaben folgendes Schema:

Aufwendungen		Erträge	
betrieblich	neutral	betrieblich	neutral

1.

Konten
5000 Umsatzerlöse für Waren
5100 Sonstige Umsatzerlöse
5430 Andere sonstige betriebliche Erträge
5500 Erträge aus Beteiligungen
5710 Zinserträge
6000 Aufwendungen für Waren
6110 Aufwendungen für bezogene Leistungen
6200/6300 Löhne/Gehälter
6400 Soziale Abgaben
6520 Abschreibungen auf Sachanlagen
6700 Aufwendungen für die Inanspruchnahme von Rechten u. Diensten
6800 Aufwendungen für Kommunikation
6900 Versicherungsbeiträge
7000 Betriebliche Steuern
7400 Abschreibungen auf Finanzanlagen
7510 Zinsaufwendungen
7600 Außerordentliche Aufwendungen

2.

Konten
5000 Umsatzerlöse für Waren
5400 Nebenerlöse aus Vermietung und Verpachtung
5430 Andere sonstige betriebliche Erträge
5600 Erträge aus Wertpapieren
5730 Diskonterträge
6000 Aufwendungen für Waren
6100 Aufwendungen für Material
6200/6300 Löhne/Gehälter
6400 Arbeitgeberanteil zur Sozialversicherung
6520 Abschreibungen auf Sachanlagen
6750 Aufwand des Geldverkehrs
6800 Büromaterial
6900 Versicherungsbeiträge
6940 Verluste aus Schadensfällen
7000 Betriebliche Steuern
7510 Zinsaufwendungen

14.4 Exkurs: Der rechnerische Ablauf der sachlichen Abgrenzung

Für eine exakte Kalkulation ist die Trennung zwischen betrieblichen und neutralen Erfolgen unerlässlich. Die **Trennung wird außerhalb der Geschäftsbuchführung** in einem gesonderten Berechnungsverfahren durchgeführt (so genanntes **Zweikreissystem**). In diesem zweiten Rechnungskreis werden alle Aufwendungen und Erträge der Geschäftsbuchführung übernommen. Anschließend erfolgt eine Trennung in neutrale Erfolge und betriebliche Erfolge.

Beispiel:

Ein Einzelhandelsgeschäft weist folgendes Gewinn- und Verlustkonto auf:

Soll		GuV-Konto		Haben
6000 Aufwend. für Waren	420 000,00	5000 Umsatzerlöse für Waren		750 000,00
6300 Gehälter	120 000,00	5400 Nebenerlöse a.Verm.u.Verp.		34 500,00
6520 Abschreib. auf Sachanlagen	25 000,00	5420 Eigenverbrauch		20 000,00
6800 Aufw. für Kommunikation	98 900,00	5500 Erträge aus Beteiligungen		10 000,00
7400 Abschreib. auf Finanzanlagen	30 000,00	5710 Zinserträge		15 000,00
7510 Zinsaufwendungen	7 500,00			
Gewinn	128 100,00			
	829 500,00			829 500,00

Aufgabe:

Ermitteln Sie mit Hilfe der Abgrenzungstabelle das Betriebsergebnis und das neutrale Ergebnis!

Lösung:

Abgrenzungstabelle

Konten	Geschäftsbuchführung		sachliche Abgrenzung (neutrales Ergebnis)		Kosten- u. Leistungsrechnung (Betriebsergebnis)	
	Aufwand	Ertrag	neutraler Aufwand	neutraler Ertrag	Kosten	Leistungen
5000 Umsatzerlöse für Waren		750 000,00				750 000,00
5400 Nebenerl.a.Verm.u.Verp.		34 500,00		34 500,00		
5420 Eigenverbrauch		20 000,00				20 000,00
5500 Erträge Beteiligungen		10 000,00		10 000,00		
5710 Zinserträge		15 000,00		15 000,00		
6000 Aufwend. für Waren	420 000,00				420 000,00	
6300 Gehälter	120 000,00				120 000,00	
6520 Abschr. auf Sachanlagen	25 000,00				25 000,00	
6800 Aufw. f. Kommunikation	98 900,00				98 900,00	
7400 Abschr. a. Finanzanlagen	30 000,00		30 000,00			
7510 Zinsaufwendungen	7 500,00		7 500,00			
	701 400,00	829 500,00	37 500,00	59 500,00	663 900,00	770 000,00
	128 100,00		22 000,00		106 100,00	
	829 500,00	829 500,00	59 500,00	59 500,00	770 000,00	770 000,00

Unternehmensergebnis — **neutraler Gewinn** = **Betriebsgewinn**

14.5 Teilbereiche der Kostenrechnung

14.5.1 Überblick

Um den vielfältigen und vielschichtigen Aufgaben gerecht zu werden, muss die Kostenrechnung im Wesentlichen drei Grundfragen beantworten, wofür jeweils unterschiedliche Teilbereiche der Kostenrechnung zuständig sind.

(1) Welche Kosten sind angefallen?

Diese Frage betrifft die verschiedenen Kostenarten, wobei „Arten" im Sinne von Verkehrsbezeichnungen (Personalkosten, Mietkosten, Steuern usw.) zu verstehen sind.

Diese Frage betrifft den Teilbereich der **Kostenartenrechnung** (vgl. Kapitel 14.5.2).

(2) Wo (an welchen Stellen im Betrieb) sind die Kosten angefallen?

Die Beantwortung dieser Frage fällt in den Bereich der **Kostenstellenrechnung** (vgl. Kapital 14.5.3).

(3) Wer hat die Kosten zu tragen?

Bei dieser Frage geht es im Wesentlichen um das Problem der verursachungsgerechten Zurechnung der entstandenen Kosten auf die Kostenträger (Erzeugnisse bzw. Erzeugnisgruppen).

Diese Frage betrifft den Teilbereich der **Kostenträgerrechnung** (vgl. Kapitel 14.5.4).

14.5.2 Kostenartenrechnung

Die Kostenartenrechnung ist die erste Stufe der Kostenrechnung, auf der die beiden übrigen Teilbereiche der Kostenrechnung aufbauen. Ihr kommt die Aufgabe zu, alle Kosten einer Abrechnungsperiode nach Arten eindeutig, überschneidungsfrei, periodengerecht und vollständig zu erfassen.

Die Erfassung der Kosten kann nach einer Vielzahl von Gesichtspunkten vorgenommen werden. Im Folgenden beschränken wir uns auf drei Erfassungskriterien.

(1) Nach der Art der aufgewendeten Kosten unterscheiden wir:

- **Arbeitskosten,** z.B. Löhne, Gehälter, Soziale Abgaben und Aufwendungen für Altersversorgung und Unterstützung.
- **Stoffkosten,** z.B. Aufwendungen für Waren.
- **Kapitalkosten,** z.B. Zinsaufwendungen, Abschreibungen.
- **Fremdleistungskosten,** z.B. Fremdinstandhaltung, Vertriebsprovisionen, Rechts- und Beratungskosten, Ausgangsfrachten.
- **Sonstige Kosten,** z.B. Entsorgung von Abfallprodukten, Reinigung von Abwässern, Steuern, Gebühren, Beiträge, Spenden.

(2) Aufgliederung nach der Art der Zurechenbarkeit auf die Kostenträger
   (z. B. die verschiedenen Warenarten)

Die Aufgliederung der Kosten erfolgt danach, ob sie den einzelnen Waren bzw. Warengruppen **unmittelbar** zugerechnet werden können oder nicht. Wir unterscheiden demnach:

- **Einzelkosten**

Die Einzelkosten können der verkauften Ware bzw. Warengruppe **direkt** zugerechnet werden.

> **Beispiele:** Kosten der Ware selbst, Verpackungs-, Transportkosten, Zölle, Versicherungskosten.

- **Gemeinkosten**

Unter diesem Begriff werden alle Kosten zusammengefasst, die den einzelnen verkauften Waren bzw. Warengruppen nicht unmittelbar zugerechnet werden können, sei es, weil die Zurechnung sachlich unmöglich (z. B. Gehälter, Miete, Steuern) oder zu unwirtschaftlich ist (Werbekosten, Transportkosten). Gemeinkosten fallen also für alle Verkaufserzeugnisse gemeinsam an. Sie können daher nur **indirekt** den einzelnen Waren bzw. Warengruppen zugerechnet werden. Die Gemeinkosten bezeichnet man auch als **Handlungskosten**.

> **Beispiele:** Gehälter, Miete, Steuern, Werbekosten, Transportkosten, soziale Abgaben des Arbeitgebers, Abschreibungen, Energiekosten.

(3) Aufgliederung nach der Kostenentwicklung bei wechselnder Beschäftigung

Setzen wir die Entwicklung der einzelnen Kosten zum jeweiligen Beschäftigungsgrad in Beziehung, so lassen sich **fixe Kosten** und **variable Kosten** unterscheiden.

- **Fixe Kosten**

Das sind Kosten, die sich bei einer Änderung der Beschäftigung nicht verändern, d. h. vom Umsatz unabhängig sind. Diese Kosten fallen an, unabhängig davon, ob und wie viel Umsatz das Unternehmen macht. Man nennt sie daher auch Kosten der Betriebsbereitschaft.

> **Beispiele:** Gehälter, Miete, Abschreibungen, Grundsteuern, Versicherungsbeiträge.

- **Variable Kosten**

Das sind Kosten, die sich bei einer Änderung der Beschäftigung verändern. Variable Kosten sind also vom Umsatz abhängig.

> **Beispiele:** Warenkosten, Verpackungen, Transportkosten.

Übungsaufgaben

237
1. Beschreiben Sie mit eigenen Worten die Aufgaben der Kostenartenrechnung!
2. Ordnen Sie die folgenden Kostenarten den Einzelkosten bzw. Gemeinkosten zu!
   - Miete für den Verkaufsraum
   - Aufwendungen für Waren
   - Gewerbesteuer
   - freiwillige soziale Aufwendungen
   - Gehälter
   - Abschreibungen auf Sachanlagen
   - Werbeanzeigekosten für ein Sonderangebot
   - Zustellkosten für Warenlieferungen an einen Kunden
   - Provisionsaufwendungen bei einem Einzelauftrag
3. Welches Ziel verfolgt die Kostenartenrechnung?

238 Welche der angeführten Kostenarten sind im Einzelhandel „fixe Kosten"?
- ☐1 Frachtkosten beim Warenverkauf
- ☐2 Linearer Abschreibungsbetrag für die Ladenausstattung
- ☐3 Bankzinsen
- ☐4 Abschreibungen auf GWG
- ☐5 Bezugskosten beim Wareneinkauf

Aufgabe
Übertragen Sie die entsprechende Ziffer als Lösung in Ihr Hausheft.

239 1. Erklären Sie an zwei Beispielen den Unterschied zwischen Einzel- und Gemeinkosten!
2. Begründen Sie die Notwendigkeit der sachlichen Abgrenzung!

14.5.3 Kostenstellenrechnung

14.5.3.1 Begriff und Zweck der Kostenstellenrechnung

Unter einer Kostenstelle versteht man die Stelle im Betrieb, an der die Kosten entstanden sind. Da die Einzelkosten bei der Zurechnung auf den Kostenträger keine Probleme bereiten und sie auch keiner besonderen Kontrolle bedürfen, geht es bei der Kostenstellenrechnung um die Erfassung der Gemeinkosten.

Die Kostenstellenrechnung erfüllt im Wesentlichen zwei Zwecke:

- Mit Hilfe der Kostenstellenrechnung soll eine möglichst **verursachungsgerechte Verteilung der Gemeinkosten** auf die Kostenträger erreicht werden. Das geschieht dadurch, dass die angefallenen Gemeinkosten zunächst auf die gebildeten Kostenstellen umgelegt werden. Ein großer Teil der Gemeinkosten kann dabei aufgrund der vorliegenden Belege direkt auf die entsprechenden Kostenstellen verteilt werden. Der andere Teil wird indirekt mit Hilfe eines Umrechnungsschlüssels auf die Kostenstellen verteilt werden; z. B. können die Heizungskosten nach der Anzahl der Heizkörper oder die Reinigungskosten nach der Größe der Räume verteilt werden.

  Die Berechnung der anteiligen Gemeinkosten auf die einzelnen Kostenträger erfolgt dann nicht für alle Produkte mit dem gleichen Prozentsatz, sondern nur in dem Maße, wie der einzelne Kostenträger die betreffende Kostenstelle beansprucht hat. Dadurch wird die Kalkulation für die einzelnen Produkte wesentlich genauer.

- Die Bildung von Kostenstellen ist eine Voraussetzung für eine **effektive Kontrolle der kontrollbedürftigen Gemeinkosten.** Erst wenn feststeht, wo die Kosten angefallen sind und wer dafür die Verantwortung trägt, kann eine wirkungsvolle Kostenkontrolle bzw. Kostenbeeinflussung einsetzen.

14.5.3.2 Bildung von Kostenstellen[1]

Um die Gemeinkosten wirksam kontrollieren und auf die Kostenträger verteilen zu können, muss das Einzelhandelsunternehmen in entsprechende Teileinheiten, in denen Gemeinkosten anfallen, gegliedert werden. Je kleiner die Teileinheiten gebildet werden, desto genauer kann die Erfassung und Weiterverrechnung der Gemeinkosten sowie ihre Kontrolle durchgeführt werden. Insofern wäre die Ermittlung der Gemeinkosten je Arbeitsplatz die optimale Lösung für eine verursachungsgerechte Erfassung. Da aber jede Maßnahme auch dem Prinzip der Wirtschaftlichkeit entsprechen muss, würde der Aufwand den dabei erzielbaren Nutzen übersteigen.

Die Bildung von Kostenstellen wird überwiegend nach den folgenden beiden Prinzipien vorgenommen:

- **Bildung der Kostenstellen nach Warengruppen oder Warenbereichen**

Beispiel:
Kostenstelle Lebensmittel, Schuhe, Textilien, Elektrogeräte usw.

- **Bildung der Kostenstellen aufgrund von Verantwortungsbereichen (z. B. Abteilungen bzw. Filialen) oder Funktionsbereichen**

Beispiel:
Beschaffungs-, Lager-, Verkaufs- oder Verwaltungsbereich. In diesem Fall ist die Kostenstelle häufig mit dem Verantwortungsbereich eines Mitarbeiters identisch. Dadurch ist es möglich, bei Kostenabweichungen immer einen Verantwortlichen zu haben, der nicht behaupten kann, mit den Abweichungen nichts zu tun zu haben. Diese Kostenstellenbildung ist aus der Sicht der Kostenkontrolle von großem Nutzen.

Hat ein Einzelhandelsgeschäft mehrere Filialen, so ist es auch möglich, für jede Filiale eine Kostenstelle zu bilden.

14.5.3.3 Betriebsabrechnungsbogen (BAB)

Abrechnungstechnisches Hilfsmittel für die Verteilung der Handlungskosten (Gemeinkosten) auf die einzelnen Kostenstellen ist der **Betriebsabrechnungsbogen (BAB)**. Im BAB werden die einzelnen Handlungskostenarten, die aus der Kostenrechnung entnommen werden, auf die Kostenstellen verteilt. Die Verteilung kann auf zweierlei Weise geschehen:

- **Verteilung aufgrund von Belegen**

Die Verteilung der Gemeinkosten aufgrund von Belegen bietet sich an, wenn die Gemeinkosten je Kostenstelle exakt erfassbar sind. So lässt sich z. B. der Reparaturaufwand mit Hilfe von Belegen, der Stromverbrauch mit Hilfe von Stromzählern, der Verbrauch an Dekorationsmaterial mit Hilfe von Materialentnahmescheinen oder der Anfall von Personalkosten aufgrund der Lohnlisten für jede Kostenstelle ermitteln.

---

[1] Auf die Aufgliederung der Kostenstellen in Haupt-, Neben- und Hilfskostenstellen wird verzichtet, um den Schwierigkeitsgrad dieses Themengebietes zu vermindern.

● **Verteilung aufgrund von Verteilungsschlüsseln**

Die Verteilung der Gemeinkosten aufgrund von Verteilungsschlüsseln bietet sich an, wenn die Gemeinkosten je Kostenstelle nicht genau ermittelt werden können. So lassen sich z. B. Abschreibungen auf Gebäude nur nach Quadrat- oder Kubikmetern umbauten Raumes „umlegen".

Verteilungsmaßstäbe (Umlagenschlüssel) können beispielsweise sein:

→ **Zählgrößen:** z. B. Versandspesen nach der Zahl der versandten Pakete; Bezugsspesen nach der Stückzahl der gelieferten Artikel.

→ **Raumgrößen:** z. B. Flächengröße für die Reinigungskosten bzw. den Mietaufwand; Ventilationskosten für die Belüftung nach Kubikmetern umbauten Raumes.

→ **Bestandsgrößen:** Lagerzinsen nach dem Wert der Warenvorräte; Abschreibungen aufgrund von Anlagewerten.

→ **Umsatzgrößen:** Steuern und Abgaben; abzuschreibende Forderungen und Versicherungen nach dem jeweiligen Umsatz der Kostenstelle.

Je zutreffender die Verteilungsmaßstäbe sind, desto genauer ist die Kostenaufschlüsselung und desto aussagefähiger wird die Kostenrechnung.

Wir merken uns:

● Der **BAB** ist ein abrechnungstechnisches Hilfsmittel für die Verteilung der **Gemeinkosten** auf die einzelnen Kostenstellen.
● Die **Verteilung der Gemeinkosten** erfolgt entweder
 – direkt aufgrund der einer Kostenstelle zurechenbaren Belege oder
 – indirekt über Verteilungsschlüssel.

14.5.3.4 Kostenstellenrechnung als Grundlage für die Kalkulation

Beispiel:

In einem Baumarkt werden die Handlungskosten auf folgende Warengruppen umgelegt: Eisenwaren, Holzwaren, Werkzeuge. Für die drei Warengruppen sollen die Zuschlagssätze für die Gemeinkosten (Handlungskosten) mittels BAB ermittelt werden. Hierzu liegen folgende Angaben vor:

1. Zahlen der Kosten- und Leistungsrechnung (KLR) und die Verteilungsschlüssel

Gemeinkostenarten[1] (Handlungskosten)	Zahlen der KLR in Hundert EUR	Verteilungsschlüssel		
		Eisenwaren	Holzwaren	Werkzeuge
Personalkosten	68 880,00	2	3	7
Mieten, Sachkosten für Geschäftsräume	32 400,00	0	3	5
Steuern, Abgaben, Pflichtbeiträge des Betriebs	30 600,00	4	2	3
Sachkosten für Werbung	7 430,00	2	2	1
Sachkosten für Warenabgabe und -zustellung	5 184,00	3	4	1
Abschreibungen	10 458,00	3	2	1
Sonst. Geschäftskosten	4 950,00	4	4	3
Summe	159 902,00			

[1] Die Namen der Kostenarten müssen nicht identisch sein mit den Kontennamen in der Geschäftsbuchführung. In den folgenden Beispielen werden aus Vereinfachungsgründen häufig verschiedene Handlungskostenarten zusammengefasst.

2. Einstandspreise der drei Warengruppen (Kostenträger)

Eisenwaren:	148 100,00 EUR
Holzwaren:	235 100,00 EUR
Werkzeuge:	237 053,12 EUR

Aufgaben:
1. Verteilen Sie aufgrund der angegebenen Verteilungsschlüssel die Gemeinkosten auf die einzelnen Kostenstellen!
2. Ermitteln Sie für jede Kostenstelle die Zuschlagssätze für die Gemeinkosten!

Lösungen:

Betriebsabrechungsbogen (BAB)

Handlungskostenarten	Zahlen der KLR in Hundert EUR	Verteilungs-schlüssel	Kostenstellen		
			Eisen-waren	Holz-waren	Werkzeuge
Personalkosten	68 880,00	2 : 3 : 7	11 480,00	17 220,00	40 180,00
Mieten/Sachkosten für Geschäftsräume	32 400,00	0 : 3 : 5	0,00	12 150,00	20 250,00
Steuern, Abgaben, Pflichtbeiträge des Betriebs	30 600,00	4 : 2 : 3	13 600,00	6 800,00	10 200,00
Sachkosten für Werbung	7 430,00	2 : 2 : 1	2 972,00	2 972,00	1 486,00
Sachkosten für Warenabgabe und -zustellung	5 184,00	3 : 4 : 1	1 944,00	2 592,00	648,00
Abschreibungen	10 458,00	3 : 2 : 1	5 229,00	3 486,00	1 743,00
Sonstige Geschäftskosten	4 950,00	4 : 4 : 3	1 800,00	1 800,00	1 350,00
Summe der Handlungskosten	**159 902,00**	aufgeschlüsselt	**37 025,00**	**47 020,00**	**75 857,00**
Zuschlagsgrundlage: Einstandspreise der Kostenträger (100%)			148 100,00	235 100,00	237 053,12
Handlungskostenzuschlagssätze			25%	20%	32%

Erläuterungen:

(1) Die Handlungskosten werden der Kostenartenrechnung entnommen. Anschließend wird der Verteilungsschlüssel festgelegt.

(2) Umlage der Handlungskosten aufgrund der Belege bzw. des angegebenen Verteilungsschlüssels auf die Kostenstellen. Durch Addition werden anschließend die Handlungskosten der einzelnen Kostenstellen errechnet.

(3) Die Handlungskosten der einzelnen Kostenstellen (sie entsprechen hier den Handlungskosten der Kostenträger) werden sodann auf die jeweiligen Einstandspreise bezogen. Damit erhalten wir die Handlungskostenzuschlagssätze je Kostenträger. Als Beispiel soll der Handlungskostenzuschlagssatz für die Warengruppe Eisenwaren dargestellt werden:

Einstandspreise der Eisenwaren 148 100,00 EUR ≙ 100 %
Handlungskosten der Eisenwaren 37 025,00 EUR ≙ x %

$$\text{Handlungskostenzuschlagssatz der Eisenwaren} = \frac{37\,025 \cdot 100}{148\,100} = \underline{\underline{25\,\%}}$$

Das bedeutet, dass bei der Kalkulation von Eisenwaren die Handlungskosten (Gemeinkosten) in der Weise erfasst werden, dass 25 % auf den Einstandspreis aufgeschlagen werden. Dagegen wird bei den Werkzeugen mit einem Handlungskostenzuschlagssatz von 32 % und bei den Holzwaren mit 20 % kalkuliert.

Anstatt für alle Warengruppen mit einem einheitlichen Handlungskostenzuschlagssatz rechnen zu müssen, erhalten wir auf diese Weise für jede Warengruppe einen individuellen Handlungskostenzuschlagssatz. Dadurch wird die Kalkulation natürlich wesentlich genauer.

Es gilt festzuhalten, dass eine Kostenstellenrechnung nur in größeren Einzelhandelsbetrieben Anwendung finden kann. Für einen kleineren Betrieb ist die Kostenstellenrechnung zu kostenintensiv und auch entbehrlich, da der Inhaber sein Geschäft auch ohne einen BAB überblicken kann.

Wir merken uns:

Die Ziele der Kostenstellenrechnung sind:

- **Verursachungsgerechte Umlage der Handlungskosten (Gemeinkosten) auf die einzelnen Kostenstellen.**

  Abrechnungstechnisches Hilfsmittel für die Verteilung der Gemeinkosten auf die einzelnen Kostenstellen ist der Betriebsabrechnungsbogen (BAB).

- **Berechnung der Handlungskostenzuschlagssätze für die einzelnen Warengruppen (bzw. Abteilungen).**

  Die Verwendung von verschiedenen Handlungskostenzuschlagssätzen ermöglicht eine genauere Kalkulation der Waren bzw. Warengruppen.

- **Heranziehung der einzelnen Kostenstellen zu Kontrollzwecken.**

  Die Gegenüberstellung der Zahlen aus mehreren Abrechnungsperioden lässt die Kostenentwicklung in der Kostenstelle genau erkennen.

14.5.4 Kostenträgerrechnung (Kalkulation)

Aufgabe der Kostenträgerrechnung ist es, die für eine bestimmte Ware (Warengruppe) entstandenen Gemeinkosten zu ermitteln und unter Einbeziehung der Einzelkosten den Bruttoverkaufspreis einer Ware zu kalkulieren. Hierzu verwendet die Kostenträgerrechnung die in der Kostenstellenrechnung (BAB) errechneten Handlungskostenzuschlagssätze. Die Kostenstellenrechnung trägt somit dazu bei, die Verteilung der Gemeinkosten auf die einzelnen Waren (Kostenträger) genauer vorzunehmen. Sie liefert genaue Handlungskostenzuschlagssätze für die Kalkulation der einzelnen Waren bzw. Warengruppen.

Da der rechnerische Ablauf der Kalkulation schon detailliert dargestellt worden ist, genügt es, hier ein einfaches Beispiel anzuführen, um den Zusammenhang von Kostenstellen- und Kostenträgerrechnung aufzuzeigen.

Beispiel:

Der Bareinkaufspreis für eine Bohrmaschine beträgt 120,00 EUR. An Frachtkosten fallen 14,20 EUR an. Der Handlungskostenzuschlagssatz beläuft sich lt. BAB auf 32 % (vgl. Seite 366). Der Gewinnzuschlag beträgt 20 %.

Aufgabe:

Berechnen Sie den Bruttoverkaufspreis, wobei 16 % USt noch einzurechnen sind!

Lösung:

			Bareinkaufspreis	120,00 EUR
		+	Bezugskosten	14,20 EUR
	100 %		Bezugspreis	134,20 EUR
	32 %	+	Handlungskosten	42,94 EUR
100 %	←		Selbstkostenpreis	177,14 EUR
20 %		+	Gewinn	35,43 EUR
	98 %		Nettoverkaufspreis	212,57 EUR
	16 %	+	Umsatzsteuer	34,01 EUR
	116 %		Bruttoverkaufspreis	246,58 EUR

Übungsaufgaben

240 1. Welche verschiedenen Aufgaben erfüllt die Kostenstellenrechnung?
2. Nach welchen Merkmalen lassen sich im Einzelhandel Kostenstellen bilden?
3. Welche Aufgabe kommt dem Betriebsabrechnungsbogen (BAB) zu?

241 In einer Holzwarenhandlung werden die Handlungskosten auf folgende Warengruppen umgelegt: Möbel, Holzwaren, Schrauben.

Aufgaben

1. Ermitteln Sie die Handlungskostenzuschlagssätze für die Kostenstellen mittels eines BAB! Verwenden Sie hierzu folgende Angaben aus der Kostenrechnung:

a) **Summe der Gemeinkosten lt. Kostenrechnung und die Verteilungsschlüssel:**

Handlungs-kostenarten	Zahlen der Kosten-rechnung	Verteilungsschlüssel		
		Möbel	Holz-waren	Schrau-ben
Personalkosten	36 608,00 EUR	3	3	2
Mieten	12 110,00 EUR	3	2	2
Steuern	8 760,00 EUR	3	2	1
Werbung/Reisekosten	11 730,00 EUR	5	4	1
Transportkosten	9 295,00 EUR	6	4	3
Kosten des Fuhrparks	10 944,00 EUR	5	2	1
Sonstige Geschäftskosten	12 033,00 EUR	4	3	2
Abschreibungen	6 721,00 EUR	7	3	1

b) **Einstandspreise der Warengruppen:**

Möbel: 191 992,30 EUR
Holzwaren: 164 727,27 EUR
Schrauben: 62 980,00 EUR

2. Die Möbelabteilung kauft eine Gartensitzgruppe aus Holz zum Bareinkaufspreis von 235,00 EUR. An Bezugskosten fallen 12,80 EUR an. Der Handlungskostenzuschlagssatz für Möbel ist dem BAB zu entnehmen. Es wird ein Gewinnsatz von 12 % einkalkuliert.

Aufgabe

Berechnen Sie den Auszeichnungspreis (Bruttoverkaufspreis), wobei 16 % USt noch einzurechnen sind!

242 Die Versandhandlung Felix Huber KG gliedert ihren Betriebsabrechnungsbogen in 2 Kostenstellen: Heimtextilien und Bekleidung. Der BAB weist folgende Zahlenwerte auf:

Kto. Nr.	Handlungs- kostenarten	Zahlen der Kosten- rechnung	Heimtex- tilien	Beklei- dung
	. .	. .	. .	. .
	Summe	474 360,00	175 710,00	298 650,00

Einstandspreise der Warengruppen:
Heimtextilien: 502 028,57 EUR
Bekleidung: 746 625,00 EUR

Aufgaben
1. Ermitteln Sie die Handlungskostenzuschlagssätze für die Kostenstellen!
2. Aus Konkurrenzgründen muss ein modischer Herrenanzug zum Ladenpreis von 269,12 EUR einschließlich 16% USt angeboten werden. Unser Lieferer bietet uns solche Anzüge zum Preis von 140,00 EUR an. Er gewährt uns bei Barzahlung 2% Skonto. Die Frachtkosten belaufen sich auf 14,50 EUR je Anzug. Der Handlungskostenzuschlagssatz ist dem BAB zu entnehmen. Es ist davon auszugehen, dass ein Gewinn von wenigstens 8% erzielt werden soll.
Kann dieser Gewinnzuschlagssatz erreicht werden?

Zur Wiederholung

243 Bilden Sie die Buchungssätze zu folgenden Geschäftsvorfällen!

1. Lastschriftanzeige der Bank für
   Darlehenszinsen 1 200,00 EUR
   Industrie- und Handelskammerbeitrag 280,00 EUR
   Umsatzsteuer (Zahllast) 12 300,00 EUR
   Einlösung unseres Akzepts 3 100,00 EUR   16 880,00 EUR

2. Banküberweisung für
   Einkommensteuer des Geschäftsinhabers 8 000,00 EUR
   einbehaltene Steuerabzüge 7 100,00 EUR   15 100,00 EUR

3. Bonusgutschrift eines Lieferers
   brutto (16% USt)   982,52 EUR

4. Die Eingangsrechnung Nr. 47 begleichen wir
   durch Weitergabe eines Kundenwechsels 1 500,00 EUR
   und durch unser Akzept 3 160,00 EUR   4 660,00 EUR

244 Für nachstehende Geschäftsvorfälle sind die Buchungssätze zu bilden!

1. Wareneinkauf auf Ziel
   Warenwert netto 3 000,00 EUR
   − 20% Rabatt 600,00 EUR
   2 400,00 EUR
   + Frachtkosten 144,00 EUR
   2 544,00 EUR
   + 16% USt 407,04 EUR
   2 951,04 EUR

2. Wir überweisen die eingegangene Rechnung durch Banküberweisung nach Abzug von 3% Skonto (Fall 1).

3. Wir verkaufen Waren auf Ziel
   Warenwert netto 2 500,00 EUR
   − 10% Rabatt 250,00 EUR
   2 250,00 EUR
   + Frachtkosten 130,00 EUR
   2 380,00 EUR
   + 16% USt 380,80 EUR
   2 760,80 EUR

4. Zum Zahlungsausgleich akzeptiert unser Kunde (Fall 3) einen Wechsel über 2 760,80 EUR

5. Aus dem Betriebsvermögen werden für Privatzwecke entnommen (16% Umsatzsteuer beachten):
   Waren netto 700,00 EUR
   Bargeld 600,00 EUR 1 300,00 EUR

6. Wir zahlen Gehälter durch Banküberweisung
   Bruttogehalt 7 400,00 EUR
   − Lohnsteuer, Solidaritätszuschlag, Kirchensteuer 1 460,00 EUR
   − Sozialversicherung 1 320,00 EUR
   − einbehaltene Vorschüsse 500,00 EUR 3 280,00 EUR
   4 120,00 EUR

   Der Arbeitgeberanteil zur Sozialversicherung ist noch zu buchen 1 320,00 EUR

7. Ausbuchung eines nicht aufklärbaren Kassenmankos 70,00 EUR

245 Beantworten Sie folgende Verständnisfragen!

1. Welche Vorteile bietet der einheitliche Kontenrahmen den Betrieben (zwei Vorteile)?
2. Geben Sie die Bilanzgleichungen zur Berechnung des Vermögens und des Kapitals an!
3. Erläutern Sie, ob sich eine Umsatzsteuererhöhung auf den Gewinn auswirkt!
4. Zählen Sie zwei verschiedene Gründe für die Abschreibung von Anlagegütern auf!
5. Wirkt sich eine Privatentnahme von Waren auf den Gewinn aus?

246 1. Welche Aussage ist zutreffend für ⒈ Bilanz, ⒉ Inventur und ⒊ Inventar? Ordnen Sie die Ziffern der betreffenden Aussage zu!

   a) Vor Ort erfolgt eine körperliche Bestandsaufnahme aller Vermögens- und Schuldenwerte nach ihrer Art, ihrer Menge und ihren Werten.

   b) Ist ein ausführliches Verzeichnis über die tatsächlich vorhandenen Vermögens- und Schuldenwerte an einem bestimmten Tag.

   c) Ist eine zusammengefasste Gegenüberstellung von Vermögen und Kapital.

2. Geben Sie an, ob die nachfolgenden, noch zu buchenden Sachverhalte den zu ermittelnden Wareneinsatz ⒈ erhöhen, ⒉ vermindern oder ⒊ nicht beeinflussen! Ordnen Sie die Ziffer der betreffenden Buchung zu!

   Buchung für

   a) Nachlässe
   b) Bezugskosten
   c) Einkauf von Waren
   d) Erlösberichtigungen
   e) Rücksendungen von Kunden

247 Ein Einzelhandelsunternehmen kauft zu Beginn des Geschäftsjahres einen neuen Lieferwagen gegen Rechnung:

Listeneinkaufspreis netto	75 000,00 EUR
− Sonderrabatt des Autohauses auf den Listeneinkaufspreis	8 %
Überführungskosten netto	1 400,00 EUR
Zulassungsgebühr	376,00 EUR
Nummernschild netto	60,00 EUR

Nutzungsdauer 6 Jahre, lineare Abschreibung.

Aufgaben

1. Wie viel EUR betragen die Anschaffungskosten?
2. Buchen Sie den Kaufvorgang (16 % USt)!
3. Berechnen Sie den Buchwert des Lieferwagens am Ende des ersten Nutzungsjahres!
4. Buchen Sie die Abschreibung am Ende des ersten Nutzungsjahres!

248 Buchen Sie für Franz Mayer e.Kfm., Industriestr. 5, 59425 Unna, die nachfolgenden zwei Belege im Grundbuch!

Beleg 1

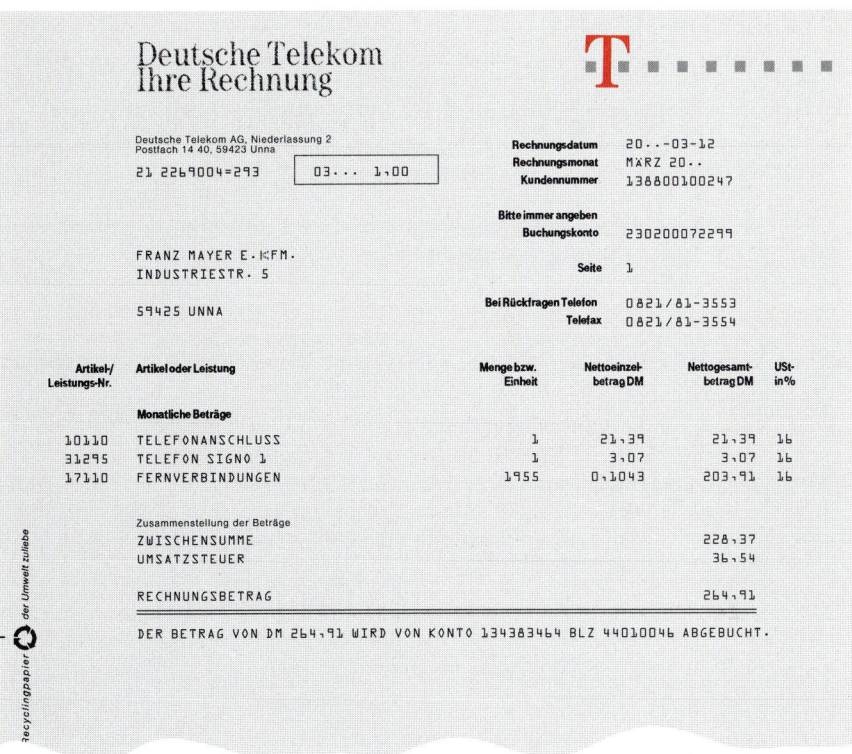

Beleg 2

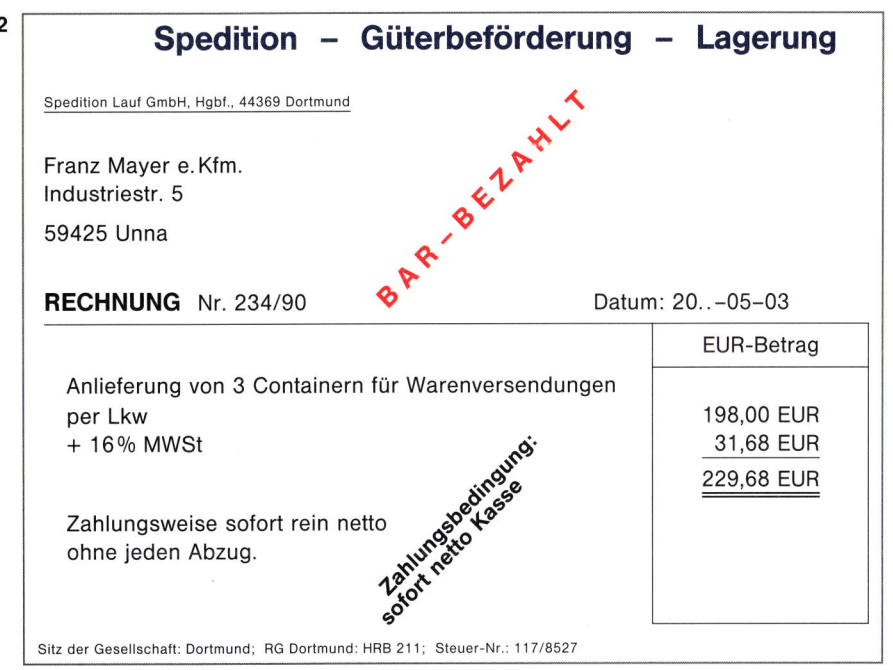

15 Jahresabschluss

15.1 Aufstellung von Bilanz und Gewinn- und Verlustrechnung bei Einzelunternehmen, Personen- und Kapitalgesellschaften

15.1.1 Jahresabschluss bei Einzelkaufleuten und Personengesellschaften (OHG, KG, GmbH & Co. KG)

Bei der Erstellung des Jahresabschlusses ist Folgendes zu beachten:

(1) Allgemeine Vorschriften des HGB

- **Inhalt des Jahresabschlusses** (§ 242 Abs. 3 HGB)

Bei Einzelkaufleuten und Personengesellschaften besteht der Jahresabschluss aus der Bilanz und der Gewinn- und Verlustrechnung.

- **Aufstellungsgrundsätze** (§ 243 HGB)

„Der Jahresabschluss ist nach den Grundsätzen ordnungsmäßiger Buchführung aufzustellen. Er muss klar und übersichtlich sein. Der Jahresabschluss ist innerhalb der einem ordnungsmäßigen Geschäftsgang entsprechenden Zeit aufzustellen."

Aus diesen allgemeinen Formulierungen des Gesetzgebers geht hervor, dass **keine** bestimmte Form für die Aufstellung der Bilanz und der Gewinn- und Verlustrechnung vorgeschrieben ist. Da jedoch für die Bilanz einer Kapitalgesellschaft der Gesetzgeber (§ 266 HGB) die Kontoform zwingend vorschreibt, ist sie auch bei anderen Unternehmen üblich. Abweichend von der gesetzlichen Vorschrift für die Aufstellung der Gewinn- und Verlustrechnung bei Kapitalgesellschaften (vgl. Kapitel 15.1.2) wird auch die Gewinn- und Verlustrechnung bei Einzelkaufleuten und Personengesellschaften üblicherweise in der Kontoform erstellt.

Wie ebenfalls aus der Gesetzesformulierung hervorgeht, hat der Gesetzgeber für den einfachen Jahresabschluss keine bestimmte Frist, bis zu der die Aufstellung erfolgt sein muss, vorgegeben.

- **Sprache und Währungseinheit** (§ 244 HGB)

„Der Jahresabschluss ist in deutscher Sprache und in Euro aufzustellen."

Wurden die Bücher in einer anderen lebenden Sprache geführt, was lt. § 239 HGB möglich ist, muss jedoch für den Jahresabschluss eine Übersetzung stattfinden. Verpflichtungen in fremder Währung sind in Euro umzurechnen.

- **Unterzeichnung** (§ 245 HGB)

„Der Jahresabschluss ist vom Kaufmann unter Angabe des Datums zu unterzeichnen. Sind mehrere persönlich haftende Gesellschafter vorhanden, so haben sie alle zu unterzeichnen."

Die Unterschrift muss am Ende des Jahresabschlusses erfolgen, also nach der Gewinn- und Verlustrechnung.

Weitere Vorschriften betreffen z. B. die **Vollständigkeit,** wonach der Jahresabschluss alle Vermögensgegenstände, Schulden, Rechnungsabgrenzungsposten, Aufwendungen und Erträge zu enthalten hat. Nach dem **Verrechnungsverbot** dürfen Aktiva nicht mit Posten der Passivseite und Aufwendungen nicht mit Erträgen verrechnet werden.

(2) Inhalt und Gliederung der Bilanz

Zum Inhalt der Bilanz wird in § 247 HGB lediglich festgestellt, dass in der Bilanz das Anlagevermögen, das Umlaufvermögen, das Eigenkapital, die Schulden und die Abgrenzungsposten gesondert auszuweisen und hinreichend aufzugliedern sind. Wie diese Untergliederungen vorzunehmen und wie sie zu bezeichnen sind, hat der Gesetzgeber im Gegensatz zu den für Kapitalgesellschaften geltenden Vorschriften nicht im Einzelnen festgelegt.

Die Entscheidung über die Gliederung der Bilanz liegt somit bei den Unternehmen selbst, die jedoch an den Grundsatz der Klarheit und Übersichtlichkeit gebunden sind. Hierauf weist das Gesetz ausdrücklich hin, wenn es heißt, dass die Bilanz hinreichend aufzugliedern ist. Um z. B. für Bewertungen möglichst einheitliche Bilanzen vorliegen zu haben, orientiert man sich in der Praxis weitgehend an dem verkürzten Bilanzschema für kleine Kapitalgesellschaften (§ 266 Abs. 1 HGB).

Aus den Grundsätzen ordnungsmäßiger Buchführung lässt sich die folgende Mindestgliederung für die Bilanz der Einzelkaufleute und Personenhandelsgesellschaften, die nicht publizitätspflichtig sind, ableiten.

Aktiva	Bilanz	Passiva

A. **Anlagevermögen**
  I. Immaterielle Vermögensgegenstände
  II. Sachanlagen
  III. Finanzanlagen
B. **Umlaufvermögen**
  I. Vorräte
  II. Forderungen und sonstige Vermögensgegenstände
  III. Wertpapiere
  IV. Schecks, Kassenbestand, Postbankguthaben, Guthaben bei Kreditinstituten
C. **Rechnungsabgrenzungsposten**
		A. **Eigenkapital**
		B. **Rückstellungen**
		C. **Verbindlichkeiten**
		D. **Rechnungsabgrenzungsposten**

(3) Gewinn- und Verlustrechnung

Neben der Bilanz haben Einzelkaufleute und Personengesellschaften auch eine Gewinn- und Verlustrechnung zu erstellen, für deren Aufstellung es ebenfalls keine speziellen Vorschriften gibt. In der Praxis ist die Aufstellung in Kontoform üblich.

(4) Offenlegungs- und Informationspflicht

Einzelkaufleute und Personenhandelsgesellschaften müssen den Jahresabschluss **nicht** überprüfen lassen. Sie haben außerdem **keine** Offenlegungs- und Informationspflicht. Lediglich Kreditinstitute, Versicherungsunternehmen sowie Unternehmen, die so groß sind, dass sie dem Publizitätsgesetz unterliegen, sind von dieser Befreiung ausgenommen.

15.1.2 Jahresabschluss bei Kapitalgesellschaften

(1) Überblick

Bei Kapitalgesellschaften ist gemäß § 264 Abs. 1, Satz 1 HGB neben der **Bilanz** und der **Gewinn- und Verlustrechnung** der **Anhang** ein dritter unverzichtbarer Bestandteil des Jahresabschlusses. Darüber hinaus müssen alle Kapitalgesellschaften ihren Jahresabschluss zusätzlich durch einen **Lagebericht** ergänzen (§ 264 Abs. 1, Satz 1 in Verbindung mit § 289 HGB). Der Lagebericht gehört aber nicht zu den Bestandteilen des Jahresabschlusses.

Im Gegensatz zu dem relativ weiten Spielraum, den der Gesetzgeber Einzelkaufleuten und Personengesellschaften für die Gestaltung des Jahresabschlusses einräumt, gelten für die Kapitalgesellschaften sehr strenge und umfangreiche Vorschriften. Auf sie wird nachfolgend eingegangen.

(2) Bilanz

Die Bilanz ist grundsätzlich in Kontoform aufzustellen. Das gilt unabhängig von der Rechtsform für alle Unternehmen. Für große und mittelgroße Kapitalgesellschaften gelten uneingeschränkt die durch § 266 HGB vorgegebenen Gliederungsgesichtspunkte: Grobgliederung (nach großen Buchstaben A bis C), Untergliederung (in römischen Ziffern) und weitere Untergliederung (mit arabischen Ziffern) sowie die Bezeichnungen und die Reihenfolge der einzelnen Bilanzpositionen. Kleine Kapitalgesellschaften können eine verkürzte Bilanz aufstellen, in der sie die mit arabischen Ziffern gekennzeichneten Positionen weglassen.

Gliederung der Bilanz einer kleinen Kapitalgesellschaft[1]

Aktiva	Bilanz nach § 266 Abs. 1, Satz 3 HGB[2]	Passiva

A. Anlagevermögen
   I. Immaterielle Vermögensgegenstände
  II. Sachanlagen
 III. Finanzanlagen
B. Umlaufvermögen
   I. Vorräte
  II. Forderungen und sonstige Vermögensgegenstände
 III. Wertpapiere
 IV. Kassenbestand, Bundesbankguthaben, Guthaben bei Kreditinstituten und Schecks
		A. Eigenkapital
		   I. Gezeichnetes Kapital
		  II. Kapitalrücklage
		 III. Gewinnrücklagen
		 IV. Gewinnvortrag / Verlustvortrag
		  V. Jahresüberschuss / Jahresfehlbetrag
		B. Rückstellungen
		C. Verbindlichkeiten

Anmerkungen zum Ausweis des Eigenkapitals in der Bilanz

Kapitalgesellschaften haben das Eigenkapital in der in § 266 HGB vorgeschriebenen Weise zu gliedern.

1. **Gezeichnetes Kapital.** Der Begriff wird bei allen Kapitalgesellschaften zum Ausweis des in der Satzung festgelegten Kapitals verwendet (z. B. für das Grundkapital bei der AG bzw. für das Stammkapital bei der GmbH). Das gezeichnete Kapital ist stets zum Nennwert auszuweisen. Das gezeichnete Kapital bleibt so lange in der Bilanz unverändert, bis die Hauptversammlung bei einer AG bzw. die Gesellschafterversammlung bei der GmbH eine Kapitalerhöhung oder eine Kapitalherabsetzung beschließen. Gewinne können daher **nicht** dem gezeichneten Kapital gutgeschrieben werden. Sie müssen vielmehr als gesonderte Bilanzposten, z. B. als Jahresüberschuss, ausgewiesen werden.

2. **Kapitalrücklage.** In diese Position werden Rücklagenbeträge eingestellt, die nicht aus Gewinnen der Gesellschaft stammen. Sie gehen auf Zuzahlungen der Kapitalgeber zurück (z. B. Agio bei Ausgabe von Aktien bzw. Stammeinlagen, Zuzahlungen für Vorzugsrechte).

3. **Gewinnrücklagen.** Sie werden stets aus Gewinnen der Gesellschaft gebildet. Sie sind somit Teil der **internen Eigenfinanzierung** (Selbstfinanzierung) einer Kapitalgesellschaft.

4. **Gewinnvortrag/Verlustvortrag:** Ist im vorangegangenen Geschäftsjahr der Gewinn nicht vollständig verwendet worden oder ergab sich ein Verlust, wird im laufenden Geschäftsjahr vor dem Posten „Jahresüberschuss/Jahresfehlbetrag" ein Posten Gewinnvortrag/Verlustvortrag ausgewiesen.

5. **Jahresüberschuss/Jahresfehlbetrag.** Er stellt das Ergebnis des laufenden Geschäftsjahres dar.

Alle fünf Posten zusammen bilden das Eigenkapital der Gesellschaft.

---

[1] Nach der Größe werden Kapitalgesellschaften in kleine, mittelgroße und große Gesellschaften aufgeteilt [§ 267 HGB]. Auf den Ausweis der Rechnungsabgrenzungsposten in der Bilanz wird aus Vereinfachungsgründen verzichtet.

[2] Auf eine Aufgliederung der einzelnen Bilanzposten wird hier aus Vereinfachungsgründen verzichtet.

(3) Gliederung der GuV-Rechnung

Grundsätzlich ist bei Kapitalgesellschaften für die GuV-Rechnung die **Staffelform** vorgeschrieben. Auf diese Weise wird die Entstehung und Zusammensetzung des Jahresergebnisses deutlicher erkennbar. Da zu jedem Posten der GuV-Rechnung auch der Vorjahresbetrag angegeben werden muss, ist ein Vergleich mit dem Vorjahresergebnis möglich. Die Vorschriften über die GuV-Rechnung von Kapitalgesellschaften finden sich in den §§ 275 ff. HGB. Sie werden ergänzt durch den § 158 AktG.

Der Aufbau der GuV-Rechnung ist auf der gegenüberliegenden Buchseite (vgl. S. 379) dargestellt.

Während für große Kapitalgesellschaften das vollständige Gliederungsschema gilt, gewährt § 276 HGB sowohl den kleinen als auch den mittelgroßen Kapitalgesellschaften Erleichterungen für die Aufstellung der GuV-Rechnung, und zwar insofern, als sie die Gliederungspositionen 1.–5. zu dem Posten **Rohergebnis** zusammenfassen dürfen.

(4) Anhang

Bei Kapitalgesellschaften gehört zum Inhalt des Jahresabschlusses außerdem noch der Anhang.

Der Anhang soll zusätzlich zur Bilanz und Gewinn- und Verlustrechnung dazu beitragen, das Bild über die tatsächlichen Verhältnisse der Vermögens-, Finanz- und Ertragslage einer Kapitalgesellschaft zu verbessern. Ein Teil dieser zusätzlichen Angaben darf nur im Anhang aufgenommen werden, ein weiterer Teil dieser Angaben kann wahlweise in der Bilanz bzw. in der Gewinn- und Verlustrechnung oder im Anhang erfolgen.

Wir merken uns:			
Unternehmensform	Bestandteile des Jahresabschlusses		
Kapitalgesellschaften	Bilanz	Gewinn- und Verlustrechnung	Anhang
Einzelunternehmen und Personengesellschaften	Bilanz	Gewinn- und Verlustrechnung	

(5) Lagebericht

Kapitalgesellschaften haben neben der Bilanz, der Gewinn- und Verlustrechnung und dem Anhang zusätzlich einen **Lagebericht** zu erstellen. Darin ist auf folgende Punkte einzugehen:

- auf besondere Vorgänge nach Schluss des Geschäftsjahres,
- auf die voraussichtliche Entwicklung der Kapitalgesellschaft,
- auf den Bereich Forschung und Entwicklung und auf
- bestehende Zweigniederlassungen der Gesellschaft.

Der **Lagebericht** ist **nicht Bestandteil des Jahresabschlusses** einer Kapitalgesellschaft.

Gliederung der GuV-Rechnung in Staffelform nach dem Gesamtkostenverfahren (§ 275 Abs. 2 HGB)

1. Umsatzerlöse
2. Erhöhung oder Verminderung des Bestands an fertigen u. unfert. Erzeugnissen
3. andere aktivierte Eigenleistungen
4. sonstige betriebliche Erträge

   } betriebliche Erträge (+)

5. Materialaufwand:
   a) Aufwendungen für Roh-, Hilfs- und Betriebsstoffe und für bezogene Waren
   b) Aufwendungen für bezogene Leistungen
6. Personalaufwand:
   a) Löhne und Gehälter
   b) soziale Abgaben und Aufwendungen für Altersversorgung und für Unterstützung, davon für Altersversorgung
7. Abschreibungen:
   a) auf immaterielle Vermögensgegenstände des Anlagevermögens und Sachanlagen sowie auf aktivierte Aufwendungen für die Ingangsetzung und Erweiterung des Geschäftsbetriebs
   b) auf Vermögensgegenstände des Umlaufvermögens, soweit diese die in der Kapitalgesellschaft üblichen Abschreibungen überschreiten
8. sonstige betriebliche Aufwendungen

   } betriebliche Aufwendungen (−)

   ⇒ betriebliches Ergebnis

9. Erträge aus Beteiligungen, davon aus verbundenen Unternehmen
10. Erträge aus anderen Wertpapieren und Ausleihungen des Finanzanlagevermögens, davon aus verbundenen Unternehmen
11. sonstige Zinsen und ähnliche Erträge, davon aus verbundenen Unternehmen

    } Finanzerträge (+)

12. Abschreibungen auf Finanzanlagen und auf Wertpapiere des Umlaufvermögens
13. Zinsen und ähnliche Aufwendungen, davon an verbundene Unternehmen

    } Finanzaufwendungen (−)

    ⇒ + Finanzergebnis

14. Ergebnis der gewöhnlichen Geschäftstätigkeit

15. außerordentliche Erträge außerord. Erträge (+)
16. außerordentliche Aufwendungen außerord. Aufw. (−)
17. außerordentliches Ergebnis

    ⇒ + außerordentliches Ergebnis

18. Steuern vom Einkommen und vom Ertrag
19. sonstige Steuern

    ⇒ = Gesamtergebnis

20. Jahresüberschuss/Jahresfehlbetrag

Übungsaufgaben

249 1. Welches sind die einzelnen Bestandteile des Jahresabschlusses
   1.1 bei einer Kapitalgesellschaft,
   1.2 bei einem Einzelunternehmen und einer Personengesellschaft?
2. In welcher Form müssen Kapitalgesellschaften
   2.1 die Bilanz,
   2.2 die Gewinn- und Verlustrechnung aufstellen?
3. Welche Aufgabe hat der Jahresabschluss zu erfüllen?
4. Begründen Sie, warum nicht ausgeschüttete Gewinne bei Kapitalgesellschaften als Gewinnrücklagen auszuweisen sind!
5. Erklären Sie, was unter gezeichnetem Kapital zu verstehen ist!
6. „Für Kapitalgesellschaften wird vom Gesetzgeber für die GuV-Rechnung die Staffelform vorgeschrieben, weil sie den Ausweis von Zwischensummen und Zwischenergebnissen ermöglicht, was bei einer Kontoform nicht möglich wäre." Erläutern Sie mit eigenen Worten, was dieser Satz über den Vorteil der Staffelform ausdrücken möchte!
7. Überprüfen Sie, ob zwischen der GuV-Rechnung nach § 275 HGB (Staffelform) und dem GuV-Konto inhaltlich ein Unterschied besteht!

250 1. Erstellen Sie eine Bilanz nach dem Muster einer kleinen Kapitalgesellschaft (vgl. Schema S. 377) aufgrund folgender Angaben:

Grundstücke und Bauten 571 000,00 EUR; Andere Anlagen, Betriebs- und Geschäftsausstattung 87 000,00 EUR; Wertpapiere des Anlagevermögens 25 000,00 EUR; Vorräte: Waren 300 700,00 EUR; Forderungen aus Lieferungen und Leistungen 54 900,00 EUR; Wertpapiere des Umlaufvermögens 12 000,00 EUR; Guthaben bei Kreditinstituten 18 700,00 EUR; Kassenbestand 4 200,00 EUR; Verbindlichkeiten aus Lieferungen und Leistungen 399 000,00 EUR; Verbindlichkeiten gegenüber Kreditinstituten 199 500,00 EUR; Gewinnrücklagen 75 000,00 EUR; Gezeichnetes Kapital (Stammkapital) 400 000,00 EUR.

2. Erstellen Sie die GuV-Rechnung nach § 275 II HGB (vgl. Gliederung S. 379) aufgrund der nachfolgenden Daten:

Konten	Soll	Haben
Umsatzerlöse		686 400,00
Sonstige betriebliche Erträge		16 650,00
Aufwendungen für Waren	265 800,00	
Personalaufwand		
– Löhne und Gehälter	192 450,00	
– Soziale Abgaben	14 400,00	
Abschreibungen auf Sachanlagen	56 700,00	
Sonstige betriebliche Aufwendungen	35 700,00	
Erträge aus Beteiligungen		10 950,00
Sonstige Zinsen und ähnliche Erträge		10 200,00
Zinsen und ähnliche Aufwendungen	10 950,00	
Außerordentliche Erträge		46 050,00
Steuern vom Einkommen/Ertrag	79 800,00	

15.2 Bewertung

15.2.1 Problematik der Wertansätze in der Bilanz

Bewerten heißt, einem Vermögens- oder Schuldposten einen Geldwert zuordnen. Dies ist beim Kassenbestand, dem Bankguthaben oder den Verbindlichkeiten gegenüber Kreditinstituten unproblematisch, denn diese Werte ergeben sich unmittelbar aus der Inventur bzw. der Buchführung. Problematischer ist dies aber bei abnutzbaren Gütern wie Maschinen, Lagereinrichtungen, Fuhrpark usw. Hier taucht die Frage auf, mit welchem Wert die jährliche Abnutzung z. B eines Autos angesetzt werden soll. Dieser Wert und der sich daraus ergebende Restbuchwert für die Bilanz kann immer nur geschätzt werden. Die Bewertung dieser Wirtschaftsgüter ist deshalb problematisch, weil sie sich nicht nur auf die Vermögens-, sondern auch auf die Erfolgsrechnung eines Unternehmens auswirkt.

Beispiel:
An der Entscheidung über die Abschreibung der zu Beginn der Geschäftsperiode mit 180 000,00 EUR (Anschaffungskosten) gekauften Kühleinrichtungen wollen wir die Auswirkungen der Bewertung aufzeigen. Der Einfachheit halber gehen wir von folgenden zusammengefassten Bilanzwerten aus:

Kühleinrichtungen	180 000,00 EUR
Übrige Vermögensposten am Ende der Geschäftsperiode	480 000,00 EUR
Schulden (Fremdkapital) am Ende der Geschäftsperiode	400 000,00 EUR
Eigenkapital am Anfang der Geschäftsperiode	260 000,00 EUR

Aufgabe:
Stellen Sie dar, wie sich unterschiedliche Bewertungen auf das Vermögen und den Erfolg auswirken!

Lösung:

Für die Frage der Abschreibungen der Kühleinrichtungen, mit einer angenommenen Nutzungsdauer von acht Jahren, kommen folgende Entscheidungsmöglichkeiten in Frage, die sowohl handelsrechtlich als auch steuerrechtlich zulässig sind.

Entscheidung I: Lineare Abschreibung in Höhe von 12,5 %

Das ergibt einen Abschreibungsbetrag in Höhe von 22 500,00 EUR und am Schluss des Geschäftsjahres einen Bilanzansatz für die Lagerausstattung in Höhe von 157 500,00 EUR.

Entscheidung II: Degressive Abschreibung mit dem steuerrechtlichen Höchstsatz von 20 %

Das ergibt einen Abschreibungsbetrag in Höhe von 36 000,00 EUR und am Schluss des Geschäftsjahres einen Bilanzansatz für die Lagerausstattung in Höhe von 144 000,00 EUR.

Aufstellung der Schlussbilanz auf der Grundlage der Entscheidung I:

Aktiva	Schlussbilanz lt. I:		Passiva
Lageraussst.	157 500,00	Eigenkapital	237 500,00
Übr.Verm.Post.	480 000,00	Schulden	400 000,00
	637 500,00		637 500,00

Aufstellung der Schlussbilanz auf der Grundlage der Entscheidung II:

Aktiva	Schlussbilanz lt. II:		Passiva
Lageraussst.	144 000,00	Eigenkapital	224 000,00
Übr.Verm.Post.	480 000,00	Schulden	400 000,00
	624 000,00		624 000,00

Erkenntnisse:

Die wichtigste Erkenntnis aus den beiden Entscheidungen besteht darin, dass bei der Bilanz auf der Grundlage der Entscheidung II das Eigenkapital um 13 500,00 EUR kleiner ist als bei der Entscheidung I. Das bedeutet gleichzeitig, dass auch der Verlust auf der Grundlage der Entscheidung II um 13 500,00 EUR höher ausfällt als bei der Entscheidung I, was durch folgende Rechnung bewiesen wird:

Erfolgsermittlung auf der Grundlage der Entscheidung I:		**Erfolgsermittlung auf der Grundlage der Entscheidung II:**	
Eigenkapital am Ende	237 500,00 EUR	Eigenkapital am Ende	224 000,00 EUR
− Eigenkapital am Anfang	260 000,00 EUR	− Eigenkapital am Anfang	260 000,00 EUR
Erfolg (Verlust) lt. I:	22 500,00 EUR	Erfolg (Verlust) lt. II:	36 000,00 EUR

Der Unterschied bei der Feststellung des Verlustes in Höhe von 13 500,00 EUR ist ausschließlich auf die unterschiedliche Bewertung der Kühleinrichtungen zurückzuführen. Das hat natürlich auch eine Folgewirkung für die Besteuerung des Unternehmens bei den vermögens- und den gewinnabhängigen Steuern. Daraus wird verständlich, dass über Bewertungsfragen oft heftig gestritten wird.

Wir merken uns:

- Eine hohe Abschreibung führt zu niedrigeren Vermögenswerten und damit auch zu einem **niedrigeren Eigenkapital**.
- Das **bedeutet** gleichzeitig eine **Verringerung des Gewinnes** bzw. eine **Erhöhung des Verlustes**.
- Bei einer vergleichsweise **höheren Bewertung** tritt die **entgegengesetzte Wirkung** ein.

Um willkürliche Wertansätze zu verhindern, hat der Gesetzgeber Bewertungsvorschriften erlassen.

Die **handelsrechtlichen** Bewertungs- und Bilanzierungsvorschriften sollen dazu beitragen, die Gesellschafter, Eigentümer, Gläubiger und die Öffentlichkeit über die Vermögens-, Schuld- und Erfolgssituation des Unternehmens zu informieren und vor allem eine zu hohe Bewertung des Vermögens und zu niedrige Bewertung der Verbindlichkeiten zum Schutz der Gesellschafter und Gläubiger verhindern.

Die **steuerrechtlichen** Bewertungs- und Bilanzierungsvorschriften ermöglichen der Finanzverwaltung die Festlegung der Besteuerungsgrundlagen. Sie sollen damit die Gleichbehandlung aller Steuerpflichtigen gewährleisten *(Gedanke der Steuergerechtig- keit)* und insbesondere einen zu geringen Gewinnausweis verhindern.[1]

---

1 Aufgrund des Lehrplans wird auf die steuerrechtlichen Bewertungsvorschriften nicht eingegangen.

15.2.2 Beispiel: Bewertung des Umlaufvermögens

Grundsätzlich sind Vermögensgegenstände des Umlaufvermögens mit den Anschaffungskosten zu bewerten. Ist der Börsen- oder Marktpreis niedriger, so **muss** der niedrigere Wert angesetzt werden [§ 253 Abs. 3 HGB]. Ist ein Börsen- oder Marktpreis nicht festzustellen, so ist ein entsprechender Wert zu bestimmen. Liegt er unter den Anschaffungskosten, so ist der niedrigere Wert anzusetzen. Dieses Prinzip nennt man **strenges Niederstwertprinzip**.

Diese juristischen Formulierungen sind folgendermaßen zu verstehen:

- Bei der Bewertung des Umlaufvermögens hat der Kaufmann immer zwei Werte ins Auge zu fassen, nämlich die **Anschaffungskosten** und den **Börsen- oder Marktpreis.**

- Von diesen zur Diskussion stehenden Werten muss der Kaufmann im Rahmen der Bewertung immer den **niedrigeren von beiden** wählen.

```
Börsen- oder Marktpreis  <  Anschaffungskosten  →  Börsen- bzw. Marktpreis
Börsen- oder Marktpreis  >  Anschaffungskosten  →  Anschaffungskosten
```

Beispiel:

Am 31. Dezember hat ein Lebensmittelgeschäft lt. Inventur noch einen Vorrat von 1 000 Einheiten Wurstkonserven. Die Anschaffungskosten betrugen je Einheit 0,50 EUR.

Aufgabe:

Wie ist der Bestand beim Jahresabschluss zum 31. Dezember zu bewerten, wenn im 1. Fall der Tageswert 0,58 EUR und im 2. Fall der Tageswert 0,45 EUR beträgt?

Lösung:

1. Fall: Der Tageswert beträgt pro Einheit 0,58 EUR.

Der Bestand ist zu Anschaffungskosten von 0,50 EUR je Stück zu bewerten, da dieser Wert unter dem Tageswert liegt. Die Anschaffungskosten dürfen nicht überschritten werden. Diese Vorgehensweise führt dazu, dass ein noch nicht entstandener (nicht realisierter) Gewinn zum Bilanzstichtag **nicht** ausgewiesen wird (Realisationsprinzip).

Bilanzansatz: 1 000 Stück · 0,50 EUR = 500,00 EUR

2. Fall: Der Tageswert beträgt pro Einheit 0,45 EUR.

Es gilt das **strenge Niederstwertprinzip.** Danach ist der niedrigere von beiden in Frage kommenden Preisen zu wählen. Das ist der Markt- oder Tageswert. Die Vorgehensweise führt dazu, dass ein noch nicht entstandener (nicht realisierter) Verlust zum Bilanzstichtag ausgewiesen wird (Grundsatz der Vorsicht).

Bilanzansatz: 1 000 Stück · 0,45 EUR = 450,00 EUR

Wir merken uns:

Für die Bewertung des Umlaufvermögens gilt: das strenge Niederstwertprinzip. Das bedeutet:

- Sind die **Anschaffungskosten niedriger** als der Markt- oder Börsenwert, bewerten wir zu **Anschaffungskosten**. Nicht realisierte Gewinne dürfen nicht ausgewiesen werden (Realisationsprinzip).

- Sind die **Anschaffungskosten höher** als der Markt- oder Börsenwert, bewerten wir zum **Markt- oder Börsenwert**. Nicht realisierte Verluste müssen ausgewiesen werden.
- Diese verschiedene Behandlung nicht realisierter Gewinne und nicht realisierter Verluste wird als **Imparitätsprinzip** bezeichnet.

Übungsaufgabe

251 1. Bei einer Betriebsprüfung wurde der Wertansatz zum 31. Dez. 20.. für Waschmittel mit einem Marktwert von 820,00 EUR beanstandet.
Die Betriebsprüfung stellte anhand der Unterlagen Folgendes fest:
Einkaufspreis der Waschmittel 800,00 EUR
darauf gewährte Rabatte 5 %
Eingangsfrachten 38,00 EUR
In den genannten Beträgen ist die Umsatzsteuer nicht enthalten.
Aufgabe
Beurteilen Sie, ob die Beanstandung zu Recht erfolgt ist!

2. Wir kaufen einen größeren Posten Sommerkleider zum Nettopreis von 6 000,00 EUR zuzüglich 16 % USt. Zu Beginn des Sommers kommt ein neuer Modetrend auf, wodurch der Preis für die eingekauften Modelle schlagartig um 50 % am Markt sinkt. Am Bilanzstichtag haben wir noch ein Viertel des Kleiderbestandes auf Lager.
Aufgabe
Mit welchem Wert sind die Kleider zu bilanzieren?

3. Ein Möbelgeschäft kauft 10 Schrankwände zum Listenpreis von je 1 800,00 EUR zuzüglich 16 % USt. Der Lieferer gewährt 15 % Rabatt und 3 % Skonto. Die Bezugskosten betragen insgesamt 561,00 EUR zuzüglich 16 % USt.
Aufgaben
3.1 Wie viel EUR betragen die Anschaffungskosten je Schrank?
3.2 Mit welchem Wert ist der Restbestand von 3 Schrankwänden am 31. Dezember zu bilanzieren, wenn der Einstandspreis auf 1 500,00 EUR je Schrankwand gesunken ist?

4. Im Laufe des Jahres kauft ein Juweliergeschäft einen Posten von 20 Ringen zu je 1 500,00 EUR zuzüglich 16 % USt.
Aufgaben
4.1 Durch eine Preissteigerung beim Gold steigt der Wert eines Ringes am Jahresende auf netto 1 600,00 EUR an. Wie ist der Restbestand von 12 Ringen zu bewerten?
4.2 Am Ende des 2. Jahres fällt der Goldwert, sodass der Wert eines Ringes auf 1 200,00 EUR fällt. Wie ist am Ende des 2. Jahres ein Restbestand von 3 Stück zu bewerten?

5. Ein Reifenhändler kauft im Herbst einen größeren Posten Winterreifen (M + S) zum Nettopreis von 10 000,00 EUR zuzüglich 16 % USt. Zu Anfang des Winters kommt eine neue Art Winterreifen auf den Markt, wodurch der Preis der M + S-Reifen schlagartig um 40 % am Markt sinkt. Am Bilanzstichtag zum 31. Dezember hat der Händler noch den halben Bestand der M + S-Reifen auf Lager. Die Anschaffungskosten dafür betrugen also 5 000,00 EUR.
Aufgabe
Mit welchem Wert ist der Lagerbestand der M + S-Reifen zum 31. Dezember zu bilanzieren?

15.3 Möglichkeiten der Verwendung des Jahresergebnisses

15.3.1 Gewinnsituation

Das Jahresergebnis eines Unternehmens weist im Normalfall einen Gewinn aus. Verluste können nur vorübergehend als Ausnahmefall verkraftet werden. Daher gehen wir bei der folgenden Darstellung in erster Linie von dem Normalfall der Gewinnsituation aus.

> Für die **Verwendung des Gewinns** stehen dem Unternehmen grundsätzlich zwei Möglichkeiten offen:
> - Der Gewinn wird an die Eigentümer ausgeschüttet.
> - Der Gewinn wird im Unternehmen belassen.

15.3.1.1 Gewinnanteile werden ausgeschüttet

(1) Buchhalterischer Ablauf der Gewinnentnahme beim Einzelunternehmen

Einzelunternehmer beziehen kein Gehalt. Sie müssen ihren privaten Geldbedarf daher durch Entnahmen aus dem Geldvermögen des Unternehmens (Entnahme aus der Geschäftskasse oder Abhebung vom Geschäftskonto) decken. Diese Entnahmen stellen eine vorab erfolgte Gewinnausschüttung dar, die erfolgsunwirksam über das Privatkonto zu buchen sind. Diese Privatentnahmen vermindern das Eigenkapital.

> **Beispiel:**
> Ausgangssituation des Einzelunternehmens Max Freund e.Kfm.: Anfangsbestände: 2800 Bank 68 500,00 EUR; 3000 Eigenkapital 175 000,00 EUR; Aufwendungen und Erträge auf dem Konto 8020 GuV: Aufwendungen insgesamt 587 400,00 EUR, Erträge insgesamt 645 600,00 EUR.
> Der Inhaber Max Freund entnimmt aus seinem Unternehmen einen Teil des Gewinns in Höhe von 38 200,00 EUR durch Abhebung vom Bankkonto.
>
> **Aufgaben:**
> 1. Buchen Sie die Gewinnausschüttung auf Konten und schließen Sie anschließend die Konten ab!
> 2. Bilden Sie die Buchungssätze!

Lösungen:

Zu 1.: Buchung auf den Konten und Abschluss der Konten

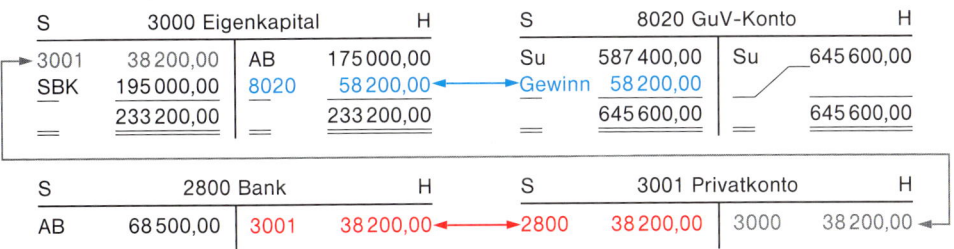

Zu 2.: Buchungssätze

Geschäftsvorfälle	Konten	Soll	Haben
Gewinnentnahme durch Bankabhebung	3001 Privatkonto an 2800 Bank	38 200,00	38 200,00
Abschluss des Privatkontos	3000 Eigenkapital an 3001 Privatkonto	38 200,00	38 200,00

Übungsaufgaben

252 Das Textilhaus Fabian Fest e. Kfm. hat im vergangenen Geschäftsjahr einen Gewinn in Höhe von 25 100,00 EUR erwirtschaftet. Der Gewinn wird vom Inhaber Fest in voller Höhe durch Abhebung vom Geschäftskonto entnommen.
Anfangsbestände: 2800 Bank: 32 000,00 EUR; 3000 Eigenkapital: 220 000,00 EUR.

Aufgaben
1. Buchen Sie die Gewinnausschüttung auf den entsprechenden Konten und schließen Sie anschließend die Konten ab!
2. Bilden Sie die Buchungssätze!

253 Ein Einzelunternehmen hat im vergangenen Geschäftsjahr folgende Erfolgssituation: Aufwendungen insgesamt 721 500,00 EUR, Erträge insgesamt 705 000,00 EUR.

Aufgaben
1. Eröffnen Sie das Konto 3000 Eigenkapital mit einem Anfangsbestand von 450 000,00 EUR. Tragen Sie die angegebenen Erfolgsgrößen auf dem GuV-Konto vor und schließen Sie das GuV-Konto anschließend ab!
2. Bilden Sie den Buchungssatz!

(2) Gewinnverteilung, dargestellt am Beispiel der OHG[1]

Bei der Offenen Handelsgesellschaft haftet jeder Gesellschafter unbeschränkt wie ein Einzelunternehmer. Daher hat auch jeder Gesellschafter wie ein Einzelunternehmer ein durch Gewinne und Entnahmen **veränderbares Eigenkapitalkonto**, das seinen Anteil am Geschäftskapital darstellt. Außerdem ist für jeden Gesellschafter ein **Privatkonto** zu führen, auf dem die Entnahmen für den privaten Verbrauch zu erfassen sind.

Sofern im Gesellschaftsvertrag keine andere Vereinbarung getroffen wurde, erfolgt die Gewinnverteilung nach § 121 HGB. Danach erhält jeder Gesellschafter vom Jahresgewinn eine 4 %ige Verzinsung seines Eigenkapitalanteils. Reicht der Gewinn dafür nicht aus, muss der Prozentsatz entsprechend niedriger angesetzt werden. Ist der Jahresgewinn höher, wird der Restgewinn gleichmäßig nach Köpfen verteilt.

Beispiel:
In einer OHG hat der Gesellschafter Abt einen Eigenkapitalanteil von 120 000,00 EUR, Benk von 150 000,00 EUR und Dück von 180 000,00 EUR. Der Jahresgewinn beträgt 148 000,00 EUR. Er wird wie folgt verteilt:
1. Für die Übernahme der laufenden Geschäfte erhält Abt vorab ein Entgelt von 40 000,00 EUR.
2. Jeder Gesellschafter erhält eine 4 %ige Verzinsung seines Eigenkapitals.
3. Der verbleibende Restgewinn wird nach Köpfen verteilt.

Aufgabe:
Wie viel EUR beträgt der Gewinnanteil eines jeden Gesellschafters?

Lösung:

Gesellschafter	Eigenkapitalanteile	Vergütung vorab	Eigenkapitalverzinsung 4 %	Rest nach Köpfen	Gesamtgewinn
Abt	120 000,00 EUR	40 000,00 EUR	4 800,00 EUR	30 000,00 EUR	74 800,00 EUR
Benk	150 000,00 EUR		6 000,00 EUR	30 000,00 EUR	36 000,00 EUR
Dück	180 000,00 EUR		7 200,00 EUR	30 000,00 EUR	37 200,00 EUR
	450 000,00 EUR	40 000,00 EUR	18 000,00 EUR	90 000,00 EUR	148 000,00 EUR

1 Auf die buchhalterische Darstellung der Gewinnverteilung der OHG wird verzichtet.

Übungsaufgabe

254 1. An einer OHG sind beteiligt: A mit 140 000,00 EUR, B mit 90 000,00 EUR, C mit 80 000,00 EUR und D mit 10 000,00 EUR.
Der Reingewinn für das Geschäftsjahr beträgt 133 600,00 EUR. Laut Gesellschaftsvertrag ist Folgendes vereinbart:
1.1 10% des Reingewinns werden den Rücklagen zugeführt.
1.2 Vom verbleibenden Gewinn werden 4% nach der Höhe der Kapitalanteile verteilt.
1.3 Die Verteilung des Restgewinns erfolgt nach Köpfen.

Aufgabe
Welcher Betrag ist auf die Kapitalkonten der einzelnen Gesellschafter zu überweisen?

2. An dem Möbelhaus Müller OHG sind drei Gesellschafter beteiligt: Hans Müller mit 122 500,00 EUR, Gerhard Volkert mit 110 400,00 EUR und Ernst Kiefer mit 95 300,00 EUR.
Im vergangenen Geschäftsjahr wurde ein Reingewinn von 97 200,00 EUR erarbeitet. Nach § 10 des Gesellschaftsvertrages ist der Reingewinn nach dem HGB zu verteilen:
Jeder Gesellschafter erhält zunächst vom Jahresgewinn 4% seines Kapitalanteils, der Rest des Gewinns wird nach Köpfen verteilt.

Aufgabe
Wie viel EUR beträgt der Gewinnanteil eines jeden Gesellschafters?

3. Die Gesellschafter A, B und C gründen ein Einzelhandelsunternehmen. A bringt $1/4$, B $1/3$ und C 46 125,00 EUR des Gesamtkapitals ein.

Aufgaben
3.1 Wie hoch ist der Kapitalanteil in EUR der Gesellschafter A und B und auf wie viel EUR beläuft sich das Gesamtkapital?
3.2 Der erwirtschaftete Gewinn in Höhe von 41 490,00 EUR wird wie folgt verteilt:
  (1) C erhält für besondere Arbeiten 1 380,00 EUR.
  (2) Vom verbleibenden Gewinn werden 3% nach der Höhe der Kapitalanteile verteilt.
  (3) Der Restgewinn wird im Verhältnis der Kapitaleinlagen verteilt.
  Führen Sie die Gewinnverteilung durch!

15.3.1.2 Gewinnanteile verbleiben im Unternehmen

Die im Unternehmen verbleibenden Gewinnanteile können folgenden Zwecken dienen:

(1) Stärkung des Eigenkapitals

Durch Privatentnahmen und evtl. entstandene Verluste vermindert sich das Eigenkapital, durch zurückbehaltene Gewinne erhöht sich dagegen das Eigenkapital. Da das Eigenkapital in erster Linie die Haftungsgrundlage für die Gläubiger darstellt, würde ein zu geringes Eigenkapital die Kreditwürdigkeit des Unternehmens in Frage stellen. Daher muss in einem Einzelunternehmen darauf geachtet werden, dass eine angemessene Eigenkapitaldecke vorhanden ist.

(2) Selbstfinanzierung

Die im Unternehmen verbleibenden Gewinnanteile können zur Finanzierung von Investitionsvorhaben (Anschaffung eines Geschäftswagens, Erneuerung der Laden- oder Lagerausstattung oder auch zur Finanzierung von Gelegenheitskäufen) dienen. Da diese Finanzierung mit im Unternehmen selbst erwirtschafteten Mitteln erfolgt, spricht man von Selbstfinanzierung. Da keine Mittel von außen benötigt werden, wird diese Art der Finanzierung auch als Innenfinanzierung bezeichnet.

Übungsaufgabe

255 Das Sportgeschäft Franz Nadi e.Kfm. hat im vergangenen Jahr einen Gewinn in Höhe von 39 400,00 EUR erwirtschaftet. Der Inhaber Franz Nadi entschließt sich, 20 000,00 EUR im Betrieb zu belassen und 19 400,00 EUR durch Banküberweisung zu entnehmen.
Anfangsbestände: 2800 Bank: 29 200,00 EUR; 3000 Eigenkapital: 90 000,00 EUR.

Aufgaben
1. Buchen Sie die Gewinnausschüttung auf den entsprechenden Konten und schließen Sie anschließend die Konten ab!
2. Bilden Sie die Buchungssätze!

15.3.2 Verlustsituation

Erleidet das Einzelunternehmen am Ende des Geschäftsjahres einen Verlust, so wird dieser direkt auf das Kapitalkonto gebucht, wodurch das Eigenkapital gemindert wird.

Beispiel:	
Auszug aus der Buchführung:	
Anfangsbestand:	3000 Eigenkapital: 200 000,00 EUR
Summen auf dem Konto 8020 GuV:	Aufwendungen insgesamt 650 100,00 EUR, Erträge insgesamt 630 500,00 EUR.
Aufgaben:	
1. Buchen Sie den Verlustausgleich auf Konten und schließen Sie anschließend die Konten ab!	
2. Bilden Sie den Buchungssatz!	

Lösungen:

Zu 1.: Buchung auf den Konten und Abschluss der Konten

S	8020 GuV-Konto		H		S	3000 Eigenkapital		H
Su	650 100,00	Su	630 500,00		8020	19 600,00	AB	200 000,00
		3000	19 600,00		SBK	180 400,00		
	650 100,00		650 100,00			200 000,00		200 000,00

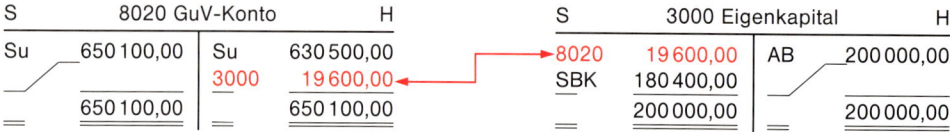

Zu 2.: Buchungssatz

Geschäftsvorfälle	Konten	Soll	Haben
Abschluss des Kontos 8020 GuV (Verlustsituation)	3000 Eigenkapital an 8020 GuV-Konto	19 600,00	19 600,00

Zur Wiederholung

256 Bilden Sie die Buchungssätze zu folgenden Geschäftsvorfällen!

1. Warenrücksendungen an den Lieferer   165,00 EUR
   + 16% USt   <u>26,40 EUR</u>   191,40 EUR

2. Barzahlung für Eingangsfrachten   331,00 EUR
   + 16% USt   <u>52,96 EUR</u>   383,96 EUR

3. Wir zahlen eine Lieferrechnung (16% USt)
   durch Banküberweisung   1 798,00 EUR
   unter Abzug von 2% Skonto   <u>35,96 EUR</u>   1 762,04 EUR

4. Wir geben einen Wechsel an die Bank zum Einzug
   Wechselsumme   3 500,00 EUR
   − Einzugsspesen   <u>34,80 EUR</u>
   Bankgutschrift   3 465,20 EUR

5. Auszug aus der Monatslohnsteuer-Tabelle:

2 429,99*   **MONAT**

Lohn/Gehalt Versorgungs-Bezug bis €*		Abzüge an Lohnsteuer, Solidaritätszuschlag (SolZ) und Kirchensteuer (8%, 9%) in den Steuerklassen																		
		I–VI				**I, II, III, IV**														
		ohne Kinderfreibeträge				mit Zahl der Kinderfreibeträge ...														
							0,5			**1**			**1,5**			**2**			**2,5**	**3****
		LSt	SolZ	8%	9%	LSt	SolZ	8%	9%	SolZ	8%	9%	SolZ	8%	9%	SolZ	8%	9%	SolZ 8% 9%	SolZ 8% 9%
2 387,99	I,IV	381,50	20,98	30,52	34,33	I 381,50	16,96	24,68	27,76	13,15 19,14 21,53			9,55 13,90 15,63			6,15 8,95 10,07			— 4,40 4,95	— 0,66 0,74
	II	348,16	19,14	27,85	31,33	II 348,16	15,23	22,15	24,92	11,50 16,74 18,83			7,99 11,63 13,08			0,86 6,82 7,67			— 2,60 2,93	— — —
	III	116,—	—	9,28	10,44	III 116,—	—	5,26	5,92	— 1,70 1,91										
2 643,99	V	738,83	40,63	59,10	66,49	IV 381,50	18,95	27,56	31,01	16,96 24,68 27,76			15,03 21,87 24,60			13,15 19,14 21,53			11,33 16,48 18,54	9,55 13,90 15,63
	VI	773,33	42,53	61,86	69,59															
2 390,99	I,IV	382,50	21,03	30,60	34,42	I 382,50	17,01	24,75	27,84	13,20 19,20 21,60			9,59 13,96 15,70			6,19 9,01 10,13			— 4,44 5,—	— 0,70 0,79
	II	349,08	19,19	27,92	31,41	II 349,08	15,27	22,22	24,99	11,55 16,80 18,90			8,04 11,70 13,16			1,01 6,88 7,74			— 2,65 2,98	— — —
	III	116,66	—	9,33	10,49	III 116,66	—	5,32	5,98	— 1,76 1,98										
2 646,99	V	740,16	40,70	59,21	66,61	IV 382,50	19,—	27,64	31,09	17,01 24,75 27,84			15,08 21,94 24,68			13,20 19,20 21,60			11,37 16,54 18,61	9,59 13,96 15,70
	VI	774,66	42,60	61,97	69,71															

Für die Gehaltsabrechnung eines Mitarbeiters sind der Auszug aus der Monatslohnsteuer-Tabelle und folgende Daten zugrunde zu legen:

Bruttogehalt   2 353,00 EUR
vermögenswirksame Leistung des Arbeitgebers
(steuer- und sozialversicherungspflichtig)   35,00 EUR
Steuerklasse: III, 1 Kinderfreibetrag, 9% Kirchensteuer
Rentenversicherung   19,5%
Arbeitslosenversicherung   6,5%
Krankenversicherung   15,2%
Pflegeversicherung   1,7%
Die monatliche Sparrate des Mitarbeiters im Rahmen
der Vermögensbildung beträgt   35,00 EUR

     5.1 Ermitteln Sie das steuer- und sozialversicherungspflichtige Bruttogehalt, den Abzug für Lohnsteuer, Solidaritätszuschlag und Kirchensteuer, die Abzüge zur Sozialversicherung und den auszuzahlenden Betrag!

     5.2 Buchen Sie die Gehaltsabrechnung einschließlich des Arbeitgeberanteils! Die Zahlung erfolgt durch Banküberweisung.

16 Betriebsstatistik

16.1 Bilanzkennziffern

16.1.1 Problemstellung

Nach der Aufstellung des Jahresabschlusses ist der Unternehmer in der Lage, die wirtschaftlichen Verhältnisse seines Unternehmens zu beurteilen. Allerdings ist es nicht damit getan, beispielsweise festzustellen, dass ein Unternehmen laut GuV-Konto in diesem Jahr einen Gewinn von 35 000,00 EUR erwirtschaftet hat. Um Abschlusszahlen eines Unternehmens auswerten zu können, benötigt man vielmehr **Vergleichswerte als Vergleichsmaßstab**.

- Nimmt man als Vergleichswerte die Abschlusszahlen des Vorjahres bzw. mehrerer vorangegangener Jahre desselben Unternehmens, spricht man von einem **Bilanzzeitvergleich**. Mit ihm lassen sich Entwicklungstendenzen des eigenen Unternehmens feststellen **(innerbetrieblicher Vergleich)**.

- Werden dagegen die Abschlusszahlen eines Jahres mit denen anderer Betriebe derselben Branche verglichen – im Allgemeinen wählt man als Vergleichsmaßstab die ermittelten Durchschnittswerte dieser Branche –, dann handelt es sich um einen so genannten **Bilanzbetriebsvergleich**. Auf diese Weise lässt sich die Situation des zu beurteilenden Unternehmens im Vergleich zu anderen Unternehmen der Branche abschätzen **(zwischenbetrieblicher Vergleich)**.

Um solche Beurteilungen vornehmen zu können, ist es notwendig, Zahlenverhältnisse zu bilden, die als **Kennzahlen** bezeichnet werden. Im Folgenden werden wir daher aus Bilanzpositionen und Positionen der Gewinn- und Verlustrechnung Verhältniszahlen bilden, welche die wirtschaftlichen Verhältnisse eines Einzelunternehmens widerspiegeln sollen. Soweit es sich um Zahlen des Jahresabschlusses handelt, spricht man von **Bilanzanalyse**.

> **Wir merken uns:**
>
> Unter dem Begriff **Bilanzanalyse** versteht man die Beurteilung eines Unternehmens aufgrund von Bilanzen und den dazugehörigen Gewinn- und Verlustrechnungen. Dabei werden aus Bilanzpositionen und Positionen der Gewinn- und Verlustrechnung Kennzahlen gebildet, welche die wirtschaftlichen Verhältnisse eines Unternehmens widerspiegeln sollen.

16.1.2 Aufbereitung der Bilanz für Zwecke der Bilanzanalyse

Um Bilanzen beurteilen und vergleichen zu können, ist es notwendig, dass sie gleichartig aufgebaut und gegliedert sind. Gleiche Bilanzposten bzw. Gruppen von Bilanzposten müssen das Gleiche aussagen. Als genereller Gesichtspunkt zur Vereinheitlichung der Bilanzgliederung wird der Aspekt der Fristigkeit verwendet.

Aktiva	Bilanz	Passiva
Auf der **Aktivseite (Vermögensseite)** handelt es sich um so genannte **Bindungsfristen**. Sie besagen, wie lange das im Vermögensgut angelegte Kapital gebunden ist.		Auf der **Passivseite (Kapitalseite)** geht es um die **Überlassungsfristen** (Fälligkeit des Kapitals). Sie geben Auskunft darüber, wie lange das Kapital des Unternehmens zur Verfügung steht.

Es ist leicht einzusehen, dass bei einem solide finanzierten Unternehmen die Überlassungsfristen mit den Bindungsfristen übereinstimmen müssen. Dieser Grundsatz der Fristengleichheit wird in der Literatur als **goldene Finanzierungsregel** bezeichnet.

Für die Bilanzanalyse gehen wir der Einfachheit halber von einer groben Gruppierung der Bilanz aus:

- **Anlage- und Umlaufvermögen** für die **Aktivseite** und
- **Eigen- und Fremdkapital** für die **Passivseite**.

Beispiel:

Die Aufbereitung und die Bereinigung einer Bilanz soll beispielhaft anhand der Zahlenunterlagen des Einzelhandelsunternehmens Max Neumann e. Kfm. gezeigt werden. Das zu beurteilende Einzelhandelsunternehmen legt für das Jahr 20.. folgenden Jahresabschluss vor:

Aktiva	Bilanz von Max Neumann e.Kfm. zum 31. Dezember 20..		Passiva
Anlagevermögen		**Eigenkapital**	573 825,00
Grundstücke und Bauten	225 000,00	**Fremdkapital**[1]	
Andere Anlagen, Betriebs- und Geschäftsausstattung	111 000,00	Verbindlichkeiten gegenüber Kreditinstituten	125 000,00
Umlaufvermögen		Verbindlichkeiten aus Lieferungen und Leistungen	66 400,00
Waren	350 000,00		
Forderungen aus Lieferungen und Leistungen	60 000,00		
Guthaben bei Kreditinstituten	15 500,00		
Kassenbestand	3 725,00		
	765 225,00		765 225,00

Anmerkung: Die **Fristigkeit beim Fremdkapital** ist wie folgt zu sehen:

- *langfristig bereitstehende Mittel:* Verbindlichkeiten gegenüber Kreditinstituten
- *kurzfristig fällig:* Verbindlichkeiten aus Lieferungen und Leistungen

Aufgabe: Bereiten Sie die vorgelegte Bilanz zur Analyse auf!

Lösung:

Aktiva	Bilanz zum 31. Dezember 20..		Passiva
Anlagevermögen	336 000,00	**Eigenkapital**	573 825,00
Umlaufvermögen	429 225,00	**Fremdkapital**	
		1. langfristig	125 000,00
		2. kurzfristig	66 400,00
	765 225,00		765 225,00

[1] Für die Auswertung der Bilanz verwenden wir auf der Passivseite statt des handelsrechtlichen Begriffs Verbindlichkeiten den **betriebswirtschaftlichen Begriff „Fremdkapital"**.

16.1.3 Kennzahlen der Bilanz

16.1.3.1 Überblick

Aufgrund vorliegender Bilanzzahlen lassen sich bestimmte Verhältniszahlen bilden, die für die Beurteilung eines Unternehmens von Wichtigkeit sind.

Grundsätzlich lassen sich solche Zahlenverhältnisse aus Posten derselben Bilanzseite bilden (**einseitige** bzw. **vertikale Bilanzkennzahlen**), oder aber es werden Posten von verschiedenen Bilanzseiten ins Verhältnis gesetzt (**zweiseitige** bzw. **horizontale Bilanzkennzahlen**).

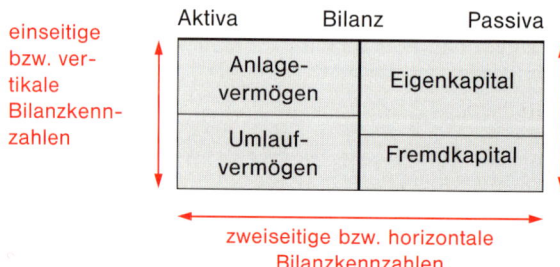

Von der Fülle der möglichen Bilanzkennzahlen – auch Quoten genannt – wollen wir hier nur die wichtigsten bilden. Die folgenden Zahlenverhältnisse ergeben sich aus den Zahlen der vorangestellten, aufbereiteten und bereinigten Bilanz. Um den Aussagewert zu verallgemeinern, sind die Ergebnisse auf 100 bezogen, sodass sich jeweils Prozentsätze ergeben.

16.1.3.2 Einseitige (vertikale) Bilanzkennzahlen

Zur Beurteilung des Vermögensaufbaus und der Kapitalstruktur bilden wir für die Bilanz auf Seite 383 die folgenden Kennzahlen:

(1) Kennzahlen zur Vermögensstruktur

$$\text{Anlagevermögensanteil} = \frac{\text{Anlagevermögen} \cdot 100}{\text{Gesamtvermögen}}$$

$$\frac{336\,000 \cdot 100}{765\,225} = \underline{\underline{43{,}91\,\%}}$$

$$\text{Umlaufvermögensanteil} = \frac{\text{Umlaufvermögen} \cdot 100}{\text{Gesamtvermögen}}$$

$$\frac{429\,225 \cdot 100}{765\,225} = \underline{\underline{56{,}09\,\%}}$$

Zur Vermögensstruktur im vorliegenden **Beispiel** lassen sich folgende Aussagen treffen:

- Die Zahlenverhältnisse spiegeln die Anteile der beiden Vermögensgruppen wider. Aus dem Anlagevermögensanteil und dem Umlaufsvermögensanteil ergibt sich, dass das Anlagevermögen weniger als die Hälfte, das Umlaufvermögen entsprechend mehr als die Hälfte des Gesamtvermögens ausmacht. Aus der Summe der Anteile von AV und UV ergibt sich jeweils 100 %, also das Gesamtvermögen.

- Dass das Umlaufvermögen in unserem Beispiel überwiegt, konnte erwartet werden, denn der Einzelhandelsbetrieb benötigt keine teuren Produktionsmaschinen, da der Schwerpunkt der betrieblichen Tätigkeit im Ein- und Verkauf von Waren liegt. Im Grunde ist der Anteil des Anlagevermögens als zu hoch zu bezeichnen. Mögliche Gründe hierfür: Neuwertige Anlagen, die noch kaum abgeschrieben sind, bzw. es sind nicht benötigte Anlagegüter vorhanden. Letzteres würde eine Fehlleitung des Kapitals bedeuten.

(2) Kennzahlen zur Kapitalstruktur

$$\text{Eigenkapitalanteil} = \frac{\text{Eigenkapital} \cdot 100}{\text{Gesamtkapital}}$$

$$\frac{573\,825 \cdot 100}{765\,225} = \underline{\underline{74{,}99\,\%}}$$

$$\text{Verschuldungsgrad} = \frac{\text{Fremdkapital} \cdot 100}{\text{Eigenkapital}}$$

$$\frac{191\,400 \cdot 100}{573\,825} = \underline{\underline{33{,}36\,\%}}$$

Zur Kapitalstruktur im vorliegenden **Beispiel** lassen sich folgende Aussagen treffen:

- Der Eigenkapitalanteil weist auf den Anteil der Finanzierung mit Eigenkapital hin. In unserem Fall ist der Eigenkapitalanteil am Gesamtkapital sehr hoch. Dem Eigenkapitalanteil von rund 75 % entspricht ein Fremdkapitalanteil von rund 25 %.

- Diese Erkenntnis wird durch den Verschuldungsgrad (prozentualer Anteil des Fremdkapitals am Eigenkapital) bestätigt. Das Ergebnis von 33,36 % im Berichtsjahr bedeutet nichts anderes, als dass auf je 100,00 EUR Eigenkapital 33,36 EUR Fremdkapital entfallen. Mit anderen Worten, das Eigenkapital ist ca. dreimal so hoch wie das Fremdkapital.

  Ein solches Verhältnis ist natürlich für ein Unternehmen außerordentlich günstig, da es nicht mit hohen Fremdkapitalzinsen belastet ist. Dazu kommt der Vorteil der Unabhängigkeit, weil große Kapitalgeber im Allgemeinen auch Mitspracherechte beanspruchen. Nach einer groben Faustregel gilt die Finanzierung eines Unternehmens als solide, wenn es zur Hälfte mit Eigenkapital finanziert wurde. Man nennt diese Faustregel auch 1 : 1-Regel.

Fazit: Das Unternehmen hat eine solide Kapitalausstattung, einen hohen Kreditspielraum und ist unabhängig vom Einfluss durch Gläubiger.

Übungsaufgaben

257 Grundstücke und Bauten 175 000,00 EUR; Andere Anlagen, Betriebs- und Geschäftsausstattung 55 875,00 EUR; Verbindlichkeiten gegenüber Kreditinstituten[1] 165 000,00 EUR; Kassenbestand 13 950,00 EUR; Guthaben bei Kreditinstituten 25 315,00 EUR; Forderungen aus Lieferungen und Leistungen 77 185,00 EUR; Waren 170 780,00 EUR; Verbindlichkeiten aus Lieferungen und Leistungen 50 000,00 EUR; Eigenkapital 303 105,00 EUR.

Aufgabe

Erstellen Sie eine aufbereitete Bilanz!

258

Aktiva		Bilanz		Passiva
Anlagevermögen	310 000,00	**Eigenkapital**		435 000,00
Umlaufvermögen	775 000,00	**Fremdkapital**		
		1. langfristig	216 000,00	
		2. kurzfristig	434 000,00	650 000,00
	1 085 000,00			1 085 000,00

Aufgaben

1. Berechnen Sie aufgrund der aufbereiteten Bilanz die Bilanzkennzahlen zur Vermögens- und Kapitalstruktur!
2. Beurteilen Sie das Ergebnis!

259

Aktiva			Bilanz		Passiva
	Berichtsjahr	Vorjahr		Berichtsjahr	Vorjahr
Anlagevermögen	243 000,00	164 160,00	**Eigenkapital**	302 400,00	189 960,00
Umlaufvermögen	297 000,00	291 840,00	**Fremdkapital**		
			1. langfristig	95 000,00	100 320,00
			2. kurzfristig	142 600,00	165 720,00
	540 000,00	456 000,00		540 000,00	456 000,00

Aufgaben

1. Berechnen Sie aufgrund der aufbereiteten Bilanz für das Vorjahr und das Berichtsjahr die Bilanzkennzahlen zur Vermögens- und Kapitalstruktur!
2. Beurteilen Sie die Lage des Unternehmens unter Berücksichtigung der Vorjahreszahlen!

---

1 Es handelt sich um ein langfristiges Darlehen.

16.1.3.3 Zweiseitige (horizontale) Bilanzkennzahlen

Neben der einseitigen (vertikalen) Bildung von Bilanzkennzahlen, bei der man Positionen derselben Bilanzseite in Beziehung setzt, können auch aus Positionen, die von verschiedenen Bilanzseiten stammen, Kennzahlen gebildet werden. Man nennt sie daher zweiseitige (oder horizontale) Bilanzkennzahlen.

(1) Finanzierungsverhältnisse (Investierung)

$$\text{Anlagendeckung A} = \frac{\text{Eigenkapital} \cdot 100}{\text{Anlagevermögen}}$$

$$\frac{573\,825 \cdot 100}{336\,000} = \underline{\underline{170{,}78\,\%}}$$

$$\text{Anlagendeckung B} = \frac{(\text{Eigenkapital} + \text{langfristiges Fremdkapital}) \cdot 100}{\text{Anlagevermögen}}$$

$$\frac{(573\,825 + 125\,000) \cdot 100}{336\,000} = \underline{\underline{207{,}98\,\%}}$$

Zu den Finanzierungsverhältnissen (Investierung) im vorliegenden **Beispiel** lassen sich folgende Aussagen treffen:

- Die Anlagendeckung besagt, mit welchen Mitteln das Anlagevermögen finanziert wurde. In unserem Fall drückt sich in den beiden Prozentsätzen erneut der hohe Anteil an Eigenkapital aus. Durch die Finanzierung des Anlagevermögens ist das Eigenkapital noch bei weitem nicht aufgebraucht. Das zur Verfügung stehende Eigenkapital übersteigt also im Berichtsjahr die für die Finanzierung des Anlagevermögens benötigten Mittel um 70,78%.

- Diese nicht verbrauchten Mittel des Eigenkapitals können zur Finanzierung von Teilen des Umlaufvermögens verwendet werden. Derartige Finanzierungsverhältnisse müssen für das Unternehmen als sehr günstig beurteilt werden. Das Unternehmen steht noch günstiger da, wenn man das langfristig verfügbare Fremdkapital (vgl. Anlagendeckung B) mit einbezieht.

- Das Unternehmen ist mit wenig Fremdkapitalzinsen belastet. Die Finanzierung des für das Unternehmen lebenswichtigen Anlagevermögens ist absolut gesichert. Eine langfristig gesicherte Finanzierung des Anlagevermögens ist für ein Unternehmen von größter Wichtigkeit, denn durch eine mangelhafte Finanzierung des Anlagevermögens (durch kurzfristige Mittel) kann dem Unternehmen die Existenzgrundlage entzogen werden, z.B. dadurch, dass bei noch nicht vollständig bezahlten Lieferungen das Recht auf Eigentumsvorbehalt wahrgenommen wird oder dass die benötigten Finanzierungsmittel plötzlich zurückgezogen werden.

Übungsaufgaben

260

Aktiva	Bilanz		Passiva
Anlagevermögen	317 000,00	**Eigenkapital**	375 000,00
Umlaufvermögen	534 900,00	**Fremdkapital**	
		1. langfristig	210 720,00
		2. kurzfristig	266 180,00
	851 900,00		851 900,00

Aufgabe

Berechnen Sie aufgrund der aufbereiteten Bilanz die Finanzierungsverhältnisse!

261

Aktiva	Bilanz		Passiva
Anlagevermögen	216 000,00	**Eigenkapital**	198 000,00
Umlaufvermögen	455 000,00	**Fremdkapital**	
		1. langfristig	178 900,00
		2. kurzfristig	294 100,00
	671 000,00		671 000,00

Aufgaben

1. Berechnen Sie aufgrund der aufbereiteten Bilanz die Finanzierungsverhältnisse!
2. Beurteilen Sie die Finanzierungsverhältnisse des Einzelunternehmens!

(2) Liquidität

Wir merken uns:

Liquidität bedeutet **Zahlungsfähigkeit** eines Unternehmens. Die Liquiditätsquote gibt an, in welchem Maße Zahlungsmittel für bestehende Verbindlichkeiten bereitstehen.

Liquidität ist eine der wichtigsten Lebensquellen eines Unternehmens. **Illiquidität (Zahlungsunfähigkeit)** ist die häufigste Ursache für das Ende eines Unternehmens. Daher ist die Sicherung der Liquidität eine wesentliche Aufgabe der Unternehmensleitung.

Um die Liquidität berechnen zu können, ist es erforderlich, das Umlaufvermögen aufzugliedern. Die Bilanz des Einzelhandelsunternehmens Max Neumann e. Kfm. erhält damit folgendes Aussehen:

Aktiva	Bilanz von Max Neumann e. Kfm. zum 31. Dezember 20..		Passiva
Anlagevermögen	336 000,00	**Eigenkapital**	573 825,00
Umlaufvermögen		**Fremdkapital**	
a) **mittelfristig**		1. langfristig	125 000,00
Waren	350 000,00	2. kurzfristig	66 400,00
b) **kurzfristig**			
Forderungen aus Lieferungen und Leistungen	60 000,00		
c) **sofort flüssig**			
Guthaben bei Kreditinstituten	15 500,00		
Kassenbestand	3 725,00		
	765 225,00		765 225,00

Wir unterscheiden zwei Liquiditätsgrade:

$$\text{Liquidität 1. Grades (Barliquidität)} = \frac{\text{sofort flüssige Mittel} \cdot 100}{\text{kurzfristiges Fremdkapital}}$$

$$\frac{19\,225 \cdot 100}{66\,400} = \underline{\underline{28{,}95\,\%}}$$

Bei der Liquidität 1. Grades, auch Barliquidität genannt, werden als Deckungsmittel nur die unmittelbar flüssigen Mittel (Bargeld-, Bank- und Postbankguthaben) in die Berechnung einbezogen.

$$\text{Liquidität 2. Grades (einzugsbedingte Liquidität)} = \frac{(\text{kurzfristige Forderungen} + \text{sofort flüssige Mittel}) \cdot 100}{\text{kurzfristiges Fremdkapital}}$$

$$\frac{79\,225 \cdot 100}{66\,400} = \underline{\underline{119{,}31\,\%}}$$

Zur Liquidität 2. Grades gehören Gegenstände, die derzeit noch keinen Geldcharakter haben, deren Umwandlung in Geldmittel jedoch unmittelbar bevorsteht. Da das Geld, wie etwa bei den Forderungen, noch eingezogen werden muss, sprechen wir auch von **einzugsbedingter Liquidität**.

Aussagekraft der Kennzahlen zur Liquidität:

- **Allgemein** ist für die Beurteilung von Kennzahlen der Liquidität Folgendes festzuhalten:

  → Zur Sicherung der Liquidität bedarf es der Beobachtung zukünftiger Zahlungseingänge und Zahlungsausgänge des Unternehmens, was ohne die Kenntnis der internen Vorgänge nicht möglich ist. Im Rahmen unserer Analyse liegen jedoch nur **Abschlusszahlen** vor. Von daher gesehen wird deutlich, mit welcher Vorsicht die Beurteilung der Liquidität eines Unternehmens mit Hilfe von Bilanzkennzahlen zu betrachten ist.

  → Die Bilanz kann nur die Situation am Bilanzstichtag wiedergeben, also zu einer Zeit, in der diese bereits der Vergangenheit angehört. Liquidität ist aber eine sich täglich, ja sogar sich mehrmals täglich verändernde Größe, deren Aussagewert nur für diesen Augenblick der Feststellung von Bedeutung ist. Außerdem ist darauf hinzuweisen, dass eine Reihe von Faktoren, welche die Liquidität eines Unternehmens wesentlich beeinflussen, aus der Bilanz nicht hervorgehen.

  Die Bilanz gibt z.B. keine Auskunft über die Fälligkeitstermine der in ihr ausgewiesenen Posten. Auch der Kreditspielraum eines Unternehmens ist aus der Bilanz nicht unmittelbar ablesbar. Laufende Zahlungsverpflichtungen für Personalkosten, Miete, Steuern usw. gehen aus der Bilanz nicht hervor.

  Wenn im Rahmen externer Bilanzanalyse dennoch Liquiditätszahlen aufgestellt werden, muss mit allem Nachdruck auf ihren eingeschränkten Aussagewert hingewiesen werden.

- Zur Liquidität im vorliegenden **Beispiel** lassen sich folgende Aussagen treffen:

  → Die Liquidität 1. Grades ist mit 28,95 % unzureichend, d.h., es fehlen flüssige Mittel. Da die kurzfristigen Verbindlichkeiten nicht alle am Bilanzstichtag fällig sind, ist es jedoch möglich, dass bis zum jeweiligen Fälligkeitstermin noch flüssige Mittel eingehen.

  → Die Liquidität 2. Grades (119,31 %) besagt, dass das kurzfristige Fremdkapital durch die flüssigen Mittel und die kurzfristigen Forderungen abgedeckt ist. Die Liquidität 2. Grades kann daher im Zeitpunkt der Feststellung als relativ gesichert angesehen werden.

Übungsaufgaben

262

Aktiva		Bilanz zum 31. Dezember 20..		Passiva
Anlagevermögen		450 000,00	**Eigenkapital**	400 000,00
Umlaufvermögen			**Fremdkapital**	
a) **mittelfristig**			1. langfristig	448 000,00
Waren		315 000,00	2. kurzfristig	92 000,00
b) **kurzfristig**				
Ford. a. Lief. u. Leist.		70 000,00		
c) **sofort flüssig**				
Guth. b. Kreditinstituten	40 500,00			
Postbankguthaben	51 900,00			
Kassenbestand	12 600,00			
		940 000,00		940 000,00

Aufgaben

Berechnen Sie aufgrund der aufbereiteten Bilanz
1. die Finanzierungsverhältnisse,
2. die Liquidität 1. und 2. Grades!

263 Aktiva   Bilanz   Passiva

Anlagevermögen	475 000,00	**Eigenkapital**	570 000,00
Umlaufvermögen		**Fremdkapital**	
a) **mittelfristig**		1. langfristig	522 000,00
Waren	625 000,00	2. kurzfristig	786 000,00
b) **kurzfristig**			
Forderungen aus Lieferungen und Leistungen	458 000,00		
c) **sofort flüssig**			
Guth. bei Kreditinstuten	165 000,00		
Postbankguthaben	128 000,00		
Kassenbestand	27 000,00		
	1 878 000,00		1 878 000,00

Aufgaben
Errechnen Sie
1. die Kennzahlen der Vermögensstruktur,
2. die Kennzahlen der Kapitalstruktur,
3. die Finanzierungsverhältnisse,
4. die Liquidität 1. und 2. Grades!

264 Erläutern Sie die nachfolgenden Bilanzkennziffern und geben Sie an, was die Zahlenwerte aussagen!

Umlaufvermögensanteil	65 %
Eigenkapitalanteil	45 %
Liquidität 2. Grades	120 %
Anlagendeckung A	150 %

265 Das Anlagevermögen einer Unternehmung beträgt 180 000,00 EUR, das sind 30 % aller Vermögensgegenstände. Das Eigenkapital beträgt 40 % der Bilanzsumme.
Aufgaben
1. Berechnen Sie den Verschuldungsgrad!
2. Wie viel Prozent beträgt die Anlagendeckung A?

266 Aktiva   Bilanz   Passiva

Anlagevermögen	234 000,00	Eigenkapital	190 000,00
Umlaufvermögen	551 000,00	Fremdkapital	
		1. langfristig	500 000,00
		2. kurzfristig	95 000,00
	785 000,00		785 000,00

Aufgaben
1. Berechnen Sie die Anlagendeckung A und B!
2. Nach einem Finanzierungsgrundsatz sollte Anlagevermögen möglichst mit Eigenkapital abgedeckt sein.
Wie viel Prozent des Anlagevermögens müssen neben dem Eigenkapital noch durch langfristiges Fremdkapital gedeckt sein, damit dieser Finanzierungsgrundsatz eingehalten wird?

267 Ein Einzelhändler legt für die beiden letzten Geschäftsjahre die folgenden bereinigten Abschlusszahlen vor:

Aktiva	Berichtsjahr	Vorjahr	Bilanz	Berichtsjahr	Vorjahr Passiva
Anlagevermögen	238 500,00	230 000,00	**Eigenkapital**	135 400,00	101 150,00
Umlaufvermögen			**Fremdkapital**		
Waren	55 600,00	38 300,00	1. langfristig	150 000,00	130 000,00
Ford.a.Lief.u.Leist.	40 750,00	23 500,00	2. kurzfristig	77 800,00	85 250,00
Kasse/Bank/Postbank	28 350,00	24 600,00			
	363 200,00	316 400,00		363 200,00	316 400,00

Aufgaben

1. Errechnen Sie die folgenden Kennziffern (auf eine Dezimale):
   - die Finanzierungsverhältnisse,
   - die Liquidität 1. und 2. Grades!
2. Beurteilen Sie die Kennzahlen unter Berücksichtigung der Vorjahreszahlen!

16.2 Kennzahlen aus dem Ergebnisbereich (Rentabilitätskennzahlen)

Bei den Kennzahlen der Rentabilität werden Größen der Gewinn- und Verlustrechnung in die Beurteilung des Unternehmens einbezogen. Die wichtigste dabei ist natürlich der Gewinn. Da jedes Unternehmen in Bezug auf Rechtsform, Kapitalausstattung, Wirtschaftsbranche und Größe andere Bedingungen aufweist, sagt die absolute Höhe des Gewinns nur wenig aus. Um eine vergleichbare Aussage über den Erfolg eines Unternehmens machen zu können, muss der Gewinn prozentual in Beziehung zu jenen Größen gebracht werden, die ihn ermöglicht haben. Solche messbaren Größen sind z. B. das **Kapital** oder der **Umsatz**.

> **Wir merken uns:**
>
> Die **Rentabilität** ist eine Messgröße für die Ergiebigkeit eines Mitteleinsatzes.

Anhand des Einzelhandelsunternehmens Max Neumann e. Kfm. soll die Berechnung der Rentabilitätskennziffern beispielhaft gezeigt werden.

Aktiva	Bilanz von Max Neumann e. Kfm. zum 31. Dez. 20..		Passiva
Anlagevermögen	336 000,00	Eigenkapital	573 825,00
Umlaufvermögen	429 225,00	Fremdkapital	191 400,00
	765 225,00		765 225,00

Aufwendungen	GuV-Rechnung von Max Neumann e. Kfm. zum 31. Dez. 20..		Erträge
Aufwendungen für Waren	776 425,00	Umsatzerlöse für Waren	1 550 000,00
Aufwand für Mat. u. bez. Leist.	120 000,00		
Löhne, Gehälter	392 500,00		
Abschreibungen	15 000,00		
Aufw. f.d.Inanspr.v.Recht.u.Dienst.	40 000,00		
Aufw. für Kommunikation	75 000,00		
betriebliche Steuern	25 000,00		
Zinsen	7 500,00		
Gewinn	98 575,00		
	1 550 000,00		1 550 000,00

Je nachdem, welche Größe man als Bezugsgröße wählt, erhält man unterschiedliche Rentabilitätszahlen.

(1) Kapitalrentabilität

Hierbei wird der erzielte Jahresgewinn zum Kapital in Beziehung gesetzt. Je nachdem, ob man als Bezugsgröße das Eigenkapital oder das Gesamtkapital wählt, erhält man als Kennzahl die **Eigenkapitalrentabilität** oder die **Gesamtkapitalrentabilität**. Die Eigenkapitalrentabilität wird häufig auch als Unternehmerrentabilität und die Gesamtrentabilität als Unternehmensrentabilität bezeichnet.

● **Eigenkapitalrentabilität (Unternehmerrentabilität)**

Bei der Eigenkapitalrentabilität wird der erzielte Gewinn in Prozenten zum Eigenkapital ausgedrückt. Es soll festgestellt werden, welche Rendite das eingesetzte Eigenkapital insgesamt erbracht hat.

$$\text{Eigenkapitalrentabilität} = \frac{\text{Gewinn} \cdot 100}{\varnothing \text{ Eigenkapital}}$$

Da sich das Eigenkapital praktisch durch jeden Erfolgsvorgang laufend verändert, ist es ungenau, wenn der erzielte Gewinn dem Eigenkapital am Anfang oder am Ende der Geschäftsperiode gegenübergestellt wird. Um relativ genau zu sein, muss vom durchschnittlichen Eigenkapital ausgegangen werden. Geht man davon aus, dass das Eigenkapital des Einzelhandelsunternehmens Max Neumann e. Kfm. am Anfang der Geschäftsperiode 475 250,00 EUR betrug, ergibt sich folgender Durchschnittswert:

$$\text{Durchschnittswert für das Eigenkapital:} = \frac{475\,250 + 573\,825}{2} = 524\,537{,}50 \text{ EUR}$$

$$\text{Eigenkapitalrentabilität} = \frac{98\,575 \cdot 100}{524\,537{,}5} = \underline{\underline{18{,}79\,\%}}$$

● **Gesamtkapitalrentabilität (Unternehmensrentabilität)**

Wählt man als Bezugsgröße das durchschnittliche Gesamtkapital, dann muss der Gewinn um die angefallenen Zinsen für das Fremdkapital erhöht werden. Das ist deshalb erforderlich, weil die Fremdkapitalzinsen im Rahmen der Gewinnermittlung als Aufwendungen abgezogen wurden. Erst durch die Hinzurechnung der Zinsen für das Fremdkapital sind die in Beziehung zu setzenden Größen (Gewinn und Gesamtkapital) miteinander vergleichbar.

$$\text{Gesamtkapitalrentabilität} = \frac{(\text{Gewinn} + \text{Zinsen}) \cdot 100}{\varnothing \text{ Gesamtkapital}}$$

Auch hier muss vom durchschnittlichen Gesamtkapital ausgegangen werden. Unter der Annahme, dass das Gesamtkapital des Einzelhandelsunternehmens Max Neumann e. Kfm. zu Beginn der Geschäftsperiode 681 650 EUR betrug, ergibt sich folgendes Durchschnittskapital:

$$\text{Durchschnittskapital:} \quad \frac{681\,650 + 765\,225}{2} = 723\,437{,}50 \text{ EUR}$$

$$\text{Gesamtkapitalrentabilität} = \frac{(98\,575 + 7\,500) \cdot 100}{723\,437{,}50} = \underline{\underline{14{,}66\,\%}}$$

Die Gesamtkapitalrentabilität sagt dem Unternehmer, ob sich die Investierung von Fremdkapital in seinem Unternehmen lohnt. Dies ist dann gegeben, wenn der Zinssatz für Fremdkapital unter der Gesamtkapitalrentabilität liegt. Beträgt der Zinssatz für Fremdkapital 6 % und liegt die Gesamtkapitalrentabilität bei 8 %, dann verdient der Einzelhändler am Einsatz von Fremdkapital, d. h., die Eigenkapitalrentabilität steigt an.

(2) Umsatzrentabilität

Bei dieser Kennziffer wird der Jahresgewinn auf den Umsatz bezogen. In Prozenten ausgedrückt erhalten wir:

$$\text{Umsatzrentabilität} = \frac{\text{Gewinn} \cdot 100}{\text{Umsatz}}$$

$$\frac{98\,575 \cdot 100}{1\,550\,000} = \underline{\underline{6{,}4\,\%}}$$

(3) Wirtschaftlichkeit

Stellt man den Kosten die Leistungen gegenüber, wird erkennbar, ob ein Betrieb wirtschaftlich gearbeitet hat oder nicht. Der Begriff der Wirtschaftlichkeit leitet sich daher aus der Kosten- und Leistungsrechnung ab.

> **Wir merken uns:**
>
> Unter **Wirtschaftlichkeit** versteht man das Verhältnis von Leistungen zu Kosten.
>
> $$\text{Wirtschaftlichkeit} = \frac{\text{Leistungen}}{\text{Kosten}}$$

Die Wirtschaftlichkeit gibt an, in welchem Verhältnis die Leistungen zu den Kosten stehen. Beträgt z.B. die Wirtschaftlichkeit 1,25, so besagt dies, dass die Leistungen um das 1,25fache größer sind als die zugrunde gelegten Kosten.

Beispiel
Kosten lt. KLR: 1 405 000,00 EUR
Leistungen lt. KLR: 1 756 250,00 EUR

Aufgabe:
Berechnen Sie die Wirtschaftlichkeit!

Lösung:

$$\text{Wirtschaftlichkeit} = \frac{1\,756\,250,00}{1\,405\,000,00} = \underline{\underline{1,25}}$$

Beträgt die Wirtschaftlichkeit mehr als 1,0, übersteigen die Leistungen den Kosteneinsatz, d.h., es ist ein Betriebsgewinn entstanden. Die Wirtschaftlichkeit sagt damit etwas darüber aus, ob das Unternehmen an den verkauften Waren einen Betriebsgewinn erzielt hat. Die Frage, ob die Wirtschaftlichkeit des Unternehmens vergleichsweise gut ist oder nicht, kann damit jedoch nicht voll beantwortet werden. Hierzu ist es erforderlich, entweder interne oder externe Vergleichszahlen heranzuziehen.

Übungsaufgaben

268 Die Buchführung bzw. die Kosten- und Leistungsrechnung liefert uns folgende Zahlenwerte:

Eigenkapital:		Kosten	105 000,00 EUR
– am Anfang	350 000,00 EUR	Fremdkapital	250 000,00 EUR
– am Ende	400 000,00 EUR	Umsatzerlöse f. Waren netto	850 000,00 EUR
Aufwend. f. Waren	700 000,00 EUR	Gewinn	45 000,00 EUR

Aufgabe
Berechnen Sie die Umsatzrentabilität und die Unternehmerrentabilität!

269 Die Buchführung bzw. die Kosten- und Leistungsrechnung liefert uns folgende Zahlenwerte:

Aufwend. f. Waren	870 000,00 EUR	Umsatzerlöse f. Waren netto	1 114 640,00 EUR
Handlungskosten	215 000,00 EUR	ø Fremdkapital	297 500,00 EUR
ø Eigenkapital	380 000,00 EUR		

In den Handlungskosten sind 16 430,00 EUR Fremdkapitalzinsen enthalten.

Aufgabe
Wie viel Prozent beträgt die Gesamtkapitalrentabilität?

270 Das Einzelhandelshaus Horst Schuster e.Kfm. erstellt zum 31. Dezember 20.. folgenden Jahresabschluss:

Aktiva	Bilanz zum 31. Dezember 20..		Passiva
Grundstücke u. Bauten	157 200,00	Eigenkapital	160 000,00
And. Anl., Betr.-u.G.-Ausst.	15 000,00	Verb. g. Kreditinst.	50 000,00
Waren	35 173,00	Verb. a. Lief. u. Leist.	16 700,00
Ford. a. Lief. u. Leist.	10 727,00		
Guthaben bei Kreditinst.	8 040,00		
Kassenbestand	560,00		
	226 700,00		226 700,00

Aufwendungen	Gewinn- und Verlustrechnung zum 31.Dez.20..		Erträge
Mieten u. Pachten	970,00	Umsatzerlöse für Waren	220 000,00
Zinsaufwendungen	1 600,00		
Aufw. für Waren	160 000,00		
Gehälter	12 000,00		
Aufwendungen f. Energie	8 500,00		
betriebliche Steuern	2 350,00		
Abschreibungen	5 820,00		
Aufw. f. Kommunikation	6 180,00		
Gewinn	?		
	220 000,00		220 000,00

Nehmen Sie zur Berechnung der gefragten Größen die Zahlen aus der Buchführung (eine Stelle nach dem Komma)!

Aufgaben
1. Berechnen Sie den Reingewinn, der in dem vergangenen Geschäftsjahr erzielt wurde!
2. Wie viel Prozent beträgt die Rentabilität des Eigenkapitals, wenn das Eigenkapital am Anfang 141 066,00 EUR betrug?
3. Wie viel Prozent beträgt die Rentabilität des Gesamtkapitals, wenn das Gesamtkapital am Anfang 176 300,00 EUR betrug?

271 Ein Einzelhändler entnimmt aus seiner Kosten- und Leistungsrechnung folgende Zahlenwerte:

Kosten 196 200,00 EUR
Leistungen 220 000,00 EUR

Aufgabe
Berechnen Sie die Wirtschaftlichkeit!

272 Was versteht man unter Umsatzrentabilität?

1. Ist das prozentuale Verhältnis von Reingewinn zum Warenaufwand
2. Ist das prozentuale Verhältnis von Reingewinn zum Kapital
3. Ist das prozentuale Verhältnis von Reingewinn zum Umsatz
4. Ist das prozentuale Verhältnis von Rohgewinn zum Umsatz
5. Ist das prozentuale Verhältnis von Rohgewinn zum Warenaufwand

Aufgabe
Übertragen Sie die entsprechende Ziffer als Lösung in Ihr Hausheft!

273 Die Buchführung bzw. die Kosten- und Leistungsrechnung liefert uns zum Jahresabschluss folgende Zahlenwerte:

Fremdkapital	421 300,00 EUR	Gesamtkapital einschl. Gewinn	1 227 300,00 EUR
Aufwend.f.Waren	184 000,00 EUR	Umsatzerlöse für Waren netto	266 875,00 EUR
Gewinn	78 585,00 EUR	Eigenkapital am Anfang	720 000,00 EUR

Aufgabe
Berechnen Sie die Unternehmerrentabilität!

274 Welche Größen brauchen wir zur Berechnung der Unternehmerrentabilität?

[1] Gesamtkapital
[2] Rohgewinn
[3] Eigenkapital
[4] Fremdkapital
[5] Umsatzerlöse für Waren
[6] Reingewinn

Aufgabe
Übertragen Sie die entsprechenden Ziffern als Lösung in Ihr Hausheft!

275 Der Einzelhändler Fritz Lang möchte am Ende der Rechnungsperiode die Rentabilitätsentwicklung seines Unternehmens feststellen. Aus der Buchführung erhält er dazu folgendes Zahlenmaterial:

Zahlen der Buchhaltung	Vor 2 Jahren	Vorjahr	Berichtsjahr
Eigenkapital einschl. Gewinn	210 000,00 EUR	292 000,00 EUR	308 000,00 EUR
Bankkredite	53 000,00 EUR	60 000,00 EUR	58 000,00 EUR
Zinsbelastung der Bank	5 600,00 EUR	6 300,00 EUR	5 800,00 EUR
Reingewinn	21 000,00 EUR	24 900,00 EUR	31 000,00 EUR
Umsatzerlöse für Waren netto	499 000,00 EUR	514 000,00 EUR	560 000,00 EUR

Aufgabe
Berechnen Sie für das Berichtsjahr und das Vorjahr die Eigenkapitalrentabilität und für alle drei Jahre die Umsatzrentabilität!

276 Was ist unter dem Begriff Unternehmensrentabilität (Gesamtkapitalrentabilität) zu verstehen?

[1] Das prozentuale Verhältnis von Rohgewinn zu Eigenkapital
[2] Das prozentuale Verhältnis von Reingewinn zu ø Gesamtkapital
[3] Das prozentuale Verhältnis von Rohgewinn zu ø Gesamtkapital
[4] Das prozentuale Verhältnis von Reingewinn zu Eigenkapital
[5] Das prozentuale Verhältnis von Reingewinn zu Fremdkapital

Aufgabe
Übertragen Sie die entsprechende Ziffer als Lösung in Ihr Hausheft!

16.3 Lager- und Umsatzkennziffern

16.3.1 Gründe für die Auswertung der Lagerbuchführung

Aus dem Buchführungslehrgang wissen wir, dass, wenn sich auf einem Konto eine Vielzahl von Veränderungen ergibt oder wenn zusätzliche Daten gesammelt werden sollen, Nebenbücher geführt werden. Diese Nebenbücher erfassen alle Wertveränderungen im Einzelnen.

Da die Existenz des Einzelhandelsunternehmens vom Ein- und Verkauf der Waren abhängt, ist es für den Einzelhändler außerordentlich wichtig, jederzeit möglichst viele Daten über seine Waren griffbereit zu haben. Er wird daher in aller Regel als wichtigste Nebenbuchführung eine ausgedehnte **Lagerbuchführung** betreiben.

> Im **Lagerbuch** bzw. auf der **Lagerkarte** wird er insbesondere festhalten:
> Artikel, Datum des Zu- und Abgangs, Buchungstext, Belegnummer, Anfangs- und Endbestand, Einstandspreis und Journalseite.

Auf diese Weise soll verhindert werden, dass Waren verderben oder zu Ladenhütern werden, weil sich z. B. die Mode geändert hat. Hinzu kommt, dass Waren, die lange gelagert werden, höhere Kosten verursachen (z. B. Kosten für Heizung oder Kühlung, Reinigung, Versicherung, höherer Anteil an den Kosten für das Lagerpersonal, Zinskosten für das festliegende Kapital usw.) als Waren, bei denen sich der Umschlag schneller vollzieht.

Der Einzelhändler sollte daher seinen **durchschnittlichen Lagerbestand** an Waren, die Verweildauer der einzelnen Artikel (**Lagerdauer**) und letztlich die **Lagerumschlagshäufigkeit** kennen und regelmäßig kontrollieren. Wir wollen diese so genannten **Lagerkennziffern** aus Vereinfachungsgründen nicht für einen einzelnen Artikel, sondern entweder für eine Warengruppe oder aber für den gesamten Lagerbestand (Warenbestand) errechnen.

16.3.2 Berechnung der Lagerkennziffern

(1) Lagerbestand

● **Umfang des Lagerbestandes**

Der Lagerbestand muss so hoch sein, dass ein reibungsloser Warenverkauf gesichert ist.

→ Ein zu **großer Lagerbestand** hat z. B. den Nachteil, dass das in den nicht benötigten Lagervorräten investierte Kapital Zinsverluste (einen Zinsentgang) mit sich bringt. Außerdem entstehen unnötige Lagerkosten. Darüber hinaus wird die finanzielle Situation des Unternehmens negativ beeinflusst, weil die in zu hohen Lagervorräten gebundenen Gelder für andere notwendige Investitionen (z. B. Erneuerung der Ladeneinrichtung, Umbau der Schaufenster, Anschaffung eines neuen Firmenfahrzeugs usw.) nicht zur Verfügung stehen und deshalb Kredite (die zu tilgen und zu verzinsen sind) aufgenommen werden müssen.

→ Ein zu **kleines Lager** verursacht zwar geringere Kosten, führt aber zu Störungen im Warenverkauf, weil nicht alle Warenwünsche der Kunden pünktlich erfüllt werden können. Dadurch werden Kunden verärgert, manche Kunden „springen ab", der Ruf des Einzelhandelsgeschäftes verschlechtert sich. Verluste können die Folge sein.

● Kennziffern für den Lagerbestand

Im Rahmen der Kennziffern für den Lagerbestand sind die folgenden drei Bestandsgrößen von Bedeutung: der eiserne Bestand, der Meldebestand und der durchschnittliche Lagerbestand.

→ Eiserner Bestand

Nicht immer kann man sich darauf verlassen, dass die Lieferer die von ihnen genannten Lieferfristen einhalten. So können bei diesen beispielsweise Lieferschwierigkeiten aufgrund von Streiks, technischen Störungen (Maschinenbruch, Explosion, Feuer) oder Problemen bei der Rohstoffbeschaffung auftreten. Aus diesem Grunde ist es zweckmäßig, einen eisernen Bestand an Waren zu halten, auf den im Falle einer Lieferverzögerung zurückgegriffen werden kann.

→ Meldebestand

Um den Warenverkauf reibungslos abwickeln zu können, ist es wichtig, dass der Einkauf der einzelnen Artikel zum richtigen Zeitpunkt erfolgt. Der Lagerverwalter muss daher ab einem bestimmten Lagerbestand das Auffüllen des Lagers durch eine Meldung veranlassen. Die Höhe des Meldebestands für einen Artikel hängt von der täglichen Absatzmenge und der Lieferzeit ab. Der neue Artikel muss dann eintreffen, wenn der eiserne Bestand erreicht ist.

Beispiel:
Verkaufsmenge pro Tag: 15 Stück; Lieferzeit: 6 Tage; eiserner Bestand: 30 Stück.
Aufgabe:
Auf wie viel Stück beläuft sich der Meldebestand?

Lösung:

Meldebestand = (15 Stück · 6 Tage) + 30 Stück = __120 Stück__

> Meldebestand = (Tagesabsatz · Lieferzeit) + eiserner Bestand

→ Durchschnittlicher Lagerbestand:

Beispiel:
Anfangsbestand an Waren zu Einstandspreisen: 36 000,00 EUR; Schlussbestand an Waren zu Einstandspreisen: 34 000,00 EUR.
Aufgabe:
Wie viel EUR beträgt der durchschnittliche Lagerbestand?

Lösung:

$$\text{Durchschnittlicher Lagerbestand} = \frac{36\,000,00 + 34\,000,00}{2} = \underline{\underline{35\,000,00 \text{ EUR}}}$$

$$\text{Durchschnittlicher Lagerbestand} = \frac{\text{Anfangsbestand} + \text{Endbestand}}{2}$$

> **Wir merken uns:**
>
> Der **durchschnittliche Lagerbestand** sagt aus, welcher Warenwert zu Einstandspreisen durchschnittlich auf Lager ist. In dieser Höhe ist ständig Kapital des Einzelhandelsunternehmens gebunden.

(2) Lagerumschlagshäufigkeit

Die Lagerumschlagshäufigkeit gibt an, wie oft sich der durchschnittliche Lagerbestand in einer Rechnungsperiode (z.B. in einem Jahr) umschlägt. Da die Lagerbestände mit Einstandspreisen bewertet werden, muss auch der Umsatz mit Einstandspreisen bewertet werden.

Die Lagerumschlagshäufigkeit berechnet sich wie folgt:

$$\text{Lagerumschlagshäufigkeit} = \frac{\text{Umsatz zum Einstandspreis}}{\text{durchschnittlicher Lagerbestand zu Einstandspreisen}}$$

Fortsetzung des Beispiels von Seite 407:

Beläuft sich der Umsatz zu Einstandspreisen auf 420 000,00 EUR, so beträgt die Lagerumschlagshäufigkeit:

$$\text{Lagerumschlagshäufigkeit} = \frac{420\,000,00\ \text{EUR}}{35\,000,00\ \text{EUR}} = \underline{\underline{12}}$$

Ergebnis: Die Zahl 12 besagt, dass das Lager im Jahr zwölfmal umgesetzt wurde.

Wir merken uns:

Durch die **Lagerumschlagshäufigkeit** erfährt der Einzelhändler, wie oft sich der durchschnittliche Lagerbestand in einer Rechnungsperiode umgeschlagen hat.

(3) Lagerumschlagshäufigkeit und Kapitalbedarf

Die Höhe der Lagerumschlagshäufigkeit hat auch Auswirkungen auf die **Höhe des Kapitalbedarfs** eines Einzelhandelsbetriebs.

Beispiel:
Eine Kleider-Boutique möchte durch Werbemaßnahmen die Lagerumschlagshäufigkeit von bisher 4 auf 5 erhöhen. Der bisherige Wareneinsatz betrug netto 226 000,00 EUR.

Aufgabe:
Wie viel EUR weniger Kapital muss die Kleider-Boutique dann einsetzen?

Lösung:

Bisheriger Kapitalbedarf

Wareneinsatz	:	Lagerumschlagshäufigkeit	=	Kapitaleinsatz
226 000,00 EUR	:	4	=	56 500,00 EUR

Neuer Kapitalbedarf

226 000,00 EUR : 5 = 45 200,00 EUR

Ergebnis: Durch die Erhöhung der Lagerumschlagshäufigkeit werden 56 500,00 EUR − 45 200,00 EUR = 11 300,00 EUR an Kapital eingespart.

> **Wir merken uns:**
> - Eine **Erhöhung der Lagerumschlagshäufigkeit** führt zu einem **Absinken des Kapitalbedarfs**.
> - Ein **Absinken der Lagerumschlagshäufigkeit** führt zu einer **Erhöhung des Kapitalbedarfs**.

(4) Durchschnittliche Lagerdauer

Fortsetzung des Beispiels von Seite 406:

Die **durchschnittliche Lagerdauer** errechnet sich wie folgt:

Durchschnittliche Lagerdauer = $\frac{360 \text{ Tage}}{12}$ = **30 Tage**

Ergebnis: Die Ware liegt durchschnittlich 30 Tage auf Lager.

Allgemein:

Durchschnittliche Lagerdauer = $\frac{360}{\text{Lagerumschlagshäufigkeit}}$

> **Wir merken uns:**
> Aus der **durchschnittlichen Lagerdauer** ersieht der Einzelhändler, wie lange die Ware im Durchschnitt auf Lager war.

(5) Lagerzinsen

Die Verweildauer, so haben wir schon festgestellt, bindet Kapital des Einzelunternehmens und erfordert daher Zinskosten **(Lagerzinsen)**.

Fortsetzung des obigen Beispiels:

In unserem Beispiel liegt die Ware durchschnittlich 30 Tage auf Lager. Die anfallenden Lagerzinsen errechnen wir bei einem angenommenen Zinssatz von 10 % wie folgt:

Lagerzinsen = $\frac{35\,000 \cdot 30 \cdot 10}{100 \cdot 360}$ = **291,67 EUR**

Ergebnis: Die Lagerzinsen betragen 291,67 EUR.

Allgemein:

Lagerzinsen = $\frac{\varnothing \text{ Lagerbestand} \cdot \text{Lagerdauer} \cdot \text{Zinssatz}}{100 \cdot 360}$

Erläuterung:

Die Lagerung von Waren verursacht dem Betrieb Zinskosten, weil in den Lagervorräten Kapital gebunden ist. Die tatsächliche Höhe der Lagerzinsen hängt u. a. von der Lagerdauer ab. Steigt die Lagerdauer an, nimmt die Höhe der Lagerzinsen zu. Sinkt die Lagerdauer ab, dann gehen auch die Kosten für die Lagerzinsen zurück.

(6) Lagerzinssatz

Fortsetzung des Beispiels von Seite 409:

Die Lagerzinsen können wir auch in einem zeitanteiligen Prozentsatz (Lagerzinssatz) ausdrücken. Bei einem Zinssatz von 10% und einer Lagerdauer von 30 Tagen erhalten wir z. B. als Lagerzinssatz 0,83%.

Berechnung:

In 360 Tagen   Zinssatz 10%
In 30 Tagen   Zinssatz x%

$$\text{Lagerzinssatz} = \frac{10 \cdot 30}{360} = 0{,}833\,\%$$

Ergebnis: Der Lagerzinssatz beträgt 0,833%.

Allgemein:

$$\text{Lagerzinssatz} = \frac{\text{Jahreszinssatz} \cdot \text{durchschnittliche Lagerdauer}}{360}$$

Die nachfolgende Tabelle soll das Verhältnis von Lagerdauer und Lagerzinssatz verdeutlichen:

Durchschnittlicher Lagerbestand	Lagerdauer	Lagerzins (bei einem durchschnittl. Zinssatz von 10%)	Lagerzinssatz in % des Warenwertes
35 000,00 EUR	30 Tage	291,67 EUR	0,833 %
35 000,00 EUR	45 Tage	437,50 EUR	1,25 %
35 000,00 EUR	90 Tage	875,00 EUR	2,5 %
35 000,00 EUR	360 Tage	3 500,00 EUR	10,0 %

Wir erkennen: Mit zunehmender Lagerdauer steigt der Lagerzinssatz an.

Übungsaufgaben

277 Ein Einzelhändler entnimmt der Buchführung folgende Zahlenwerte:

Anfangsbestand an Waren   10 780,00 EUR
Schlussbestand an Waren   24 220,00 EUR
Umsatz zu Einstandspreisen (Wareneinsatz)   126 000,00 EUR

Aufgaben

Berechnen Sie
1. den durchschnittlichen Lagerbestand,
2. die Lagerumschlagshäufigkeit,
3. die durchschnittliche Lagerdauer,
4. den Lagerzinssatz bei einem Zinssatz von 10%?

278 1. Der Einkaufsabteilung eines Verbrauchermarktes liegen für die Warengruppe Dosenmilch folgende Angaben vor:

Mindestbestand (Reserve): 375 Stück
Tagesabsatz (Durchschnitt): 75 Stück
Lieferzeit: 10 Tage

Aufgabe
Ermitteln Sie den Meldebestand!

2. Sobald der Meldebestand erreicht ist, wird sofort telefonisch bestellt. Der Lieferer sagt, dass sich die Lieferung um 4 Tage verzögern werde, die Lieferung demnach erst nach 14 Tagen erfolgen könne.

Aufgabe
Errechnen Sie, ob der Mindestbestand bei gleichbleibendem Tagesabsatz für die Zeit der Verzögerung ausreicht!

279 Ein Einzelhändler entnimmt der Buchführung folgende Zahlenwerte:

Inventurbestand 31. Dez. 01   112 500,00 EUR
Warenbestand   15. März 02   180 000,00 EUR   Warenbestand 15. Sept. 02   67 500,00 EUR
Warenbestand   15. Juni 02   95 000,00 EUR   Warenbestand 31. Dez. 02   87 500,00 EUR

Der Wareneinsatz des Jahres betrug: 358 050,00 EUR

Aufgaben
1. Wie viel EUR betrug der durchschnittliche Lagerbestand?
2. Berechnen Sie die Lagerumschlagshäufigkeit!

280 Ein Filialunternehmen stellt zwischen zwei Filialen folgenden Betriebsvergleich an:

	Filiale I	Filiale II
Durchschnittlicher Lagerbestand	85 000,00 EUR	
Lagerumschlagshäufigkeit	4,8	
Wareneinsatz		448 000,00 EUR
Zinssatz	9 %	9 %
Durchschnittliche Lagerdauer		45 Tage
Lagerzinsen		

Aufgabe: Errechnen Sie die fehlenden Werte!

281 Einem Einzelhändler liegen für eine Warengruppe folgende Daten vor: Wareneinsatz 529 000,00 EUR; Lagerumschlagshäufigkeit 4; banküblicher Zinssatz für langfristige Darlehen 8,5 %.

Aufgabe: Wie viel EUR betragen die Lagerzinsen?

282 Der durchschnittliche Lagerbestand eines Einzelhandelsgeschäftes beträgt 124 800,00 EUR. Die durchschnittliche Lagerdauer beläuft sich auf 80 Tage.

Aufgabe
Welchen Lagerzinssatz hat der Einzelhändler seiner Kalkulation zugrunde zu legen, wenn der durchschnittliche Zinssatz für langfristige Kredite bei 9 % liegt?

283 Wir versuchen, bei gleich bleibendem Wareneinsatz, die Lagerumschlagshäufigkeit von 4 auf 5 zu verbessern.

Aufgaben
1. Um wie viel Tage verändert sich die Lagerdauer?
2. Um wie viel Prozent wird der durchschnittliche Lagerbestand dadurch abgesenkt?

284 Der durchschnittliche Lagerbestand beträgt bei einem Einzelhändler 125 000,00 EUR. Die Lagerdauer beläuft sich auf 72 Tage. Der durchschnittliche Zinssatz für längerfristige Kredite beträgt 7,5 %.

Aufgabe
Mit welchem Zinssatz muss der Einzelhändler seine Lagerzinskosten kalkulieren?

285 Welche Maßnahme führt zu einer Erhöhung der Lagerkosten je Warengruppe?
① Absenkung des Mindestbestandes.
② Absenkung des Meldebestandes.
③ Absenkung des durchschnittlichen Lagerbestandes.
④ Verkürzung der durchschnittlichen Lagerdauer.
⑤ Verminderung der Umschlagshäufigkeit.
Aufgabe: Übertragen Sie die entsprechende Ziffer als Lösung in Ihr Hausheft!

286 Der Bruttoumsatz eines Einzelhändlers beläuft sich einschließlich 7% USt auf 914 850,00 EUR. Der Einzelhändler rechnet mit einer Handelsspanne von 30%. Die Umschlagshäufigkeit beträgt 3,5.
Aufgabe: Wie viel EUR beträgt der durchschnittliche Lagerbestand?

287 Ein Einzelhandelsgeschäft hat einen durchschnittlichen Lagerbestand von 68 000,00 EUR und einen Lagerumschlag von 6. Die Handlungskosten belaufen sich im gleichen Zeitraum auf 148 104,00 EUR.
Aufgabe: Wie viel Prozent beträgt der Handlungskostenzuschlagssatz?

288 Ein Einzelhändler mit einem jährlichen Warenaufwand von 960 000,00 EUR möchte seinen Kapitaleinsatz hierfür errechnen.
Welche der nachfolgenden Kennziffern benötigt er hierzu?
① Kalkulationszuschlag   ④ Unternehmensrentabilität
② Lagerzinssatz   ⑤ Inventurbestand
③ Reingewinn   ⑥ Lagerumschlagshäufigkeit
Aufgabe: Übertragen Sie die entsprechende Ziffer als Lösung in Ihr Hausheft!

289 Ein Einzelhändler setzt 96 200,00 EUR Kapital ein. Er rechnet mit einem Kalkulationsfaktor von 1,85. Das Lager schlägt sich 6,5 mal im Jahr um.
Aufgabe: Wie viel EUR betragen die Umsatzerlöse brutto?

290 Die Lagerumschlagshäufigkeit für eine Warengruppe steigt von 6 auf 8 an. Der jährliche Wareneinsatz beträgt unverändert 680 400,00 EUR.
Aufgabe
Welche Auswirkungen hat die Steigerung der Lagerumschlagshäufigkeit auf das eingesetzte Kapital? Führen Sie den rechnerischen Nachweis!

291 Wir planen den Nettoumsatz (16% USt) von 200 000,00 EUR auf 270 000,00 EUR zu steigern. Wir rechnen mit einer Lagerumschlagshäufigkeit von 4 und einem Kalkulationszuschlag von 50%.
Aufgaben
1. Welcher durchschnittliche Kapitaleinsatz ist bei der geplanten Umsatzhöhe erforderlich?
2. Welcher Zusammenhang besteht allgemein zwischen Kapitalbedarf und Lagerumschlagshäufigkeit?

292 Ein Einzelhändler kalkuliert mit einem Kalkulationszuschlag von 90%. Die Lagerumschlagshäufigkeit beträgt 7,5 und der Umsatzerlös brutto 1 040 250,00 EUR.
Aufgabe
Wie viel EUR Kapital hat der Einzelhändler im Durchschnitt für die Lagerbestände eingesetzt?

16.4 Darstellungsmethoden und Bezugsgrößen

16.4.1 Darstellungsmethoden

(1) Überblick und Aufgabenstellung

Das Warenwirtschaftssystem eines Möbeleinzelhandelsgeschäftes liefert die folgenden verdichteten Informationen über den Umsatz des vergangenen halben Jahres getrennt nach Monaten und Artikelgruppen:

	Türen	Tische	Betten	Stühle	Summen
Januar	2500	3400	1200	1800	8900
Februar	2400	3000	1150	1400	7950
März	2200	3100	1000	1900	8200
April	2600	3300	1200	1500	8600
Mai	3100	3900	1400	1700	10100
Juni	3200	3700	1500	1900	10300
Summen	16000	20400	7450	10200	54050

Die Zahlen sind bereits in Tabellenform aufbereitet und lassen sich in dieser Form relativ leicht erfassen. Es ist jedoch erwiesen, dass Zahlenmaterial noch besser erfasst werden kann, wenn eine optische Aufbereitung erfolgt. In diesem Zusammenhang hat die Statistik verschiedene Darstellungstechniken entwickelt.

Wesentliche Unterschiede in der Art der Darstellung ergeben sich aus dem Zweck:

- Soll die **Abhängigkeit zwischen verschiedenen Werten** veranschaulicht werden, so wählt man Darstellungen, die auf der Basis eines Koordinatensystems erstellt werden. Allgemein kann dabei zwischen unabhängigen und abhängigen Größen unterschieden werden. In unserem Fall sind die Monate die unabhängigen Größen, von denen die anderen Werte (Umsätze) abhängen. Üblicherweise werden die unabhängigen Größen an der waagerechten Achse (Abszisse) des Koordinatensystems eingetragen, während die abhängigen Werte an der senkrechten Achse (Ordinate) eingezeichnet werden.

- Will man die **Zusammensetzung eines Wertes aus verschiedenen Teilwerten** veranschaulichen, so werden häufig Darstellungen benutzt, bei der eine Gesamtfläche in Teilflächen aufgeteilt wird. In unserem Fall könnte man z. B. den Gesamtumsatz eines Monats, aufgeteilt nach Artikelgruppen, darstellen. Derartige Darstellungen lassen sich heute mühelos mit Hilfe des Computers und eines entsprechenden Grafikprogrammes erstellen. Sofern die Schule über die erforderlichen Voraussetzungen verfügt, sollten sie genutzt werden.

(2) Linien- oder Kurvendiagramm

Dieses Diagramm soll den Zusammenhang zwischen unabhängigen Größen (z. B. Monate) und abhängigen Werten (z. B. Umsätze) demonstrieren. Die Zuordnung der Werte erfolgt über Punkte im Koordinatensystem, die durch eine Linie miteinander verbunden werden. Diese Art der Darstellung wirkt immer dann anschaulich, wenn zu jeder unabhängigen Größe ein oder zwei abhängige Werte existieren. Sind mehrere Werte von einer unabhängigen Größe abhängig, so verliert der Betrachter leicht den Überblick. Die Abbildungen a) und b) auf der Seite 414 verdeutlichen diesen Sachverhalt. Liniendiagramme sind gut geeignet, die Entwicklung der abhängigen Werte darzustellen. Zeitreihen und Trends werden häufig mit Liniendiagrammen veranschaulicht.

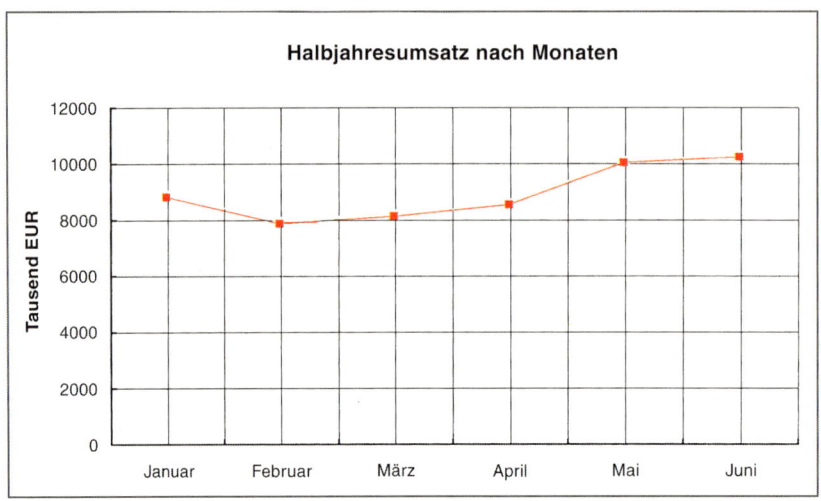

Abbildung a

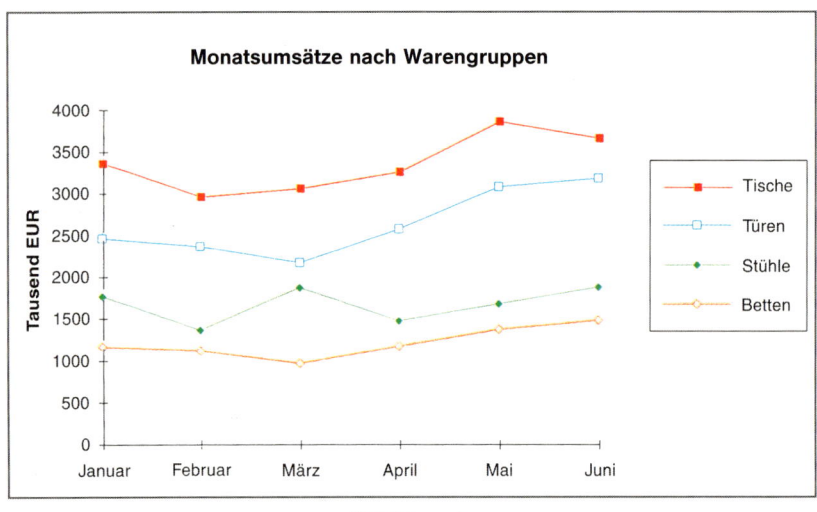

Abbildung b

(3) Balkendiagramm

Im Falle mehrerer abhängiger Werte bedient man sich häufig der Darstellungsweise des Balkendiagramms (siehe Abb. c, Seite 415). Die Höhe der abhängigen Werte wird hierbei durch die Höhe rechteckiger Balken im Koordinatensystem dargestellt. Durch unterschiedliche Schraffur der Balken ist es möglich, eine größere Anzahl von abhängigen Werten in einer Zeichnung darzustellen.

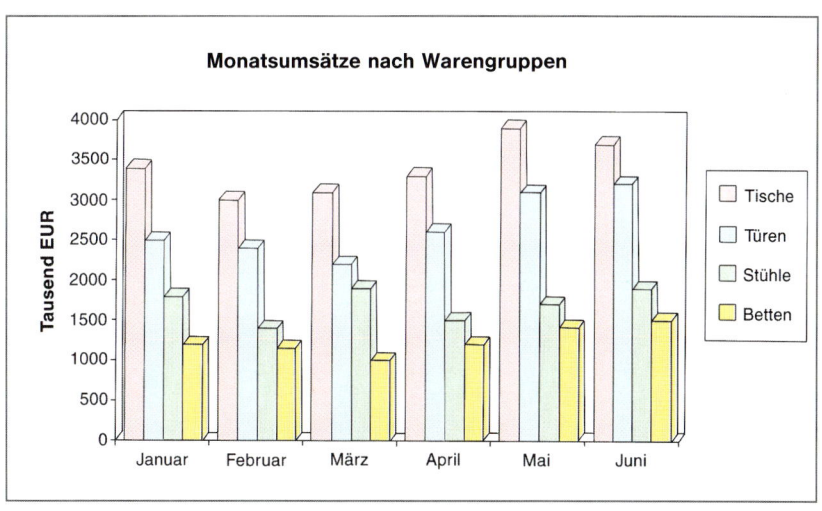

Abbildung c

(4) Kreisdiagramm

Interessieren nicht unbedingt die absoluten Zahlen, sondern der Aufbau eines Gesamtwertes aus verschiedenen Teilwerten, so wählt man häufig das Kreisdiagramm (Tortendiagramm) zur Veranschaulichung (Abb. d und e, Seite 416). Die Gesamtfläche eines Kreises stellt dann einen Gesamtwert dar (z. B. Halbjahresumsatz), die einzelnen Sektoren des Kreises zeigen an, aus welchen Einzelwerten (z. B. Monatsumsatz) sich der Gesamtwert zusammensetzt. Die Größe der einzelnen Sektoren lässt sich leicht mit Hilfe der Dreisatzrechnung ermitteln, wenn wir uns klar machen, dass jeder Kreis einen Winkel von 360° umschließt. Jeder Sektor muss also den Winkel beinhalten, der dem Anteil des Teils am Gesamtwert entspricht. Unter dem Gesichtspunkt der Rechenverfahren handelt es sich hierbei um Gliederungszahlen.

Die Aufteilung der Halbjahresumsätze nach den anteiligen Monatsumsätzen soll durch Abb. e (vgl. Seite 416) verdeutlicht werden.

Rechenbeispiel:
Der Halbjahresumsatz beträgt 54 050,00 TEUR, der Umsatz im Januar beträgt 8 900,00 TEUR.

Aufgabe:
Berechnen Sie den Umsatzanteil des Monats Januar am Halbjahresumsatz (1) in Grad und (2) in Prozent!

Lösung:

(1) Berechnung in Grad:

54 050,00 TEUR ≙ 360°
8 900,00 TEUR ≙ x °

$$x = \frac{360 \cdot 8900}{54050,00}$$

$$x = 59{,}28°$$

(2) Berechnung in Prozent:

54 050,00 TEUR ≙ 100 %
8 900,00 TEUR ≙ x %

$$x = \frac{100 \cdot 8900}{54050,00}$$

$$x = 16{,}47\%$$

Ergebnis: Der Sektor, der dem Monat Januar entspricht, muss also insgesamt 59,28° ausmachen (bzw. 16,47 %).

Auf die gleiche Weise können die Winkel (bzw. Prozentsätze) für die anderen Monate berechnet werden. Die verschiedenen Sektoren können zur besseren Veranschaulichung durch unterschiedliche Schraffur gekennzeichnet werden. Häufig werden neben Kreisdiagrammen zusätzlich zu den absoluten Zahlen die entsprechenden Prozentsätze angegeben. Hierdurch wird der Informationsgrad des Diagrammes erheblich erhöht.

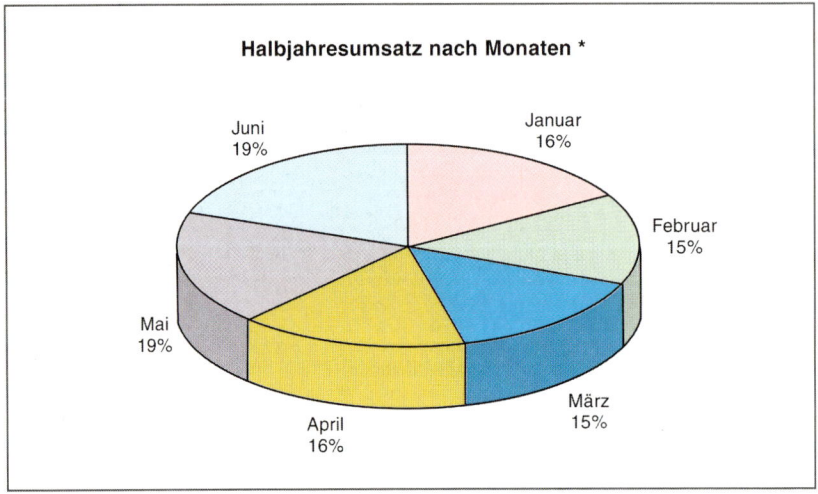

Abbildung d

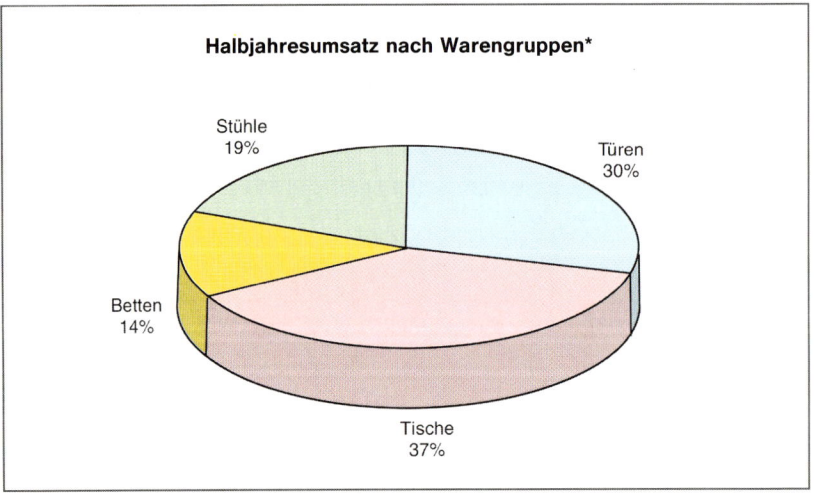

Abbildung e

(5) Gestapeltes Balkendiagramm

Die unterschiedlichen Aussagen von Balken- und Kreisdiagramm werden durch das „gestapelte Balkendiagramm" (Abb. f, Seite 417) miteinander verbunden. Hierbei werden die einzelnen Balken mittels unterschiedlicher Schraffur in Teilflächen zerlegt. Jede Teilfläche steht jetzt für einen Einzelwert, der zusammen mit den übrigen Einzelwerten den Gesamtwert (Balken) ergibt.

---

* Die Zahlenwerte im Kreisdiagramm sind gerundet.

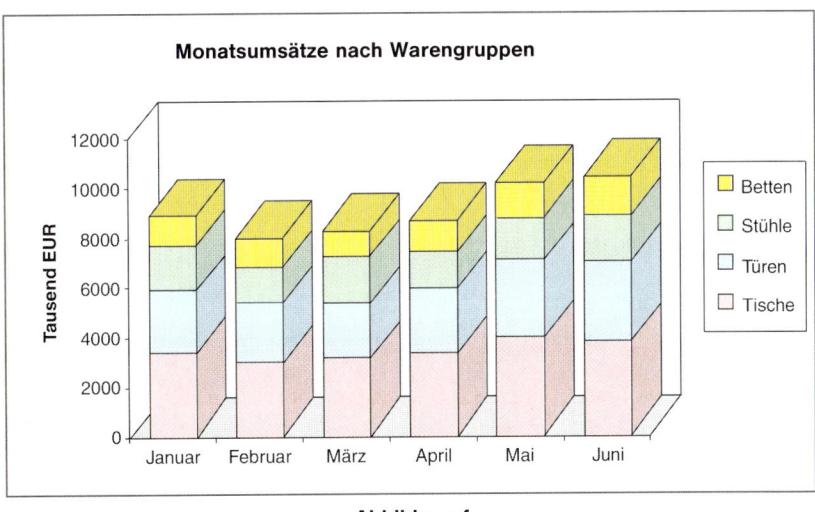

Abbildung f

16.4.2 Bezugsgrößen bei der Aufbereitung von Informationen

Ein Lebensmitteleinzelhandelsbetrieb wird in der Form des Filialgeschäftes mit drei Filialen geführt. Die monatliche Erfolgsrechnung zeigt folgende Zahlen:

Erfolgsrechnung eines Filialbetriebes

Filiale	Umsatz	Warenaufwand	sonst. Kosten	Gewinn
Altstadt:	53 190,00 EUR	31 800,00 EUR	15 900,00 EUR	5 490,00 EUR
Neustadt:	70 620,00 EUR	43 400,00 EUR	24 500,00 EUR	2 720,00 EUR
Tiefdorf:	46 170,00 EUR	28 060,00 EUR	12 740,00 EUR	5 370,00 EUR
Gesamt:	169 980,00 EUR	103 260,00 EUR	53 140,00 EUR	13 580,00 EUR

Wenn wir die Ertragskraft der einzelnen Filialen miteinander vergleichen wollen, so sind die vorliegenden absoluten Zahlen wenig hilfreich. Zu einem Betriebsvergleich müssen wir weitere Informationen heranziehen. Diese werden durch die folgende Tabelle geliefert:

Struktur der Filialbetriebe

Filiale	Personalbestand	Personalkosten	Verkaufsfläche	Kundenzahl
Altstadt:	3	9 680,00 EUR	500 m²	2 500
Neustadt:	5	18 960,00 EUR	1 200 m²	2 800
Tiefdorf:	2	5 400,00 EUR	450 m²	1 500
Gesamt:	10	34 040,00 EUR	2 150 m²	6 800

Die Aussagen der beiden nun vorliegenden Tabellen sind isoliert betrachtet wenig informativ. Erst wenn wir die Informationen aus den beiden Tabellen miteinander verknüpfen, lassen sich interessante Aussagen machen.

So können wir z. B. für jede Filiale Informationen erstellen über:

- Umsatz pro Mitarbeiter
- Gewinn pro EUR Personalkosten
- Kosten pro m² Verkaufsfläche
- Warenaufwand pro Kunde

Wir haben jetzt so genannte Beziehungszahlen (Kennziffern) vorliegen, die durch Verknüpfung unterschiedlicher Informationen entstanden sind. Beziehungszahlen lassen sich zu vielfältigen Sachverhalten erstellen. Es ist bei ihrer Bildung jedoch grundsätzlich darauf zu achten, dass eine sinnhafte Aussage entsteht.

Wir merken uns:

Das im Einzelhandelsbetrieb gewonnene Zahlenmaterial kann durch Diagramme anschaulich und aussagekräftig dargestellt werden. In Abhängigkeit von der Struktur des Zahlenmaterials und vom Zweck der Darstellung können verschiedene **Diagrammarten** zur Anwendung kommen.

- **Linien- oder Kurvendiagramm**
    - → dient häufig zur Veranschaulichung von Zeitreihen,
    - → zeigt Trends relativ deutlich,
    - → ist sinnvoll, wenn die Zahl der abhängigen Werte überschaubar ist.
- **Balkendiagramm**
    - → die absolute Höhe der Einzelwerte wird hervorgehoben,
    - → ist auch bei mehreren abhängigen Werten noch überschaubar.
- **Kreisdiagramm (Tortendiagramm)**
    - → wird eingesetzt, wenn die Struktur eines Gesamtwertes dargestellt werden soll,
    - → eignet sich nicht zur Darstellung von Zeitreihen.
- **Gestapeltes Balkendiagramm**
    - → ermöglicht die Darstellung der Entwicklung eines Gesamtwertes bei gleichzeitiger Betrachtung der in dem Gesamtwert enthaltenen Einzelwerte.

Übungsaufgaben

293 1. Zum „Laden-Sterben" im Lebensmittel-Einzelhandel liegen folgende Daten vor:[1]

Bestand an Lebensmittel-Einzelhandelsgeschäften:	1972	1978	1984	1990	2003
	160400	104200	83000	69000	55000

2. Der Umsatz eines Lebensmittel-Einzelhandelsgeschäfts verlief wie folgt:

Umsatz in TEUR				
01	02	03	04	05
3000	3300	3860	4000	4140

Aufgaben
1. Stellen Sie die Zahlenwerte zu 1. u. 2. in einem Linien- oder Kurvendiagramm dar!
2. Rechnen Sie die jährliche Veränderung des Umsatzes in Prozent aus, zeichnen Sie das entsprechende Linien- oder Kurvendiagramm!

294 Von je 100,00 EUR Warenwert entfallen derzeit auf die Verpackung folgende Beträge:

Nahrungs-mittel	Glas	chemische Erzeugnisse	Feinkeramik Porzellan	Möbel	Bekleidung
5,90	2,70	2,30	2,10	0,80	0,40

Aufgabe
Stellen Sie die Werte in einem Säulendiagramm dar!

295 Ein Textilhändler stellt den Umsatz seiner drei Abteilungen für das vergangene Jahr zusammen! Es ergeben sich folgende Zahlenwerte:

Monate	Herrenabteilung	Damenabteilung	Kinderabteilung
Januar	10500,00 EUR	14800,00 EUR	5300,00 EUR
Februar	25300,00 EUR	30200,00 EUR	10500,00 EUR
März	12700,00 EUR	17000,00 EUR	8200,00 EUR

Aufgaben
1. Rechnen Sie die jeweiligen Gesamt-Monatsumsätze aus!
2. Berechnen Sie den Prozentanteil der einzelnen Abteilungen am gesamten Monatsumsatz!
3. Stellen Sie die Monatsumsätze der drei Abteilungen in einem gemeinsamen Balkendiagramm dar!

296 Von einem Hunderteuroschein, den der Facheinzelhandel derzeit von seiner Kundschaft einnimmt, verbleiben als noch zu versteuernder Gewinn 3,90 EUR. Ausgegeben werden für

Warenaufwand	Löhne, Gehälter	Umsatzsteuer	Miete	Sonstiges
61,50 EUR	12,00 EUR	10,70 EUR	3,20 EUR	8,70 EUR

Aufgabe
Stellen Sie die Zahlenwerte in einem Kreisdiagramm dar!

---
1 Quelle: Globus Infografik GmbH, Ea-7391, vom 5. Nov. 2001.

297 1. Eine Eisenhandlung arbeitet im Außenhandel mit drei Vertretern. Im vergangenen Quartal erreichten die 3 Vertreter folgende Ergebnisse:

2. Quartal	Vertreter Abel		Vertreter Bebel		Vertreter Cebel	
	Kunden	Umsatz	Kunden	Umsatz	Kunden	Umsatz
April	28	159 460 EUR	17	161 670 EUR	22	126 104 EUR
Mai	32	136 320 EUR	29	124 990 EUR	27	165 240 EUR
Juni	46	281 520 EUR	21	90 720 EUR	25	150 750 EUR
	106	577 300 EUR	67	377 380 EUR	74	442 094 EUR

Aufgaben

Stellen Sie

1.1 den Gesamtumsatz der drei Vertreter in einem Kreisdiagramm dar;

1.2 die Monatsumsätze der drei Vertreter in einem gestapelten Balkendiagramm dar;

1.3 den Umsatz je Kunde und Monat für jeden Vertreter in getrennten Liniendiagrammen dar!

2. Die Eisenhandlung hat im Ladengeschäft folgende Umsätze erzielt:

Woche	Abteilung 1	Abteilung 2	Abteilung 3
	Werkzeuge, Schrauben, Zubehörteile	Hobbybedarf	Werkzeugmaschinen
Montag	4 800,00 EUR	3 500,00 EUR	10 800,00 EUR
Dienstag	3 100,00 EUR	1 050,00 EUR	4 500,00 EUR
Mittwoch	2 700,00 EUR	2 250,00 EUR	5 100,00 EUR
Donnerstag	1 800,00 EUR	800,00 EUR	2 700,00 EUR
Freitag	4 200,00 EUR	4 900,00 EUR	8 600,00 EUR
Samstag	6 400,00 EUR	7 500,00 EUR	14 300,00 EUR

Aufgabe

Stellen Sie die Entwicklung der Umsätze der drei Abteilungen für die Wochentage in einem gestapelten Balkendiagramm dar!

3. Für Kleinartikel stellt der Geschäftsinhaber drei Regale mit einer Gesamtfläche von 35 m² auf. Das Regal „Klebestoffe" mit 7,25 m² erzielt einen Tagesumsatz von 258,10 EUR, das Regal „abgepackte Schrauben und Nägel" mit 18,70 m² 420,75 EUR und das Regal „Feuerzeuge und Taschenlampen" 155,66 EUR.

Aufgaben

3.1 Wie viel EUR beträgt der Umsatz je m² Regalplatz?

3.2 Stellen Sie das Ergebnis grafisch dar!

Stichwortverzeichnis

A

Abgabenordnung 126
Abgrenzungen
– sachliche 355f., 360
Abschluss
– Bestandskonten 169f.
– Erfolgskonten 186f.
– Konto 152
Abschreibungen
– auf Anlagen 338f.
– Berechnungsmethoden 342f.
– Buchung 339f.
– degressive 344f.
– lineare 342
– Ursachen 338
AfA 342
Aktiva 139f., 142
Aktivkonten 148ff., 175
Aktiv-Passivmehrung 146
Aktiv-Passivminderung 146
Aktivtausch 145
allgemeine Zinsformel 100f.
Anfangsbestand 151f., 158
Anhang 376, 378
Ankaufskurs 24, 28f.
Anlagenwirtschaft 334f.
Anlagevermögen 137f., 140f.
– Kauf 334f.
Anlagevermögensanteil 402
Anlagendeckung 395
Anschaffungskosten 334, 383
Arbeitgeberanteil 311f., 316f.
Arbeitnehmersparzulage 325
Arbeitsentgelt 307
Arbeitslosenversicherung 311f.
Aufwand 177, 353, 355f.
Aufbereitung der Bilanz 390f.
– GuV-Rechnung 400f.
Aufbewahrungsfristen 128
Aufwandskonten 180f., 221
Auswertung
– der GuV-Rechnung 400f.

B

BAB 364f.
Balkendiagramm 414, 416f.
Bareinkaufspreis 57f.
Barverkaufspreis 68f., 70f.
Barwert des Wechsels 113
Bedingungssatz 15
Beitragsbemessungsgrenze 311
Belege 127, 163f., 234ff., 305

Beleggeschäftsgang 240f.
bequeme Prozentteiler 45
bequeme Zinsteiler 107
Besitzwechsel 295ff., 299
Bestandskonten 148, 169f., 175
Bestandsmehrungen 202f.
Bestandsminderungen 200f.
Betriebsabrechnungsbogen
  (BAB) 364f.
Betriebsbuchführung 247f., 352f.
Betriebsergebnis 354, 357, 360
Betriebsstatistik 390f.
Bewertung 381f.
– Umlaufvermögen 383
Bezugskalkulation 57f.
Bezugskosten 57f., 62, 255
Bezugspreis 58
Bilanz 139f., 144f., 375f.
– analyse 390f.
– Aufbau 139f.
– gleichungen 142
– gliederung 140f., 375ff.
– konten 148, 169f., 175
– veränderungen 144f.
– verkürzung 146
– verlängerung 146
Börsenpreis 383
Bonus 262, 274
Briefkurs 24, 27f.
Bruchsatz 15
brutto für netto 60
Bruttobuchung/Brutto-
  verfahren 216
Bruttoentgelt 307
Bruttogewicht 60
Bruttoverkaufspreis 68ff.
Bücher 233
Buchbestand 143
Buchführung
– Aufgaben der 130, 247
– Gründe 129f.
– Organisationsformen 233f.
– System der doppelten 154ff.,
  169f., 175, 189f., 205f.
– Wesen der 126, 143, 148
Buchungsregeln
– für Aktivkonten 150
– für Aufwandskonten 180f.
– für Ertragskonten 180, 182
– für Passivkonten 158f.

Buchungssatz 161f., 167
Buchwert 338, 342f.

C
Computereinsatz
– im Warenverkehr 284
– im Zahlungsverkehr 302f.
– in der Personalwirtschaft 329f.

D
Darstellungsmethoden 413f.
Datenschutz 330
Datenverarbeitung
– im Zahlungsverkehr 302f.
– in der Personalwirtschaft 329f.
degressive Abschreibung 334f.
Devisen 24, 27f.
Diagramme 413f.
Differenzkalkulation 84f.
Diskont 114, 299
Diskontrechnen 113f.
Diskontsatz 114
Dreisatzrechnung 15f.
– gerades Verhältnis 15
– ungerades Verhältnis 17
– zusammengesetzte 20
Durchschnittsrechnung 32f.
– einfache 32
– gewogene 34

E
EAN 285, 304
EDV-Buchführung 302f.
Effektivverzinsung
  (bei Skontogewährung) 100f.
Eigenkapital 139f., 142, 160, 192f., 195
Eigenkapitalanteil 393
Eigenkapitalrentabilität 401
Eigenverbrauch 228f.
Einkaufskalkulation 57f.
Einkaufspreis 57
Einstandspreis 57f., 65f., 197
Einzelinventarliste 133
Einzelkosten 362
eiserner Bestand 407
Entgelt 306f.
Erfolgsabgrenzung
– sachliche 355f., 360
Erfolgskonten 177f.
Ergebnisermittlung 186f., 191, 193
Erinnerungswert 342, 345
Erlösberichtigungen 274, 279

Eröffnungsbilanz 172, 175
Eröffnungsbilanzkonto 172f., 175
Ertrag 177, 353, 356f.
Ertragskonten 180f.
Euro 21f.
Europäische Wirtschafts- und
  Währungsunion 21f.
Eurozinsmethode 114

F
Finanzbuchführung 248
Finanzierung 142
fixe Kosten 362
Fragesatz 15
Freibetrag 309
Fremdkapital 141, 160

G
Gebühren (Bank) 291
Gehalt siehe Personalkosten
Geldkurs 24, 27
Gemeinkosten 362ff.
gerades Verhältnis 15, 18
geringwertige Anlagegüter 346f.
Gesamtkapitalrentabilität 402
Geschäftsbuchführung 247f., 353
Geschäftsgang 189f., 205f., 240f.
Geschäftsvorfälle 144, 154f.
– erfolgsunwirksame 147, 177f.
– erfolgswirksame 147, 177f.
Gewichtsspesen 62f.
Gewinn 68, 129, 186f., 191, 385f.
Gewinnaufschlag 68
Gewinnkalkulation 84
Gewinnrücklagen 377
Gewinn- und Verlustkonto (GuV) 187,
  376, 378f.
– Aufbereitung 400f.
Gewinnverteilung
– Einzelunternehmen 385
– OHG 386
Gewinnvortrag 377
gezeichnetes Kapital 377
GoB 127f.
GoBS 128
goldene Bilanzregel 391
Grundbuch 233
Grundkosten 255
Grundsatz ordnungsmäßiger
  Buchführung 127f.
Grundsatz ordnungsmäßiger
  Speicherbuchführung 128
Grundwert 42

Gutschrift
- an den Kunden 277
- des Lieferers 261
GWG 348 f.

H
Haben 149
Handelsspanne 82
Handlungskosten 65 f., 362, 366 f.
Handlungskostenzuschlagssatz 65 f.
Hauptbuch 233 f.

I
Inventar 135 f., 143 f., 185
Inventur 132 f., 143 f., 185
- bestand 143
- liste 133
- permanente 135
- Stichprobeninventur 134
- Stichtagsinventur 134
- verlegte 135
Investierung 142
Istbestände 143

J
Jahresabschluss 374 f., 381 f.
- Einzelhandelskaufleute 374 f.
- Kapitalgesellschaften 376 f.
- Personengesellschaften 374 f.
Jahresüberschuss/Jahresfehlbetrag 377

K
Kalkulation 57 f., 368
- Einkaufs- und Bezugskalkulation 57 f.
- Verkaufskalkulation 65 f.
Kalkulationsabschlag 81
Kalkulationsfaktor 76 f.
Kalkulationsschema 70, 73
Kalkulationszuschlag 75
Kapital 90, 142 f.
Kapitalbedarf 408
Kapitalgesellschaften
- Bilanzgliederung 377
- Gewinn- und Verlustrechnung 378 f.
- Jahresabschluss 372 f.
Kapitalrentabilität 401
Kapitalrücklage 377
Kassendifferenzen 292 f.
Kassenfehlbetrag 293
Kassenmanko 293
Kassenüberschuss 293

kaufmännische Zinsformel 105 f.
Kennzahlen
- Bilanz 392 f.
- der GuV-Rechnung 400 f.
Kirchensteuer 400
Kontengruppe 252
Kontenklasse 252
Kontenplan 251
Kontenrahmen 252 f.
Kontierung 164
Konto 151
Kosten
- artenrechnung 352, 361 f.
- Begriff 354 ff.
- Einzelkosten 362
- fixe Kosten 362
- Gemeinkosten 362 f.
- rechnung 247 f., 361 f.
- stellenrechnung 352, 361, 363 f.
- trägerrechnung 352, 361, 368
- und Leistungsrechnung 247 f., 352 f., 361 f.
- variable Kosten 362
Krankenversicherung 311 f.
Kreisdiagramm 415 f.
Kundenrabatt 70 f., 269
Kundenskonti 70 f., 274
Kurs 23
Kurstabelle 25, 28
Kurvendiagramm 413 f.

L
Lagebericht 376, 378
Lager
- bestand 400 f.
- dauer 409
- kennziffern 406 f.
- umschlag 408
- zinsen 409
- zinssatz 410
Leihverpackung 257, 270
Leistungen 354, 356 f.
Liefererboni 262
Liefererrabatt 57 f., 255
Liefererskonti 55, 262 f.
lineare Abschreibung 342
Liniendiagramm 413 f.
Liquidität 397 f.
Lohnbuchhaltung 312 f.
Lohn- und Gehaltsbuchungen
 (siehe Personalkosten)
Lohnsteuer 309 f.
Lohn- und Gehaltslisten 313
Lohnsteuerkarte 310

423

Lohnsteuerklassen 309
Lohnsteuertabelle 310

M

Mängelrüge 261, 277
Marktpreis 383
Mehrwert 210, 212f.
Mehrwertsteuer 210
Meldebestand 407
Mengennotierung 23, 28f.

N

Nachlässe
- beim Einkauf 255, 261f., 257
- beim Verkauf 269, 274f.

Nebenbücher 234f.
Nebenkosten
- beim Wareneinkauf 255
- beim Warenverkauf 269

Nettobuchung/-verfahren 214, 219
Nettoentgelt 307
Nettogewicht 60
Nettoverkaufspreis 69, 71
neutraler Aufwand 355, 357, 360
neutraler Ertrag 356f., 360
neutrales Ergebnis 357, 360
Niederstwertprinzip 383
Nutzung, privat 229

O

Ordnungsmäßigkeit
  der Buchführung 126f.
Organisationsformen
  der Buchführung 233f.

P

Passiva 139f., 142
Passivkonten 90, 98f., 100, 115
Passivtausch 145
permanente Inventur 135
Personalkosten 306f.
- Bedeutung 306
- Berechnung von 307f.
- Buchung von 316f.
- DV in der Personalwirtschaft 329f.
- Nebenkosten 306
- vermögenswirksame Leistungen 324f.
- Vorschüsse 321

Pflegeversicherung 311
Planung 248

Preisnachlass
- beim Einkauf 255, 261, 267
- beim Verkauf 269, 274f.

Prinzip der doppelten Buchführung
  154ff., 169f., 175, 189f., 205f.
Privateinlagen 193
Privatentnahmen 192, 228f.
Privatkonto 140f., 228f.
Promille 41
Prozent 41
Prozentrechnung 41f.
- auf Hundert 51
- Berechnung des Grundwertes 42f.
- Berechnung des Prozentsatzes 47f.
- Berechnung des Prozentwertes 44f.
- im Hundert 49
- Problemstellung 41
- vermehrter Grundwert 51
- verminderter Grundwert 49
- vom Hundert 42f.

R

Rabatt 57f., 70f.
- sofortiger 255, 269
- nachträglicher 262f., 274f.

Rechnungsabgrenzungen
- sachlich 355f., 360

Rechnungswesen
- Aufgaben 249
- Teilbereiche 247f.

Referenzkurs 22, 27
Reingewinn 186, 191, 205
Reinvermögen 137
Reklamation 261, 277
Rentenversicherung 311f.
Rentabilität 400f.
retrograde Kalkulation 79
Rohergebnis 378
Rohgewinn 22, 77, 199, 201, 203
Rohvermögen 139
Rücksendungen
- an den Lieferer 258f.
- durch den Kunden 273

S

Sachliche Erfolgsabgrenzung 355f., 360
Saldo 151f.
Scanning 304
Schlussbestand 152, 158
Schlussbilanz 175
Schlussbilanzkonto 169f., 175
Schulden 137, 139f.
Schuldkonten 148, 158f., 160

Schuldwechsel 295f., 300
Selbstfinanzierung 388
Selbstkostenpreis 65f.
Skonti
- beim Wareneinkauf 57f., 100f., 262f.
- beim Warenverkauf 70f., 274
- Effektivverzinsung 100f.
Sofortnachlässe
- beim Wareneinkauf 255
- beim Warenverkauf 269
Solidaritätszuschlag 309
Soll 149
Sollbestand 143
Sollbesteuerung 212
Sorten 24f.
Sozialversicherung 311f.
Staffelform der GuV-Rechnung 378f.
Stammdaten 284
Statistik 248, 390f.
Stichprobeninventur 134
Stichtagsinventur 134
summarische Zinsrechnung 105f.
System der doppelten Buchführung
  154ff., 169f., 175, 189f., 205f.

T
Tageberechnung (Zinsrechnung) 94
Tageslosung 215f.
Tara 60
Transportkosten 269f.

U
Umlaufvermögen 137, 140f.
- Bewertung 383
- Umlaufvermögensanteil 392
Umsatzerlöse 197f.
Umsatzrentabilität 402
Umsatzrückvergütungen 262, 274
Umsatzsteuer 210f.
- beim Einkauf 219f.
- beim Verkauf 214f.
Umschlagshäufigkeit 408
Unfallversicherung 311, 317
ungerades Verhältnis 17, 18
Unternehmensergebnis 354, 357, 360
Unternehmensrentabilität 402
Unternehmerrentabilität 401

V
Variable Kosten 362
Verbindlichkeiten 137, 139, 142, 160
Verkaufskalkulation 65f.

Verkaufskurs 22, 23, 28
verlegte Inventur 135
Verlust 129, 186f., 191, 195, 388
Verlustvortrag 377, 415f.
vermehrter Grundwert 51
verminderter Grundwert 49
Vermögen 137, 139f., 142
Vermögenskonten 148f., 149, 150ff., 175
vermögenswirksame Leistungen 324f.
vermögenswirksame Sparleistung 325
Verpackungsmaterial 257, 270
Versandkosten 269f.
Verschuldungsgrad 393
Verteilungsrechnung 36
- nach Bruchteilen 39
- nach ganzen Anteilen 36f.
- nach Mengen und Werten 62f.
Verteilungsschlüssel
   (beim BAB) 365
Vertriebskosten 269f.
Verzugszinsen 292
Vorschüsse 321
Vorsteuer 212, 219f.
Vorsteuerüberhang 226f.

W
Währung 23
Währungsrechnen 23f.
Waren
- abschluss 198
- aufwand 197f.
- bestandsveränderungen 200, 202f.
- buchungen 197f.
- einsatz 197f.
- gewinn 199
- kalkulation (siehe Kalkulation)
- kosten 57
- rücksendungen 258f., 273
- verkaufskonto 197f., 269
- wirtschaftssystem 284
Wechsel
- Buchungen 295f.
   - beim Besitzwechsel 296f.
   - beim Schuldwechsel 295f., 300
- Verwendungsmöglichkeiten
   beim Besitzwechsel 297f.
- Rechnen (Diskontrechnen) 113f.
Wechselkurs 23
Wertspesen 62f.
Wirtschaftlichkeit 401

Z
Zahllast 212, 223f.

Zahlungsverkehr
- Buchung 286f.
- Zahlungsabwicklung 291f., 302f.
Zieleinkaufspreis 57f.
Zielverkaufspreis 71
Zinsen
- Begriff 90
- Buchung 291f.
Zinsfuß 90
Zinsrechnung 90f.
- Berechnung des Kapitals 97
- Berechnung der Zeit 103
- Berechnung des Zinssatzes 98f.
- Effektivverzinsung bei Skontogewährung 100f.
- Jahreszinsen 90f.
- kaufmännische Zinsformel 105
- Monatszinsen 92
- Tageszinsen 94
Zinssatz 90
Zinsteiler 105
Zinszahl 105